国家自然科学基金委员会

“十三五”学科发展战略报告

U0862339

生命科学

国家自然科学基金委员会生命科学部

科学出版社

北京

图书在版编目（CIP）数据

国家自然科学基金委员会“十三五”学科发展战略报告·生命科学 /国家自然科学基金委员会生命科学部编. —北京：科学出版社，2017.1

ISBN 978-7-03-050230-8

I. ①国… II. ①国… III. ①生命科学–学科发展–发展战略–研究报告–中国 IV. ①N12 ②Q1-0

中国版本图书馆CIP数据核字（2016）第240923号

责任编辑：侯俊琳 牛 玲 张 莉 / 责任校对：彭 涛
责任印制：李 彤 / 封面设计：有道文化
联系电话：010-64035853
电子邮箱：houjunlin@mail.sciencep.com

科学出版社 出版
北京东黄城根北街 16 号
邮政编码：100717
http://www.sciencep.com
北京凌奇印刷有限责任公司 印刷
科学出版社发行 各地新华书店经销
*
2017 年 1 月第 一 版 开本：720 × 1000 1/16
2022 年 1 月第四次印刷 印张：45
字数：650 000

定价：168.00 元

（如有印装质量问题，我社负责调换）

战略研究专家组

组　　长：武维华

副 组 长：陈晔光　黄　力

成　　员：种　康　葛剑平　张守攻　昌增益　龙　勉　魏辅文　沈建忠　李　奎　麦康森　孙宝国　周雪平　薛勇彪　孟安明　邓秀新　李召虎　王　宪　王以政　傅小兰　熊思东

学术秘书：谷瑞升

战略研究工作组

组　长：杜生明

副组长：冯雪莲

成　员：李人卫　薛　岚　任红艳　温明章　于振良　赵桂玲　杨正宗　王璞玥　殷文璇　谷瑞升　田艳艳　杨新泉　罗　晶　胡景杰　陈　领

学科调研组

微生物学

组　长：黄　力

副组长：温明章

成　员：乔建军　张玉忠　张克勤　杨瑞馥　李　毅

植物学

组　长：种　康

副组长：温明章

成　员：左建儒　瞿礼嘉　杨淑华　孙　航　施苏华

生态学

组　长：葛剑平

副组长：于振良

成　员：贺金生　于贵瑞　方盛国　安黎哲　吴庆龙

动物学

组　长：魏辅文

副组长：陈　领

成　员：张正旺　卜文俊　雷富民　杜卫国　贺争鸣

生物物理、生物化学与分子生物学

组　长：昌增益

副组长：杨正宗

成　员：肖　奕　李伯良　徐　涛　叶克穷　吴李君

遗传学与生物信息学

组　长： 薛勇彪

副组长： 谷瑞升

成　员： 王　文　金　力　朱　冰　王秀杰　于　军

细胞生物学

组　长： 陈晔光

副组长： 谷瑞升

成　员： 雷　鸣　朱学良　张传茂　姚雪彪　刘佳佳

免　疫　学

组　长： 熊思东

副组长： 王璞玥

成　员： 张　毓　张　煊　刘小龙　鲁林荣　魏海明

神经科学

组　长： 王以政

副组长： 殷文璇

成　员： 何士刚　舒友生　徐天乐　王晓群　徐富强

生物力学与组织工程学

组　长： 龙　勉

副组长： 杨正宗

成　员： 孟雪梅　刘昌胜　王常勇　聂广军　陆祖宏

生理学与整合生物学

组　长： 王　宪

副组长： 殷文璇

成　员： 高　峰　李　蓬　房静远　王海滨　张　勇

发育生物学与生殖生物学

组　长： 孟安明
副组长： 田艳艳
成　员： 杨　晓　张　宏　杨维才　周　琪　沙家豪

农学基础与作物学

组　长： 李召虎
副组长： 杨新泉
成　员： 曹凑贵　倪中福　朱　艳　王幼平　李仕贵

植物保护学

组　长： 周雪平
副组长： 罗　晶
成　员： 余向阳　陆宴辉　叶恭银　刘泽文　孙文献

园艺学与植物营养学

组　长： 邓秀新
副组长： 罗　晶
成　员： 沈其荣　徐　强　黄三文　高俊平

林　学

组　长： 张守攻
副组长： 赵桂玲
成　员： 李　坚　蒋剑春　林金星　朱教君　尹佟明

畜牧学与草地科学

组　长： 李　奎
副组长： 胡景杰
成　员： 龚道清　朱伟云　刘忠华　张英俊　刁青云

兽 医 学

组　长：沈建忠

副组长：胡景杰

成　员：郭　鑫　肖少波　朱兴全　周继勇　赵茹茜

水 产 学

组　长：麦康森

副组长：胡景杰

成　员：何建国　殷　战　杜震宇　包振民　杨红生

食品科学

组　长：孙宝国

副组长：杨新泉

成　员：刘　源　江正强　陈　卫　段学武　陈　峰

心 理 学

组　长：傅小兰

副组长：殷文璇

成　员：方　方　刘　嘉　李　红　隋　南　莫　雷

目　　录

第一章

生命科学总论

第一节　生命科学发展战略

一、生命科学的战略地位

生命科学是研究生命现象、揭示生命活动规律和生命本质的科学。其研究对象包括动物、植物、微生物及人类本身，其研究层次涉及分子、细胞、组织、器官、个体、群体及群落和生态系统。生命科学既是一门基础科学，又与国民经济和社会发展密切相关。它既探究生命起源、演化等重要理论问题，又有助于解决人口健康、农业、生态环境等国家重大需求。20世纪后半叶，生命科学各领域所取得的巨大进展，特别是分子生物学所取得的突破性成就，使得生命科学在自然科学中的地位发生了革命性的变化。生命科学在自身快速发展的同时也带动了其他自然科学和技术的进步，并与数学、物理学、化学、地学、工程材料、信息科学等自然科学和工程技术领域交叉融合，催生了一批具有重大理论和应用前景的新兴交叉领域，如仿生、生物光电、人工智能等。进入20世纪以来，生命科学更加备受关注，科研经费大幅度增长，重要科研成果不断涌现。在美国

《Science》期刊评选的“世界十大科技进展”中，生命科学领域的研究成果数已连续多年超半。在我国，生命科学研究得到了高度重视，如在《国家基础研究发展“十二五”专项规划》中，生命科学被列入了重点支持领域；在《国家中长期科学和技术发展规划纲要（2006—2020年）》中，生物技术被列入国家科技发展的五个战略重点之一。无疑，生命科学将成为21世纪自然科学的前沿学科，对整体科学进步和人类社会发展发挥至关重要的作用。

二、生命科学的发展规律和发展态势

生命科学是一门基于实验的自然科学，主要遵从“现象观察—解析现象—提出假设—验证假设”的研究方式，逐渐从现象描述到分析和实验，从单一层面到多层次整合（分子、细胞、组织器官等），从单一领域到多学科交叉融合，深入系统地解析生命活动规律和生命本质。同时，新技术和新方法的不断涌现和应用加速了生命科学的发展。

（一）生物学的发展规律和发展态势

生物学是从分子、细胞、组织器官等微观层面和个体、群体、生态系统等宏观层面，阐析生命活动规律和生命本质，揭示生物与环境的关系。生物学的发展必然为农业科学和医学等的发展提供理论和技术支持。生物学是当今自然科学的前沿和热点，一些领域的研究深入和突破，如非编码核酸、细胞结构与功能、干细胞、免疫应答、发育机理、个性化基因组、元（宏）基因组学、生态基因组学、合成生物学、生态学基础理论、全球生态学等领域，极大地丰富和深化了人们对于生命奥秘的认识。生物学的发展规律和态势是：利用多学科的知识和手段，开展多层次整合研究，体现出从定性到定量、从静态到动态、从离体到在体、从个体到群体（群落）、从局限孤立到时空延展等特征。同时，生物学的发展日益依赖于学科交叉融合和技术突破。

1. 生物物理、生物化学与分子生物学

生物物理、生物化学与分子生物学是利用物理、化学等学科的原理和方法来研究生命现象的科学，旨在从分子水平认识生命体的组成、结构、功能、物质能量转换和信息传递等方面的规律。随着基因组学、蛋白质组学、合成

生物学、超分辨率成像技术、单分子技术、低温电子显微镜三维成像技术和生物信息网络分析等技术日新月异的发展，从不同的时空角度对生命本质的研究逐渐深入。在个性化基因组、非编码核酸、膜蛋白复合物等方面研究进展基础上，针对寡肽、脂质、糖分子的功能性代谢和生物膜的塑形、动态、转运等方面的科学问题研究将成为前沿热点。同时，通过与物理、化学等学科的紧密交叉，发展用于活体内的微/痕量生物分子检测、实时动态定量分析等新的技术方法，有助于加深人们在分子水平对生命的认识。

2. 细胞生物学

细胞是生命体结构与生命活动的基本单位。细胞生物学是研究细胞基本生命活动规律的科学，它在细胞、亚细胞和分子水平上研究细胞结构与功能，细胞增殖、分化、衰老与死亡，细胞间通信，细胞起源与进化等生命活动。细胞生物学的发展规律和态势体现为：从静态细胞结构观察到细胞活体、动态过程的探究；从细胞活动的定性描述到定量分析；从细胞、亚细胞或分子的单一层面研究到多层次、多方面的整合研究。近年来，细胞生物学取得了一系列重大突破，例如，对细胞可塑性的全新认识颠覆了细胞分化不可逆的传统观点，对细胞内膜系统及物质运输机制的理解更加深入。另外，随着超分辨率（单分子）成像和分子标记等技术的发展和应用，从不同的时空角度了解细胞行为和命运的分子基础成为可能；基因组学、蛋白质组学和生物信息技术为细胞内和细胞间的复杂分子网络分析提供了基础。

今后几年内的前沿热点问题包括：① 细胞器的动态变化；② 细胞器之间相互作用；③ 功能特异的亚细胞结构形成机制；④ 细胞转分化、定向分化的机制；⑤ 细胞可塑性的调控等。

3. 遗传学与生物信息学

遗传学是研究生物体遗传和变异的科学。近年来，随着各种高通量研究手段在遗传学研究中的广泛应用，生物信息学变得愈发重要。生物信息学主要是开发处理生物大数据的算法、方法和软件，针对基因组等组学数据进行加工、储存、分析和注释。随着当代各种组学手段的应用，以及生物信息学的发展，遗传学与生物信息学已从对单个性状遗传规律的研究发展到在全基因组水平上对细胞生命单位和生物个体、群体遗传规律的探索。突飞猛进的基因组学和超越传统模式物种的普适遗传操作技术的发展，正在深刻地改变着生命科学的各个方面。以基因组学为代表的组学研究是目前遗传学和生物信息学领域发展最快、影响最深的方向，而表观遗传学也成为遗传学研究的热门新兴领域，新的表观遗传修饰形式及其调控研究已成为遗传学和相关学科新的生长点。

4. 发育生物学与生殖生物学

发育生物学与生殖生物学是研究多细胞生命个体的形成、发育、生长和衰老过程的一门科学，旨在揭示配子发生、受精、胚胎发育、组织器官发生和形成、器官稳态维持、个体衰老等过程中的规律。早期的发育与生殖生物学的研究主要是在组织器官水平上进行的描述性研究，20 世纪 90 年代以来，该领域发展到了在分子水平上开展机制研究。进入 21 世纪，随着高通量敲除技术、新型基因编辑技术、高分辨成像技术和谱系追踪技术的发展，以及与其他学科的交叉，发育与生殖生物学的研究更关注谱系发育的时空动态变化、基因网络的动态调控和建模分析、基因组水平调节。发育生物学与生殖生物学与遗传学、分子生物学、生物化学、细胞生物学、医学等学科的融合不断加深、交叉增强。

现今，这一学科的前沿领域包括：① 原始生殖细胞的命运决定与分化机制；② 配子发育的内外调节机制；③ 胚胎图式形成和谱系发育的时空动态变化及其调节机制；④ 多能性前体细胞的命运决定；⑤ 跨胚层转分化；⑥ 组织器官形成的细胞和分子机制；⑦ 成体组织器官中器官的稳态维持和器官与个体衰老的机制等。

5. 免疫学

免疫学是一门研究机体与外界环境相互作用、维持自我稳定的学科。免疫学的发展态势体现为：免疫识别的核心问题从病原体拓展到非病原体，以识别“非我”拓展到识别“自我”；对免疫应答过程和范畴的理解，从强调 T 细胞、B 细胞介导的适应性免疫为主，拓展到树突状细胞（DC）、自然杀伤细胞（NK）等介导的固有免疫，并进一步深入理解免疫系统的调节机制和记忆机制；基础理论的突破与新技术的发展相辅相成，如今的免疫学基础研究已进入单分子、单细胞、动态化和网络化层面；逐渐揭示自身免疫病、肿瘤、移植排斥等重要疾病的机理，直接推动临床及预防医学多个学科的发展，在人类重大疾病的机制破解及疫苗防治、抗体类药物作用机制等领域起引领作用；与众多生命科学前沿及基础学科发生交融渗透，衍生出神经免疫学、遗传免疫学、结构免疫学、免疫化学等交叉学科。

今后几年，免疫学的前沿和热点问题包括：① 免疫器官、亚群和分子的再认识和新发现；② 免疫应答的单细胞与亚细胞特征及调控机制；③ 固有免疫在感染、肿瘤和自身免疫等过程中的免疫驱动作用；④ 广谱中和抗体产生和作用的机制；⑤ 疫苗设计与新型疫苗的研制；⑥ 免疫系统的代谢规律与分子调节等。

6. 生理学与整合生物学

生理学是在生理状态下研究机体内各分子、细胞、器官、系统的功能，以及作为一个整体的各部分之间相互协调并与外界环境相适应的规律和机制。整合生物学是使用实验和计算定量技术在分子、细胞、组织和群体水平研究生物系统的科学，强调通过多学科联合和学科交叉来阐明机体功能稳态维持的调节机制、定量描述和预测表型、行为等生物功能，探讨相关信息传递规律。生理学研究的发展规律和态势体现为强调整体性、调控性和稳态维持性，逐步从传统的以克隆或发现生理反应中单个分子为主导的分子生物学研究，转变为以机体某个功能变化过程中基因和蛋白质之间的相互作用以及代谢组学的网络调节，从而揭示机体生命现象发生原理的整合新模式。

今后几年内的前沿和热点问题包括：① 重要组织脏器之间功能活动的网络调节机制；② 重要组织脏器中不同细胞间的功能整合；③ 稳态维持的调控机制；④ 代谢稳态调控与代谢重构；⑤ 肠道菌群在维持消化道的微生态平衡乃至失衡后对全身多器官功能的影响；⑥ 生物钟与内外环境的适应特别是应激条件下的调控机制；⑦ 非典型性内分泌器官在对环境因素的应答和对机体功能协调中的作用等。

7. 神经科学

神经科学是研究神经系统的结构与功能、探讨人和动物行为、认知活动的本质与规律的科学。其研究目的是在各个水平和层次上阐明神经系统的工作原理，揭示脑高级功能的神经基础，并解析神经系统疾病发生发展的机制。神经科学的发展规律和态势体现为：从早期开始对大脑解剖结构和神经元形态、电活动的特征描述，逐渐深入到在分子、细胞层面对神经元的结构功能、突触功能和可塑性的机制解析；脑功能成像技术在宏观水平拓展了对功能脑区的定位和大尺度功能连接的认识。近年来，神经科学取得了一系列重大突破，例如，通过光遗传学技术揭示了神经元的种类、神经环路和特定脑区在调控行为过程中的作用。另外，顺向和逆向标记与超高分辨率成像技术，帮助人们从环路和突触水平认识大脑解剖结构。此外，光遗传学技术、在体电生理记录技术、在体钙成像技术及其他技术的发展和综合应用，将推动神经科学对大脑工作“语言”的探索，即在细胞和网络水平探究神经结构和神经活动（如可塑性的机制等）。

今后几年内的前沿和热点问题包括：① 大脑皮层发育的机制；② 神经环路的结构、功能及其可塑性；③ 脑高级认知功能的神经结构与活动基础；④ 神经退行性疾病的机制；等等。

8. 动物学

动物学是研究动物的形态、分类、生理、行为、生态、演化等生命现象及其规律的科学，与农、林、牧、渔、医、工等实践活动密切相关。现代动物学的发展趋势体现为从单一的现象描述到系统的功能与机制揭示。学科的交叉融合突破了传统动物学基础理论，催生了新的边缘学科、交叉学科和综合学科，推动了动物学的发展。一方面，随着分子生物学、组学乃至化学、物理等学科理论与技术的发展，动物学研究得益于在模式动物中得出的前瞻性理论与假设，深入阐明动物组织、器官的功能和进化。另一方面，全球生态学、数学和信息科学等理论和技术的发展，促进了在区域和全球尺度上认识动物多样性及其影响因素。

今后几年内的前沿热点问题包括：① 动物系统发育重建与动物演化的分子机制；② 动物繁殖行为与其调控机制；③ 动物对环境改变的生理响应与适应；④ 动物种群动态及其调控机理；⑤ 动物物种多样性形成与维持机制；⑥ 动物濒危机理与种群恢复等。此外，动物学的新技术、新方法研究越来越受到重视。

9. 植物学

植物学是研究植物形态、结构、生理、生态、分类、分布、发生、发育和演化等的学科。近年来，随着现代技术、方法和手段的发展，植物学研究表现出新的趋势。例如，各种显微成像技术和蛋白质标记技术的应用，使得在植物细胞活体成像、各种蛋白和细胞结构动态分析等方面有了突破性进展；结构生物学的发展加快了各种生物大分子结构的解析和功能位点的确定，不仅为深入探讨生理和遗传调控机制奠定了基础，而且使阐释生命过程的物质与能量的关系成为可能；随着基因、蛋白质和各种“组学”数据的积累，以及以计算科学为基础的大数据处理技术的发展，利用大数据系统阐释植物的生命代谢调控网络、明确不同物种的进化关系等成为可能，为探讨生命活动起源和演化奠定了基础。今后几年植物学的发展趋势应该是在更深入、更广泛的层次探讨光合作用、植物激素、次生代谢、生长发育、环境适应和演化等过程的调控机制和相互之间的影响和作用。

10. 微生物学

微生物学是研究微生物及其与动植物、人类和环境相互作用的科学。近年来，微生物学科呈现以下主要发展规律和态势：微生物作为重要模式生物的作用正在发生改变，已被越来越多地用于探讨生命形式的多样性及演化机制；基于分离培养的传统实验室微生物学研究依然受到重视，但微生物在自然生境中的行为与功能获得了更多的关注；在采用分子生态学手段继续盘点地球微生物多样性的同时，不断发展新技术、新方法，培养至今尚不能培养的微生物；微生物特殊代谢能力、病原微生物仍然是微生物学研究的热点；微生物学与地球科学、工程学等学科交叉融合，形成了地微生物学、合成生物学等新兴学科。

当前，微生物学的重要研究方向包括：① 微生物多样性及物种演化；② 未培养微生物（微生物“暗物质”）；③ 环境病毒及其生态功能和演化；④ 微生物的特殊物质代谢及能量代谢；⑤ 微生物的环境适应机制；⑥ 微生物在地球重要元素生物化学循环中的作用；⑦ 肠道微生物菌群与动物和人类健康和疾病的关系；⑧ 病原微生物的基本生物学特征、演化规律及致病机理；⑨ 微生物的新代谢途径乃至人造细胞的设计和创建。各种模式微生物依然是微生物学研究的核心。此外，微生物学新技术、新方法的研究和运用正受到越来越多的关注。

11. 生态学

生态学是研究生物与生物、生物与环境相互关系的学科。生态学具有高度综合性和交叉性的特点，它的研究层面跨越个体、种群、群落、生态系统以及生物圈等。现代生态学的发展趋势体现为：自然观察与实验的结合，基本理论与模型模拟的结合，长期定位观测与控制实验观察的结合。近年来，在生态位 / 中性理论、物种共存理论、生态化学计量学理论和生态学代谢理论等方面取得了全面的发展，成为发展生态学统一理论框架的重要基础。同时，高通量测序、同位素技术、生物标志物、微根窗技术、大规模联网观察与控制实验等新技术的应用，进一步拓展了重要的研究方向与领域。

今后几年内的前沿热点问题包括：① 物种多样性格局及其形成机制；② 生态系统结构与功能及其变化过程；③ 生态过程对环境变化的响应与适应机制；④ 地上与地下生态过程的耦联、生命系统与生态学代谢理论；⑤ 种间关系与协同演化；⑥ 生态适应的遗传基础；⑦ 生态系统过程的微生物调控机制；⑧ 传染病的生态和演化；⑨ 生物入侵的机理；⑩ 退化生态系统的恢复与重建等。

（二）农业生物学的发展规律和发展态势

农业生物学是指以农业生物为主要研究对象的应用基础学科，包括作物学、林学、园艺学、植物营养学、植物保护学、畜牧学、兽医学和水产学等。多年来，农业生物学受到产业需求和基础生物学研究成果的双重驱动，其发展趋势是从单一学科向多学科综合，从单一层面到多个层次整合，综合、长期、系统地研究与农业生物高效生产、资源高效利用、生态安全等相关的农业重大科学问题。农业生物学与其他学科的交叉渗透日益加强，生物组学已成为农业科学研究的重要基础。目前，食物供给安全问题、资源刚性制约和生态环境压力日趋严重，全球气候变化使农业生产的不确定性增加，城镇化带来的农业生产方式转变。

未来农业生物学的研究重点将集中在农业生物性状的形成基础与调控，农业生物间及与环境的互作机制，应对气候变化及环境可持续的相关农业基础科学问题。

1. 作物学

作物学的研究对象为高等栽培植物和农作物，研究目的是为了充分利用自然资源（水、肥、光、热等）进行大规模高效生产。当前作物学的发展态势是针对保障国家粮食安全、提供充足的优质作物产品、实现土地等资源的可持续利用等重大需求开展相关基础研究，充分发掘和利用我国丰富的作物种质资源，解析重要性状（发育、产量、品质、抗病抗逆性、株型等）遗传和分子机理，探讨基因型与环境的互作机制，加强作物抗逆的生理生态基础理论、栽培调控技术、农田生态系统管理等研究力度，加快与作物机械化、信息化生产管理相配套的品种、栽培技术、耕作制度的集成和推广应用速度，鼓励将生态学、信息学、农业工程与作物学科紧密结合与交叉，提高农业的智能化水平。

未来几年的重要研究领域包括：① 优异基因的发掘与鉴定；② 分子设计育种的理论与方法；③ 产量挖潜与资源效率协同提高的栽培生理机制；④ 生产系统与农业信息学；⑤ 作物安全清洁生产理论和模式；⑥ 适应城镇化生产方式转变的相关农业基础科学问题等。

2. 园艺学与植物营养学

园艺学的研究对象为果树、蔬菜（含瓜果和食用菌）和花卉植物。当前的发展态势是更加聚焦园艺产业提出的重要科学问题，为解决实际问题提供理论基础、手段和途径，发挥应用基础研究在解决园艺产业问题的引领力。未来，应充分利用我国丰富的园艺种质资源以及在基因组学研究的领先优势，挖掘更多与重要经济性状相关的功能基因，加强园艺作物特有性状或生物学特点的研究；重点解决在劳动力成本明显增加的形势下，省力化和轻简化栽培的相关生物学问题；更加关注园艺产品的安全性问题，深入开展园艺产品健康成分的科学评价，研究不利或有害物质的积累、代谢机制及其安全性评价。

植物营养学主要研究养分在土壤、植物和环境中的形态、转化和平衡，以及在植物体内的功能、代谢和调控。植物营养学正在从认识自然现象及规律发展到人为调控阶段，在植物高效利用养分的遗传资源挖掘、品种选育、根际养分和根际微生物区系的调控等领域不断取得新突破。现代物理、化学和分子生物学的快速发展促进了植物营养学基础研究与应用的进一步提升。未来几年，针对作物优质、高产、高效等产业需求，主要开展下列方面的研究：① 实现稳定产量和提高品质的合理精准养分管理；② 探究有害和污染物进入作物的机制及阻控手段；③ 信息化管理土壤微生物、水肥一体化及养分资源。

3. 植物保护学

植物保护学是研究病虫、草、鼠等有害生物的种类识别、生物特性、发生规律、危害损失、成灾机理与防治策略的学科。植物保护学研究的主要任务是揭示植物抵御有害生物的分子机理及有害生物灾变规律，建立有利于提高农业综合生产力、保护生物多样性、控制环境污染和节约资源的有害生物持续治理技术体系。基因组学、蛋白组学、代谢组学等现代生物技术，以及3S技术（即遥感技术、地理信息系统和全球定位系统的统称）、昆虫雷达等现代信息技术的快速发展，有力地推动了有害生物生物学基础、成灾机理的研究以及防控技术的发展，将会为有害生物可持续控制找到新途径。

未来几年，植物保护学的重要研究领域包括：① 农业有害生物的致害机理与灾变规律；② 植物—有害生物—天敌互作机制；③ 有害生物监控新理论与新方法。

4. 林学

林学是以森林和木本植物为主要对象，揭示其生物学现象的本质和规律，开展森林资源的培育、保护、经营管理和利用的学科。近年来，林学研究在微观方面，揭示木本植物特有的生长发育机理；在宏观方面，通过与其他学科紧密交叉，综合研究森林的培育和经营管理。林学的研究方法逐渐从静态分析向动态监测、从单一数据源向多源数据、从单一学科的问题诊断向多学科的知识和方法的综合应用的转变。

未来几年的重要研究领域包括：① 重要森林资源保护与利用的生物学基础；② 木本植物发育的分子机理；③ 林木重要性状遗传基础与改良；④ 林木育种群体的构建及种质创新；⑤ 基于不同林种的培育理论；⑥ 高精度森林资源信息系统构建；⑦ 重大森林灾害发生机制；⑧ 森林退化及恢复机制以及森林资源高效利用等。

5. 畜牧学与草地学

畜牧学是研究畜禽及特种经济动物的品种（系）培育、饲养、繁育、管理及其产品利用的学科。畜禽组学的发展为畜禽的遗传改良和分子育种奠定了基础；生殖内分泌分子机理、受精的分子机制、胚胎发育调控机制等均取得了重要进展，为动物繁殖学奠定了理论基础；动物营养学从单一的营养研究向营养与遗传、营养与免疫等领域拓展；特种经济动物的研究发展十分迅速，呈现出基础研究、资源利用与产业发展并重的态势。未来几年的重要研究领域包括：① 畜禽遗传育种研究的体系和群体的建立；② 提高畜禽繁殖力的基础研究；③ 畜禽肠胃微生物与营养利用和免疫力提高的基础研究；④ 畜禽健康养殖的模式与体系。

草地学以为家畜高效生产提供优质饲草为目标，研究草地利用、草地环境与灾害、牧草种质资源与育种、牧草生产与加工储藏等方面的内容。不断加强牧草资源研究与新品种的选育，关注人为活动和放牧与草地生产力关系的研究，成为草地学发展的重要态势。未来几年的重要研究领域包括：① 野生牧草资源特异基因的鉴定和功能研究；② 草类植物适应极端环境机理；③ 草地农业系统的结构与功能；④ 草地灾害中致灾因子的综合调控机理。

6. 兽医学

兽医学是研究预防、诊断和治疗动物疾病及人兽共患病的学科。兽医学发展态势首先表现在研究对象的拓展，包括病原种类的增多和宿主范围的扩大：一些新的病原逐渐被发现和认识（如 SARS 冠状病毒、西尼罗河病毒、尼帕病毒、裂谷热病毒、猪繁殖与呼吸综合征病毒等），日益增多的伴侣动物疾病和野生动物疫病逐步受到关注。其次，现代兽医学在研究层次上不断深入：从个体发展到群体，从组织器官水平发展到细胞分子水平，从病原体单方面的挖掘发展到病原与宿主互作、动物与环境依存关系。未来几年的重要研究方向包括：① 人畜共患病的发病、流行和防控；② 病原与宿主的互作机制；③ 兽医诊断的新方法和新技术；④ 动物源性食品安全。

7. 水产学

水产学是研究水生经济生物繁育、生产及其与环境互作的学科。随着水产业在提升国民经济与维护人类健康中的地位日益提高，对先进水产理论和技术的需求成为水产学科发展的强大推动力。在研究对象上，水产学从研究单纯的水产生物本身扩展到对更复杂的水产生物 - 微生物 - 养殖环境 - 人工干预等多对象有机结合的生态系统；在研究层次上，从个体和组织器官水平深入到细胞和分子水平，从对水产生物的现象描述发展到对生物学基本机制的探索，从对单一基因、单一蛋白的研究发展到对遗传网络、营养代谢网络、内分泌网络、免疫应答网络、信号调控网络等的整合生物学研究；在研究策略上，从传统的对象单一化、手段单纯化、时间片段化的研究模式逐渐转变为层次丰富、手段多样、时空跨度大的系统性研究；在学科框架上，将食品安全、自然资源、气候变化、大数据分析、人类健康乃至国家战略设计纳入到当代水产开放而广阔的视野中；在学科交叉上，各研究方向之间乃至水产学与其他学科间的紧密交叉和全面融合已成为当代水产学研究的基本特征之一，并在不同学科理论和新技术的互相支撑下不断衍生出新兴的研究方向和重大创新成果，成为水产学发展的不竭源泉。未来几年的重要研究方向包括：① 水产生物功能基因的挖掘与利用；② 水产资源养护和增殖理论和技术研究；③ 环境友好型水产生态增养殖原理与配套技术体系的构建。

（三）生命科学交叉学科的发展规律和发展态势

生命科学通过与数学、物理学（力学）、化学、地学等，以及与工程与材料、信息工程科学的不断交叉和融合，形成了独具特色的交叉学科，主要包括生物力学与组织工程、心理学、食品科学等。近年来，生命科学交叉学科的发展规律和态势是：运用其他学科的理论和方法揭示生命的本质和规律，从交叉到融合的趋势进一步强化，致力于回答对于生物学来说重要的、但生物学难以独立解决的科学问题；研究角度更加多元化，生命现象和生物学过程的非线性特征得以深化，基于模型化研究的理论预测促进了从假设驱动到数据和知识驱动的实验验证；从微观向宏观综合、从宏观到微观深化，生命科学的多尺度分析和跨尺度整合不断深入。多学科交叉不断产生新方法、新技术，推动了生命科学的全面发展。

1. 生物力学与组织工程

生物力学与组织工程是应用物理、力学、化学、数学等基础学科，以及工程与材料、信息等工程学科的原理和方法来研究生物医学问题的学科，旨在定量认识生命现象和生物学过程的基本规律，发展新概念、新技术和新方法，提升人类健康与重大疾病诊治水平。当前，该学科的发展趋势是：随着物理观测、力学设计、化学表征、数学建模等方法的进步，以及光电成像、材料制备、信息处理、工程构建等技术的发展，在跨尺度（从单分子到个体）、多场耦合（光、电、力、热、声）下认识生命现象和生物学过程的时空变化规律，提升生物医学研究定量化、可视化、系统化水平。近年来，该学科重要领域包括：① 组织与器官力学等注重系统建模和个体化分析；② 分子 - 细胞生物力学与力学生物学等聚焦力学 - 化学 - 生物学耦合机制；③ 生物材料从惰性到生物化再向生物活性发展，并重点关注从宏观到微纳米尺度的药物输送系统研究；④ 组织工程强调重要生命器官、结构性人体组织的体外构建与体内移植修复，以及基于组织工程技术的免疫系统重建、三维器官构建；⑤ 纳米生物学聚焦新型纳米生物材料研发、纳米材料与生物检测和医学诊断、纳米材料与药物输递，以及纳米材料安全性评价；⑥ 生物医学图像则从单纯提供生物体的形态信息向同时提供生物体的形态、生理、功能和代谢等信息，从单一模态成像向多模态信息融合，从宏观成像向宏观与微观融合的多尺度成像转变。生物力学与组织工程的进一步发展、交叉、融合，必将为其他学科提供更多的新概念、新方法和新技术，进而加深人们对生命的定量认识。

2. 心理学

心理学是研究人的心理和行为的科学，旨在从分子、细胞、脑区及脑网络、行为、个体、群体等多个层面阐明认知、情绪、动机、智力、意识、人格等心理现象的发生、发展、作用规律及其机制。科学实验和定量分析的引入使得心理学从哲学思辨中独立成为一门科学。由于研究对象的复杂性，心理学研究呈现多层次和多角度并存、分支学科越来越细的发展态势。与此同时，心理学的多个分支领域，借助神经科学、信息科学、医学科学和工程科学等的新技术、新方法，对心理活动物质基础——大脑及其结构、功能进行不断地诠释和解析。今后几年内的前沿和热点问题包括：① 感知觉信息处理与多通道整合；② 注意与意识的认知神经机制；③ 学习与记忆的心理过程及其生物学基础；④ 情绪与行为调节的心理生理基础；⑤ 心理应激与危机干预机制；⑥ 人类个体认知与社会行为的发生发展过程；⑦ 心理疾患的发生机理与早期识别等。

3. 食品科学

食品科学是一门运用生物学、化学、工程学知识和手段来研究食品及其原料的物理、化学、生物学性质，食品加工原理，食品营养和安全等的综合交叉学科。食品科学的发展态势是利用多学科的理论与方法研究：① 食品及其原料的化学组成、结构、理化性质、营养成分；② 食品加工、发酵、储藏的生物学基础和食品在加工、发酵、储藏等过程中营养成分的变化及机制；③ 食品保鲜的生物学基础；④ 食品有害物质产生原因和消除的机制；⑤ 不同种类食品原料膳食配制的营养成分相互作用和高效、安全利用的基础；⑥食品有害物质的痕量、高效、准确和快速检测的理论与方法。

三、生命科学的发展现状与发展布局

（一）发展现状

近20年来，随着国家在生命科学领域投入的增加和科研队伍的快速成长，我国生命科学研究水平显著上升，在国际上的学术地位得到显著提高。2013年，中国生物学发表论文数量为33 081篇，位居世界第二，与2004年排名相比上升了8个位次；农业科学领域论文被引用次数排名世界第三位。在近5年评选的“年度中国科学十大进展”中，生命科学领域的突破持续占据半壁江山。生命科学的快速发展正不断增强我国的整体科研实力。我国科学家在《Cell》《Nature》《Science》期刊发表论文已呈常态化，近3年每年都在30篇以上，一些研究成果引起了国际生命科学界的广泛关注。中国已经成为国际上生命科学研究的重要基地，为当今世界生命科学的发展做出了重要贡献。

我国科学家在生物学研究上取得了突出进展。基因组测序能力已经处于世界领先地位，相继完成了中国特有生物（大熊猫等）和重要农作物（水稻、黄瓜、马铃薯等）的基因组测序及分析工作，使我国成为国际基因组研究重要基地之一。在细胞生物学方面，完成多项有创新意义的工作，如揭示了营养匮乏引发细胞自噬的分子机制；在干细胞领域，成功将胚胎成纤维细胞定向转分化为功能性肝细胞，证实单倍体孤雄干细胞具有可替代精子和快速传递基因修饰的能力，在小鼠上证明诱导性多能干细胞（iPS细胞）的全能性，实现小分子药物诱导iPS细胞等。在结构生物学方面，解析一系列重要蛋白质或复合物的三维结构并阐述其作用机制，如30纳米染色质结构、人源葡萄糖转运蛋白GLUT1和γ分泌酶复合物等。在表观遗传研究方面，中国科学家也做出了重要成绩，如发现Tet双加氧酶调控DNA修饰、DNA甲基化图谱子代继承的规律等；在生殖发育方面，也取得了突破性进展，如系统研究了人类早期胚胎发育过程DNA甲基化组的动态变化。在固有免疫研究中，发现炎症Caspases是细胞内脂多糖（LPS）的固有免疫受体。在神经研究中，发现了胶质细胞的多巴胺受体在神经炎症中的作用，阐明了前额叶在延迟期间的电活动对于工作记忆的重要性等。此外，在水稻株型调控的激素信号转导机制、水稻育性的遗传调控机理、植物天然免疫分子机制的结构生物学研究等方面，中国科学家也取得了令世界瞩目的研究成果。

我国科学家在生物资源的收集、鉴定、保藏等方面取得系列成绩。例如，建成“中国西南野生生物种质资源库”，近 5 年鉴定了 3000 余个昆虫新种和近 3000 个微生物新种；在动植物演化方面，揭示花起源、花瓣缺失、花对称性改变、果荚开裂和果实大小变异等的分子机制，解析多种野生动物（藏羚羊、野牦牛等）的功能演化和适应性演化机制；在濒危物种保护方面，阐明我国特有野生动物（大熊猫、金丝猴等）的濒危机制；在重要病原微生物研究领域也做出有影响的工作，如阐明病原细菌毒素效应蛋白作用机制，揭示禽流感病毒的变异与传播规律并解析其重要蛋白组分的结构；在生态学方面，建成中国生态系统研究网络、生物多样性观测网络等研究平台，在全球气候变化对生态系统（草原、森林等）影响方面做出了重要工作。

我国科学家在农业生物学研究上取得了一系列重要成果，克隆并解析了作物产量相关性状（调控作物株型、开花、籽粒形成、抗逆等）的重要基因；在杂种优势机理研究方面取得了新进展，如水稻广亲和基因的克隆及其功能解析；利用染色体工程方法培育出小麦新品种（“小偃”系列和“周麦”系列等），并在农业生产中推广；在农业有害生物（蝗虫和棉铃虫等）的基础和防控研究方面取得一些重要进展；在畜牧学、兽医学和水产学方面，培育了多样特色畜禽、水产品种，如南阳牛和巴美肉羊等；揭示了畜禽重要病原感染机制，研制了防治禽流感、口蹄疫等疾病的新型疫苗。

近年来，我国生命科学交叉学科快速发展，深度融合。在生物力学与组织工程领域，生理力学环境调控与跨尺度力学-化学-生物学耦合、生物材料的活性修饰与生物相容性、组织/器官的工程化构建、纳米生物制品的功能与安全性、生物电磁效应与脑图像分析及脑网络组等方面均取得重要进展，并在某些方面达到国际先进水平；在心理学领域，认知心理学、生理心理学、健康心理学等方面的进展为心理疾患早期识别和干预提供理论基础和技术方法，新媒体、大数据分析和脑神经成像、基因分析的应用在不断深化对宏观社会心理规律和认知活动物质基础的认识，进而促进人的身心健康、提高人的社会行为效率、促进社会的和谐发展；我国食品科学领域的基础研究逐渐深入，取得了多项明显进展，如在乳制品有益菌类收藏、鉴定、保存、利用方面做出了重要工作；食品有害物质检测的技术方法快速发展，利用多学科交叉技术分析食品中营养成分转化规律也有明显进展等。同时，多学科交叉产生的新技术、新方法有力地推动了生命科学的发展，例如，采用显微光学切片层析成像技术获得了小鼠全脑高分辨率图谱，利用新型微萃取和化学衍生技术可同时测定 7 类 30 多种内源性植物激素等。

在过去的几年中，我国政府对生命科学领域科研经费的投入大量增加。生命科学领域布局的“国家重点基础发展研究计划”（973 计划）项目占到了其总数的 1/3 左右，并且启动了“发育与生殖”“蛋白质科学”和“干细胞”三个重大研究计划，以及“重大传染病”“转基因”和“重大新药创制”三个重大科技专项。我国在研究平台建设方面也取得了重要进展：国家遗传工程小鼠资源库的建立和正常运行，为遗传学和功能基因组学、重大疾病动物模型和机理研究提供了有效手段；上海光源（Shanghai Synchrotron Radiation Facility，SSRF）的建成，将推动我国结构生物学的发展；国家蛋白质科学基础设施正在建设中。在国家的大力支持下，不少的高校和科研院所都实现了生命科学研究基础平台的改进和完善。国家研究经费的增加和研究条件的改善必将对我国生命科学的发展起到长久的推动作用。

我国在生命科学人才引进和培养方面也取得了显著成效。通过教育部的“长江学者奖励计划”、中国科学院的“百人计划”、国家自然科学基金委员会的“国家杰出青年科学基金”项目，以及由中共中央组织部启动的“千人计划”等人才支持项目，我国近年来从海外引进了一大批受到过良好科研训练、取得过重要研究成果的优秀中青年生命科学工作者。与此同时，一大批本土培养的优秀青年科学家也脱颖而出。我国学者在国际生命科学界的地位明显提高，多人担任了国际重要学术期刊的编委和国际学术组织的职位，多个有较大影响的国际学术会议在中国组织召开。

虽然我国在生命科学领域取得了突出成绩和长足的进步，但与美国、欧洲、日本等发达国家和地区相比仍有相当大的差距。主要表现在以下五个方面。

（1）原创性研究成果较少，跟踪和模仿研究较多，虽然有高水平论文发表，但对学科发展有引领带动作用的成果较为罕见。

（2）我国的高水平生命科学人才相对缺乏，前沿研究过分地依靠少数高校和研究单位的少数科学家，近期回国或本土成长起来的青年科学家的潜能和创新能力还需要发掘。

（3）在我国，相对于应用性研究，基础性研究尚未得到充分重视，急于求成、急功近利的短视观念导致基础研究队伍的萎缩，限制着原创性研究的萌生与发展。

（4）基础研究投入亟须加强。例如，国家自然科学基金委员会对生命科学部的投入只占其总研究经费的 14% 左右，远不能满足生命科学快速发展的迫切需求。

（5）学术评价体系、研究氛围、资助机制、管理体制等软条件还不能完全适应于创新的需要。我国还没有实现从注重论文数量、期刊的影响因子到注重研究本身的创新性和对相关领域贡献的转变。

（二）发展布局

在“十三五”期间，生命科学研究要把握国际学科发展态势，明确国家重大战略需求所蕴涵的科学问题，优先发展一批我国有优势和特色的重点和前沿方向。鉴于人力、财力的限制，我国生命科学学科发展布局的应做到协调发展和重点突破并重，面向世界科技前沿和面向国家重大需求并举，注意资助体系设计的顶层设计与自由探索的结合，合理调配人才资助与项目资助的比例。同时，要大力提倡和鼓励学科交叉与合作，鼓励概念和技术创新，积极参与国际竞争。

生物学研究一方面要优先支持干细胞和表观遗传等具有重大生物学意义的国际前沿研究，要大力发展新技术和新方法，支持生物标记、基因编辑和显微成像等技术的革新，以技术突破带动并促进遗传学、发育生物学、细胞生物学、免疫学、神经生物学等领域的发展。另一方面，要以国家需求为目标，开展关系我国可持续发展、生态安全、环境保护资源的利用和开发的基础科学问题研究。重视世界范围内生物资源的收集和保存，关注外来物种入侵、生物多样性保护、生物和生态系统对全球变化的响应与适应、潜在病原微生物、海洋生物资源等领域，鼓励基于生态系统的网络化长期观测与科学试验平台，采用观测、实验和理论模拟等综合方法，开展多尺度、多过程、多层次的重大生态环境问题整合研究。鼓励生物学与其他学科的交叉融合，为农业科学和基础医学的发展创新提供理论和技术支持。

农业基础科学方面，重点支持以揭示重要农业生物（植物、动物、微生物）生命活动、遗传改良、高效生产相关的基础和应用基础研究，进一步推动我国在农业生产、食物安全、资源高效利用、生态环境保护、生物产业发展等方面基础研究的发展，大力开展农业生物基因资源的发掘和利用、农业生物基因组结构与功能分析、农业生物重要农艺和经济性状的形成机理、农业生物重要性状遗传改良及分子设计育种的技术和理论、农业植物病虫害和动物疾病的致病机制及防控理论、农业生物高产与资源高效利用的理论基础、农产品产后主要品质变化的发生规律及机理、全球气候变化对农业生产的影响等方面的研究；把握国际学科发展态势，明确并优先发展一批我国有优势和特色的重点和前沿领域，如农业生物重要性状的生物组学研究、农牧用地生产力提升与重建机理、农业动物营养-寄主-微生物互作及其调节机制、农业植物－土壤－微生物互作过程及调控机制、荒漠化防治与水土保持；大力提倡和鼓励学科交叉与合作，培植农业生物组学等新兴领域和学术生长点，如农业生物的生物信息学基础、农产品中功能成分和化学危害因子的形成机制与调控、农林生产系统的环境生态互作机制和功能调控等，促进源头创新。

在交叉科学方面，食品科学研究需在继续发展食品加工基础、食品生物化学、食品微生物等传统优势研究领域的基础上，密切关注、培植新兴领域、交叉领域和学科新的生长点；充分利用食品生物化学、食品微生物学、食品化学和食品工程所取得的理论和技术成就，带动食品生物技术、食品营养分析、食品先进制造等前沿领域的发展。心理学应关注认知与人脑连接组学领域，研究人脑结构与功能的关系、人脑各功能网络的毕生发展变化轨迹及其常模、神经与精神疾患的生物学标记；研究社会情境、大脑、基因三者之间如何相互建构并最终影响人的心理和行为；从分子、细胞、神经环路等层面，研究认知与情绪重大脑疾病发生发展的规律、脑疾病的诱因和防治靶点以及干预和修复技术。生物力学与组织工程方面，应深化生物力学、生物材料、组织工程、纳米生物学、生物医学影像与生物电子学等基础科学问题研究；认识分子-细胞的力学-生物学与力学-化学耦合规律，阐明人类健康和重大疾病的生物力学基础；关注高活性组织修复材料及与微环境的相互作用；开展重要生命器官构建与仿生构筑的原理研究，揭示功能性 / 工程化组织及体内移植干细胞与免疫系统相互作用规律；研究纳米生物载体与免疫系统的相互作用机制，揭示多功能纳米高分子生物载体的协同作用；获取生物医学图像大数据并基于不同组学开展数据融合，深化对复杂生物系统各单元间定量关系的理解和跨尺度信息的整合。

针对我国生命科学领域发展对高层次人才的迫切需求，需要重点加强创新人才和创新团队的培养，造就一批具有国际影响力的杰出科学家和引领国际科学前沿的创新团队。以国家杰出青年科学基金、优秀青年科学基金及创新研究群体项目等人才项目为牵引，培养支持一批学术基础扎实、具有突出的创新能力和发展潜力的优秀创新人才和跨学科创新团队；以青年科学基金项目、面上项目、重点项目、重大项目和重大研究计划为依托，支持优秀科学人才和团队开展创新性研究工作；以海外及港澳学者合作研究基金项目、国际（地区）合作与交流项目为指引，加强国际合作。

四、我国生命科学的发展目标及其实现途径

生命科学研究要着力阐明生命活动的基本现象和规律，同时要以国家需求为目标，结合实际开展应用基础研究，力争解决一系列与国计民生相关的基础科学问题，在研发高产、优质、抗逆抗病农作物和畜禽新品种，研发新的医药产品和治疗手段，提高人口素质，改善和保护自然环境，维护国家安全和社会稳定等方面发挥重要作用。

（一）发展目标

（1）保持我国科学家在优势方向的国际领先地位，力争将部分优势方向发展成为引领国际前沿的重要阵地。

（2）促进更多研究方向的快速成长，培养更多在国际上占有一席之地的优势方向。

（3）注重学科均衡发展，大力促进弱势学科和弱势研究方向的发展。

（4）进一步壮大生命科学研究队伍，培养高水平研究团队，造就一批在国际生命科学研究领域具有重要影响力的科学家。

（5）显著提升生命科学领域的论文质量，取得一批系统性的原创成果，继续提高在世界顶级科学期刊发文的数量和国际影响力。

（二）实现途径

1. 继续重视我国生命科学研究的优势方向，形成国际竞争优势

我国生命科学研究的优势方向对于整个生命科学领域快速发展具有重大推动作用，是我国生命科学基础研究发挥国际影响力的重要基础，需要给予高度重视和长期、稳定的支持。

在生物学领域拟加强的优势方向有：① 母（父）源因子对胚胎发育的调控作用；② 器官原基的建立和组织器官形态建成；③ 内、外环境因素影响衰老的细胞和分子基础；④ 免疫新分子和细胞新亚群的鉴定和功能研究；⑤ 神经发育和离子通道；⑥ 蛋白质和核酸等生物大分子的修饰和调控；⑦ 细胞信号转导及其调控机制；⑧ 干细胞命运决定机制；⑨ 表观遗传修饰；⑩ 非编码核酸的结构与功能；⑪ 代谢调控与代谢产物的生物学功能；⑫ 功能基因组研究；⑬ 重要生物类群起源、演化与适应；⑭ 生物的复杂性状及其演化机制；⑮ 植物生长发育与环境互作的生理与分子机制；⑯ 动物种群动态及其调控机理；⑰ 动物濒危机理与种群恢复；⑱ 微生物系统发育；⑲ 极端微生物；⑳ 细菌次级代谢；㉑ 环境微生物；㉒ 病原微生物演化与致病机制；㉓ 物种多样性的形成与维持机制；㉔ 群落的生态-演化动态；㉕ 生态系统碳氮循环与全球变化生态学、生态系统服务功能；等等。

在农学领域拟加强的优势方向有：① 农林生物种质资源保护和重要基因发掘；② 农林生物基因组学与分子设计育种；③ 农业生物抗生物逆境的机制和免疫学基础；④ 农林植物响应非生物逆境和抗逆机制；⑤ 农业植物水分养分资源高效利用机制与调控；等等。

2. 扶持薄弱方向，保障生命科学各学科的均衡发展

我国生命科学研究还存在一些意义深远、短期未被充分认识且研究方法不同于常规的科学问题，即薄弱研究方向。薄弱研究方向发展需要新研究方法、技术或理论的突破，以形成新的学科增长点。

生物学领域拟扶持的薄弱方向有：① 糖、脂生物学；② 衰老机制及干预策略；③ 免疫动物模型的建立和免疫拟人化；④ 灵长类脑科学；⑤ 运动和特殊环境生理学；⑥ 标准细胞图谱绘制；⑦ 经典生物分类与古动植物学；⑧ 原生动物、藻类、苔藓、蕨类等的生物学；⑨ 动物行为演化与生物学机制；

⑩ 微生物起源与演化；⑪ 模式微生物生理代谢；⑫ 真菌遗传学；⑬ 真菌次级代谢及其环境适应机制；⑭ 细菌耐药机制；⑮ 动植物和微生物共存与相互作用机制；⑯ 全球变化生物学；⑰ 生物地理生态学；⑱ 生物入侵的机理、影响与防控；⑲ 生态系统健康评价与退化生态系统系统的恢复；等等。

农学领域拟扶持的薄弱方向有：① 农业模式生物的功能基因组研究；② 荒漠化防治与水土保持研究；③草-畜界面过程及其调控机理；④ 食品营养和品质形成机理及调控机制等。

3. 鼓励和支持学科交叉和方法技术创新

基于生命科学研究对象的复杂性，需要多学科交叉融合来认识和解决。生命科学各领域间有着密不可分的重要联系，拟鼓励的交叉学科和研究方向有：① 重要生命器官的组织工程构建和性能；② 生物医学成像技术的基础；③ 组织器官再生和缺陷修复；④ 系统生物学；⑤ 合成生物学；⑥ 化学生物学；⑦ 形态功能及仿生；⑧ 高分辨率显微技术和新标记技术在单细胞 / 单分子研究中的应用；⑨ 认知、心理与行为的分子机制；⑩ 农业生物组学；⑪ 农业生物基因组编辑；⑫ 农业生产过程中资源利用和环境效应；等等。

4. 加强生命科学研究的队伍建设

在继续从海外引进优秀中青年生命科学工作者的同时，要加强国内的人才培养工作，培养出一批学术基础扎实、具有突出的创新能力和发展潜力的优秀创新人才。在生活和工作待遇上两者同等对待。

第二节　生命科学的优先发展领域

一、遴选优先领域的基本原则

遴选优先领域的基本原则有以下七个方面。

（1）关注重大的基本科学问题和国际前沿热点问题。

（2）关注在“十三五”期间有望取得突破的领域。

（3）支持源头创新和鼓励具有我国优势和特色的研究领域。

（4）重视已有的科学积累，持续推动我国优势领域和特色领域的发展。

（5）支持以解决国民经济发展中的重要科学问题为目标的基础研究。

（6）以生命科学问题为导向，开展多学科交叉的综合研究。

（7）注重对生物学有重要影响的新技术和新方法的支持。

二、优先发展领域

1. 生物大分子的修饰、相互作用与活性调控

生物大分子包括蛋白质、核酸、多糖及寡肽等。对生物大分子的共价修饰、相互作用及活性调控的研究是了解各种生命活动的基础。生物大分子的特异相互作用是它们发挥功能的重要方式。在活细胞内，生物分子根据其定位、结构、运动、浓度以及与其他生物分子的动态相互作用，精确并有条不紊地执行着复杂多样的功能。深入认识生物大分子修饰、相互作用和活性调控机制，以及其在细胞生命活动和疾病发生中的作用，是未来一段时间内生物学的关键科学问题之一。随着生物标记和显微成像技术的发展，在活细胞中实现生物大分子和分子复合物的实时动态观测与精准操纵正在逐渐成为现实。

重要科学问题：① 生物大分子修饰、动态变化及其功能；② 生物大分子相互作用的动态性和网络特征；③ 生物大分子特异相互作用的结构基础和预测；④ 生物大分子复合体的自组装；⑤ 糖、脂化学与酶促合成、结构与功能；⑥ 采用高分辨等技术方法研究细胞内大分子行为。

2. 细胞命运决定的分子机制

细胞是生命活动的基本单元，但对细胞生命活动规律和发生机制的认识还很肤浅。细胞会根据外界环境的变化来决定是否增殖、分化、运动、衰老或死亡。在多细胞生物的机体内，不仅有前体细胞向终端细胞的分化，成熟细胞之间也会发生转分化。这些细胞命运的决定不仅受外界信号的影响，也受细胞之间相互作用的调控。理解细胞命运决定的物质和信号基础及其调控机制是细胞生物学的核心问题，也一直是生命科学研究的前沿领域。

重要科学问题：① 细胞可塑性调控机制；② 细胞器和亚细胞结构的动态

变化及其功能；③ 细胞跨膜信号转导与命运决定；④ 干细胞多能性维持与定向分化的机制；⑤ 胚胎干细胞分化的转录和表观遗传调控网络。

3. 配子发生与胚胎发育的调控机理

动植物的有性生殖依赖雌配子（卵子）和雄配子（精子）的形成，其不仅受内在因素的影响，也受中枢神经和周边体细胞的调节。配子尤其是卵子中的储存物对受精后胚胎的发育有重要的贡献和影响。受精后，基因组的动态修饰调节合子基因的有序激活，使不同区域的细胞获得不同的发育命运，成为各种组织器官的多能性前体细胞，其进一步的迁移、增殖、分化将形成各种器官原基，逐渐形成有功能的组织器官。这些重要的发育过程受到多种因子和信号通路的调控。对细胞发育的时空动态变化及其分子调控网络，以及相关疾病的发生机制的认识成为重要的热点和前沿领域。

重要科学问题：① 配子发生和成熟的分子机制；② 胚胎发育图式的动态变化及其分子调控网络；③ 细胞谱系发育的分子机制；④ 配子发生和胚胎发育的表观遗传调控。

4. 免疫应答与效应的细胞分子机制

免疫应答与效应是免疫系统各细胞和分子与生物体内外环境相互作用的多层次多时程的系统事件。对机体整体的免疫细胞网络连接和调控研究，综合各细胞亚群和效应分子在复杂免疫反应过程和相关疾病中的协同或拮抗的调控分子机制，是今后免疫学研究的重点方向。

重要科学问题：① 免疫细胞新亚群、新分子及其功能；② 免疫细胞识别和活化的信号转导；③ 不同类型免疫细胞相互作用及其功能；④ 微生态黏膜免疫机制；⑤ 免疫耐受和免疫逃逸机制。

5. 衰老的生理功能变化机制

细胞在进行有限的分裂后将发生衰老，导致器官功能下降和个体衰老。不同器官因组成细胞的不同，衰老各有特点，机制也复杂多样。衰老不仅受到环境变化的影响，也受到遗传因素的调控。由于衰老的复杂性，传统的单基因研究有相当的局限性，近期兴起的组学技术和生物信息学的发展必将为衰老研究提出新的解决方案。研究细胞、组织器官和个体衰老的分子基础和调控机理，是揭示衰老的根本原因、也是实现衰老干预的必由之路。

重要科学问题：① 组织器官的生理功能变化及其对个体衰老的影响；② 环境因素影响衰老生理稳态变化的细胞和分子基础；③ 激素变化对衰老的影响机制；④ 生理代谢变化对衰老的影响机制；⑤ 植物早衰机制。

6. 糖 / 脂代谢的稳态调控与功能机制

生命体的糖 / 脂代谢既是生命得以存在的首要特征，也是生命活动过程不可或缺的因素。生命细胞得以存在的关键屏障膜是封闭型脂双层结构膜，生命细胞各类正常活动都是在该屏障膜本身及其内外和跨膜的糖 / 脂代谢平衡条件下进行。同时，糖 / 脂代谢还为生命体提供生物合成的基本原材料和生命活动所需的能量。随着生命体的核酸、蛋白质等生物大分子研究的突破性进展，正在兴起有关糖 / 脂代谢的稳态调控与功能机制等领域的前沿研究，研究结果对深入阐析重要的生理病理机制、提高人类健康质量有重要价值。

重要科学问题：① 糖 / 脂代谢与能量代谢的网络调控；② 膜糖 / 脂代谢的动态调控与功能；③ 糖 / 脂特异代谢物的转运机制与功能；④ 细胞或组织器官特异的糖 / 脂代谢与功能；⑤ 糖 / 脂代谢调控与内分泌系统的相互关系；⑥ 糖 / 脂代谢的稳态维持与异常发生机制。

7. 植物激素互作分子机制

植物激素是植物体内产生的一系列活性天然小分子物质，调控植物生长发育的各个过程及植物对外界环境的适应性。同一个发育过程受到不同激素互作的调控。近些年来，随着对植物激素代谢、信号转导和作用机理研究的深入，已经阐明了单个激素合成关键组分和信号转导核心元件，但不同激素在代谢、信号转导乃至发挥效应的多个环节之间的相互作用，对复杂而精细的植物激素互作网络的认识还十分有限。因此研究植物激素的互作机制，对于阐明植物激素调控植物器官形成及对环境适应性的分子机理，深入认识植物生长发育的基本规律具有重要的意义。

重要科学问题：① 激素互作在植物重要器官发育中的功能；② 植物激素与其他信号途径相互作用的分子机理；③ 植物激素代谢及其调控的分子机制；④ 植物激素信号感知及转导的分子机制。

8. 重要性状的遗传规律解析

遗传学与生物信息学的目标之一是认知生物多样性产生和演化的遗传机制和基础。在物种的自然（或人工选择）群体中，生物性状通常呈现连续变异，而且这些变异还会因生存环境的改变而发生更为丰富的变化。这些复杂的生物性状涉及物种的生长、发育、繁殖、衰老、疾病易感性、对不良环境的耐性及其在自然界中的生存竞争力和长期繁衍能力。就农作物而言，复杂性状还包括一些对人类社会具有重要价值的经济性状（如作物的产量、品质、次生代谢性状等）。随着非传统模式物种基因组学的开展、海量数据的积累和高效基因编辑技术的发展，未来有望开展揭示各类生物物种性状变异和演化的遗传基础的研究，解决复杂性状遗传机制等许多长期以来人类无法解析的问题。

重要科学问题：① 复杂性状的遗传结构和调控机制；② 复杂疾病的遗传和生理机制；③ 生物性状演化的遗传基础；④ 人类及重要生物表型的特征及遗传基础；⑤ 次级代谢调控的遗传基础。

9. 神经环路的形成及功能调控

神经元是组成神经系统的基本功能单位，而神经元之间形成的神经环路则是神经系统处理信息的结构基础。理解神经元的分化、发育及功能特性和神经环路的形成、调控及信号处理机制是理解大脑工作原理必不可少的基础。

重要科学问题：① 神经元的发育、形态与功能；② 神经元之间选择性联系机制；③ 神经环路信息的处理和整合；④ 神经环路异常与疾病发生机理。

10. 认知的心理过程和神经机制

人脑中的神经细胞通过神经突触相互连接形成多个时空尺度上的神经网络，执行信息的编码和处理，实现从感知觉到学习记忆乃至人类特有的语言等认知功能。理解认知的心理过程及其脑神经机制，对最终揭示脑的奥秘、推动人工智能技术进步、提升和扩展人类的创新能力等方面有着重大意义。近年来，由于脑神经成像技术、遗传学技术的应用及精巧的心理学实验设计，认知神经科学取得了重要进展，但尽管如此，我们对大脑的工作机理的了解仍十分粗浅而且不全面。因此，揭示认知的心理过程和神经机制是 21 世纪心理学的发展目标，也是当代生命科学的重要目标。

重要科学问题：① 感知觉信息处理与整合；② 注意和意识的心理过程和神经机制；③ 高级认知过程（学习、记忆、决策、语言等）的心理和神经机制；④ 认知异常的发生机理、早期识别与干预；⑤ 人类个体认知与社会行为的发生发展过程。

11. 物种演化的分子机制

演化是指遗传性状在世代之间的变化，而性状通常是由基因决定的。基因突变可以造成性状的改变，进而导致个体间遗传差异的产生。演化为生物种群提供更多的选择，在不断变化环境当中的，种群内总有一些个体能够较好地适应新的环境条件，从而将该物种的大部分遗传信息继续传递下去。随着各种组学（如基因组学、转录组学、蛋白质组学和代谢组学等）技术的发展，从分子层面探究物种演化的分子机制成已成为国际前沿研究领域。

重要科学问题：① 特殊环境下物种的适应性演化机制；② 物种相互作用的协同演化机制；③ 物种相似性状的趋同演化机制。

12. 生物多样性及其功能

生物多样性就是生命形式的多样性。生物多样性不仅保证了人类的食物安全，也提供了洁净空气和水资源等生态服务。更为重要的是生物种质资源是动植物遗传改良的基石，优异基因的发掘和利用是动植物育种取得突破的关键。由于全球人口爆炸性增长、掠夺式土地利用和气候变化，近 400 年间生物灭绝的速率远远超出了地质历史时期的生物大灭绝。生物多样性的丧失会导致生态系统功能退化，物种濒危加剧和遗传资源丧失。生物多样性的维持和物种资源保护和利用研究关乎我国的生态安全，关乎人类的福祉。

重要科学问题：① 生物多样性的形成机制；② 生物多样性的维持机制；③ 生物多样性丧失机制；④ 生物多样性与生态系统功能的关系。

13. 农业生物遗传改良的分子基础

遗传改良是提升农业生物产量和品质的关键，但其潜力的发挥受到了常规育种技术周期长、效率低和预见性差的严重制约。近年来，基于基因组学的分子设计育种已成为国际上引领生物遗传改良的先进技术。与传统的“经验育种”相比，分子设计育种具有优良基因的定向转移、基因型的精确鉴定、育种周期短等优点，是克服常规育种技术瓶颈的有效途径。随着农业生物学基础研究的迅猛发展，一些植物全基因组序列测定的相继完成，重要农艺性状分子解析和功能基因的不断克隆，分子设计育种正在成为重要的研究热点。

重要科学问题：① 农业生物重要性状形成的遗传基础；② 农业生物基因与环境互作机制；③ 农业生物表型和基因型的关系；④ 农业生物育种的新理念和新模型。

14. 农业生物抗病虫机制

利用生物本身对生物胁迫的抵御能力，如动物的免疫、植物抗病虫性等，是实现安全、高效、持久抗性的基础。开展动植物抗病虫性的生理和遗传规律、动植物免疫的分子机制的基础研究，为培育抗性品种、疫苗的创新及新绿色药物的分子设计奠定理论基础。加强农业生物疾病防控方面的基础研究，高效、快速鉴定新抗性基因及免疫调控通路中重要元件，揭示动植物免疫调控通路中各个元件的功能，从而绘制出动植物免疫调控网络，将为建立农业生物疾病的监测和检疫、新绿色药物的设计、研发与高效利用提高重要的理论和技术支撑。

重要科学问题：① 农业生物抗病虫的分子和生理机制；② 农业生物免疫应答的分子基础；③ 农业生物病虫害发生的规律与防治基础。

15. 农林植物对非生物逆境的适应机制

农林植物适应逆境的生理生态特征、应对机制及栽培调控机制研究是提高我国农业生产力的重要课题。但对其认识不够、研究不足极大地限制了抗逆分子设计育种及栽培调控技术的开发与应用。进一步加强农林植物对非生物逆境的适应机制研究，对提高抗逆育种效率，建立抗逆栽培技术体系、提高农林植物生产力、减轻非生物逆境所导致的农林生产损失，实现农林植物高产、高效、健康、可持续生产有重要理论意义和应用指导价值。

重要科学问题：① 农林植物适应非生物逆境的分子和生理基础；② 农林植物对多种非生物逆境的交叉响应机理；③ 农林植物适应非生物逆境的栽培调控机制。

16. 农业动物健康养殖的基础

健康养殖以保护动物健康、人类健康、畜产品安全为目标，依据养殖对象正常活动、生长、繁殖所需的生理和生态要求，选择科学的养殖模式。健康养殖是解决畜禽、水产病害、农业动物产后安全和环境污染问题的根本出路。对农业动物养殖环境的影响因素、因子间相互关系及作用机理等方面的基础研究不够已经严重制约了农业动物生产的发展。加强主要农业动物健康养殖的基础研究，是现代畜牧和水产生产可持续发展的迫切需求。

重要科学问题：① 农业动物重要性状形成的生物学规律和生理基础；② 农业动物及养殖环境中病原的适应性与传播规律；③ 重要人兽共患病的发生规律及防控；④ 养殖过程中环境因子变化和污染物迁移规律；⑤ 饲料营养及代谢产物对动物免疫的影响机制；⑥ 牧草品种选育及草地生产力维持机制。

17. 食品加工、保藏过程营养成分的变化和有害物质的产生及其机制

随着经济的快速发展和人们生活水平的不断提高，食品营养和品质越来越受到关注。目前，由于食品科学基础研究的滞后和食品加工技术的落后，多数食品加工与保藏的生物学机制不清，有害物质产生的原因不明，使得食品中的营养物质不能合理高效利用，一些有害物质严重地影响到人们的身体健康。因此，研究食品加工、保藏过程营养成分的变化和有害物质的产生及其机制，有助于阐明食品与人体健康的关系、科学指导食品的生产、引导人们合理健康饮食和提升人们的健康水平。

重要科学问题：① 食品加工方式、加工过程营养成分的变化及其机制；② 食品储藏保鲜和营养成分维持的生物学基础；③ 食品中有害物质的产生及其消除的机制；④ 食品有害物质痕量、快速检测的理论与新技术、新方法。

第三节　生命科学与其他学科交叉的优先领域

生命科学的发展，离不开与数学、物理学、化学等基础科学和工程技术领域的交叉和融合，其他学科带来的理论和技术是生命科学发展的动力和源

泉。同时，生命科学也为这些基础科学的研究提出了新的研究方向。在未来的5年中，优先发展领域如下。

1. 细胞功能实现的系统整合研究

细胞是由复杂的生物大分子（复合体）和亚细胞结构（细胞器）组成的生命基本单元。以往的研究主要针对单一组分或单一细胞器，而随着组学大规模数据的积累和信息理论的应用，系统、整合、跨尺度研究细胞内不同组分的功能和互作机制成为可能。通过理论建模、模型实验与生物学验证，将为全面阐述细胞的功能方式提供重要基础。在揭示细胞内分子网络调控规律的基础上，由生物学与工程科学、数理科学、化学、计算机科学等融合产生的合成生物学以“重塑生命”为核心，通过设计和构建亚细胞结构，探究细胞系统内整体生命活动规律。

重要科学问题：① 多个细胞器之间的相互作用和网络调控；② 胞浆中的生物大分子（复合体）与亚细胞结构的相互作用和调控；③ 细胞器形态生成和维持中的力学机制；④ 细胞功能预测和诠释的细胞模型和模拟；⑤ 细胞器和亚细胞结构的人工设计原理与构建。

2. 细胞-组织工程化构建的生物力学原理

细胞－组织的工程化构建是应用生命科学与工程科学的原理与技术，在正确认识哺乳动物的正常及病理两种状态下的组织结构与功能关系的基础上，研究和开发用于修复、维护、促进人体各种组织或器官损伤后的功能和形态的生物替代物，有效提升人类健康与重大疾病诊治水平，体现出现代科学技术从相互交叉走向有机结合的特征。

重要科学问题：① 细胞感受和转导生理力学信号的机制；② 细胞与生物材料的相互作用及其功能化机制；③ 工程化构建的生物力学设计原理以及微环境调控；④ 工程化组织体外三维构建、体内移植修复和功能评价。

3. 化学元素生物地球化学循环的微生物驱动机制

微生物分布最为广泛，在地球生物化学循环中发挥关键驱动作用。微生物通过其代谢活动，改变地球元素价态，促进矿物岩石风化、土壤及矿藏形成，改变大气与海洋的成分，推动地球与生命的共演化。占总数 99% 以上的微生物至今尚未培养，对这些未培养微生物及其在环境中的作用所知甚少。因此，研究地球典型环境（如大洋、热液口、极地、地下深层、湿地、土壤、湖泊、热泉等）中的微生物群落结构，揭示微生物遗传与代谢多样性及其形成机制，将有助于阐明微生物在地球重要元素（碳、氮、硫等）的生物地球化学循环中的驱动机制。

重要科学问题：① 典型环境微生物群落结构与元素循环的关系；② 微生物物质代谢途径对元素循环的作用；③ 微生物能量转化机制及其与元素循环的偶联；④ 驱动元素循环关键微生物（群）的环境适应与响应机制。

第四节　国际合作与交流的需求分析和优先领域

生命科学领域国际合作的特征是围绕影响全人类及与其生存环境密切相关的重大需求和问题开展多边研究。随着人口的不断增加、全球气候变化、工业化和城镇化等带来一系列环境问题，生命科学领域的国际合作越来越重要。另外，大数据的获取和分析、复杂生物学问题的阐释、外来物种的入侵、农业生产与环境保护的协调等也需要国际合作和协调。近年来，我国科学家参加了生命科学领域的一些重大国际合作计划，其中最有影响的是参与完成 1% 的人类基因组测序，承担完成了 10% 人类 HapMap 的绘制，参与了“DNA 元件百科全书”计划（Encyclopedia of DNA Elements，ENCODE）、人类蛋白质组计划，以及国际长期生态研究网络等。其中，我国科学家牵头组织实施了第一个人类组织 / 器官的蛋白质组计划——人类肝脏蛋白质组计划。另外我国在生物多样性、生物与全球气候变化、人畜共患病等方面也开展了一系列实质性合作研究。相关国际合作取得了可喜成绩，据中国科学技术信息研究所 2014 年发布的统计信息，2013 年在生物学领域中国科学家为第一作者和参与作者的国际合著论文数均排名世界第一。

从总体上看，我国在生物学领域参与的国际合作和交流还非常有限，并且较少占据主导地位，这与我国整体研究水平相对较低、政府对国际合作和交流特别是重大国际合作研究计划投入较少有关。今后我国生物学领域的国际合作和交流要以国家需要、国家利益为导向，密切结合我国中长期科技发展规划与重大科技专项实施开展国际合作；注意“强强合作”与“我弱他强合作”并重；加强以我为主导开展国际合作研究计划。

生命科学领域的重要国际合作方向：① 干细胞的基础与应用；② 合成生物学；③ 重要生命器官构建与仿生构筑的原理；④ 大规模生物数据的获取、数据库的建立和分析；⑤ 物种及生态系统对全球气候变化的适应与响应；⑥ 生物多样性；⑦ 动植物重大传染病和生物入侵跨国境监测预警与防治；⑧ 农业生物种质资源收集、评价和利用；⑨ 农业生产应对全球气候变化；

除此之外，我国应当优先支持一些科学家与国际一流实验室开展实质性合作研究，尤其在我们比较薄弱的研究领域，通过合作迅速完善学科建设，增强自主创新能力并培养年轻的创新人才；同时，还要吸引优秀的国际权威专家来华工作，与我们现有的技术力量形成优势互补的高水平研究队伍，共同承担国际合作项目以及国家和地方重大研究项目；要加强与国际组织和机构资源和大数据的共享；鼓励新技术新方法研究领域的国际合作；逐步吸引外国留学人员来我国具备实力的单位学习、进修、攻读博士与从事博士后研究；鼓励我国科学家参加并积极主办高水平的学术会议；大力提高由我国主办的生命科学类期刊在国际上的影响力，争取少数期刊能成为主流刊物，使我国在学术交流中占据主动权。

第五节　实现“十三五”发展战略的政策措施

生物学是面向医学、农业和环境等的基础学科，在国家科技创新体系中占有重要地位。建议加大对生命科学，特别是基础性、前沿性、交叉性领域的支持力度；重视科研资助体系的顶层设计，优化研究资源配置，设立专项基金资助具有创新性、战略性、前瞻性的项目；重视对优秀研究人员的持续资助；鼓励开展长期、系统和原创性研究，鼓励和支持优秀学者或团队潜心钻研、挑战更大的科学问题；进一步优化和创新资助机制和评价体系，在公平竞争的前提下，实现对重要研究方向优秀学者和团队的长期稳定和足够强度的支持；将研究结果的影响力和研究工作的系统性作为主要评价指标，使我国在部分研究方向尽快达到国际领先水平并带动整个生物学科的发展。

与发达国家相比，我国从事生命科学研究的人数偏少，特别是高水平的人才相当缺乏，前沿研究过分地依靠少数高校和研究单位的少数科学家。因此，要进一步积极引进具有国际竞争力的高级人才，为海外知名科学家归国工作创造良好的科研和生活环境。同时，也要大力推进国内创新人才的培养，充分发挥他们的潜能和创新能力，摒弃任何不公平的歧视政策或做法。

生命科学的发展需要长期深入和系统的研究工作，有些基础性工作往往由于周期长和科研产出的滞后性而得不到人们的青睐。目前我国的科研资助体系和评价体系有利于对国际热点科学问题的追踪，造成了科研人员急功近利的浮躁心态。发表论文的数量和影响因子不应作为学术评估的主要指标。国家必须充分重视应用价值尚未充分凸显的基础性研究，在资助体系和评价体系中增加学术意义的权重，避免一切以实用为导向。学科间交叉与合作在研究中的作用无须赘述，但目前存在许多值得改进的地方，今后应该不断探索创新项目管理与评价机制，如探索项目实行双主持人（Co-PI）制等，鼓励交叉与合作。另外，国家对基础研究的投入仍不能满足生命科学快速发展的需要，要继续加强生命科学基础研究的投入。

生命科学研究领域广泛，应该探索与建立适合不同研究领域特点的项目管理和资助体系。根据不同学科研究性质、特点和目标的差异，生命科学资助的研究可以大致分为五类。

第一类是微观层面的研究，在个体水平以下，从分子、细胞和组织水平上认识生命现象和揭示研究生命活动规律。这类研究多采用模式材料或模式体系，在实验室和人为控制环境下开展，研究特点是周期短、探索性强、发展快、国际竞争激烈。实践证明，目前国家自然科学基金的资助模式、项目周期和管理体系与这类研究是基本相适应的。今后，在这一领域要更加突出自由探索，强调原始创新，注重对新概念、新假说、新技术和方法的支持。

第二类是宏观层面的研究，在个体水平以上研究生命现象和生命活动的规律，包括生态学、植物学和动物学等的部分领域。这类研究通常在田间或自然条件下，受环境条件影响较大，研究周期较长，有一定的探索性，需要多学科多层次的整合研究。在资助模式和评审机制上要充分考虑其时间、对象和地域特点，鼓励科学家基于生态定位站或野外实验台站围绕重要科学问题进行数据积累和长期研究。项目的评价在注重创新性的同时，更要注重其所揭示的科学问题重要性，大力提倡合作和联合研究。对这一类的研究，资助模式上要充分体现长期性。

第三类是国民经济发展需求驱动的基础研究。这类研究是以解决问题为最终目标的基础研究，有很强的时效性与具体目标，如基础医学、农业科学及生物技术等。对这类项目要发挥申请指南的作用，加强宏观引导，鼓励科学家围绕国民经济发展中的重要科学问题开展基础研究。

第四类是以知识和数据积累为特点的基础研究，包括传统研究领域中的一些重要方面，如生物资源评价、经典分类、模式生物重要生命过程的生理学研究、微生物人工培养和动物人工饲养等等。这类研究本身的创新性不是很强，但需要稳定的研究队伍和长期的经费支持。此类项目不应该过分强调其创新性，重点要考察工作基础以及研究问题的重要性，建立连续和稳定的资助机制，稳定研究队伍。

第五类是研究手段和方法创新的研究。目前，我国生命科学研究的瓶颈之一就是研究手段和技术发展滞后。因此，未来生命科学要将手段、技术和方法的创新纳入重要的资助领域，予以优先发展，大力提倡学科交叉，鼓励发展与理工学科相结合的原创性方法和技术，发展新模式生物和模型系统。

主要参考文献

国家自然科学基金委员会，中国科学院．2012. 未来 10 年中国学科发展战略·生物学．北京：科学出版社．

国家自然科学基金委员会，中国科学院．2012. 未来 10 年中国学科发展战略·脑与认知科学．北京：科学出版社．

国家自然科学基金委员会，中国科学院．2012. 未来 10 年中国学科发展战略·农业科学．北京：科学出版社．

国务院办公厅．2012. 国家中长期动物疫病防治规划（2012—2020 年）. 国办发［2012］31 号．

侯扶江，等．2011. 气候变化对畜牧业的影响值得高度重视．科学中国人，5：25-29.

李莉．2010. 我国园艺产业三十年的回顾与展望．北方园艺，19：201-205.

裴钢 . 2009. 中国干细胞研究大有希望——干细胞研究专刊序言 . 生命科学，21：1.

唐启升，等 . 2013. 中国水产养殖业可持续发展战略研究 . 北京：中国农业出版社 .

袁明，等 . 2014. 2013 年中国植物科学若干领域重要研究进展 . 植物学报，49：347-406.

中国科学技术协会，中国微生物学会 . 2010. 2009 ～ 2010 微生物学学科发展报告 . 北京：中国科学技术出版社 .

中国科学技术信息研究所 . 2014. 2014 年度中国国际科技论文产出状况 .

中国科学院 . 2013. 2013 科学发展报告 . 北京：科学出版社 .

中国科学院 . 2013. 2014 科学发展报告 . 北京：科学出版社 .

Alcaide M，Scordato E S C，Price T D，et al. 2014. Genomic divergence in a ring species complex. Nature，doi：10.1038/nature13285.

Bailey-Serres J. 2013. Microgenomics：Genome-scale，cell-specific monitoring of multiple gene regulation tiers. Annu Rev Plant Biol，64：293-325.

Blottière H M，de Vos W M，Ehrlich S D，et al. 2013. Human intestinal metagenomics：State of the art and future. Curr Opin Microbiol，16：232-239.

Bransford J，Franks J，Morris C，et al. 2014. Some general constraints on learning and memory research. // Cermak L S，Cra K F I. Levels of Processing in Human Memory. Psychology Press：331-354.

Cameron D E，Bashor C J，Collins J J. 2014. A brief history of synthetic biology. Nat Rev Microbio，12：381-390.

Cao X. 2008. Immunology in China：The past，present and future. Nat Immunol，9：339-342.

Cordero O X，Polz M F. 2014. Explaining microbial genomic diversity in light of evolutionary ecology. Nat Rev Microbiol，12：263-273.

Ehrhardt D W，Frommer W B. 2012. New technologies for 21st century plant science. Plant Cell，24：374-394.

Ellegren H. 2014. Genome sequencing and population genomics in non-model organisms. Trends Eco Evol，doi. org/10. 1016/j. tree. 2013. 09. 008.

Fiorani F，Schurr U. 2013. Future scenarios for plant phenotyping. Annu Rev Plant Biol，64：267-291.

Liu G，Chater K F，Chandra G，et al. 2013. Molecular regulation of antibiotic biosynthesis in streptomyces. Microbiol Mol Biol Rev，77：112-143.

Mawdsley J R，O’malley R，Ojima D S. 2009. A review of climate-change adaptation strategies for wildlife management and biodiversity conservation. Conservation Biology，5：1080-1089.

Rossi D，Jamieson C，Weissman I. 2008. Stems cells and the pathways to aging and cancer. Cell，22：681-696.

So much more to know. Science，Seife C. 309：78-102.

Sorek R，Lawrence C M，Wiedenheft B. 2013. CRISPR-mediated adaptive immune systems in bacteria and archaea. Annu Rev Biochem，82：237-366.

Sozzani R，Busch W，Spalding E P，et al. 2014. Advanced imaging techniques for the study of plant growth and development. Trends Plant Sci，19：304-310.

Xu G H，Fan X R，Miller A J. 2012. Plant nitrogen assimilation and use efficiency. Annu Rev Plant Biol，63，153-182.

Zhu X G，Long S P，Ort D R. 2010. Improving photosynthetic efficiency for greater yield. Annu Rev Plant Biol，61：235-261.

第二章

微 生 物 学

第一节　微生物学的战略地位

微生物指形体微小、结构简单、通常不为肉眼所见的生物。它们多以单个细胞或细胞簇形式存在。微生物种类繁多，包括细菌、古菌、真菌、立克次氏体、支原体、衣原体及单细胞藻类等细胞生物，也包含病毒等非细胞生物。尽管形体微小，微生物在地球与生命的演化过程中发挥了重要的作用。作为地球上最早的居民，微生物与地球共进化，改变地球环境，推动了繁茂多样的生命形式的发生与发展。与动植物相比，在今天的地球上，微生物分布最广，多样性最为丰富，生物量最大。

微生物学是研究各类微生物形态结构、生理生化、遗传分化、分类进化、相互作用以及与动植物、人类和环境相互作用的科学，是生命科学的一个重要分支学科。由其研究内涵可见，微生物学具有突出的学科交叉及综合的特点，与生命科学中的生物化学、遗传学、分子生物学、细胞生物学、结构生物学、组学、生物信息学、生命起源与进化、生物医学等学科密切交融，与化学、数学、物理学、地球科学等非生命学科也联系紧密。

生命科学部微生物学科资助以微生物为研究对象的基础研究，主要资助范围包括：微生物形态结构、微生物分类与进化、微生物生态、微生物群体行为、微生物代谢与生理生化、微生物遗传与分化、微生物表观遗传学、微生物合成生物学、微生物与宿主及环境的相互作用、病原微生物的致病及耐药机制等。

一、微生物学与生命科学

微生物是最简单的生命体，因而在现代生命科学研究中常作为模式材料，用于探索和揭示生命活动的基本规律。关于生命活动基本规律的许多知识以及现代生物学中的许多关键技术方法均来源于对微生物的研究。例如，利用酵母菌无细胞制剂进行的酒精发酵研究，不但阐明了生物体内的糖酵解途径，而且催生了生物化学领域的酶学研究；肺炎双球菌的转化试验，证明了 DNA 是遗传物质；DNA 双螺旋结构的确定、遗传密码的揭示以及中心法则的建立，从研究思路到实验材料和方法都与微生物学有着密切的关系；大肠杆菌乳糖操纵子的研究，为基因表达调控研究提供了理论指导和可借鉴的思路；RNA 逆转录酶、限制性内切核酸酶、*Taq* DNA 聚合酶等的发现，以 DNA 重组技术、DNA 聚合酶链式反应（PCR）技术为标志的分子生物学的兴起和发展，都是首先以微生物为研究材料实现的；DNA 测序最先也是在噬菌体基因组上完成，而酵母双杂交、细菌双杂交技术等为功能基因组学研究提供了重要手段；已成热点的合成生物学研究也以微生物为主要研究对象，基于支原体的人工合成细胞已经诞生；近来广受关注的 TALENs、CRISPR/Cas9 等基因组编辑技术也源自微生物的研究。由此可见，微生物学的发展催生了生命科学的一批新兴领域，极大地推动了整个生命科学的蓬勃发展，丰富了人类对于生命现象本质的认识。

二、微生物学与生物技术

生物技术是利用生物体或其衍生物修饰或生产特定用途产物的技术。在生物技术中，微生物的地位特殊而至关重要，可以说，生物技术的发展在很大程度上依赖于微生物学的进步。从传统的食品发酵技术，到抗生素、氨基酸、有机酸、维生素、色素、酶制剂的大规模发酵生产，微生物生理学与遗传学的研究功不可没。微生物生态学、微生物群体行为等的研究也为环境生物技术及农业生物技术的发展提供了重要支撑。自20世纪50年代DNA双螺旋结构发现以来，分子生物学迅速发展，以诱变筛选为主的微生物育种技术，逐步发展成为基于重组DNA技术的酶工程、代谢工程等技术；随着基因组学等组学技术的发展，以基因组设计和途径创建为主要特征的合成生物学技术应运而生，一批植物源化合物（如紫杉醇、青蒿素、人参皂苷）能够通过微生物发酵进行生产。生物技术的新成果已经越来越多地出现在日常生活中，影响和改变着人们的生活质量和方式。例如，利用大肠杆菌蛋白质表达系统，大量生产胰岛素等药物蛋白，保障和促进了人类健康。又如，通过改造能够合成大分子聚合物的微生物，使得利用微生物合成生物可降解塑料成为可能，为应对环境问题提供了新的解决方案。因此，微生物学研究促进了生物技术的发展，而生物技术在国民经济和社会发展中的重要地位又是微生物学进步的不竭动力。

三、微生物学与人类健康

在自然界为数众多的微生物中，有极少数直接威胁着人类的健康。人类与传染病的斗争正是与这些病原微生物的斗争。历史上，传染病曾给人类带来一次又一次的巨大灾难。罗马帝国和我国明朝的灭亡都与鼠疫的流行有关；1918～1919年的西班牙型流感造成了2000万人死亡。随着微生物学的兴起和发展，人类才在与病原微生物的斗争中真正占据上风。显微镜的发明使我们能够观察到微生物，培养基的发明使我们能够分离微生物，消毒和种痘技术的发展使我们掌握了预防微生物感染的手段。1928年，英国细菌学家弗莱明（Alexander Fleming）发现了青霉素，使人类在与传染病的斗争中取得了具有里程碑意义的胜利。这一发现挽救了无数生命，使人类的平均寿命从45岁提高到了65岁。但是，我们面临的与传染病斗争的新形势依然非常严峻，老传染病持续存在，病原菌耐药性的产生又导致已被控制的传染病死灰复燃；与此同时，新的传染病不断出现。自20世纪70年代以来，新发和再发传染病不断出现。据统计，在此期间，全球出现了近50种新发传染病，而且，新发传染病和再发传染病交替出现，给人类健康带来了新的威胁。2003年SARS爆发以来，我国不断出现新发传染病病原体（猪链球菌2型、新布尼亚病毒、不同类型的流感病毒等），造成了社会恐慌和巨大的经济损失。最近，埃博拉病毒在西非肆虐，已导致大量人员死亡，引起全球高度关注。因此，人类与传染病的斗争势必还将长期存在，而微生物学的发展也一定会继续向人类提供应对病原微生物的新手段。

四、微生物学与生态健康

微生物在地球元素循环中发挥关键的驱动作用。微生物通过调控氧化还原反应影响地球表面的氧化还原状态，通过各种电子传递方式改变地球元素的价态，通过光合、化能自养与固氮等作用改变大气成分，促进岩石矿物风化、土壤及矿藏形成，改变海洋、湖泊、湿地的碳、氮、硫等重要元素的形态和组成，与地球环境协同演化。近年来，地球环境微生物的研究极大地丰富了关于微生物在地球元素循环中关键驱动作用的认识。1999 年，DeLong 等发现了一类新的海洋古菌——厌氧甲烷氧化古菌，这类微生物通过与硫酸盐还原菌协同作用，可以在无氧条件下完成甲烷的氧化。据估计，从海底裂隙上升到大陆坡并以天然气水合物形态存在的甲烷达到 500 吉～ 2000 吉吨，生活在海底沉积物与水的界面以下无氧或缺氧环境中的厌氧甲烷氧化古菌能够在甲烷扩散到含氧水层前将其大部分氧化为 CO_2，使其以碳酸盐的形式重新赋存于海底，从而有效阻止了 90% 的甲烷进入大气圈，在调控全球甲烷收支平衡以及缓解温室效应方面发挥了重要作用。1999 年，Strous 等发现了厌氧氨氧化细菌，从而部分揭开了氮循环中的氮流失之谜。厌氧氨氧化菌能够在无氧环境中，利用亚硝酸盐，将氨氧化为氮气。据估计，厌氧氨氧化过程导致海洋 20% ～ 40% 的氮流失。2005 年，Stahl 等发现了海洋自养氨氧化古菌。氨氧化古菌可以利用氨氧化的能量，固定 CO_2 形成有机碳。这一发现揭示了在黑暗的深海存在着目前还了解不多的、不依赖光能的 CO_2 固定活动。这些重大发现证明，微生物驱动的碳、氮、硫循环在生物地球化学平衡中具有调控作用。此外，近期研究表明，环境中存在大量病毒。据估计，海洋病毒每天杀死约 20% 的微生物细胞，因此在调节海洋生物量和海洋生态方面发挥着重要作用。由此可见，研究地球环境微生物及其物质代谢途径和能量获取、储存方式，有助于解答一系列生物地球化学循环之谜，丰富关于生命与地球相互作用及共进化的认知，保护地球的生态服务功能及宜居性，促进经济社会的可持续发展。

第二节　微生物学的发展规律与发展态势

一、微生物学的发展简史

1674 年，荷兰人列文虎克（Antony van Leeuwenhoek）用自制的显微镜首次观察到了细菌，真正开启了人类对微生物世界的探索。作为一门科学，微生物学诞生于 19 世纪中叶。1861 年，法国人巴斯德（Louis Pasteur）通过曲颈瓶实验推翻了生命的自然发生说（Abiogenesis），创立了胚种学说（germ theory）。几乎与此同时，德国人科赫（Robert Koch）发现炭疽芽孢杆菌是炭疽病的致病菌，提出了疾病的胚种学说（the germ theory of disease）和科赫法则（Koch’s postulates）。19 世纪 90 年代末，以巴斯德和科赫为代表的微生物学家们建立了诸如分离接种、纯培养、灭菌等一系列微生物学研究方法和技术。在进入 20 世纪前后，荷兰人贝杰林克（Martinus Beijerinck）发明了富集培养技术，大大方便了从自然环境中分离微生物纯培养。1897 年，德国化学家布奇纳（Eduard Buchner）发现酵母无细胞滤液能够发酵葡萄糖产生酒精和 CO_2 并把这种能发酵的物质称为“酒化酶”，开启了微生物的生物化学研究。同时，微生物产生的一些重要物质（如抗生素、维生素等）不断被发现，催生了工业微生物产业和工业微生物学。20 世纪 40 年代初，真菌学、细菌学、病毒学、工业微生物学、土壤微生物学、植物病理学、医学微生物学及免疫学等微生物学分支学科开始迅速发展。1944 年，Avery 等利用肺炎双球菌转化实验证明 DNA 是遗传物质；1953 年，Watson 和 Crick 提出了 DNA 双螺旋结构模型；1960 年，Jacob 等提出了操纵子学说；1970 年，Baltimore 和 Termin 发现了病毒编码的逆转录酶；1972 年，Berg 利用动物病毒 SV40 和 λ 噬菌体完成了首例 DNA 体外重组实验；1977 年，Sanger 等建立了 DNA 测序方法；1983 年，Mullis 发明了基于嗜热细菌 DNA 聚合酶的 PCR 技术，开辟了分子生物学的新纪元。微生物学一跃成为生命科学领域内一门发展最快、影响最大、发挥引领作用的前沿学科。20 世纪 70 年代以来，在重组 DNA 技术、代谢工程的推动下，传统的微生物发酵工业发生了质的变化，生物技术产业迅速发展。20

世纪 90 年代，始于微生物学研究的基因克隆和测序技术为大规模基因组测序提供了策略和技术准备。1995 年，美国完成了第一个嗜血流感菌的全基因组测序。如今，基因组测序以及随后诞生的转录组学、蛋白质组学、代谢组学等组学方法已经成为微生物学研究中的常规手段，还广泛应用于生命科学方方面面的研究。近年来，人工设计和制造生命成为热点，微生物体系再度引起关注。2010 年，基于支原体的第一个人工合成细胞诞生。此外，源自微生物的新技术，如 TALENs、CRISPR/Cas9 等正在掀起生命科学与技术发展的新浪潮。

分子生物学在推动整个生命科学进步的同时，也提供了认识微生物的全新视角。1977 年，美国人伍斯（Carl Woese）通过分析小亚基核糖体核酸（ssu rRNA）序列，发现了生命的第三种形式——古菌，提出古菌与细菌和真核生物分类地位相同，构成生命的三域。采用基于小亚基核糖体核酸的分子生态学手段，微生物学家第一次能够盘点地球上微生物的种类。他们发现了许多先前未知的微生物，大大丰富了关于微生物多样性的认识。目前，微生物学家已经形成的共识是，在地球上的各种生命形式中，微生物分布最广、多样性最丰富、生物量最大，在重要生命元素的地球生物化学循环中发挥驱动作用。尽管微生物早已不再神秘，但占总数 99% 以上的微生物至今仍未能获得纯培养，人类对于微生物世界的认识仍很局限。进入 21 世纪以来，微生物学家正将研究的触角更多地伸向各种生境，期待在新技术的支持下，发现新的微生物，进而认识它们与环境的相互作用。

我国微生物学研究的历史较短。20 世纪初，我国医学微生物学和工业微生物学开始起步。30 年代，我国学者开展了一些医学微生物学实验研究。同时期，国民政府实业部南京中央工业试验所和黄海化学工业社分别设立了酿造研究室和菌学研究室，这些机构在我国工业微生物学的早期发展中发挥了重要作用。不过，直到 20 世纪 40 年代后期，我国的微生物学研究和应用还只有零星的工作，未形成自己的队伍和研究体系。新中国成立后的第一个 10 年，微生物学在我国有了长足的发展。一批主要从事微生物学研究的单位先后成立，开展了应用导向的研究工作。以抗生素厂、酒精厂等为代表的现代微生物工业开始发展。在这 10 年中，我国选育了一批优良菌种，促进了医药工业和发酵工业的发展；获得了一些医用和农用抗生素；大量培育和推广了根瘤菌、好氧固氮菌和有机磷分解细菌等；开展了利用微生物勘探石油的工作。20 世纪 60

年代，根据国家《1956—1967年科学技术发展远景规划纲要》（简称《十二年规划纲要》），我国开始进行初步的微生物学理论研究工作；同时，现代化的发酵工业、抗生素工业和农药、菌肥工业已经形成一定规模。改革开放以来，我国的微生物学与生命科学的其他学科一样，进入了快速发展的新时期，并且逐步融入国际微生物学科发展之中。我国在微生物资源（包括海洋微生物资源）的收集和系统分类、微生物基因组学、微生物DNA的硫修饰、微生物次级代谢、极端微生物、人肠道微生物、微生物与植物、动物（包括昆虫、线虫等）等的相互作用、病原微生物与免疫等诸多领域均做出了系统的原创性工作，我国的微生物学研究在部分领域已经接近或达到国际先进水平。

二、我国微生物学的发展特点

新中国成立后直至改革开放前，我国微生物学偏重于应用研究，致力于服务国家经济建设。改革开放以后的30多年来，基础研究受到重视，应用与基础微生物学的发展趋于均衡。随着国际交流的广泛开展、特别是大批出国留学、进修人员学成归国，西方微生物学研究的最新成果以及先进科学理念、思想和方法被引入我国，使得我国微生物学科与国际微生物学研究逐步融合，成为现代微生物学研究中的重要力量。更为重要的是，近20多年，我国的科技投入大幅度增加，科技体制改革逐步深入，研究队伍不断壮大，科研条件迅速改善，我国的微生物学无论在基础研究还是在应用研究方面均蓬勃发展，活力空前。近年来，我国微生物学科呈现出了应用基础研究为主导、基础研究不断深入、应用研究广泛拓展的态势，具有以下特点。

1. 微生物资源调查、收集及分类等基础性工作优势凸现

作为世界上生物多样性最丰富的国家之一，我国是微生物资源大国。由于长期受到重视，加上近年来投入的稳定增加，我国微生物资源调查、收集和分类等基础性工作发展较快，水平较高，为我国微生物学研究和微生物技术开发奠定了坚实的基础。目前，我国微生物资源的调查收集已从普通陆地土壤扩展至海洋和极端自然环境。资源获取也在多个层次展开，不仅收集菌株，而且收集基因及元基因组。

分类是微生物资源评价、研究和利用的基础。作为微生物分类基础的系

统发育学研究是基础微生物学的一个重点。近年来，我国学者对古菌、极端环境细菌、放线菌、双歧杆菌、草酸杆菌、甲烷氧化菌、反硝化菌、硫还原菌、铁还原菌、锰氧化菌和豆科植物根瘤菌等的新种、新属乃至更高分类单元及多样性的研究进展很快，引起了国际同行的高度关注。2009 年，我国学者在生效发表原核生物及酵母菌新分类单元的权威刊物《国际系统进化与微生物学杂志》(《International Journal of Systematic and Evolutionary Microbiology》) 上发表的论文数即已达到全球第一。据统计，我国报道的细菌种数约占全世界已报道细菌种数的 10%。我国多位学者参与了国际原核生物分类权威专著《伯杰氏系统细菌学手册》[①]（第二版)(《Bergey's Manual of Systematic Bacteriology》) 中部分章节的撰写。我国拥有很强的真菌学研究队伍，真菌分类与多样性研究历史悠久，近年来，在真菌资源调查、分类和系统演化等方面取得了突出进展。据不完全统计，目前我国已知菌物种数约为 14 700 种，其中真菌约为 14 000 种，占全世界已报道真菌种数的 14%。我国已出版《中国真菌志》共 43 卷，描述我国菌物（黏菌、卵菌、真菌）499 个属、6135 个种。近期，我国又陆续发表了 30 余个真菌新属。我国热带、亚热带地区是全球瞩目的真菌生物多样性热点地区之一，我国热带地区高等真菌资源的系统调查研究成果已经以英文专著形式出版。此外，我国还开展了接合菌部分类群的研究，建立了新的分类系统；对啤酒酵母、牛肝菌科、鹅膏科等的物种多样性、分布格局和演化历史也进行了全面的研究；在菌根真菌的多样性分布规律、内生真菌的多样性、生态分布与功能以及活性化合物筛选等方面也取得了重要进展，对淡水生境中的真菌研究正逐步展开；完成了捕食线虫真菌系统分类、生态、分子生物学和代谢产物多样性的专著。

2. 基础研究产出大幅提高，部分领域接近或达到国际先进水平

我国微生物学研究在相当长一段时间内以应用为导向，因此，微生物学基础研究的底子十分薄弱。但近 30 多年来，基础研究逐渐受到重视，发展迅速。根据世界微生物数据中心（World Data Centre for Microorganisms，WDCM）[②] 对 JCR 微生物学科期刊论文的统计，我国微生物学科发文量的国际

① 《伯杰氏系统细菌学手册》是一本有代表性的、参考价值极高、比较全面系统的细菌分类手册。由美国布瑞德（Breed）等人主编。

② 网址参见：http：//www.wdcm.org/

排名已经从 2004 年的第 15 位（366 篇）跃升至 2013 年的第 2 位（2178 篇）。2013 年，我国在微生物学科发表的论文数占全球总数的 9.5%，略高于排名第三的德国（9.2%），但远逊于排名第一的美国（27.8%）。在过去的 10 年中，我国微生物学论文的质量也在不断提高，发表在微生物学科影响因子前 25% 的期刊上的论文数量的国际排名也已从 2004 年的第 15 位（129 篇）提高到 2013 年的第 6 名（546 篇）。显然，我国微生物学论文数量增加的速度快于质量提升的速度，我国已经成为微生物学研究的产出大国，但研究水平有待进一步提高。在微生物次级代谢、极端微生物、微生物基因组学、病原微生物、酵母分子生物学等多个当前热点领域或传统上的重要领域，我国已经具备了一定的竞争力和影响力。在链霉菌次级代谢研究领域，我国拥有厚实的积累和强大的队伍，近年来，在井冈霉素、尼可霉素、阿维菌素、多氧霉素、杰多霉素等抗生素生物合成基因簇及生物合成调控机制的研究方面开展了系统研究，引起了国际同行的关注。在极端微生物研究方面，我国起步很快，形成了覆盖面较宽的布局，在极端环境古菌遗传机制、特殊代谢途径、环境适应机理、古菌染色体外遗传因子等方面开展了创新性研究，在国际古菌研究领域占据了一席之地。在微生物基因组学研究方面，我国于 1998 年启动了第一个微生物基因组测序计划，此后，又陆续开展了一系列重要原核及真核微生物基因组的测序工作，促进了国内外对这些微生物的深入研究。为了应对 SARS、禽流感等新发和结核等再发传染病，加强生物防范，我国在病原微生物研究方面投入巨大，在病原微生物的遗传进化、流行病学及生物学特点和性质的研究方面取得了具有很高显示度的研究成果。作为研究真核生物的重要模式，酵母菌长期受到科学界的关注。近年来，一批海外优秀青年学者回国，与国内从事酵母菌研究的学者一道，在酵母菌的基本生物学过程、信号转导等方面已经有所建树。特别令人振奋的是，我国微生物学家在微生物基因组 DNA 上首次发现了硫修饰，从而促进了对 DNA 结构的认识；我国学者关于人肠道微生物与健康关系的研究也在国际同行中产生了重大反响；我国青年学者关于临床常见病原细菌毒素效应蛋白作用机制的研究取得了意义重大的原创性突破。

3. 微生物学研究对生物技术发展的支撑作用日益显著

我国以微生物发酵为核心的酿酒、制醋、制酱油等传统工业，历史悠久。在现代微生物学研究的支撑下，随着一批核心菌种的研发成功，我国陆续建立了抗生素、有机酸、氨基酸、酶制剂、维生素、甾体激素生物转化和单细胞蛋白等现代发酵工业，涉及医药、食品、轻工、化工、农业、环保等产业部门。重组 DNA 技术和原生质体融合技术用于微生物菌种选育之后，α 和 γ 人干扰素、生长激素、胰岛素、乙型肝炎病毒表面抗原、尿激酶、幼畜腹泻疫苗、青霉素酰化酶、表皮生长因子和高温 α-淀粉酶等一大批产品实现了产业化。目前，我国青霉素、谷氨酸、赖氨酸、维生素 C、柠檬酸等产品的产量居世界第一；维生素 C 二步法生产为世界首创，在工业界沿用至今。利用微生物 *Bt* 基因的转基因抗虫棉的种植面积在 2012 年已达 400 万公顷①，占棉花种植总面积的 80%，产值约 22 亿美元。据估计，涉及微生物利用的产业（涉及化工、医药、食品、造纸、皮革、纺织等诸多重要工业领域），近年来的年产值已达 4 万亿元左右，在国民经济、社会发展和提供就业机会等方面具有举足轻重的地位。随着微生物基因组学、代谢工程与合成生物学技术的发展，微生物学研究已经进入到设计和定制的新阶段。经过人工改造的微生物在生物燃料、石油化工产品、材料化学品、精细化学品、天然化合物的生产方面的作用，不断取得新突破，一个以新功能微生物为技术核心的生物制造产业正在崛起，突破了原有的原料来源和加工模式，在降低石油资源消耗、实现加工过程节能减排、促进工业经济可持续发展方面，正在发挥重要作用。

4. 微生物学与非生命学科的交叉逐步加强

就其内涵而言，微生物学科体现了与生命科学中许多其他学科（如遗传学、生物化学、分子生物学、细胞生物学、生态学、基因组学等）的深度交叉。在某种意义上，微生物学是围绕微生物展开的生命科学多学科综合研究。近年来，在自身快速发展的同时，微生物学科与非生命学科的交叉结合已经成为一种趋势，这种大跨度的学科交叉不仅滋生了重大科学发现，还孕育出了新的学科。例如，从微生物入手的系统生物学及合成生物学体现了微生物学与数学、物理学、化学、工程科学等的交叉；地微生物学更是沟通了微生物学与地球科学。在国家巨大投入的支持下，微生物合成生物学的研究正如火如荼，新的代谢途径、新型细胞工厂甚至人造生命已经成为我国许多实验室的研究目标。我国的地微生物学研究同样发展很快，在海洋微生物固碳、深海厌氧甲烷氧化途径、深海有机生物地球化学过程、湿地甲烷排放机理、土壤及湖泊微

---

① 1 公顷 =10 000 平方米。

生物碳氮循环等方面取得了重要进展，在地微生物学领域展现出较强的竞争实力。

5. 新技术新方法的吸收利用加快

在生命科学中，重大科学突破与技术进步关系密切。这一点在微生物学科中尤其明显。近年来，可用于微生物研究的新技术、新设备不断涌现，极大地扩展了人类发现、采集、操作、研究和利用微生物的能力，利用新技术方法获得的研究成果层出不穷。我国微生物学家对微生物学新技术、新设备表现出了极大的热情，在国家财政的支持下，纷纷吸纳并尝试采用新技术手段。目前，国内已经完成或正在搭建单细胞 DNA 扩增、细菌单细胞转录组学、微生物活体单细胞的代谢物分析和代谢活性测定、微生物群落的稳定同位素标记和示踪、大片段 DNA 克隆和删除、DNA 片段高效组装等一系列新技术平台。此外，不满足于引进国外现成技术和设备，我国科学家开始投入更多的力量进行设备研制或改良，开发出了常压室温等离子体诱变育种系统、深海高压模拟培养装置、单细胞拉曼分选系统原型机等具有一定原创性的仪器设备。新技术、设备的引进和研制将为全面提升微生物学研究水平提供强大支撑。

6. 实质性国际合作不断加强

改革开放初期，我国微生物学科的对外开放交流以学习、借鉴国外先进研究理念、方法和技术为主。随着我国微生物学研究实力和水平的提高，实质性国际合作逐步成为主流，我国学者在国际合作中的地位得到提升，国际合作日趋常态化。近年来，我国科学家积极主办和参加国际会议，走出去，请进来，寻找合作伙伴，开展合作研究。国内很多实验室与国际同行建立了长期稳定的合作关系，围绕共同的科研问题，通过人员互访、技术和材料互换，取长补短，交流互鉴，有效推动了各自的研究工作。此外，我国学者还积极承担国际合作项目，国际合作经费已经成为越来越多学者科研经费中的一部分。活跃的国际合作还有效促进了国内研究成果和水平的国际认可，越来越多的中国学者在国际学术组织和专业期刊任职，我国微生物学的国际地位达到了前所未有的高度。

三、微生物学的发展趋势

在相当长一段时间里，推动微生物学科发展的动力主要来自于微生物作为生命科学研究最重要模式材料的作用、微生物及其产物的开发利用价值和对病原微生物的防控需要。近年来，随着高等生物模式体系的完善，微生物在生命科学中模式材料地位受到了挑战。但同时，关于微生物在物种进化、生物圈及地球环境中地位和作用的全新认识，极大地丰富了微生物学科的内涵，展示了微生物学研究的重要性和巨大意义，为这一极富活力学科的长远发展提供了无限的空间。此外，大数据、新技术方法、国民经济和社会发展的新需求，也对微生物学科的发展产生了重要影响。微生物学科呈现出以下发展趋势。

1. 模式微生物的研究依然是生命科学基础研究的核心

对代表不同生命形式或不同类群微生物（如细菌、古菌、酵母菌、丝状真菌、病毒等）的模式体系的基本生物学过程的研究将不断深入，产生关于生命运动基本规律的新认识，揭示生物生存策略的演化奥秘，同时也为人造生命及过程的设计、改造、创造奠定基础。

2. 微生物特殊代谢能力的研究将继续成为热点

具有潜在应用前景的微生物代谢途径及调控规律将继续受到广泛关注，随着系统（组合）生物学、合成生物学等学科的兴起，新代谢途径乃至新型细胞工厂的创建正酝酿着重大突破，并将催生新的生物技术。

3. 病原微生物研究将持续受到高度重视

面对新发和再发传染病以及潜在的生物恐怖袭击的威胁，病原微生物的基本生物学、进化规律及致病机理等在相当长一段时间内将是微生物学研究的重点。

4. 微生物与地球环境相互作用的研究将成为新的生长点

100 年前，微生物学家发明了分离培养技术，将环境样品带回实验室，对微生物分离纯化后再进行研究。如今，微生物学家开始走出实验室，利用新的技术手段，直接研究自然界中的微生物，寻求解开生命与地球相互作用之谜。在很长一段时间里，盘点特殊环境微生物多样性、认识未培养微生物、探讨微生物在地球重要元素生物化学循环中的作用以及对环境变化的响应机制将成为微生物学家面临的巨大挑战。

5. 微生物学科的进步将愈加依赖新技术、新方法、新概念

培养技术、单细胞 / 单分子技术、组学技术、保真采样技术、原位检测技术、模拟系统等不断出现的技术手段，将广泛运用于微生物研究中。随着大数据时代的到来，微生物学研究思路和方法也将发生重大变革。

6. 微生物学科与其他学科的交叉融合不断加强

微生物学与化学、材料科学、纳米科学、光学、仿生学、地球科学、计算数学等学科的交叉将有可能形成新的学科生长点，以合成生物学、地微生物学为代表的新兴交叉学科将得到长足发展。

第三节　微生物学的发展现状与发展布局

我国幅员辽阔，拥有适合不同类型微生物生存的自然环境，因此，微生物资源极为丰富。近年来，在国家经济发展、国家安全和社会需求的拉动下，随着科研投入的大幅度增加，我国的微生物学科发展很快，人才队伍迅速壮大，研究布局趋于合理，基础和应用研究水平均有很大提升。学科内，积淀相对深厚的微生物资源研究优势突出，我国在微生物资源收集保藏和新物种发现方面达到了国际先进水平，是国际相关领域中的主要力量。基础研究涉足领域增加，热点方向多有布局，基于系统积累的高质量研究增多，少数领域已初步具备国际竞争能力。应用研究依然是主体，研究投入较大，新概念、新技术、新方法的引入加快，与需求的结合进一步密切，对生物技术产业的支撑作用有所提升。从总体上看，我国的微生物学研究表现出了良好的上升态势。

一、微生物学研究领域的发展状况与发展布局

1. 微生物资源、分类与系统发育学

近年来，我国在微生物资源收集、分类等基础性工作方面取得了长足的发展，研究触角已由普通陆地环境逐渐伸向特殊或极端环境（如海洋、盐碱湖、沙漠、热泉、动物消化道等）。自然界中，绝大多数微生物目前尚不能培养。随着分离培养技术的改进，大量未培养微生物物种正逐渐进入研究视野。随着对微生物多样性研究的深入，系统发育学分析逐渐占据了主导地位。基于分子标识的系统发育学分析克服了对传统微生物分离培养方法的依赖，提供了研究微生物多样性的科学、便捷且可定量的方法。近年来，我国学者在微生物新物种发现、不同分类单元之间的系统发育关系、物种演化和生物地理格局等方面的研究取得了显著进展，在国际上产生了重要影响（参见前文）。尽管我国在该研究领域进展很快，但与我国的微生物资源大国身份不相称的是，微生物新物种的描述速度依然偏慢，关于分类系统的研究水平不高，物种多样性与物种演化研究的结合欠缺，更令人担忧的是，从事微生物资源及分类学研究的青年科学家队伍日趋萎缩。由于微生物分类与系统发育学在研究思路和技术方法上发展很快，学科综合特点日益明显，因此，我国从事相关研究的学者需要不断创新研究模式，积极运用新思路、新方法，努力提出新的微生物分类系统和理念，加快盘点不同生境的微生物物种，注意将微生物的生物多样性研究与物种演化、群体遗传相结合，更好地阐释微生物物种内、物种之间及与环境之间的相互作用和协同进化关系。

2. 微生物遗传学及组学

近年来，我国在细菌、放线菌、古菌、真菌等的遗传学研究方面取得了长足的进步，尤其是在微生物 DNA 硫修饰、病原细菌微进化、微生物生长发育及形态分化、极端古菌遗传机制及环境适应性等方面，获得了一系列创新性的研究成果。目前，我国真菌遗传学的研究仍需加强。微生物表观遗传学的研究近年来在国际上明显升温，但我国在该领域的研究工作尚不多。

随着基因组测序技术的不断完善和测序成本的不断降低，我国的微生物基因组学研究发展迅猛，已经完成了超过 100 个种的微生物的基因组序列测

定。与此相伴的转录组学、蛋白质组学研究也受到了广泛的重视。蛋白组学研究的一项突出成果是，发现沙门菌蛋白质赖氨酸乙酰化修饰在糖酵解过程中具有调控作用，提示乙酰化修饰是微生物代谢的重要调控手段。这些工作为揭示微生物的基本生命特征及环境适应的遗传基础、病原微生物的致病性与进化的遗传基础等创造了条件。我国学者还选择了各种极端自然环境（如海洋、盐湖、沙漠、热泉）及特殊环境（如人的肠道、瘤胃等），开展元基因组学、元转录组学、甚至元蛋白质组学研究，促进了对所选环境微生物组、特别是未培养微生物的认识。其中，关于人肠道微生物菌群与人类健康关系的研究，取得了重要创新性成果，引起了国内外同行的关注。

3. 微生物生理学与生物化学

长期以来，微生物生理学与生物化学以及微生物酶学与酶工程研究一直是我国微生物学研究的热点之一，从事该领域研究的人员、团队和单位较多。微生物生理学与生物化学与微生物遗传学、分子生物学、结构生物学等学科的结合极为紧密，近年来更是引入了组学、生物信息学等新的研究手段，从而能够在更深的层次探讨微生物的生存方式和代谢特点。在我国的微生物生理学与生物化学研究领域，具有特殊代谢能力的微生物、极端微生物和病原微生物受到较多关注。放线菌次级代谢的研究达到了较高的水平，井冈霉素、尼可霉素、阿维菌素、多氧霉素、杰多霉素等一系列抗生素的合成途径得到了细致的解析，在次级代谢分子调控机制方面取得了丰硕成果，对于抗生素作为链霉菌种间信号的作用及其机理有了新的发现。在对志贺氏菌、沙门菌、肠致病性大肠杆菌、军团菌、伯克霍尔德氏菌等病原菌致病机理的研究中，揭示了这些病原菌通过特殊分泌系统分泌的毒性效应蛋白抑制真核细胞重要信号转导通路的生化机制。在极端环境古菌的染色体包装、复制和修复、特殊代谢途径、CRISPR 系统的研究中，取得了一系列重要成果。近年来，微生物群落研究逐步受到重视，我国学者在生物被膜、微生物群体行为及细胞间通信等方面也开展了一系列探索性研究。需要注意的是，尽管我国微生物生理学与生物化学在某些研究方向形成了突破口，但总体水平依然不高，研究的系统性不够，对代谢途径（包括步骤、中间产物等）关注较多，而对反应机制及调控规律深究较少。这在一定程度上制约了我国微生物学的整体发展。

微生物酶学及酶工程技术研究是微生物技术发展的重要基础，因此，长期以来一直是我国微生物学研究的热点。我国微生物学者在具有重要催化功能或新颖催化特性的微生物酶的筛选和鉴定、酶的折叠与成熟机制、酶的催化特性与催化的分子机制及其分子改造方面开展了大量工作，特别是，从海洋微生物中，获得了一批具有良好应用前景的新型蛋白酶、糖苷酶、酯酶/脂酶、海藻多糖裂合酶等方面。但是，我国在酶促反应机理、酶催化的分子机制及其结构基础、酶的结构与功能关系的研究依然不够深入。

4. 植物与微生物相互作用

微生物与植物的相互作用可以分为两个方面：对植物有害的相互作用和对植物有益的相互作用。前者涉及病原微生物，包括侵染植物引起病害的病原真菌、细菌、病毒、类病毒、植原体等；后者涉及固氮微生物、根际微生物和植物内生菌。近年来，我国在植物病原菌的致病机理方面取得了具有国际显示度的研究成果，尤其是在病原细菌和病毒通过自身编码蛋白与宿主识别、调控和操纵植物寄主基因表达、代谢以及其他生理活动，从而降低植物抗性，促进病原侵染和增殖等方向，取得了重要进展。完成了稻瘟病、稻曲病和小麦条锈病等多种农作物重要病害病原真菌及植原体的全基因组分析，鉴定了一系列病原菌效应因子。在微生物固氮研究方面，开展了固氮微生物、根际联合固氮微生物以及内生微生物等的组学研究，已完成30余株根际联合固氮菌全基因组分析及转录谱和蛋白质谱分析。另外，还系统开展了植物内生菌的分离筛选、次级代谢产物的挖掘及其合成基因簇的研究，为发现新的先导化合物、促进新药创制提供了新的资源。

目前，在微生物与植物相互作用领域，我国已形成了分布在科研院所和高等院校的、梯队合理、体量较大、实力较强、基础扎实的研究队伍。但是，该领域的不同研究方向发展很不平衡，有些方向达到了国际前沿，有些方向尚处于跟踪阶段。此外，不同实验室之间的研究水平差异很大，研究工作存在低水平同质重复问题。因此，需要充分发挥我国在该领域的研究优势，并利用我国植物病原、固氮、共生、内生微生物种类多、变异复杂的资源优势，加强病原微生物侵染与复制、对寄主代谢的调控、虫传病毒病害与植物寄主和昆虫介体三者之间相互作用、内生菌次级代谢等重点领域的基础研究和学科交叉研究，力争取得突破，进而引领学科发展。

5. 人类和动物病原微生物学

近年来，我国在病原微生物学领域的研究取得了长足的进步。在新发和再发病原微生物（新布尼亚病毒、新型禽流感病毒、SARS 冠状病毒、无形体、耐药菌株等）的鉴定方面进展尤为突出。在病原微生物的基因组学、进化、致病机制、耐药机制和病原宿主相互作用等方面也取得了重要进展；在病原变异、疾病流行与环境因素关系的研究中也取得了可喜的成绩。例如，在鼠疫杆菌的进化研究中，发现该菌的进化不符合经典的达尔文理论，而是以可变变异速率的方式进化；在结核分枝杆菌的比较基因组学研究中，发现了新的与耐药相关的编码和非编码基因，提出了新的耐药机制；在对 H7N9 流感病毒的研究中，阐明了其进化机制及其致病与传播机制。在相关新学科（如微生物法医学、生物安全学等）的建设方面也与发达国家基本同步。总之，我国在该领域已经拥有一批分布在科研院所和高等院校的、实力较强的科研团队。但是，在研究的系统性、综合性和交叉性方面，我国与国际水平还存在一定的差距，针对一些“小”微生物（支原体、衣原体、立克次体、噬菌体和其他不常见微生物的类群）的研究队伍仍不够强大；另外，危害日益严重的真菌病原尚未引起足够重视。因此，需要鼓励针对重要病原的系统持续的研究，鼓励学科交叉，鼓励新技术和新方法的研究和运用，进一步提高我国在病原微生物研究领域的国际地位。

6. 环境微生物学与微生物生态学

我国严重的环境污染与环境破坏现状，以及公众环境意识的提高，推动了我国环境微生物学及环境微生物技术的快速发展。近年来，我国发现和提出了多种降解农药，芳烃、烷烃、杂环化合物等各种石油组分及其衍生物的微生物新基因、新酶系、新代谢途径与调控机制；对氮、碳等元素生物地球化学转化与土壤肥力、气候变化、环境修复等进行了系统研究，在相关功能微生物的生物地理学分布及其与环境因子的关联性，不同环境中微生物群落对气候变化的特征响应与可能机制等方面取得了一系列成果；在污水处理、厌氧发酵等人工环境中微生物学过程、群落变化规律与影响因素、调控机制与技术等方面取得了一系列进展。不同微生物、微生物与植物、微生物与动物之间的相互作用一直受到我国科学家的重视。在利用基因组规模代谢网络模型（GSMM）方法深入研究维生素发酵中“大小菌”相关作用机制与调控措施、人工合成微生物群落、生物被膜形成过程等等研究方面都取得了长足的进步。近年来，我国开展了基于大数据分析的环境微生物之间的关联性研究以及微/纳尺度微生物细胞之间的相互关系研究，这些工作几乎与国际同步。我国在极端环境微生物研究方面继续取得进展，在不断揭示热泉、盐碱湖、高寒湿地等极端环境微生物多样性的基础上，开始分析这些环境中微生物的生态学功能。我国海洋微生物学研究日益受到重视，越来越多的高等院校和科研院所投入到了海洋生物科学的研究，我国在海洋微生物资源收集开发与应用、碳氮转化微生物学过程与途径、微生物对海洋环境的适应机制、特定微生物在海洋中的生物地理学分布等方面都取得了很多成果。在深海微生物资源以及深海微生物极端环境适应机制方面的研究也接近国际先进水平。由于微生物存在于环境中、存在于群落中，对环境微生物与微生物生态学研究是微生物学研究的重要组成部分，也是目前国际上的热点。但是，我国对环境微生物学、微生物生态学基础理论研究的重视程度与投入还不够，在研究的系统性、综合性和交叉性等方面与国际先进水平还存在很大的差距。

7. 合成生物学

随着合成生物学在国际上的兴起，我国很多学者也迅速加入到该领域当中，形成了涵盖科研院所和高等院校众多团队的研究力量，开始展现出在这一新兴领域中的活力。在国家自然科学基金委员会和科技部的大力支持下，我国已经启动了微生物底盘细胞、元件的优化设计和构建、代谢途径的搭建和改造、多细胞体系的设计与合成等方面的研究，这些研究计划的成功实施将大大提高我国合成生物学、乃至整个生命科学的水平。但是，我国的合成生物学研究依然面临一系列瓶颈问题。首先，严格意义上的合成生物学研究依然开展较少，受过相关训练的人才不多，目前开展的很多工作实际上属于代谢工程、酶工程范畴。其次，我国在微生物、包括拟作底盘细胞的微生物的基本生物学研究方面的积累比较薄弱，这将影响对微生物细胞或生物学过程进行人工设计、改造和创建的能力。因此，迫切需要积极引进和培养合成生物学人才，鼓励在重要调控元件、回路、底盘设计、改造和搭建等方面的系统性基础研究，鼓励对相关模式微生物的基本生物学特征及生物学过程的深入研究，鼓励新技术、新方法的创建。

8. 新技术新方法

近年来，随着国家科研投入的大幅度增加，我国微生物学领域吸纳新技术、引进新设备的速度不断加快。国内已经或正在搭建单细胞 DNA 扩增、细菌单细胞转录组学、微生物活体单细胞的代谢物分析和代谢活性测定、微生物群落的稳定同位素标记和示踪、大片段 DNA 克隆和删除、DNA 片段高效组装等一系列新技术平台。与此同时，仪器设备的研制工作也出现了可喜的苗头，我国学者和工程技术人员研制出了常压室温等离子体诱变育种系统、深海高压模拟培养装置、单细胞拉曼分选系统原型机等具有一定原创性的仪器设备。但是从总体上看，我国微生物学研究的技术支撑水平依然不高，与发达国家相比差距较大。特别是仪器设备多购自国外，自主设备研制能力十分薄弱。这些问题在很大程度上制约了我国微生物学向国际先进水平的跨越。因此，急需创新机制、加大投入。一方面引进最新必需设备和技术，推动共享使用；另一方面，从个别优势环节出发，以点带面，针对微生物学领域的关键技术瓶颈，鼓励并支持自主设备研制和推广。

二、人才队伍建设状况

目前，在中国微生物学会正式注册的会员约有 1.6 万人，加上涉及微生物研究的交叉学科人员、在读研究生、博士后，以及各类微生物技术应用开发人员，我国从事微生物学研究的各类人员估计超过 5 万人。其中，从事微生物学研究的中国科学院院士 13 人，中国工程院院士 17 人；迄今在微生物学科领域获得国家自然科学基金委员会资助的创新群体有 4 个，获得国家杰出青年科学基金资助的共有 47 人。我国现有约 20 个从事微生物研究或与微生物研究密切相关的国家重点实验室，这些实验室主要隶属于教育部和中国科学院。从总体上看，我国微生物学领域无论在基础研究还是应用开发方面都有了体量较大、实力较强的队伍。国家、各部委及地方出台的一系列人才培养和引进计划（如中共中央组织部的“千人计划”、国家自然科学基金委员会的国家杰出青年科学基金项目、中国科学院的“百人计划”、教育部的“长江学者奖励计划”）为人才队伍的建设提供了重要支持和保障。但与发达国家相比，我国微生物学科仍然缺少高水平的顶尖人才和领军人物。

三、经费资助情况

微生物学近些年得到了快速的发展，这与国家在科研经费、仪器设备和平台建设方面投入力度的加大密切相关。在过去的五年（2011 ～ 2015 年）中，仅国家自然科学基金委员会在微生物学科领域就资助了 822 项面上项目、758 项青年科学基金项目、194 项地区科学基金项目、26 个重点项目和 1 个重大项目；有 9 人获得了国家杰出青年科学基金的支持，16 人获得了优秀青年科学基金资助；此外，国家自然科学基金委员会还资助了 4 个创新研究群体项目。据统计，微生物学科 5 年资助的各类项目的资金总额累计达到了 10.64 亿元。

四、重要成果

近 10 年来，由于国家对科研、人才队伍建设的重视和经费支持强度的大幅度提高，我国科学家在微生物学领域取得了突出的成绩，多个实验室或研究团队的研究成果已经达到了国际先进水平。特别值得注意的是，我国已经在微生物学领域的部分重要方向开展了原创新研究工作，形成了一定的系统积累，占据了受到国际同行关注的位置。目前，我国具有国际竞争力的研究方向或突破口包括：① 微生物 DNA 的硫修饰；② 微生物次级代谢产物及其生物合成；③ 极端环境古菌遗传机制及其环境适应性；④ 病原微生物的进化；⑤ 人类肠道微生物群落的特征组成及其与人类健康和疾病的关系；⑥ 病原细菌毒素在感染过程中的作用；⑦ 昆虫杆状病毒；⑧ 重要作物病原微生物的组学研究；等等。

五、目前我国微生物学科发展面临的问题

1. 重大科学问题导向的纯基础研究不多

科学问题驱动的创新性基础研究较少，重复、跟风研究较多，因此，重大原创性成果产出不多，基础研究对生物技术创新的贡献依然不够突出。

2. 研究的系统性不够

凝练重大科学问题的能力薄弱，研究关注点分散、定力缺乏，缺少高水平研究积累，因此，难以形成特色方向或优势领域。

3. 学科发展不均衡

尽管微生物学科覆盖面广，难以求全，但在经费投入大幅增加的今天，部分关键领域或热点领域发展滞后；更令人担忧的是，重大问题牵引的研究较少，而依赖于技术、设备或高投入的研究则较多。

4. 技术方法研究欠缺

微生物学的发展越来越依赖于技术方法的进步，我国在微生物学方法研究及设备研制方面严重滞后，对国外技术和设备的依赖日益加重，这在一定程度上制约了我国微生物学科的跨越发展。

第四节　微生物学的发展目标及其实现途径

微生物学的发展目标是，认识微生物及其生存方式和演化规律，揭示微生物之间及其与动物、植物和地球环境之间的相互关系，从而促进对生命本质、生命与地球共进化的理解，推动经济和社会的可持续发展。

我国微生物学科的 10 年发展目标是，强化微生物资源研究特色和优势，初步摸清我国微生物资源家底；提升微生物学基础研究水平，多数领域达到国际先进水平，部分优势方向实现突破，提出原创概念，建立理论体系；增强微生物技术源头创新能力，建立具有重大前景的核心生物技术，提升微生物学对生物经济、人口健康、环境保护、国家安全等的支撑能力。

为实现微生物学科的近期发展目标，建议采取以下举措。

（1）加强对具有良好基础的研究领域的持续支持，以及对亟待发展或保护的领域的倾斜支持。

（2）鼓励开展模式微生物研究，引导对重大基础性科学问题和核心技术问题的关注，鼓励学术思想的多样性和研究工作的系统性。

（3）提倡学科交叉，加强前沿领域研究，培植新的学科生长点，促进新技术、新方法的创建和应用。

（4）加强微生物学科优秀人才和跨学科人才的培养，鼓励合作研究，打造创新团队。

在“十三五”期间，微生物学科拟加强微生物系统发育学、极端微生物、细菌次级代谢、环境微生物、病原微生物进化与致病机制等优势方向，扶持微生物起源与进化、模式微生物生理代谢、真菌遗传学、真菌次级代谢及其环境适应机制、细菌耐药机制等薄弱方向，鼓励合成生物学、化学生物学、地微生物学（包括海洋、极地微生物学）、单细胞/单分子研究等交叉研究方向，促进微生物新物质与能量代谢途径、表观遗传学、微生物群落、环境病毒学、未培养微生物等前沿方向。

第五节　优先资助领域及重要的交叉研究领域

“十三五”期间，微生物学科优先资助领域及重要的交叉研究领域主要有以下几个方面。

1. 模式微生物的系统研究

在生命科学研究中，模式生物发挥了极其重要的作用，许多重大发现来自于对模式生物、尤其是模式微生物（如大肠杆菌、噬菌体、酵母菌、构巢曲霉）的研究。模式生物的研究水平在很大程度上反映了一个国家生命科学的研究水平。随着高等生物模式体系的完善，模式微生物在高等生物研究中的借鉴作用有所弱化，但其对于研究生命运动的基本规律、尤其是复杂的调控机制依然不可或缺。特别是，研究表明微生物具有极为丰富的遗传和代谢多样性，因此，研究不同模式微生物，对于认识生命演化规律、适应策略和在生物圈及地球环境中的作用至关重要。我国在模式微生物的研究方面已经开展了一些有特色的工作，但从总体上看，系统性和研究深度尚待进一步加强，而且不同重要模式微生物的研究还不平衡。为了有效提升我国微生物学基础研究的水平和国际竞争力，建议在“十三五”期间，通过持续稳定支持，引导和鼓励以同行认可的重要模式微生物以及自己发展的新模式微生物（包括模式细菌、古菌、酵母菌、丝状真菌和病毒）为研究材料，针对重要科学问题，展开原创性、系统性长期研究，实现概念与理论体系的创新。

重要研究方向：① 细胞或病毒颗粒的形态发生、结构组装与功能；② 基本生物学过程的分子机制；③ 表观遗传机制、染色体结构动态调控与功能；④ 物质与能量代谢及其调控；⑤ 细胞分化与生长发育；⑥ 群体行为与个体细胞异质性；⑦ 环境适应与响应。

2. 微生物系统分类、适应与进化

与其他生物相比，微生物的生物多样性最为丰富，分布最为广泛，生物量也极为庞大。然而，尽管人类对微生物资源的收集已从传统的陆地土壤扩展到深海、热泉、极地等极端环境，目前已分离培养的微生物仍不足其实际存在总数的 1%。可见，微生物资源是地球上最大的、尚未充分开发利用的生物资源。物种识别、分类系统的建立和系统演化关系的解析是分类学研究的主线。我国微生物资源丰富，微生物资源收集保藏工作也已有一定的规模，系统分类体系的建立也有很好的积累和基础，但新分类体系特别是较重要和较高层次的新分类体系的建立方面还有待突破，比较而言，在物种进化方面的研究明显偏弱，急待加强。建议在“十三五”期间，鼓励和支持建立微生物系统发育学新理论、新方法，发展新的微生物分类体系，积极利用生态学、组学、生物信息学等多学科手段，盘点微生物在 35 亿年进化历程中形成的丰富多样性，认识微生物与地球环境的共进化机制以及物种形成机制，促进对微生物资源的全方位认识和利用。

重要研究方向：① 特殊环境微生物的资源发现与价值评估；② 基于基因组学的新分类体系的建立；③ 微生物在自然选择与人工选择下的进化机制；④ 微生物多样性及物种演化规律；⑤ 微生物群落中物种间的相互作用。

3. 微生物特殊代谢途径与分子调控

代谢类型和代谢途径多样性是微生物多样性的重要内涵，是微生物在长期演化过程中适应环境的结果。近年来，随着对微生物在物质转化过程中的作用的研究不断深入，陆续发现了一系列新的微生物初级代谢途径（如碳固定途

径），大大拓宽了对微生物代谢多样性及其生态功能的认识。考虑到微生物生境的巨大多样性，新的微生物代谢类型还将不断被发现。因此，需要积极开展微生物新代谢途径及其调控机制的研究，揭示不同环境中微生物的生命特征及环境适应机制。

微生物的代谢多样性还体现在其次级代谢的多样性。次级代谢虽然不为微生物生存所必需，但次级代谢产物是微生物之间、微生物与植物、动物相互作用过程中的重要作用分子。更为重要的是，微生物次级代谢产物是医用和农用抗生素的重要来源。近年来，病原菌耐药性问题日益严重，给传染病的控制带来了巨大威胁和挑战，发现新型抗生素已成当务之急。建议在“十三五”期间，进一步发掘新的微生物次级代谢途径、激活次级代谢产物生物合成的隐性基因簇，加强对次级代谢产物生物合成途径的解析和调控机理的研究，为发展新型抗生素提供资源并奠定基础。

重要研究方向：① 微生物新代谢途径的发现和解析；② 微生物初 / 次级代谢及其生理生态功能；③ 初级代谢与次级代谢途径的相互作用；④ 隐性次级代谢产物生物合成基因簇的表达调控机制。

4. 微生物酶学

微生物的生命过程大多是由酶促催化完成的，微生物的遗传与代谢多样性以及生存环境多样性决定了微生物所产生的酶的催化和理化性质的多样性，因此，微生物是酶的最大资源宝库。长期以来，酶学研究一直是我国微生物学领域的研究热点。我国在微生物新酶筛选和鉴定、催化特性及其改造方面开展了大量工作，特别是近年来，采用基因组学、功能基因组学、元基因组学、结构生物学、蛋白质工程等手段，获得了一批具有应用前景的酶。但从总体上看，我国在酶促反应机理、酶催化的分子机制及其结构基础、酶的结构与功能关系的研究还不够深入。建议在“十三五”期间，进一步加强微生物新酶（特别是极端酶）的发现，深入开展酶的催化机制、结构与功能关系、酶的底物特异性与功能杂乱性（promiscuity）、酶的分子改造与进化、酶促反应机理等方面的研究。

重要研究方向：① 具有新颖催化机制或特殊理化性质的微生物新酶的发现；② 微生物酶的催化机制及其结构基础；③ 重要酶促反应机理；④ 微生物酶的分子改造与进化；⑤ 微生物酶在生物催化领域应用的研究。

5. 微生物非编码RNA

微生物非编码RNA（noncoding RNA，ncRNA）包括microRNA、小干扰RNA（small interfering RNA）、Piwi-interacting RNA、小核RNA（small nuclear RNA）、小核仁RNA（small nucleolar RNA）、长链非编码RNA（long non-coding RNA）、CRISPR RNA和核糖体开关（riboswitch）等。ncRNA广泛存在于包括病毒在内的所有微生物，功能多样，影响和调控几乎所有的细胞功能。原核微生物中的CRISPR/Cas系统近年来受到广泛关注。该系统存在于80%以上的古菌及约40%的细菌中，是最新发现的可遗传的获得性免疫系统，不仅在细菌及古菌与病毒互作、基因水平转移、基因组进化与适应等方面具有重要作用，还参与多种生理过程的调节。尤其值得强调的是，Ⅱ型CRISPR/Cas系统已发展成为用途广泛的基因组编辑工具。同样，调节性小RNA和核糖体开关也广泛存在于细菌和古菌中，在细胞生命活动中发挥重要的调控作用。近年来，原核微生物ncRNA的功能研究取得了一系列突破性进展，成为微生物领域中的重要学科前沿，但其复杂多样的生理功能及精细的分子机制还有待深入系统的研究。尽管近年来CRISPR RNA及其作用机制已有相当深入的了解，但对于其功能的多样性及其作用的分子细节，包括CRISPR RNA如何与Cas蛋白（或蛋白复合物）相互作用并行使不同的功能，如何高效甄别宿主与外源DNA，以及如何实现对胞内种类多样的生理功能的调节，仍了解不多。从总体上看，微生物ncRNA的研究尚处于起步阶段，还有大量未知的ncRNA有待挖掘，目前已发现的绝大部分ncRNA的功能及作用机制未知或所知不多。我国在这一新兴热点领域已经做了一些有影响的工作，但总体关注度和研究投入尚不够。建议在“十三五”期间，鼓励开展微生物ncRNA的功能及其作用机制的研究，争取在这一新兴热点领域占有一席之地。

重要研究方向：①重要病毒、细菌、古菌、真核微生物的RNA组学预测、注释和大数据平台的建立；②微生物ncRNA的发现、鉴定和结构功能分析；③CRISPR-Cas系统及ncRNA的生理功能和作用机制；④ncRNA在微生物与宿主及环境相互作用中的功能。

6. 微生物群落与细胞间相互作用

自然环境中，微生物生活、生存于群落中，微生物除了进行个体生长、繁殖外，还与群落中其他微生物存在着紧密的相互作用，形成相互作用网络。微生物群落相互作用包括微生物个体之间的信息交流，物质交换，以及新近发现的通过纳米导线（nanowires）的电子传递等方式。群体感应是微生物种群内及种群间的一种重要通讯方式。群体感应调控的生理行为多种多样，如生物发光、群体运动性、生物被膜（biofilm）形成、致病性等。在菌群中细胞之间还可形成纳米通道（nanotube）相互交换胞内大分子，从而帮助群体内的更多细胞在某些不良生存环境中得以生存。自然环境中微生物群落组成受环境条件的影响，而环境条件如何影响微生物群落组装尚存争议。解释微生物群落的组装机制已成为微生物生态学研究的主要目标之一。

作为一种特殊的群落结构，生物被膜内的微生物对不良生存环境的抵抗力大大增强，对抗菌药物具有天然的耐受能力。微生物细胞间相互通讯还增强了生物被膜群体的竞争力和生存力。生物被膜内细菌间相互接触的机会增强，促进了基因的水平转移及在自然环境中的竞争力。揭示细菌生物被膜的形成、结构、细胞间通讯与调控、瓦解等过程和机制，是当今微生物学领域研究的热点。另外，微生物群落在固体表面的群体运动，是微生物群落适应环境的重要策略，近年来得到了越来越多的关注，成为细菌群落研究的热点之一。建议在“十三五”期间，鼓励对微生物群落、生物被膜形成与演化机制、稳定性及调控、群落中微生物通讯与物质交换等的研究，加强对环境病毒等新兴研究方向的支持。

重要研究方向：① 微生物群落形成与演替规律；② 群落中单细胞行为与相互作用行为的进化机制；③ 微生物细胞间通讯、物质交换、电子传递等过程与生态功能；④ 群落中微生物相互作用网络模型与定向调控机制；⑤ 人工合成微生物群落构建的理论基础及环境适应性与稳定性；⑥ 微生物群体感应的信号分子、传导机制及群体行为的调控机制；⑦ 微生物生物被膜的形成、结构与瓦解机制；⑧ 微生物 Swarming 等群体运动行为及其调控机制。

7. 特殊 / 极端环境微生物及其环境适应机制

地球上生态环境具有极大的多样性，包括低温、高温、酸、碱、干旱、强辐射、寡营养、有氧、无氧、高盐、高压等环境。在这些极端自然环境中，均发现了微生物的存在。近年来的研究表明，占地球表面积 70% 多的海洋中，蕴藏着生物量巨大、多样性丰富的微生物资源。大洋水体、海底及深部生物圈、极地海域、极地陆地土壤、冰川等，都生活着大量的微生物。特别值得注意的是，在海洋中发现了大量的病毒，据估计，其数量比细胞微生物数量大一个数量级。环境中的病毒在微生物细胞的周转过程中发挥重要作用，因此具有重要生态学意义。在长期的适应与进化过程中，微生物形成了独特而形式多样的遗传与代谢机制，从而适应不同的生态环境。同时，微生物适应环境还与其所在群落中微生物的组成有关，某些特定微生物的存在可以保护群落中其他微生物。另一方面，微生物的生命活动也对地球环境产生了重要的影响。作为地球生态系统的重要组成部分，微生物在物质循环、能量流动方面发挥了重要作用，是地球生态系统中的生物地球化学循环的引擎，影响地球环境、地球气候变化等。因此，开展微生物与环境的相互作用研究，揭示微生物适应极端环境的机理，对于认识生命的本质以及与地球的共进化、创新生物技术具有重要意义。我国在极端环境微生物（包括海洋微生物）研究领域均开展了一些具有国际竞争性的研究工作，但研究覆盖面还比较小，系统性研究较少，设备依赖型研究水平较低。建议在“十三五”期间，继续支持极端 / 特殊环境微生物的研究，鼓励开展大洋、深海、极地微生物的研究。

重要研究方向：① 高温、低温、高盐等极端环境下微生物的生命特征与环境适应机制；② 海洋（尤其是大洋、深海、极地等区域）微生物的多样性、生命特征、生态功能与环境适应性；③ 极端环境微生物（包括海洋微生物）在碳、氮、磷、硫等重要生源要素生物地球化学循环中的作用；④ 群落组成对微生物环境适应性影响的机制；⑤ 地球深部生物圈的构成及物质与能量代谢；⑥ 环境病毒的多样性、基本生物学特征及生态功能。

8. 环境污染物的微生物降解及转化

现代化学工业的发展和人类生活方式的演变，使得地球环境化学过程日益复杂，环境中除了长期积累的各种天然或者化学合成的污染物之外，新型污染物（如溴代化合物、二噁英、农药、除草剂和苯并芘等生物难降解化合物）及危险废弃物（如抗生素、内分泌干扰素、有毒重金属等）不断出现，种类繁多，对人类生活、生产及生态系统造成了日益严重的影响。

微生物是地球上最早出现的生命形式和生态系统中的分解者，在新型污染物的分解转化、元素的生物地球化学循环中发挥着至关重要的作用。微生物能够以极快的速度适应污染环境，进化出相应的代谢途径。近年来，我国在环境污染物降解的微生物代谢途径、降解酶基因、催化酶系、代谢调控以及生物修复等方面的研究取得了一系列重要进展，但在新型污染物的微生物细胞吸收转运、分解代谢、趋化感应等生理和细胞行为的过程和机理，以及这些过程的进化途径和驱动进化的动力等方面，研究还不够深入。建议在"十三五"期间，深入研究环境中污染物、特别是新型污染物的生物降解机理，揭示微生物降解代谢途径的进化过程和机制，进一步认识微生物与环境的互作规律，助推环境生物技术的创新。

重要研究方向：① 重要农用化学品及工业污染物的生物降解及代谢途径；② 新型污染物的微生物降解过程和降解途径；③ 微生物对环境污染物的趋向性及降解过程的调控；④ 微生物降解污染物代谢途径的进化过程及其驱动力；⑤ 原位条件下污染物的微生物降解及污染环境的生物修复技术原理。

9. 微生物与植物互作

微生物对植物的影响可分为有害和有益两类。近年来，由于细胞生物学、分子生物学、结构生物学以及各种组学技术、高通量测序技术、单细胞测序技术、单分子成像和活体动态成像技术的发展，对植物病原微生物（病原真菌、细菌、病毒、类病毒、植原体等）和固氮微生物、根际微生物和植物内生菌的生活史和结构以及微生物与植物相互作用的认识逐渐由宏观到微观，由分子到原子，由"看不见的基因"到"看得见的基因"，由静态到动态（不同发育阶段），由单基因功能及调控到基因网络的调控而不断深入。对于与植物互作微生物的基本生物学特征，包括增殖与复制、生理生化、遗传发育（真菌）、结构与组装（病毒），有了更多的了解。而在组学和生物信息学等手段的帮助下，对于微生物与植物互作过程中两者的基因表达调控规律，以及蛋白质、小分子、小 RNA 的跨界调控等的认识也更为丰富。近年来，我国在植物病原菌的致病机理方面取得了具有国际显示度的研究成果，在固氮机理及固氮、共生、内生菌组学研究方面进展显著，还系统开展了内生菌次级代谢产物挖掘等工作，但是，从总体上看，该领域的不同研究方向发展还不平衡，研究工作也存在低水平重复问题。建议在"十三五"期间，重点支持病原微生物蛋白对寄主基因表达、次生代谢和生理调控等的影响，小 RNA 介导的跨界调控，内生菌功能化合物的生物合成等研究，鼓励病原微生物的侵染与复制、重要蛋白复合体的组装与结构、虫传病毒病害与植物寄主、昆虫介体三者及微生物、线虫、植物三者之间相互作用等方面的研究。

重要研究方向：① 植物病原真菌、细菌、病毒、植原体和固氮、共生及内生微生物的基本生物学特征；② 植物病原微生物致病因子的系统鉴定、致病机理及毒性变异的规律；③ 小 RNA 介导的微生物与植物跨界通讯的分子机理；④ 植物病原微生物感应寄主及环境信号及侵入、增殖和扩散的分子机制；⑤ 昆虫传病毒侵染过程中的介体昆虫、病毒和植物三者相互作用机制；⑥ 共生和根际微生物增强宿主植物抗逆性的作用机制；⑦ 菌根真菌与宿主相互作用的信号转导途径；⑧ 固氮基因表达的网络调控机制；⑨ 固氮酶催化的分子机制（包括固氮酶的结构、功能及活性调节）；⑩固氮微生物的遗传多样性与遗传改造；⑪ 植物病原微生物及固氮、共生和内生微生物与寄主植物的协同进化。

10. 微生物与人和动物健康

微生物与人类健康密切相关。一方面，人体携带的正常菌群（存在于肠道、皮肤、口腔、生殖道、呼吸道等）是人的“第二基因组”，在宿主免疫系统的发育和进化、正常生理代谢等方面发挥着重要作用，研究正常菌群在宿主正常和疾病状态下的构成及其变迁规律对于健康维护和疾病防控具有重要意义；另一方面，病原微生物严重影响人的健康，研究病原微生物的生长代谢、遗传变异、与宿主相互作用、应激反应、免疫应答规律等有助于传染病的防控。近年来，我国在新发和再发传染病病原的鉴定、病原微生物的基因组学、进化、致病及耐药机制、病原与宿主相互作用等方面开展了很多工作，取得了重要进展，但在研究的系统性、综合性和交叉性方面，仍与国际水平存在较大差距。值得注意的是，真菌感染对人类健康的危害日益严重，而与病毒、细菌相比，对真菌病害的研究严重不足。同样，微生物也关乎动物健康，动物体内的正常微生物菌群为动物健康所必需，而病原微生物则导致动物疾病。我国动物疫病种类多，病原复杂，而且病原微生物变异快，导致毒力与致病力增强，可突破种间屏障进行传播。另外，人兽共患病的病原种类也多，宿主范围广泛，严重威胁人类健康，其中食源性病原微生物是食品安全的一大隐患。与发达国家相比，我国在动物疫病、人兽共患病防控方面存在较大差距。建议在

“十三五”期间，重点支持针对人和动物重要病原微生物的系统持续的研究，加强对人兽共患病病原微生物的基础研究，重视对尚未给予足够关注的病原微生物（病原真菌、支原体、衣原体、立克次氏体、噬菌体和其他不常见微生物的类群）的支持。

重要研究方向：① 重要病原微生物（包括病毒、细菌、真菌等）的基本生物学特征及致病、免疫逃逸和耐药机制；② 重要病原微生物致病性及传播性（包括跨种传播）、耐药性等致病相关特征的获得与进化机制；③ 新发病原微生物的产生机制及溯源研究；④ 人体及动物体内的微生物菌群及其与宿主的相互作用、特别是与宿主健康和疾病的关系。

11. 生命及生物学过程的设计与合成

合成生物学是关于设计和重新合成生命的研究，是一门新兴融合性学科。合成生物学利用基因组测序技术、计算机建模及模拟技术、生物工程技术、化学合成技术等，在工程学思想的指导下，从头设计并构建新的生物组件和系统，或对现有的天然生物系统进行重新设计和改造。其基本思路是，将复杂的生命系统拆分为功能元件，通过对生物元件进行标准化、模块化定义，实现对生物元件的逐级组装，进而构建一个新的功能系统。在人工合成微生物细胞或生物学过程时，将面临一系列科学问题，例如：元件、模块和底盘的设计原则，人工合成系统的物质与能量代谢的偶联，系统调控网络的搭建和优化等。我国合成生物学研究尽管投入较大，但由于我国微生物学（特别是分子微生物学和微生物生理学）研究积累的薄弱，面临着诸多挑战。建议在“十三五”期间，加强合成生物学的基础研究，聚焦于解决元件、模块和底盘设计和构建及系统运转所涉及的科学问题和核心技术问题。

重要研究方向：① 底盘微生物细胞的设计和构建；② 微生物细胞的功能元件、模块的设计构建；③ 人工合成微生物系统的设计构建；④ 合成微生物多细胞系统的设计构建。

12. 微生物学新方法

生命科学的发展既见证了同时也离不开技术方法的进步，微生物学研究不仅极大地丰富了人类对于生命的认识，而且提供了现代生命科学研究的强大手段。20 世纪，DNA 连接酶、克列诺片段（Klenow fragment）、RNA 逆转录酶、限制性内切核酸酶、*Taq* DNA 聚合酶等的发现，催生了以 DNA 重组技术、PCR 技术为标志的分子生物学；酵母双杂交技术等为功能基因组学研究提供了重要手段；近来广受关注的 TALENs、CRISPR/Cas9 等基因组编辑技术也源自对微生物的研究。可以预见，随着微生物学基础研究的不断深入，来自于遗传与代谢多样性极为丰富的微生物的新方法、新技术还将不断涌现。我国在微生物新技术、新方法研究方面长期滞后，除了理念的原因，与微生物学基础研究水平不高、积累不多有很大关系。建议在“十三五”期间，大力支持微生物新技术、新方法的原创新研究，鼓励开展以建立新技术、新方法为导向的基础研究。

13. 微生物与地球环境相互作用及其应答机制

碳、氮、磷、硫等重要生源要素的生物地球化学循环过程，具有重要的环境效应，并影响全球气候变化，因此，既是生命科学也是地球科学研究的重要内容。微生物在碳、氮、磷、硫等元素的生物地球化学循环过程中发挥不可或缺的驱动作用，认识参与元素循环的微生物，揭示其作用机制及环境适应性，具有重要的理论意义和实际应用价值。

重要研究方向：① 地球典型环境功能微生物（群）及其互作机制；② 微生物代谢活动及其对元素循环的贡献；③ 驱动元素循环的功能微生物（群）对环境变化的适应与响应机制；④ 地球环境条件（如温度、大气成分等）变迁与微生物进化的关系。

14. 微纳生物光子学

利用高度汇聚的激光产生的高空间分辨的光镊技术，可测量皮牛（10^{-12}N）量级的作用力，实现非接触、无损伤、原位的微生物细胞或亚细胞结构操纵和细胞间黏附力或细胞应力的测量，对于微生物之间以及微生物与宿主之间的力学定量研究具有突破性的意义。在激光操纵的同时，激光被微生物细胞散射产生的拉曼光谱可以提供单个微生物细胞的物质组成信息，实现无标记细胞化学组成的动态监测。无标记超分辨光学成像技术可突破光学衍射极限，实现纳米尺度的亚细胞空间分辨，其对微生物研究的重要意义更是不言而喻的。目前，微纳生物光子学新技术新方法日新月异，微生物研究亟须与这些新技术进行交叉融合，在研究手段上实现跨越性突破，在单细胞、单分子的水平上来回答微生物传统技术无法回答的科学问题。

关键科学技术问题：① 基于光学的单细胞操控、识别与分选；② 采用光镊等技术定量测量微生物细胞与宿主细胞之间的黏附力、细胞应力；③ 基于拉曼光谱等非标记技术的活细胞内化学组分的动态定量分析；④ 无标记活细胞超高分辨光学成像与单分子成像。

15. 仪器微生物学

自微生物学科诞生以来，技术、工具和仪器的创新，一直是助推重大突破的主要动力。目前，微生物学科在微观方面正向单细胞、单分子水平扩展，在宏观方面则向群落、生态系统乃至生物圈延伸，以便实现对生命现象的跨尺度、全方位认识。与此相应，微生物学科的进步更加依赖与数学、物理、化学、信息、工程等科学的交叉融合，更加依赖新的技术方法和技术手段。

仪器研制需求：① 微生物环境模拟培养系统；② 活体单细胞功能监测、分选和示踪，单细胞组学分析；③ 微生物群落原位结构与功能成像；④ 微生物的环境监测和预警网络。

第六节　实现“十三五”发展战略的政策措施

微生物学科实现“十三五”发展战略的政策措施建议有以下几个方面。

1. 加强对重要研究方向优秀学者及团队的稳定支持

长期、系统地开展原创性研究，才能有效推动学科发展、奠定重大科学发现的基础。经过大约 20 年的发展，我国微生物学研究综合实力与水平均有了长足的进步，在一些重要研究方向已经有了规模和竞争力可观的学者和研究团队，形成了一定的研究积累，在国际上产生了影响。为了鼓励和支持这些优秀学者或团队潜心钻研、挑战更大的科学问题，建议进一步优化、创新资助机制和评价体系，在公平竞争的前提下，实现对重要研究方向优秀学者和团队的长期稳定和足够强度的支持；同时，将研究结果的影响力和研究工作的系统性作为评价的主要指标，使我国尽快在部分研究方向率先达到国际领先水平并带动整个微生物学科的发展。

2. 建立并完善鼓励学科交叉的机制和平台

学科交叉、甚至融合是科技发展的特点和动力，也是我国实现科学技术跨越性发展的一个重要手段。国家自然科学基金委员会现有的资助渠道和管理方法在促进学科交叉方面发挥了重要作用，取得了较好的成效。要想在更高层次、更大范围、更大跨度上开展学科交叉，还需要不断地做出新的尝试。对于微生物学科而言，其最新发展已经对学科交叉提出了新的巨大需求。例如，新兴的地微生物学呼唤微生物学科与地球科学的交叉，合成生物学涉及微生物学等生命科学学科与工程技术科学、数学等的交叉。建议建立跨学科机制，利用重大项目、重大研究计划等资助渠道，及时启动重大交叉研究项目，充分发挥国家自然科学基金委员会在基础研究方面的引领作用。

3. 进一步加强国际合作与交流

国际合作对于科学技术的进步意义重大，而微生物学科的许多分支（如微生物生态学、系统发育与物种演化、病原微生物学等）具有突出的跨地域特点，因而国际合作尤为重要。我国在一些适宜开展国际合作的微生物学研究领域已经具备了一定的竞争实力，建议组织、支持我国科学家与发达国家科学家一道，围绕全球重大挑战或双边关心的重大科学问题（例如全球变暖、生物多样性保护、传染病防控等），联合提出国际合作研究计划，逐步提高我国的学术影响力和话语权。建议进一步改进和完善国家自然科学基金现有国际合作支持方式，提高其可行性和可操作性，鼓励优势互补的实质性国际合作并使之常态化。此外，尽管我国微生物学研究水平已经有很大提高，但从总体上看，与国际先进水平相比还有不小的距离，因此，依然需要支持以学习、借鉴为特点的人员交往和学术交流。

4. 努力行使自然科学基金的科普功能

向全社会传播科学理念、传递科学知识是自然科学基金的社会责任。近年来，随着我国科技投入的持续大幅度增加以及国民对科技发展的日益关注，科学技术的健康发展比以前任何时候都更需要得到社会的理解和支持，而科学普及与科学传播对于沟通科学与社会，培育科学文化，促进我国科学技术可持续发展至关重要。建议采用适当方法，在用于科学研究的基金项目中增加科普经费，例如，可根据项目承担者的建议安排适量用于科普活动（如青少年科研实践、科普讲座、科普网络建立、科普手册印发等）的延伸资助，真正使科研活动与科普活动紧密结合起来。

主要参考文献

国家自然科学基金委员会，中国科学院 . 2012. 未来 10 年中国学科发展战略 · 生物学 . 北京：科学出版社 .

焦瑞身 . 2004. 新世纪微生物学者的一项重要任务——未培养微生物的分离培养 . 生物工程学报，20：641-645.

微生物学通报编辑部 . 2013. 微生物地球专刊，40（1）：1-202.

中国科学技术协会，中国微生物学会 . 2010. 微生物学学科发展报告 . 北京：中国科学技术出版社 .

Blottière H M，de Vos W M，Ehrlich S D，et al. 2013. Human intestinal metagenomics：State of the art and future. Curr Opin Microbiol. 16：232-239.

Cameron D E，Bashor C J，Collins J J. 2014. A brief history of synthetic biology. Nat Rev Microbiol. 12：381-390.

Cordero O X，Polz M F. 2014. Explaining microbial genomic diversity in light of evolutionary ecology. Nat Rev Microbiol. 12：263-273.

Cui Y，Yu C，Yan Y，et al. 2013. Historical variations in mutation rate in an epidemic pathogen，*Yersinia pestis*. Proc Natl Acad Sci U S A，110：577-582.

Falkowski P G，Fenchel T，Delong E F. 2008. The microbial engines that drive Earth's biogeochemical cycles. Science，320：1034-1039.

Li S，Zhang L，Yao Q，et al. 2013. Pathogen blocks host death receptor signalling by arginine GlcNAcylation of death domains. Nature，501：242-246.

Liu G，Chater K F，Chandra G，et al. 2013. Molecular regulation of antibiotic biosynthesis in streptomyces. Microbiol Mol Biol Rev，77：112-143.

Qin N，Yang F，Li A，et al. 2014. Alterations of the human gut microbiome in liver cirrhosis. Nature，513：59-64.

Shi Y，Zhang W，Wang F，et al. 2013. Structures and receptor binding of hemagglutinins from human-infecting H7N9 influenza viruses. Science，342：243-247.

Sorek R，Lawrence C M，Wiedenheft B. 2013. CRISPR-mediated adaptive immune systems in bacteria and archaea. Annu Rev Biochem. 82：237-66.

Stephanopoulos G. 2012. Synthetic biology and metabolic engineering. ACS Synth Biol，1：514-25.

Wang Q，Zhang Y，Yang C，et al. 2010. Acetylation of metabolic enzymes coordinates carbon source utilization and metabolic flux. Science，327：1004-1007.

Wang W，Ji J，Li X，et al. 2014. Angucyclines as signals modulate the behaviors of Streptomyces coelicolor. Proc Natl Acad Sci USA，111：5688-5693.

Zhang H，Li D，Zhao L，et al. 2013. Genome sequencing of 161 *Mycobacterium tuberculosis* isolates from China identifies genes and intergenic regions associated with drug resistance. Nat Genet，45：1255-1260.

第三章

植　物　学

第一节　植物学的战略地位

植物学是研究植物形态、结构、生理、生态、分类、分布、发生、发育、遗传和进化的学科，其宗旨是认识和揭示植物界所有生命现象和生命过程的客观规律，为开发、利用、改造和保护植物提供理论依据。植物学的主要分支包括植物分类学、植物系统学、植物地理学、植物资源学、植物化学、植物形态解剖学、植物细胞学、植物生理学、植物生态学、植物病理学、植物遗传学和植物进化生物学等。从研究内容看，植物分类学、植物资源学及植物系统与进化等宏观学科关注植物资源的现状、变化和开发利用，植物生理学、植物发育生物学、植物病理学和植物细胞生物学等微观学科回答各种与植物生长、发育、生殖、衰老有关的理论和实际问题。植物学的研究成果能够为农学、林学、生态学、园艺学和中药学等提供丰富的知识和理论基础，并为农业、医药、生物能源、生物新材料和环境保护等直接关系人类生存与健康的领域服务。当前，人类面临的能源、环境、粮食和健康问题非常严重，国家和社会对植物学研究的要求也越来越高。因此，植物学研究要在揭示生命奥秘、探讨重要理论问题的同时，紧紧围绕国家需求，解决涉及国计民生的重大科学问题。植物学的发展还直接或间接推动了生命科学领域其他学科（如动物学、微生物学、遗传学、生理学和医学等）的发展。细胞理论的提出、遗传定律的阐明，以及转座子和 RNA 干扰（RNA interference，RNAi）等现象的发现都是最初在植物中完成并逐渐扩展到其他生物类群中的。很多基因在动植物中保守并具有相似的功能，对植物基因的研究也因此能够为动物和微生物中的相关研究提供借鉴。此外，植物还有一系列特殊的形态、结构和生理机制（如细胞壁、光合作用等），对这些现象和问题的研究有助于全面理解生命的奥秘。

第二节 植物学的发展规律与发展态势

一、植物学的发展规律

18 世纪，瑞典博物学家林奈确立了双名法，拉开了现代植物分类学的序幕。19 世纪达尔文撰写的《物种起源》的出版，使进化思想渗透到了植物学研究的方方面面。到 20 世纪中期，各大类植物的形态特征、进化关系和分布规律都已基本清楚，植物系统学、植物地理学和植物生态学等宏观学科进入成熟时期。同时，随着植物细胞生物学、遗传学、分子生物学和计算科学等的迅猛发展，以描述和观察为主的传统植物学逐步走向了以实验验证和还原分析为主的现代植物学时代，多学科结合和交叉的特点日益明显。

20 世纪 50 年代以来，植物生理学、生物化学和遗传学等植物学的分支学科得到了飞速发展。光合作用机理的阐明，光敏素、激素和微量元素的发现，遗传育种技术的提高，同位素计年法的建立以及抗生物质的分离等，使植物学的经济地位更为重要。20 世纪 90 年代之后，分子生物学、数学、物理学和化学等新概念和新技术的引入，使植物学在宏观和微观两个维度均取得了突出成就。如今，模式植物研究所积累的大量成果为认识基因在生理、发育、细胞和生化等层次上的功能提供了重要依据。在植物基因组学、生物信息学和基因组测序技术的推动下，植物学研究从模式植物推广到多种农作物，大大加快了对农艺性状的分子水平研究。

进入21世纪以来，分子生物学和功能基因组学等方面的研究带动了植物学的飞速发展。植物形态和结构功能、细胞结构与功能、生长发育、激素信号转导、环境适应性和次生代谢物等领域的研究取得了很多突破，已成为生物学的前沿和热点领域。同时，各种显微成像技术和蛋白质标记技术的应用，使得在细胞活体成像、各种蛋白和细胞结构动态分析等方面有了突破性进展。另外，高通量DNA测序技术提供了海量的不同物种的全基因组序列，为解析不同物种的进化关系、阐释植物环境适应性的分子机制奠定了基础。这些进展扩大了模式植物的范围，极大地推动了植物学各个方面的发展。

最近几年，随着基因、蛋白、功能和各种“组”学数据的积累以及以计算科学为基础的大数据处理技术的发展，植物学研究又表现出新的趋势。首先，结构生物学的快速发展，使得对生物大分子结构的解析更加容易和准确。各种生物大分子结构的解析和功能位点的确定，不仅为更准确的机制研究奠定了基础，而且使深入探讨物质与能量的关系成为可能。其次，学科的交叉和融合不断加强，数据的整合成为大势所趋。各方面数据的整合不仅使揭示植物生命活动的“本质”成为可能，而且为探讨这些生命活动起源和进化的过程、重建“生命之树”奠定了基础。

植物学一百余年的发展历史清晰地表明，其发展趋势是从现象描述到机理揭示、从单一的研究手段到多学科的综合、从定性描述到定量分析。当前，植物学研究正处在突飞猛进的阶段。一方面，植物学的发展及其与其他学科的结合和渗透，促进了一些分支、边缘和交叉学科的形成，植物学研究的内容和范围也因此有了很大的变化，对经济和社会的贡献也越来越大。另一方面，植物材料广泛应用在化学、物理学、计算机科学以及各种新技术和新仪器设备的发明过程中，这些研究能由表及里、由简单到复杂、由宏观到微观地探讨植物生物学领域的前沿科学问题。植物学研究将为解决国家的粮食安全、植物资源的保护与利用以及生态环境恢复等问题提供理论基础和科学指导。

二、植物学的发展态势

植物学的研究内容非常丰富，对其总体发展态势的分析和评述相当困难。因此，此处根据传统分类方法，对植物学各主要分支学科的发展态势进行分别评述。

1. 植物分类学

植物分类学是发现、鉴定、描述、区分和命名植物的科学，是植物学其他分支学科的基础，也是植物资源开发利用和生物多样性保护的基础。植物分类学的主要研究内容包括以下四个方面：① 植物系统分类学（包括重要类群的植物分类学研究或订正、重要植物类群的专著、植物志书的编研、重要或薄弱区域植物资源的调查、经济植物学和民族植物学研究等）；② 植物地理学或植物区系地理学（包括植物地理分布格局或规律、重要区域的植物区系地理学研究、植物区系分区等）；③ 与植物分类学相关的学科（如形态解剖学、花粉学、细胞学、古植物学、繁殖生物学甚至植物化学等）；④DNA 条码和植物图像识别等新技术在分类学中的运用。

该领域的发展态势主要包括四个方面。首先，关键或薄弱地区的植物种类调查和植物区系地理学研究仍是重要任务。在新的时期，由于生态环境的变化，许多区域还没有进行过调查采集，新记录和新分类群不断被发现，植物区系资料还不完善，需要更完整和全面地调查了解区域的植物区系组成。但是，与传统的做法不同，现在的植物调查除了采集植物标本之外，还要包括对 DNA 和种质资源的采集、图片的拍摄以及地理坐标和环境信息的详细记录。其次，对重要类群的分类修订和专著性研究仍是重点。对植物类群的专著性研究是植物分类学的重要内容，也代表了植物分类学研究的最高水平。与区域性植物志书的编纂不同，专著性研究需要对全球范围内某一类群的所有种类进行全面、深入和细致的研究，澄清物种的名实问题，并对物种之间的进化关系提出科学判断。再次，对准确鉴定植物的手段和方法的研发也成为重要方向。分子系统学的发展，以及大量分子系统信息的积累，为植物物种的准确鉴定提供了条件。DNA 条码技术不仅能弥补传统的形态-地理学方法的局限性，而且为植物分类学研究提供了分子证据，并逐步得到广泛运用。最后，新型植物志书的编写也成为植物分类学的前沿方向。随着物种信息数据库的建立和不断完善，具有巨大信息量的原始文献资料、图像、标本等各类物种信息数据库以及电子资源（文献、电子书刊及植物志）正逐步取代纸质版的植物志，使得植物分类学进入了崭新的电子化时代。

2. 植物资源和植物化学

植物资源学是研究资源植物的分布、分类、引种、驯化、开发、利用和保护等问题的学科。广义的植物资源学还包括植物化学。植物资源和植物化学的研究内容包括：① 植物资源的调查；② 野生种质资源的收集、保存、引种和驯化；③ 野生植物重要基因资源的评价、挖掘和保护；④ 植物天然活性产物的发现与作用机制研究；⑤ 植物化学成分的化学结构、生物合成和生物功能研究；⑥ 药用植物资源及有效成分分布和进化规律研究。

该领域的发展态势主要包括三个方面。第一，对植物资源的研究和利用更加重视。我国是植物资源大国，但长期以来对植物资源的保护和收集重视不够，导致一些重要的野生种质资源流失海外。幸运的是，我们已经认识到了植物资源的重要性，开始在保护的同时加紧对其他国家资源的收集。第二，多学科的交叉促进了对植物资源的开发利用。通过与其他学科的融合，建立完善的、适应于现代学科发展的研究体系，是植物资源学新的研究方向和研究领域。国际上已经在多个领域展开研究，其中包括植物成分影响抗逆和抗病的化学调控、植物成分对外来入侵生物物种的防御机制、植物成分类型在植物进化过程中的化学表型以及植物成分在不同物种中的分布规律，并开辟了天然产物的合成与调控等新方向。第三，新技术的应用使得化学成分的解析变得更加容易。层析技术的应用，改变了植物化学成分的分离模式与速度。各种波谱技术的推广，加快了对天然产物结构的解析。此外，植物化学成分的分离、结构测定、生物合成与调控、生物功能研究等方面的新方法和新技术的加强，使植物化学研究呈现结构与功能相结合、结构与生物合成相结合、静态研究和动态研究相结合、单一化学成分研究和化学组学研究相结合的新态势。

3. 植物系统与进化

植物系统与进化主要研究植物进化的过程、原因和机制，揭示植物多样性在时间以及空间中产生和发展的动态变化及规律。植物系统发育与进化研究的主要内容包括：① 植物系统发育重建；② 植物的现代分布格局及其成因；③ 植物的物种形成和分化；④ 植物的适应性进化及其分子基础；⑤ 植物基因、基因家族、调控网络和基因组的进化。

该领域的发展态势主要包括三个方面。第一，重建植物“生命之树”(Tree

of Life）并在系统发育的框架下探讨植物的进化规律成为主流。重建植物“生命之树”的目标就是建立一棵能将现存植物和化石植物联系在一起的系统发育树，从而阐明生命起源和进化的历史。全球科学家们正在利用分子系统学、进化基因组学、发育生物学、生态学和计算生物学手段重建植物“生命之树”、探讨性状起源和进化的过程和机制。第二，基因组数据的快速积累极大地促进了对物种形成遗传基础和分子机制的研究。随着认识的深入以及分子生物学和遗传学证据的积累，一些“物种形成基因”被分离，从而引发了更多在基因和基因组层面上的研究。随着新一代测序技术的发展，基因组测序与重测序以及转录组、表达谱等技术和发育生物学被越来越多地应用到物种形成研究中，极大地促进了植物物种形成的研究。第三，对植物进化机制的研究成为热点。由于能够揭示形态性状改变的分子机理，进化发育生物学被认为是解开生物进化和生物多样性形成之谜的重要途径。此外，随着越来越多的基因组测序工作的完成，比较和进化基因组学方面的研究为探讨基因组进化和生物进化的式样、过程、规律与机制等基本问题提供了前所未有的机遇和便利，相关研究也成为目前国际上的前沿和热点。

4. 植物形态与结构

植物形态发生和结构的功能研究一直是植物学研究的重要领域。由于植物的分生组织决定新器官发生的时间和空间，研究植物分生组织细胞的分裂与分化的机理是植物形态建成研究的重要方面。由于新一代测序、超高分辨率显微镜和基因组编辑等新技术的不断涌现，植物形态发生与结构功能研究正在发生深刻的变化。目前该领域已经从个体水平的器官发生和形态建成转向对发育控制的一些基本问题更深层次的探索。具体研究主要包括以下几个方面的关键科学问题：① 植物顶端分生组织形态建成的分子机理；② 侧芽 / 侧根分生组织起始的分子机制；③ 器官的决定以及器官形态建成中细胞分裂 / 分化和生长的协同机制；④ 植物内在和外在环境因子调控的器官发生和形态建成等。

5. 植物生殖发育

解析植物独特的生殖生物学机制（如生殖细胞的重新发生、自交不亲和、管粉受精、双受精等）成为植物生殖生物学研究的主要内容。过去几十年的植物生殖生物学研究以雌、雄配子体发生以及雌雄信号互作的分子机理为研究热点。被子植物雌配子体具有七胞八核的复杂而精巧的结构，是长期进化过程中适应其复杂功能的结果。另外，雌配子体不仅与雄配子体间存在胞间信号互作，而且雌配子体自身各细胞间也存在广泛的信号互作。这种信号互作不仅影响着不同细胞的发育进程，也决定着细胞的发育命运。雌、雄配子体发生以及雌雄信号互作与农作物高产稳产密不可分，对其发育过程和分子机制的认识将为提高农作物产量和品质提供理论保障和新途径。

6. 植物细胞结构与功能

植物细胞的形态结构与功能具有高度的相关性和一致性，相关研究一直以来是植物科学研究领域的重点与前沿之一。早期的工作着重对细胞内各细胞器的显微、超微结构和功能进行观察分析，积累了大量资料。近年来，随着技术手段的革新以及多学科的交叉渗透，细胞结构与功能的研究水平达到了新的高度。当前的发展趋势，一方面在于对细胞器结构发生与细胞行为调控的分子机制进行更深入的研究；另一方面是从分子水平回归到细胞水平，对细胞重大生命活动规律及其调控机制乃至植物整体生长发育机理的综合理解。目前，细胞壁的形成、细胞骨架的组织动态、细胞内大分子的运输、细胞器的发生、不同细胞器之间在结构与功能上的相互关联、细胞内信号转导网络等都成为国际上植物细胞结构与功能研究的重要内容。并且，以活细胞为研究对象动态综合地研究细胞生命活动成为现阶段细胞结构与功能研究的新特点。

7. 植物抗逆

植物逆境主要包括非生物胁迫和生物胁迫。非生物胁迫包括干旱、洪涝、盐碱、高温和低温等。为了适应各种环境胁迫，植物形成了抵御逆境胁迫的各种应答反应或逃避机制。近年来，植物逆境生物学的研究有了较大的进展。逆境植物激素脱落酸（abscisic acid，ABA）受体蛋白的发现，促进了对 ABA 作用机制的理解。在逆境信号传递方面，逆境信号通过信号转导通路，尤其是各种激酶和磷酸酶的修饰，直接作用于功能蛋白，或通过转录因子调控下游应答基因的表达，致使植物产生胁迫应答反应。越来越多的证据显示，其他植物激素也参与植物对非生物胁迫的应答。此外，表观遗传学调控在植物应答环境胁迫中也发挥重要作用。近些年来，虽然植物抗逆分子机理的研究取得了长足的发展，但无论在理论还是应用上，与揭示植物抗逆的本质还有极大的差距。今后的研究将主要集中在以下方面：① 植物对非生物胁迫信号的感受；② 植物响应非生物胁迫的分子调控机理；③ 钙信号在非生物胁迫下的作用；④ 非生物胁迫下细胞内外产生的活性氧的作用；⑤ 植物响应非生物胁迫的表观遗传调控机制；⑥ 植物非生物逆境信号之间的交叉；⑦ 整合逆境信号转导网络交叉互作的重要节点；⑧ 植物非生物胁迫信号与生长发育信号之间的交叉等。

通过近十几年对病原微生物效应蛋白作用机理和免疫信号转导机理的研究，形成了病原微生物与植物互作以及共进化的理论框架。目前，植物与病原微生物互作研究主要集中在以下几个方面：① 免疫受体对病原微生物的识别机理；② 植物免疫信号的调控网络；③ 病原微生物侵染和致病的机理；④ 作物抗病分子育种。植物抗病领域的重要研究方向以及可能的突破点包括：① 新的病原相关分子模式、植物内源伤害分子模式、模式识别受体以及作用机理；② 病原微生物效应蛋白的转运途径和作用机制；③ 抗病免疫的信号转导网络；④ 植物与病原微生物互作中的表观遗传学机制；⑤ 次生代谢物在植物免疫中的作用和机理；⑥ 植物免疫与其生长发育信号途径之间的交叉等。

8. 植物矿质营养

植物生长发育所必需的矿质元素均来源于土壤，土壤的养分状况是影响植物生长发育和作物产量品质的决定性因素之一。目前，许多负责矿质元素吸收、运输的离子转运蛋白基因被相继克隆，它们在矿质元素吸收转运中的生理功能及其调控机理也被深入研究；同时对于矿质元素在植物体内代谢途径的研究也更加深入，一些关键酶的生理生化功能及其分子调控机理也得到阐明。目前，植物矿质营养的研究主要集中在以下几个方面：① 矿质元素吸收和运输的分子机制；② 矿质元素协同吸收和运输的分子机制；③ 植物根系构型、根际过程与矿质元素吸收的关系；④ 矿质元素代谢和利用的分子机制等。

近几年来，虽然上述方面的研究逐步深入，但是对于植物矿质元素吸收、运输和代谢相关的分子调控机理及调控网络仍然不清楚。

9. 光合作用和固氮机理

光合作用是地球上最大规模和最重要的化学反应之一，不但为整个自然界提供能量、有机物和氧气，也是地球生命进化与人类社会生存和可持续发展的前提条件。近年来，随着科学技术的飞速发展，特别是随着拟南芥、衣藻以及蓝细菌等模式光合生物基因组的测序完成而带来的便利平台，光合作用的研究进入了全新阶段，形成了多种模式生物，多个层次，多学科交叉手段，多方向、立体式的光合作用研究体系。目前，植物光合作用的研究态势主要集中在以下几个方面：① 从分子水平上对光合作用基本过程的阐述；② 叶绿体发育与功能调节的研究；③ 叶绿体信号转导；④ 光合作用环境适应分子机理的研究。当前此领域的新动态是利用各种植物材料和各种生物信息学手段，深度发掘光合作用环境适应蛋白因子，在分子水平上解析它们的相关性，阐明分子机理，逐步建立起叶绿体响应逆境的调控网络，加深理解不同逆境条件下植物光合速率的调控机制。

生物固氮作用是全球植物所需氮素的主要来源，是生命科学领域的重大课题。使主要农作物具有固氮能力是生物固氮研究领域的长期目标。该研究继在细菌中发现固氮基因簇，并将其转移到大肠杆菌，使其具有固氮活性，以及发现根瘤菌分泌结瘤因子可特异性诱导豆科植物根部结固氮根瘤这两大高峰之后，固氮生物学研究在最近迎来了第三个高峰期。具体包括：通过合成生物学对多基因进行复杂的设计和操作，试图借助菌根共生体系的部分信号转导通路，在非豆科植物体内建立相应根瘤菌的信号途径，从而进一步在非豆科植物上建立共生固氮体系；将固氮基因簇直接转入非豆科植物，实现非豆科植物自主固氮。

10. 植物激素和信号转导

植物激素是植物体内产生的一系列天然小分子物质，以极低的浓度引发生理效应，控制着植物的生长发育及对环境适应性的方方面面。除生长素、细胞分裂素、赤霉素、乙烯和脱落酸等五大经典植物激素外，植物激素的新成员还包括油菜素内酯、茉莉酸、水杨酸、独脚金内酯及一些多肽类信号分子。

早期有关植物激素的研究主要涉及植物激素的发现及其化学（分子）结构的确定，植物激素合成及代谢的酶学过程研究，以及用传统植物生理学的方法研究植物激素的生理功能等方面。20 世纪 80 年代以来，以突变体分析为基础的分子遗传学方法的引入极大地推动了植物激素信号转导和作用机理的研究。近年来，随着植物分子生物学和基因组学的飞速发展，使得植物激素研究进入全新的发展阶段。当前植物激素研究的发展态势可以概括为以下几个方面：① 在植物激素的合成、代谢、修饰及转运机理的研究方面，注重研究这些过程的调控机理；② 在植物激素信号感知及转导的分子机制方面，注重激素生物学与结构生物学的交叉，以及激素受体和重要信号转导元件的蛋白结构解析；③ 在植物激素信号互作机理研究方面，注重激素生物学与计算生物学及生物信息学的交叉，用系统生物学的方法考虑问题；④ 在激素调控器官形成的分子机理方面，注重从干细胞调控的角度考虑问题，研究激素调控干细胞建立、维持及分化的机理；⑤ 在激素调控植物生长发育的机理方面，注重建立激素响应基因表达与细胞分裂、生长（伸长）与分化的关系，有助于理解激素调控植物生长发育的机理；⑥ 在激素调控植物对逆境适应性的分子机制方面，注重研究外界环境信号与激素信号整合的分子机理；⑦ 在植物激素检测分析方面，特别注重实时、原位的超微定量检测以及单细胞水平的激素示踪及定量检测等方面；⑧ 新激素的发现、鉴定与功能研究依然非常重要。

11. 植物表观遗传调控

植物表观遗传学是指 DNA 序列不发生变化而基因表达发生了可遗传变化的一种现象。表观遗传包括 DNA 甲基化、组蛋白修饰、组蛋白变体、染色质重塑、非编码 RNA、染色体在核内的空间分布等多个方面的调控。最近几年，通过对拟南芥各种突变体的解析和基因克隆，对表观遗传调控的各种分子机制有了较深入的理解。目前对 RNA 介导的 DNA 甲基化修饰（RdDM）机制有了较全面的认识，克隆了这条途径上的大多数基因，发现了 RdDM 介导的 DNA 甲基化发生的特定区域。DNA 甲基化修饰和组蛋白修饰相互影响，协同调控表观遗传修饰。而 DNA 甲基化和去甲基化处于一个动态的修饰过程。DNA 甲基化对保持转座子的基因沉默、维持基因组的稳定性起重要作用。除 DNA 甲基化修饰外，组蛋白 H3K27 和 H3K4 的甲基化修饰在调控植物发育过程中也起着重要的作用。许多植物组蛋白修饰基因被克隆，它们在植物生长发育的各个过程中发挥重要的作用。最近研究也发现，一些环境胁迫以及一些病原微生物可以激发表观修饰的变化，从而影响基因的转录调控。植物表观遗传修饰除了在维持基因组稳定、调控植物发育、应对环境胁迫等方面具有重要作用外，对杂种优势、亲本印记（择亲表达）也有很大的影响。表观遗传学在过去近 20 年的研究中，已经初步揭示了其复杂性以及通过多条途径调控植物的生长发育和应对环境胁迫。该领域已经引起各国科学家越来越多的重视；同时在植物科学方面的研究也为动物科学、药物研发等提供了大量有指导意义的研究信息。

12. 植物次生代谢生物学

植物合成大量的小分子化合物，其中绝大部分为特异代谢物（次生代谢物），在应对各种生物及非生物胁迫中发挥着至关重要的作用；很多维系人类健康的必须营养成分也是植物的特异代谢物；约有 1/3 的药物活性成分来自植物代谢产物及衍生物。近年来多项技术的发展使得植物次生代谢生物学的研究有了突破性的进展。随着基于色谱－质谱及色谱－核磁共振等分析技术的应用，次生代谢物的分离和鉴定能力得到了很大进步，非定向及广泛定向代谢组研究的发展也促进了分析通量的提高。在次生代谢途径解析及网络调控方面，利用反向遗传学手段，代谢物（组）与转录组分析的结合大大加快了控制重要次生代谢物结构及调控基因的克隆和鉴定。另外，整合代谢组学与以新一代测序技术为基础的基因组学相整合，采用正向遗传学手段对连锁及关联群体进行研究，大大加快了次生代谢物鉴定 / 注释、基因功能的鉴定以及代谢途径的解析。同时还发现了一些代谢物调控的新热点，揭示了代谢物差异积累的遗传调控机制。上述研究展示了整合组学在次生代谢生物学各个研究领域中的重要作用，也为后续的代谢工程研究奠定了坚实基础。另外，近年来在内、外源因子调控植物次生代谢机理研究方面也取得了较好的进展。在植物次生代谢工程方面，利用基因鉴定及代谢途径解析的成果，通过对单个基因直至整个代谢途径的遗传操作，成功通过代谢工程研究实现了多类重要次生代谢物的异位、高量积累，展示了植物次生代谢工程的广阔应用前景。遗传学、基因组学、代谢组学和生物信息学的多手段研究策略还越来越多地被应用于研究这些非模式植物的次生代谢途径及其调控机制，从而大大加快了发现和鉴定植物新代谢途径的速度，为应用合成生物学手段合成多种多样的活性化合物提供了先决条件。

第三节 植物学的发展现状

我国的现代植物学研究起始于 20 世纪二三十年代。当时，一批植物学先驱从国外留学归来，为中国现代植物学的兴起和发展做出了巨大贡献，并培养了一大批后辈人才。此后，随着社会和经济的发展，植物学研究的广度和深度逐渐增加，到目前为止，我国已经建立了规模庞大、方向齐全的植物学研究体系，涵盖了国际植物学研究的方方面面，并在一些领域处于国际领先水平。特别值得一提的是，我国的植物学研究极大促进和带动了农业、林业、牧业和园艺花卉等产业的发展，为植物资源的保护、开发和可持续利用提供了有效支撑。

过去10年中，我国的植物学研究得到了突飞猛进的发展：完成了《中国植物志》——这一世界上“最大”（即收录物种最多）的植物志书的编纂出版，基本摸清了中国植物资源的家底，《中国植物志》英文修订版（《Flora of China》）也基本完成；启动了《泛喜马拉雅植物志》（英文版）（《Flora of Pan-Himalayas》）等大型植物志书的编纂；建成了以“中国西南野生生物种质资源库”为代表的高水平、大容量的植物资源收集和保存体系；开发了包括DNA条码和植物图像自动识别在内的植物快速鉴定系统；在植物“生命之树”重建、适应性进化、生殖与发育、植物激素与信号转导、光合作用、抗逆和基因组进化等领域的研究取得了一系列令人瞩目的突破性进展。统计数字显示，最近10年里，欧美国家和地区的作者在国际植物科学领域三大顶级刊物《Plant Cell》《Plant Physiology》和《Plant Journal》上发表的论文总数呈下降趋势，而我国作者发表的论文数量持续增长，论文数目比上一个10年增加了4.6倍，所占比例已经由上一个10年的7%快速上升至20%以上，这一高速增长态势在这两年进一步延续。在顶级期刊（如《Nature》、《Science》和《Cell》及其子刊上）发表文章的数目也显著增加。此外，我国主办的植物学领域的国际杂志（如《Molecular Plant》《Journal of Integrative Plant Biology》《Journal of Genetics and Genomics》《Journal of Systematics and Evolution》等）的学术质量、水平和影响力都显著提升，在国际上占据了一席之地。

一、研究进展和存在的问题

1. 植物分类学

植物分类学是我国植物学研究中起步较早的学科，历史悠久、成果丰硕，并为植物资源的开发、研究和生物多样性保护奠定了基础。近年来，该领域的研究进展主要体现在四个方面。首先，通过长期、系统的调查和研究，采集了大量植物标本，完成了包括《中国植物志》、《Flora of China》和《中国高等植物》等在内的大型植物志书及多部地方植物志，基本摸清了我国植物资源的家底，并适时启动了《泛喜马拉雅植物志》（英文版）等新一代植物志书的编纂，把研究的范围扩展到前期调查比较薄弱的地区以及南亚、非洲和南美等全球生物多样性热点地区。其次，对一些植物类群进行了全面、深入的分类学修订，完成了具有世界先进水平的分类学专著。特别值得一提的是，分子系统学的发展极大地提高了植物分类学研究的分辨率和可靠性，不仅澄清了一些类群的范畴、界限和关系，而且为新的、更科学的分类系统的提出奠定了坚实基础。在分子系统学的框架内，一些新的类群被发现，另一些类群的范畴和特征也得到了修正。再次，建立了"中国数字植物标本馆""中国植物图像库"和"中国植物数据库"等大型植物信息平台，以及"中国网络在线植物志""智能植物志"（iFlora）和"手机植物志"等移动终端，为我国战略植物资源的保护与可持续利用、国家生态安全和公众服务等提供了重要支撑。最后，建立了 DNA 条码等植物快速鉴定体系，开发了植物图像自动识别系统。传统上对植物种类的鉴定需要借助各种各样的工具书或者相关专家，费时、费力。用 DNA 条码鉴定植物则准确性更高、速度更快，而且能够应用于植物碎片或残渣，因而在植物保护、药材鉴定和海关监测等方面大有可为。植物图像自动识别系统的开发利用还将提高公众参与植物学研究的兴趣和热情。

与此同时，我国的植物分类学研究也存在三个方面的问题。第一，研究人才相对匮乏。自 20 世纪 90 年代以来，随着分子系统学、分子生物地理学和基因组学的兴起，植物分类学成为弱势学科，研究队伍不断萎缩，人才断层日益明显。第二，志书的编纂偏多，高水平的专著性研究偏少。这既与国家的需求和导向有关，也与研究人员自身科研水平和能力较低有关。第三，植物信息数据库及植物鉴定和识别方面的工作缺乏总体规划，形成了一定的恶性竞争和低水平重复现象，宏观布局和总体规划势在必行。

2. 植物资源与植物化学

20 世纪 70 年代以来，我国确立了将植物资源、植物系统和化学成分相联系、开展植物化学研究的学术思想，使得植物资源与植物化学研究有了更为迅速的发展，在植物化学成分新结构、生物活性成分、植物化学分类、植物化学系统以及天然新药的研究方面取得显著成绩。主要进展包括四个方面。首先，野生植物资源的收集、管理、长期保存，以及引种和驯化得到了长足发展。“中国西南野生生物种质资源库”等一系列重大科学工程设施和平台的建成，标志着我国植物种质资源信息和实物共享服务体系的初步形成。茶树、竹类和柑橘北移，苹果南迁，水杉、银杉和珙桐等珍稀植物的引种和推广种植等项目都已经开始显示出一定的经济效益和社会效益。其次，重要植物基因资源的评价、挖掘、保护和开发利用已全面展开。我国已经加大力度对植物基因资源进行调查、保护和安全性管理，建立了世界级的国家基因资源库，制定了有关基因资源保护的法律政策，建立了大规模的新基因发掘和分子标记开发体系，发掘并标记了一批重要性状的新基因，创制了一些具有重要应用价值的新种质。再次，植物天然产物的分离纯化、结构解析和作用机理研究得到了飞速发展。超临界流体萃取技术、分子印迹技术、高速逆流色谱分离技术和酶工程等新方法和新技术的应用极大地提高了天然产物分离提取的质量和效率，新的核磁共振技术的发明则大大提高了结构解析的准确度和精度。最后，植物化学防御的物质基础和“抗”性药物的筛选及人工合成成为研究重点。许多次生代谢产物在植物体中都是重要的化学防御物质，能够单独或协同抵御不同植食性昆虫的进攻，且往往具有结构的多样性和复杂性。植物中一些抗病毒次生代谢产物可能具有识别病毒和寄主的能力，且自毒性较低，因而能够帮助我们找到高选择性的抗植物病毒先导化合物，解决抗病毒药物设计的瓶颈问题。

该领域存在的问题主要包括四个方面。第一，收集保存有余，开发利用不足。国内的研究工作大多集中于对植物资源的调查、收集和保存方面，对利用途径、方法和利用率的关注不够。第二，学科交叉与联合不够。“提取分离、结构鉴定、活性筛选”的传统研究模式仍是主流，新的学术生长点较少，尤其是与化学和生物学前沿学科的结合很少。第三，对植物资源和化学成分的解析较多，深入研究太少。第四，植物化学成分合成和调控的研究能力不足，尚未形成突出成果。

3. 植物系统与进化

20 世纪 90 年代以来，植物系统与进化逐步替代植物分类学成为宏观植物学中的优势学科。此后，随着基因组学、生物信息学和进化发育生物学的兴起和发展，植物系统和进化研究焕发出新的生机，进入了蓬勃发展的阶段。主要进展体现在四个方面。首先，化石植物研究、系统发育重建和植物地理学研究全面展开。古植物学在进化环节直接证据的寻找上取得了重大突破，发现和描述了许多重要化石植物，并结合古气候、古环境和古地理研究探讨了植物进化与环境变迁的相关性。植物系统发育重建在构建属一级“生命之树”的同时，揭示了植物类群进化的历史、过程和规律，为其他方面的研究奠定了基础。植物地理学和谱系生物地理学研究不仅总结了我国植物区系的特点和变化过程，而且在一些重要的生物地理学问题上提出了新见解。其次，基因组层面的研究迅猛发展，为植物系统与进化研究带来了新的机遇。目前，已完成测序的植物基因组有几十个种，另有大量的物种正在被测序，这些研究正在改变植物进化生物学研究的格局。通过基因组层面的分析，我国科学家不仅揭示了一大批基因、基因家族和调控网络进化的历史、模式和机制，而且探讨了基因组进化模式、基因表达调控和拷贝数变异规律等理论问题。基因组和转录组数据还被成功地应用于系统发育重建研究中，解决了一些长期以来悬而未决的植物系统学问题。再次，对植物适应性进化及其分子机制的研究成为重点。植物对各种环境因子的适应总是通过其形态、结构、生理甚至行为上的特性表现出来，并通过其遗传物质的改变而保存下来。因此，对植物环境适应性及其分子机制的研究是植物进化生物学的重要内容，我国科学家在这方面的研究中取得了突出成绩。特别值得一提的是，由于建立了比较独特的研究体系，我国科学家还开始对一些基本的生物学问题（如植物器官形态和结构多样化的分子机制等）进行探索性研究。最后，对物种形成和作物驯化的研究进入新阶段。我国学者揭示了植物物种形成中发生在基因组和生物学特性上的各种变化及其分子机制，并对一些重要的理论问题进行了卓有成效的探讨。与此同时，我国学者还特别关注了一些重要作物、蔬菜和水果的驯化及其分子机制，发现了一批控制农艺性状变化的基因和调控元件，为作物的育种、改良和野生种质资源的开发利用提供了理论指导。

该领域存在的问题主要包括四个方面。第一，描述性工作居多，对机理的研究相对较少。很多研究还仅仅停留在对生物学现象的描述层面，而很少通过现象去讨论背后的本质原因或机理。第二，原创性思想较少，对理论问题的探讨较少。该问题在基因和基因家族的进化方面显得尤为突出，大多数研究思路和方法缺乏新意。第三，实验进化方面的工作几乎没有。虽然前人基于研究结果或现象提出了很多理论，很少有人通过实验方法去验证这些理论。第四，很多研究缺乏系统性。受经费资助、科研评价体系等方面的制约，科学家很难围绕一个主题进行长期深入的研究。

4. 植物形态与结构

近年来，我国科学家对植物茎顶端干细胞命运决定与维持、侧芽分生组织起始的分子机制、器官发育中细胞分裂与分化、植物衰老的分子基础、植物激素与植物发育可塑性、表观遗传调控与植物形态建成和组织分化等重要研究领域均有所涉及，并且在干细胞维持和分化的分子机理、细胞分化与植物形态建成、植物细胞全能性的调控机制、植物器官形成和大小决定、植物株型形成的分子机制、开花时间的表观遗传调控等研究中取得了重要进展。这些研究多集中于对调控植物形态发生过程中单个性状或发育过程的遗传与分子基础的了解，而对于系统整合植物形态发生的调控信号通路与遗传网络的解析还有待深入。

5. 植物生殖发育

过去的十多年间，我国科学家在花的发育、配子体发生、自交不亲和、花粉管导向和胚胎发育等方面取得了显著成绩，并培养了一批高水平研究队伍。我国科学家证明了胚囊中央细胞调控植物花粉管导向生长，并克隆了其关键基因；从花粉管中鉴定了两个类受体激酶可能参与细胞间通信信号分子对花粉管导向的响应；发现了一种核编码并定位于线粒体的蛋白，参与卵细胞与中央细胞之间的细胞通信等。此外，我国科学家还分别在雄配子体的减数分裂、拟南芥和水稻雄配子体的发育过程及其调控机制、花粉管伸长、精细胞发育、稻绒毡层细胞程序化死亡信号途径等方面取得了一系列重要的研究成果。目前，我国植物生殖生物学研究已进入快速发展时期，随着玉米、小麦等一批重要农作物基因组的解析，生殖发育研究已经呈现从拟南芥和水稻模式植物向其他农作物扩展的趋势。

6. 植物细胞结构与功能

近年来，我国科学家在植物细胞壁形成、细胞骨架调控植物细胞生长、细胞骨架结合蛋白的鉴定和功能研究、重要膜蛋白的分泌途径、内吞与胞内囊泡运输调控机理的研究方面取得了可喜成果，但是对环境信号和植物生长发育信号调控这些重要细胞结构的组织动态和功能的信号转导途径及作用机理的研究还有待深入。细胞壁与细胞骨架、囊泡运输的动态联系已逐步得到建立，然而这些不同细胞结构之间功能上的相关性研究还有待深入。除了在分子水平研究信号转导途径之间的交叉互作以及组合调控之外，通过先进的活细胞成像技术、单分子成像技术研究细胞骨架与囊泡运输在细胞壁物质分泌中的作用将会带来突破性进展，研究过程中大量图像采集基础上的数据分析和信息挖掘值得进一步重视。

7. 植物抗逆

在植物响应非生物胁迫的分子机制研究方面，我国科学家在拟南芥和水稻等植物中克隆出一批重要的抗逆相关基因，并解析了它们的作用机制；通过合成与受体结合效率更高且廉价的 ABA 类似物作为小分子农药可增加植物的耐旱能力；阐明了活性氧调控干旱下的气孔运动以及根生长的分子机理；发现了干旱条件下表皮蜡沉积的分子调控机制；揭示了 ABA 与油菜素内酯之间的互作机制；完善了植物重要耐盐途径的调控机制；发现了 Ca^{2+} 信号介导的、通过调控细胞质膜质子泵活性进而调节植物耐碱能力的信号通路；解析了植物激素（如乙烯和茉莉素）调控植物抗低温的分子机理；揭示了高温、表观遗传系统以及小干扰 RNA 生物合成之间的重要关系等。但是，目前对植物是如何感知多种非生物胁迫信号的认识还是空白，急需开展非生物胁迫感受器的寻找和鉴定研究；已有的研究表明多基因、多信号途径的协同作用是植物耐逆的主要机制，如何最大限度地挖掘植物抗逆相关基因的协同潜力，通过多基因、多途径的有效整合转化，改进植物的抗逆性是一个亟待解决的重大问题。在植物对病原微生物和昆虫的免疫机理以及病原微生物的致病机理方面，我国科学家通过对拟南芥和番茄的茉莉素途径进行研究，发现了多个重要的抗虫和抗病基因，并解析了其中的机理；在病毒病害的研究中发现了病毒抑制植物基因沉默的新机理；发现并解析了病原菌和大豆致病疫霉菌多个效应蛋白干扰植物免疫信号途径的生化机理；获得了植物模式识别受体免疫途径中的重要新组分；解析了两类免疫受体识别病原信号的分子机制；在水稻抗病研究中，分离了多个抗白叶枯和稻瘟病的重要抗病基因，为作物抗病育种打下了理论基础。但是，由于病原微生物极易发生变异，如何使农作物获得相对持久的抗性，成为抗病育种研究的一个巨大挑战。

8. 植物矿质营养

我国科学家在植物响应养分胁迫的分子机制研究中，尤其是在植物对氮、磷、钾的吸收、转运、分子调控机制方面获得了重要研究进展。克隆鉴定了一大批离子转运蛋白，深入研究了这些转运蛋白在离子吸收、转运过程中的生理作用及其调控机制；逐步解析了植物响应养分胁迫的分子调控机制与调控网络；深入探究了植物根系构型和根际过程的调控机理，挖掘植物根系养分高效利用的遗传潜力，这成为提高植物养分资源利用效率的新途径。但是这些研究内容大都比较分散，组成分子调控系统的研究还很少。此外对植物响应养分胁迫的感受机制、信号转导机制的研究还不够深入。

9. 光合作用与固氮机理

我国科学家在光合作用能量转换机理、光合膜复合物结构和生物发生机理、叶绿体基因表达调控、叶绿体反向信号转导、光合作用的环境适应机理和光合碳代谢及同化产物运输等研究方向进展突出，如发现了一批参与叶绿体基因表达的调控因子；阐明了多个调控因子在光合膜复合物生物发生中的生物学功能；发现了介导叶绿体反向信号的关键蛋白，搭建了叶绿体信号传递到细胞核的通道；发现并分离了多个参与光合环式电子传递的复合物与调控因子；发现叶绿体小分子热激蛋白在维持高温及强光下光合效率方面起重要作用；发现翻译后修饰与卡尔文循环关键酶的酶活性调节密切相关；鉴定出若干个参与同化产物运输与分配的重要基因等。在未来几年中，我应该在巩固优势的同时，重点解决几个前瞻性科学问题，同时又要考虑其在农业和能源方面的应用前景，推动我国及世界光合作用领域的发展。

我国生物固氮的研究与国外基本同步。科学家在大肠杆菌中建立了T7 RNA 聚合酶 -lacI 表达系统来调控固氮基因簇的表达；通过合成生物学的手段，揭示了铁固氮酶体系独立行使功能的必需基因；在共生固氮体系中，分离和鉴定出宿主植物根瘤细胞内部参与共生信号转导的多种调控蛋白，并阐明了部分调控蛋白在根瘤菌感染及根瘤形成中的功能和作用机制。

10. 植物激素和信号转导

2006 年，我国科学家召开了主题为“植物激素与绿色革命”的香山科学会议，系统分析了植物激素领域的研究现状和发展趋势，凝练了植物激素领域的重大科学问题。2007 年，国家自然科学基金委员会启动了为期 8 年的重大研究计划——“植物激素作用的分子机理”。这些前瞻性的战略布局极大地推动了我国植物激素研究从跟踪性研究，到全面快速提升，再到许多方面赶超并领先国际先进水平的发展历程。

目前研究进展包括以下四个方面。

（1）积极推进激素生物学与化学等学科的交叉，着力开展植物激素分析测定的新方法、新技术研究，建立了规模化的批量激素分析技术体系，为激素组学研究的发展奠定了基础；积极探索开发原位、实时、单细胞水平的激素检测定量技术。

（2）大力加强激素生物学与农学交叉，发现激素代谢调控及信号转导新机制，在新激素独脚金内酯的作用机理研究等方面占据国际领先地位。我国科学家以水稻分蘖调控为模式系统，鉴定了参与独脚金内脂代谢及信号转导过程中的多个关键基因、重要受体和调控因子，发现了独脚金内酯信号转导的“去抑制化激活”机制是独脚金内酯信号转导机理研究的奠基性突破。

（3）着力推进激素生物学与结构生物学的交叉，在激素受体鉴定与功能研究中取得一系列突破性进展。结构生物学手段的引入促进了茉莉酸受体的发现以及脱落酸和独脚金内酯等受体蛋白空间结构的解析，对于植物激素作用机理的研究具有重要意义。

（4）强化激素生物学与生物信息学的交叉，推动了激素信号互作节点的发现以及系统生物学机制的阐明。我国科学家注重实验生物学与生物信息学相结合，在激素信号互作关键节点的鉴定、认识新的激素互作机制等方面取得了一大批创新性研究成果。这些研究对深入认识植物通过激素间的信号互作协调生长发育与适应性的分子机制具有深远意义。

11. 植物表观遗传学

我国科学家主要以拟南芥、水稻和玉米为研究材料，在 DNA 甲基化、DNA 去甲基化、组蛋白修饰，以及小 RNA 介导的 DNA 修复、基因印记、染色体的分布等方面取得了一些进展。研究揭示了小 RNA 参与 RNA 介导的 DNA 甲基化过程的分子机制；发现小 RNA 与 RdDM 途径共同参与 DNA 的断裂修复过程；揭示植物也产生一些 24 bp 的小 RNA 参与 DNA 甲基化的修饰；

发现多个基因参与Ros1介导的DNA去甲基化过程；DNA甲基化水平降低对拟南芥和水稻产生不同的影响；发现一些组蛋白修饰基因对调控转座子的基因沉默起重要作用；揭示组蛋白修饰对开花调控起重要作用。此外在杂交优势和基因印记研究方面也有新的发现。

12. 植物次生代谢生物学

我国科学家在植物次生代谢生物学的几个主要领域都显示了较强的国际竞争力，并在利用整合组学进行次生代谢物鉴定/注释、代谢途径解析及重构、代谢组的遗传生化基础研究方面取得了突破性进展。基本解析了控制倍半萜类次生代谢物棉酚的代谢途径，鉴定出了棉酚前体物倍半萜的修饰酶；鉴定了水稻三萜合酶的催化功能，初步解析了其代谢途径及调控机制。另外，在植物内源激素交互作用调控次生代谢物合成的机理研究方面，我国也取得了很好的进展。但仍存在着如下问题：一方面，我国植物次生代谢研究还处于相对分散状态，真正大规模系统开展植物次生代谢生物学研究的团队不多，造成整体研究不深入、不系统；另一方面，基金对于该领域的支持力度总体偏小，而且未能得到集中支持。

二、资助情况和存在问题

1. 资助情况

我国是世界上植物物种资源最丰富的国家之一，又是农业大国，粮食安全始终是我国国民经济发展与社会稳定的核心问题。国家非常重视植物学研究，国家自然科学基金委员会也以多种形式给予支持。据统计，近5年（2011～2015年）来，国家自然科学基金委员会植物学科资助的项目包括：面上项目926项，经费65 813万元；青年科学基金项目704项，经费15 881万元；地区科学基金项目252项，经费12 007万元；重点项目26项，经费7931万元；重大项目2项，经费1780万元；重大研究计划60项，经费10 540万元；国家杰出青年科学基金项目12项，经费3250万元；创新研究群体项目6项，经费4650万元；优秀青年科学基金项目18项，经费1950万元；重点国际（地区）合作研究项目13项，经费2494万元。

2. 存在问题

中国的植物学研究在近年取得了长足的发展，但是，由于科技体制和评价体系等问题，在发展过程中暴露出一些问题。

（1）研究内容趋同，缺乏多样性。很多研究思路雷同、缺乏新意，技术方法沿袭成熟套路，缺乏对新技术和新方法的开发和应用。

（2）研究的系统性不够，重大突破少。由于评价体系和经费支持方式的限制，我国的许多研究缺乏传承和系统性，“打一枪换一个地方”的现象比较普遍。许多研究，特别是基因组学和结构生物学方面，模仿和数据堆积现象比较明显，重大突破很少。

（3）学科间发展不平衡。重微观轻宏观、重分子生化轻细胞形态、重实验轻计算的现象长期存在，产生了一些“弱势”或者“冷门”方向。

（4）学科交叉的意识不强。各个研究小组基本上只在本领域开展研究，很少与其他领域进行交叉性强的合作研究。学科交叉的缺乏限制了理论上的重大突破。

（5）大型公共平台（如各种植物的功能研究平台、突变体库、种子库、基因库、综合性数据库等）缺失，限制了研究的广度和深度。

（6）团队合作明显不够。现在的科研评价体系强调第一作者、第一单位和通讯作者，不利于不同团队之间的合作研究，实质性合作研究难以开展。

第四节　植物学的发展目标及其实现途径

我国植物学的发展需要兼顾宏观与微观领域，在瞄准科学前沿、取得重大原始创新的同时，推进基础性科技工作的稳步开展，保障整个学科的均衡和健康发展。同时，通过引进和运用数学、物理、化学、信息等领域的先进理念和方法，建立有利于植物学发展的新技术、新方法和新环境，推动学科的全面进步。

（1）重视优势方向。优势方向往往是基础最扎实、实力最雄厚、成果最突出的方向，也是我们的特色和标志。我国植物学的发展首先要重视和保障优势方向的优势地位，使其继续引领学科发展的方向。

（2）关注前沿领域。前沿领域往往是学科的生长点，也是最有可能产生重大原始创新、改变学科布局的研究方向。我国植物学的发展要特别关注前沿领域、关注新的生长点及其发展趋势，并努力成为一些新的生长点的缔造者。

（3）加强研究的系统性。植物学研究大多离不开长期、系统的工作。一些重要平台和体系（如突变体库、新模式植物体系、活性小分子物质分析和鉴定平台、单分子影像技术以及生物大分子结构分析平台等）的建立，毫无疑问会提高研究的整体水平。

（4）保障均衡发展。由于评价体系等方面的原因，我国一些重要的基础性科技工作（如植物分类学、资源植物学、植物地理学和古植物学等）已经变成了劣势学科，严重影响到了整个学科的健康发展。我们需要适当增加对这些学科的支持，以保障植物学的均衡和可持续发展。

（5）鼓励学科交叉。学科的交叉往往带来技术手段的革命，导致科学中的重大发现。我国应该继续鼓励和支持与物理、化学、数学和材料等学科的交叉与合作，促进植物学的发展和科技的全面进步。

总之，我国植物学发展的总体目标是揭示植物的基本生命过程和规律，解决一批重要科学问题，加强植物学的研究力量，保证其健康发展，推动原始创新，提升我国植物学在国际上的影响，并在某些领域引领国际发展方向。

第五节　优先资助领域及重要的交叉研究领域

一、优先资助领域

1. 植物分类及植物信息的整合分析

植物分类学是植物学其他分支学科的基础，也是植物资源开发利用和生物多样性保护的基础。虽然《中国植物志》已经编撰完成，但已有的调查和研究并未覆盖到所有地域，对某些地域的调查和采集也不够深入，因而不排除存在尚未被发现或者未被深入研究过的植物物种。另外，受条件所限，已有的志书中还存在许多分类、鉴定和命名上的错误，高水平的专著性工作还比较少见。因此，利用多学科研究手段，对重要植物类群进行深入、细致的分类学和系统研究，澄清物种的范围和物种间的界限，确定物种的数目、特征和分布格局，提出新的、更科学的分类框架，仍是当前和今后一段时间内植物分类学研究的重要任务。此外，随着学科的发展、计算和分析技术的提升以及国家、社会和公众对植物学知识需求的增加，对植物数据进行整合分析、建立智能化“百科全书”式植物志书和数据库、完善以DNA条码为代表的植物快速鉴定体系和植物图像的快速识别系统，也成为植物分类学的重要内容。

重要研究方向：① 重要和疑难植物类群的分类学修订和专著性研究；② 重要区域植物区系地理和植物类群空间分布研究；③ 植物信息（物种、分布、进化关系和代谢物等）的大数据整合分析。

2. 植物资源的收集、保存和开发利用

我国对植物资源的研究和利用一直相对落后，不仅规模小、范围窄，而且存在低水平重复现象。现代分子生物学、基因组学和植物化学的快速发展以及一些快速、高效分析测试技术的应用，为高水平利用植物资源创造了良好条件。今后，我们不但要对重要野生种质资源进行引种、驯化和开发利用，还要探讨野生种质资源收集、管理和长期保存的有效措施，并对一些有重要战略意义的野生种质资源进行抢救性保护或者保护性发掘，建立种质资源库、功能基因库和生物活性成分分子资源库。此外，我们需要对重要天然活性产物的化学结构、生物合成及生物学和药学功能进行深入研究，为新药的研发和创制奠定基础。

重要研究方向：① 重要野生植物资源的评价、引种、驯化和保护；② 植物天然活性产物的化学结构、生物合成及生物学和药学功能。

3. 植物进化的过程、原因和机制研究

进化是生命的主旋律。植物的进化不仅表现在种类的更替和数目的增减，而且表现在形态、结构、生理和行为性状的变化。植物在进化过程中获得的各种重要性状，直接导致了植物的进化和生物多样性的产生。因此，对关键植物性状产生机制的研究是探讨植物进化和生物多样性形成机制的前提和基础。进化生物学与发育生物学、遗传学、生物信息学、生态学和地学的结合是重建进化历史、揭示进化机制的有效途径，新模式植物体系的建立和基因组学大数据

的积累则能大幅度提高研究的水平和速度、推进植物进化生物学的快速发展。此外，由于物种形成是生物进化的核心，今后的研究还需要充分利用基因组等方面的信息，揭示物种形成和植物驯化的过程、原因和机制。

重要研究方向：① 化石植物与古气候、古环境和古地理重建；② 种间互作与协同进化研究；③ 植物形态、结构、生理和行为性状的进化发育生物学研究；④ 植物基因组进化和物种形成研究；⑤ 栽培植物的起源和驯化研究。

4. 植物形态发生与结构功能

植物形态发生的正常进行在很大程度上取决于基因的特异时空表达。因此，特异细胞分离技术对于未来植物胚后发育的研究至关重要。目前，植物形态发生与结构功能的研究越来越多的集中于研究植物生长发育的动态调控过程，且研究数据的类型和规模也越来越大。不论是细胞内部的分子动态变化还是植物生长发育过程的形态变化，都涉及对生物图像数据的获取和处理。因此，建议加强与自动化、计算科学和影像科学等交叉学科的研究人员合作。注重超高分辨显微技术、单分子技术、生物传感技术和计算与模拟技术等在植物形态发生与结构功能研究中的实际利用。

重要研究方向：① 植物的全能性及干细胞的形成与维持；② 植物特殊细胞 / 组织（保卫细胞、形成层、木质部等）的分化与功能；③ 植物器官发生与形态、大小决定（器官发生决定、细胞分裂和大小控制）；④ 植物的休眠及衰老控制（衰老信号和衰老进程）。

5. 植物生殖发育

在植物配子体发生、识别与受精机制方面的主要科学问题包括：体细胞如何转化形成生殖干细胞？生殖干细胞的数目如何调控？精、卵细胞分化的调控机制是什么？它们又是如何识别并完成受精的？花粉管与胚囊、精子与卵子和中央细胞之间的识别是双受精的前提，也是近年和未来研究的前沿和热点。胚囊分泌信号的鉴定开启了了解花粉管与胚囊互作的大门，花粉管与胚囊互作的分子遗传机制和进化是近来研究的热点，有望取得突破。在植物胚胎发生发育及其与胚乳互作的研究方面，目前研究重点是早期胚胎发生中合子的启动和胚胎模式建成的分子机制，在植物生长素极性运输与胚胎模式建成和对细胞 / 组织分化的分子遗传调控机理有了较为深入的认识；但对合子发育及其不对称分裂机制了解较少。对基因印记、父系和母系基因组激活的组学分析为了解重编程机制奠定了很好的基础，而对合子激活、MAPK 途径的调控及胚乳与胚胎之间的互作等知之甚少。因此，未来植物胚胎发育研究的重点应放在了解合子激活与不对称分裂、父 / 母源基因在早期胚胎发生中的作用、表观遗传调控、细胞分化与细胞命运决定、胚乳与胚胎的互作及植物激素在胚胎发育和种子形成中的作用等方面。

重点研究方向：① 种间生殖障碍与发育调控机制；② 植物雌雄配子体与配子发生的分子调控网络；③ 植物受精卵激活、合子极性建立与胚胎早期发生的分子遗传机制；④ 胚胎和胚乳发育及其互作的机制。

6. 植物细胞结构与功能

植物细胞结构与功能研究涉及与多个研究领域的交叉合作，同时也需要多种技术手段的配合。该领域近年来重点关注细胞内发生的动态过程，如细胞骨架和囊泡运输响应不同信号的组织动态变化等。活细胞成像技术和单分子成像技术被越来越多地应用到研究中，产生了大量的生物图像数据，对于这类大规模数据的分析及信息挖掘需要统计学、影像科学、数学和计算机模拟等学科的研究人员合作。在细胞壁研究方面，对于细胞壁结构、成分与形成的研究需要化学、物理学和数学学科的研究人员配合。此外，细胞壁研究还与材料领域和新能源领域交叉并相互促进：细胞壁是天然的载力网络结构，对其结构的解析也将为相关仿生材料的研制提供重要的设计思路与理念；细胞壁具有可降解为乙醇的潜力，对其形成机理的揭示可为培育高效转化能源植物提供理论依据。

重要研究方向：① 植物细胞壁及其组分产生的机制和细胞壁的生物学功能；② 植物细胞骨架的结构与功能；③ 膜系统与蛋白质分选和囊泡运输的机制；④ 不同细胞器（叶绿体、线粒体、高尔基体和过氧化物酶体等）间结构与功能的动态联系。

7. 植物在逆境环境中生长与发育的可塑性

植物抗逆性的增加往往影响其生长发育，从而引起减产。因此，逆境环境条件下植物生长发育的可塑性和稳定性是需要关注的重点科学问题。要想回答这一问题，需要重点了解植物在逆境下生长发育的分子机制，包括植物感受和应答各种环境因子的分子机理、逆境胁迫下植物生长发育和细胞活性调控的机制等。此外，内源激素和外源环境因子互作对植物生长发育的分子调控机制也将是重要的研究领域。为了全面阐明植物对逆境适应的分子机理，需要建立植物抵御逆境胁迫的新模式生物系统、挖掘植物抵御逆境胁迫的新生物学现象并开展其分子调控机理的研究。植物抗病与感病是植物免疫系统与病原微生物效应蛋白分子互作的两种结果。通过对病原菌中新的效应蛋白的研究，既能阐明病原微生物致病的分子机理，又可发现免疫受体识别这些新的效应蛋白的机理，为植物抗病机理的研究以及抗病育种提供了新思路和新方法。由于许多病原菌效应蛋白具有全新的生化功能，对这些蛋白的深入研究可以提升我们对植物抗病机理的认识，并可能促进生物技术的革新。

重要研究方向：① 植物感受和响应非生物胁迫的分子机制；② 植物对环境信号响应的可塑性；③ 植物与微生物互作的分子机制。

8. 植物矿质营养的吸收与利用

植物对矿质营养的吸收、运输和利用具有明显的协同效应，但这种协同效应的分子调控机制仍不明确。近年来，研究人员利用全基因组关联分析和离子组学方法在不同植物中定位了大量控制各种矿质营养吸收的数量性状基因座（quantitative trait locus，QTL）位点。但是，我国在此领域的研究还比较薄弱。因而，利用我国丰富的植物遗传多样性资源，通过多种研究方法，挖掘植物中控制矿质营养高效吸收利用的 QTL 或主效基因，将是新的学科生长点。此外，重金属污染是全球面临的环境问题之一。研究植物吸收、积累和外排重金属离子的分子机制，利用植物的富集作用治理重金属污染的土壤，降低重金属在植物体内的积累，也将是未来的支持重点。

重要研究方向：① 植物响应矿质营养胁迫的分子调控机理；② 矿质营养协同吸收、运输和利用的分子调控机理；③ 植物吸收、积累和外排重金属离子的分子机制。

9. 植物光合作用和生物固氮的研究

叶绿体是高等植物进行光合作用的唯一场所，由多层不同的膜以及膜上含有的大分子蛋白复合体系统、光合固碳系统、蛋白质转运系统、离子和有机物质转运系统等构成。叶绿体同时也是一个半自主型细胞器，虽然携带着执行光合功能的重要遗传信息，但其形成和发育还需要核基因编码的调控因子的共同作用。在光合作用过程中，碳代谢和同化产物的运输是光合速率的限制性因素之一，研究 C3 和 C4 途径中 RuBisCO 羧化效率及其他碳代谢过程关键步骤的网络调控机理、同化产物的合理分配和向籽粒的有效运输的规律，优化光合源、库、流的协调机制，对于深入理解不同植物光合速率的差别具有重要意义。因此，需要利用多学科交叉手段，对叶绿体发育、光合功能调节、光合碳代谢及同化产物运输的网络调控机理进行研究，为优化光合效率、获得作物优良品种提供理论基础和技术支持。此外，要在第三次固氮研究高峰到来之前，充分利用现有条件和优势，在生物固氮研究中取得更多、更好、更大的进展。

重要研究方向：① 叶绿体基因与核基因的信号互作；② 光合膜蛋白结构转换及能量传递的物理化学基础；③ 光合碳代谢及同化产物运输的网络调控机理；④ 植物固氮根瘤的形成和固氮机理；⑤ 联合固氮菌固氮基因网络的调控与酶催化机理。

10. 植物激素的代谢与作用机制

近年来，植物激素研究在我国得到了长足发展。今后，我国的植物激素研究需要加强的方向包括：常规激素测定技术体系的完善，以及激素原位、实时和单细胞水平测定和跟踪观测技术体系的建立；激素调控植物干细胞建立、维持和分化机理的研究；植物激素作用机理的表观遗传学研究，重点阐明植物激素作用过程中遗传因子和表观遗传因子整合的分子机理。此外，激素生物学亟须与物理学及工学交叉，争取方法学上的突破，从而实现原位、实时和单细胞水平的激素测定或跟踪观测，以及单细胞水平的激素信号转导研究；与数学和计算生物学等学科交叉，从而结合实验科学对多种激素调控网络进行系统分析和模拟运算；与化学和药学等学科交叉，从而筛选、鉴定并合成一批激素合成、代谢、转运修饰及感应的拮抗剂、激动剂或替代剂。

重要研究方向：① 植物激素实时和原位超微定量检测；② 植物激素代谢（包括合成、修饰、转运和降解等）及其调控的分子机制；③ 植物激素信号感知及转导的分子机制；④ 植物激素之间及其与其他信号途径相互作用的分子机理；⑤ 新植物激素的发现、鉴定及作用机制。

11. 植物发育与进化的表观遗传调控

由于可以建立非常便利的遗传筛选体系，植物材料为表观遗传学理论体系的建立做出了重大贡献。表观遗传学几乎参与了植物生长发育以及应对环境胁迫的各个时期，但表观遗传学的研究还处于起步阶段，许多科学问题有待进一步回答。我国除在某些方面处于国际领先地位外，大多数研究还处在跟踪研究阶段，因此需要考虑利用一些新的体系和方法，对这一领域进行更深入的探讨。这些研究不仅为植物学，而且将为其他生命科学领域的研究提供帮助。

重要研究方向：① 植物发育、开花和休眠等的表观遗传调控机制；② 表观遗传修饰的选择、建立和传递机制；③ 植物环境适应的表观遗传进化机制。

12. 植物代谢生物学与化学生物学

针对具有研究和经济价值的植物开展系统的代谢生物学研究，不但能够深入解析植物代谢及其调控机理，而且将为人类更好地利用和改造植物资源奠定基础。对于每种特定的植物，其代谢物可达数千种，其中许多代谢物的积累具有时空特异性。利用代谢组学从整体角度研究植物代谢物积累的时空差异动态，并结合遗传学 / 和分子生物学等手段阐明造成这些差异动态变化的遗传和生化基础，将从整体上提升植物代谢生物学的研究水平，并为后续的代谢途径的解析及代谢工程研究提供新的思路。除此之外，植物代谢物（特别是次生代谢物）还广泛参与了植物与环境的相互作用，这些代谢物的确切作用及其作用机理往往并不十分清楚。近年来，越来越多的研究结果显示，目前已知一些除激素之外的次生代谢物也具有调节植物生长的功能，但是对这些代谢物的鉴定、功能及其作用机理研究还够不深入。另外，植物次生代谢途径还受到了植物体内及环境因子的复杂调控。深入揭示决定植物次生代谢积累的内、外因子对于次生代谢途径的调控网络，并在此基础上研究植物次生代谢的种间差异及其进化对于植物代谢生物学的发展也具有重要意义。

重要研究方向：① 植物新型生长调节代谢物的鉴定、功能及其作用机理研究；② 基于组学的植物代谢途径解析及代谢物功能研究；③ 内外因子调控植物次生代谢途径的调控网络研究；④ 植物次生代谢途径的种间差异及进化研究；⑤ 植物化学分子探针的化学合成及作用机制（化学遗传学）。

13. 新模式体系及相关平台的建立

（1）新模式体系的建立。模式体系是实验研究的基础。近年来，随着包括基因组学在内的各种组学的发展，以及反向遗传学技术的提高，大尺度的比较和综合研究成为大势所趋。我们要选择系统位置重要、形态结构特殊或经济价值明显的代表性植物物种，综合利用多学科研究手段，开展基因组、表达和功能研究，建立遗传和转化体系甚至突变体库，有效提升我国植物学研究的水平和地位。

（2）多维度表型分析平台的建立。传统上的表型分析只关注成熟阶段，得到的信息非常片面而且不够准确。但是，成熟阶段的差异是通过对生长发育过程的改变实现的，表型分析也必须涉及植物生长发育的各个阶段。因此，我们要组织多学科的研究力量，建立多维度、全方位的表型分析平台，追踪植物发育过程中发生的各种外在和内在变化，揭示植物形态建成和进化的奥秘。

（3）大型综合数据库的建立。大型综合数据库（如 NCBI、TAIR 和 TIGR 等），在植物学研究中的重要性是毋庸置疑的。但是，现有的大型数据库都是由欧美的发达国家发起和控制的，使用起来不够方便且具有安全隐患。我国应该组织多学科的研究力量，整合各个方面的研究数据，在国家层面上建立功能强大的综合数据库，促进和保障我国乃至全世界植物科学的发展。

二、我国植物学的重大交叉研究领域

与生命科学其他分支学科一样，植物学的发展也离不开与物理学、化学、数学、计算科学和地学等多个学科的交叉与融合。植物学发展史上的每一次革命，都是学科交叉和融合的结果。植物学研究中常用的仪器、技术和手段，也都是学科交叉和融合的产物。植物学今后发展的方向和水平，更是依赖与学科的交叉和融合。今后，植物学需要在宏观和微观两个维度上与其他学科进行交叉和融合，重点解决限制学科发展的瓶颈问题。在微观方面，需要实现对单细胞、生物大分子甚至小分子（如激素）的观察、追踪和实时定量检测，需要实现对细胞、细胞器和生物大分子结构、功能甚至力学特性的认识，需要实现对基因调控、蛋白功能和信号转导过程的数学模拟。在宏观方面，需要实现对植物信息的整合分析、建立智能化“百科全书”式植物数据库、完善以 DNA 条码为代表的植物快速鉴定体系和植物图像快速识别系统，需要实现对植物生长、发育、衰老和死亡过程的全面追踪和数学模拟，需要实现对植物遗传和进化过程的大数据整合分析。

重要研究方向：① 大分子三维结构与生理功能的关联研究；② 基于单分子和单细胞影像技术检测的细胞信号功能研究；③ 发育和信号转导过程及调控网络的数学建模与验证；④ 细胞壁的结构、功能与生物力学；⑤ 特化细胞变形的生物力学机制；⑥ 植物形态和结构的仿生学研究；⑦ 植物图像识别系统的建设；⑧ 基于组学大数据的植物物种形成与进化研究。

第六节 实现“十三五”发展战略的政策措施

植物学科的发展需要国家在经费和人才两个方面提供保障。国家对科研投入的持续增长是植物学乃至整个生命科学研究快速发展的先决条件，国家对人才队伍的稳定支持则是我国社会发展和科技进步的根本保障。具体措施包括以下几个方面。

1. 保障优势学科

优势学科体现了我国的特色和水平，也往往是国际前沿和热点方向。国家要继续加大对优势学科的支持力度，鼓励开展探索性、创新性和前瞻性基础研究，确保我国在某些领域和方向的优势地位，提高我国植物学研究的整体水平。

2. 重视经典学科

经典学科是整个植物学的基础，往往涉及资源和环境等关乎国计民生的大事。国家要在保障优势学科发展的同时，重视对经典学科的支持，保证学科发展的平衡，为植物资源的持续利用做出贡献。

3. 加大对人才项目的持续支持

国家要在继续从海外引进人才的同时，重视对国内青年科研工作者的培养，提高他们的待遇，并对特别优秀的个人和团队给予长期稳定的支持。

4. 提高人员支出的比例

提高科研经费中人员费和劳务费的比例，向国外靠拢，使科研队伍中多一些流动人员（如博士后、研究生和访问学者），保证研究团队的适度规模，提高研究效率和创新能力。

5. 加强科研平台和支撑体系建设

加强如植物信息数据库、标本馆系统、种质资源库、突变体库和代表性物种功能平台等科研平台和支撑体系的建设，重视对基础设施的更新和维护，保证研究工作的长期性、稳定性和探索性。

6. 加强国际交流与合作

我们应加强与国际组织、机构在热点领域和新兴方向上的资源和大数据共享，重视与发展中国家和非发达国家在植物分类、植物资源和植物区系地理学等方面的合作。

（中国科学院植物研究所孔智研究员参与了本章的组织与编写，特此致谢。）

主要参考文献

瞿礼嘉，钱前，袁明，等 . 2012. 2011 年中国植物科学若干领域重要研究进展 . 植物学报，47：309-356.

钱前，瞿礼嘉，袁明，等 . 2013. 2012 年中国植物科学若干领域重要研究进展 . 植物学报，48：231-287.

袁明，王小菁，钱前，等 . 2011. 2010 年中国植物科学若干领域重要研究进展 . 植物学报，46：233-275.

袁明，瞿礼嘉，王小菁，等 . 2014. 2013 年中国植物科学若干领域重要研究进展 . 植物学报，49：347-406.

Bailey-Serres J . 2013. Microgenomics：Genome-scale，cell-specific monitoring of multiple gene regulation tiers. Annu Rev Plant Biol，64：293-325.

Chae L，Kim T，Nilo-Poyanco R，et al. 2014. Genomic signatures of specialized metabolism in plants. Science，344：510-513.

Chong K，Xu Z. 2014. Investment in plant research and development bears fruit in China. Plant Cell Rep，33：541-550.

Ehrhardt D W，Frommer W B. 2012. New technologies for 21st century plant science. Plant Cell，24：374-394.

Fiorani F，Schurr U. 2013. Future scenarios for plant phenotyping. Annu Rev Plant Biol，64：267-291.

Heidstra R，Sabatini S. 2014. Plant and animal stem cells：Similar yet different. Nat Rev Mol Cell Biol，15：301-312.

Liu Q，Gong Z. 2011. The coupling of epigenome replication with DNA replication. Curr Opin Plant Biol，14：187-194.

Sozzani R，Busch W，Spalding E P，et al. 2014. Advanced imaging techniques for the study of plant growth and development. Trends Plant Sci，19：304-310.

Tsay Y F，Ho C H，Chen H Y，et al. 2011. Integration of nitrogen and potassium signaling. Annu Rev Plant Biol，62：207-226.

Vanstraelen M，Benkova E. 2012. Hormonal interactions in the regulation of plant development. Annu Rev Cell Dev Biol，28：463-487.

Wang Y，Wu W H. 2013. Potassium transport and signaling in higher plants. Annu Rev Plant Biol. 64，451-476.

Weng J，Philippe R N，Noel J P. 2012. The rise of chemodiversity in plants. Science，336：1667-1670.

Xu GH，Fan X R，Miller A J. 2012. Plant nitrogen assimilation and use efficiency. Annu Rev Plant Biol，63：153-182.

Zhu X G，Long S P，Ort D R. 2010. Improving photosynthetic efficiency for greater yield. Annu Rev Plant Biol，61：235-261.

第四章

生态学

第一节　生态学的战略地位

生态学是关于生物与其环境相互作用的科学，研究宏观生命系统（从个体到生物圈）的结构与功能及其时空变化规律。一方面，生态学描述生物在自然界中分布、多度和动态等方面所表现出来的模式。模式意味着可重复的一致性，例如，很多自然群落的物种多样性都表现出从赤道向极地逐渐下降的趋势，而群落内物种相对多度分布则经常表现为对数正态分布的形式，多样性与群落生产力的单峰曲线关系等。另一方面，生态学揭示产生这些模式的内在过程：自然模式是怎样出现的？它们又怎样在时间和空间上发生改变？为什么一些模式比其他模式更广适？生态学具有高度综合性和交叉性的特点，它的工作层面跨越个体、种群、群落、生态系统以及生物圈等，因此与多个学科有密切联系和交叉，比如系统分类学、遗传学、生理学、分子生物学、地质学、地理学、气象学、土壤学、大气科学、水文学、环境科学。

生态学也越来越成为一门人类科学，它关注的生命层次恰恰是人类活动产生重要影响的那些层次，它所揭示的生物自然模式的机理恰恰是对人类活动的影响进行有效管理的关键。近半个世纪以来，随着世界人口剧增，人类对自然资源和环境的不合理开发和利用，以及对生态系统的不断干扰和破坏，引发了一系列全球性生态与环境问题，如全球变暖、海平面上升、大气和水体污染、生物入侵、生物多样性丧失、荒漠化加剧、生态系统退化、水资源短缺等。人类社会正面临环境、资源危机与可持续发展的严峻挑战。而这些重大问题的解决，必须依赖于生态学的原理，因此生态学逐步成为一门世人瞩目的科学，成为连接自然科学与社会科学的桥梁。未来的发展要求生态学家不仅仅是研究者，而且是决策制定过程中生态信息的提供者。

未来生态学研究的焦点将是如何在满足人类需求的同时维持地球生命系统的活力。目前人类消耗自然资源的速率远远超过了其供给能力。有限的地球空间难以承载人类如此巨大的生态足迹。比如，化石燃烧和化肥生产排放的氮的速率已超过地球固氮速率的两倍，严重加剧了富营养化过程。全球化的商业贸易导致生物入侵和病虫害蔓延，因为这些有害生物逃脱了其自然天敌的控制。在可预见的未来，世界人口仍将增长，这意味着人类对资源（包括非生物与生物资源）的需求与消费也将持续增加，对生态系统产品与服务的索取以及对地球环境的影响也必然进一步加剧。因此，将人类活动融入地球生态系统的一个整合组分来研究十分必要。

在我国，由于近年来经济的高速发展及持续巨大的人口压力，生态环境和生物多样性都面临着极为严重的威胁。特别是掠夺式的资源开发，在我国的许多地区造成了森林破坏、土地荒漠化、水资源枯竭、旱涝灾害频繁、环境污染严重、生物多样性丧失、珍稀物种灭绝等严重问题。这些已经成为我国社会经济可持续发展的制约因素。目前我国已签署了《联合国气候变化框架公约》《联合国防治荒漠化公约》《生物多样性公约》《关于持久性有机污染物的斯德哥尔摩公约》等一系列国际公约。国家在这些生态与环境领域的国际活动和履约过程中迫切需要全面、翔实的科学数据和研究结论作为科技支撑，需要科学家提供准确的科学信息和对策方案。这些工作一方面有助于为社会经济发展创造良好的环境，也有助于维护国家利益。

在今天，生态学与许多其他学科一样进入了大数据时代。生态学是否会从一门传统的经验科学转化为一门精密的、大规模的现代统计科学？研究方法是否也会表现出由传统的理论驱动转变为一定程度上的数据驱动？无论答案如何，毫无疑问的一点是大数据的洪流将会极大地改变生态学的面貌，就像近年来天文学、物理学、遗传学在它们变得“宏大”时所经历的那样。

第二节 生态学的发展规律与发展态势

一、生态学发展简史

达尔文是有史以来最伟大的生物学家和生态学家。受马尔萨斯人口论的启发，达尔文（与华莱士一起）提出了自然选择学说。达尔文不仅关注生物的进化，他还奠定了现代生态学的基础①。达尔文学说强调生物进化是生物与环境交互作用的产物，引起了人们对生物与环境关系的重视，更促进了生态学的发展。在达尔文事实上开创了生态学科学研究先河的同时，“生态学”一词由海克尔于1866年最先引入，他于1869年给生态学所下的定义是：“研究动物对有机和无机环境的全部关系的科学”。

19世纪后期，生态学的研究内容基本上是动植物的生活方式以及它们对温度、光、水分等气候条件的适应。丹麦植物学家J.E.B.Warming继承发扬了Alexander von Humboldt的生态生物地理学思想，他所著的《生态植物地理学》（1895）一书奠定了生态植物地理学的基础②，系统总结了19世纪末以前植物生态学的研究成就，对全世界的植物群落及其影响因子进行了描述和概括。19世纪末到20世纪初，大量的工作集中在对于生物地理分布和自然植被的描述和植物群落性质的探讨上。美国生态学家Frederic Clements主张的群落有机体概念和演替理论在生态学（尤其是植物生态学）领域的影响一直持续至今，尤其是他的“整体大于部分之和”理念后来成为系统论的一个核心。Clements认为群落可以比拟为有机体：物种相当于器官，演替相当于个体发育。这种观点在理论上与达尔文的自然选择学说相矛盾，在数据上与实际植物群落的调查结果（代表人物为美国生态学家Robert Whittaker）不符合。从达尔文进化论的角度，我们不能把群落比拟为一个有机体。有机体的各个细胞或者器官之间能够很好合作的基础是它们在遗传上完全等同，而群落中的各个物种却没有这种遗传等同性，因而不能期望它们像有机体中的细胞或器官那样为了共同目标而相互合作甚至做出自我牺牲。

---

① 见《物种起源》第三章

② 该书后来在1905年出版英文版，并改名为《植物生态学》

20世纪20～30年代是种群生态学迅速发展的时期。在此期间，Raymond Pearl重新发现了比利时数学家Pierre Verhulst的单种群增长逻辑斯谛模型；后来Patrick Leslie发展了种群动态的矩阵模型和寿命表研究方法，极大地促进了现实种群动态的分析和生活史进化研究领域的兴起；A. Lotka和V. Volterra则分别独立地提出了种间竞争和捕食模型。这些理论研究的成果刺激了实验生态学工作的开展。由于实验生物通常可以在很小的容器内进行培养，所以这些实验研究常被称为“奶瓶实验”。“奶瓶实验”工作与理论研究一起又进一步推动了野外生态学工作的开展。

受Lotka-Volterra模型的启发，俄国微生物学家Georgii Gause首次明确提出了竞争排除法则，即具有相同生态需求的物种不能共存。根据该法则，如果两个竞争种能共存于同一个群落（区域）中，一定是生态位分化的结果；如果没有这种分化，或者生境使这种分化不可能出现，那么一个竞争种将会消灭或排除另一竞争种。竞争排除法则需要两个重要前提条件：一是均一生境（保证只有一个生态位），二是封闭系统（否则任何物种都可能由于迁入过程而维持在系统中）。关注物种共存问题的生态学家传统上并未充分意识到系统封闭性这一前提假设的重要地位，而把更多的精力投注于自然群落怎样给物种生存提供了更多的生态位机会（例如不同种类的林莺如何在美国东北部云杉林树冠层的不同部位觅食而共存）。到了1959年，美国生态学家G. Hutchinson明确提出了生态学著名命题：自然界为什么有如此多的物种共存于同一个群落？这个命题刺激生态学家开展了大量的理论与实验研究，提出了许多不同的解释，为当代生物多样性形成与维持机制的研究奠定了基础。

20世纪中叶，三位非常有影响的生态学家（Eugene Odum、Robert MacArthur和Charles Elton）不约而同地倡导“多样性导致稳定性”的观点。但在20世纪70年代该观点受到了挑战：Robert May的理论研究表明，简单系统比复杂系统更可能趋于稳定。这个结论在生态学界引起了很大争议，并最终导致90年代中期David Tilman等人在草地群落开展实验检验工作。实验结果表明，多样性虽然降低了草地植物种群的稳定性，但增加了整个群落的稳定性。这是因为在一个多样性较高的群落中，一些种群的数量激增往往更有可能伴随着其他种群的数量衰减，也就是说补偿效应在多样性高的群落中更显著。

生态系统的概念早在20世纪30～40年代就已明确提出，但是没有能引起人们的注意。到了20世纪60年代以后，由于人口增长带来的一系列环境问题日益尖锐，生态系统概念才得到高度的重视。Eugene Odum 著名教科书《生态学基础》(《Fundamentals of Ecology》) 积极倡导“自上而下”的整体论研究途径，极大地推动了生态系统研究和环境保护运动的开展，产生了重大影响。Odum 在 1969 年曾系统总结了一个关于生态系统发育的概括性模型。生态系统的研究被认为是当代生态学发展的标志，是指导各种生产活动的理论基础。基于生态系统概念发展起来的生态系统生态学、景观生态学、区域（流域）生态学、全球生态学，与不同时空尺度的环境问题研究计划密切结合，促进了以生态系统生态学为核心的大尺度生态学的发展。“国际生物学计划”(International Biological Programme，IBP，1965 ～ 1974 年）开启了生态学家全球合作的新纪元，也是生态系统研究大规模开始的标志。虽然 IBP 最初设定的目标从未实现，但它的执行使生态系统生态学成为生态学研究的前沿，并使生态学从生物学中的一个普通分支学科提升到举足轻重的地位，生态系统途径在生态学研究中的地位也日益突出。由于人类已成为生态系统的重要组分之一，很多的生态学问题应该在人类活动的框架下来考虑，使得生态学和环境科学的界线日趋模糊。生态学数据的综合分析或数据的融合也已受到学术界的高度重视。

在生态系统研究兴起的同时，进化生态学和行为生态学也得到了长足的发展。William Hamilton 提出了广义适合度和亲缘选择概念，R.MacArthur 和 E.Pianka 发展了最优觅食理论，Williams 则重新树立了个体选择在生物适应中的核心地位。一方面，进化生态学家研究发生在种内或极少数量种间（通常为两个）的进化或数量变化，并认为自然选择作用在个体水平；他们不能容忍生态系统学家从“生态系统利益”角度解释生态系统水平上的进化（如关于盖娅假说的争论）。另一方面，生态系统学家认为只注意个体水平上的进化机制会使我们“只见树木不见森林”。进化上的改变必然是在生态系统背景下发生的，而群落或生态系统水平上的模式也必然要受到有机体行为或生理特征的制约。进化生态学家与生态系统学家不应相互排斥而应取长补短，共同把不同生物组织层次上的过程有机地融合在一起，进而发展出统一的生态学理论。现阶段进化生态学与生态系统生态学的隔阂还很深，各有各的杂志，各举办各自的会议；这种状况在 20 世纪初生态化学计量学兴起之后有所改善。

20 世纪 60 年代发展起来的岛屿生物地理学可以说是生态学真正走向成熟科学的标志，被《纽约时报》等新闻媒体评为 20 世纪应获诺贝尔奖的五大科学发现之一。简单地说，岛屿生物地理学理论认为，岛屿上的物种数量取决于新迁入物种的数量和现有物种灭绝数量之间的动态平衡。由于物种迁入和灭绝的速度取决于岛屿的大小和其到大陆的距离，所以一般来说远距离的小岛上拥有较少的物种，近距离的小岛或远距离的大岛拥有中等的物种数，而近距离的大岛拥有较多的物种。根据岛屿生物地理学理论，岛屿群落的物种数量虽然可以达到平衡，但物种组成却是在不断变化之中的，这与生态位理论所强调的群落构建范式正好相反。岛屿生物地理学强调岛屿上群落系统的开放性特征（即迁入过程起决定性作用），忽略了岛屿内部现存物种之间的相互作用，同时还隐含假定不同物种具有相同的迁入率和灭绝率。尽管如此，这一简单模型还是很好地揭示了隔离、扩散、灭绝和物种形成等因素之间的相互作用，刚一提出就立刻得到了生态学家和进化生物学家的青睐，并且在随后的自然保护运动中发挥了巨大的无可替代的作用。

到了20世纪70年代，随着新闻媒体和大众出版物对环境问题的广泛关注，突然间几乎每个人都开始关心污染、人口增长、食物短缺和能源消耗以及生物多样性等问题。生态学因此而得到蓬勃发展，并形成了以Robert MacArthur和Eugene Odum为首的两大学派。这两个学派都广泛应用数学模型工具。但我们还是能够注意到二者之间具有明显区别：MacArthur的进化生态学派侧重于研究较小等级的生态学系统（个体、种群、群落），主要使用简单数学模型，并且利用实验室和野外的自然史观察作为模型和理论发展的基础；而Odum的系统生态学派则侧重于较大等级的生态学系统（生态系统、景观、生物圈），往往采用非常复杂的数学模型，并相对来说和自然史观察结合得不够紧密；前者和达尔文进化论思想紧密结合，而后者则更倾向于把生态系统看作为一个“超有机体”；后者近年来的一个极端表现形式就是James Lovelock的盖娅假说。

进入21世纪之后，由于人类滥用地球资源程度的日益加剧，环境问题再次成为前沿焦点。联合国组织及各国政府已把生态学的基本原理和基本思想看作是社会可持续发展的理论基础，这无疑对当代生态学提出了更高的要求。1992年各国首脑聚集在巴西，召开了著名的联合国“环境与发展大会”，发表了《里约热内卢宣言》[①]，庄严宣告：“人类处于普受关注的可持续发展问题的中心。他们应享有以与自然相和谐的方式过健康而富有生产成果的生活的权

① 参见：http://www.un.org/documents/ga/conf151/aconf15126-1annex1.htm

利。”在可预见的未来，世界人口仍将增长，意味着人类对资源（包括非生物与生物资源）的需求与消费也将持续增加，对生态系统产品与服务的索取以及对地球环境的影响也必然进一步加剧。生态学，这门既古老又年轻的学科，迎来了前所未有的挑战与黄金发展时期。

二、生态学的发展规律和特点

纵观生态学发展的历史和发展趋势，我们可以注意到以下几个规律和特点。

（一）理论引领生态学发展

生态学是一门扎根于野外自然史观察与实验的经验学科，新观察、新发现虽然能一时刺激人们开展更多的相似工作，但理论、概念、模型的发展对于本学科的成熟与长久发展才会起至关重要的推动作用。例如，Clements 的群落超有机体概念，即使在今天被认为是一个错误的观念，已被 Henry Gleason 的个体论所取代，它仍然刺激人们开展了大量的经验观察和实验研究，使群落生态学理论日趋成熟。Clements 强调生态系统各组分之间的相互依赖关系，尤其是强调种间相互作用在决定群落结构中的重要地位，极大地促进了生态位理论的形成与发展。

具有划时代意义的生态系统概念是由英国生态学者 Arthur Tansley 在 1935 年提出的；5 年之后，苏联的苏卡乔夫（Sukachiov）又独立地提出了类似的“生物地理群落”。这两个概念都包含生物与非生物环境的整体统一性，以及作为生物群落与周围非生物环境联系基础的物质循环和能量转化的思想。在此基础上，年轻的美国生态学家 Raymond Lindeman 对美国明尼苏达一个衰老湖泊开展了详细的生物学研究，阐明了养分从一个营养级到另一个营养级的移动规律。1942 年，Lindeman 发表了题为“生态学中的营养动态方面”一文，这是一篇关于生态系统中能量流的经典著作，成为后来关于动植物群落中能量流动研究的理论基础。Lindeman 以数学方式定量地表达了群落中营养级的相互作用，建立了养分循环的理论模型，标志着系统生态学开始走上历史舞台。

在 20 世纪后半叶，生态学家开始努力发展统一化的理论框架。虽然目前还没有一个能够被广泛接受，但是已经有一些颇有希望的备选：群落中性理论、代谢生态学理论、最大熵理论、最优觅食理论、性别资源分配理论等。这些理论分别基于不同的基本原理（first principles），针对不同的一般性自然模式，致力于发展出具有预测力的生态学普适性理论。这些工作促使人们开展了许多的观察与实验研究来检验理论预测，形成了良性互动。

以中性理论为例，人们默认群落内生态学上足够相似的物种产生竞争排斥需要的时间很长，使得物种分化过程能够补偿竞争排斥所造成的物种多样性丧失。作为解释各个水平上生物多样性维持的一个统一机制，中性理论基于所有个体或基因型在竞争能力或适合度上的等同性，强调随机过程的重要性，在定量解释宏观群落生态学模式（物种相对多度分布以及种数与面积关系等）方面获得了巨大的成功。该理论以其简约性和成功例证正逐步成为群落多样性形成与维持的最重要理论之一。

生态学家目前的一大任务就是整合这些理论并形成可以最大程度上解释和精确预测不同尺度上生态学现象和过程的一个统一化框架。生态学家也越来越重视理论预测能力的精确性；生态学理论的发展、研究方法的革新以及大量数据的积累使得人们定量预测生态系统属性与生态过程的能力大大加强。

（二）新技术推动生态学进步

1. 分子技术

分子标记引入到生态学领域引发了一场宏观生物学研究的革命，其发展历史就是运用分子技术研究宏观生物学问题的历史，也就是分子生物学、种群遗传学、进化和基因组学交叉融合的历史。促成和不断加深这一融合的因素一方面是分子生物学技术的不断突破，另一方面是分子进化理论、种群遗传学理论和数据分析方法的建立和逐步完善。由于是在最深层次（DNA 序列组成）上检测遗传变异信息，因而分子生态学研究具有很高的层次分辨率（即区分不同的个体，甚至同一个体的不同基因），在很多情况下是传统方法所无法企及的。

分子生态学通过近 40 年的实践形成了一个综合的理论、技术、分析体系，为 20 世纪 90 年代后的飞跃式发展奠定了稳固的基础。核心分子生物学技术的突破和理论上的重大进展（如溯祖理论）是推动分子生态学研究快速前进的关键。例如，20 世纪 80 年代 DNA 聚合酶链反应（polymerase chain reaction,

PCR）的发明和热稳定 DNA 聚合酶的发现使得研究人员从此不必通过分子克隆就可以从微量样品中提取制备大量 DNA 样品，并在很短时间内进行大规模样本分析，因此分子生态学研究才得以普及。同样是在 20 世纪 80 年代，溯祖理论在种群遗传中的引入和建立使得分子生态学数据分析有了坚实而强大的后盾。伴随这些进展而产生的分子变异和谱系关系分析算法和技术的突破，则是 20 世纪 90 年代以来系统进化关系研究和生物地理进化研究得以空前兴盛的关键。

另外，21 世纪以来开始大规模运用的高通量测序技术也正在大大增加生态学家描述微生物世界的能力。

2. 稳定同位素技术

稳定同位素技术因具有示踪、整合和指示等多项功能，以及检测快速、结果准确等特点，在生态学研究中日益显示出广阔的应用前景。以稳定同位素作为示踪剂研究生态系统中生物要素的循环及其与环境的关系、利用稳定同位素技术的时空整合能力来研究不同时间和空间尺度生态过程与机制，以及利用稳定同位素技术的指示功能来揭示生态系统功能的变化规律，已成为了解生态系统功能和动态的重要研究手段。与分子生物学技术对生态学领域的发展所产生的重大影响一样，稳定同位素技术逐渐成为现代生态学研究中最有效的研究方法之一。

随着同位素研究技术与方法的日趋完善，稳定同位素技术在现代生态学领域中的应用前景将更加广阔。例如，通过稳定同位素的分析，不仅可以追踪重要元素如碳、氮和水等的地球化学循环过程，还可诊断病人的代谢变化及其原因，估测农作物施肥的最佳配方和时间，研究动植物对环境胁迫的反应及相互关系，追踪污染物的来源与去向，推断古气候和古生态过程，甚至还可用来了解农、林产品的组成成分、原产地及掺假可能性等等。总之，稳定同位素技术的应用所提供的信息，大大加深了我们对自然环境下生物及其生态系统对全球变化的响应与反馈作用等方面的认识，极大地拓展了生态学研究和应用的发展空间。

3.“高通量”野外观察和观测技术

生态学研究的观察和观测技术的进步促进了生态学的发展。便携式移动观测仪器的出现使室内离体分析到野外现场和活体测定成为可能，促进了植物生理生态学的发展。例如：数码相机、红外成像、激光雷达技术的出现改变了传统的观察手段和对象，光合作用蒸散测定系统的应用，实现了对叶片光合速率、蒸腾速率、气孔导度和胞间 CO_2 浓度等生理指标以及叶片周围微环境的测定记录。野外定位长期观测仪器的研制对生态系统生态学发展发挥了巨大推动作用，实现了众多的生物和环境要素的短期离散的测定向长期连续的自动观测的转变，以涡度相关技术为代表的生态系统碳、氮、水和能量通量观测技术的突破，实现了对生态系统功能变化的直接测定，为生态系统生态学研究提供了科学观测数据。稳定同位素红外光谱技术克服了传统稳定同位素技术限制，使得大气碳、氮、水的稳定同位素的连续观测成为可能。

同时，遥感（RS）、地理信息系统（GIS）及卫星定位（GPS）技术①的发展和成熟为生态系统的变化研究提供了强大的技术支撑，大大促进了生态系统格局及其对全球变化影响的研究。借助于遥感资料，生态学研究实现了从点到面、从定性到定量、从单项到综合的突破，使我们可以从空间大范围观测和定量分析陆地生态系统的变化。植被指数（vegetation index）是卫星遥感数据中最具明确意义的指数之一，通过红外与近红外波段的组合实现对植被信息状态的表达。可应用于不同的时间和空间分辨率的植被类型调查、生产力评估、植被监测、野生珍稀动植物的调查研究及生物多样性分析与评价等方面。3S 技术弥补了传统生态调查方法调查周期长、野外劳动强度大的不足，特别是对一些高、寒、人迹罕至地带的调查更具有利用价值。3S 技术快速地进行空间信息的采集、空间信息的定位，并综合分析，正朝系统化、网络化、智能化和数据的可视化等方面发展，其应用领域将会越来越广泛。

4. 大型野外控制实验技术

自然条件下的大型控制实验是研究全球变化生态学的主要方法之一，在很大程度上丰富了科学界关于全球变化对陆地生态系统影响过程的认识，并能为模型模拟和预测提供必需和关键的参数估计、模型验证和校正数据。自 20 世纪 80 年代末期以来，围绕生态系统结构与功能，以及生态系统对全球变化的响应与适应这一科学命题，生态学家们广泛开展了针对温度升高、降水变化、氮沉降增加、CO_2 富集、物种多样性改变及其他环境要素（如 UV-B、O_3 等）变化的控制实验研究。控制实验的设计理念是依托自然环境梯度或人为设

① 三者统称为 3S 技术。

置环境要素为若干等级，模拟研究未来环境变化对生态系统过程和功能的影响，伴随多过程的深度测定，揭示生态系统对环境变化的响应与适应机制。自然环境梯度实验主要有水平陆地样带置换实验和山地海拔垂直带位移实验，比较有代表性的是北美“巨型完整土块”交互置换控制实验和长期跨区域分解实验。在人为操控实验方面，增温、降水控制、氮沉降模拟等方面的技术日益成熟，多因子环境因素交互关系的研究也正在成为重点。

5. 联网观测与控制实验技术

区域尺度的网络化生态系统长期定位观测成为获取大尺度生态信息的重要平台，自 1980 年开始先后在美国大陆、阿拉斯加、南极洲，以及加勒比和太平洋岛屿的 26 个地点开展长期生态观测研究，构建了美国长期生态学研究网络（The Long Term Ecological Research Network of USA，US-LTER），之后英国的环境变化监测网络（Environmental Change Network，ECN）、中国生态系统研究网络（Chinese Ecosystem Research Network，CERN）与 LTER 共同发起建立了国际长期生态研究网络（International Long-Term Ecological Research Network ILTER），初步形成了东亚 / 太平洋、欧洲、非洲、北美洲、中南美洲五个区域性的生态研究网络。1988 年，我国开始建立 CERN，之后中国森林生态系统研究网络（Chinese Forest Ecosystem Research Network）、中国陆地生态系统通量观测研究网络（ChinaFlux）等网络相继建成，目前许多典型生态系统的观测已经积累了 10～30 年监测数据。现阶段的生态系统网络观测正在规范化和自动化的多要素观测基础上，引进应用高清晰摄像技术、高分遥感技术以及实时传输技术，进一步提升生态系统联网观测的信息化和现代化水平。与此同时，基于生态系统观测研究网络的野外联网控制实验体系（温度变化、降水格局变化和氮沉降等）也得到了快速发展。随着联网控制实验和联网观测的深入开展，为回答生态系统结构与功能及其维持机制、陆地生态系统对全球变化的响应与适应、生态系统适应性管理等提供了重要的科学数据。

6. 生态模拟技术

迄今，人们还无法在地区和全球尺度上通过观测和野外控制实验等手段直接和全面地获取生态系统变化信息，利用计算机模拟分析大尺度生态系统结构和功能动态变化是一个重要的技术途径。尽管模型的构建、参数化和检验依旧困难重重，模型的输出结果常常遭受质疑，其仍然在评价过去、当前和预测未来条件下生物圈动态变化中起到了不可替代的作用。在 IBP、“国际地圈生物圈计划”（International Geosphere-Biosphere Program，IGBP）等的推动下，从 20 世纪 70 年代起模型的开发和运用都得到了迅速发展，形成了统计模型、机理模型、动态植被模型三大类模型。但是，目前的主要过程机制模型都是基于个体或小尺度、短时期的生理生态实验建立的。由于个体、生态系统、生物圈之间的关系并不是简单的线性关系，将个体尺度的观测结果上推到生态系统和生物圈的尺度便增加了很大的不确定性。同时，生态过程及其主控因子在不同时间尺度上差异也很大，而在模型中进行了大大简化或者不予考虑。面对如此复杂、多尺度的生态系统，如何及时、有效地评估生态系统对全球变化的响应既是一个挑战，更是一个机遇。

（三）强烈的社会需求驱动生态学的理论发展和技术进步

早期的生态学研究主要是兴趣驱动的，关注生态学现象与过程的发生机制。近年来人类活动导致地球环境向着不利于人类生存的方向迅速恶化，社会发展和人类生存都要求生态学家为解决诸多环境问题提出解决方案。这种强烈的社会需求驱动着生态学的理论发展和技术进步，使得生态学的发展越来越注重解决应用问题。这种趋势使得生态学家可以在实践问题上检验理论知识的解释力、预测力，也推动了生态学尤其是生态系统生态学、全球变化生态学、入侵生物学等领域的快速发展。可是，我们不得不承认，现阶段的生态学还不像物理学、化学那样具有完善的理论体系，有人认为是一门“软”科学，不仅还没有公认的统一化理论框架，也没有很强的定量和预测能力，造成当代生态学研究虽然越来越复杂，但解释能力却在下降的窘境。

在 20 世纪 60 年代生态系统生态学得到发展以后，近年来景观生态学、全球变化生态学等关注大尺度上生态学过程与格局的分支学科蓬勃发展。这在很大程度上是由于解决全球尺度上环境问题的需求。这段时间生态学领域的许多国际研究计划都把研究焦点集中在生态系统以上的空间尺度上。从 20 世纪 70 年代的“人与生物圈计划”（Man and the Biosphere Programme，MAB）、80 年代的“国际地圈-生物圈计划”（IGBP）、90 年代的“生物多样性计划”（An International Programme of Biodiversity Science，DIVERSITAS）到 2001 年启动的“千年生态评估”（The Millennium Ecosystem Assessment，MA），宏观生态学的研究从生物群区（Biome）结构与功能发展到生态系统的服务功能，最近更加明确地把生态系统与人类福祉的相互作用关系作为研究计划的核心科学问题，全球变化与陆地生态系统成为大尺度生态学研究的主题。

应用生态学给生态学基础研究提出许多新的任务，而生态学基础理论研究成果的积累，无疑又可为应用生态学解决实际问题提供依据和帮助。尽管生态学目前对解决人类社会面临的环境问题所做出的贡献还远不如人意，但它已经为濒危物种保育、流行病学预测、转基因作物潜在风险评估、生物入侵预警和控制、退化生态系统恢复、生物资源管理等诸多问题提供了知识基础和研究方法的支撑。而且生态学在这些问题上的应用也对生态学本身的发展产生有益的反馈作用。重要的是，生态学家已经适应于担负把生态学知识（尽管还远远不够完善）转变为调控和管理生态系统的实践活动的任务。

第三节　生态学的发展现状与发展布局

一、传统的个体、种群、群落的研究仍然是生态学发展的基石

生物个体是生态学最基本的研究单位。在生物个体水平上进行的生态学研究主要探讨个体的形态、生理和行为如何帮助它在环境中存活。为什么不同类型的生物只分布在某些环境而不出现在其他环境？为什么生活在不同环境中的生物具有不同的表型特征？个体生态学就是试图回答这些问题。除此之外，个体生态学还尤其关心生物有机体对环境的适应。适应是指个体在结构与功能上的改变，它使个体更适于生活在其生存环境中。因为适应是通过自然选择而产生的进化，而进化意味着种群内发生了某些类型个体取代另外一些类型个体的过程，所以研究生物个体的适应性必然涉及种群动态。除对非生物环境的适应之外，另外一大类适应则是针对其他生物的，例如植物如何更好抵御天敌的取食，相应导致的良好植被覆盖又如何改善了生态系统水土保持功能。故而个体生态学能够成为连接生态系统、群落和种群不同层次研究的核心与纽带。

近年来，基于有机体的基础代谢率与其个体大小的依赖性关系（异速生

长）而建立起来的生态学代谢理论，和基于个体内稳态（生物在变化的环境中保持其身体化学元素组成相对恒定）和生长率假说（生长率较高的生物因为需要大量的核糖体而含有较多的磷，具有较低的碳 / 磷比和氮 / 磷比）而发展起来的生态化学计量学，均把从个体一直到生物圈各个生物组织层次上的生态学过程贯穿在一起，成为现代生态学的重要前沿。以生物个体的大小和化学元素组成为中间环节将代谢生态学和生态化学计量学两个理论框架整合起来，能够形成新的预测多个层次生态学过程的假说，可能是未来生态学的一个重要发展方向。

种群和群落生态学属于生态学的经典内容，近年来开始从原来较小的时空尺度拓展到更大尺度（如集合种群、集合群落），种群调节和群落内物种多样性的形成与维持等经典命题的尺度依赖关系受到了人们的关注。同时，种间关系与协同进化研究得到了高度重视，以前相对被忽视的种间正相互作用在群落装配中的地位也开始引起生态学家的兴趣。与传统的进化思想相比，协同进化概念更加重视生物对其生物环境（而不仅仅是常规的物理环境）的适应，更加关注物种之间的相互作用，可以说它是进化论与生态学的一个重要交叉点。早期的协同进化理论强调两个或少数几个物种之间的相互适应，而新兴的弥散协同进化理论认为，群落中的不同种类的相互作用非常密切，其中之一发生变化必然会影响许多其他种类。近 40 年来，研究物种间的协同进化关系，解决了生物学中诸如物种共形成、竞争与互惠、适应、群落稳定性维持等的许多问题。它可以用来分析濒危物种发生的原因、群落结构的稳定性和生态系统的多样性变化等等，深入研究动物与植物、微生物与寄主的协同进化行为以及种间关系联结强度的时空变异，将有助于人们明确物种进化的本质和过程，从而可以使之更好地为人类服务。

是什么决定了一个群落的物种组成和相对多度？对此人们已经提出不少可能的答案，但没有任何一个能够被人们广泛接受。早期研究工作主要关心小尺度上（局域群落）多个物种如何实现共存，人们建立起以“竞争排除法则”为基础的生态位理论。然而大量不同种类的浮游藻类常常共存于一个简单的水体中，它们之间几乎没有任何明显的生态位分化，这就是著名的“浮游生物悖论”。Hutchinson 最初以环境波动解释这个悖论，而后来的数学模型研究表明，随机波动环境对物种多样性维持的影响可以是促进的，也可以是阻碍的或者中性的，具体情形依赖于生物的生活史特征。更新近的模型研究则认为，当浮游植物竞争 3 种以上的限制资源时，竞争动态是不平衡的，存在着振荡和无序波动；这种振荡和无序波动的状态可以允许多个物种共存。然而，如果在竞争模型中引入进化动态，原本共存的物种由于趋同进化而变得不能共存。类似地，研究者分析了相对非线性（relative nonlinearity）共存机制的进化稳定性，同样发现了进化适应将导致物种性状趋同，使得多样性无法维持。

为了解决生态学理论面临的“浮游生物悖论”这个难题，Hal Caswell 首先尝试建立了一个中性群落模型，后来又被 Steve Hubbell 等人进一步发展。该理论默认所有物种的所有个体具有相同的生态学参数，却能够很好地预测物种多度分布等。理论上，稳定化机制和等同化机制都可以共同促进物种共存，问题的关键是两种机制如何共同作用于群落结构。如何在中性理论强调等同化共存机制和随机性作用的框架内，糅合生活史权衡、生态位理论和自然选择过程的关键要素，提出一种有效的解释生物多样性的新观点已成为今后重点发展的一个方向。同时，物种多样性的大尺度格局（如物种数 - 面积关系、多样性的纬度梯度等）及其形成原因也一直是生态学家非常感兴趣的问题，是多样性维持机制理论预测力的试金石，而且也是预测全球变化后果的必要知识基础。

物种多样性的形成与维持机制一直是群落生态学最核心的问题。只有发展出一个生物多样性维持机制理论——它能够评价不同的多样性维持机制的相对重要性，我们才能对物种多样性维持、物种的多度与分布、物种多样性梯度等这些问题给出机理性的解释与有效的预测。同时，我们可以评价生物多样性—生态系统功能关系对物种多样性维持机制的依赖性，并以此将群落生态学和生态系统生态学真正融合在一起。

二、生态系统与全球环境变化是当前生态学研究的重点领域

社会需求直接推动了生态系统生态学及与其紧密相关的学科如全球变化生态学的快速发展，使生态系统生态学成为过去半个多世纪里生态学发展史上的一个亮点。可以说，生态系统生态学是生态学领域理论结合实际的一个范例。生态系统生态学的基本概念在 20 世纪 30 年代就已确立，但整体的理论和方法体系在 60 年代之后才全面成形，并立即推动了从 70 年代起开始的“国际生物学计划”（IBP）及“国际地圈生物圈计划”（IGBP）等的实施，也直接促成了大型的全国尺度的生态系统长期定位观测网络系统如美国长期生态研究网

络（LTER）以及中国生态系统研究网络（CERN）的建设和快速发展。目前，长期生态研究网络已成为生态学研究的重要思路和方法。

近年来，随着人类活动对地球系统的影响日益加深，陆地表层的生态学过程发生强烈变化，生态系统提供各类资源和服务的能力在局部显著下降。而人口增加和生活水平的提高则对生态系统服务和产品提出更高要求。在这种背景下，全面认识生态系统的结构功能及与环境变化的关系已成为全球生态学家的重大科学挑战。尽管过去几十年的研究已取得丰硕成果，但生态系统生态学的一些基本问题仍未得到解决。我们仍无法直接测定地区和全球尺度的生态系统生产力，从而实现对最重要的生态学参数如全球的总净初级生产力（net primary productivity，NPP）准确的定量认识。在其他生态系统服务功能方面，我们还缺乏对各类重要生态系统保持和循环水的能力的定量化的认识和实现这种认识的方法。在未来的研究中，针对生态系统产品（如粮食，木材，饮用水）和服务（生物多样性维持，水源涵养，水土保持，污染物缓冲和净化）等的社会需求仍将强有力地推动以生态系统为基本研究对象的生态学的发展。

生态系统与全球环境变化的研究也是一系列新兴分支学科的核心内容。如生态系统的碳平衡及碳源汇功能研究，生态系统脆弱性研究，生态系统的健康等领域都必须通过认识生态系统与全球环境变化的关系来实现。从研究尺度上讲，以生态系统为基本单元开展生态学研究有助于整合不同尺度的生态学过程。分子到个体层次的生态学现象能够在现实的生态系统格局和过程中得到体现从而实现理论上的发展。从全球尺度讲，通过对不同生态系统的采样和观测，可以实现对大陆到全球尺度的生态学过程的认识，从而更好地管理生态系统，为社会和人类福祉服务。

从国际生态学的发展趋势上看，生态系统和环境变化也是现代大生态学研究的重点。美国国家科学基金会（NSF）资助的美国国家生态观测网络（National Ecological Observatory Network，NEON）是开展大陆尺度生态学研究的最新模式，整合了大批从个体到全球尺度生态学研究者。NEON 将美国划分成 20 个生态气候区，在每个生态气候区内针对驱动地球表层生态学格局和过程发生变化的三个主要因子包括气候变化、土地利用变化及入侵物种开展研究，对上述因子的响应的研究则集中在四大领域：生物地球化学循环、生物多样性、生态水文学和传染病。其中，生物地球化学循环和生态水文学是经典的生态系统研究，而生物多样性的研究也特别强调与生态系统功能的结合，目前已形成如生物多样性与生态系统功能（biodiversity and ecosystem functioning，BEF）这样的活跃学科领域。

三、生态学系统的复杂性和多尺度整合理论是生态学研究的前沿

生态学研究生物与环境之间的相互作用，其研究层次涉及个体、种群、群落、生态系统、景观、区域乃至全球生物圈；其时间尺度包括瞬间、日、年、年代和世纪，甚至更长；其研究生态过程既包括生物、物理、化学等过程，涉及水分、气象、地理和人文过程，它需要将多种过程在多个时间尺度和多个层次上研究生态学系统（个体、种群、群落、生态系统、生物圈等）的结构、功能，格局与过程以及对环境变化的响应和适应性等问题。面对这种生态学系统的复杂性和多尺度特征，目前的生态学还没有发展出得到公认的理论对多个层次的众多过程在多时间尺度上进行概括，也没有建立起一套有效的方法开展多尺度的定量描述和整合分析。可以断定生态学系统的复杂性和多尺度整合理论和技术依然是生态学科学研究的前沿理论命题。

生态学研究的尺度及其尺度转换（扩展或缩小）是一直困扰生态学家的一个重大问题。产生尺度问题的原因主要因为生态系系统的复杂性，其具体包括以下几方面：其一是当尺度上升时，系统之间相互作用的数量和类型可能发生变化，从而出现新的生态过程；其二是在不同的时间和空间尺度上，一些过程的发生速率或频率会不同，考虑的生物、物理、化学过程也有差异，如生态系统的碳和水循环过程，在一些尺度上主要考虑的是生理生态过程，其过程的速率较高，而在区域尺度上或全球尺度上主要考虑的是生物地球化学循环过程，其过程速率较低；其三是在不同尺度上控制格局或过程的约束条件、边界条件或驱动因子也会随之发生变化；其四是当尺度发生变化时，格局或过程与相同因素之间的相关关系有可能发生相反的变化。

如果要理解一个系统，那么必须要在合适的时空尺度上，同时要开发合适的模型用来把各个尺度上的现象联系起来。因此我们需要采用多尺度观测、多方法印证、多过程融合、跨尺度模拟的技术途径对生态系统开展整合性的集成研究。自 20 世纪 90 年代以来，生态学研究技术和手段的几个方面都发生了革命性的变化。一是大数据时代的到来，计算机的计算能力每年都在翻新。二

是生物化学新技术的发展。三是环境遥感监测系统的发展，一些高光谱遥感技术取得了长足的发展。要理解不同尺度上生态系统对环境变化的响应，一个核心问题是全球尺度上的环境变化怎么样对生态系统中的个体产生影响，对群落有怎么样的选择压力，然后对物种基因多样性会带来哪些可能的改变，其问题的核心就是怎么样把不同尺度的生态过程有效联系起来。第一个亟待解决的问题是生态系统过程所发生的尺度和生态系统过程进化的尺度怎么样联系起来，传统上认为前者比后者要小很多。第二个问题是怎样把生态系统生产力从小尺度向全球尺度扩展，因为碳循环有着很大的时空异质性。NPP 是单位面积和时间上固定的碳，那么不同地区 NPP 对全球 NPP 各有着怎么样的贡献。第三个问题是怎样把生理过程从小尺度向全球扩张。生态系统生态学以前所关注的问题主要是在本地尺度上物质和能量的循环和流通，那么怎样把这些过程从有机体向生态系统，再向全球尺度扩展？

近年来，非常活跃的宏观生态学（macroecology）正在基于对生态学系统的复杂性的认识，发展多尺度整合的理论和方法。一些宏生态学研究者采用了牺牲局域尺度上的细节来获得区域、大陆乃至全球尺度上描述能力的技术途径，提炼了从种群到生态系统各个层次上的生态学模式，例如，物种分布区大小与种群密度的关系，局域物种丰富度与区域物种库大小的关系，种—面积曲线的幂指数函数关系，生态系统能量输入与物种数量关系，物种多样性的纬度梯度等。

四、分子生态学促进了宏观生物学的整合

近 20 年以来，许多宏观生物学问题的研究从理论机制到实际应用等方面都取得了长足的进展，这在一定程度上归功于分子生态学研究理念和方法的引入。分子生态学使宏观生物学由传统的以观察、测量、假设检验和推理为主的表象研究变为以从生物和种群的遗传构成的变化上检验、揭示机制和规律为主的机制性研究，因而使得对具有普遍意义的科学规律、进化过程和机制的探索成为可能。可以说，分子生态学的兴起给宏观生物学研究带来了若干深刻变化，例如，它允许我们从生命现象最深的层次上揭示生物的不同生理状态、个体、种群、物种及更高阶元间的差别和共性，追溯和拟合导致这些变化的生理、生态、气候、地理地质、人类活动等因素及其所影响的时空尺度。分子生

态学促进了系统发育生物学、生物地理学、进化生物学、保护生物学众多学科间的交叉融合和发展，一方面使得许多学科之间的界限变得模糊或消失，另一方面催生了新兴的交叉学科如亲缘地理学，因而前所未有地改变了我们的视野、思维方式、研究理念和习惯，在可以预见的将来仍将继续向所有与生态、种群和进化有关的宏观生物学研究领域全面渗透。

分子生态学研究正处在新的快速发展期，呈现出如下发展趋势。

（1）将广泛使用多套互补型分子标记（核基因、线粒体、叶绿体等），并将更普遍采用次代测序技术（next-generation sequencing）。

（2）将由单物种研究体系过渡到以多个近缘种、群落水平、区域性研究系统为主；由简单的种群结构研究过渡到对种群进化和生态进化过程的研究，尤其是对“正在发生的”以及“已发生的化石 DNA”的分子生态学研究。

（3）需要超越简单的“种群”层次的研究，从而过渡到对物种相互作用（营养关系、协同进化等）和群落形成机制的研究。

（4）适应和生态基因组学将备受关注，例如生态适应的分子遗传机制、适应性状的分子调控机理、环境基因组学和环境可塑性等；因此，转录和表达水平的多态性标记将逐步成为进行生态适应机制研究的主要手段。

（5）由于测序和基因组扫描技术的发展，需要发展更有效的分析工具和数据处理方法来充分利用海量数据；综合利用多基因座信息进行系统发育重建和多物种溯祖的理论与方法应是今后的一个优先发展方向。

五、大尺度宏生态学快速发展

当今生态学已经发展到“大数据”和“大生态学”时代，遥感数据、野外台站观测数据、实验数据，以及模型模拟数据的快速膨胀，数据综合分析和处理技术的发展，使得生态学研究在空间和时间尺度及要素类型上有了很大程度的扩展。如何及时、有效地整合分析生态数据，从中提取有价值的生态学规律和生态信息，为决策者提供理论依据和指导，成为生态学研究的一个主要方向。

单个、具体生态系统的研究对于理解环境变化对生态系统关键过程的影响非常重要，但随着全球生态环境问题的出现和现代生态学的发展，世界各国和全球的生态系统生态学正在从相对孤立的站点和局部地区研究逐步向区域化和全球化方向发展。为了研究陆地生态系统的生物地球化学循环的地理分异及其对全球变化的响应和适应，需要综合不同区域、不同站点的气象数据、不同类型生态系统关键过程的多年、多要素数据，深入揭示生态系统关键过程的普遍规律和控制机理，从而为地球系统模型的预测提供更准确的参数估计和过程机理。系统地认知陆地生态系统关键过程以及与气候变化和人类活动的相互作用是生态系统生态学的科学基础，而实现这一认知，已经由传统的单点研究拓展到与生物圈、大气圈和信息科学的综合与交叉，在此背景下也就诞生了大尺度宏生态学。

大尺度宏生态学研究正处在起步期，但发展迅速。人们用不同的名称，比如“宏观系统生态学”（macrosystem ecology）、“宏观生态学”（macroecology）、“全球生态学”（global ecology）、“大生态学”（big ecology）等，来描述该领域的主要研究内容和发展状况。现阶段的研究主要集中于以下几个方向的研究。

（1）揭示关键生态系统过程在区域乃至全球尺度上的格局和长期变化规律。

（2）对大尺度、重要的生态学现象进行解释和机理探讨。

（3）对生态学传统理论进行普适性检验。

（4）揭示生态系统结构和功能对环境变化响应的普遍规律。

其主要目的是对区域和全球尺度上生态系统过程进行综合，从而揭示生态系统及其对环境变化响应的普遍规律。

六、生态学在与其他学科交叉中吸取了大量营养，并促进多学科交叉学科领域的发展

早期的生态学与进化生物学是紧密相连的，这在达尔文的著作中表现最为显著。而后来生态学与遗传学的交流极大地促进了种群生物学的发展。以Fisher、Wright以及Haldane为代表的进化遗传学对孟德尔遗传机制的各种数量后果进行了深入分析，但对于生态学没有给予足够的重视，尽管其后的“综合进化论”有所改进。生态学与进化生物学的全面整合发生在20世纪60年代后期，形成了一个新的分支学科——进化生态学。目前来说，这种结合还主要停留在“生态如何驱动进化”这个单向轨道上，群落及生态系统生态学仍然缺乏进化元素，尽管人们意识到有机体的进化适应特征肯定会影响到生态系统过

程。种群生物学越来越微观，向分子水平发展，而生态系统科学却越来越宏观，向全球方向发展。二者之间的相互交流因此显得尤为迫切。毕竟，进化上的改变是在生态系统背景下发生的，而群落或生态系统水平上模式的产生也肯定受到有机体行为或生理特征的制约。

20世纪后期数学和物理学思想和研究途径的引入使得生态学开始注重机理探讨并变得更加定量化；对种群动态调节机制的研究达到了相当成熟的水平。关于自然种群的数量调节问题，在生态学中有两大学派。一派认为种群的数量调节是与种群密度紧密相关的过程，而另一派则认为与种群密度基本没有关系。以前人们曾认为，如果是密度相关过程调节种群数量，那么种群动态应该具有规律性（如稳定平衡点或周期振荡等）。然而实际观察到的自然种群并非如此，使得相当一部分生态学家对密度相关学说产生了怀疑。然而20世纪70年代初开展的数学模型分析说明，简单的种群动态差分方程能够产生出非常复杂的动力学行为（混沌）。混沌现象外表上看似乎完全是随机波动的，但其实质仍是密度制约的结果。没有数学模型的帮助，仅靠生态学家的直觉是得不到“混沌”这个结论的。这个通过数学模型研究而得到的种群生态学成果大大加深了我们对种群调节机制的认识，同时也“反哺”物理学，促进了混沌学这门新科学的发展。

当前，生态学的发展还在不断地通过吸取其他学科的理论和方法来驱动本学科的发展，越来越成为一个多学科交叉学科领域。有关生态系统动态及平衡方面的理论不能再局限于本地的小尺度，而是要向本地和区域混合的尺度转变。生态学的发展应该更多利用日益发展的分子技术及大数据分析技术，使得生态学的研究向定量化和统计分析化发展。首先体现在生态学在利用微观的手段上，包括分子生物学技术、基因和DNA技术、同位素技术，一些新的学科（如分子生态学、同位素生态学）都得以日新月异地发展。分子生物学数据在帮助我们理解生物地理，包括分布格局、迁移路线、生态属性的变异及群落组成等方面，发挥着越来越重要的作用。由于这些微观技术在生态学研究上的应用，以前很多在生态学上难以解决的问题，比如元素循环的追踪及一些微观上的机理等，现在都可以得到很好的解决。

在宏观尺度上，随着卫星、计算机技术及遥感和空间分析技术的发展，生态学问题也越来越依赖更大的空间尺度及更长的时间尺度上来阐述，这样以前局限于在单一尺度上阐述的生态学问题可以在更为全面的空间和时间尺度上来论述。这些新发展的微观和宏观技术相对于传统的生态试验有着明显的优势在于对它们的重复更为简单，从而使得生态学研究向着定量化的学科发展。除了数据获得的技术手段，生态学研究的数据分析方法也在越来越依赖各种统计方法和模型模拟。

第四节　生态学的发展目标及其实现途径

由于在可以预料的将来，地球人口会过度膨胀，而自然资源的消耗速率在进一步加快，人类对地球的改造只会加剧。因此，将人类活动融入地球生态系统的一个整合组分来研究十分必要，未来研究的焦点将是在满足人类需求的同时维持地球生命系统的活力。我们认为，在可预见的未来，生态学研究将不得不继续分为界限明显的基础研究和应用基础研究两个部分，前者力图将生态学发展为有可靠理论基础的和强大预测力的科学，而后者则尽可能在第一时间为人类生产生活实践中的问题提供解决方案。当然，这两个部分不能完全割裂开，生态学家需要智慧在这二者之间寻找建立一个最佳的平衡点。

一、生态学进入了大数据时代

生态学以往的研究工作主要针对单一过程，在短期、小尺度上开展，而且生态学家之间各自为政，缺乏协作。这虽然极大地提高了我们对种间相互作用（比如宿主和寄生生物之间，或者猎物与捕食者之间）、种群动态、食物网动态以及生物如何适应当地的环境等方面的认识，但这些小尺度的、分散的研究结果很难上推（scale up）到更大尺度（如多物种群落如何应对疾病或气候变化的扰动），也很难结合到模拟气候、海洋环流或水循环过程的地球系统模型之中。而解决当前人类所面临的重大环境问题需要我们理解区域甚至全球尺度上生态学过程的发生与后果。

大数据曾经是大科学所驱动的。大科学的鲜明特征是依赖于昂贵的共享设备，因而需要很大的投资，并产生了海量的数据。1964 年推出的 IBP 是将大科学概念扩展到生态学的一次努力，但未能成功。国际生物计划的失败说明在技术进步还未达到一定程度的时候，生态学难于与大科学结合。之后，LTER 于 1980 年启动，生态学家从此也进入了开始生产大数据的时代。生态学与其他领域的科学一样，其研究方法正在被数据洪流所影响，以数据为中心思考、设计和实施科学研究，通过对海量数据的处理和分析来获得科学发现的新范式已经出现，并有望成为一种普遍的科学研究模式。

大尺度的生态学研究需要不同学科背景的专家和社会公众的参与。近年来，全世界建立了许多公民科学项目平台。这些平台提供了关于公民科学项目的基本信息、开展公民科学项目的方法、技术。例如，美国 BudBurst 项目吸引了全美各地居民合作收集植物生命周期的数据，帮助生态学家发现植物是如何应对环境变化的。在这样的形式下，生态学研究变得更广泛、更综合、更加依赖于大型数据存储库和自动数据收集。一方面，生态学家依靠大型传感器网络在大陆和区域尺度进行数据收集，如许多国家的生态观测网络和海洋观测系统；另一方面，利用“公民科学家”的参与来收集更多的环境数据，方便科学家迅速做出具有时效性的自然资源管理决策。庞大的观测网络将产生大量的新数据，怎样组织、处理、分析这些数据将是生态学家未来面临的一个重大挑战。面对海量多源的数据，标准规范、广泛的合作以及可在线共享和服务的算法与模型对于生态学研究将是十分重要的。同时，生态学研究需要利用从海量数据采集到分析处理的一系列新技术（如移动技术、云存储和云计算、并行编程模式和技术、数据组织和发布、数据集成等）来提高采集、存储、管理、共享和分析处理数据的能力。

从海量数据获得的经验发现有时会给人们带来新的研究启示，而与任何理论的影响无关。例如，海底热泉及其伴生群落的发现改变了我们对生命起源、食物链的认识，并对探索地球之外有无生命的宇宙生物学产生了极大的影响。害虫爆发长期记录给种群生态学家提出了经久的挑战并刺激人们相应开展了许多经验与理论方面的研究。由于新发现、新观察而带动研究工作兴起的实例很多，包括植物种间碳交换，酸雨，珊瑚白化，捕食者出现时猎物形态的改变等等。尽管如此，这些新发现如果能够和理论架构（归纳总结、解释性假说、更宽泛理论等）结合，它们的价值和意义经常可以极大提升。P. Marquet 等 2014 年 8 月在《BioScience》发表的观点强调大数据时代更需要发展高效的大理论，即从基本原理出发，用最少的参数做出大量的理论预测，这些预测可刺激人们进行实验或观察来进行检验。如果没有大理论支撑，大数据将会在很大程度上失去其力量和有效性，不得不仅依赖于统计相关性而进行简单的归纳分析。不管我们获得的数据量能有多大，我们永远都不可能预测出生态学系统所有的（在结构与动态上）显著特征，因为它们的组成成分多种多样，而且这些组分之间存在复杂多变的相互作用。简而言之，大数据时代更加呼唤生态学大理论的发展。

二、生态学需要发展统一化的“大”理论

由于研究对象的复杂化，也由于生态学本身发展的限制，生态学目前还没有一个公认的统一化的理论框架，但生态学家们一直没有放弃这种努力，如 20 世纪 50 ～ 60 年代的“自疏定律”（又称 -3/2 定律），70 年代系统生态学的“十分之一定律”，用热力学定律解释生态系统稳定性等，以及近年来的代谢生态学、最大熵理论、中性理论等。生态学界一直在争辩是否存在统一的生态学定律，然而对生态学过程的机理认识的不足，以及研究习惯上对经验而非理论的依赖，使得生态学的预测能力（尤其是定量预测能力）远远低于人们的期望。虽然尚存在不同看法（参见英国《Nature》杂志 2014 年 3 月 13 日匿名发表的社论），寻找生态学普遍规律或一般性原理（即大理论）不仅是生态学自身发展的需要，而且解决当前人类所面临的各种环境问题也需要生态学家能够根据生态学原理在第一时间给出行动方案。

目前生态学领域的很多研究工作是数据和问题驱动的，而非理论驱动的。也就是说，生态学家观察到一个现象，进而针对这个现象研究其发生的过程与原因，基本上是就事论事的个案研究，而不是像物理学家那样试图去概括、推广，总结出一般规律，然后基于这个规律给出预测、继而进行检验。换言之，生态学家与物理学家在思考问题的方式上有很大的差异。生态学家这样做的理由往往是生态学系统的复杂性（complexity）、不定性（contingency）、变异性（variability）比物理学系统都高出很多，因而不可能存在或很难找到像物理学那样具体化的普遍成立的定律（law）和预测性理论。这种观点也许是限制生态学向成熟科学发展的一个主要障碍。

为了发展出生态学的大统一理论，生态学家应该首先研究那些具有广泛一般性的模式。这不仅仅是由于这样的模式最明显、重复性最好、适用范围最广，而且还由于它们提供了一个框架，使得相对特殊一些的模式能够在这个框

架内得到更有效地研究。每一生境和每个物种都有其各自的特性；那些在许多生境中或者在许多物种身上都能再现的模式不可能仅由生境或物种的特性加以解释，往往意味着存在一个共同的起因。根据对一般性模式的研究而建立起来的生态学理论，如生态位 / 中性理论、最大熵理论、生态化学计量学和代谢生态学等，都具有成为生态学大理论框架的潜能，应该引起我们的高度重视。即使对生态学最终是否可能有大理论存在不同看法，越一般性的模式就越应该得到优先关注应该是无可争议的。

虽然大部分生态学研究都是从模式到过程，人们也开始反思这种机械地从模式出发的研究途径。例如，Joan Roughgarden 认为这种思想方式阻碍了群落生态学家找到自己的统一理论；Roughgarden 提出应该借鉴进化生物学从过程出发的研究途径，从群落构建所包含的基本过程出发，建立统一的群落生态学理论框架；Mark Vellend 将 Roughgarden 的观点进一步细化，提出了一个综合的、仅包含了四类基本过程（即选择、漂变、成种和扩散）的理论框架。按照 Vellend 的观点，人们所观察到的各式各样的群落模式都是这四个基本过程作用的结果，只是在不同的群落中它们的相对重要性不同。这种从过程出发反推模式的思维方式可能更有助于生态学家去发展统一理论。

三、生态与进化的整合需进一步加强

生态改变如何影响进化一直是人们关注的焦点。但反过来，进化动态如何影响生态学特性却只在近年来才引起我们的兴趣。造成这种状况的一个重要原因可能是在以前人们的传统观念中，进化是一个非常缓慢的过程，与生态学动态不在一个时间尺度上。许多性状的进化确实都非常缓慢，经常需要数十万年甚至更多的时间。因此如果我们能肉眼观察到自然选择，那必定是强烈的选择，可导致快速进化的发生。加拉帕戈斯地雀（*Geospiza fortis*）就提供了这样的一个经典实例。1977 年，加拉帕戈斯的一场严重干旱显著减少了达芙尼主岛上植物产生的种子量。这种本来习惯以小而软种子为食的地雀被迫食用大而硬的种子。具有较大喙的地雀更易于弄开硬种子，能够得到充足的食物，相对那些小喙地雀在种群中留下了更多后代，自然选择让下一代的地雀平均喙长增加了 10%。这说明随着环境条件的变化，种群中决定喙长的基因频率发生了迅速改变，即发生了快速进化。如果快速进化确实能在较少的世代时间内发生，那么很自然地我们预期进化动态也可以反过来决定生态动态。

个体的出生与死亡过程不仅影响了种群动态同时也决定了基因频率的变化。适合度的测定就是统计向下一代传递基因的后代数；因此，种群动态依赖于种群成员的适合度。反之，个体的适合度也取决于同种、异种竞争者、猎物、捕食者的密度。生态和进化动态肯定互相影响，关键是进化因素（如具有遗传基础的表型变化）和生态因素（如捕食风险、可利用的资源量、或非生物环境条件的改变）各自对种群增长的相对贡献如何。Hairston 等首次引入了建立在方差分析基础上的 Geber 方法来处理这个问题，利用这个方法能够把造成种群增长速率年度之间变异的因素大致分解为进化的和生态的组分。据此 Thomas Schoener 发现，进化因素的作用经常是很显著的，甚至可以超过生态因素。既然进化可以发生在生态时间尺度上，生态和进化的双向相互影响，即生态-进化动态（eco-evolutionary dynamics），很自然地成为了近年来生态学领域的前沿热点，已经开展了大量的理论模型、室内实验和野外观测工作。

生态 - 进化动态的研究工作大部分集中在捕食者 - 猎物系统，而竞争者系统受到的关注相对较少。考虑进化动态同样将会极大地改变我们对于群落内物种多样性维持机制的认识。有相关综述说明，快速进化可以从若干不同角度来增强等同化共存机制和稳定化共存机制，而且竞争者之间的协同进化能够使种群动态产生周期动荡，可提供全新的进化等同化和稳定化共存力量。同样，制订有效的生物多样性保护策略需要我们在未来投入更多的时间和精力，以揭示快速适应性进化对种群动态的影响和在降低物种灭绝风险上的作用。

生态动态和进化动态经常发生在同一时间尺度上，这个事实已被人们普遍接受。但在自然界中，进化显著影响种群和群落结构的情况到底有多普遍？是否有某些生态学过程更易受发生在几个世代内的快速进化影响？是否有某些生态过程和物种相互作用更易于导致快速进化？对这些问题我们目前仍然不是很清楚，需要更多的进化与生态整合研究。

四、生态学需与地球科学进一步整合

当前生态学研究中的几个热点包括生态系统对全球气候变化的响应、碳循环等所涉及的时间尺度都是针对于过去几十年或未来几十年。而陆地生态系统目前植被分布的格局（比如从热带到亚热带到温带，再到寒温带）是个长期的地质年代的过程。相对于千万年时间跨度上气候的变异，陆地生态系统过去几十年所经历的气候变化只是个微小的波动。相对于千百年来陆地生态系统的地质形成过程，这短时间内气候变化对陆地生态系统带来的改变还是很细微的。因此生态学的研究除了考虑在短时间尺度上气候变化对生态系统带来的影响外，在空间上生态系统分布对气候梯度的响应是个更为传统的论题，这关系相对于短的时间尺度的响应也更为稳定。

对于全球气候变化，地球上不同纬度地带，温度升高幅度和降水变化情况是不一样的。对于全球环境变化问题研究的水平取决于对其区域差异的认识深度。通过对自然要素的生态地理关系进行综合分析研究，以期全面深入地揭示自然界的地域分异规律，从而为指导自然资源的合理利用、生物多样性保护和高层次决策服务，为研究全球变化与陆地生态系统的关系，遥感与地理信息技术的应用等提供宏观的区域框架。

地学研究中常用的技术比如 GIS 空间分析技术，可以充分应用到生态学研究中来。生态学研究应该在一些应用领域比如区域规划发挥更大的作用。一方面生态学理论和技术在地学中的应用可以充分弥补以前地学只考虑自然的这一弱点，而地学在宏观尺度上的一些概念可以有力地帮助生态学的发展。由于各项宏观研究技术（包括遥感和模型）的发展，生态学研究逐渐从以前的本地尺度向宏观的区域和全球尺度扩展，在这过程中只有通过和地学的有机融合，才能把宏生态学有效地发展和完善。

五、微生物生态学将成为一个主流

忽略了微生物的生态学是不完整的，因为微生物是地球上数量最多、分布最广、在生态系统过程中发挥了极其重要的作用的生物类群。但是人们对微生物生态学的认识还非常有限。虽然微生物生态学在过去十多年因为研究技术的进步得到了快速发展，但是较之生态学其他领域还有很大差距。目前，微生物生态学领域的大部分工作仍然停留在对微生物群落的描述上——可以说是针对微生物类群的“自然史”研究。对微生物群落结构、功能、动态的一般化规律的探讨还很薄弱。微生物生态学与传统的生态学各个研究领域仍然存在一定的隔离；人们更多地是强调微生物生态学与传统生态学的不同之处，而不是共同之处。目前微生物生态学领域的研究成果还很少发表在传统的主流生态学刊物上。不过令人欣慰的是，过去几年间人们开始关注微生物群落与动植物的共同点——检验传统的生态学规律是否在微生物类群内也适用。有大尺度上的研究正在探讨微生物群落的生物地理学并与高等动植物表现出的格局进行比较。同时，使用微生物作为材料实验验证生态学与进化生物学理论的研究途径也在得到加强，例如已有基于微生物的实验工作明确表明物种中性共存的发生，也有工作表明微生物系统内多样性与生态系统功能的关系更贴近“生态冗余”假说的预测。

宏观生态学与微生物生态学在理论上的鸿沟依然存在。微生物有两个方面的特性值得生态学家注意。一是高扩散率，使得我们能够评估生态位、随机性过程和历史过程在塑造群落结构上的相对重要性；二是高物种形成速率，使生态时间尺度和进化时间尺度趋于一致；高物种形成速率加上低物种灭绝速率能够说明为什么微生物群落的物种多样性很高。细菌域已经存在了35亿年，最古老的细菌比所有鸟类的共同祖先要更古老30多倍。细菌域内部不同枝系之间的进化分异程度远大于植物和动物类群内部的分化水平。例如，细菌代谢多样性非常高，分化很大，而几乎所有植物却都有相似的生长需求。所以细菌群落系统发生学的研究同样可以借鉴动植物群落的方法，并且由于扩散限制基本不存在，细菌群落的结构将只受环境筛选和竞争排斥过程的作用。另外，海洋和土壤微生物群落似乎并未表现出纬度地带性，群落内物种相对多度分布更长稳，群落间相似性随地理距离的衰减更慢等。这些微生物与动植物宏观生态学模式差异是否可归因于微生物较高的扩散率？毫无疑问，自然微生物群落的研究将是未来生态学一个非常重要的发展方向。

另外，微生物的生活史特征（个体小、世代时间短）为人们检验和进一步发展生态学理论提供了很好的实验体系，尤其是在生态过程与进化过程反馈关系的研究方面。

第五节 优先资助领域及重要的交叉研究领域

我国幅员辽阔，自然条件多样，从热带到寒温带，从海洋到荒漠，从森林到草地，从高山到平原，多样化的生态系统，长期与短期的人类活动干扰，快速城镇化等，为进行系统的生态学研究提供了良好的天然实验场所。尽管我国的现代生态学研究起步很晚，但具有理论与实际紧密结合的优良传统，并逐渐形成了相对较为完善的管理体制，培养了一大批优秀的中青年人才，生态学已被国家提升为与生物学、环境科学、地学等并列的一级学科。

在我国，生态学家有两项任务：一方面需要追踪和引领世界上生态学前沿科学问题的探索；另一方面也要致力于解决与国家、社会需求相关的重大问题。两者相互促进、相辅相成，所以基础研究与应用基础研究并重的局面应该继续保持。

一、优先资助领域

考虑到当前国际上生态学发展的趋势和我国生态学界已有的研究基础，建议“十三五”期间设置以下优先研究领域。

1. 物种多样性的形成与维持机制

物种多样性的形成与维持机制是群落生态学最核心的问题。只有发展出一个统一的生物多样性维持机制理论并评价不同尺度过程的相对重要性，我们才能对物种多样性维持、物种的多度与分布、物种多样性大尺度格局等这些问题给出明确的答案。同时，我们可以评价生物多样性－生态系统功能关系对物种多样性维持机制的依赖性，并以此将群落生态学和生态系统生态学真正融合在一起。

主要科学问题：① 基因流与生态成种过程的关系；② 生物多样性维持机制的整合和实验检验；③ 多尺度过程对于局域群落多样性的影响；④ 多样性维持机制对生物多样性－生态系统功能关系的影响。

2. 自然微生物群落的生态格局

目前关于自然生态系统多样性维持机制的知识主要来自对动植物的研究；自然微生物系统的多样性维持是否与高等动植物不同，微生物是否表现出与高等动植物相同的物种多样性模式？一个传统的但是证据不足的想法是：微生物个体很小因而在空气和水体中可以远距离扩散，故不存在扩散限制；微生物群落结构将取决于环境条件，在大尺度上微生物不会表现出高等动植物所具备的生物地理学格局，因此微生物在局域和区域尺度上都可能表现出不同于高等动植物的多样性分布模式。我们需要对此进行严格的检验。

主要科学问题：① 微生物的多样性模式（物种多度分布，物种数-面积关系等）；② 微生物是否存在扩散限制；③ 微生物局域群落与区域物种库多样性的关系；④ 微生物与同区域的高等动植物是否表现出类似的生物地理格局。

3. 进化过程与群落生态过程之间的关系

有越来越多的证据表明进化过程可以发生得很快，当进化和生态发生在同样的时间尺度上时，它们之间可以形成完整的反馈关系：生态学关系影响种群进化，而种群进化反过来影响种群及群落水平的过程（比如捕食者压力导致猎物种进化出抵抗性，后者导致种群动态发生改变）。

主要科学问题包括：① 哪些生态过程与进化过程更可能作用在相同时间尺度上；② 胁迫忍耐、防御能力以及扩散能力等与竞争能力的权衡及其对生物多样性维持机制的作用；③ 全球变化背景下快速进化与生态位保守性对物种分布区变迁和群落结构的影响；④ 空间异质性如何与基因流共同决定了局域适应性的进化，其种群和群落学后果是什么；⑤ 种间相互作用（竞争、互惠、捕食等）的协同进化关系对群落结构与功能的影响。

4. 决定生态过程的进化和历史因素

进化和环境历史不断地在群落中留下“生态记忆”，限制着群落组建与发展的轨迹。比如，生物可能存在某种遗传决定的生态位保守性：维持着对历史环境条件具有适应性的表型，即使这种表型当前不再具有适应意义；这种生态记忆可能限制物种对新环境的进化适应。因此，历史上环境条件对生物种群的选择可以导致在生物群落的现有结构以及种群的遗传结构中留有印记，可以反映群落的组成以及一旦被破坏重新恢复的可能性。

主要科学问题包括：① 物种的系统发育关系与大尺度生态学格局的对应关系；② 物种系统发育历史与快速进化在决定生态学过程时的相对重要性；③ 系统发育多样性，以及物种多样性与生态系统功能的关系；④ 变化环境中物种适应进化的影响因素。

5. 生态适应的遗传基础

阐明基因型和表现型的联系是生物学的主要任务之一。生态学家更关注重要生态性状的分子调控机理，进而发展出对生态适应过程的预测能力。

主要科学问题包括：① 基因型（独特位点变异）和环境因素与表型在群体水平上的相关性；② 如何通过基因型 / 环境–表型之间的相关性鉴定更多的基因资源；③ 重要生态性状（如独特的表型以及极端环境生长的种群或者物种）的调控网络；④ 若干重要物种的生态适应或者生态性状的关键基因的鉴定。

6. 生物入侵的机理、影响与防控

生物入侵涉及异地迁徙及建群等复杂问题，涉及个体、种群、群落、生态系统等生态学的各个层次，又必不可少地要深入地去探索生物入侵过程中的快速进化和分子生态学基础。生物系统的超级复杂性加上环境和人为因素的极度随机性，充分显示了在这一领域从事研究的艰巨性和挑战性。

主要科学问题包括：① 入侵生物的快速进化机制；② 生物入侵的生态学后果；③ 生物入侵的监测、预警与管理。

7. 生物多样性丧失机理及其生态后果

物种多样性以及若干物种内的遗传多样性都在快速丧失，了解这种变化的环境原因以及生态过程机理非常重要。当然对于多样性丧失的生态后果进行评估和预测也是非常必要的。

主要科学问题包括：① 遗传多样性与物种多样性丧失的生态学原因；② 生境岛屿化对物种生存和生态系统功能的影响；③ 气候变化如何影响我国旗舰物种的觅食对策、迁移扩散规律、繁殖策略及生存力；④ 濒危物种的进化拯救效应。

8. 濒危物种保护的分子生态学基础

大数据的洪流正改变着濒危物种保护的分子生态学研究方式，少数分子标记的遗传结构检测，已升级为对物种生态习性分子机制的深度探索与解析。生态习性是物种与环境长期相互作用所形成的适应环境的固有属性。栖息地和

气候等环境条件的改变，将严重影响物种的繁殖或与之相关的生理和行为等生态习性，甚至危及物种的生存。只有明晰了濒危物种的生态习性而采取的保护对策，才能取得实质性的保护成效。因此，在未来濒危物种保护的分子生态学领域，我们应当优先关注物种适应环境的生态习性的分子机制问题。

9. 传染病的生态和进化研究

寄生生物与宿主的相互作用一直是生态学的传统研究领域，近年来由于气候变化而引起的传染病在全球范围的传播正威胁着人类健康、农业和野生动物，因而模拟微寄生物－宿主系统对气候变化的反应方式，将有助于公共卫生部门和环境管理人员对致命性疾病进行预测并采取缓解措施。在个体水平上，气候变化会改变宿主和寄生物的生理机能，尤其是寒冷地区最明显，可能变成感染种群的严重问题。在许多传染病系统中，如莱姆病（由扁虱叮咬而出现麻疹、发烧等症状的一种传染性疾病）和西尼罗河病毒，生物多样性损失与病原体传播关系密切，并增加人类患病的风险。因此未来我们需要更灵敏的模型，能反映出气候变化对传染病的直接和间接影响。

10. 生态化学计量特征与生态功能的关系

目前地球上发生的很多环境变化都可以还原成为化学组成的变化。反过来，系统元素组成的变化也反馈影响到无机环境的变化。因此，化学计量生态学成为探索从个体到生态系统的统一化理论的重要途径。一方面，全球变化中温度、降水、二氧化碳浓度、光照等生态因子的改变，也会间接影响到生物圈的元素分配格局，如系统中元素的可利用性、养分利用效率等。近期的研究已经开始探讨光：营养比的生态学意义，而关于水分和其他生态因子同化学元素的比例和平衡关系等化学计量学问题尚待研究。另一方面，有关生态化学计量特征、内稳性与生态功能的关系，还需要进一步加强，特别是不同层次上元素比率如何影响生长速率、种间竞争、群落演替以及生态系统能量流动和物质循环。从前沿方面考虑，基因组、转录组、代谢组时代，元素组（ironome）作为生物的代谢特征、功能特征的潜力，需要进一步深入探索。

11. 土壤生物的生态学功能

群落组成无疑与土壤无脊椎动物、微生物及真菌有关，这些类群中包含着大量的自养、寄生和共栖生物。受技术和生态学传统培养的限制，这些“不可见的”微生物类群历来不受重视或未被认识。很多种类甚至还不能培养，但它们却可能对群落的发展和功能起关键作用，它们的缺失也许正是某些重建群落失败的原因。

主要科学问题包括：① 微生物多样性与地区、区域及全球范围的生态学过程的关联性；② 结合基因表达和代谢等数据探讨不同群落的基因组如何调控主要生态系统过程（如氮的固定、有机物的降解、反硝化作用以及厌氧微生物的除铵作用等）；③ 土壤生物群落结构形成机理以及与群落功能的关系。

12. 地上与地下生态过程的耦联

在强调土壤生物的基础上，应重视植物与土壤的交互作用，重视物种类型、植被类型、土地利用、自然灾害历史以及气候等对土壤生态系统结构和功能的影响。土壤中的植物和微生物过程对生态系统碳循环和全球碳模型的重要意义，而在不同的植被类型下，土壤中的植被和土壤微生物过程的差异很大，即所谓的影响土壤碳稳定性的激发效应。在环境条件发生变化时，植物整体策略可能发生变化，如改变碳向地下的分配和凋落物的化学性质，从而影响土壤动物及微生物的生物量和多样性，导致生态系统地下部分以及整个生态系统结构和功能发生深刻变化。

13. 生态系统退化对生态服务功能的影响

在维护生态系统的服务功能的自然格局和过程及其测度方法方面，哪些生态服务是不可替代或十分昂贵的，或其替代技术将会产生意想不到的负面效果？哪些生境必须保护以保障生态系统能为人类提供关键的服务功能？哪些因素会削弱生态服务？怎样才能减缓或逆转它们的影响？在集多变量的因果关系分析，非线性的反馈机理和基于个体行为的决策为一体的交叉学科研究方面，个人、企业和政府的行为是怎样维持或削弱生态服务功能的？当自然保育对策不能生效时，生态学家能采取些什么样的对策？

14. 退化生态系统的恢复与重建技术原理

对复杂系统了解程度最好的检验就是看是否可以从它的部分恢复整个系

统。成功的恢复可持续群落和重建稳固的复杂系统可提供基本生态系统服务，是对群落动态知识的真正检验。我们应当了解群落的哪些结构在遭到破坏后可以恢复，哪些不行，而且建立起稳定的系统无疑将减少外来种入侵的风险。

15. 生态系统对极端环境事件的响应和机理

全球变化背景下极端环境事件的发生日益频繁，但生态系统结构和功能对极端环境事件的响应机制和恢复过程的研究尚很匮乏。研究极端气候对陆地生态系统的触发、影响和生态系统的反馈机制，能够增强我们了解和预测未来极端环境事件对陆地生态系统过程和服务功能的影响。利用长期观测、控制实验、或模型模拟等手段，研究生态系统内关键生物、生态系统碳、氮、水循环等关键生态学和生物学过程对极端气候事件的响应，准确评估极端环境事件所造成的生态系统服务功能的丧失，解析生态系统在极端环境事件干扰后的恢复过程，从而揭示陆地生态系统关键过程对极端环境变化的响应和恢复机制。

16. 生态系统结构和功能的生物地理学机制

生态系统结构和功能的生物地理学机制是宏观生态学的基础，主要研究生态系统内生物体成分在地球表层的分布特点和规律、形成过程和演变规律，以及与地理环境条件的关系，如物种分布区大小与种群密度的关系，物种多样性的纬度梯度特征，物种丰富度与生态系统功能的关系，生态系统能量和物质输入与物种数量及多样性的关系等。根据生物体与物理环境和生态环境的相互关系，阐明生物体及生态系统的空间分布现状、结构变化与演替、功能变化与地理环境之间的协调平衡机制。

17. 基于数据挖掘与整合的生态系统变异规律及机理

遥感数据、野外台站观测数据、实验数据，以及模型模拟数据的快速膨胀促进了生态数据的综合分析和处理技术的发展。如何及时、有效地挖掘生态数据，揭示大尺度生态学问题的，成为未来生态学研究的一个主要方向。通过对我国和全球不同区域长期气候和生态数据的整合分析，研究我国典型生态系统的植物生长、群落结构、生态系统功能尤其是碳、氮、水循环过程等对环境变化的响应和适应机理；探明陆地生态系统关键过程的空间格局、年际变异，以及调控这些时空变异的主要环境因子和过程，揭示不同空间和时间尺度上环境因子对陆地生态系统关键过程的影响和控制机理，为预测未来区域生态系统变化以及我国应对气候变化决策提供必需的基础科学数据。

18. 生态系统过程的微生物调控机制

微生物是生物地球化学循环的关键驱动者，其群落组成和活性深刻影响着生态系统过程。关注生态系统中土壤–植物–大气间的养分循环、能量流动、温室气体产生、有机物分解、积累、传输等的微生物机制是近年来生态学发展的一个重要趋势。结合温室气体通量观测、根系观测、稳定同位素示踪、酶学、微生物功能基因组学技术来阐明气候变化或人类活动对生态系统土壤–植物关键碳、氮循环过程的微生物作用机制。结合野外观测、控制试验与联网研究，在生态系统、区域、样带、国家尺度，开展温度、降水、氮沉降等气候变化联网研究，揭示微生物的关键功能群网络、生物地理分布及其驱动机制；研究生态系统关键过程的微生物调控机制的尺度效应。

19. 脆弱生态系统对全球变化响应阈值的研究

一方面，脆弱生态系统由于它们结构相对简单，所处地区环境比较恶劣，外界环境要素变化比其他生态系统在时间上要早，在幅度上要更为剧烈。因此，针对脆弱生态系统对环境变化响应方面的研究具有对其他生态系统的指示和预警作用。另一方面当脆弱生态系统发生了变化时，它们的恢复能力相对较差。因此无论从科学还是生态保护的角度，都有必要对脆弱生态系统对环境变化方面的响应展开研究。而脆弱生态系统对环境变化响应阈值的研究可以有效提高我们对于脆弱生态系统的认识，为制定生态环境保护政策和措施提供理论依据。

20. 区域生态对环境变化的响应与适应

随着人类活动增加、经济和人口的快速增长、全球气候变化及土地质量退化等全球性环境问题日趋恶化，区域生态环境面临严峻挑战。人类活动变化对区域环境质量的扰动作用尤为突出，正逐渐改变区域生态环境的结构和功能，如水体富营养化、工业废水排放、$PM_{2.5}$、大气酸沉降等。人类活动造成区域内污染物积累与环境质量变化，分析区域环境质量演变的空间分布格局，预测区域生态环境变化对区域可持续性发展的风险，评估区域污染物对植物、微生物及动物的活性和健康的影响，解析区域环境变化对区域环境生物区系和功能的影响以及物种资源在空间上的变化对区域环境变化的适应。

资源匮乏与失衡、环境质量恶化与生态环境破坏是制约环境可持续性发展的主要原因，围绕生态环境中典型污染物，开展生境典型环境污染的生态风险评估，利用空间分析技术，完善区域环境污染物的数据库建设，开发计算机模型进行典型污染环境变化虚拟现实研究，研制环境修复的技术原理，发展生境典型污染物调控和修复技术，建立生境环境变化评估及综合治理决策支持系统。

二、学部内优先交叉研究领域——生态基因组学

生态基因组学是一个整合生态学、分子遗传学和进化基因组学的新兴交叉学科。生态基因组学将基因组学的研究手段和方法引入生态学领域，通过将群体基因组学、转录组学、蛋白质组学等手段与方法将个体、种群及群落、生态系统不同层次的生态学相互作用整合起来，确定在生态学响应及相互作用中具有重要意义的关键基因和主要遗传途径，阐明这些基因及遗传途径变异的程度及其生态和进化后果的特征，从基因水平探索有机体响应天然环境（包括生物与非生物的环境因子）的遗传学机制。

生态基因组学的研究对象可以分为模式生物与非模式生物两大类。早期的生态基因组学研究主要集中在模式种的研究上，如拟南芥、酿酒酵母、大肠杆菌、枯草芽孢杆菌、秀丽隐杆线虫等。但越来越多的研究证实自然环境和人为环境之间的表型性状及其潜在遗传基础可能不同，特殊的生态环境会对生物反应和进程产生不可预见的后果。另外，模式生物虽然具有世代时间短，地理分布广，对环境条件的响应广等特征，但不能全面概括所有物种对环境的适应与进化特征。开展自然环境下非模式物种的生态基因组学研究对于了解生物对可变环境条件的响应的分子机制具有重要意义。非模式种分为两类。一类是与模式生物的亲缘关系较近，可采用跨物种 DNA 杂交技术鉴定分析相关基因组学信息的非模式生物，例如，线虫属与秀丽隐杆线虫具有较近的亲缘关系，可利用秀丽隐杆线虫相关的芯片来分析线虫属对草原环境的适应。另一类是拥有较多的基因组学信息，同时具有较高的多样性和较大的表型可塑性的物种，如

猴面花（*Mimulus luteus*）、太阳花（*Helianthus annuus*）、野生番茄（*Solanum lycopersico*）、水蚤（*Daphnia pulex*）正逐渐成为生态基因组学研究的新的模式种。

生态基因组学的研究方法归纳起来有三大类：一是采用遗传标记或测序的方法来研究序列变异；二是采用转录谱的方法研究基因表达；三是采用遗传作图的方法将基因与表型相关联。当前生态基因组学最核心的方法就是基因组功能的搜索及物种相互作用的基因功能的研究。

生态基因组学的优先发展方向包括以下方面。

1. 微生物宏基因组学

利用宏基因组学技术和比较群落基因组学方法对不同生境样本的群落基因组的结构与潜在的生态学功能进行比较分析，试图了解关键环境因子的改变是如何导致群落中物种组成以及基因组多态性的变化模式，从而理解不同水平上生物多样性的维持机制及其可能的相互关系。

2. 不同生态系统中分解者的功能

结合功能基因组学数据探讨不同群落中的宏基因组对主要生态学过程（如氮的固定、碳的降解、反硝化作用以及厌氧微生物的除铵作用等）的作用机制。

3. 生态适应性状的遗传学基础

通过多基因、多位点的群体序列数据，阐述基因型（独特位点变异）—表型或者环境在群体水平上的相关性，如环境选择压力对抗逆相关功能基因的进化产生多大作用？如何通过基因型—表型 / 环境之间的相关性鉴定更多的基因资源？对于重要的生态性状（如独特的表型以及极端环境生长的种群或者物种），利用基因组、转录组以及宏基因组的方法比较它们与参照对象之间的基因表达差异，解析调控这些重要生态性状的调控网络。

三、与地学部学科交叉的优先领域——生物地理学

生物地理学是研究生物地理分布的科学，主要研究生物地理分布（或生

物多样性）的时空模式，以及生物学性状（遗传的、形态的、行为的、生理的、生态的等）的空间变化，并最终解释其成因和机制的科学。为什么地球上有如此多的生物？为什么生物有特定的分布格局？为什么这些生物形成不同的生物区系？生物的分布格局如何发生变化？人类活动如何影响生物的分布？这些都是生物地理学所关注的基本问题。

生物地理学又可分为生态生物地理学与历史生物地理学两个分支，前者侧重于短时期内发生在较小空间尺度上的生态过程，后者侧重于地质历史时期发生在大空间尺度上的进化过程。经过两个多世纪的发展，生物地理学的研究内容不但涉及类群分布格局的进化、区域一致性分布格局、地区间关系，而且还包括生物多样性相关问题；近 30 年来产生的众多定量的生物地理学研究方法也为生物地理学的发展注入了活力。同其他学科一样，生物地理学的发展也遵循科学发展中“范式转变”的基本规律，其学科基础和基本思想等发生过大的变革，研究者对生物地理学的理解以及所采用的研究方法也随之发生了变化。作为一个交叉学科，生物地理学涉及地球科学和生命科学的众多领域，因此其学科基础和基本思想的演变与地球科学与生命科学中范式的变换密切相关。

（一）生物地理学的发展历史与规律

生物地理学虽然从 von Humboldt 和 de Candolle 时期开始成为了一门科学，但随着地学、生物学和生态学的快速发展，生物地理学在发展过程中其学科基础和基本思想也发生了变革。

1. 达尔文和华莱士时期：起源中心和扩散

由于达尔文与华莱士等人开创性的工作，扩散生物地理学的理论框架基本形成。达尔文认为自然选择在物种起源中起到了关键作用并导致了不同地区物种组成的差异，长距离扩散被认为是物种间断分布的主要原因。20 世纪 60 年代之前，扩散一直被认为是解释生物地理格局的首要甚至唯一的原因。

2. 现代综合进化论和异域物种形成

20 世纪 30 ～ 40 年代，达尔文进化论与孟德尔遗传学有机融合从而形成了现代综合进化论。现代综合进化论高度强调物种起源中地理隔离的重要性，为隔离思想在历史生物地理学中的应用打下了良好基础。

3. 分支生物地理学及岛屿生物地理学

在 20 世纪 70 ～ 80 年代，生物地理学家以板块构造和分支系统学说为基础提出了分支生物地理学，强调隔离对生物分布的作用，主张姐妹群间断分布格局的最好解释是广泛分布的祖先类群的分裂，基于单系类群的系统发育关系和特有分布区来探寻不同类群的一致性地区间关系，并倡导利用一致性地区格局揭示可能的地质事件。与此同时，随着生态学逐渐成熟，生态因素对生物地理格局的影响和作用得到了更多的关注，其中最关键的进展就是 MacArthur 和 Wilson 提出了的岛屿生物地理学理论，在研究思想上将物种组成和分布的“静态”理解推进到动态平衡的理解。岛屿生物地理学更多的关注生态因素，重视扩散（比如物种从大陆迁移到岛屿）的重要性，因此岛屿生物地理学有时被看作是生态生物地理学和扩散生物地理学的代表。

4. 亲缘地理学

20 世纪 70 年代中期开始，人们开始应用线粒体标记开展种群遗传学和分子系统学研究，发现线粒体基因谱系常具有明显的地理格局，并最终导致产生了一门新的学科分支——亲缘地理学。亲缘地理学关注于基因谱系（尤其是种内和近缘种间）地理格局形成的原理和过程，将空间（基因谱系的地理格局）和时间（谱系分化历史）这两个生物地理学关键要素有机地结合在一起。亲缘地理学强调历史因素（如扩散和隔离）对基因谱系地理格局的影响，促进了微进化层次上理论的发展。比较亲缘地理学研究方法通过对同域分布的不同生物类群进行亲缘地理学分析，探讨地区间的历史关系，揭示共同的地质原因。此类研究有助于理解区域生物地理格局的进化，可以揭示群落组成的历史变化，并且在保护生物学领域有较广的应用。亲缘地理学把种群遗传学（微进化）和系统发育生物学（宏进化）有机地结合在一起，有助于理解种群的进化过程与区域生物地理学及多样性格局之间的根本联系，因而成为当今最为活跃的一个研究领域。

5. 扩散的“复兴”

有关隔离和扩散的争论一直伴随着生物地理学的发展过程。20 世纪 60 年代之前，扩散一直是解释历史生物地理格局的首选。随着分支生物地理学的兴起，隔离取代了扩散，成为解释生物地理学格局的首要选择。但分支生物地理学过分关注于间断分布格局及寻找地区一致性关系，使其并不能适用于现实中所有的分布格局（如发生在特定类群的事件所导致的非一致性格局）。其次，分支生物地理学过分强调隔离的作用，忽视了扩散在一致性生物地理格局形成中的作用。例如，对于众多南半球间断分布的生物地理格局，生物地理学家曾将其归结为隔离所致，即冈瓦纳大陆的解体。然而，近年来基于分子系统学和分子钟方法的生物地理学研究表明越洋扩散在南半球生物地理格局形成中扮演了非常重要的角色。扩散的“复兴”很大程度上要归功于分子系统发育研究（包括分歧时间的估计）在历史生物地理学研究中的应用。

（二）生物地理学的关键科学问题与优先发展方向

1. 隔离与扩散的协同作用

随着研究的深入，生物地理学家认识到解释生物地理学格局必须综合考虑隔离和扩散的协同作用，只不过不同情况下其相对重要性有所不同。在时间尺度上，扩散在近期起源物种的分布格局上可能扮演了更重要的角色，而如果类群越高级、地质时期越久远，隔离的作用可能更重要。在空间尺度上，扩散对较小地理尺度的生物地理格局更重要，而隔离则对较大地理尺度（如涉及不同板块）的生物地理格局更重要。第四纪以来地球经历了多次冰期 - 间冰期循环波动。在这样一个大背景下，扩散是否是物种应对气候变化的关键机制？对未来全球变化的响应机制将会产生什么样的影响？

2. 历史与生态的相对重要性

虽然生物多样性研究更多关注当代气候变化等的影响，但越来越多的研究发现不考虑长时期的历史因素不可能完全理解生物多样性的空间大尺度格局。另一方面，历史可以被看作由一系列环境变化或环境演替组成，从而导致了不同生物的物种分化、灭绝和扩散等的空间差异。随着系统发育和古生物学证据的积累，人们发现岛屿生物区系的形成具有历史复杂性，这与岛屿生物地理学的“动态平衡理论”存在矛盾，意味着岛屿生物地理学理论本身需要发展。实际上，生态和历史生物地理学的分离更多的是因为研究方法的限制使其只局限在某一方面，而不是概念上的根本分歧。当代生物地理学已充分认识到结合历史和生态因素理解生物地理格局是必需的，关键是如何整合并利用多方证据来解释生物地理格局。

3. 研究方法的整合

生物地理学研究方法有很多，分别侧重于不同层次的生物地理学问题。例如，分支生物地理学方法关注于揭示地区间关系和隔离事件的影响，但对于微生物的生物地理学研究可能就是不适用的，因为扩散在微生物地理分布格局的形成中一定扮演了极为重要的角色。生物区系和生物地理格局具有复杂的进化过程，要理解这些过程需要从不同层次开展研究，研究方法的多样性正好满足了这种需求。为了揭示地球上丰富的（与地理分布有关的）生物进化历史，不同的方法应该相互补充，发挥各自的优势。发展能够更全面揭示生物地理过程（如隔离与扩散，历史与生态等）的整合性研究方法是未来生物地理学研究领域的一个重要发展方向。

4. 应优先开展岛屿系统的研究

比较系统发育和亲缘地理学研究侧重于种系内的进化，而非群落或地区内的进化。物种，以及物种的地理和生态分布的多样性都是随着进化时间而展现出来的。如何才能将所有这些复杂的历史、地理、进化适应等整合到一个简单而可操控的研究系统？这是生物地理学所面临的一个巨大挑战。岛屿系统有很多优势，因为它们相互独立但又没有很大差别。群岛则是很好的模型，因为它们往往促进了物种分化。虽然我们还不清楚是否能把岛屿的研究结果外推到扩展到更大的尺度，但岛屿毫无疑问应是生物地理学家和生态学家首选的理想系统。

第六节　实现“十三五”发展战略的政策措施

1. 保证生态学基础研究的经费支持

在一些国家和地区，需求驱动的应用生态学研究已经在经费支持上威胁到兴趣驱动的基础研究，很多科学家不得不改变研究方向来从事与全球变化、生物入侵相关的研究工作。我们必须清醒地认识到，生态学仍然是一个处于快速发展阶段的年轻科学，其未来对人类社会的贡献在很大程度上取决于它能否成为真正有预测力的科学，而不仅仅是它现在能否为若干实践问题提供解决途径。因此在经费支持上必须保证基础性研究不受到忽视。

2. 为中长期研究提供灵活的政策（尤其是评价政策）支持

生态学理论的发展和完善特别需要中长期研究工作，尤其是野外定位研究。这样的工作往往由于科研产出的滞后性而得不到研究人员的青睐。因此在科研绩效评价方面（无论是对研究人员，还是对科研项目）需要进行灵活尝试，让研究人员愿意去进行长期工作，同时适度资助或建立有关完全开放的野外平台。

3. 为数据共享平台提供政策支持

大尺度生态学研究需要整合来自多个研究团队获得的数据，也许今后基金资助部门可以制定相应的政策甚至设置专门的机构来处理数据整合和共享涉及的经费、知识产权保护等一系列问题。另外，大尺度生态学研究往往也需要社会公众的参与，公民科学项目平台近年来在全世界建立了许多。利用这些平台和“公民科学家”的参与来收集更多的环境数据，可以方便科学家迅速做出具有时效性的自然资源管理决策。

4. 加强科普宣传，强化提高公众的生态学意识

从长远来说，我们必须建立一个全方位的公众科普计划，以确保对公众教育的长期性，使公众不断认识到生态学与可持续性的重要联系。在今后 50 年里，全球生态系统的变化将是巨大的，我们的子孙后代必须意识到他们所面临的挑战，必须具有作出可行的、科学的选择的能力，并能从局部、区域以及全球等不同尺度上去保护人类赖以生存的环境。但是，公众对于如何达到可持续性，如何平衡环境保护与经济发展之间的关系，往往拿不定主意。通过这一生态学知识的普及活动，使公众能理解到他们的每一个决定都与生态可持续性息息相关，而且丰富的生态科学知识将为他们的选择确立一个坚实的科学基础。

5. 加强国际合作与交流

目前我国生态学领域的研究与世界先进水平还有很大的差距，主要体现在以下几个方面：整体研究水平落后，描述性工作居多，缺少深入的机理性探

索；技术手段落后，野外长期定位研究起步较晚，研究的时空尺度往往较小，研究对象过于狭窄；优秀人才匮乏，具有重要国际影响的学术大师寥寥无几。另外，国际合作对于满足我们在研究数据和研究材料的获取和共享等方面的需求也是必要的。因此，建议以生态学中的基础前沿科学问题、全球尺度上的生态学研究、生物入侵等为核心内容，设立专项国际合作课题（如与美国国家科学基金会在生物多样性领域共同资助合作研究项目），由我国优秀学者联合国际一流的科学家开展合作研究，推动我国基础生态学的发展和与国际生态学前沿的融合。

主要参考文献

国家自然科学基金委员会 . 1997. 自然科学学科发展战略调研报告—生态学 . 北京：科学出版社 .

Agrawal A A，Ackerly D D，Acller F，et al. 2007. Filling key gaps in population and community ecology. Frontiers in Ecology & the Environment，5：145-152.

Anonymous. 2014. An elegant chaos. Nature，507：139-140.

Barberan A，Casamayor E O，Fierer N. 2014. The microbial contribution to macroecology. Frontiers in Microbiology，5：203.

Beebee T，Rowe G. 2008. An Introduction to Molecular Ecology（2nd ed. ）. Oxford：Oxford University Press.

Blackburn T M，Gaston K J. 2004. Macroecology：Concepts and Consequences. Blackwell，London.

Dodds W K. 2009. Laws，Theories，and Patterns in Ecology. Berkley：University of California Press.

Freeland J R. 2011. Molecular Ecology，2nd Edition. New York：Wiley .

Harte J. 2014. Ecology must seek universal principles. Nature，508：458.

Holt R D. 2010. Opinion：2020 Visions-Ecology. Nature，463：32.

Holyoak M，Leibold M A，Holt R D. 2005. Metacommunities：Spatial Dynamics and Ecological Communities. Chicago：University of Chicago Press .

Hubbel S P. 2001. The Unified Neutral Theory of Biodiversity and Biogeography. Princeton：Princeton University Press.

Johnson J B，Peat S M，Adams B J. 2009. Where’s the ecology in molecular ecology？ Oikos，118：1601-1609.

Keller E F. 2007. A clash of two cultures. Nature，445：603.

Kingsland S E. 1985. Modeling Nature：Episodes in the History of Population Ecology. Chicago：The University of Chicago Press.

Koch H，Frickel J，Valiadi M，et al . 2014. Why rapid，adaptive evolution matters for community dynamics. Frontiers in Ecology & Evolution，2：17.

Low-Decarie E，Chivers C，Granados M. 2014. Rising complexity and falling explanatory power in ecology. Frontiers in Ecology & the Environment，12：412-418.

Marquet P A，Allen A P，Brown J H. et al . 2014. On theory in ecology. BioScience，64：701-710.

Odum E P，Barrett G W. 2005. Fundamentals of Ecology，5th edition. Davis：Thomson Brooks/Cole.

Schoner T W. 2011. The newest synthesis：Understanding the interplay of evolutionary and ecological dynamics. Science，331：426-429.

Sterner R W，Elser J J. 2002. Ecological Stoichiometry：The Biology of Elements from Molecules to the Biosphere. Princeton：Princeton University Press.

Thompson J N. 1999. The evolution of species interactions. Science，284：2116-2118.

Vellend M. 2010. Conceptual synthesis in community ecology. Quarterly Review of Biology，85：183-206.

第五章

动 物 学

第一节 动物学的战略地位

动物学是研究动物形态、分类、生理、行为、生态、进化和遗传等现象及其规律的科学。现代动物学的研究内容和范围很广，涉及分类学、形态学、地理学、生态学、行为学、保护生物学等宏观范畴，也包括比较生理学、内分泌学、遗传学、发育生物学、细胞学等微观学科。随着现代科学技术的发展，特别是分子生物学、基因组学、蛋白质组学、生物信息学等相关学科理论和技术的应用，动物学研究的广度和深度得到前所未有的提高。动物学在 21 世纪生命科学的发展中具有更加重要的地位。

动物学不仅是一门基础学科，还是一门应用性很强的学科，与农、林、牧、渔、医、工等多方面的实践密切相关。动物不仅为人类的衣食住行提供宝贵资源，也为保护生态环境、满足人们的精神生活需要提供了丰富内容。此外，动物学研究成果为有害生物及人类疾病的防治、动物仿生和生物多样性保护等诸多问题提供科学依据。动物学在生物多样性保护与可持续利用、国家生态安全与经济建设、人民健康与物质文化生活的提高等方面发挥着越来越重要的作用。

动物学研究的重要资助方向主要有以下几方面。

1. 动物分类及系统学

动物分类及系统学是动物学的经典和支撑学科。该学科通过对纷繁复杂的动物物种进行科学的鉴定、分类及命名，研究其分布格局、形成和演化机制，重建物种及种上阶元之间的系统发育关系，探讨进化过程和机制。我国动物资源丰富多样，目前已经正式描记和命名的动物种类约 10 余万种，但在特殊生境（如热带雨林、溶洞等）和特殊动物类群（如昆虫和其他无脊椎动物）中，还有许多物种没有被发现或正式描记。开展动物物种多样性及动物区系的系统研究依然是一项长期性工作。通过对动物物种鉴定、系统发育和进化的研究，可以得到大量形态学、生态学、地理分布和其他生命科学等方面的信息，为动物生物多样性保护和利用、农林牧渔资源开发与利用、有害动物防治、病虫害检疫以及人类健康等都具有十分重要的意义。

2. 进化生物学

进化生物学已深入到动物形态学、动物分类学、动物生理学、动物生态学、动物地理学、保护生物学等多个研究领域，并在此基础上，逐渐形成新的学科方向，如谱系生物地理学、保护遗传学、分子生态学、基因组学以及基因组系统发育生物学等领域。随着进化生物学理论的不断完善，支序系统学与系统发育学理论和方法的创立，以及分子生物学技术的广泛应用，传统的动物系统学研究已经从描记走向分析，从定性走向定量，从单纯的形态数据走向形态、生理、生态、行为等数据与分子生物学数据综合分析的新时期。

3. 动物行为学

动物行为学是研究动物的行为规律，揭示动物行为的产生、发展和进化以及动物行为与生活相互关系的科学。动物行为是动物在长期进化中形成的，既受系统发生、遗传、内分泌等内在因素的调控，也与生物和非生物环境的变化有关。动物行为学的研究集中于动物行为的机制、发育、功能和进化四个重要问题。经典的动物行为学研究包括了行为生态学、社会生物学、行为心理学、行为生理学、感觉行为学等内容。动物行为学与神经生物学、功能基因组学、动物药理学等其他学科的交叉，扩充了其内涵与外延。动物行为学有着广泛的应用价值，既可以揭示动物行为的规律和机制，同时也是保护生物学的重要基础，在改进动物福利、进行动物传播疾病的预测预防、揭示人类自身天性等方面均具有重要作用。

4. 动物生理学

动物生理学是研究动物生理功能的科学，也是与人类健康关系最密切的学科之一，多层次、多学科、多途径进行整合研究是该分支学科发展的特点和主流。动物生理学与宏观（如生态学和进化生物学）和微观（如基因组学和蛋白组学）学科的联系越来越密切、交叉越来越深入。在全球变化背景下，人们需要认识动物对环境改变的生理适应，动物生理学因而将具有更加重要的学科地位。鉴于动物和环境的多样性，认识动物复杂的生理功能及性状将对基础医学、人类生理学、动物的生存与适应、生殖与发育、物种保护等领域做出重要贡献。

5. 种群生物学

种群生物学是动物学的经典研究领域之一，种群生物学的主要组成部分是种群生态学和种群遗传学。种群生态学研究种群内各成员之间、它们与其他种群成员之间，以及特定种群与周围环境之间的相互作用与相互关系。种群遗传学研究种群的遗传结构和遗传过程。主要研究生活史特征与进化、动物种群的数量变动、种群的结构和特征、种群与环境的关系以及种群的自我调节等。种群生物学的研究不仅可以揭示种群数量变化的基本规律，还可为濒危动物的保护和动物资源的合理利用提供依据。

6. 动物资源

动物资源是人类食物、衣物、药品以及其他工业产品的重要来源，是人类生存和社会发展的物质基础及国民经济可持续发展的战略性资源。然而，随着人口的增加和人类活动的加剧，动物资源及产品贸易的日益国际化，动物资源的需求量急剧增加，资源动物的生存受到严重威胁。因此，开展动物资源研究，合理地保护和利用野生动物资源，对维护我国的生物多样性和生态安全极为重要。

7. 实验动物学

实验动物学是以实验动物作为研究对象，以资源研发、质量标准化和动物实验技术为主要研究内容的一门综合性学科。实验动物是科研条件的重要组成部分，是支撑科技进步和创新、提高科技竞争力的重要物质基础和条件。作为国家科技发展的战略性遗传资源，实验动物科学的发展水平已成为衡量一个国家科学研究水平的重要标志之一。实验动物不仅在食品、药品、化妆品、农药的安全评价，以及农业、环境生态与保护、航天航空等诸多领域应用广泛，而且在生命科学、生物技术、畜牧业、医学、药学等学科发展中发挥着不可替代的重要作用。

第二节 动物学的发展规律与发展态势

现代动物学科是拥有现代科学技术特征的完整科学体系，从早期的形态学、分类学逐渐发展为具有众多分支学科，集基础理论研究与应用实践为一体的综合性科学。现代动物学的发展趋势是系统和整合。由于新技术、新理论的不断发展推动着动物学领域宏观和微观研究的相互渗透，对动物生命现象本质的揭示将更加深入、系统和全面。一方面，随着分子生物学、基因组学、蛋白质组学、代谢组学、行为学、神经生物学乃至化学、物理等学科理论与技术的发展，动物学研究得益于在模式动物中得出前瞻性理论与假设，通过种间和种内比较，阐明动物某些器官、组织的功能和进化，深入揭示动物表型变化的微观机制。另一方面，随着全球生态学、数学与计算机科学、信息科学等基础学科理论和技术的发展，促进我们在区域和全球尺度上认识动物多样性及其影响因素，进而分析动物生命过程适应与进化的大格局。学科的交叉融合突破了传统动物学基础理论，催生了新的边缘学科、交叉学科和综合学科，从深度与广度上推动了动物学的发展。同时，动物学与应用学科紧密联系，利用动物学的新理论和新技术，探索解决实际问题的新途径。譬如，动物学与农业科学紧密结合，提高农业生产效率；动物学的发展促进可持续发展、生物多样性保护等。由此可见，现代整合动物学的发展显著地提高了动物学在社会、经济、生态和文化等方面的地位，为经济和社会的发展提供了高科技支撑。具体表现如下：

1. 动物系统学与动物地理学

动物系统学主要发现、描述和鉴定物种，揭示生物种类间的进化关系，并按照进化关系将物种归为不同的类群。动物地理学主要研究动物的地理分布格局及其规律，涉及物种的起源、扩散、分化和分布等。随着生物学各学科及相关学科研究的不断深入和交叉融合，推动了动物系统学和动物地理学各领域新理论和新方法的发展，使得动物系统学和动物地理学研究可整合来自生物学各领域及相关学科领域的数据，从定性走向定量，从单类数据使用走向对各类生物学数据整合分析的新发展时期。

由于物种分布及其影响因素存在时空动态，动物系统学研究具有很强的地域性。无脊椎动物系统学方面仍有较多的物种有待发现和描记，其动物区系性质有待深入了解。整合分子生物学、细胞生物学、形态学、发育生物学、行为学、生态学、地理学、生物地层学和生物化石等各层次的生物学数据，开展物种划分和界定、物种和分类单元间系统发育重建和进化关系的研究是新增长点。此外，动物地理学中动物区系分析、谱系地理学等领域的研究也取得了明显的进展。当前，该领域的研究突显以下特色。

（1）新物种的发现和记述仍是当前动物系统学的重要内容。建立和更新研究基础较好的动物类群的世界或区域性物种数据库，促进了动物物种数据库的广泛应用。

（2）基因组学、转录组学等各类组学的大数据已开始全面渗透到动物系统学和动物地理学研究中，很多在以前无法解决的问题有望得以澄清。越来越多的动物类群通过形态和分子数据分析重建了系统发育关系，并为最终重建地理生命之树奠定基础。通过重建生物演化历史为地球的演化历史提供线索与证据是当前世界性热点课题。

（3）DNA 分类与 DNA 条形码技术的应用，提供了基因水平上的生物多样性证据，也为物种界限的确定和认识带来了新的挑战，将引起物种分类、系统发育和进化研究的又一次革命性变化。谱系地理学等关于种下遗传结构方面的研究必将为保护生物学提供新的证据，为生物多样性的研究和保护起到重要的指导作用。

（4）新理论、新技术和新方法在动物系统学和动物地理学中的开发和应用成为未来发展方向，也带来了许多新的需求和挑战，如大规模的分子数据，二维和三维形态数据、物种数据、地理分布数据等的获取、保存和提取、分析等引发了对仪器、算法、网络化、计算机软硬件提升的需要。鼓励计算机、生物信息和动物学科的交叉研究，为新理论的提出奠定基础。

2. 动物进化生物学

动物进化研究自达尔文物种起源发表以来经历了 150 多年的发展历史，目前依然是生物学研究的热点领域。科学技术的发展，特别是分子生物学、生物信息学、基因组学、蛋白质组学等各类组学技术的发展，以及其与快速发展的数学模型的相互整合，使得动物进化生物学的研究越来越向着更广泛、更深入、更交叉和更整合的方向发展。进化生物学已深入到动物形态学、动物分类学、动物生理学、动物生态学、动物地理学、保护生物学等各个学科研究领域，并在此基础上，逐渐形成新的学科方向，如谱系生物地理学、保护遗传学、分子生态学、进化基因组学以及系统发育基因组学等各个领域。随着进化生物学理论的不断完善，支序系统学、系统发育学理论和各种方法的创立，传统的动物系统学研究已经从描记走向分析，从定性走向定量，从宏观走向微观，从单纯的形态数据走向形态、生理、生态、行为等数据与分子数据综合分析的新的发展时期。由于细胞学、遗传学、生物化学、动物地理学、古动物学、生态学、分子生物学、基因组学和信息科学等多学科的研究手段和研究成果的迅速渗入，使得动物进化生物学领域的研究得到了空前的发展。目前在进化生物学领域的发展具体表现在如下几个方面。

（1）动物进化研究从单个个体的研究到群体、甚至整个群落、区系的发展趋势过程，如系统发育群落结构、区系谱系地理结构等。

（2）研究手段和方法也从原来的单一化发展成采用多特征标记甚至总特征标记来研究，而且数据模型化，便于可重复分析和后续的深入与验证。譬如，多分子标记、线粒体基因组、全基因组的数据分析，各种数学模型的运用，遗传标记、测序数据的标准化数据汇集与全球数据共享平台等（如 GenBank、BOLD）。

（3）研究对象从果蝇、线虫、斑马鱼等模式生物向非模式的野生动物发展，如文昌鱼、布氏田鼠等。

（4）基因组学、蛋白组学等组学分析及基于分子生物学、生物化学等技术的基因功能研究已开始渗透到动物进化各领域研究之中，如系统发育基因组学、进化发育生物学等。

（5）计算机技术在动物进化研究中得到广泛应用。目前的工作主要集中在专家系统、神经网络、种类鉴定中的计算机识别、计算机三维重建技术、大数据数学建模分析、系统发育重建、生态位模型分析等。

（6）分子进化和表型进化、分子钟、进化的动力与机制等核心问题在微进化与宏进化等层面的研究是当前动物进化生物学的热点。

3. 动物行为学

现代动物行为学源于20世纪60年代初期发展起来的四个学派：Crook和Lack提出比较研究法，将动物的社会组织同生态因素联系起来；Hamilton和Smith提出亲缘选择和广义适合度的概念，从基因层次上解释各种利他行为和自私行为；Tinbergen用简单的田间实验和观察法确定了测定行为存活值的步骤方法；MacArthur等提出最优化理论、行为的经济学模型和进化稳定策略。此后，动物行为学无论从理论体系、知识深度和资料积累都有很大的发展。

行为是动物在个体层次上对外界环境变化和内在生理状况的改变所作出的整体性反应。动物借助于行为能适应多变的环境（包括生物的和非生物的），以最有利的方式完成取食、饮水、筑巢、寻找配偶、繁殖后代和逃避敌害等各种生命活动，以便最大限度地确保个体的存活和繁衍。经典的动物行为学研究内容包括了行为生态学、行为的进化、社会生物学、行为心理学、行为生理学、感觉行为学以及导航和迁徙等。

当前动物行为学研究的发展趋势具体表现在以下几个方面。

（1）行为的功能和进化研究紧密结合。当前国际上该领域的研究主要有以下几方面：第一，应用进化稳定对策解释栖息地选择、求偶场和仪式化竞争等问题；第二，以行为的存活值和适合度作为度量研究行为对动物生存和生殖的影响，揭示动物如何通过自身生殖或借助于种群内含有共同基因的其他个体（利他行为）把自身基因传递到后代；第三，亲缘识别和性选择，包括亲缘识别的机制、多配偶动物性选择、单配偶动物性选择、性选择与多态现象，以及雌性动物的择偶标准等。第四，物种间行为的相互作用与协同进化，如捕食与反捕食以及生态位竞争等。

（2）与内分泌学和神经生物学紧密结合，在脑神经层面探索动物行为的机制。该领域关注行为的神经内分泌调控机制，探索内分泌系统和神经系统如何引起动物的自然行为。动物行为生理学的热点已从早期的内分泌与行为的关系转移到基因、神经递质（如多巴胺、五羟色胺等）与行为的关系上。神经行为学家常常借助于对神经回路的研究来寻求对动物行为机制的解释，并且已经从早期研究昆虫和低等脊椎动物感觉和运动的神经机制，发展到现在更加关注诸如学习和记忆或空间定向等高级认知过程。

（3）应用现代分子生物学技术，揭示动物行为的基因以及调控和遗传规律。通过人工诱导和选择在多种生物中得到影响诸如趋光性、趋化性、回避运动、求偶炫耀等行为的突变型，然后从神经生理学、生物化学、组织胚胎学、细胞遗传学等角度，运用多种技术对这些突变型进行分析，探寻行为的遗传机理。目前利用基因克隆、基因敲除、基因休眠等分子生物学技术，在模式动物和重要动物类群中挖掘出很多控制动物行为的基因。基因与行为的研究成为目前行为遗传学的前沿，是动物行为和基因组学的共同关注热点。

（4）动物的认知、情感、文化和学习的比较研究日益受到动物行为学家的重视，认知如何影响动物的行为是该领域的主要研究内容。为了理解动物学习行为的进化，动物行为和脑的关系受到越来越多的关注。同时，动物行为学研究日趋和应用问题及人类自身问题紧密结合。动物行为研究在圈养动物福利、野生动物管理以及理解人的本性等方面对人类社会有着重要实际意义。同时，保护生物学家也已经开始应用动物行为的普遍原理来解决濒危物种的保护问题。

4. 动物生理学

动物生理学研究的核心是动物个体。现代动物生理学的发展不断拓展自身的内涵和外延，与分子生物学、生物化学、组织形态学、生态学乃至物理和化学等学科的交叉融合，形成一些新兴发展学科和领域。譬如比较神经内分泌学、比较生理学、生态生理学和环境生理学等。从分子、细胞、组织、器官到个体的多层次探讨动物整体功能的工作机理。

整合生理学是目前动物生理学的重要发展趋势。生理学的发展要求我们借助宏观和微观生物学研究手段，从分子、个体、种群等不同层次解读动物适应环境的特定生理现象与机制。围绕一个生命现象，全面而深入地揭示动物的生理适应及其分子调控与进化机制。整合生理学的发展必然需要学科的交叉和合作。其中最重要的两个方向为：

（1）与进化生物学和保护生物学等学科结合产生的新兴学科——进化生理学和保护生理学。这些新兴学科借助宏观生物学的思想和研究手段，阐述动物生理特征的进化，分析动物生理适应和改变对种群动态、群落组织结构和功能的影响，解析动物生理功能对全球变化的响应，进而为生物多样性保护服务。

（2）与生物信息学、基因组学、蛋白质组学、转录组学、代谢组学和结构生物学等微观新兴学科的结合，深入探索生理表型适应的分子机制。围绕特定生理特征与功能，借助比较基因组学、功能基因组学、系统生物学等平台，理解生理功能的进化，挖掘潜在各功能基因及其网络，揭示决定生理功能改变与适应的遗传决定因素。

当前动物生理学研究的重点与热点领域集中在以下两方面。

（1）动物对各种极端环境（高寒缺氧、寒冷、干旱沙漠、高盐等）以及各种逆境的适应，侧重各种动物的生理功能表现对环境的适应及其微观机制的揭示。与功能基因组学研究是当前的热点。基因型与表现型之间的关系是当今生理学的核心和挑战。通过野外研究和实验分析，不仅需要揭示动物生理功能对极端环境的响应模式，还要揭示其内在的生化和分子机理。

（2）动物对环境变化的适应。当今世界处在全球变化的巨浪中，气候变化、环境污染等显著影响动物的生存和繁衍，动物如何适应这种剧烈的全球变化是其种群延续的重要前提，也是目前动物生理学的重要研究内容。此类研究不仅要理解动物对特定环境变化的适应及其作用机制，而且要预测环境变化对动物的影响及动物的适应对策，为全球变化背景下的动物保护和管理提供理论依据。

5. 动物种群生物学

种群是动物在自然界中生存、发展和进化的基本形式。由于动物个体之间存在差异，因此以种群为研究单元，更有利于揭示动物的生命现象、活动规律及其机制。动物种群生物学是研究动物种群的结构、形成、发展以及动态变化规律的科学。该分支学科的研究早在20世纪中期就已经开展，主要代表人物是英国生态学家David Lack。早期的研究侧重于动物种群的结构、数量及其变化，随后，有关动物生活史特征及其适应机理的研究也得到重视。到了20世纪50～60年代，很多生物学家发现种群数量动态与其遗传特征的动态之间存在密切联系，建议将两者结合起来，从而产生了种群生物学。目前种群生物学的主要组成部分是种群生态学和种群遗传学。种群生态学研究种群内各成员之间、它们与其他种群之间，以及特定种群与周围环境之间的相互作用和关系。种群遗传学研究种群的遗传结构和遗传过程。进入21世纪以来，进化生物学成为动物种群生物学一个快速发展的领域。目前动物种群生物学的主要研究内容包括：生活史特征与进化、种群的遗传结构与变异、种群数量消长及其调节、种群长期动态与可持续生存机制、种群竞争、捕食与寄生等。以往的种群生物学研究侧重于对动物种群的野外调查与观测，在种群遗传研究方面也主要集中在对特定性状的数量遗传学研究。目前，动物种群生物学的发展趋势主要表现如下特点。

（1）动物种群的生活史特征、遗传结构、极端环境下野生动物的生态和适应性进化以及社会性行为等种群生物学的研究内容获得重视，在长期数据积累的基础上将在理论上进行更深入的探索，有望对相关理论和假说进行验证或完善。

（2）对一些濒危物种和重要资源物种开展长期种群数量动态研究和监测，将能够发现制约种群发展的关键生态因子，并推动建立更多的能够反映其种群动态并具有预测种群未来发展趋势功能的数学模型。

（3）在种群遗传学和种群基因组学方面，获取和保存具有重要经济价值的野生动物以及特色家养动物品系的基因资源受到更多关注，而利用基因组技术从种群水平上开展动物复杂性状（如羽毛、卵色、行为、迁徙）的分子遗传学机制研究将成为热点。

（4）迁徙性物种的种群生物学研究将得到快速发展，不同动物种群之间、动物种群与植物种群或微生物种群之间的相互作用研究将获得加强。动物种群的迁移扩散规律、有害生物的种群控制、重要病原微生物动物宿主种群动态及其与病原体的协同进化、入侵动物物种的防控机理及其应用、濒危动物的种群复壮等一系列与生物多样性保护和人类健康有关的问题将继续得到重视。

（5）红外相机、温度自动记录仪、微型GPS、稳定性同位素、卫星遥测等先进的技术手段将在野生动物种群数量调查与监测、动物迁徙等研究领域得到广泛应用。随着高通量测序技术的发展，对中国特有和珍稀动物种群遗传结构的研究将在采用更多基因片段的基础上，逐渐进入基因组时代。

6. 动物资源保护与利用

由基因、物种和生态系统构成的生物多样性为人类提供了适应环境变化的重要资源，是人类生存和国民经济可持续发展的基础和战略性资源。作为生物多样性的一个重要组成部分，动物在生态系统中占据着重要的地位，维系着生物链的完整。动物资源是人类食物、衣物、药品以及其他工业产品的重要来源之一。动物基因资源的拥有量是衡量一个国家基础国力的重要指标之一。随着人类社会和经济活动的发展，人们对野生动物资源进行了掠夺式的开发，导致野生动物资源的大量丧失。因此，开展野生动物资源保护和利用的基础研究具有重要意义。

目前有关动物资源保护与利用研究已从宏观描述性的静态研究进入微观功能性的动态研究，从区域性的研究转入到全球性的研究，从单纯的野外研究向野外和室内相结合的研究转变，从单一层次转入多层次的整合研究，从单纯的科学发现、资源现状、濒危状况等向机理机制的探索以及未来预测等方面转变，从单一的简单利用向国家战略资源的收集、发掘和利用方面转变。当今动物资源保护和利用的研究具有以下热点和特点。

（1）相关数学模型、3S 技术、大数据分析等技术的进步和广泛应用，在分析动物的分布特点、变化特点及预测未来变化趋势等方面得到了进一步发展，推动了动物资源保护和利用研究的发展。

（2）不断发展的组学理论和技术正逐步融入到动物资源保护与利用的研究中。随着基因组学的发展，特别是保护基因组学的产生和应用，为在组学层次上开展动物种群历史、濒危机制、保护规划等方面提供了可能。目前基于各种组学，开展资源动物起源和演化、种群衰退和恢复、濒危 / 灭绝机制、动物资源保护和利用等方面的研究将是该领域的重要研究内容。

（3）动物遗传资源的收集、保存、挖掘等方面得到了进一步的加强与重视。如何科学地挖掘、保存和利用动物遗传资源将是今后动物资源利用方面研究的一个主要领域。

（4）全球气候变化如何影响动物资源的动态变化是当前重要的科学问题。目前气候变暖已成为威胁生物多样性的一个重要原因，因此探讨全球气候变化如何威胁动物资源安全和可持续利用、如何预测大时空尺度上多因素的相互作用对动物资源的影响等方面已成为一个新的研究热点。

7. 实验动物学

实验动物学是以实验动物作为研究对象，以资源研发、质量标准化和动物实验技术为主要研究内容的一门综合性学科。分子生物学、胚胎工程学、基因组学、动物生物学和信息科学等学科基础理论和技术的进步，推动了实验动物学的发展。经典实验动物学注重种质资源的积累、性状描述和质量检测。当前，实验动物学更关注特性明确的新品种培育和动物模型制作，生物学特性的深入分析和基因组功能研究，各类基因修饰动物模型的创建、表型分析和疾病机制的探讨，以及对实验动物品质的精细评价。

目前，有关实验动物学研究已从现有品种、品系动物特性的单纯挖掘转向野生动物等资源动物的充分开发与利用，从随机发现自发突变动物模型转入有目标的创建基因修饰动物模型，从生物学特性的一般描述进入行为、生理、生化、基因组序列的整合研究，从单一分支研究向多领域联合研究转变，从实验动物简单饲养与利用向体现仁慈科学与动物福利的双赢转化，从动物实验技术的不断完善转向动物实验与体外替代技术的平衡发展。目前实验动物学的发展趋势具有以下特点。

（1）实验动物资源不断丰富。利用前沿生物技术和动物培育技术，研发了原生动物、无脊椎动物、昆虫、鱼类、啮齿类和灵长类等多样化的实验动物新资源；资源动物实验动物化、遗传育种和资源保存等关键技术得到进一步优化。

（2）基因修饰动物模型的研发呈现快速发展。以基因组功能、疾病机制与防治、新药创制与安全评价等研究的相关基因为突破点，重点关注用于人类重大疾病防治、个性化治疗等需要的人源化小鼠资源模型和人类多基因复杂系统疾病的动物模型。

（3）比较医学和转化医学等交叉学科成为研究热点。利用探究疾病发生和转归的比较医学技术，开展类比研究，构成发病学的全息图像；转化医学将从分子、细胞、组织、个体等方面系统认识人类疾病发生、发展与转归的规律，为开发新药、研究新的治疗方法提供新途径。

（4）实验动物福利技术和动物实验替代方法的研究将得到推进。从实验动物高标准管理和动物实验标准化操作等关键环节入手，研究实验动物福利技术；研究建立以细胞模型、组织模型、高通量筛选模型和计算机模型等为主要技术的动物实验替代方法。

第三节　动物学的发展现状与发展布局

在过去的 30 年，我国现代动物学研究得到了快速发展，广大动物学科技工作者在动物的形态、分类、生态、生理、进化、遗传和资源保护等领域开展了广泛的研究，取得了很大的成绩，研究水平提升迅速，涌现了一批优秀的研究成果，发表在《Nature》《Science》《PNAS》等国际著名期刊上。但是，与国际一流水平相比，我国动物学的发展依然存在一定的差距。譬如，利用 Web of Science 数据库对 2006 ～ 2012 年动物学领域的论文量进行分析发现，中国的论文发表总量排名世界第 8 位，Top10% 期刊论文量则排名第 9 位。下面按动物学各分支学科分别论述其发展现状和未来布局。

1. 动物系统学与动物地理学

我国拥有类型多样的陆地、淡水和海洋生态系统和自然地理环境，其中的动物多样性亦较为丰富，已记述的物种约 11 万种，约占全世界已知动物种类的 1/10 左右。我国是近年来国际上主要的几个研究成果明显增加的国家之一，形成了一批较为稳定的研究队伍。国家自然科学基金等前期资助下已顺利出版的《中国动物志》等专著，成为近期的标志性成果，为我国生物多样性和资源的保护和开发利用、有害生物防治、环境保护和区域发展规划等提供了重要科学依据，为其他生物学分支学科研究提供基础数据和支撑。其中，对脊椎动物物种的记载已较为全面和完善，但尚有若干类群的《中国动物志》有待编研和出版。对我国无脊椎动物的全面和完整的记述还相差较远，对许多经济上重要或进化上关键的类群还缺乏深入的研究。与国际上发达国家或地区相比，在一些类群中我国至少还有 2 ～ 5 倍于已记述物种数量的新物种未被发现和记述。此外，一些已知物种地理分布范围的确定也较为薄弱。在动物地理学方面，虽然已开展了我国动物区系性质的认识、区系的划分与分析、谱系地理学、历史地理学和生态地理学等研究并取得明显进展，但谈不上深入和细致。

为其他相关研究和社会经济发展提供准确的动物物种信息也是动物系统学的重要工作，此方面的信息收集、规范整理、网络化和信息共享等方面有待加强。因此，动物多样性和资源的本底调查、动物标本的采集、保藏和整理、物种的发现与描记、动物信息的网络化和共享仍然是我国当前动物系统学研究的主要内容之一。而动物系统学研究队伍的不断培养、更新和提升，尤其是研究队伍规模和数量的保障（个别动物类群至今缺乏研究人员）及相应研究经费的支持是我国该学科发展面临的巨大挑战。在国家自然科学基金中设立动物系统学和动物地理学学科的资助体系，以及《中国动物志》编研、经典生物分类专项及相关重大和重点项目的设立为国家该方向研究队伍的维持、保障和提升提供了重要的支撑。

随着现代生物学各学科和相关学科的发展，也为我国动物系统学和动物地理学的发展注入新的活力，带来了机遇和挑战。未来动物系统和地理学的工作将基于多类数据及其整合分析，包括形态数据、分子数据、生态数据、地理分布、细胞生物学、生理学、发育生物学和行为学数据，以及地理学、生物地层学和生物化石的数据等。大规模数据的应用和分析需要分析方法和软件的不断提升。未来，物种界限确定和 DNA 条形码研究、物种及类群间系统发育关系的重建及其进化规律解析、区域物种形成与分化、动物区系调查和分析、谱系地理学、中国地理区划等方面将成为我国动物系统学和动物地理学领域中的重要发展方向。

2. 动物进化生物学

动物系统学与进化研究是进化生物学的重要内容之一，在我国有较好的基础，虽然目前研究队伍有一定程度的萎缩，但依然保留有较多的优秀团队。我国在该领域的研究目前主要集中在发现和描记新物种、研究物种间的系统发育关系、亲缘关系、特征或性状演化关系等科学问题。这些基于类群的研究在方法论上落后于发达国家，但却是最有中国区域特色的、不可替代的基础性研究，尤其对新物种的发现、种界确定以及成种机制的研究工作。近年来的研究重点已深入到演化模式、过程、规律和对机制的探讨。如，对鲤科鲃系鱼类分子系统发育和染色体多倍化进程研究；灵长类大脑演化的遗传学机制研究；蚜虫类昆虫关键生物学特征的适应进化研究；原生动物的核仁功能基因组与核仁的起源进化探讨；鲸类分子系统发育研究；以及鸟类、鱼类等脊椎动物对青藏高原特殊环境的适应性研究等等。国内目前对一些模式物种的研究也有突出的进展，如文昌鱼、线虫、灵长类等。在方法论上，单基因分析或多基因尤其是核基因与线粒体基因的整合分析依然是目前物种演化研究的主流方法。但近年来也出现大量的基于线粒体基因组、功能基因或基因家族，以及全基因组的研究，而且已经对野牦牛、野骆驼、大熊猫、金丝猴、朱鹮、地山雀、猎隼等10多种野生动物进行了全基因组测序分析、功能演化和适应性进化研究等等，这些重要成果处于国际先进行列。

分子生物学和生物信息学的技术发展彻底改变了进化生物学的格局。中性理论和遗传漂变的提出推动了进化过程中自然选择和非适应性过程的全面理解。后基因组时代的进化生物学更具有高度交叉的学科融合，出现了不同的组学研究，如蛋白组学、功能基因组学、代谢组学等不同的新前沿领域。进化基因组分析方法的应用也大大提高了分子进化研究的水平，特别是推动了在物种内不同群体间或者近缘种之间的微进化分析；而古生物学的研究及古地质、气候研究的发展与融入，也促进了宏进化研究的大发展。另一方面，发育生物学和分子生物学的发展，大大促进了进化过程中的功能解析，如新兴的进化发育生物学。对于这些新兴重要科学问题的研究国内目前处于初始阶段，这也是与发达国家之差距所在。

以下这些研究内容应予以前瞻布局：探讨大尺度的全球环境变化、生态成种等科学问题；在微进化层面，利用多种近缘种的多基因联合或全基因组分析，以追溯适应性特征的起源与演化；基于比较基因组的物种成种机制、物种表型特征的适应性进化机制、特殊环境或特种功能基因的挖掘与进化发育分析等研究；以物种起源问题为例，成种机制的研究依然是动物进化生物学研究的传统核心问题之一，但已更多地关注探讨不同的成种模式，如环形成种、同域成种、异域成种、邻域成种、杂交成种、伴随基因流的生态成种等，目前国际研究更多的热点在讨论生态位分化及其生态影响在物种形成方面的重要作用，及伴随着基因流的成种模式。近年来，随着种群基因组学和溯祖理论分析方法的发展与完善，种群间存在基因流情况下的物种形成成为进化生物学领域新的研究焦点。物种形成过程是否伴随有基因流发生？基因流如何影响物种的形成与分化？基因流存在条件下物种形成的生殖隔离机制是什么？这些问题将会是未来几年动物进化生物学所关注的热点科学问题，应予以及早布局。

3. 动物行为学

我国动物行为学研究虽然起步较晚，但是近年来发展迅速。特别是近 5 年来涌现出一批优秀的动物行为学研究团队，很多成果发表在综合交叉领域的国际知名期刊以及本领域的经典期刊上。一些突出的代表性成果有：① 灵长类的社会结构和社会行为；② 小型啮齿类的个体识别和嗅觉通讯；③ 鸟类鸣唱、巢寄生和合作繁殖行为；④ 应用卫星遥感、地理信息系统等手段，研究濒危物种的迁徙和栖息地选择等适应性行为及其对人类活动干扰的适应；⑤ 动物对青藏高原等特殊环境的生存策略演化；⑥ 利用基因组图谱技术阐明飞蝗迁飞和群聚行为的分子基础，揭示蝗灾爆发机制，开发可持续性治理新策略。此外，模式或实验动物行为的神经和内分泌机理也受到了关注。

目前，动物行为学的国际研究热点集中于行为的机制、发育、功能和进化。通过野外和室内的行为观察，结合多学科实验技术，从个体、种群和群落水平上分析动物对特定自然环境的行为适应以及行为的成因与进化。从当前动物行为学的学科发展趋势看，我国的动物行为学研究在某些领域与国际上仍存在一定差距，可以从以下几个方面优先考虑学科布局。

（1）目前动物的繁殖行为，特别是性选择、两性繁殖投资、求偶炫耀和争斗行为等行为的功能和机理仍然是国际上研究的热点。近年来我国相关领域的研究数量和质量都相对有限。今后在繁殖行为领域应该加强与多学科交叉来深入探索其行为机制与进化。

（2）动物的长距离迁徙、定向导航和扩散机制也是国际上较为活跃的研究领域。在我国分布的迁徙鸟类、洄游鱼类和季节性迁移的哺乳动物种类众多，但目前国内对于该领域的研究较为有限，主要集中在利用卫星颈圈和环志标记等手段对鸟类和有蹄类的迁徙路线进行观察，但是对迁徙和扩散的行为机制和定向导航机制等问题还缺乏深入的研究。

（3）对果蝇视觉和嗅觉信号的识别与记忆、对蛙类、鸟类鸣声和啮齿类嗅觉信号等通信行为，以及高等动物认知行为在社群维持和繁殖中的作用研究较多，但尚缺乏结合脑认知和神经生物学以及基因组学等学科相结合的对信号、通信和认知行为机制的深入研究。而国际上在该领域方向上发展较快，成为结合行为、神经和基因相结合的动物科学研究的前沿之一。

（4）动物行为的进化稳定策略、行为经济学、争斗行为中的博弈理论等行为学理论研究在国际上发展迅速，而国内对行为学理论研究相对薄弱。可以鼓励选取适合的动物模型，充分利用整合的研究方法和手段，开展具有一定理论水平的实验性研究。

4. 动物生理学

我国动物生理学研究近些年来发展较快，研究队伍不断壮大，研究成果的水平和重要性不断提升。研究的分支学科主要涉及比较生理学、进化生理学、环境生理学、生态生理学、行为生理学等，在温度响应、极端环境适应、神经内分泌调控等领域取得了丰硕的成果。国内动物生理学家在温度响应方面开展了广泛的工作，研究对象涉及从低等无脊椎动物到哺乳动物的几乎所有动物类群，关注环境温度对动物体温调节、耗氧量、运动、生长和繁殖等生理特征与过程的影响及动物自身的适应对策，揭示海洋无脊椎动物、昆虫和小型啮齿动物对寒冷环境的整合生理适应机制，发现爬行类和鸟类胚胎适应环境温度变化的生理策略。动物对高寒低氧环境的适应是另一个研究热点。通过对两栖爬行类、鸟类和哺乳类等青藏高原土著动物研究，发现脊椎动物高寒缺氧适应的独特生理生化过程，应用基因组学和生物信息学手段揭示了动物适应高寒缺氧环境的一些重要分子机制，对理解动物适应高原环境的进化机理和高原医学等提供了重要的信息。此外，在昆虫信息素、鱼类内分泌学、爬行动物繁殖策略、鸟类鸣唱生理学和代谢生理学研究方面，也取得了重要进展。特别是昆虫外激素的功能及其生理与遗传基础，昆虫滞育的激素调控和分子机制，鱼类的比较内分泌反应和调节机理，哺乳动物听觉中枢系统声信号的编码和加工，以及低氧环境下动物的脑-内分泌-免疫网络研究等。

近年来，尽管国内动物生理学发展迅速，但总体规模尚小，系统深入的工作不够，原创性工作欠缺。综观国际学科发展态势和研究热点，我国动物生理学的未来发展方向应关注以下三方面。

（1）中国地域辽阔、环境复杂，物种多样，为研究动物对低氧、干热等极端环境提供了独特的机会，我国学者在该领域大有可为。在开展动物适应极端环境的研究中，需遵循整合生理学思想。不仅在个体和细胞水平上研究动物的生理功能与响应，而且可借助生物信息学、组学技术、基因操纵技术等分子生物学新技术，开展与生理特征相关的基因调控和功能研究。全面深入地了解重要生理过程的生态功能及其神经内分泌调节和分子调控等。

（2）全球变化对动物产生广泛而深远的影响，全球变化如何影响动物生命过程以及动物的响应与适应是当前国际研究热点。我国在该领域中的研究刚刚起步，未来需要关注动物生理生态特征的大尺度变化及其受全球变化的影响，同时需要探讨动物响应环境变化（气候变化和环境污染等）的生理机制。

（3）动物生理学与其他学科的融合不断加速，产生新的研究热点。譬如保护生理学、代谢生态学等。国内学者需要重视这些新兴领域，利用已有工作基础，积极拓展新理论和新知识。

5. 动物种群生物学

动物种群生物学的研究涉及种群生态学和种群遗传学的各个方面，并侧重采用先进的技术手段和整合动物学的思想进行长周期、大样本数据的收集和分析，在此基础上对种群的数量变化规律及其调节机制、种群遗传结构及其进化、濒危物种保护与入侵物种危害的预警防控等进行深入探讨。

我国学者近年来主要的研究工作还是集中在珍稀濒危物种和我国特有动物的研究方面，特别是在珍稀濒危动物种群生物学方面更是取得了一系列标志性的成果。例如，我国学者对大熊猫、亚洲象、金丝猴、普氏原羚、黄腹角雉、朱鹮、褐马鸡、东方白鹳、丹顶鹤、扬子鳄等珍稀物种进行了长期生态学和保护生物学的系统研究工作，为这些物种的保护做出了重要贡献。其中有特色的研究包括：① 采用野外痕迹调查和分子生物学技术相结合的手段对大熊猫等珍稀兽类进行了种群数量和扩散规律的评估；② 利用红外相机陷阱技术，对珍稀濒危雉类和同域分布的林栖偶蹄类动物的相对丰富度和生境利用特征进行了有效监测。我国学者还比较分析了 1988 年前后大熊猫历史和现生种群线粒体 DNA 和微卫星 DNA 变异，发现大熊猫种群仍维持着较高的遗传多样性和进化潜力。但是，如果其栖息地破碎化现状及隔离种群间有限的基因流得不到有效的改善，其遗传多样性将在未来缓慢丧失，将会对大熊猫种群生存力产生不利影响。

近年来，我国种群生物学研究领域的一个重要变化是，有越来越多的学者已经开始选择常见物种作为研究对象，例如对两栖类中的中华蟾蜍和中国林蛙、爬行类中的荒漠沙蜥、鸟类中的环颈雉和大山雀、兽类中的有蹄类和小型啮齿类等，通过长期系统的野外研究和资料收集分析，开始从种群水平上对这些动物的环境适应机理和生态史对策等重要理论问题进行深入研究。与濒危物种相比，常见物种由于分布广、数量多，在观察和研究方面更为便利，不仅能够收集到较多的科研数据，而且也容易开展一些操作性实验。

在种群遗传学方面，除了对一系列代表性动物的线粒体和细胞核的多个基因开展多方位的综合研究，我国学者近年来还相继对飞蝗、扬子鳄、地山雀、朱鹮、大熊猫、白鳍豚、川金丝猴、野牦牛等物种的基因组进行了测定和分析，揭示这些动物的种群遗传结构，发现了与其生态适应和生存策略有关的功能基因。其中，我国学者成功破译了飞蝗的全基因组序列图谱，并基于基因组信息揭示了飞蝗的食性、迁飞和群聚的奥秘；开展全基因组 de novo 测序，进一步确证了地山雀是“山雀”而非“鸦”的分类地位，并初步揭示了该物种适应青藏高原极端环境的遗传印迹。

外来种的入侵机制是种群生物学的重要科学问题。已有假说主要从天敌、资源和生态位几方面阐述入侵动物的入侵机理。我国学者以红脂大小蠹—伴生真菌为研究模型，以多物种协同作用为切入点，开展了红脂大小蠹入侵机制的研究，并提出了真菌独特单倍型促进虫菌共生入侵的新机制。

随着我国城市化进程的加快、地貌改变和栖息地片段化的加剧，给动物的生存带来了巨大的影响，有关城市化和栖息地片段化对动物种群影响的研究在我国正在兴起。此外，面对国家重大需求，我国学者还积极开展野生动物疫源疫病的监测与研究，通过对迁徙鸟类与 H5N1 病毒传播关系的深入研究，为禽流感防控提供了重要指导。

尽管我国在动物种群生物学方面研究内容不断拓展，新技术方法的应用越来越普遍，但与国外相比，还存在种群基础资料积累不足、对重大理论问题的系统性探讨较少、在国际上有重要影响的成果产出偏少等问题。未来我国在动物种群生物学方面研究的发展布局依然分为种群生态学和种群遗传学两大领域，但可以鼓励两者的有机结合。建议重点考虑以下三个方面。

（1）继续鼓励对我国珍稀濒危或特有动物种群的系统性研究，尤其是对野外生态学资料极度缺乏的物种或类群进行综合考察和长期观测，以加强种群基础数据资料的长期积累，为我国濒危物种的保护和种群复壮提供依据。

（2）大力加强动物种群遗传学领域的研究，从以往少数基因的研究向多基因研究发展，从简单描述物种种群遗传结构向深入探讨其种群遗传发展规律发展，并促进部分代表性物种开展种群基因组学方面的研究工作。

（3）支持一批以常见物种为研究对象的研究项目，利用大样本数据深入探讨其种群调控、生态适应等机制机理，形成新的学说或观点，并争取产生出有重要国际影响的代表性成果。

6. 动物资源保护与利用

由于近年来我国经济的高速发展，动物资源受到不同程度的冲击，一些濒危物种受到更严重的威胁，对濒危物种和动物资源的保护仍将是未来的重要任务。动物资源保护和利用研究在我国起步较晚，但发展迅速。

（1）动物资源的调查、整理和编目。中国是动物资源十分丰富的国家之一，对动物资源的调查、整理和编目是摸清中国动物资源的家底、完成和完善中国动物资源信息库的构建、认识和利用动物资源等方面最基础的工作。《中国动物志》、地方动物志、相关动物类群志书的陆续出版标志着我国在动物资源的调查、整理和编目方面取得了重要进展，为合理开发利用动物资源提供了重要的基础信息和科学依据。

（2）动物资源的收集和保存是为了更好地研究和利用动物资源。近年来，动物资源的收集保存也受到国家的重要关注，科学技术部（简称科技部）和中国科学院先后支持了开展动物资源的采集、保存，以及相应数据库的构建等多个科技基础性工作专项重点项目，为动物资源保护和利用的创新研究奠定了坚实的基础。

（3）各种组学理论和技术的快速发展极大地推动了为动物资源的保护和利用研究。如通过对基因组学、种群基因组学、保护基因组学等研究，探讨了动物种群及其相关功能基因的产生、适应等机理，以及相应的科学保护规划，为动物资源的进一步利用和改良，以及科学的保护规划制定等奠定了理论基础。

（4）珍稀濒危动物的研究和保护。《中国濒危动物红皮书》已陆续编撰和出版，我国先后对大熊猫、朱鹮、扬子鳄、金丝猴、普氏原羚、海南坡鹿、白鳍豚、雉类等重要濒危动物保护生物学的长期研究取得的重要成果，这些工作为制定保护措施和启动栖息地保护工程提供了科学指导。

当今国际有关动物资源保护和利用方面的研究已向更宏观和更微观的方向发展，宏观和微观手段也正日益紧密地结合，为动物资源保护和利用的理论和实践提供了新的途径和思路。近几年来，我国在这方面虽然也开展了一些工作，但在广度和深度上与国际上仍存在着较大差距，如在有关动物濒危机理的理论阐述、小种群保护与复壮机理、动物多样性形成和维持机制、动物分布格局变迁规律和未来变化预测、保护基因组和保护规划研究、种群基因组和濒危动物种群动态等方面。具体可重点考虑以下三方面。

（1）需要进一步收集我国动物资源，要加强 DNA 条形码等方面的研究工作，建设动物种质资源库和数据库，提高资源和信息的交换、交流和共享程度。

（2）在动物资源多样性方面，推动基因组学的全面运用，大力发展系统发育基因组学、种群基因组学、进化基因组学等方面的研究工作，深入探讨和揭示动物资源多样性的产生、演变、适应等过程和机制。

（3）在动物资源保护方面，鼓励利用种群基因组学和保护基因组学等手段，结合相关数学模型、3S 技术等，开展动物的濒危机制、种群衰退过程与复壮机理、动物分布格局变迁规律和未来变化预测，以及保护规划研究等。

7. 实验动物学

近年来，我国实验动物学研究发展较快，主要体现在以下四个方面。

（1）资源规模和品种数量得到快速增长。在 8 个国家种子中心保存有小鼠（包括基因修饰小鼠）、大鼠、豚鼠、地鼠、兔、鸡、犬、猴等共计 14 类 187 个品种品系 1000 余种动物，并建有 3 万余项生理、生化、解剖、遗传数据和近 300 张图片的生物学特性数据库。

（2）大鼠基因组改造技术快速突破。我国在国际上率先建立了基于 CRISPR/Cas9 技术的条件性基因剔除大鼠、实现大鼠多基因同时打靶、建立可用于基因组改造的大鼠单倍体胚胎干细胞等，使我们和发达国家站在了同一起跑线上，在许多方面我们在国际上已经成为了遗传工程大鼠技术开发和资源集聚的领头羊。

（3）野生动物和家养动物的实验动物化技术取得进展。开展驯化技术、繁育技术和生物净化技术等关键技术的研究，建立了多种野生动物和家养动物的实验动物化标准种群，丰富了我国实验动物资源品种，其中不乏具有我国动物特色、自主知识产权的新型实验动物，并形成种质资源保存、供应与共享基地。在动物整体水平上，建立了具有不同特色的人类重大疾病动物模型，通过比较医学分析，显示出作为人类重大疾病模型的特色和优势，为揭示一些人类重大疾病发病的分子机制提供了技术支撑和理论基础。

（4）高通量、快速准确的实验动物质量评价技术的建立与应用。利用分子生物学技术，建立了灵敏度高、特异性强、适用于小样品量、多种病原交叉感染的分型诊断、快速鉴别技术。围绕着实验动物新资源的开发，创建了新的评价指标和检测技术，推动了新资源的应用。与此同时，我们应该看到与发达国家的差距，主要表现在：动物品种还十分短缺，主要以引进为主，自主培育的新品种还少；基因修饰动物研究规模有限，除大鼠模型研究基本与国际同步之外，其他动物模型还落后于欧美等国家和地区；虽然我国是实验动物生产和应用的大国，但实验动物质量整体水平不高，规模化生产和社会化供应程度还不够；质量监测体系和评价技术还有待完善等。

未来我国实验动物学发展的总体布局需紧密跟踪生命科学发展的热点，将成熟的现代生物学技术和各种组学技术应用于实验动物资源增量的实现与品质评价，应重点考虑以下四个方面。

（1）开展能够体现人类多基因复杂系统疾病特征的基因修饰动物模型的研究，重点加强表型分析、模型鉴定标准的研究。开展模型动物与人在疾病易感性和临床表现的相似度和异同点研究数据与临床结果的系统比较研究。

（2）开展人类重大疾病和个性化治疗的人源化啮齿类动物模型、药物安全性评价动物模型和人原代肿瘤细胞动物模型的研发。鼓励开展以基因修饰技术和自发突变人工筛选的方式，建立在遗传、免疫等多方面与人类高度近似的、能体现疾病发展进程的非人灵长类等大动物模型，以及保存技术的研究。

（3）开展基于基因特征的实验动物质量检测关键技术、高通量筛查与鉴别技术、基因芯片技术和快速检测技术的研究，建立其评价标准与验证技术，以及国内外检测实验室能力验证的评价技术。

（4）按照实验动物福利与科学技术发展双赢原则，开展以分子生物学、免疫学、细胞学和计算机模拟等为主要技术方法的体外技术的研究与验证。

第四节　动物学的发展目标及其实现途径

动物学不仅与地学、医学、信息、化学、计算科学、生态学等多个学科交叉和融合，同时也与生物学的其他分支学科（如植物学、微生物学、遗传学、生理学、神经生物学、发育生物学等）密切合作。需要加强宏、微观相结合的研究，加强新技术和新方法的应用，探讨动物生命现象的本质与机制。

在未来动物学发展过程中，建议做到以下四个方面。

第一，重视和加强我国动物学研究领域的重要优势方向。例如：① 动物谱系地理的格局与成因；② 动物对特殊环境的生理适应机制；③动物种群动态及其调控机理；④ 动物濒危机理与种群恢复等。

第二，关注和扶持薄弱方向。例如：① 经典动物分类学；② 实验动物学；③ 动物行为学等。

第三，鼓励学科交叉研究方向。例如：① 野生动物肠道微生物组成与功能解析；② 共进化特征及其形成机制；③ 动物、植物和微生物共存与相互作用机制；④ 动物进化发育生物学；⑤ 野生动物对全球气候变化的响应等研究。

第四，促进学科前沿方向。例如：① 整合动物学研究；② 动物进化生物学研究、生物信息学和数据整合技术研究等。通过优先和交叉领域的研究，解决一批重要科学问题，推动原始创新，提升我国动物学在国际上的影响。

第五节　优先资助领域及重要的交叉研究领域

1. 动物谱系地理的格局与成因

不同区域分布着不同的生物，表明不同区域的生物在与其他生物和环境共存与变化的过程中经历了不同的演化历史。谱系生物地理学关注物种或种群水平的遗传谱系空间分布特征，通过分析遗传结构、系统发育关系以及地理分布特征，并结合相关的环境或历史地质事件，追溯和解释物种的进化历程、分布格局的成因及影响因素。该领域的研究已从描述型向模型验证型转变，为动物物种和种群的演化、分布格局的现状和成因提供理论基础。

重要科学问题：① 谱系地理结构形成的生态与进化历史印迹；② 不同谱系地理格局形成机制；③ 物种形成与分化的机制与影响因素。

2. 动物进化与系统发育重建

动物系统发育重建结果是动物学相关研究的参照系和框架，反映动物的演化历史，也是动物建立更加自然的动物分类系统的基础。分子数据、形态数据等各类型大规模数据分析为动物系统发育重建提供了新的机遇，也为动物类群或动物各类特征的演化提供基础框架。

重要科学问题：① 动物系统发育重建、进化与“生命之树”构建；② 动物进化的模式、过程、速率与机制；③ 动物系统发育重建及类群或特征的进化；④ 动物进化关键类群的系统发育重建。

3. 动物的复杂性状及其进化机制

动物的复杂性状大多数由多基因调控，并受发育和环境的影响。近年来基于进化发育的研究思路，以全基因组关联分析（GWAS）技术对动物复杂性状的产生与遗传调控的研究带来了机遇。针对这些动物物种复杂性状，重点开展复杂性状与功能的遗传机制研究，揭示其进化规律。

重要科学问题：① 重要动物类群复杂性状的遗传学基础；② 生理复杂性状相关重要功能基因或基因家族的挖掘；③ 特殊环境下动物复杂性状的进化及调控机制。

4. 动物适应性进化及其机制

动物的适应性进化研究是进化生物学的重要内容。近年来各种组学技术的快速发展，给该领域的研究带来了新的机遇。使得基于宏观层面的形态特征演变、辐射演化规律等能够找到其分子、细胞层面的进化依据，如基因突变的进化原动力。因此，基于新的方法论开展动物适应性进化研究对物种形成、适应辐射及进化理论等方面会有新的解读。

重要科学问题：① 动物对特殊环境和极端环境的适应及进化机制；② 动物物种分化与适应辐射的适应性进化机制；③ 动物突变机制的偏好性以及对于适应性进化的影响。

5. 动物行为及其生物学基础

动物为适应不同的生存环境和选择压力，表现出不同的行为对策，并具有相应的生物学基础。动物的行为特征不仅同时受到遗传和环境两方面的影响，而且也是在长期进化过程中通过自然选择形成的。现代动物行为学研究整合生态学、遗传学、生理学、神经生物学、分子生物学、社会生物学等多学科的理论与研究方法，对阐明动物在自然条件下和日益增加的人为干扰下行为的特点、功能和适应及其生物学基础具有重要的作用。

重要科学问题：① 动物利他行为模式及其进化机制；② 动物社群行为的遗传和神经内分泌等调控机理；③ 动物季节性迁徙的特点及其形成机制；④ 动物本能和学习行为的生理和遗传基础。

6. 动物繁殖行为及其调控机制

动物的繁殖包括识别、占有空间、求偶、交配、孵卵、对后代的哺育等一系列复杂的行为过程。无性生殖所选择的只有一种突变体或一个个体的后代，因此适应性较低，进化速度也非常缓慢。有性生殖保证染色体上的基因有不同的来源，使后代中出现多种多样的遗传性状，将有利于有性生殖种群能够更快地进化，以便适应环境变化，而且可以防止有害突变的积累。由于两性在繁殖投资上的差异，也导致不同的繁殖行为策略。对动物繁殖行为及其调控机制的研究一直是国际上的热点研究领域。

重要科学问题：① 动物性选择和婚配制度的特点及其成因；② 性别决定及其调控机制；③ 配偶外交配产生的机理及其适应性意义；④ 繁殖中的领域行为、攻击行为及其调控机制。

7. 野生动物对环境改变的生理响应与适应

当今世界面临日益严重的气候变化、环境污染、栖息地改变、海洋酸化等全球环境问题。动物如何适应全球变化是现代动物学研究的一个国际热点，全球环境改变对动物构成新的环境胁迫，了解动物的生理响应对策有利于认识动物种群和群落水平对环境改变的响应模式，也为预测全球环境变化生物学效应奠定重要的基础，因而是动物生理学的重要发展方向之一。

重要科学问题：① 环境改变对野生动物生理特征的影响；② 野生动物对环境改变的表型响应及其分子基础；③ 野生动物对环境改变的基因型适应及快速进化。

8. 野生动物对特殊环境的生理适应机制

动物生理学的主题是动物对环境的生理适应，当今的核心问题是基因型和表型之间的关系。然而，许多领域在我国的发展都很薄弱，值得重点发展。

针对我国不同地理条件和极端环境，从基因到整体研究动物不同组织层次上的生理适应变化，对于理解动物生理功能的多样性和各种生命现象，以及人类的生存和健康问题等都至关重要。

重要科学问题：① 特殊环境条件下动物生理功能的多样性及适应；② 动物生理学特征的个体差异、分子调控及其进化意义；③ 重要生理功能的发育、适应和进化机制。

9. 动物种群扩散与迁徙规律

扩散是动物个体之间相互远离的单线性运动，对种群的分布、动态及遗传结构等方面均有重要影响。发生扩散的主要原因包括避免近亲繁殖、减少竞争、改变繁殖地点等。迁徙是动物界普遍存在的一种现象，具有定时、定向和群体性的特点。动物的扩散和迁徙与其栖息地变化、种群动态及生活史对策存在密切联系。了解动物的扩散模式，揭示影响扩散行为的近因和远因，研究动物迁徙的规律、能量利用与补充形式及其对人类活动的响应机制，对于深入理解动物种群的动态变化及其机理具有重要意义。

重要科学问题：① 动物扩散的模式及其成因；② 动物迁徙规律与调控机制；③ 动物洄游与成因。

10. 动物种群动态及其调控机理

作为种群生态学的核心内容，动物种群动态方面的研究主要探讨种群数量在时间上和空间上的变动规律。通过对种群基因组数据的分析，可以对动物种群的历史动态进行检测和重溯。目前我国还缺乏对动物种群长期动态的系统研究，对其种群发展趋势和调控机制难于进行解释。针对我国珍稀濒危、特有和有害动物进行种群生物学的研究，在野外考察及长期监测的基础上收集种群的各种参数，不仅会有许多原创性基础研究成果产生，而且将为濒危物种保育、资源动物的合理利用、入侵物种的危害防控以及虫鼠害的综合防治提供依据。

重要科学问题：① 重要经济动物的种群动态及其调控机理；② 动物小种群的种群动态与生存力分析；③ 入侵物种的种群动态与入侵机制；④ 动物种群的遗传结构与进化潜力。

11. 动物濒危机理与种群恢复

越来越多的动物物种或种群（特别是小种群）因种种原因而面临濒危 / 灭绝的风险。然而究其濒危 / 灭绝的原因，就须对其进化历史、分布格局、种群遗传结构、适应机制、气候变化和人类活动的影响等开展研究，探讨受胁物种 / 种群分布格局的成因，了解其受胁的生态与遗传学机制，揭示其濒危机理，从而为濒危动物的栖息地恢复和种群复壮提供理论基础。

重要科学问题：① 濒危动物受胁格局形成的遗传学过程；② 动物濒危的生态与遗传机制；③ 动物小种群衰退和复壮机理；④ 动物濒危过程和保护与全球变化的关系。

12. 动物物种多样性形成与维持机制

动物作为生物多样性的一个重要组成部分，其多样性的丧失将会导致生态系统服务功能的下降，从而直接影响到人类的福祉。开展动物多样性的起源和进化以及其多样性格局形成的基本特征与成因的研究不仅是理解生物多样性形成、维持和适应机制的钥匙，而且也是有效保护和科学利用动物资源的基础。因此开展动物物种多样性的形成和维持机制的研究，对生物多样性保护和动物资源的可持续利用具有重要意义。

重要科学问题：① 动物物种多样性形成的基本特征与进化历史；② 动物分布区历史变迁与地理格局形成关系；③ 动物的适应策略与多样性维持机制；④ 动物对环境波动的响应机制。

13. 实验动物新品种的培育与标准化

对生命本质的探索以及将生命科学最新成果推广到相关领域，实验动物是不可或缺的实验系统，迫切要求实验动物资源丰富以满足研究需要。因此，针对具有重要应用潜质和我国优势资源的动物，开展遗传育种和资源保存等关键技术研究，建立生物学特性等标准化指标和评价技术以及数据库，实现资源共享。创建实验动物新品种和相关技术，对提升为生命科学和相关学科研究与创新的支撑能力和服务水平具有重要意义。

重要科学问题：① 野生动物的实验动物化研究；② 家养动物的实验动物化研究；

14. 动物生殖过程的独特现象及其机理

动物的生殖过程精细复杂，不同物种在适应过程中进化出不同的繁殖策略。孤雌生殖、卵胎生、延迟着床等特殊的动物生殖现象是物种长期进化的结果，然而对此类特殊现象的形成与内在机理的认识尚非常有限。分析这些独特现象的起源、进化与成因，探索其生理调控机理以及生化与分子基础，是未来的重要研究方向。此类工作有助于深入认识动物的特殊生殖方式及其进化生物学意义，具有重要的理论意义。

重要科学问题：① 延迟着床过程的调控机理及其适应性机制；② 动物的孤雌生殖、幼体生殖及其机理；③ 动物卵胎生繁殖方式的特点及其机理。

15. 动物与寄生物的协同进化

动物作为生态系统中的重要成分，在生态系统的维持与进化中发挥着重要的作用。在长期的历史演化过程中，动物与植物、动物与内共生菌、动物与病原微生物之间建立了密切的协同进化或共生互利关系，形成了复杂而有效的互作网络。作为病原微生物的重要传播媒介，动物与病原之间建立了密切而牢固的协同关系。动物与植物、内共生菌、病原的复杂的演化关系是不同生物之间相互影响、相互作用的有效体系，系统研究该体系的网络关系，揭示不同维度和不同尺度上该体系的进化关系，对探讨生物多样性形成与维持机制、生物间复杂的互作机制，寻找新型抗菌肽资源以及有害生物的防控策略具有十分重要的意义。

重要科学问题：① 动物、植物与共存寄生物的协同进化及其机制；② 传粉动物和植物协同进化生物学研究；③ 动物与寄主的协同进化；④ 动物与共存生物相互作用的分子机制。

16. 野生动物肠道微生物组成与功能解析

动物及其肠道微生物组成了一个独特的微生态系统，这一独特的微生态系统与宿主相互作用、协同进化、帮助宿主营养获取、影响动物行为、维持免疫系统发育与平衡等。动物的食性选择和觅食行为是受到长期而复杂的选择压力的进化结果，动物自身合成一些关键营养物质的能力缺失，转而依赖体内的共生物来完成相应功能。通过对野生动物肠道微生物组成与功能的解析，不但可以更深刻了解生态系统协同共生机制与生物多样性维持机制，同时也是生物能源开发的基础。因此，开展野生动物的肠道微生物组成与功能解析，不仅具有重要的科学研究价值，而且具有重要的经济价值，在未来的环境保护与社会发展中发挥重大作用。

重要科学问题：① 动物肠道微生物的组成、动态变化及其维持机制；② 动物与肠道微生物协同进化及其机制；③ 动物肠道微生物与动物的行为学、生态学特征的关系；④ 动物肠道微生物跨地区跨种传播模式。

17. 非模式动物重要器官的发育和演化

个体发育与系统发育依然是进化生物学的两大主线，而个体发育是系统发育生命过程的快速重现。我国传统的胚胎发育研究，在组织、器官水平上的长期积累，为探讨器官发育与演化规律研究奠定了基础。分子发育生物学和分子系统学、古生物学、基因组学的学科进步与相互影响，产生了进化发育生物学这一前沿领域，该领域工作主要基于胚胎发育过程中的基因表达方面的数据来解析某些形态、生态特征结构之同源性，并探讨性状表达过程的遗传学机制。为此，选择一些典型代表动物类群的重要器官，结合表观特征的发育过程与基因表达关联分析，将会在该领域产生重要的前瞻性成果。

重要科学问题：① 动物同源器官的发育与遗传学基础；② 动物同功器官的发育与环境诱导机制；③ 动物重要器官的进化发育过程；④ 动物大脑的发育与演化趋势。

18. 动物行为的神经调控机制

动物行为受到动物个体意识的支配，而神经反射是意识的生理基础，因此动物行为产生的生理基础最主要的是神经系统。神经系统对行为调控的基本方式是在中枢神经系统参与下动物对内外环境刺激所做出对规律性反应，其实质是神经冲动（可传导的兴奋）沿反射弧传导的过程。随着脑认知科学和神经生物学的发展，对动物行为的神经调控机制研究也在不断深入。特别是以小型啮齿动物为研究模型在对领域行为的空间定向和导航能力、配偶制度和空间学习过程的研究中取得了长足进展。此外，动物行为生理学的热点也从早期的内分泌与行为的关系转移到基因、神经递质与动物行为的关系上。

重要科学问题：① 学习、记忆和空间定向等高级认知过程的神经调控和机理；② 神经递质对动物行为的调节作用；③ 动物通讯信号的系统演化及其神经调控机制；④ 动物性行为和社群行为的神经调控机制。

19. 野生动物对全球气候变化的响应

全球气候变化及其对生物多样性的影响是国际科学研究的一个热点问题。我国作为世界上生物多样性特别丰富的国家之一，在全球生态系统中具有重要的地位和作用。全球变化正越来越深刻地影响野生动物的生存与繁衍，导致其分布格局变化、种群数量减少，甚至濒危与灭绝。越来越多的长期研究表明，气候变化以及人为因素已改变了许多物种的分布范围、活动节率、种群动态、生态系统过程以及种间关系，对动物资源的威胁日益明显，寻找和发展在全球变化背景下的动物资源保护对策是当前和未来重要的发展方向。

重要科学问题：① 全球气候变化对动物生存和繁衍的影响过程和特点；② 全球气候变化与重要动物类群分布格局的变化规律；③ 物种或种群间相互关系对气候变化的响应；④ 全球变化对动物多样性影响的监测、评估与应对措施。

第六节　实现“十三五”发展战略的政策措施

围绕我国动物学发展规律与特点及我国动物科学研究现状，积极完善和发展动物学各分支学科、培养创新人才梯队和技术人员、建立健全实验平台和科研成果评价体系。

1. 基础学科建设和发展

我国动物学的学科发展不均衡，有些重要学科比如动物行为学研究力量薄弱，理论水平不高，应鼓励对一些重要动物类群和重要行为学问题开展研究，使我国动物学科更加完善。基于我国动物分类学人才断层、基础不断削弱的严峻形势，应通过继续设立经典动物分类和形态学研究专项基金等措施大力扶持该领域的研究工作；同时，鼓励经典分类学与其他动物学分支学科进行交叉，发展新的学科增长点。由于动物资源的合理利用与保育关系到我国的可持续发展，因此应对我国一些关键地区和特色类群的动物学研究予以倾斜。对于属于国际前沿的或综合性的研究方向，建议通过设立重大或重点项目给予较大规模的资助。根据学科发展需要，对在基础性研究方面工作基础好的实验室要进行长期稳定的支持。要加强对动物学新技术研发的布局，鼓励企业对动物学研究进行投资，引导科研人员结合国家的重大需求从事动物学的应用基础研究，积极促进科研成果的产业化。

2. 人才队伍

培养优秀创新学术团队，造就一批具有国际竞争力的研究队伍，可进一步提升我国动物学基础研究的水平。要采取有力措施，保障对现有优秀研究团队的长期稳定资助，以提升我国动物学的原始创新和集成创新能力，扩大国际影响。继续加大创新群体和国家杰出青年科学基金的支持，根据国际动物学的发展趋势和我国的国家战略需求，积极组建“动物行为学”“动物保护生物学”“动物适应性进化”“动物与全球气候变化”等以动物学及分支学科为主体、相关学科人员参加的创新研究团队。在人才队伍建设上，积极引进国外学有所成的专家和优秀境外学者，同时大力培养国内优秀中青年学术骨干。加强海外学者来华合作研究和交流的专项基金的支持力度，设立动物学博士后专项研究基金。鼓励动物学领域的研究人员与其他生命科学领域的研究人员合作，培养交叉型的人才。应该重视现有科研人才的理论知识的培训，着重培养和建设一批技术人才队伍。

3. 支持环境

在硬件建设上，我国目前已经逐步形成了一批接近国际先进水平的动物学实验室，今后需要继续加大投入来加强实验室能力和环境建设。一方面，应加强博物馆、标本馆、野外研究台站等动物学科研基础设施和基地建设，提高科研仪器和技术装备的现代化水平，建设一些高水平的国家级、部级重点实验室，创建若干具有国际领先水平的国家重点实验室，为推进学科建设提供稳定支撑。另一方面，应该以资源整合、优化配置为主线，采取灵活多样的模式形成比较完善的共享机制，实现动物学科技基础条件资源高效利用。此外，应积极推进我国动物资源尤其是珍稀濒危物种信息技术平台的能力建设，为政府决策提供服务。应加强国家实验动物种子中心和种源基地建设。重点开展国家模式动物表型与遗传研究技术平台、国家实验动物胚胎、配子和干细胞库基础设施、国家模式动物资源保存基础设施以及小动物（模式动物）影像公共实验基础设施建设。提高保种技术水平。

4. 实验平台建设

整合动物学的研究特点决定了现代动物学研究要充分利用其他学科或领域的先进技术。共享实验平台的建设可以节约资金，快速促进一个或几个研究单位的学科跨越。实验平台包括基因组学、代谢组学、蛋白质组学、神经生物学、生理学等专业比较成熟的大型设备、实验手段的建设，以及相关技术人员的配备。从比较动物学研究的需要出发，很有必要建立数据共享平台和网络，促进合作和发展。大力发展生物信息学软硬件的建设及人才培养。

5. 建立合理的评价体系

为给科研人员创造一个相对宽松的科研环境，稳定支持科研人员潜心从事长期性、系统性的基础研究工作，鼓励自由探索和创新。作为一个基础学科，除了以 SCI 论文影响因子来评价成果的创新程度外，还要关注论文的他引、评价，尽快建立健全多标准、符合我国动物学基础和发展需要的综合评价体系。

6. 加强国际交流与合作

开展全方位、多领域、深层次的国际（地区）交流与合作。通过政府间相关机构及国际组织合作项目，研究探索建立具有实效性的长期双边和多边合作机制。积极参加国际技术合作计划，充分利用国际资源，加强国外先进技术的引进、消化吸收和再创新。

主要参考文献

国家自然科学基金委员会，中国科学院 . 2012. 未来 10 年中国学科发展战略 · 生物学 . 北京：科学出版社 .

刘凌云，郑光美 . 2010. 普通动物学 . 第 4 版 . 北京：高等教育出版社 .

Akam M. 1998. The Yin and Yang of evo-devo. Cell，92：153.

Alcaide M，Scordato E S C，Price T D，et al. 2014. Genomic divergence in a ring species complex. Nature，511：83-85.

Arnegard M E，McGee M D，Matthews B，et al. 2014. Genetics of ecological divergence during speciation. Nature，511：307-311.

Costa D P，Sinervo B. 2004. Field physiology：Physiological insights from animals in nature. Annual Review of Physiology，66：209-238.

Coulson T，MacNulty D R，Stahler D R，et al. 2011. Modeling effects of environmental change on wolf population dynamics，trait evolution，and life history. Science，334：1275-1278.

Ellegren H. 2014. Genome sequencing and population genomics in non-model organisms. Trends in Ecology and Evolation，29：51-63.

Festa-Bianchet M，Apollonio M. 2003. Animal Behavior and Wildlife Conservation. Washington DC：Island Press.

Lexer C，Mangili S，Bossolini E，et al. 2013. Next generation' biogeography：towards understanding the drivers of species diversification and persistence. Journal of Biogeography，40：1013-1022.

Liberles S D. 2014. Mammalian pheromones. Annual Review of Physiology，76：151-175.

Mawdsley J R，O'malley R，Ojima D S. 2009. A review of climate-change adaptation strategies for wildlife management and biodiversity conservation. Conservation Biology，5：1080-1089.

Potts J R，Lewis M A. 2014. How do animal territories form and change ？ Lessons from 20 years of mechanistic modelling. Proceedings of the Royal Society B：Biological Sciences，281：20140231.

Willmer P G，JohnstonI. 2005. Environmental physiology of animals. Second edition. Ottawa Ontario：Royal Society of Canada.

Zhao S C，Zheng P P，Dong S S，et al. 2013. Whole-genome sequencing of giant pandas provides insights into demographic history and local adaptation. Nature Genetics，45：67-71.

第六章

生物物理、生物化学、分子生物学

第一节　生物物理、生物化学、分子生物学的战略地位

生物物理、生物化学和分子生物学是利用物理和化学的原理和方法来研究生命现象的科学，旨在从分子水平认识生命体的组成、结构，功能、物质转换、能量和信息的传递转换等方面的规律。具体而言，生物物理学是一个利用物理科学的理论和方法来研究生命现象的学科。它关注生物体不同层次的结构和组织，生物体的声、光、电、热、辐射等过程，生物体内的能量转换规律，并为研究生命现象提供前沿的分析仪器和手段等。生物化学是一个利用化学理论和方法来研究生命现象的学科，关注生物体的化学组成及其成分的生成过程。其研究领域涉及对生物组分的鉴定和定性定量检测、结构和功能、合成和

降解、活性调节以及相关的能量转换等等。与生物化学密不可分的分子生物学更多关注与遗传信息表达相关的研究领域，例如，像核酸和蛋白质这样的生物大分子的结构、功能、相互关联、合成及调控等方面。总之，这些学科的研究目的是在分子水平认识生命现象的本质和生命活动的规律，进而促进人类健康并提高人类的生活质量。

生物物理学、生物化学和分子生物学属微观生物学范畴。通过在分子和亚分子水平提供认识生命现象的理论和实验手段，它们推动了我们对生命的本质与规律认识，也带动了医学、农业等的分子革命，其理论和方法已经渗透到了生命科学的几乎所有学科领域。它们把化学和物理学带给了生物学及医学，同时又反过来促进了化学、物理学及相关的数学、材料、计算机等学科的发展，为其他学科的学者提出了大量极富挑战的新课题。生物学领域的海量信息的产生（如基因组序列、蛋白质序列和结构等等）催生了计算机科学与生物学的融合，产生了生物信息学、化学生物学、物理生物学、数学生物学这样的术语，并已经陆续进入了科学家的视野。总之，生物物理、生物化学和分子生物学已经渗透到生命科学的几乎所有其他学科领域，它们的发展和进步必将推动生物学整体向前发展。

第二节　生物物理、生物化学、分子生物学的发展规律和发展态势

一、在理论上和技术上高度依赖物理学和化学学科的发展

早期的物理学和化学大多以非生命物质作为研究对象。尽管物理学和化学都在 19 世纪得到了飞速发展，发现了很多自然规律，也建立了很多观察自然的方法和手段。但因为受到“活力论”（vitalism）观念的影响，这些理论和观念并没有太多地被移植到生物领域。直到 20 世纪初，随着生物化学学科的建立，活力论概念被彻底抛弃，这些化学和物理学的理论和方法才被开始用于研究生命现象。将复杂体系简化后再予以研究的“还原论”研究体系，才开始

被引入到生物学领域。随后，自由能、化学反应速率、信息、密码、程序、反馈、立体结构、催化等物理和化学的概念陆续被用于理解生命现象。显微镜、离心、电泳、层析、X射线晶体学、光谱学、同位素标记等物理和化学领域的技术也被用于研究生命物质。

对生命物质的认识反过来也促进了对物理和化学概念的理解、深化和完善。当众多的物理和化学概念被应用到生物世界后，其内涵和意义被大为扩展和深化。比如，自由能的概念，尽管是通过研究非生命物质而建立的，但其真正的价值是用于理解生命过程中的能量转换，这远胜于其在非生命体系中的价值；信息和密码的概念更是通过对核酸与蛋白质之间的编码关系的理解而得到了升华；立体结构的概念对于理解生命的特异性而言更是瑰丽无限；生物体内的催化过程的特异性和高效性更是非生命过程的催化所无法比拟的；生物体内的反馈机制的灵敏性和准确性让研究非生命物质的人们叹为观止；等等。

二、对生命现象更加深刻的理解依赖于新的物理学和化学理论与方法的出现

尽管在生物化学、分子生物学和生物物理学等的促进下，对生命的认识进入到了分子水平。但我们对生命本质的认识仍很肤浅，对于很多问题还没有可行的研究手段。例如，核酸和蛋白质等生物大分子是如何通过其动态结构变化而发挥其生物学功能的，生物分子在活细胞内发挥功能的机制和活性调节机制和其他行为，生物体内微量生物分子的检测，活体内生物能量转换的定量分析，活细胞内生物分子间的相互作用，等等。物理学和化学等学科的进一步发展，必将为生物物理学、生物化学与分子生物学提供更多的理论和方法，进而促进我们在分子水平对生命的认识。随着基因组学、蛋白质组学、超分辨率成像技术、单分子技术、低温电子显微镜三维成像技术和生物信息网络分析等技术日新月异的发展，人们开始整合各学科的技术和方法，从不同的时空角度对生命现象的分子机制开展深入研究，以揭示生命的本质与规律。生命研究的总体态势是，从体外（*in vitro*）到体内（*in vivo*）、从定性到定量、从静止到动态、从研究一个分子群体的综合行为到对单个分子行为的剖析、从研究单种分子到揭示分子构成的动态网络，进而认识生命过程的本质与规律。总之，除了

利用还原论方法体系在体外对生命分子和生命过程继续开展深入研究之外，还需要引入更为定量的体系，在活的生物体内对有关分子和过程进行研究。这依赖于新的有效在体方法的建立，以及能够跟踪生命分子动态结构变换的物理方法的发明。这一切都高度依赖物理学家和化学家为研究生命现象提供新的研究工具。如何将我们对生命体在分子水平上的认识上升到理解生物在更高层次，如分子复合体、细胞器、细胞、组织、器官乃至个体所观察到的现象，是生物物理学、生物化学和分子生物学研究继续深入所面临的挑战。

第三节 生物物理、生物化学、分子生物学的发展现状和发展布局

我国的生物物理、生物化学与分子生物学研究曾在国际上占据一定的学术地位。例如，老一辈生物化学家吴宪等早在20世纪30年代就在国际上率先提出了蛋白质变性的“非共价键破坏理论”；20世纪60年代，我国生物化学和生物物理学家相继实现了人工合成有生物学活性的结晶牛胰岛素蛋白质，解析了猪胰岛素的分子结构；70年代和80年代分别采用有机合成与酶促合成相结合的方法完成了酵母丙氨酸转移核糖核酸的人工合成。总体而言，在酶学研究、蛋白质结构及生物膜结构与功能等方面都获得过世界瞩目的成就。

在该学科当前的蓬勃发展中，我国科学家在蛋白质复合体结构测定、基因组测序、蛋白质组学等方面取得了令国际同行瞩目的成绩。近年，我国的生物物理学、生物化学和分子生物学研究队伍达到了4000余人。包括交叉学科的研究人员和在读研究生，以及各类生物物理、生物化学和分子生物学技术应用人员，中国大陆现有各类从事生物物理、生物化学和分子生物学研究的人员估计超过2万人。目前，国家自然科学基金委员会支持的直接相关的创新团队有10多个。该研究领域有中国科学院院士约30人、中国工程院院士约10人。自1994年以来，在生物化学等相关学科获得国家杰出青年科学基金资助的有70余人。近10年内与生物物理、生物化学和分子生物学直接相关的获得资助

的973计划项目有近30个。近10年内，国家自然科学基金委员会资助的该领域的重点项目有近70项。伴随着中国生物物理学、生物化学和分子生物学的发展，该领域的国际权威学术会议陆续选择在中国召开。例如，国际生物化学与分子生物学联盟（IUBMB）第21届会员及学术大会于2009年8月在上海国际会议中心成功举办；国际生物物理大学于2011年在中国北京成功召开；国际蛋白质学会也将于2017年在中国上海举行其第31届学术会议。这些都标志着我国在该领域的研究已经融入国际主流，已经成为国际上不容忽视的重要研究基地。

从事生物物理学、生物化学与分子生物学研究的人员学科交叉性较强，分布于国内的大专院校和研究所的生命科学、医学、物理学、化学、工程学等专业人员队伍中。例如，中国科学院物理研究所、中国科学院化学研究所、中国科学院上海有机化学研究所等都有大量开展该学科研究的科研人员。近10年内，从事生物物理、生物化学和分子生物学研究的人员从各种渠道获得的研究经费大幅提高，研究平台建设方面也取得了重要进展。例如，为配合国家重大科学研究计划“蛋白质研究计划”的实施，国家分别在北京和上海建立了大型的综合性极强的国家蛋白质科学研究设施。国家重大科学工程上海光源（SSRF）的建成，将推动我国结构生物学的发展。这些研究条件上的改善必将对我国生物学的发展起到长久的推动作用。

学科交叉是该学科的特征。该学科中方法技术的发展主要依赖于从事物理学、化学和工程科学的科研人员，这些特征决定了该学科的发展布局，传统的研究方向仍然需要保持均衡发展。例如，生物化学与分子生物学中对蛋白质、核酸、糖、脂、生物小分子和代谢的研究，生物物理中对生物分子和生命复合体结构的研究，对生物中有关的声光电和辐射等的研究等，都仍旧需要维持。同时，该学科也必须及时调整重点研究方向。未来的重点可能需要侧重于从活体、定量、系统、单分子、动态观察、微量检测等角度提出研究方向，同时强调与生命科学其他学科的交叉融合。从物理学和化学角度，应该更多地强调对新方法新技术的建立，同时也需要从新的理论角度来理解复杂生命现象，建立新的概念体系。

第四节　生物物理、生物化学、分子生物学的发展目标及其实现途径

我国在该学科的发展目标是将生物物理、生物化学和分子生物学发展成为具有国际水平的生物学学科，在接下来的 10 ～ 20 年里取得进入经典教材的科研成果。结合该学科发展趋势和我国的优势，建议在蛋白质与核酸等的修饰和调控、蛋白质复合物、非编码核酸、寡糖和多糖等的结构和功能、脂质与脂蛋白的特异功能机制、生物膜的结构与功能、生物活性小分子的鉴定和作用机制、蛋白质结构设计、高时空分辨和高特异观察方法等诸研究方向予以优先发展。具体的科研财力投入方向如下所述。

（1）建议加强的优势方向：蛋白质复合物的结构和功能、蛋白质与核酸等生物大分子的修饰和调控。

（2）建议扶持的薄弱方向：寡糖和多糖生物分子的结构和功能、脂质与脂蛋白的特异功能机制及相关的代谢调控。

（3）建议鼓励的交叉方向：生物膜的结构与功能、生物活性小分子的鉴定和作用机制、高时空分辨和高特异观察方法。

（4）建议促进的前沿方向：非编码核酸、蛋白质结构设计。

第五节　优先资助领域及重要的交叉研究领域

该学科的优先资助领域有：① 蛋白质的生成、修饰、质量控制及功能调控；② 寡肽的功能和调控；③DNA 的结构功能和调控；④RNA 的结构功能和调控；⑤ 脂质与脂蛋白的功能和调控；⑥ 糖的结构功能和调控；⑦ 代谢调控的生化机制；⑧ 生物大分子的空间结构；⑨ 生物膜与膜性细胞器的结构功能和动态调节；⑩ 生物分子体系的模拟和设计；⑪ 物理因子生物应激；⑫ 新技术和新方法。共计 12 个优先资助领域，详述如下。

1. 蛋白质的生成、修饰、质量控制及功能调控

蛋白质是存在于所有生物体内结构和功能最多样化的一类生命分子，是生命活动绝大部分功能的执行者，其结构与功能的多样性及时空变化的复杂性演绎出生命活动的复杂性和生物的多样性。随着众多动植物和微生物基因组DNA序列被测定，人们对不同生物所编码的蛋白质种类以及相关结构功能已经有了初步的了解。例如，一种结构简单的细菌支原体的基因组总共编码470种蛋白质，大肠杆菌为4300多种，酿酒酵母为6200多种，果蝇为8000多种，拟南芥为20 000多种，水稻为32 000～50 000种，人为大约40 000种，等等。对于蛋白质生成和质量控制的分子机制以及蛋白功能调控的机制的研究，始终是蛋白质研究的核心问题之一。

（1）蛋白质的合成。蛋白质的合成开始于由多种蛋白质和RNA（rRNA）组成的核糖体这样一种大的复合体，并依赖于众多辅助因子（如核糖体成熟因子、翻译因子、氨酰-tRNA合成酶等）的参与。核糖体本身的组装以及辅助因子的参与是一个受到高度调控的复杂过程，对保证蛋白质合成的保真性极为关键，理解其分子机制和结构基础是一项重要的研究内容。

（2）蛋白质折叠。蛋白质折叠是一个基本的生物学问题。早期的研究发现，蛋白质三维空间结构由其一级氨基酸序列决定，并且可以完全由去折叠状态自发形成正确的空间结构。现在人们知道蛋白质的折叠涉及众多分子伴侣蛋白、折叠酶等因子的帮助。研究不同结构类型蛋白质折叠规律的异同对理解蛋白质折叠的普遍规律有着重要的参考作用。另外，在过去大量体外实验研究的基础上，揭示活细胞中蛋白质折叠的分子机制应该是未来主要发展方向。

（3）蛋白质的分选。蛋白质的分选是蛋白质正确发挥功能的前提，即所有蛋白质的多肽链在合成后被运送到不同的细胞部位（如细胞外基质、细胞膜、细胞器等等）才能发挥其生物学功能。尽管Gunter Blobel提出的“信号假说”（signal hypothesis）为理解蛋白质分选提供了基本的框架，但许多重要的问题，如信号肽的识别、切除，蛋白质的跨膜转运，分泌囊泡的形成、融合、运输等，仍然有待进一步研究，特别是在活细胞中研究这些分子事件。

（4）蛋白质的翻译后修饰。蛋白质的翻译后修饰是调节蛋白质功能的重要手段之一，包括磷酸化、糖基化、乙酰化、甲基化、二硫键的氧化还原、亚硝基化、氧化等。这些修饰极大地影响了蛋白质的结构、活性和寿命。发展和

利用新的技术，系统鉴定活细胞中每种蛋白质翻译后修饰的种类，并揭示这些修饰的生物学意义，是蛋白质科学研究的重要内容。

（5）膜蛋白的折叠。膜蛋白是位于细胞不同膜结构上的蛋白质的总称，包括位于细胞质膜和各类亚细胞器膜上的蛋白质。各类生物的基因组所编码的膜蛋白占总蛋白种类的30%，并完成重要的生物学功能，包括物质转运、能量转换和信息传递过程。膜蛋白和可溶蛋白在生成过程中一个重要的区别就是，前者涉及在疏水环境（即膜环境）中的折叠组装问题，这种特殊性使得膜蛋白生成效率不超过20%。因此，认识活膜蛋白生成过程的分子机制，尤其是活细胞中发生的分子事件，在蛋白质生成领域具有重要的理论意义，也极富挑战性，是目前国际上蛋白质研究领域的最后需要攻克的堡垒之一。

（6）蛋白质降解。细胞内主要有两条途径负责蛋白质的降解：细胞自噬和蛋白酶体的降解。细胞自噬作用是真核细胞面对应激胁迫状态时，把细胞质中的内含物（包括被降解的蛋白复合体以及损伤细胞器等），经由囊泡包裹并被运送到液泡或溶酶体中降解的过程，其中的物质被循环利用。而蛋白酶体所介导的蛋白质降解则针对寿命极短或者天然结构遭到破坏的蛋白质，是蛋白质质量控制的重要内容。这样一套质量控制体系对于维持细胞的正常生理功能是必需的，其功能的异常会使细胞内能正常发挥功能的蛋白质大为减少，并同时积累错误折叠的蛋白质。因此，对蛋白质质量控制的研究不仅是认识蛋白质发挥功能的关键内容，同时也将帮助我们认识人类多种疾病的发病机理。

（7）蛋白质功能的调控。除了上述翻译后修饰、蛋白质降解等方式外，变构调节和蛋白质酶切作为最经典的蛋白质功能调控模式，仍然有许多重要的问题有待研究。例如变构调节的结构基础和分子本质，基于变构调节的抑制剂和激活剂的系统设计、开发应用以及生物学意义，蛋白质酶切在病毒感染、细菌入侵等过程的作用。

（8）蛋白–蛋白相互作用。蛋白质在细胞内通常通过与其他蛋白质相互作用，在特定的时间和空间完成特定功能。蛋白质分子之间如果亲和力较强则形成稳定的复合物，如果较弱则形成动态的或不稳定的复合物。据估算，人源蛋白质有13万对存在相互作用，而目前仅鉴定了不到8%。应用蛋白质组学技术，结合其他高通量、大规模蛋白质相互作用研究技术，建立特定生物体内蛋白质相互作用网络是蛋白质组学的一项重要内容。

综上所述，蛋白质的生成、修饰和质量控制是蛋白质科学领域的重要研究方向，对于理解生物大分子的结构、功能、调控、进化等具有重要的理论意义；也是治疗蛋白质折叠疾病的基础；更为重要的是，现代生物产业尤其是蛋白质工程，包括抗体制备、工业酶的生产、蛋白药物的生产等，都紧密依赖于对蛋白质生成和质量控制规律的研究和理解。

主要研究方向：① 蛋白质合成和折叠；② 蛋白质的分选；③ 蛋白质的翻译后修饰；④ 膜蛋白的折叠和插膜；⑤ 蛋白质降解；⑥ 蛋白质的功能调控机制；⑦ 蛋白 - 蛋白相互作用。

2. 酶的功能及活性调控

酶是具有催化活性的蛋白质（某些 RNA 也具有催化活性），在生命体中的物质代谢、能量代谢、转录、翻译、信号转导等几乎每个生物学过程中扮演核心作用。理解酶的生物学功能以及作用机制极大地帮助人们理解生命，同时也有助于人类利用酶的催化功能，应用于工业、环境、能源等领域，另外，也可以帮助人们更好地设计基于酶活调控的药物，治疗重大疾病。

（1）多酶复合物的功能和作用机制。生物体内的大部分代谢反应都是级联反应，由多个酶共同完成。多酶复合物就是催化这些级联反应的蛋白质复合体，一般由功能相关的几个酶靠非共价键彼此嵌合而成，所有催化反应依次发生。由于前一个酶的产物就是后一个空间上相邻的酶的底物，因而减少了因底物扩散所带来的效率损失，客观上提高了底物的有效浓度，从而有利于一系列反应的连续进行。多酶复合物的存在对生命体的作用极为关键，同时也为工业酶的设计和应用提供了重要启示。研究典型多酶复合物（例如丙酮酸脱氢酶）的功能和作用机制既有重要的理论意义又具有相当的实践价值。

（2）酶的催化动力学。酶的催化动力学也称酶促反应动力学，是研究酶促反应速度和相关因子定性定量关系的科学。具体来说，酶促反应动力学以化学动力学为基础，研究讨论诸如底物浓度、抑制剂、温度、pH 和激活剂等因素对酶促反应速度的影响，有助于理解酶的结构与功能的关系以及酶的作用机制，也为工业应用找到最有利的反应条件从而提高酶催化反应的效率，另外也有助于了解酶在代谢过程中的作用和某些药物的作用机制等。因此，酶促反应动力学的研究既有重要的理论意义又具有相当的实践价值。

（3）底物过渡态的理论和实验研究。过渡态互补学说认为，从底物到产物的化学催化过程中会产生底物的过渡态形式，这种过渡态和经调整后酶活性部位的构象具有最佳结构匹配，能产生最适宜的非共价作用。相反，底物的原始状态以及最终产物与酶活性部位的结构匹配并不如完全匹配。正因如此，酶与底物过渡态的亲和力要远大于酶与底物或产物的亲和力。从结构机制来看，在酶与底物之间的非共价作用（如氢键、疏水作用等）下，底物分子的敏感键会受到影响，其结构会发生形变，从而促进底物过渡态的形成，由此使反应活化能降低，反应速率得以加快。理解底物过渡态形成的规律有助于理解酶催化的本质，同时也是药物设计的重要推动力。

（4）酶的人工改造和设计。酶是生物技术和医药领域应用比较广泛的一类生命分子。但因为大部分生物体都生活在温和的条件下，相应的酶蛋白质分子也只能在温和的条件下发挥功能。但也有少数生物体生活在极端条件下的环境里（如高温、高压、高盐，强酸强碱等），它们体内的酶往往也在对应的环境条件下发挥功能。为了满足人类利用酶的要求，往往需要获得具有独特性质的酶，使之能在极端条件下发挥功能。这些都依赖于我们对酶的结构功能关系的深入认识，以及在此基础上的人工改造和设计（包括从头设计）。

主要研究方向：① 多酶复合物的结构、功能、组装和调控等；② 酶催化动力学规律的认识和利用；③ 底物过渡态的理论和实验研究；④ 酶的人工改造和设计。

3. 寡肽的功能和调控

寡肽分子是生命体中广泛存在的由氨基酸单位之间脱水缩合而形成的一类有机分子化合物。寡肽学科主要是研究生物活性肽的结构和功能，研究对象主要为寡肽激素、神经肽、寡肽毒素、抗菌肽、抗肿瘤寡肽、抗病毒寡肽、免疫调节寡肽、肽类载体和自组装寡肽等一系列的生物活性肽。寡肽的研究是一门跨学科的科学，涉及生物化学、生物物理学、生理学、化学生物学、生物有机化学、药物化学、药理学、生物信息学和医学。随着生物活性肽的结构和功能研究的不断深入，寡肽研究已成为现代生命科学中一个重要的、充满吸引力的研究方向。

（1）神经肽。神经肽泛指存在于神经系统并参与神经功能调节的内源性肽类物质，其特点是含量低、活性高、作用广泛而又复杂，参与调节体内多种多样的生理功能，如痛觉、心血管调节、情绪、摄食、学习与记忆、神经系统的分化与发育等。神经肽在痛觉调节方面的研究一直是神经科学研究的热点，阿片类药物在其中占有重要的地位。

（2）寡肽激素。寡肽激素是由细胞合成的具有调节生理和代谢活动功能的肽类化合物，在机体的代谢及各种生理活动的调节过程中发挥着非常重要的作用。例如，由下丘脑分泌的促皮质激素释放激素、促甲状腺激素释放激素、生长激素释放激素、生长抑素等，垂体释放的加压素、催产素、促皮质素、生长素等，消化道分泌的胃泌素、生长素释放肽、胆囊收缩素、胰泌素等，胰岛分泌的胰岛素，心脏分泌的心房利钠尿多肽等等。目前，对于寡肽激素的确切作用机制、信号传导通路、作用靶点及临床应用方面有待于进一步研究。

（3）寡肽毒素。寡肽毒素是由动物毒器分泌的一类能够作用于各种动物细胞膜通道及受体的寡肽分子，具有结构和功能多样化、活性高以及专一性强等特点。寡肽毒素来源广泛，在陆生动物中，寡肽毒素主要来源于蛇、蜂类、蝎及蜘蛛等；在海洋生物中，寡肽毒素主要来源于芋螺、海葵、海兔、海绵等低等动物。不同来源的寡肽毒素所作用的膜通道及受体多种多样（如钠、钾、钙、氯、瞬时受体电位等膜通道），揭示这些寡肽毒素的作用机制可有助于将它们发展成为临床药物，用于神经系统相关疾病、心血管系统疾病、糖尿病及肿瘤等疾病的治疗。

（4）抗菌肽。抗菌肽是生物进化过程中保留下来的重要分子防御机制的一部分，一般由少于 50 个氨基酸构成的双亲性阳离子寡肽。抗菌肽与传统的抗生素作用机制不同，它主要是通过破坏细胞膜而杀死细菌，这种独特的作用方式也使得抗菌肽不易受多药耐药机制的影响。此外，由于细菌细胞膜相对于正常真核细胞膜带有更多的负电荷，带正电荷的抗菌肽更容易吸附到细菌细胞膜上，从而表现出一定的细菌选择性。另外，由于肿瘤细胞膜与细菌细胞膜相似，都带有较多的负电荷，因而许多抗菌肽也有抗肿瘤活性。

（5）蛋白酶抑制寡肽和抗病毒寡肽。寡肽和蛋白质是大多数酶的天然底物，寡肽很适合开发为相应的蛋白酶竞争性抑制剂，该类酶抑制剂分子量小，更有潜在的应用价值。例如，血管紧张素转换酶抑制剂是抗高血压的重要药物，β-淀粉样前体蛋白裂解酶-1 的抑制剂是研究阿尔茨海默病治疗药物的热点。对病毒有杀伤或抑制作用的寡肽小分子，其独特的分子结构和作用机制使其成为抗病毒领域研究的热点。病毒通过与宿主细胞上的特异受体结合而吸附到细胞，依赖其自身的特异蛋白酶进行蛋白质加工及核酸复制。抗病毒寡肽主要是通过对以上过程的抑制而达到的。

（6）免疫调节寡肽。免疫调节寡肽是一类来源于微生物、动物和植物，具有调节免疫功能的寡肽分子，由于分子小、活性高以及来源广等优点而受到广泛关注。这些寡肽分子能够通过刺激机体自身淋巴细胞的增殖、促进细胞因子的释放、增强机体巨噬细胞的吞噬能力等对机体的免疫系统进行调节，从而达到治疗肿瘤、细菌感染、病毒感染等疾病的目的。经过多年的研究，人们已经发现了许多免疫调节寡肽，如胞壁酰二肽、环孢素 A、胸腺五肽、鹿瓜寡肽等，其中胸腺五肽和胸腺素 α_1 已成为临床用药上市多年。

（7）寡肽疫苗。寡肽疫苗是目前疫苗研究领域内重要的研究方向之一，广泛用于肿瘤和病毒感染等疾病的治疗。肿瘤寡肽疫苗已成为近年研究的热点，它具有易合成、治疗特异性高、毒副作用低、患者治疗依从性好以及肿瘤通用性高等优点。寡肽疫苗除了在抗肿瘤领域的应用外，它还被用于病毒感染疾病的治疗，如艾滋病、肝炎、病毒性流感等，取得了令人鼓舞的结果

（8）肽类载体。作为药物载体，肽类载体由于其良好的生物活性、可降解性以及生物相容性而表现出较大的医用潜力，可运输小分子、蛋白质、寡肽、核酸等药物活性分子进入到靶组织和靶细胞，使药物更好的发挥效力。例如，细胞穿膜肽是近些年发展起来的一种高效的肽类载体，由于具备高效地穿过细胞膜的效率而广泛用于核酸、蛋白、纳米颗粒等多种大分子的运输。树状寡肽载体一般由氨基酸通过共价键相互连接而构成，由于其高效的运载能力广泛用于基因和小分子药物的运输。另外，寡肽配体与抗肿瘤药物相连之后可显著提高药物的选择性和抗肿瘤活性。

（9）寡肽自组装。寡肽自组装是自然界中广泛存在的一种现象，寡肽分子在适当条件下通过非共价键相互作用自发或是触发组装形成一类结构明确、构造稳定、具有某种理化性能的分子聚集体或超分子结构。由于自组装寡肽成分简单、具有良好的生物相容性以及可控的降解性能等优点，它在生物医学材料方面表现出巨大的应用潜力，例如用作创伤修复的支架、组织工程支架、药物释放载体，以及用于生物材料表面工程等。

主要研究方向：① 神经肽、寡肽激素、寡肽毒素和免疫调节寡肽等的结构、功能、作用机制和制备方法；② 抗菌肽、抗肿瘤寡肽、蛋白酶抑制寡肽、抗病毒寡肽的功能、作用机制和应用；③ 肽类载体和自组装寡肽的功能、作用机制和应用。

4. 脱氧核糖核酸（DNA）的结构功能和调控

DNA 是生命细胞中主要的遗传信息载体。20 世纪，DNA 领域研究中以双螺旋结构等为代表的诸多前沿性重大突破，既加速 DNA 领域研究自身的纵深探索，也极大地促进横向各学科（包括生命科学、医学、化学、物理学、信息学等）中的相关学科领域研究发展。国际上在DNA的稳定结构、复制调控、损伤修复、修饰功能、重组变异和核小体 DNA 动态结构、染色体重塑与 DNA 高级结构、染色体DNA异常机制等方面研究中，取得许多重要的前沿性进展，相应的DNA技术不断突破。我国在DNA领域研究中，已在基因组DNA测序、DNA 修饰功能、DNA 复制调控、DNA 结构调控转录表达等方面，已取得令国际同行瞩目的成绩；同时建立了一些良好的研究体系与技术支撑系统，尤其是近年来优秀研究人才的不断引进，为未来的研究发展奠定很好的基础。

（1）DNA 复制。DNA 复制是生命细胞遗传依赖的关键点。DNA 复制与细胞周期调控紧密关联。DNA 复制过程涉及起始、延伸等，其中 DNA 复制叉结构及其调控与相关的酶类或蛋白（包括 DNA 聚合酶、拓扑异构酶、解链酶、解旋酶等）功能研究一直是前沿热点。DNA 复制全真性控制与生命细胞环境、DNA 复制速度与复制起点激活、DNA 复制体与转录酶复合体等之间关系研究不断进展，并且促进相关的 DNA 的损伤修复、DNA 重组变异等前沿性探索。

（2）DNA 结构。除了 DNA 双螺旋结构提出和大量实验研究证实外，对 DNA 左 / 右手螺旋结构关系和 DNA 稳定结构、动态结构、复制结构、转录结构等研究中，已深入其与紧密关联的功能机制探索；对 DNA 与蛋白质结合形成高级结构包括染色体、常染色质、异染色质、核仁、核小体等研究，不断融合分子水平研究而呈现新的前沿热点；对于局部 DNA 结构（如回文 / 发夹结构、G 四联体结构、茎环结构等）研究，已展示许多精细的调控机制；对大量的特征性 DNA 序列（包括长 / 短重复序列、端粒序列、中心体序列、Alu 序列、绝缘隔离子序列、基因间序列、启动子序列、遗传印迹序列和蛋白质编码基因及其相关的外显子、内含子、终止信号等序列）研究中，结合各种条件下转录 RNA 的深度测序，而不断有新的前沿认识。总之，随着 DNA 双螺旋结构的理论模型提出和 DNA 序列测定、DNA 重组、DNA 扩增等关键性技术建立应用，DNA 结构研究在快速深入中。

（3）DNA 与组蛋白的修饰。DNA 各种修饰包括 DNA 甲基化和 DNA 硫化等是对DNA基本结构的进一步补充，在细胞中是一种非常普遍的生命现象，是生命体遗传过程不可或缺的，与细胞活动、组织发育及其与环境因素相互作用等直接偶联。DNA修饰发生异常，必将影响染色体活性、染色质稳定性、DNA转录表达和DNA损伤修复等，严重的可导致各种疾病。而核小体中组蛋白的修饰，直接关系到DNA序列的转录表达，对组蛋白的各种修饰及其调控与相关的酶或酶复合物等研究已成为前沿热点。

（4）基因组DNA的损伤修复与重组变异。细胞生命与活动过程中，基因组DNA不可避免地会产生损伤（包括DNA链断裂、碱基氧化等），大量研究揭示细胞内存在多种修复途径。在基因组DNA的复制、转录、结合蛋白质等过程又会发生重组变异，随着研究的深入发现基因组DNA变异与肿瘤、心血管系统疫病、耳聋等疾病相关。对基因组DNA修复、重组相关酶或复合物及其结构与功能机制（如DNA双链断裂修复酶类、双链断裂－融合介导同源染色体重组及其蛋白质复合物结构解析等）研究中取得前沿性进展，旨在推进揭示逆境条件下生物体内基因组DNA损伤修复、重组变异和共进化等规律。

（5）基因组DNA的完整序列。DNA序列测定技术方法的快速进展，不仅推动了本领域研究纵深探索，也促进了其他生命或非生命学科的发展。各种生命细胞的基因组序列测定报道，也促进相关的生物信息学研究发展。结合单分子、单细胞和基因组在不同条件下转录RNA的快速深度测序技术系统，建立相关的生物信息学技术方法，以期针对性地测定拼接基因组DNA完整序列中极小部分现在无法测定的序列、并获得有关模式生物的完整生物信息学特征等，是前沿研究的热点。

主要研究方向：①DNA复制的调控；DNA结构及其调控与功能；②DNA与组蛋白的修饰及其对结构功能的调控；③基因组DNA损伤修复、重组变异的分子机制；④基因组DNA完整序列测定分析的新技术系统。

5. 核糖核酸（RNA）的结构功能和调控

20世纪末至21世纪初的十多年来，RNA领域研究迅猛进展，涉及小分子RNA与长非编码RNA，今后会很快遍及基因组能转录的所有RNA。国际上，在RNA转录、加工、修饰、编辑、转运、质量控制等自身代谢及其调控方面研究中，取得许多重要的前沿性进展，已建立一些RNA研究的特异性技术方法；特别是非编码RNA研究发展迅猛，不断有前沿性突破；在mRNA翻译为蛋白质、RNA 参与组成功能性复合物（体）、RNA 直接行使类似酶或调控蛋白（多肽）功能，以及病毒 RNA 复制与逆转录等多层次功能与网络方面研究，也正在前沿兴起。在 RNA 领域研究中，我国在早期的酵母丙氨酸 -tRNA 人工合成和近年来的核仁小 RNA（snoRNA）结构功能、RNA 生物信息学、环形 RNA 等方面，已取得突出的成绩，这些为进一步前沿性突破奠定很好的基础。

（1）RNA 自身代谢。RNA 转录、加工、修饰、编辑、转运、质量控制等均属于 RNA 自身代谢范畴。RNA 转录过程可分为起始、延伸、终止等。其中，RNA 转录起始可与 DNA 复制偶联；RNA 转录后加工涉及 3’- 末端加帽、RNA 剪接、5’- 末端多聚腺苷酸化等成熟过程，其中真核生物细胞内存在大量的可变剪接产物；RNA 修饰和编辑在前沿研究中越来越引起广泛兴趣；RNA 转运与质量控制则与其结构功能紧密关联。大量的研究中，已揭示相关的酶类或参与的蛋白质及其功能与调控机制，然而前沿性热点研究还在不断突破。

（2）RNA 功能作用。RNA 的主要功能：一是遗传信息翻译产生蛋白质或多肽的中间载体，二是功能性蛋白质或复合物（体）的重要组成成分，三是直接行使类似酶或调控蛋白（多肽）的活性作用，以及还有在病毒中可作为遗传信息的载体等功能。成熟 mRNA 中的大阅读框（open reading fram，ORF）翻译新生蛋白质的过程，必须要有核糖体、rRNA、tRNA 的参与，相关的前沿热点研究不断在进展中。大量研究表明，非蛋白质编码 RNA，不管是小分子 RNA，还是长非编码 RNA，都与蛋白质（酶）一样，在基因表达、遗传与表观遗传、细胞活动、组织器官功能、个体发育与衰老等一系列生命过程发挥极重要的作用。

（3）RNA 序列结构。生命细胞内的 RNA 序列绝大部分与基因组 DNA 序列相对应，但也有非对应性的极小部分 RNA 序列来源于转录后的加工过程。细胞生命过程转录的 RNA，不但拷贝数量上远远高于基因组 DNA，而且种类繁多、琳琅满目，以至于形成大量的 RNA 序列结构，应答内源性与外源性环境的复杂变化。从早期鉴定的线性 RNA 及其可形成的多级结构，到近年来发现各类环形 RNA 和开关型特异 RNA 功能结构等，预示今后 RNA 序列结构基础上的新突破。尤其是，几乎绝大部分 RNA 均存在的小 ORF 序列结构，可编码几个到几十个氨基酸的功能性寡肽，而翻译功能性寡肽过程该类 RNA 序列结构及其动态和时空调节研究，很快会成为前沿热点。

（4）RNA 结合蛋白。RNA 自身代谢、RNA 功能作用、RNA 序列结构等均与RNA结合蛋白紧密关联，许多RNA结合蛋白还具有特异性RNA酶活性。RNA结合蛋白与各种RNA形成特异复合物（如各种RNP复合物等），在细胞活动、组织器官功能、个体发育与衰老等一系列生命过程发挥极重要的作用。RNA结合蛋白的结构测定和功能分析的研究正在前沿性快速兴起，与病理密切相关的新靶标研究将成为热点。

（5）非编码RNA。已有的研究报道认为，高等生物如哺乳动物的基因组DNA中可转录为RNA的序列比例极高，小部分为编码蛋白质的mRNA序列，大部分为非编码蛋白质的RNA，亦称非编码RNA；已测定的人类基因组DNA序列分析表明，其中的非蛋白质编码序列高达95%以上。大量研究表明，该类发挥功能的非编码RNA大小具有明显的特征，即大的很大（几百knt）、小的很小（二十nt），与成熟mRNA具有显著的区别。结合细胞生命过程的千变万化，非编码RNA的前沿性研究中需要新概念、新技术、新系统。

主要研究方向：①RNA自身代谢调控；RNA功能的分子机制；②RNA序列结构及其调控；③RNA结合蛋白的结构与功能；④非编码RNA研究中的新概念、新技术、新系统。

6. 脂质与脂蛋白的功能和调控

脂质（lipid）是自然界中的一大类在化学成分及结构上非均一、可溶于有机溶剂的化合物。脂质的多样性结构和特异性活性，在维持生命细胞结构和细胞活动中起极重要的功能作用。国际上，脂质及其代谢物活性、脂质吸收与合成调控、脂质转运与脂蛋白-载脂蛋白、脂质贮存与脂肪-脂滴、脂质氧化与外排等方面的研究中取得许多重要的前沿性进展，已建立相应研究的特异性技术方法和前沿性研究系统，而在脂质代谢异常机制、膜脂质功能、蛋白质的脂质修饰调控等方面研究也正在前沿兴起。我国在脂质领域研究中，对胆固醇吸收与合成调控、脂肪-脂滴、脂蛋白-载脂蛋白等方面，已取得令国际同行瞩目的成绩，为使我国的脂质与脂蛋白研究整体进入国际前沿、鉴定出可直接应用于临床的特异性生物标志物等奠定极重要基础。由于越来越重要的临床代谢病研究与人类健康需求，欧美等国家和地区已组织规模性投入研究脂质与脂蛋白的科学与技术体系，以期促进相关前沿研究的突破。

（1）脂质及其代谢物。脂肪酸、胆固醇、甘油三脂、磷脂、鞘脂、糖脂等脂质对于哺乳类生命细胞是不可或缺的，而且在细胞生命过程严格代谢平衡

（homeostasis）。脂肪酸既是能源脂质、也是各类其他脂质的主要组分，其可从外源饮食吸收、也能内源性合成与氧化，其又可分为饱和与不饱和脂肪酸，不饱和脂肪酸及其大量的代谢物对生命细胞是必需的，而太过量的饱和脂肪酸会引起生命细胞合成过量甘油三酯（TG/TAG）而引起各种病理性变化，可导致脂肪肝、肥胖等。胆固醇是细胞质膜不可或缺的组分，其具有极其疏水、极易氧化损伤、无法完全降解等特征，故细胞生命过程存在特异的胞外脂蛋白转运和胞内脂滴贮存；胆固醇代谢物主要包括氧化型胆固醇类、固醇激素类、胆汁酸类及维生素 D 类，都是生命细胞必需的组分，特别是除后两类外的其他代谢物在细胞内的量均远远低于胆固醇，进而需要更加精密和严格的体内含量管控；胆固醇代谢异常会引起动脉粥样硬化等一系列严重病变。其他甘油脂、磷脂、鞘脂、糖脂等脂质及其代谢物在细胞生命过程也发挥极重要的功能作用。前沿性研究密切关注微量脂质及其代谢物的特异活性、新的特异活性脂质及其代谢物等。

（2）脂蛋白。脂蛋白主要是哺乳类生命体内脂质与特异载脂蛋白质（apoprotein）组成一类结构极稳定的自组装复合物包括乳糜微粒（CM）、极低密度脂蛋白（VLDL）、低密度脂蛋白（LDL）、高密度脂蛋白（HDL）等，其中 LDL 和 HDL 进入哺乳类生命体细胞外的体液系统循环，包括血液和淋巴液的系统循环，主要载运胆固醇等脂质，确保各类细胞生命和细胞活动（包括生长、增殖、分化、迁移、凋亡、癌变等）。早期研究的生物标志物（如 TG/TAG、CM、VLDL、LDL 和 HDL）等已进入临床广泛应用。由于进入细胞外的体液系统循环的脂蛋白（LDL 和 HDL）与生命体每一类细胞生命、细胞活动均息息相关，致使近期前沿领域研究特别关注这类脂蛋白亚型及其结构与载运脂质组分的突破，可为人类健康紧密关联的医学临床提供新的生物标志物。

（3）脂滴。脂滴是一类细胞内的脂质-蛋白质复合体，已被视作独立的亚细胞器，其外周主要由磷脂、游离胆固醇及特异蛋白质等组成的脂单层，其中心主要是酯化的中性脂质，其既可贮存脂质、也可对过量脂质解毒等功能，在细胞脂质的动态调控中发挥重要作用。细胞内脂质代谢平衡严格调控，脂滴代谢异常（如细胞内过度脂质堆积），也会对细胞产生毒性，可导致细胞死亡，例如，动脉内皮下大量脂质堆积的泡沫细胞死亡是动脉粥样硬化形成的早期特征。细胞内脂滴及其组分、量、定位变化和密切相关的新蛋白等是前沿研究热点。

（4）膜脂质。脂质（主要是磷脂、胆固醇等）组成细胞生命、细胞活动的绝对保障系统，即结构性细胞膜，尤其是致关细胞生命的细胞质膜。在细胞生命、细胞活动过程，细胞质膜既要受到内外环境随机应变、也要受到细胞内外源整合性动态调控，特别是对细胞质膜的脂质动态调控尤为重要。细胞质膜等膜脂质的动态调控异常，必然危及到细胞生命和细胞活动，甚至产生严重的病变，如导致肿瘤和动脉粥样硬化的心脑血管疾病（冠心病、脑卒中）等。显然，细胞质膜等膜脂质的动态调控研究，越来越受到前沿关注。

（5）脂质组。脂质组学是近年来随着各类组学的兴起而应运产生。特别是欧美等国家和地区对脂质组学研究的重视，其分别在世纪交换初期高强度经费投入和专门组织各类机构研究，不管是美国为主的基础研究、还是欧盟为主的相应技术方法与知识产权，都有创新性进展。我国在脂质组学与代谢性疾病和药物研发领域中研究正在兴起。因此，对生命体的各类细胞和体液的脂质组进行分析鉴定并研究其生物活性及调控规律，进而揭示生命体内的脂质代谢平衡机制，探索脂质与细胞、器官、生命体的生理、病理等过程之间的关联点是未来的研究前沿热点，其中尤为重要的是发展前沿脂质组研究急需的新技术新方法。

主要研究方向：① 脂质及其代谢物的特异活性；② 脂蛋白结构与载运脂质功能；③ 脂滴的结构与组分及其调控；④ 膜脂质动态调控与维持细胞生命活动关系；⑤ 脂质组与生物标志物及微量测定新技术新方法。

7. 糖的结构功能与调控

糖（carbohydrate）广泛存在于微生物、植物、动物细胞中。除葡萄糖外，细胞的单糖均以糖缀合物（glycoconjugate，包括糖蛋白、糖脂和蛋白聚糖）和多糖（polysaccharide）的形式存在，是组成生命体的四种生物大分子之一，这些糖缀合物上的聚糖（glycan）大多存在于细胞表面和细胞分泌的蛋白上。在国际上，从 20 世纪 90 年代开始，随着分析技术的进步，分子生物学、细胞生物学手段在糖的功能研究中的应用，尤其是与糖化学研究的交叉、结合，已建立相应研究的分析技术方法，大量的聚糖与多糖的结构与生物学功能被揭示，使糖的研究成为生命科学研究中一个新的前沿和热点。近 30 年的研究表明，无论是在胚胎发育、免疫识别、信号转导等过程中，还是在疾病的发生和发展中，都涉及糖的参与，糖在这些生命和疾病过程中起特异性的识别和介导的作用。我国在糖领域研究中，在蛋白质糖基化修饰功能、糖与胚胎发育、糖与肿瘤发生发展、糖与感染免疫、天然多糖构效关系等方面的研究，已取得较好的成绩。

（1）聚糖的代谢、功能及调控。糖的合成代谢不仅受糖基转移酶、糖苷酶基因的调控，具有发育阶段性、组织特异性调控，而且受到酶活性的调控。同一聚糖序列在生物体的不同部位和不同的个体发育阶段有不同的功能，较为专一的生物学作用通常是通过特定的序列或常见序列的不寻常表达或修饰来介导，而这些特定的糖链也常是毒素和病原体与靶细胞识别的目标。多种遗传疾病也都与糖链代谢相关基因的异常有关。近期，前沿领域研究特别关注糖基化修饰在生长发育和疾病过程中的功能及其调控机制，该领域的研究进展对深入认识糖在生命活动中的功能，揭示糖基化在感染、肿瘤等疾病过程中的作用具有重要意义。

（2）糖介导的细胞黏附与识别。聚糖不仅对蛋白质、脂质的功能起修饰作用，而且在细胞内和细胞间通过糖缀合物上的聚糖与蛋白质间相互作用来介导特异的识别。能够识别聚糖链的蛋白质，称为凝集素（lectin）或糖结合蛋白（carbohydrate binding protein）。目前已在哺乳动物中发现50多种凝集素。凝集素通过识别细胞内的糖蛋白介导蛋白质折叠、分拣和转运，通过识别细胞表面的糖来介导细胞迁移和信号传导等。阐明这些特异性的糖－蛋白的识别机制，不仅将深化对蛋白质转运、细胞识别与通讯机制的认识与理解，而且能揭示肿瘤转移、炎症等疾病机制。

（3）多糖的结构功能。动植物和微生物中存在大量的天然活性多糖，对这些天然多糖的分离、结构解析和功能研究是新药开发的重要途径。虽然我国在该方面已取得了一些非常好的研究进展，但目前大多数天然活性多糖的功效研究仍停留在糖组分、免疫增强、抗肿瘤活性分析的水平，未来的研究趋势将是在明确活性多糖结构的基础上，深入开展活性多糖的作用靶点与作用机制的研究，天然活性多糖的化学合成与修饰也是重要研究方向。

（4）糖的结构解析。尽管对糖的认识和研究始于18世纪，但由于其结构的复杂性和研究手段的局限性，使糖的研究远远滞后于蛋白质和核酸。20世纪70年代开始，随着色谱、质谱、核磁共振等技术在糖链结构分析中的的应用，大量的糖链结构被解析。但由于糖链结构的复杂性，并且在生物样品中非常微量，其分离与结构鉴定依然非常困难，往往成为糖结构功能研究中的瓶颈。因此前沿研究领域是糖的分离技术、新结构的质谱及核磁共振鉴定，尤其应关注的是结构解析与功能研究的紧密结合。

（5）糖组学。糖组学（glycomics）研究是国际研究热点，通过对不同物种、细胞、组织、器官或体液的糖组进行分析鉴定，获得糖组数据，从进化、生理、病理的角度系统阐析糖的结构与功能关系，是全面揭示生命体活动分子基础的一个重要方面。由于糖结构的复杂性和微不均一性，需要发展高分辨质谱糖组分析、糖芯片、活细胞和活体水平上的聚糖标记与观测等新技术，同时将这些组学分析技术与功能研究紧密结合将越来越受到关注。

主要研究方向：① 糖缀合物（包括糖蛋白、糖脂、蛋白聚糖等）中糖组分的结构、生成、功能与调控；② 糖蛋白（细胞黏附分子、凝集素）相互作用与功能；③ 天然多糖的结构与功能；④ 糖及糖缀合物分析鉴定的新技术新方法。

8. 代谢调控的生化机制

代谢（metabolism）是生命体的本质特征之一，是生命体所有化学反应的总称。对生命体代谢调控研究：一是从分子、细胞水平到组织、器官及整体动物途径，系统性研究生命体代谢调控机制；二是从整体水平，到组织、器官、细胞和分子途径，着重利用临床病例、遗传学突变、动物遗传模型等阐明相关代谢调控的分子机制。国际上，在糖的酵解与氧化代谢调控、胆固醇与脂肪酸代谢调控、脂蛋白载运脂质代谢调控、脂滴及其对脂稳态调控、内分泌代谢调控等方面，取得许多重要的前沿性进展，已建立相应研究的特异性技术方法和前沿性研究系统。我国在能量稳态调控、胆固醇代谢调控、内分泌代谢调控等研究领域，也取得令国际同行瞩目的成绩。

（1）物质与能量代谢调控。生命体代谢的核心研究内容为核酸（包括DNA 和 RNA）、蛋白质、糖、脂质等物质代谢和相关的能量代谢及其调控，它们生命延续的基本保证，能够提供生物合成的原材料和生命活动所需的能量。生命体吸收获得的各类有机物质（胆固醇类除外），基本上都能分解氧化代谢、合成产生体内的主要能量载体 ATP，但哺乳类生命细胞一般以糖与脂肪酸的氧化产能为主。追溯生命体能源之根，则主要来自光合作用过程的光化转换能量。生命体的物质代谢平衡与能量代谢平衡紧密关联，不断有深入的研究进展。近年来，由于发现肿瘤生长与能量代谢异常的相关性等，前沿研究则越来越重视物质代谢平衡与能量代谢平衡及其相互调控的分子机制。

（2）脂质代谢异常调控。目前大量研究表明，生命体内的物质代谢异常，最主要的是糖脂代谢异常，致使各种代谢病发生率高居不下。实质上，脂质代谢异常调控是各种代谢病（如糖尿病）、动脉粥样硬化病变、肿瘤等发生的主因，因为关乎细胞生命的细胞质膜脂双层结构是由磷脂、胆固醇等脂质组成，其中胆固醇是生命体内无法完全分解而必须外排的唯一有机物。因此，细胞质膜的脂质动态调控，对细胞质膜随机应变内外环境和内外源整合性动态调控，发挥关键性的功能作用。而糖代谢异常调控，主要是糖的跨膜转运代谢异常，其完全可能由细胞质膜的脂质动态异常引起。因此，国际上在代谢病的极高增长和人健康需求等驱动下，研究脂质代谢异常调控很快会成为前沿热点，旨在阐析关键节点调控的分子机制和鉴定关键性的生物标志物。

（3）应激与内分泌代谢调控。生命体内的物质代谢和能量代谢均受到内外环境的影响，而在应激条件下必须通过体内内分泌代谢系统的协调。已有研究表明，不断扩展概念的胃肠道消化系统各类分泌肽激素与脑内神经递质或肽激素，有相互交叉依存与调控，对生命体代谢、内环境稳定及器官活动等发挥极重要的功能作用。因而，应激代谢调控与内分泌代谢调控紧密关联。近年来大量研究表明，生命细胞应激反应均涉及糖脂代谢平衡，如外源性的饥饿或营养应激、低氧应激和内源性的内质网应激、线粒体应激等。所以，针对生命体在极端内外环境影响而启动应激与内分泌代谢调控的研究正在前沿兴起。

（4）代谢网络调控。生命体细胞代谢研究，尽管已揭示许多代谢途径及其限速步骤与关键酶，但由于存在各种代谢途径的互相影响，存在各组织器官及细胞水平的不同反应，存在代谢调控反应的异质性，以及代谢过程还受到应激因子和内分泌激素等的调控，所以对整合生命体细胞代谢网络，研究相关的多层性调控和揭示代谢网络调控机理等，是越来越受到关注的前沿性探索。

（5）代谢组学。国际上已快速起步代谢组学（metabonomics/metabolomics）研究，通过对生命体细胞或体液的各类代谢物的系统分析鉴定、获得代谢组数据并利用创新性现代生物信息学处理分析等步骤，揭示生命体的多样性代谢物及其代谢相关的关键性调控与功能，进而深入探索其与细胞、器官、生命体的生理病理等过程之间的关系。对关键代谢物及其代谢调控的分析研究，一直是阐析生命体活动分子基础的一个重要突破口。由于生命体的复杂性和代谢物极其异质性，使得代谢组研究，对分析技术的灵敏度、分辨率、动态范围和通量要求特别高，还必须不断创新技术应对结构鉴定上的难点问题。同时，功能完善的代谢物数据库及代谢组研究标准化的构建等方面工作也越来越受到关注。

主要研究方向：① 物质与能量代谢的分子机制及调控；② 物质（特别是脂质）代谢异常相关疾病的生物标志物；③ 应激状态下的代谢及其内分泌调控；④ 代谢的网络调控及其关键节点；⑤ 代谢和代谢组研究的新技术新方法。

9. 生物大分子的空间结构

结构生物学是利用生物物理和生物化学手段解析生物大分子的三维空间结构、研究结构和功能关系的学科。由于各种生物大分子需要折叠成特定的空间结构才能发挥功能，因此结构生物学是生物物理、生物化学和分子生物学的重要基础学科，对药物设计、疫苗开发和蛋白质分子性能改造等领域的研究有重要意义。高分辨的分子结构主要通过 X 射线晶体学、电子显微镜、核磁共振等技术解析，低分辨率的结构信息还可以利用质谱、小角散射、化学交联等技术获得。今后，生物大分子结构与功能研究发展的方向是将包括 X 射线晶体学、核磁共振、低温电子显微三维重构等在内的多种技术联合起来，对蛋白质结构的理解将放到蛋白质超分子复合体乃至整个细胞中去，重视膜蛋白（特别是真核膜蛋白）和复合物（特别是蛋白质-DNA、蛋白质-RNA 复合物）的结构与功能研究，从而最终在分子水平上理解细胞的结构与功能。

结构解析技术对结构生物学的发展至关重要，每次技术的突破都会带来结构研究的飞跃。例如，20 世纪 90 年代出现的同步辐射直接促使了蛋白晶体学研究进入黄金时期。目前，X 射线晶体学发展热点主要包括针对微小晶体结构的测定、发展像素阵列探测器、发展基于蛋白质分子中弱反常散射信号的晶体结构相位解析、发展第四代同步辐射光源等。核磁共振技术局限性主要在于可研究的分子大小受限，一般不超过 30kDa，需针对此在软件和硬件上不断进行改进和创新。核磁共振在研究分子的动态结构以及利用顺驰效应探测分子之间瞬时弱相互作用方面具有独特的优势。基于冷冻电镜三维重构的研究主要集中在针对分子机器开展与其功能相关的动态过程结构解析、研究生物大分子不同构象的三维结构、发展光电联合显微成像技术等方面。近期，电子显微镜技术和 X 射线自由电子激光技术出现了重要突破，这些技术进步将对结构生物学研究产生深远的影响。

（1）生物大分子复合物的结构。大量的蛋白质在体内以复合物形式发挥功能，核酸在代谢和发挥功能的各个阶段也需要和蛋白质结合形成复合物，可以说生物大分子之间的广泛、动态的相互作用是生命活动的基础。生物大分子复合物的结构能提供理解复杂分子机器的工作机制、分子识别的关键信息。

（2）膜蛋白的结构。膜蛋白约占生物体所有蛋白种类的 20% ~ 30%，膜蛋白在跨膜信号传递、跨膜物质运输、能量转化、细胞粘连等过程发挥重要的作用。膜蛋白还具有重要的医学价值，一半以上的药物作用于膜蛋白。但由于蛋白表达和晶体堆积等问题，膜蛋白的结构解析仍然非常困难，目前结构获得解析的膜蛋白只有 500 多个，远远低于结构得到解析的可溶蛋白的数量。最近，高分辨率电镜技术取得重大突破，将在膜蛋白结构解析中发挥重要作用。

（3）利用电镜技术解析生物大分子复合物、膜蛋白的高分辨率结构。冷冻电子显微镜和单分子重构技术是解析大型生物大分子结构的重要手段，该技术具有无需结晶、所需样品量少等优点，但一直受限于分辨率不足。最近出现的新型直接电子探测器显著提高了电镜结构的分辨率。直接电子探测器具有优异的探测量子效率，能采集更高信噪比的图像，并且数据采集速度很快，能捕获颗粒的运动，图像经过运动矫正后，重构的结构的分辨率也显著提高。由于直接电子探测器的应用，冷冻电镜单颗粒重构技术已经可以解析低对称或不对称分子接近原子分辨率（3~5 Å）的结构，以往只有高对称性的分子（如病毒颗粒），才能获得这个水平分辨率的电镜结构。电子显微镜技术的最新突破对结构生物学的影响是革命性的，很多大型复合物和膜蛋白不能结晶，现在利用电镜技术就能常规性的解析它们的高分辨率结构。

（4）生物大分子的动态结构及其功能。所有生物大分子的结构都是动态的，结构变化可以发生在氨基酸、结构域或整体分子水平。生物大分子的动态结构具有重要的生物学意义，如酶在催化过程中的构象变化，酶的变构效应，生物分子的活性调控，复合物在组装过程的结构变化。因此，阐释生物大分子的动态结构及其功能是结构生物学的重要内容。目前核磁共振，时间分辨飞秒晶体学，单分子荧光等技术可以用来研究生物大分子的动态结构。

（5）整合结构解析技术。大型复合物是结构生物学研究的巨大挑战，它们成分复杂，其整体结构通常难以解析。在利用不同手段研究大型复合物结构过程中，会获得不同类型和不同分辨率的结构信息，比如通过晶体衍射或核磁共振方法能解析复合物蛋白的单个组分或结构域的高分辨率结构，电镜、小角衍射、蛋白质相互作用、化学交联、质谱等技术能获得关于复合物的构象和各组分位置大量有用的信息。整合结构生物学是最近兴起的方法，它综合不同技术获得的结构信息，利用合适的打分函数和统计学模型，计算大型复合物的整体结构模型，这样获得的模型比利用单一数据获得的模型更加精确和完整。整合结构解析方法将成为研究大型复合物结构的重要手段。

主要研究方向：① 生物大分子及其复合物的静态结构解析；② 生物大分子及其复合物的动态结构分析及其发挥功能的分子机制；③ 生物大分子复合体的组装及生成；④ 生物大分子静态和动态结构解析的新技术新方法。

10. 生物膜和膜性细胞器的结构功能和动态调节

细胞膜构成了细胞及细胞器之间的天然屏障，使得一些重要的生命活动能在相对独立的空间内进行，从而产生了细胞与细胞之间、细胞器与细胞器之间的物质、能量和信息的交换。膜性细胞器由脂质双层分子与细胞质分隔形成封闭的区域。膜性细胞器的形态多种多样，功能各不相同。例如，溶酶体和囊泡呈相对简单的圆球形，高尔基体则由扁平的囊状结构叠加而成，内质网有管状和片状结构，而线粒体则通常呈丝带状，其内膜又向内折叠形成嵴状，显示出特定的亚结构。叶绿体由双层膜包裹，内部有复杂的片层结构，在光合作用中发挥重要作用。越来越多的证据表明，细胞器的膜形态与其各种功能有着直接的关联。

膜性细胞器是一种高度动态的结构体系。细胞器在不同细胞周期、功能状态和环境因子的响应中会发生动态变化，包括膜性细胞器的分裂、融合，细胞器发生和受损伤细胞器的清除等，正是这种动态特征使细胞生命活动得以实现。一方面，膜性细胞器的动态变化受细胞内复杂信号通路的调控，同时对细胞信号调控发挥重要作用。例如，细胞信号转导通常需要经细胞内吞途径形成特定的信号内体，完成信号级联放大后，再进入核内调控转录；很多信号通路激活后会转移到线粒体，溶酶体等膜性细胞器表面。另一方面，不同细胞器通过膜转运和直接的相互作用，使各种膜性细胞器之间可以进行物质、能量和信息的交换。囊泡的转运相当于细胞内的物流系统，在膜性细胞器动态变化和相互作用中发挥重要作用，并参与神经递质传递、激素调控、免疫应答与防御、细胞信号转导等过程。

（1）膜性细胞器的功能异常。膜性细胞器的功能异常与许多重大疾病的发生直接相关。例如，线粒体或溶酶体的功能异常，与许多神经变性疾病（如阿尔茨海默病、帕金森病等）的发生密切相关。糖尿病的发生与胰岛 β 细胞中的一种特殊细胞器即致密核心囊泡的功能异常密切相关。肿瘤细胞的迁移与质膜的形变关系密切。参与核膜形态维持蛋白 BAF1、Lap2、emerin 和 Man1 等的缺失、突变或异常表达会导致人类早老症、扩张型心肌病、限制性皮肤病、肌营养不良症等的发生。介导内质网融合的关键基因 *Atlastin-1* 和 *RTN2*、*REEP5/DP1* 等的突变导致遗传性痉挛性截瘫。编码线粒体融合蛋白 mitofusin-2 和 OPA1 的基因突变与进行性神经性腓骨肌萎缩症（Charcot-Marie-Tooth）和人常染色体遗传性视神经萎缩症的发生直接相关。研究膜性细胞器对细胞重要生理功能特异性的调节机制，对于认识细胞活动以及相关疾病的发生机制具有极其重要的意义。

（2）膜性细胞器的形态建成和动态变化的调控。膜性细胞器的形态建成和动态变化的调控涉及蛋白质分子及其与脂质分子的相互作用，需要多学科交叉和多种方法的联合攻关，单分子生物学、结构生物学等生物物理学手段对了解相关蛋白分子识别和作用机制有重要作用。膜性细胞器及亚结构动态调控机制的研究将对深入理解膜性细胞器间的转换、转运和交流有着重要的推动作用，也有利于生命科学与化学、数学和物理学等学科间的交叉互动，特别是与物理数学建模和化学合成相关的分子标记的发展相得益彰。

（3）膜性细胞器及其亚结构的研究。膜性细胞器及其亚结构的研究还将为其他领域的研究带来方法学上的革新。例如，细胞器及其亚结构的大小均为纳米到微米数量级，观察其形态结构需要超高分辨率的显微镜、光电联合成像等新一代成像技术的发展，这对我国目前正在大力发展的成像技术有重要的推进作用。另外，细胞器精确分离方法的发展和对细胞器内容物的质谱分析检测技术的发展也为其他领域提供了参考。

主要研究方向：① 膜性细胞器的形态建成和维持；② 膜性细胞器的亚结构形成机制及功能；③ 膜性细胞器（如囊泡）之间的转换、转运和交流；④ 膜性细胞器的命运调控；⑤ 膜性细胞器对细胞功能的特异性调节（如自噬）。

11. 生物分子体系的模拟与设计

对生命现象机理和运动规律的研究越来越依赖于实验和计算方法的整合，不论是对单个分子还是对分子系统，无论在分子水平还是在系统水平。另一方面，计算方法不受实验条件的限制，能够进行更精细的研究，是对生物分子功能和生物过程进行操控、改造以及药物设计的重要方法。生物分子在行使功能时，需要与其他分子相互作用，形成复杂的分子机器和分子网络。这些分子系统的研究只利用传统的生物物理和生物化学实验方法难以有效进行，需要与计算方法相互配合。这些应用包括：

（1）生物分子三维结构的预测。生物分子的三维结构是其相互作用的基础，其三维结构的解析对相关的生命现象的认识以及在医学中的应用会有很大的推动。尽管近年来蛋白质和核酸结构测定技术有了长足发展，但过程仍然非常复杂、代价较高，而且有局限性，因此也需要发展理论预测方法。目前，在分子量较小和有高同源性结构为模板时，蛋白质和非编码核酸结构预测准确度较高、运算较快，但对于高分子量的蛋白和核酸以及新的折叠类型的预测还是个挑战。要解决这些问题，需要深入了解生物分子在细胞内折叠和相互作用的机制和整合基于知识的和基于物理的方法。

（2）分子机器的组织结构与动态行为的高效模拟和计算。分子机器的组织结构（包括元件之间相互作用方式和协作机制）和动态行为决定了它们的功能。虽然目前可以通过多尺度和并行的大规模计算方法来模拟分子机器的动态行为，但由于分子机器体系大、单元间及与环境之间相互作用复杂（如膜蛋白），这些方法的效率和精度还很有限。因此，除进一步改进分子力场的准确性外，发展高精度、高效率模拟复杂分子机器的结构和动力学的计算方法以及预测复杂分子机器功能的算法，是今后生物物理学和生物化学领域的一个重大挑战。

（3）分子网络结构、动力学和调控的有效分析。对分子网络的计算模拟是系统生物学的基本手段，对当今生命科学研究的各个方面都有重要的理论意义，同时对“基于系统的药物设计”这一全新的制药发展方向具有重要的应用意义。对分子网络的理论研究在网络刻画、模建、分析和模拟等各个方面都缺少有效方法，需要发展全新的理论和有效的大规模计算与分析方法进行探索研究。

（4）分子的有效设计。根据需要从头设计新的分子是人类的梦想，这也使得合成生物学不仅可以在系统层面而且能够在组件层面进行全新设计。分子设计目前还是个极大的挑战，成功的实例还非常有限。该领域的主要的问题还是我们对生物分子折叠的机制仍缺乏足够的了解。因此，除了进一步改进结构预测和分子动力学模拟方法外，还需要对生物分子折叠和相互作用机制以及环境效应做深入细致的研究。

综上所述，建立高效率和高精度的计算方法来模拟复杂分子系统并建立新的概念和理论体系来理解复杂生命现象，已成为当前生物化学和生物物理学的研究热点，也是生物分子理论研究在后基因组时代的发展方向。这些需要数学、物理学、化学、计算机科学等学科的共同参与。

主要研究方向：① 细胞内生物分子折叠和相互作用机制的理论和模型；② 生物分子结构、相互作用和功能的高精度高效率预测；③ 分子机器的动态行为的模型以及高效分析和模拟方法；④ 分子网络的刻画、模建以及高效动力学模拟与分析新方法；⑤ 分子、细胞、组织等不同层次、不同类型生物网络的整合；⑥ 核酸和蛋白质分子的改造、从头设计及基于结构的药物设计；⑦ 生物信息学、计算生物学、分子模拟新方法及其与实验方法的整合。

12. 物理因子生物应激

生物体经过亿万年的进化，已经适应了所处环境的物理因素，维持着相对稳定的生命活动过程。但随着人类社会的发展及对未知领域探索的不断深入，生物体暴露于异常物理环境的可能性大大提高。物理环境变化对生物体造成刺激，生物体在遭受外界刺激的情况下，会迅速启动一系列非特异性但又受到精细调控的应激反应，以维持生命活动的相对稳定状态。如细胞受到辐射后产生 DNA 损伤，损伤响应蛋白通过一系列蛋白磷酸化过程，活化或募集与细胞周期进程调控、DNA 损伤修复、细胞凋亡等过程相关的蛋白质，激活相关信号通路网络，启动 DNA 损伤应激响应，以维持基因组的稳定性。因此，加强辐射、光、声、电磁、微重力等环境物理因素的生物物理特性与免疫学、细胞生物学、结构生物学等领域的交叉，注重引入更加灵敏特异的光学成像等分子检测技术，深入探索物理因素刺激下生物体应激反应特点和调控机制，对保障人口健康及空间探索安全具有重大意义，也将推动我国在该领域研究水平处于国际前沿。

（1）辐射应激与辐射防护。近年来，辐射的氧化应激、免疫应激已成为国内外学者寻找辐射防治新靶点的突破口。2008 年，Burdelya L.G. 等在《Science》杂志上报道了改良的 TLR5（Toll like receptor 5）激动剂激活 TLR5 信号分子具有极强的辐射防护效应，并且发现 TLR5 激动剂介导的辐射防护作用主要通过 NF-κB 的激活实现的。我国学者发现 TLR4 与 TLR9 在辐射防护中的重要作用及部分机制，证明 TLR4 在机体辐射防护中发挥着必不可少的作用。

（2）放射治疗的分子基础。放射治疗一直被认为是恶性肿瘤最常用的治疗方法之一。近年来，放射治疗新技术的不断出现，不仅提高了肿瘤控制率，而且降低了放射治疗的毒副作用，使得放射治疗的疗效显著改善。放疗的理论基础是辐射导致肿瘤细胞 DNA 损伤，进一步诱导细胞凋亡。近年来越来越多的研究结果表明，除了 DNA 损伤修复应激系统在细胞受到辐射损伤后被激活外，氧化应激、代谢应激、线粒体应激、内质网应激等诸多生物应激系统也被迅速激活。对这些应激机制及生物学作用的深入认识，无疑是提高对肿瘤杀伤力、降低复发的重要基础。

（3）太空环境中的生命科学。外太空是不同于地球的复杂环境系统，微重力、强辐射、弱磁场、高真空等环境因素对生物体的影响往往存在复合作用，深入了解人类和其他生物在微重力等太空环境中的适应过程和规律，对于空间站、载人登月、火星探索等载人航天工程的顺利实施都至关重要，例如，微重力可能是导致免疫系统机能下降的重要原因。此外，失重、辐射或磁场变化等复合环境因素导致人体骨骼系统骨矿物质的流失，容易诱发骨折及身体其他组织代谢紊乱或病变。因此，美国、俄罗斯和欧盟在其空间生命科学发展战略规划中，明确将骨质流失及其机制研究列入其中。我国利用“神舟”系列飞船等飞行实验机会及地面模拟实验，已开展了失重对承重骨结构、功能和代谢影响的研究，但从分子细胞水平研究骨质流失机制，以及致力于面向防护措施的研究还处于起步阶段。

（4）环境电磁场和健康的关系。随着科技的发展和社会的进步，环境电磁场已经被认为是新型环境污染因素，可能影响人体健康。揭示细胞本身的电磁特征和外界电磁场对其的影响，将为电磁场有害效应的防护和有益效应的利用提供科学基础。虽然世界卫生组织已经将环境主要电磁场（极低频磁场和射频电磁场）归类为人类可疑致癌原，但国际上对其生物学效应、作用机制、健康影响存在争论，阻碍了该学科的发展。反观我国，生物电磁学领域的研究在国际上一枝独秀，取得了一些原创性的成果。例如，系统阐述了工频磁场对细胞间通讯的抑制作用和分子机制，初步揭示工频磁场对细胞表面受体的聚簇作用及其后的信号转导，并率先报道 DNA 碱基的氧化性损伤可能是射频电磁场诱导 DNA 损伤的基本机制等。

综上所述，经过多年发展，我国已拥有一批优秀的从事环境因子生物物理学研究的人员队伍；该领域的发展符合国家和社会进步的需求，与人口健康、空间探索等紧密相关；我国载人航天事业的飞速进步，使我们有条件进行空间物理条件研究，重离子加速器等装置的投入使用，也保障我们能在放疗、辐射防护等领域做出特色工作；在有些领域，我国的研究水平已经处于国际前沿，如生物电磁学、微重力等的生物物理效应。

主要研究方向：① 辐射、光、声、电磁、微重力等物理因素引起的氧化应激、免疫应激、DNA 损伤应激反应机制，鉴定重要生物标志物；② 细胞器与应激反应的内在联系；非编码核酸对应激反应的调控；③ 新型光学探针、分子表征技术等研究重要分子在应激反应过程的动态调控；④ 复合效应的应激反应机制。

13. 新技术与新方法部分

生命科学的发展从来都是与方法的创新密不可分。在科学越来越依赖于研究手段的今天，实验手段的进步为科学打开新的窗口，不仅有利于理论的突破，甚至可以改变科学家的思路。目前，生命科学领域技术方法研究呈现多学科交叉的特点，和生物化学、分子生物学、生物物理等学科相关的新技术和新方法主要集中在以下几个方面：

（1）蛋白质研究技术。蛋白质研究技术是生命领域技术发展的前沿阵地。蛋白质组学技术从大规模的蛋白质鉴定和表达谱分析转移到利用蛋白质定量的新技术、新方法来解决关键性生物学问题。发展高效稳定的蛋白质标记技术（如引入非天然氨基酸），在活体实时动态地揭示蛋白质的定位和作用机制；发展除定位研究外的多功能标签，已成为国际蛋白质科学新技术新方法研究的热点和前沿。荧光共振能量转移技术、表面等离子共振和等温滴定量热技术、核磁共振技术是用于研究蛋白质相互作用的主要技术。

（2）X 射线晶体学、核磁共振和电子显微三维重构技术。作为结构生物学研究的三大手段，其发展重点主要是发展高亮度、微聚焦、高稳定性的自动化同步辐射技术，发展对瞬时、不稳定的复合物及活细胞内蛋白质结构测定的核磁共振技术，发展高稳定性的高分辨率场发射电镜成像技术。今后结构生物学研究将综合多种生物物理技术，弥补彼此之间的不足，从而将对生物大分子结构的理解扩展到超分子复合体乃至整个细胞中去。

（3）超高分辨率光学成像技术。超高分辨率光学成像技术使得我们“看到”生物的结构以及生物分子在机体内的定位与功能。例如，受激发射损耗显微镜（STED）、光敏定位显微镜（PALM）、随机光学重建显微镜（STORM）等，相继打破了光学显微镜的分辨极限，达到几十纳米。成像技术现在正朝着在体的、活细胞、高灵敏、多分子、高通量的方向发展。在体分子标记和分子影像技术中，核磁共振成像（MRI）随着超高磁场（7T 以上）核磁共振成像技术的发展，开始从单一的氢核成像发展到多原子杂核成像和代谢成像，将极大扩展对生物体功能过程的观测能力。

（4）单分子技术。基于原子力显微镜、光镊、荧光相关广谱技术的单分子操纵、组装和检测技术，已经成为生命科学与化学、物理、工程、材料、电子等学科交叉的共同课题，期待在生物分子复合物组装、定向单分子操纵纳米分子器件等关键技术上取得突破。

（5）下一代测序技术。该技术的发展，对传统测序技术是革命性的改变，其发展的方向是高通量、低成本、单分子测序，以及不依赖化学试剂、直接读取基因组序列信息。

（6）单细胞测量分析与操控技术。近年来，以毛细管电泳及微流控芯片用于单细胞分析的单细胞测量分析技术已取得显著进展，表现在微流控芯片可用于细胞的培养、分选、操纵、定位、分离及组分分析，以及实时监测细胞释放及高通量阵列检测等方面。芯片的单元操作可根据需要灵活组合，显示出其独特的优点。单细胞测序技术的建立需要高质量的全基因组扩增技术和高通量、低成本的测序技术两个必备条件。此外，还需要开展对细胞能进行更全面表征或反映特性的仪器研制。例如，对细胞膜微区力学特性、细胞温度变化规律等特性的测量与分析。

（7）组学与系统生物学技术。组学与系统生物学主要通过进行基因组、RNA 组、蛋白质组、代谢组等海量数据的检测、分析与整合，对细胞、组织和生物体的分子间相互作用进行定量描述，通过研究某生物系统各部分间的相互作用关系，期望能够最终建立整个系统的可理解模型，并预测其功能、表型和行为。系统生物学开始于使用高通量技术对基因组和蛋白质组的研究，涉及第二代测序技术、各种芯片技术、质谱分析技术和微流控技术等。随着各类高通量分析数据的急剧增加及多个组学范畴的深入研究，对数据整合与分析并获得有用信息成为亟待解决的问题，各个数据库之间的整合也成为后组学时代生命科学领域面临的极大挑战。例如，Meta 分析是一种利用统计学方法和计算机技术对现有研究结果进行二次挖掘和综合分析，实现量化综述的过程。

（8）合成生物学。作为科学与工程高度交叉的新兴学科领域，如何从组织器官水平和单细胞水平编程调控细胞内和细胞间的生命活动行为，以及进一步运用工程的方法和技术开发生命“零部件”乃至“整机”，是整个合成生物学的最根本的科学问题。分子细胞生物学、基因组学、生物信息学及系统生物学等的发展，不仅提供了大量的有关生命系统的数据，而且使人类具有对这些数据进行归纳整合并揭示细胞内分子网络调控规律的能力。在此基础上，以重塑生命为核心的合成生物学取得重要进展，人类已经有能力在分子水平上对生命系统进行调控，因此，合成生物学在人类认识生命现象和规律、重新设计及改造生物等方面有重大科学意义。

主要研究方向：① 生物大分子和生物小分子的实时、动态和微量检测的新技术新方法发展；② 超分辨显微镜、单分子成像、非荧光成像、非标记成像技术等新技术的开发；③ 活细胞内的亚细胞器、分子复合物和生物大分子的结构、组装、运动和功能等研究方法的建立；④ 系统生物学和合成生物学新技术新方法。

第六节　实现“十三五”发展战略的政策措施

加强人才队伍建设，加强实验室软硬件建设，引进和发展具有国际先进水平的仪器设备和技术方法，提高测试分析能力和实验技术水平。以先进集中的仪器设备、完善的配套设施等科研条件为基础，凝聚优秀的科学研究和实验技术人才队伍。建议国家自然科学基金委员会部署较大规模的资助项目（如重大研究计划），以期快速跟进并赶超国际前沿，确立我国的研究特色和地位。建立多学科交叉的保障机制，充分调动参与人员的积极性，促进实质性学科交叉的实现。还要采取措施，构建起科学家群体、创新团队。详细的政策措施分述如下。

1. 保证基础研究经费

基础研究过程，经费投入是极重要的硬指标。学科的领域研究，在“十三五”期间要主动凝聚专家，争取有重大或重点方向上的项目立项与实施；同时，期盼国家自然科学基金委员会与专家们共同努力，争取到国家对科研经费的法定性拨款和不断追加，并大幅度提高研究的人员费和人员比例经费。

2. 培养和引进优秀人才

优秀的研究人才是关键因素，尤其是年轻的优秀研究人才要大力度引进，依然要给予特殊人才基金的资助；在已有的国家自然科学基金各类人才专项基金基础上，真诚地期盼逐步增加国家杰出青年科学基金、优秀青年科学基金的名额，避免高水平专家们的过度竞争。

3. 建立合理的科研评价体系

科研的评价是极重要的风向标，基础研究的评价体系要给科研人员创造一个相对宽松的科研环境，鼓励自由探索和创新，鼓励科研人员潜心从事长期性的前沿研究。所以，期盼对基础研究学科，要尽快建立健全多标准、符合我国基础研究发展需要的综合评价体系。同时，由于国际上基础研究的大合作性工作发表，对众多的同等贡献者（包括第一作者和通讯作者）已出现按姓名字母排序，以及学术期刊之间对这两类作者标记也出现各自的标注习惯，如只标记 1 个通讯作者，其余标记同等贡献者，实质上是一致的，参与评价、评审专家们和管理专家们都应熟悉这种情况。

4. 增强在国际学术刊物组织的影响力和领导力

从总体上看，我国在生物学领域参与的国际合作和交流还非常有限，并且较少占据主导地位，这与我国整体研究水平相对较低、政府对国际合作和交流特别是重大国际合作研究计划投入较少有关。应加强对国际前沿和热点问题的关注，举办和参与高水平、多层次、学科交叉的学术研讨会，努力与国外该领域顶尖实验室建立良好的关系和合作基础。鼓励并推动青年学者和学生的访问交流。

主要参考文献

Joseph F. 2005. 蛋白质、酶和基因——化学与生物学的交互作用 . 昌增益译 . 北京：清华大学出版社 .

戚正武 . 2009. 小分子蛋白酶抑制剂及多肽毒素的研究回顾 . 科学通报，54（18）：2734-2745.

中国科学技术协会，中国生物化学与分子生物学会 . 2014. 2012-2013 生物化学与分子生物学学科发展报告 . 北京：中国科学技术出版社 .

Anfinsen C B. 1973. Principles that govern the folding of protein chains. Science，181：223-230.

Berger S L. 2007. The complex language of chromatin regulation during transcription. Nature，447：407-412.

Chiti F，Dobson C M. 2006. Protein misfolding，functional amyloid，and human disease. Annu Rev Biochem，75：333-366.

Dennis J W，Nabi I R，Demetriou M. 2009. Metabolism，cell surface organization，and disease. Cell，139：1229-1241.

Karplus M. 2013. Development of Multiscale Models for Complex Chemical Systems：From H+H2 to Biomolecules. Nobel Lecture.

Lingappa V R，Blobel G. 1980. Early events in the biosynthesis of secretory and membrane proteins：The signal hypothesis. Recent Prog Horm Res，36：451-475.

Lingwood D，Simons K. 2010. Lipid rafts as a membrane-organizing principle. Science，327：46-50.

Lusis A J，Attie A D，Reue K. 2008. Metabolic syndrome：from epidemiology to systems biology. Nat Genet，9：819-830.

Novotny M V，Alley W R. 2013. Recent trends in analytical and structural glycobiology. Curr Opin Chem Biol，7：832-840.

Purdy M D，Bennett B C，McIntire W E，et al. 2014. Function and dynamics of macromolecular complexes explored by integrative structural and computational biology. Curr Opin Struct Biol，27C：138-148.

Quehenberger O，Dennis E A. 2011. The human plasma lipidome. N Engl J Med，365：1812-1823.

Rothman J E. 2013. The Principle of Membrane Fusion in the Cell. Nobel Lecture.

Schöb H，Grossniklaus U. 2006. The first high-resolution DNA “methylome” . Cell，126：1025-1028.

Spahn P N，Lewis N E. 2014. Systems glycobiology for glycoengineering. Curr Opin Biotechnol，30C：218-224.

Storz G，Altuvia S，Wassarman K M. 2005. An abundance of RNA regulators. AnnuRevBiochem，74：199-217.

Webber M J，Kessler J A，Stupp S I. 2010. Emerging peptide nanomedicine to regenerate tissues and organs. J Intern Med，267：71-88.

第七章

遗传学与生物信息学

第一节 遗传学与生物信息学发展战略

一、遗传学与生物信息学的战略地位

遗传学是研究生物体遗传和变异的科学。长期以来，遗传学一直是生命科学的基础支柱学科之一，是生物学各学科中最有逻辑演绎体系的学科。经典遗传学三大定律与分子遗传学的中心法则，构成了这一学科的基本理论体系和研究各种生命现象必备的知识体系。就其发展历史而言，遗传学包括经典遗传学、细胞遗传学、微生物遗传学、分子遗传学、现代整合（合成）遗传学等不同阶段。根据其研究对象和内容的不同，遗传学又可分为基因组学、比较基因组学、表观遗传学、群体遗传学、进化遗传学、细胞遗传学等诸多分支学科。这些分支学科，都旨在通过各种手段了解不同层次生物体，如细胞、个体、群体和物种的遗传信息编码、传递和变异规律。遗传学（特别是最早源于微生物遗传学的分支学科——分子遗传学）的诞生和发展催生了传统生物学向现代生命科学的转变。在生命科学飞速发展的今天，该学科已成为现代生命科学的基

础和核心学科之一。事实上，一方面，传统遗传学的基础理论与方法为现代生命科学提供了研究的基本策略和突变体材料，以基因和基因组为研究对象的现代遗传学正在从系统动态的角度揭示复杂生命现象的遗传基础，复杂性状如人类疾病发生的机理等的基本规律，依然引领着现代生命科学各个学科的发展方向，并为多种现代生物技术的发展提供基石。另一方面，现代生命科学和生物技术的进步更加丰富和发展了遗传学的研究内容，例如，非编码 RNA 对传统基因概念的拓展，表观遗传学和整合遗传学等新兴分支学科的出现，等等。

大量组学数据的产生已经改变了传统的针对单个基因或单个信号通路开展研究的模式，使得全基因组范围进行研究的整合生物学概念渗透到遗传学研究的各个层面，也使得生物信息学成为遗传学研究密不可分的伙伴。生物信息学是研究与开发处理各种高通量生物数据的方法、软件与工具，并针对基因组等组学数据进行储存、加工、分析，从而取得新的发现的学科。生物信息学作为一门新兴的学科，具有生物学、数学、统计学、信息科学等多学科交叉的特点，对于各种组学大数据和复杂生物过程的解析有重要作用。针对和利用各种高通量的组学数据，应用生物信息学的方法和手段，开发新的算法、软件，进行新的基因与调控元件的发现与功能解析，发掘新的调控规律与机制，开展调控网络构建和生物建模等工作，已经并将继续有力地推动遗传学研究的快速发展，并为实验生物学提供越来越多的线索和指导作用。

遗传学资助范围包括研究各种生物物种种质遗传和变异规律，植物、动物和人类体细胞、微生物的遗传和变异规律，以及各种新型的遗传操作技术研发。生物信息学主要资助范围是，解析和挖掘组学大数据的新理论新方法，不同层次组学数据的整合分析方法，整合各种组学数据解析复杂生命现象及其调控规律。遗传学和生物信息学目前的前沿方向包括基因组遗传与表观遗传信息解码、比较基因组学、体细胞和生殖细胞表观遗传机制，复杂性状的遗传机制，人类个体和疾病的基因组学、宏基因组学，非模式物种遗传操作技术的创新和改进，异质多维大数据的整合分析，基因调控网络的系统解析和构建等。

二、遗传学与生物信息学的发展规律与发展态势

遗传学的发展规律是人类不断在广度、深度和技术手段发展上认识各种生物遗传信息传递和变异的规律和奥秘。19 世纪末以前，人类对遗传变异的

认识处于“种瓜得瓜、种豆得豆”和“一母生九子、九子各不同”的现象感知状态；孟德尔1866年发表《植物杂交试验》一文明确提出植物性状的遗传规律——分离规律和自由组合规律，1900年这两个重要规律的再发现，为遗传学的诞生和发展奠定了基础；1910年摩尔根提出染色体是基因载体的概念，1953年DNA双螺旋结构的发现，随之诞生的分子遗传学解析了遗传物质DNA及其编码方式，建立了中心法则；之后发明的DNA测序技术奠定了21世纪基因组学的爆发式发展。从20世纪60年代单个基因的克隆，到2000年模式植物拟南芥和2003年人类基因组序列工作的完成；从最初单个基因的表型分析到20世纪60年代大肠杆菌DNA操纵子学说的建立，再到当代系统生物学的兴起，过去140多年里遗传学研究经历了不平凡的发展历程，取得了巨大的进步。特别是当代各种组学手段的应用，生物信息学和计算生物学的发展，遗传学已从对单个性状遗传规律的研究发展到在全基因组水平上对细胞生命单位和生物个体、群体遗传规律的探索。近一两年来，突飞猛进的基因组学和超越传统模式物种的普适遗传操作技术的发展，正在深刻改变着生命科学的各个方面。未来几年，随着生物圈中各种生物的基因组信息大量解码，大量人类个体的基因组信息积累，以及基因修饰和育种的各类高产、优质的菌种、动植物品种的大量涌现，将对人类的健康、农业生产、工业生物制造、环境保护等产生深远的影响。归纳起来，遗传学与生物信息学的发展呈现以下特点和规律。

1. 基因组学是目前遗传学和生物信息学领域发展最快、影响最深的方向

在人类基因组计划完成之后的几年中，后基因组时代已经越来越显现出规模化、系统化的特点。自1982年以来，世界上最大的生物数据库——美国的NCBI（National Center for Biotechnology Information）的数据量每18个月就要增加一倍。近几年，二代、三代基因组测序技术的突飞猛进更是使基因组学发展速度远远超越了信息学中的摩尔定律。大规模、高通量已经越来越成为生命科学研究手段的一大发展趋势，由此产生了基因组学、转录组学、蛋白质组学等组学研究领域，并决定了本领域研究需要将生物技术、信息技术、数学建模充分结合的交叉学科特点。生物信息学、计算生物学等衍生学科的发展，为基因组学数据的研究提供了大量方法和工具。得益于技术的不断突破和方法学

的逐渐成熟，与刚刚兴起时相比，当今的组学研究已经基本覆盖整个系统生物学的研究体系，涵盖了“中心法则”的各个层次，包括：新物种的序列鉴定、基因组注释及比较基因组，多样本重测序为基础的群体基因组学分析，转录组学，表观组学，以生态群落（尤其微生物群落）为研究对象的宏基因组学、生态基因组学，基因表达调控与蛋白质相互作用网络构建等。

以大规模数据产出为特点的模式，改变了传统生物学研究方法中以点及面的研究方式，从关注于某个具体问题发展为从更整体的角度进行研究，从假说导向转为了数据导向，同时也决定了其大科学、大平台的发展路线。在“十五”“十一五”“十二五”计划期间，得益于我国科学家的努力和国家在该领域的大力投入、依托一批大型科研项目的开展，在国内已建立起一批具有国际水平的基因组学、蛋白质组学研究中心，培养出一批优秀的科研工作者，并启动或完成了一些有重大国际影响力和科学意义的大型项目，目前中国已成为国际上产出基因组数据最多的国家，在蛋白质组计划方面也正在迅速发展。

2. 表观遗传学成为遗传学研究的热门新兴领域

表观遗传学研究不涉及 DNA 序列改变的、稳定且可遗传的基因表达变化或表型变化，其主要研究对象包括：DNA 修饰（DNA 甲基化）、组蛋白修饰（组蛋白甲基化、乙酰化、磷酸化、泛素化等）、染色体重塑和非编码 RNA 等。

由于核酸修饰和蛋白质的翻译后修饰广泛存在于生物体内，因此这一领域的发展规律与研究特点是“由大到小，由粗到细”。即第一步利用先进的生物信息学技术、基因组学、蛋白质组学等技术完成核酸和蛋白质修饰位点的预测和鉴定工作；第二步是通过现代分子生物学技术和遗传学技术开展对具体修饰位点的功能分析，进而逐步解析组蛋白和 DNA 的修饰在染色体上的动态调控规律及生物学功能，并深入研究表观遗传调控规律在有丝分裂和减数分裂中的遗传机制、（干）细胞增殖与分化中的作用机制和对特定性状与疾病发生的影响。

解密非编码 RNA（ncRNA）是遗传学研究的新方向和新挑战。回顾 RNA 研究的历史，每当 DNA 研究取得重大突破后，都会出现一个 RNA 研究的高潮。1953 年，DNA 双螺旋结构的解析掀起了在 RNA 转录和翻译水平解读遗传信息的高潮；1977 年，断裂基因的发现促进了 RNA 转录后加工的研究；20

世纪90年代RNA可以单独具有酶活功能的发现展示了一个十分诱人的“RNA世界”（RNA world）假设。特别是2001年“人类基因组计划”的完成推动了转录组的研究，使得科学家发现在高等生物细胞中RNA的种类与功能多样性远远超出已有的认识，从而使RNA组学研究成为后基因组时代的科学前沿。

非编码RNA的研究可以归纳为以下四个发展规律、研究特点和研究趋势。

（1）以高通量基因组测序为引导的各种新类型非编码RNAs的系统发现和鉴定。

（2）以研究miRNA、siRNA、PiRNA、lncRNA等非编码RNA的生物合成和功能为主导的各种类型非编码RNA新功能的发现。

（3）以筛选和鉴定非编码RNA基因表达调控和发挥其功能的蛋白质为热点的研究发展趋势。

（4）以开发和完善更有效的生物信息学方法为手段的，研究蛋白质与编码RNA/非编码RNA相互作用调控网络为目标的系统整合生物学研究的出现和快速发展。

由此我们可以看出，真核生物细胞中“RNA世界”的再发现，将从一定程度上进一步完善传统的基因概念和“中心法则”。绝大部分的基因组转录产物是非编码RNA，非编码RNA的种类和数量远超过蛋白质，在细胞中与DNA和蛋白质一起形成高度复杂的生物大分子调控网络。尽管非编码RNA分子不翻译成蛋白质而以RNA的形式发挥其生物学功能，但是非编码RNA从产生、加工、成熟、乃至发挥功能的各个环节都离不开与其相结合的蛋白质的参与。因此，要解读非编码RNA的功能需要找到它的结合蛋白。最终，能够解析出细胞内由RNA/DNA和蛋白质共同参与的信息调控网络。

3. 发育遗传学在广度和深度上的再发展

发育是遗传信息（基因型）与内外环境因子相互作用，并逐步转化为表型效应的过程。生物体的任何性状都要通过发育才得以表现。一般而言，多细胞生物的发育是从单细胞受精卵经过细胞增殖与分化逐步成长为多细胞成熟个体的过程。狭义的发育主要指胚胎发育，广义的发育则还包括胚后发育，即涵盖生物体从“生”（受精）到“死”的所有阶段。发育遗传学以基因或性状为切入点逐步揭示从基因到性状的发生过程与机理，本质上就是从基因的结构与功能出发阐释个体的组织器官形态发生的动态过程与机制。基因通过决定细胞的“性状”来实现对个体性状的控制，遗传与发育在细胞水平上得到统一。从分子、细胞、组织、器官到个体、乃至物种进化多层次、综合性解读发育现象将是未来发育遗传学的一大趋势。

长期以来发育遗传学依靠模式物种解析了动植物发育的基本机制，取得了人类认知多细胞生物发育遗传基础的重大突破。但是，我们对自然界中无数壮美的物种多样性的遗传基础依然知之甚少。随着基因组学和普适遗传操作技术的飞速发展，技术上使得各类物种均可成为模式物种。未来几年，针对自然界中各类生物解析多姿多彩的生命形式的发育遗传机制会是发育遗传学的一个热点方向，将在广度和深度上把发育遗传学推向又一个新高潮。

发育的遗传机制既存在相当程度的保守性（共性），同时也表现出鲜明的特异性（个性），这不仅体现在不同的物种之间，而且也体现在同一个物种内不同的个体之间，以及同一个个体内不同的组织器官之间。在 DNA 测序技术飞速发展的今天，多个物种甚至同一个物种内多个个体都已完成基因组测序，而且越来越多的不同物种和同一个物种的不同个体的基因组信息将会被加速破解，这为人们在全基因组范围内全面分析、比较不同层次的发育机制的保守性与特异性提供了全新的研究平台。因此，通过全基因组序列与时空表达谱的比较与分析，在组织、器官、个体、物种等不同层次上研究发育机制的保守性与特异性成为新时代发育遗传学研究的又一个发展趋势。这些层次包括两方面。

（1）同一个物种内发育机制的保守性与特异性：① 相似的组织器官（起源相似、位置相邻、结构相近、功能相关）的发育机制比较；② 正常发育（生理性发育）与异常发育（病理性发生）机制的比较；③ 胚胎期组织器官的从头生成与成体组织器官的更新、修复与再生机制的比较；④ 不同个体的个性化发育机制比较。

（2）不同物种之间发育机制的保守性与特异性：① 不同物种共有组织器官发育机制的比较；② 特有组织器官的发育机制研究等。

此外，动物克隆与干细胞研究技术近几年得到了惊人的发展，这使得人们有可能将体内组织器官发育机制与体外模拟的组织分化与器官形成过程相互参照，从而实现对细胞命运的主动干预，这将对组织工程与器官移植带来深远的影响。

4. 群体遗传学是解析群体遗传大数据的重要理论工具

群体遗传学是从时间和空间上去考察遗传及环境对于动植物种群、人群及微生物株系等的影响。它应用数学和统计学的方法研究群体的基因频率和基因型频率变化、影响这些变化的选择效应和突变作用，以及迁移和遗传漂变与遗传结构的关系，由此来再现生物进化的机制，为动植物育种、微生物工程以及人类疾病等研究领域提供重要科学依据。

随着新一代基因测序技术的发展，全基因组测序成本大幅下降，使得应用测序技术在基因组水平上比较种间和亚种间变异，现代物种和古代物种间的差异以及生物个体间差异成为可能。个体基因组测序将产生大量的序列数据，如何实现基因组序列的组装和有效鉴定个体基因组的变异，并发现基因组变异与特定性状的关系，将是未来群体遗传学面临的重要课题之一。在未来几年，围绕人类疾病展开的群体遗传学研究，集约化建设高通量基因组分析（包括测序和信息分析）平台将是一个我国面临的必然任务，在理论上如何处理和分析海量数据也提出了新的挑战，需要新的人才、新的理论、新的项目和基金组织的支持方式，需要摒弃生物学中传统的单一课题组的研究模式，建立大型的协作研究机制。我国庞大的医学样本和研究队伍有望使我国在未来的健康医学研究中取得国际领先地位。在理论研究方面，需要大量精通统计学和生物学的复合型人才，突破传统的小数据量的群体遗传学研究模式，创立崭新的、有效的群体基因组学理论模型，从而有效地锁定致病基因。一方面，未来大量个体基因组的积累将超越 GWAS 发现的常见突变，发现致病的稀有突变，有望全面诠释各个复杂疾病所有可能的分子遗传机制，从而在药物研发、靶标寻找、个性化给药和诊疗方面得到革命性的发展，使医学得到全面革新。另一方面，重要细菌、病毒、真菌及微生物种以下水平不同株系的全面系统的基因组多态性信息，将为疾病尤其是流行病的预防治疗，以及工业微生物工程提供重要参考依据及基因素材。

基于群体的大量遗传信息，也将给研究自然物种和家养动植物的群体和个体变异机制提供前所未有的数据基础，给群体遗传学研究提供了崭新的研究机遇。

5. 复杂性状遗传基础的阐明是遗传学研究的热点和难点

在物种的自然（或人工选择）群体中，复杂生物性状通常呈现连续变异，而且这些变异还会因生存环境的改变而发生更为丰富的变化。人类多基因复杂性状疾病是最常见的疾病，发生率通常占到人口的2% ～ 10%，并且有着高死亡率和高致残率，如常见的心血管疾病、肿瘤、糖尿病等。神经系统疾病，包括精神疾病造成的危害也非常严重。据统计，我国一年自杀的案例超过20万例，实际上其中有许多是心理和精神性疾病导致的。生命现象虽然复杂，但其认识过程往往是因繁就简的研究策略，即通过建立简单的实验体系来解析复杂现象的发生规律。就细胞而言，需要对细胞各组成部件逐一解析其组成成分、组装方式，然后了解其动态变化，从而在整体水平了解细胞的功能，这也是整合生物学的研究基础。复杂性状也是如此，简化的策略可以是通过在相对简单的模式生物中去研究（如酵母、线虫、果蝇等），也可以通过研究某种性状的极端情况的家系，以单基因性状的模式来研究。例如，身高是一种复杂性状，如果某一家系出现极端个矮（即侏儒症）的家系，通常符合孟德尔遗传规律，可以通过定位候选克隆策略来发现与身高相关的基因。人乳腺癌基因*BRCA1*和*BRCA2*基因的发现正是这一研究策略的成功范例。基因组学的发展也为复杂性状的研究提供了新的手段，全基因组关联分析是目前研究复杂性状的一种常用方法。

动植物重要经济性状产生和变异的遗传基础及其与环境的相关作用机制将是今后相当长一段时间内的一个战略任务，其研究方法和研究规模都与过去有了很大的不同。从比较基因组的层面筛选与性状紧密关联的基因，分析其在选择过程中的基因 / 基因型频率的变化对于认识基因的选择和进化过程进而建立基因与性状的关联，业已成为一种主要的研究方法。在动植物群体遗传学领域引入高通量的基因分型手段和先进的统计分析方法，锁定引起变异的主效基因，构建性状分子辅助选择的理论技术体系将逐渐成为主流研究，基因组选择辅助育种将大大加快各种物种的育种速度。

6. 进化遗传学揭示地球生物圈物种起源与进化的奥秘

传统的进化生物学与现代基因组学相结合是现代进化遗传学研究的突出特点。随着现代基因组学的发展，进化基因组学、比较基因组学和进化发育遗传学（Evo-Devo）等新兴学科应运而生。达尔文《物种起源》中“动物和植物在家养下的变异”一章所涉及的人工驯化问题，近年来在动植物中都取得了令人瞩目的进展。特别是，随着新一代测序技术的发展，利用重测序技术从全基因组学水平上研究人工驯化成为趋势。新基因的起源和进化从研究单个基因深化到了对整个基因组和新基因功能的研究。比较基因组学从对少数物种、个别基因组区域的比较分析发展到选择具有较为清晰的系统进化关系的多个物种进行全基因组序列比较，从而开展动植物基因组进化的研究。进化生物学和发育生物学的结合催生了进化发育遗传学这一新兴学科，该学科在近年也取得了长足的进步。另外，基因组学和传统的生态学、群体遗传学的结合也将为进化遗传学开辟新的研究领域和研究方法。进化基因组学、比较基因组学等新兴学科赋予了进化遗传学崭新的内涵。

长期以来，遗传学对于生物圈中的大多数生物无能为力。可以预见，未来一些年内，地球生物圈中从高原到深海，从极地到热带，从水生到干热环境，很多物种的基因组将被解析。这些发展不仅将为构建系统的生命之树提供史上最大的数据基础，也将为人类认知生物进化的规律，挖掘大量有用基因资源，培育崭新的有用新品种，带来前所未有的巨大机遇。

7. 生物性状的表征与系统分析是目前遗传学研究的重要任务

自 20 世纪五六十年代分子遗传学蓬勃发展以来，基于模式物种进行的分子生物学研究一直是遗传学和生物学的热点内容，但对于广大生物性状的表征（phenotyping）研究一直缺乏精细和系统的分析。目前，分子遗传和基因组学技术方法已经十分高效和成熟，缺乏对各种生物性状的系统分析和数据积累成了解析复杂生命现象的重要障碍。特别是，大多数危害人类的慢性病，以及家养动植物的经济性状，往往都是很多遗传因子参与的、与环境密切互作而展现的复杂性状。如果没有精细和系统的性状表征研究，就很难有效剖析出决定或影响一个性状的主要遗传因子以及复杂性状形成的机制。因此，对重要生物性状进行系统的表征和分析成了当前遗传学乃至整个生物学的一个重要任务，需要重点支持。

8. 生物信息学对遗传学与生命科学研究的指导作用日趋显著

后基因组时代以基因芯片和高通量测序技术为代表的各种组学研究方法的开发与广泛应用，已经变革性地改变了生命科学的研究方式。对基因功能和特定生命现象调控规律的研究，已经由针对单个基因、单个蛋白质、单个调控通路的传统研究方法转向多基因、多通路、网络化的系统研究方法；研究对象也从基因组、转录组、蛋白质组等一级组学数据扩展到DNA甲基化、组蛋白修饰、染色质三级结构等多层次的复杂数据。相应的，针对各种大规模数据，利用生物信息学进行整合分析，挖掘新的调控元件与调控规律，解析整体调控网络，已经成为遗传学研究的常用手段，并且对实验生物学的指导作用日趋明显。随着生物信息学自身的发展与完善，生物信息学与实验生物学的结合也日益紧密，已经由注重算法、软件与数据库的开发转向方法和软件开发与知识挖掘并重。近年来，多种新的遗传调控现象与规律，如基因组结构变异、组蛋白修饰的分布特征、染色质高级结构的形成规律等，都是借助于生物信息分析得以发现的。随着各种组学研究手段的进一步普及和生物信息学与实验生物学结合的进一步深入，生物信息学在遗传学研究中将发挥更加重要的作用，也将推动更多新现象、新机制、新规律的发现。

9. 整合遗传学是遗传学发展的必然趋势

整合遗传学，又称系统遗传学、系统生物学，是随着“后基因组时代”的到来而产生的。其核心是利用系统研究的方法，从整体的角度发现重要功能基因，阐明基因表达调控、代谢调节、蛋白质相互作用等网络的组成和动态变化情况，发现决定重要性状的关键基因，解释物种进化规律，构建电脑模拟的细胞或生命体模型等，其应用技术即是合成生物学。整合遗传学主要包括如下特点。

（1）整合遗传学注重整体性研究。传统的遗传学研究大多仅针对细胞内的个别基因、代谢产物或蛋白质，而整合遗传学的研究对象是细胞内某一时期表达的全部基因、代谢组或蛋白组，及其互作网络等对某一生命活动的动态调控规律。

（2）整合遗传学的产生和发展离不开各种新的研究手段的应用：① 测序技术的发展推动遗传学研究进入了“后基因组时代”，推动了转录组学、蛋白质组学的发展；② 新一代测序技术的诞生又为各种组学研究提供了新的平台，从而大大提高了数据产生的速度；③ 基因敲除和RNA干扰技术的发现使得准确、快速地研究基因功能成为可能；④ 基于全基因组的关联分析和稀有突变的鉴定可以比传统的图位克隆方法更加快速、有效地发现控制复杂性状的重要功能基因；⑤ 生物学信息学和系统生物学的产生与发展提供了分析各种组学数据的方法与手段，并使从整体和网络的角度研究遗传现象成为可能。

（3）整合遗传学主要整合利用表型组学、基因组学、转录组学、蛋白质组学、代谢组学分别在DNA、RNA、蛋白质和代谢产物水平检测和鉴别各种基因变异对生命复杂系统的调控，系统地研究各种分子间的相互作用，发现和鉴别分子机制、途径和网络，构建类似集成电路的生物学模块，并在研究模块的相互作用基础上绘制生物体的相互作用图谱。

（4）生物信息学是实现“整合”遗传学研究的必要手段。生物信息学在整合遗传学中的应用主要可分为知识发现和模拟分析两部分。知识发现也可称为数据挖掘，是从实验生物学包括各个组学实验平台产生的大量数据和信息中发现隐含在里面的规律并形成假设。近年来大量新型实验数据的出现也对生物信息学提出了新的挑战。因此，开发实用、高效的计算方法和软件来分析遗传学相关数据也是整合遗传学研究的一个重要方向。模拟分析是基于实验或计算挖掘所获得的数据信息及基因、蛋白质等的相互作用关系，用计算机构建基因表达调控和蛋白质相互作用等的网络模型，从而对某些生物元件的功能做出预测，对实验设计提供一定的指导作用。并在此基础上，进行细胞、组织、器官、甚至生物体的计算机模拟和模型构建，研究模型在不同条件下的动态变化情况，最终形成可用于各种生物学研究和预测的虚拟系统。

（5）以微生物遗传学、细胞遗传学理论技术为重要依托的合成生物学，有望将整合遗传学建立的理论模型转化为有重大实践意义和前景的实体系统。采用整合遗传学原理、合成生物技术，人工设计与合成基因、基因链、信号传导网络等，合成生物学将有望对细胞进行系统生物工程改造与重编程序，重塑一种具有特定生理功能的生物体系，使其能处理信息、制造材料、产生能源、提供食物、生产药物、增进健康、改善环境等，甚至人造生命。

总而言之，今天，遗传学处于组学信息大数据爆发式增长的态势，各种物种遗传编码信息的解析和积累速度已经远远超过了IT行业中著名的摩尔定律。解读这些海量大数据的生物信息学显得愈发重要。可以预见，在未来5年中，这一速度还会大大加速。在获取和认识海量遗传大数据的基础上，伴随着近两年出现的新型高效遗传操作技术（如TALENs和CRISPER/Cas9）等，将给遗传学与生物信息学基础研究、应用和产业以及生物计算和存储技术带来巨大的机遇，同时也带来巨大的、在以前遗传学史上前所未有的大科学挑战。遗传学与生物信息学正在从零散的PI式研究走向大交叉、大联合、大规模的大科学时代。人类有望认识每一个人的遗传和表观遗传变异，进入所谓个性化医学和保健时代，也能跳出传统遗传学囿于模式物种的藩篱，随心所欲地解码地球上任何一种物种的遗传信息，随后应用生物信息学和高效遗传操作技术进行基因修饰乃至新代谢通路和新物种的设计。未来5年，将是人类了解整个地球生物圈各种生物物种遗传信息，并从中挖掘和设计有用基因信息的大爆发时期。基于这些大多数公众和政治家都还未深刻意识到的遗传学与生物信息学巨大发展，未来5年有可能成为规定地球生物圈和人类未来可持续发展的关键时期，对人类的生产方式，生活方式，食物、环境和能源安全，社会伦理，生物学研究方式等都将产生巨大而深远的影响。我们需要以极高的战略眼光做出前瞻性部署和规划，在新的一轮以生物科学和技术为核心的科学技术革命中，占领制高点。

三、遗传学与生物信息学的发展现状与发展布局

正如前述，遗传学与生物信息学已跳脱出传统模式物种的限制，在认识和解码生物圈中各种生物遗传信息即基因组信息方面，进入了大数据时代。全方位从细胞、个体、群体、群落、跨物种不同层次海量遗传信息的解码和积累，对于理解肿瘤、个体发育、生殖系遗传信息传递与变异、疾病和物种对环境的适应及进化等科学问题会有深刻影响；基因组、转录组、表观遗传组、蛋白组、表型组、宏基因组等多维异质大数据的快速积累，将深刻改变传统生物学还原论的研究方式，使得生物学家必须了解系统、庞大的各种生物信息，以解析生物奥秘；在遗传操作方面高效遗传操作技术会推动传统的功能生物学研究从零散的方式向高通量、规模化方式转变，以前所未有的速度和效率实现对各类生物物种的遗传解析以及随后的修饰和调控。

遗传学研究必须面向国民经济和社会进步中的重大需求，重点支持在农业、医学、工业和环境等领域围绕国家需求为目标开展基础研究，努力解决生物安全、食品安全、卫生安全和生物产业发展的深层次基础理论问题，特别关注对我国优生优育与人口健康有重要意义的研究，以及早期胚胎发育机制和早期胚胎核-质关系的研究，重视重要组织器官发育缺陷与人类疾病模型的建立，重视组织器官再生的遗传基础研究，重视肿瘤等异常发育（病理性发生）的遗传基础研究及微生物流行病学研究等。

目前，我国基因组学研究和基因组数据产出能力已居于世界引领地位，

生物信息学研究能力和队伍处于世界先进水平，国民经济和科学技术的发展也到了一个前所未有的地位。以前我国大多数生物学科的规划都会很大程度参考美国等发达国家的规划，未来我们需要从学科本身发展的趋势和规律，作出独立的、引领性的规划。在基因组学、生物信息学和遗传操作技术飞速发展的背景下，宏观上遗传学与生物信息学布局需要关注遗传信息组（包括基因组、转录组、蛋白组、表观遗传组等）大数据产出和存贮中心的建设，人类遗传数据库和有用物种如农业和工业物种、工程及资源微生物种质资源库和遗传材料库的建设，生物大数据存贮、分析的理论和方法，各种物种遗传操作和修饰技术的研发和优化，染色体和基因组调控规律、复杂性状的遗传规律、重要功能基因的发掘与应用、表观遗传调控等。具体从遗传学与生物信息学的基础研究看，有以下方面需要布局：① 基于基因组信息的生物圈生命进化之树的构建；② 组学大数据的解读和分析，这方面需要大力加强基因组学与计算生物学、系统生物学和实验生物学的交叉；③ 各类生物遗传操作技术的研发和改进；④ 复杂性状和复杂疾病的系统遗传基础和形成机制；⑤ 表观遗传学及其高效研究技术的发展；⑥ 遗传伦理学（包括个人遗传信息隐私和人为改造物种的伦理学）需要大力加强并具有前瞻性。

长期以来，国家自然科学基金采用项目和人才两大板块并举的资助模式，大力支持基础研究、坚持自由探索、发挥导向作用，较好地发挥了对学科发展的引领作用，在促进学科全面和均衡发展、引导科学家探索科学前沿、培育创新人才和团队、营造利于创新的氛围等方面发挥了重要作用。

在过去的 5 年中，我国的遗传学与生物信息学获得了长足发展。随着国家对自然科学基金项目的投入不断增长，遗传学和生物信息学科的资助规模不断扩大、资助强度不断提高。资助项目数从 2011 年的 283 项增加到 2015 年的 330 项，资助经费由 2011 年的 1.6 亿元增长到 2015 年的 2 亿多元。遗传学与生物信息学科近五年累计资助项目 1500 余项，资助经费 10 亿多元。科学基金在夯实学科基础、培养人才和促进学科全面和均衡发展发挥了重要作用。

在规模扩大的同时，资助结构不断优化。在全面和均衡发展的前提下，学科也在不失时机地优化资助结构，大力支持新兴领域发展。例如，20 世纪后期，基因组学、蛋白质组学、表观遗传学和结构基因组学等诞生之初，学科根据国内外发展趋势，及时调整学科布局，增设新兴领域，启动并连续支持了“1% 人类基因组计划完成图”的绘制和“中华民族基因组中若干位点，基因结构的研究”两个人类基因组重大项目；1998年，实施了国内第一个蛋白质组学方向的“蛋白质组及蛋白质动态变化与功能关系”的重大项目；2003年，在表观遗传学研究领域设立并支持了“卵子发生过程中等位基因特异性甲基化修饰的表观遗传调控机制”“组蛋白甲基化调控基因表达的机理研究”和“染色质结构变化对哺乳动物胚胎发育命运的调控”三个重点项目；2008年，启动了“细胞编程与重编程的表观遗传机制”重大研究计划；2012年，启动了“微进化过程的多基因作用机制”重大研究计划。学科布局的优化以及一批重点和重大项目的实施，使我国在遗传学新兴领域发展上跟上了时代的快车，为推动了这些领域在我国的快速发展发挥了重要的作用。目前遗传学的资助范围除了分子遗传、细胞遗传以及数量遗传等传统和经典的领域外，还包括了基因组学、表观遗传学以及生物信息等新兴领域，并将网络调控和整合研究作为重要的发展方向。

四、遗传学与生物信息学的发展目标及其实现途径

遗传学与生物信息学的最终目标是全面解析生物圈中各类生物及其性状的遗传基础和变异适应机制，在此基础上，在可持续和与自然和谐发展的前提下，人类自如地调整、修饰和设计物种的遗传结构。

未来5年，遗传学与生物信息学领域的发展目标是：① 建立健全组学大数据的收集、存储和分析的理论、技术和规范；② 解析生物圈中重要和独特物种的遗传信息；③ 实现基于个人基因组的个性化医学；④ 发展非传统模式物种的遗传操作技术，对重要和有用物种实现遗传操作，前瞻部署遗传伦理学研究，提出相关规范和法规建议，为遗传学与生物信息学共同造福人类和人类生存的环境服务。

为实现这些目标，要加强基因组学、蛋白组学大科学中心的建设，鼓励所有生命科学研究者熟悉和掌握组学大数据服务于自己领域方向，扶持遗传学与生物信息学数据分析和遗传操作技术的创新和优化研究，促进非模式但重要或有用物种的遗传解析和遗传操作研究，使遗传学与生物信息学真正能解释多姿多彩的生物多样性成因，同时促进社会经济的发展。

第二节　“十三五”期间遗传学与生物信息学优先资助领域

根据遗传学与生物信息学学科的国内研究基础、国际前沿动态，本着既强调探索性前沿基础研究、也强调面向人口健康及农业等重要需求的基础研究的精神，建议在“十三五”期间优先资助以下领域。

1. 遗传学新现象和新机制

长期以来，遗传学研究既发展了遗传学本身的基本规律，也为其他重要生命进程的规律发现提供了重要研究手段。随着研究的深入和技术手段的进步，一些遗传学新现象和相关机制得以发现；此外，利用遗传学手段研究一些新的生命进程机制也成为可能。

本方向鼓励以上两方面的研究，具体包括：① 以传统模式生物和新兴模式生物为研究对象，研究遗传学本身的新现象、新机制和新规律；② 利用遗传学手段，针对重要生命现象（如代谢调控，细胞器的发生、融合、分裂调控等）开展探索性研究；③ 建立重要疾病或农艺性状的模式生物模型，开展相应的机制研究及应用基础研究等。以期通过学科发展和技术进步发现遗传学新现象、揭示遗传学新机制。

2. 表观遗传信息的建立、维持与解读机制

表观遗传现象指非基因突变导致的可继承的性状变化。表观遗传信息可以在细胞分裂的过程中得到传递，其建立、维持及解读与正常发育、衰老、疾病发生和细胞编程与重编程等重要生命进程息息相关。

表观遗传学研究近期迅猛发展，本方向鼓励开展以下研究：① 鉴定新型表观遗传信息及其建立、维持相关调控因子，并研究其分子机制和生物学意义；② 鉴定表观遗传信息在基因组上的分布，尤其是在发育进程、疾病发生、应激反应等生命过程中表观遗传信息在基因组上分布的动态变化，以及这些过程的调控机制与生物学意义；③ 发展针对少量细胞乃至单细胞表观遗传学研

究的新技术手段；④ 研究表观遗传信息的解读机制，包括表观遗传信息的识别、表观遗传信息对染色质三维结构的影响、表观遗传信息对基因表达的调控机制等。以期对表观遗传信息的实现及对基因表达调控的作用机制有一个全面的了解。

3. 单细胞水平的遗传分析和机制研究

历史上遗传学研究多以模式生物为研究对象，其中单细胞水平的遗传学研究主要以酵母为模式生物，因为在其他高等真核生物中进行隐性筛选（recessive screening）的技术难度太大。然而，即便在单细胞水平，高等真核生物也往往具有酵母中不存在的复杂生命过程，例如特定高等生物细胞中的特殊代谢过程、复杂的染色质调节事件等。随着近年来遗传操作技术的成熟以及高等生物特殊细胞类型分离技术的成熟，以高等生物单细胞为材料开展隐性筛选成为可能。

本方向鼓励开展以下研究：① 发展适用于高等生物单细胞层面的高通量遗传操作技术；② 利用新型遗传操作技术，在单细胞水平进行遗传筛选，研究高等生物在细胞水平特有的重要生命进程及其机制；③ 开展特殊类型细胞的单细胞组学研究等。此外，本方向也鼓励对非传统模式生物的单细胞生物（如藻类）开展遗传学研究，以期探索历史上因技术原因研究较少的单细胞遗传现象和生命机制。

4. 遗传突变的分子机制与规律

DNA 突变是生物体遗传多样性的来源。突变不仅在个体间产生遗传差异，从而导致疾病等表型；而且在群体及物种水平上为生物进化提供驱动力。对 DNA 点突变等经典遗传变异的解析已经较为清楚，但是仍值得在全基因组水平进行进一步的分析，而基因组上大尺度遗传变异（基因组结构变异）的产生规律及分子机制仍亟待深入的探索。

本方向鼓励开展以下研究：① 从 DNA 复制等角度探索基因组产生结构变异的分子机制；② 发展用于解析基因组 DNA 重排精细结构的新技术、新方法；③ 利用新的基因编辑技术建立有效的细胞及动物模型用于研究基因组结构变异的生物学功能；④ 研究中国人群中基因组结构变异的分布和传递规律；⑤ 在全基因组水平分析各类突变的分子机制；⑥ 探索遗传变异在群体起源、分化和适应性进化过程中的重要作用。以期从遗传变异角度为解答疾病发生、生物进化等重要生物学问题提供新的视角和途径。

5. 减数分裂和同源重组的分子机制

减数分裂是遗传信息传递和生殖发育的必要环节，而其中的染色体同源重组则是产生遗传多样性的重要机制。减数分裂的核心事件为同源染色体的相互作用，具体可分为同源染色体的配对、联会、重组等，其中任意一个方面的故障都可导致染色体分离错误和子代发育异常，甚至亲本不育。同时，DNA合成、染色体浓缩和纺锤体驱动的染色体分离也是减数分裂中的重要过程。近年来，国内外的研究发现了部分参与这些过程的基因，但是这些过程的重要调控机制还不清楚。

本方向鼓励开展下列研究：① 揭示控制与调节同源染色体配对、联会、重组的分子机制；② 鉴定 DNA 合成关键因子在减数分裂中的作用；③ 探索染色体浓缩的遗传与表观遗传机制；④ 研究染色体与纺锤体的相互作用以及染色体分离的调控机制。

6. 跨代表观遗传现象与机制

表观遗传现象指非基因突变导致的可继承的性状变化。然而其继承性除植物外目前主要体现在有丝分裂的过程中，也即个体水平上。近年来，在线虫、果蝇和哺乳动物中也逐渐出现了一些跨代（transgernerational）表观遗传学现象的报道，这是表观遗传学领域的一个新动向，也可能成为遗传学的一个重要的新生长点。

本方向鼓励开展以下研究：① 在动植物中开展跨代表观遗传学研究，明确跨代表观遗传学事件，并开展其机制研究；② 在减数分裂过程中开展表观遗传信息的继承性机制研究等。以期为跨代表观遗传研究打下一个坚固的基础。

7. 细胞器基因组多样性和核质相互作用

虽然占整个生物体的遗传物质比例较小，线粒体和叶绿体有自己的遗传物质，而且它们是细胞的代谢中心，细胞器基因组的改变能对细胞功能产生重要影响。对细胞器遗传物质多样性及其与核基因组相互作用的进一步了解能够更好地阐述生物性状的分子机制。宏观上，此方向鼓励系统研究细胞器遗传物质多样性对生物性状的影响。微观上，随着单细胞分子操作和测序分析技术的发展，系统研究细胞器基因组体细胞突变（somatic mutations）已经成为可能。

本方向鼓励系统研究此过程及其对生物和细胞代谢的影响，以及核基因组与线粒体、叶绿体相互作用和调控的机制。

8. 发育进化的遗传学基础

多细胞生物的发育与物种的进化是生命科学中的传统重要问题，并仍将在未来的研究中占到举足轻重的地位。

本方向鼓励系统性地开展以下研究：① 针对各种发育事件，以正向或反向遗传学为手段，研究发育进程中重要的调控基因及其分子机制；② 针对发育事件，以遗传学研究为手段，搭建发育事件中重要调控基因构成的通路；③ 深入系统研究动物形态进化的各种遗传机制，在更大的物种范畴内检验进化发育生物学（Evo Devo）中关于动物形态进化的工具箱基因和调控序列控制学说；④ 研究不同动植物物种形态进化的遗传变异基础；⑤ 在进化发育框架下解析不同物种代谢通路和网络的进化规律；⑥ 解析动物、植物复杂性状形成的进化发育机制等。以期揭示发育进化的遗传学基础。

9. 基因表达的关键调控元件与调控规律的发现与功能研究

近年来，随着各种新的实验技术与方法的开发，尤其是组学研究方法的广泛应用，新类型的基因、调控元件或调控关系正不断被发掘，包括各种类型的非编码 RNA、DNA 序列重复变异、染色质高级结构对基因表达调控的影响等。

本方向鼓励开展以下研究：① 支持整合传统的实验方法、各种高通量研究手段和生物信息学分析方法，基于各种组学数据来发现关键调控基因与序列，发现染色质在核内三维空间的动态规律，解析其调控规律与生物学功能；② 重点支持基于组学的新实验与分析方法的开发、新的基因表达的关键调控元件、新的染色质动态规律发现与功能研究。以期在遗传机制与功能调控解析方面有所创新。

10. 生物大数据存储、整合与解析的方法与软件开发

近年来，各种组学实验方法已经在现代遗传学研究中被越来越广泛地

应用，随之产生的生物大数据相关的存储、整合与使用等问题与挑战也日益突出。

在生物数据量超指数级增长的情况下，本方向鼓励围绕下列问题开展研究：① 生物数据资源的高效储存与共享的新算法与新方法；② 多元高通量数据整合分析方法与软件的开发；③ 重要模式生物多元高通量数据库的构建；④ 高通量生物数据挖掘方法与软件的开发；⑤ 单细胞水平高通量数据评估与分析方法的开发；⑥ 遗传与表观遗传相关个体化组学数据的整合与分析。以期满足日益增长的生物大数据储存、使用与分析的需求。

11. 遗传调控网络构建和解析的理论与方法

生物体的内在调控是多层级、多类型、多分子参与的复杂网络。从调控层级的角度看，可分为基因组序列组成的调控、转录调控、转录后调控、翻译调控、翻译后调控等；从调控的类型看，可分为经典遗传调控和各种类型的表观遗传调控；从调控的分子看，任何一个生物学功能的实现都是由多个生物大分子（蛋白、非编码 RNA、调控序列）或生物大分子与有机或无机小分子共同作用的结果。

以解析遗传调控网络的组成与功能为目的，本方向鼓励以下研究：① 整合多层级调控因子的遗传调控网络拓扑及时空构建的方法与技术；② 遗传调控网络的结构、成分及各成分间相互作用时空关系的解析技术；③ 网络时空动态变化规律的预测技术；④ 网络稳态维持与演化趋势计算、评估方法与分析软件开发、网络功能解析。以期开发出一系列准确、有价值的遗传调控网络构建与解析的方法与软件。

12. 生物建模方法的开发与生物模型构建

生物建模对于理解复杂的遗传调控规律具有重要的指导意义。未来理想化的遗传学研究是在整合多元生物数据的基础上，建立准确的遗传调控网络计算机模型，从模型中推测遗传调控网络中的关键成员及其功能，进而指导实验设计和关键遗传调控元件或机理的发现。

为实现这一目标，本方向鼓励围绕下列问题开展研究：① 生物模型构建的理论与方法研究；② 确定复杂网络中元件间相互作用模式与定量关系的计算与实验方法；③ 精确的基因表达调控回路与网络的计算机模拟技术；④ 基因表达调控网络时空动态变化的模拟与预测技术；⑤ 细胞、组织、器官与个体的形成与行使功能的生物模型构建技术。以期在生物建模研究方面取得一定突破，实现部分调控网络或细胞功能的计算机模拟。

13. 新型遗传操作技术的发展

随着遗传操作技术的发展，许多非传统模式物种（如灵长类等）的遗传操作成为可能，这为以往在传统模式生物中无法研究或者受到严重局限的一系列方向打开了技术上的突破之门。

本方向鼓励开展以下研究：① 发展和优化新型遗传操作技术，尤其是能够运用于非传统模式物种的遗传操作技术；② 对新型遗传操作技术的评价性研究；③ 利用新型遗传操作技术，开展对重要生命现象和规律的研究等。以期在技术和科学上均能取得前沿性突破。

14. 古 DNA 与生物演化的遗传规律

古 DNA 是生物和人类演化历史期间在特殊环境中保存下来的生命体遗骸中保存的 DNA。长期以来对于古 DNA 的研究有很大技术困难，缺乏系统的设计研究。近年来，随着微量 DNA 提取和测序分析技术的发展，使系统研究古 DNA 成为可能，并成为一个前沿热点。对于古 DNA 开展系统的研究，将使人类认知生物和人类自身演化的能力和视野大大拓展，解决许多长期以来不能解决的生物演化问题，并检验一些演化假说的正确性，具有重要的科学意义。

本方向鼓励系统性开展各类动物、植物、微生物、古人类、家养动植物古 DNA 的研究，培育新兴方向，拓展人类的知识体系。

15. 生物性状演化的遗传变异基础

地球上的生物圈充满了形态各异、多姿多彩的生命体。生命科学的根本目标之一是认知生物多样性产生和演化的机制和基础。从达尔文以来，生物学家一直试图解释这些形态各异的生物性状的成因。但关于生物性状演化的遗传变异基础，即是什么样的新遗传变异（genetic novelties，或称 genetic innovation）导致了新性状的出现，长期以来一直知之甚少。随着非传统模式物种基因组学和遗传操作技术的巨大进步，未来有望更多地开展各类生物物种性状变异和进化的遗传基础研究，解决许多长期以来人类无法解析的问题。

本方向鼓励系统性研究如下问题：① 多姿多彩的生物物种性状的形成机制；② 基因点突变、新调控元件出现、新基因的出现、表观遗传修饰等遗传变异各自在生物新性状的进化中的作用。

16. 生物资源的功能基因挖掘与遗传学研究

重要基因资源是动植物品种改良的必要起点，也在人类健康研究方面起到重要作用。对重要基因资源展开研究既具有重要的生物学意义，也具有潜在应用的价值。生物圈中除了驯化的动植物外还存在着大量的野生生物资源。野生生物资源有大量基因，它们有的编码各种特殊的、在家养动植物性状改良方面具有潜在应用价值的重要功能基因，有的编码特殊的功能基因群催化合成各种具有药用价值或其他工业价值的此生代谢产物。

本方向鼓励开展以下研究：① 在人类、重要作物、家禽家畜、经济林木等重要生物资源中解析新的重要性状决定基因；② 野生生物资源中重要功能基因的克隆及相关机制研究；③ 生物资源中重要功能基因的演化研究；④ 利用重要生物基因资源开展功能性研究和应用基础研究等。以期丰富生物基因资源并加以利用。

17. 人类及模式生物表型的系统表征和分析

表型特征是指人类及模式生物的外在或内部、生理或病理生物学的性状。深入解析体质特征与差异、系统揭示各种表型的发生发展机制，可以更全面有效地理解遗传、环境等内在及外部因素对各类表型特征的影响，具有重大的科学意义和广泛的应用价值。因此，必须着眼于研究大规模基因型变异和表型变异间的关系，更加准确、系统、高效地对表型进行定量研究。

本方向鼓励开展以下研究：① 针对在人类及模式生物中的相应表型进行系统性研究；② 针对多个相关表型（或表型的集合）进行系统表征的定量分析；③ 揭示表型系统与基因型的关系，并揭示表型产生与发育的遗传机理。

18. 基因与环境互作的功能与机制

许多环境信号通过基因表达调控实现其功能，基因型的差异往往导致个体对相同环境信号有不同的应答。此外，表观遗传体系被普遍认为能够赋予生物体对内外环境信号刺激的应答能力，但这方面的研究相对薄弱，并缺乏相应的研究体系。

本方向鼓励开展以下研究：① 鉴定基因型差异对环境信号的区别响应现象并研究其分子机制；② 探索并建立环境信号通过表观遗传机制调控基因表达的研究体系；③ 研究生物体通过表观遗传体系对内外环境信号做出反应的生物学意义及其在时间尺度上的稳定性等。以期理解基因与环境的互作关系和作用机制。

第三节 与其他科学部学科交叉的优先领域

现代遗传学研究离不开遗传学、分子生物学、生物化学、细胞生物学、生物信息学等学科的研究思路与方法的融合，同时生物信息学又是计算机科学、数学、统计学、信息科学等学科相结合形成的一门学科。因此，学科交叉是遗传学与生物信息学发展的必然趋势。

随着新的研究手段与技术的不断涌现，学科交叉产生的优势对遗传学研究的促进作用越来越明显。比如由化学和物理学方法的革新相结合而产生的生物芯片技术和高通量测序技术已经引起了遗传学研究手段的变革，也促成了基因组结构变异、非编码 RNA、组蛋白修饰、DNA 与 RNA 甲基化修饰、染色质高级结构等新的遗传调控元件的发现。光学相关技术的发展使得更加精细地解析蛋白质结构和观测细胞内分子运动与相互作用得以实现，也大大促进了遗传调控规律的发现与解析。作为交叉学科本身的生物信息学的产生与发展也对从系统的角度发现遗传调控规律和解析遗传调控网络起到了巨大的推动作用。

学科交叉是“十三五”期间遗传学和生物信息学科的重要发展方向。在“十三五”期间将优先鼓励开展下列交叉研究工作。

1. 生物物理遗传学

很多生命活动现象都是受到物理规律调控与制约的。生物物理遗传学是遗传学与应用理论物理学形成的交叉学科，从物理学的角度研究遗传学的理论与调控机制。

本方向重点支持：① 应用理论物理学的方法和新技术分析与研究遗传学问题，尤其是从控制论、信息论、系统论、熵等角度，研究重要遗传学现象产生的物理机制；② 光遗传学相关技术与应用，生物样本的成像技术；③ 以物理学原理与技术为基础的遗传学研究新方法与检测技术的开发与应用。

2. 化学遗传学

化学遗传学主要应用小分子化合物来系统地干扰和鉴定细胞内生物大分子的功能，从而发现遗传调控作用关系与规律。

本方向重点支持：① 高效筛选影响细胞重要遗传功能的小分子化合物的算法与方法；② 调控细胞内重要信号通路、影响细胞重要性状或改变细胞命运的功能小分子化合物的发现与作用机制解析；③ 影响细胞遗传调控网络的新化学调控方法的开发。

3. 整合遗传学

整合遗传学是利用系统研究的方法，从整体的角度发现重要功能基因，阐明遗传调控网络的组成与调控规律，构建电脑模拟或人工合成的细胞或生命体等。

本方向重点支持：① 遗传调控回路的人工构建与组装；② 人工合成染色体技术及应用；③ 基于 TALENs、CRISPER/Cas9 等技术对基因组进行定点修饰，从而进行基因序列校正或定向性状改良的新方法与新技术的开发等。

4. 数学、信息学、统计学等学科在遗传学研究中的应用

遗传学发展产生的各种生物大数据促进了遗传学与数学、信息学、统计学等学科的交叉融合，但由于生物数据的自身特点，现有的很多数学、信息学与统计学分析方法并不完全适用于遗传学数据，急需开发符合生物数据自身特点的算法与方法。

本方向重点支持：① 针对不同类型生物数据的统计方法的开发；② 生物大数据分析与信息挖掘方法的开发；③ 生物图像处理与信号提取方法与技术；④ 生物样本的快速识别与追溯技术等。

第四节 开展国际合作与交流的需求分析和优先领域

随着我国在政治和经济国际地位的升高，提高我们在国际事务中的话语权和主导权，迅速提高我国的科技能力，是国际合作项目的设计、组织和实施的两个基本出发点。科技合作的核心目的包括科学前沿引领与跟进、技术引进和提高、人才交流和培养、资源的掌握与开发四个基本方面。

国际合作的框架要从以下三个方面进行考虑：① 国家的科技地位和国际社会、国际同行的认同；② 科学界各学科的总体结构和科技水平评价；③ 国家科技人才资源和自然资源水平。总体而言，中国在国际科学界的水平定位为科技大国，但还不是科技强国，因此完成从大到强的转变是国际合作与交流的基本目的。

目前我国在国际合作方面的突出问题包括：① 缺乏以国家科技水平为策略的长期合作计划，导致指南出来后没有符合要求的申请人；② 没有识别科技合作的主体，忽略了科学家和科学界自发开展的研究项目，导致很多既成事实的合作没有资金支持；③ 缺乏可持续发展、有地域特色的合作模式和形式，例如，可以与地处热带的发展中国家合作建立热带作物与生物多样性研究中心，可以与发达国家合作建立极地生物研究中心等；④ 缺乏对国际合作研究的统一调研和布局，包括项目、队伍、国家、领域等；⑤ 国内外优秀国际合作人才的培养和抚育，例如，在支持项目的基础上支持与国外优秀科研人才的合作，人才合作所产生的影响将更深远、更有潜力。

国际合作的基本形式包括：① 短期（几天和数月）以人才为主体的知识交流；② 长期（数月和数年）通过人才引进和输出的人才交流；③ 以多国合作研究为形式的项目交流（比如国际人类基因组计划）；④ 建立永久性的合作研究实体，如联合卓越研究中心。

国际合作的目的和形式都是通过具体策略和规划来实现的。首先，要分别建立与科技强国交流和与发展中国家交流的基本策略。例如，与发达的科技强国交流以人才培养、建立联合研究项目为主要形式，以提高我们的研究能力，引进人才和技术为目的。其次，要考虑国家的能力所及和长期、短期策略的差别。例如，我们可以与发展中国家建立长期合作项目，双方共同出资，尤其培养优秀的国际合作人才；也可以建立联合研究中心，疏导长期合作的机制，以开发共同资源为切入点。最后，我们要穷举合作交流的多种可能的形式。例如，除了建立联合实验室和促进短期交流外，我们还可以设计和启动一些重大科学项目，请更多国家的科学家（无论是科技强国，还是发展中国家的科学家）都有机会参与，并发挥实际作用。

第五节　实现“十三五”发展战略的政策措施

1. 资源库与数据库平台建设

遗传学是一个资源依赖性很大的学科。资源涵盖实物资源和信息资源。我国的人类、动植物、微生物遗传多样性高，遗传资源极其丰富，是我国遗传学发展的优势所在。但长期以来，没有足够重视对遗传资源的系统研究和收集，没有足够重视建立良性的合作和分享机制和文化，导致遗传学科相关资源管理上严重碎片化，学科发展上积累性不足，无法充分发挥我国遗传资源在研究和开发应用上的优势。因此，规范样本收集及表型信息的采集，建立可分享的遗传资源样本库（如人类遗传资源样本库、种子资源样本库等）及相关信息平台，对推动我国遗传学的进一步发展具关键作用。

目前，主流组学数据库均由欧美几个发达国家和地区的大型研究中心支持和垄断。大规模组学数据的不断产出，数据发布、共享已经成为一个越来越重要的课题。支持建设大型、综合型生物数据库，并建立相应的标准数据格式，对于我国科学家对公共数据的使用、对我国遗传资源的保护具有重大意义。

2. 提高自然科学基金的国际化程度

随着我国科研机构和高校国际化程度的提高，越来越多的国外人才成为我国科研队伍的组成部分。建议容许并鼓励采用英文写作基金申请不仅可为在华外籍学者申请项目提供方便，也使国际评审成为可能，从而可进一步提高评审水平及公正性。

3. 加大优秀青年科学基金项目的资助强度

经过多年对基础研究的投入，我国在遗传学研究上已经接近世界前列。进一步的发展、超越和领先需要更多的优秀人才，尤其需要具备创新精神的青年人才储备。建议加大国家优秀青年科学基金项目的资助强度，鼓励申请人所在单位对人才成长的配套投入，为人才的成长提供更好的工作环境。

4. 稳定的资助机制

系统的科学研究需要数年乃至十数年时间，而目前基金资助的时间较短，不利于研究的系统性和持续性。建议建立长期稳定资助的机制，对完成情况良好的优秀项目进行稳定、持续的资助。

主要参考文献

Cech T R，Steitz J A. 2014. The noncoding RNA revolution-trashing old rules to forge new ones. Cell，157（1）：77-94.

Hsu P D，Lander E S，Zhang F. 2014. Development and applications of CRISPR-Cas9 for genome engineering. Cell，157（6）：1262-1278.

Kyburz D，Karouzakis E，Ospelt C. 2014. Epigenetic changes：The missing link. Best Pract Res Clin Rheumatol，28（4）：577-587.

Li T，Huang S，Zhao X，et al. 2011. Modularly assembled designer TAL effector nucleases for targeted gene knockout and gene replacement in eukaryotes. Nucleic Acids Res，39（14）：6315-6325.

MacAlpine D M，Almouzni G. 2013. Chromatin and DNA replication. Cold Spring Harb Perspect Biol，5（8）：a010207.

Maze I，Noh K M，Soshnev A A，et al. 2014. Every amino acid matters：Essential contributions of histone variants to mammalian development and disease. Nat Rev Genet，15（4）：259-271.

Pastor W A，Aravind L，Rao A. 2013. TETonic shift：Biological roles of TET proteins in DNA demethylation and transcription. Nat Rev Mol Cell Biol，14（6）：341-356.

Robinson S W，Fernandes M，Husi H. 2014. Current advances in systems and integrative biology. Comput Struct Biotechnol J，11（18）：35-46.

Shen B，Zhang W，Zhang J，et al. 2014. Efficient genome modification by CRISPR-Cas9 nickase with minimal off-target effects. Nat Methods，11（4）：399-402.

Vidal M，Cusick M E，Barabási A L. 2011. Interactome networks and human disease. Cell，144（6）：986-998.

Vidigal J A，Ventura A. 2014. The biological functions of miRNAs：Lessons from in vivo studies. Trends Cell Biol，pii：S0962-8924（14）00197-4.

Wu H，Zhang Y. 2014. Reversing DNA methylation：Mechanisms，genomics，and biological functions. Cell，156（1-2）：45-68.

第八章

细胞生物学

第一节　细胞生物学的战略地位

细胞是生命体结构与生命活动的基本单位。细胞生物学是研究细胞基本生命活动规律的科学，它在显微、亚显微与分子水平等层次上研究细胞结构与功能、细胞增殖、分化、衰老与死亡、细胞信号传递、基因表达与调控、细胞起源与进化等生命活动。在整个生命科学研究体系中，细胞生物学起着承上启下的关键作用：细胞生物学的研究是发育生物学、免疫学、生理与整合生物学等学科的基础和重要支柱，同时也是生物物理学、生物化学与分子生物学等学科研究对象的提升。正如 1925 年生物学大师威尔逊（Edmund Beecher Wilson）所提出的那样："一切生命的关键问题都要到细胞中去寻找。"近年来，随着现代生物学技术的全面发展，细胞生物学不断取得革命性的进步，对人类认识和改造生命作出了巨大贡献，为解决人类社会发展面临的健康、食物、生态、环境等重大问题提供了强有力的手段，并开辟了崭新的途径。下文将从细胞生物学的几个主要领域来阐述其重要性。

1. 增殖

增殖是细胞最基本的生命活动之一，它与细胞的分化、生长和死亡有着紧密的联系。新增殖的细胞可以通过细胞分化的复杂过程转变成有特定形态和功能的细胞，并在复杂的生物体内形成各种组织和器官。细胞增殖与死亡的平衡对于多细胞器官维持稳态至关重要。细胞行为和命运的失调是多种人类疾病发生的基础，包括癌症、自身免疫性疾病和免疫缺陷病、神经退行性疾病（包括阿尔茨海默病、帕金森病、亨廷顿病）等。

2. 运动

运动是细胞的另一类基本生命活动，是细胞发挥生物学效应的重要基础。细胞运动需要伪足或纤毛 / 鞭毛这类由细胞骨架为主形成的特殊结构，并在时间和空间上受到精细的调控。细胞运动在生殖、胚胎发育、神经系统形成、免疫系统功能、血管发生、创伤愈合，以及个体生存等方面发挥重要的作用，细胞运动的异常与不育、肿瘤转移、脑发育缺陷等人类重大疾病紧密相关。因此，阐释细胞运动的功能和调控机制也是细胞生物学研究的重要内容。

3. 细胞膜

生物膜构成了细胞及细胞器之间的天然屏障，使得生命活动能在相对独立的环境中进行。细胞内的物质运输也主要是通过囊泡包裹的膜转运系统来完成。囊泡运输参与细胞和个体多项重要的生命活动（如神经递质的释放及信息传递、激素分泌、天然免疫、植物生长素的极性运输等），其运输障碍会导致多种细胞器发生缺陷和细胞功能紊乱，并与许多重大疾病（如神经退行性疾病、精神分裂症、糖尿病等代谢性疾病、感染与免疫缺陷等）的发生发展有关。

4. 信号分子

细胞与外界环境之间、细胞与细胞之间都需要相互通信，这种通信主要由信号分子介导。信号分子通常与位于细胞表面的受体结合，经过细胞内一系列的信号传递，最终引起特定的生物学效应，这个过程通常被称为细胞信号转导。信号转导控制着生物体从蛋白质合成和分泌、细胞运动、细胞内代谢，到组织的生长和分化等各个过程。信号转导异常会导致多种疾病，如肿瘤、心血管疾病、糖尿病等。研究细胞信号转导，不但有助于了解生物自身生长发育的机制，而且可以揭示肿瘤、心血管疾病、糖尿病等疾病的发病机理，进而发现治疗的药物靶点。诸如G蛋白偶联受体家族蛋白等参与重要生命活动的膜蛋白就是重要的药物靶点。

5. 代谢

代谢是由多个代谢通路构成的高度协调的细胞生命活动。细胞代谢涵盖了所有物质代谢（如生物大分子的合成和降解）及能量转换过程。细胞代谢是细胞存活所需的基本生命活动，是细胞进行增殖、分化、凋亡、运动、信号转导的基础，同时受到这些活动的调控。细胞代谢异常与多种重要疾病的发生密切相关。例如，细胞糖脂代谢异常会导致全身的代谢紊乱，产生如糖尿病、动脉粥样硬化等代谢性疾病。

6. 干细胞

干细胞是指具有自我更新能力并具备多种分化潜能的细胞。近年来干细胞研究为生命科学带来了重要的理论突破。基于去分化理论产生了一些革命性的新技术，例如体细胞核移植技术、iPS细胞技术和细胞转分化技术。体细胞核移植技术可以应用于大量扩增优良的家畜和濒危动物的保护等；iPS技术为移植治疗提供了很好的细胞来源，并有效避免移植过程中的免疫排斥，可望改变现有的医疗模式。这些关键的理论、材料和技术已经并将继续为生命科学和其他相关学科（特别是再生医学）的发展带来了深远的影响。

第二节　细胞生物学的发展规律与发展态势

一、细胞生物学的发展规律

细胞生物学的发展同生命科学的其他学科一样也遵循了从宏观向微观、从现象到本质、从单一向多层次多方面发展的规律。纵观近年来细胞生物学的发展规律，有如下特点。

（1）从单个分子相互作用、单通路水平的阐明发展到分子网络的构建。随着基因组学、基因组编辑、蛋白质组学、生物信息网络分析技术等手段的成熟，越来越多的研究采取多层次、多角度的策略挖掘同一细胞过程的内在信息，并将各种信息整合。定量、多层次和多维的大数据的产生和分析，促进了对细胞生物学问题本质和全面的认识。

（2）从体外到体内、固定细胞到活细胞内生物分子和细胞结构的实时观察，从生物分子的定位和分布研究向实时的活性和相互作用检测的深入。

（3）超分辨率（单分子）成像技术和冷冻电镜三维成像技术的高速发展，使作为细胞生物学研究基础的显微影像技术提高到前所未有的水平。

（4）从单一细胞水平上升到复杂细胞群体水平。过去的研究主要集中于探讨发生在单一细胞类型中的生物学过程。而近年来的研究不再只着眼于个别或一类细胞，而是把范围拓展到了整个器官内的多种不同细胞，研究它们的相互影响过程。

（5）细胞生物学与解决人类健康和农牧业实际问题结合日益紧密。干细胞领域的快速发展对于改善人类健康、治疗疾病和发展农牧业有重要作用。

（6）细胞生物学作为一门以实验为基础的学科，其发展很大程度上依赖于其他学科发展出的新技术和新手段，因而最能体现多学科的交叉和汇聚。

二、细胞生物学的发展态势

近年来细胞生物学的发展迅速，建立了一些具有重要影响的新技术和新方法，产生了一些重要的科学概念和科学结论。下面将分八个方面对各个领域具体的发展态势进行总结。

1. 细胞增殖、分化、衰老和死亡

细胞增殖、分化、衰老和死亡的平衡对于多细胞器官的动态平衡和功能执行是至关重要的，了解这些过程能为治疗许多疾病提供新思路。遗憾的是，目前人们只发现了参与其中的很少部分的蛋白，对这些蛋白的相互作用和修饰的研究则更为欠缺。更重要的是，需要了解活体细胞内不同蛋白分子的修饰变化及随着细胞增殖、分化、衰老和死亡的不同时期和状态而变化的规律。

细胞的增殖是通过细胞周期来实现的。该领域目前的研究重点仍然集中在以下几个方面：① 细胞分裂相关蛋白激酶的功能特点；② DNA 复制起始的调控；③ 分裂后期促进复合体（anaphase-promoting complex，APC）和 SCF（Skp1-Cull-F-box）蛋白复合体在细胞周期调控中的作用机制；④ 纺锤体组装和纺锤体检验点的作用机制；⑤ 动粒（kinetochore）的成分分析和动态组装；⑥ 细胞周期检验点失控与肿瘤发生的关系；⑦ 细胞周期调控异常与相关疾病发生的关系，如细胞周期异常也可导致诸如心血管疾病、老年性疾病、肾脏疾病等；⑧ 减数分裂调控机制。

从终端分化细胞诱导为多能性细胞——iPS 细胞的成功，颠覆了我们对“细胞分化不可逆”的传统观念。近几年的研究对细胞命运的可塑性有了一定的认识，细胞可塑性及其与疾病相关性研究也日益受到重视。细胞转分化（trans-differentiation）是指一种类型的分化细胞转变成另一种类型的分化细胞的现象。转分化不仅有可能具有组织修复等方面的功能，而且也有可能在癌症发生发展过程中扮演重要作用。

细胞不断地新生，也不断地衰老和死亡。高等动物体细胞分裂到一定次数，将走向衰老和死亡。研究细胞衰老对认识和延缓人体衰老具有重要意义。一般说来，细胞最大分裂次数与动物的平均寿命成正比。细胞衰老过程随细胞种类不同而不同，其过程也受环境条件的调控。细胞衰老机制还不清楚，虽然有不少假说（如遗传因素说、细胞损伤学说、生物大分子衰老学说等），但都不能圆满地解释细胞衰老。因此，细胞衰老相关分子机制的研究是目前细胞生物学研究热点之一。研究细胞衰老对认识和延缓人体衰老具有重要意义。

细胞程序化死亡或细胞凋亡在过去 20 多年广受关注，但多集中在 Caspase 和线粒体依赖的细胞凋亡，以及细胞进入死亡的分子机制等方面。在分子水平上理解细胞凋亡的机制仍然是现在细胞凋亡研究的重点。同时，设计和发展针对细胞凋亡调控蛋白的新型癌症治疗药物，以及直接激活肿瘤细胞中的细胞凋亡分子体系，以杀死肿瘤细胞，也是研究热点之一。近年来，其他形式的细胞死亡，如非 caspase 依赖的细胞死亡、自吞噬程序化死亡和细胞坏死等，也日益受到关注。

2. 细胞骨架与细胞运动

细胞骨架不仅维持细胞和组织的形态，还是细胞运动、细胞分裂和胞内运输的基础，在细胞信号转导中也有重要功能。细胞运动是复杂、精细而且高度动态的过程，在生殖、发育、免疫等方面有重要作用，也是肿瘤转移的基础。

（1）细胞对运动信号的感知机理。细胞运动通常起始于外界信号的刺激。细胞运动与细胞表面受体和环境中信号分子的相互作用密切相关，例如，趋化因子及其受体对细胞迁移的调节机制就得到了较为深入的研究。

（2）细胞黏附的调控机制。细胞表面的受体分子可以感应胞外的相关刺激，进而通过激活细胞表面黏附分子与其配基的相互作用，调控细胞运动。细胞黏附分子与配体结合的精细机制、其介导的信号在细胞运动中的作用机制都是目前细胞生物学研究的热点。

（3）细胞极性形成的调控机制。细胞极性的形成是细胞定向运动的基础，其建立、维持和解体不仅需要时空依赖的精确调控，还与多种生理和病理过程密切相关。细胞极性调控因子如何影响并参与不同类型细胞的极性和运动是此部分的研究重点。

（4）细胞骨架动态性和协调性。细胞骨架不仅在维持细胞形态、承受外力、保持细胞内部结构的有序性等方面起着重要作用，还参与许多重要的生命活动，如细胞运动、细胞物质运输、细胞分裂等。深入探讨相关的分子机制是国际上研究的前沿。

（5）细胞运动的动力系统：细胞运动过程中物质的运输、囊泡运输以及细胞器的运动主要是依靠细胞的动力系统——分子马达来完成的。近年来利用研究马达蛋白协调作用较好的系统（如鞭毛和轴突），对细胞内物质长距离运输中驱动蛋白和动力蛋白的活性协调机制，以及处理运到物质和改变“往返”区域马达方向的机制已逐渐有所揭示。

（6）病理过程中的细胞运动。病理相关的细胞运动研究中，炎症是一个重要方面，炎症在恶性肿瘤、心脑血管疾病、哮喘和全身炎症反应综合征等重大疾病发生中都发挥着重要作用。近年来系统研究炎症细胞及其所处环境间相互作用的信号机制和时空动态调控规律已成为前沿热点。此外，肿瘤转移本身也是一个细胞运动的过程，近年来的研究在揭示肿瘤细胞本身如何发生恶变，如何获得更强的浸润和迁移能力的方面已取得了许多成果。

3. 生物膜与膜运输

真核细胞由复杂的生物膜系统分隔细胞内外并构成功能特化的细胞器，生物膜参加物质运输、能量转化和信号转导，因此生物膜的动态变化和囊泡介导的物质运输是细胞生物学的核心问题之一。利用遗传学和生物化学的手段，人们对细胞内物质运输的过程和规律有了较为全面的认识。

（1）囊泡的生成、转运、融合和回收利用。细胞内膜系统各个部分之间的物质转运大部分通过囊泡运输的方式进行。待运送的物质首先在供体细胞器中与特定的包被蛋白发生作用而被分选和富集，接着包被蛋白募集特定的接头蛋白和小 G 蛋白在供体膜上出芽并生成囊泡。囊泡沿着细胞内的微管被运输到各个靶细胞器。包被蛋白在囊泡与靶膜融合之前解体，并被回收利用。虽然囊泡运输的大体过程基本清楚，但其分子机制有待进一步阐明。

（2）囊泡货物的识别、分选与靶向运输。出芽生成的成熟囊泡会在特定的小 G 蛋白的作用下，被不同马达蛋白驱动在由微管蛋白和肌动蛋白组成的细胞内轨道上运动，最后被转运到正确的地方。应用先进的光学技术和系统生物学的方法在活细胞上研究小 G 蛋白网络调控不同囊泡的实时转运过程是当前研究的重要方向。

（3）生物膜的塑形和重塑以及生物膜的接触和相互作用。生物膜具有相当大的流动性和可塑性，其塑形和重塑为维持细胞器的形态和功能、细胞器之间、细胞器与质膜之间的物质交换、胞吞及胞吐所必需。除了膜运输，生物膜之间的相互作用是内膜系统内物质交换的重要途径，而脂转移蛋白等分子对于膜接触及物质交换的作用正在成为新的研究热点。

（4）核膜动态变化与跨核膜物质的运输。核膜由内外两层平行的膜组成，其表面有作为核、质间的重要通道的核孔。核膜动态变化与跨核膜物质的运输是近年来细胞生物学的研究热点之一。

（5）胞吞和胞吐。细胞分泌物质、发放信号依赖于胞吐，对于始于高尔基体的分泌途径及胞吐的调控研究一直是细胞生物学的活跃领域。胞吞在时空关系上与胞吐严格协调，它对胞吐后质膜的回收及高效维持囊泡的动态循环具有重要的意义。受体介导的内吞是细胞依靠细胞表面的受体特异性地摄取细胞外蛋白或其他物质的过程，对于信号转导的精确调控和病原物的感染起至关重要的作用。

（6）细胞自噬作用。自噬作用是细胞对自身结构的吞噬，并通过溶酶体降解的过程。自噬作用可清除细胞内受损或衰老的细胞器、蛋白聚集体等，同时为细胞提供营养、为细胞器的构建提供原料。自噬在机体的免疫、感染、炎症、肿瘤、心血管疾病、神经退行性疾病的发生发展中具有十分重要的作用。目前对自噬作用的调控、自噬体的生成机制的了解才刚刚开始。

4. 细胞器的发生、结构与功能

细胞器的发生、结构与功能研究一直是细胞生物学的重要内容。膜细胞器使得各种复杂的生理活动相互独立开来，各类细胞器发挥特定的生物学功能。例如，内质网是由膜连接而成的网状结构，是细胞内蛋白质的合成和加工场所；溶酶体分解衰老和损伤的细胞器，吞噬并杀死入侵的病毒或细菌；线粒体是细胞进行有氧呼吸的主要场所，是能量代谢的核心，线粒体也与细胞凋亡密切相关；中心粒、中心体、动粒等则是典型的非膜细胞器。

（1）细胞器的结构变化与功能的关系。细胞器有各自的典型结构，其结构与功能相适应。例如，线粒体是双层膜结构，内膜向内腔折叠形成嵴，有效增加了线粒体内部膜面积。线粒体中嵴的数量与折叠结构受到调控，在能量代谢旺盛的细胞中，线粒体嵴的数量也较多，能够产生较多的 ATP。研究不同生物学过程中细胞器数量和超微结构的动态变化成为细胞生物学领域的一个热点。

（2）细胞器的发生和成熟，以及细胞器之间的物质信息交换。细胞器的发生和成熟，以及动态变化对于细胞生命活动来说至关重要。同时，细胞器的发生和成熟也依赖于和其他细胞器之间的物质交流。近来研究发现，细胞器之间，如内质网膜和细胞质膜、高尔基体、线粒体、溶酶体、脂滴及胞内体等均有动态接触，细胞器之间的膜接触位点不仅提供了细胞器之间的脂分子、钙离子交换的通道，并在信号转导、细胞器运输、细胞器的分裂和遗传中起到了关键作用。

（3）细胞器新功能的研究。随着细胞生物学的发展，人们对于细胞器功能的认识也在逐渐加深。特别是近年来高分辨率亚细胞成像系统和活细胞观测技术的完善，使得人们对于细胞器功能认识有了突飞猛进的发展。以高尔基体为例，过去认为高尔基体的主要功能为对在内质网合成的蛋白质进行加工、分类和包装，然后分门别类地送到细胞特定的部位或分泌到细胞外。而近年来发现，高尔基体上有信号分子蛋白，有可能特化一些信号转导，还可在细胞分裂过程中协助中心体完成对细胞核周围细胞骨架的调节。总之，细胞器的新功能的鉴定和研究已经成为相关领域的热点之一。

（4）新的细胞器的发现与功能鉴定。真核细胞的功能分区化是细胞功能的保障。随着对于细胞功能及生理活动认识的不断深入和研究手段的提高，具有特殊结构和功能的细胞器也将被发现，它们与已知细胞器之间的关系也将被阐明。

5. 细胞通信与细胞信号转导

近年来，细胞信号转导的研究受到人们的重视，越来越多的信号通路及参与信号转导的蛋白分子被发现，在信号通路的调控机制、各个通路之间的交叉作用、生理功能及信号通路异常与疾病的关系等方面也取得了巨大进展。

（1）新的信号分子和分子复合体的鉴定和信号分子的修饰。新的信号分子发现是一个永恒的课题。信号通路的许多信号分子并不是相互独立的，而是由通过支架蛋白形成蛋白复合体，这使得信号分子之间相互接近，提高了信号的转导效率和调控效率。人们利用复合体分离、纯化、组分分析的方法鉴定了大量的信号分子及调控蛋白，对信号通路的了解越来越完善。许多信号分子存在多种化学修饰，如磷酸化、泛素化、类泛素化、甲基化、乙酰化、糖基化等，这些化学修饰调节着信号分子的活性、细胞内定位、稳定性及与其他信号分子的相互作用等，在信号转导的过程中发挥着至关重要的作用，因此也一直是信号转导领域研究的热点。

（2）信号通路之间的交叉作用——信号网络。细胞是由许多信号分子组成的一个复杂的网络，网络中各个通路的组合和相互作用一起决定了细胞的行为。近年来，一些高通量的实验技术、大规模数据的产生和分析方法为这个网络的建立提供了可能。通过组合和比较，传统的信号通路可以被整合成一个大的信号网络。研究并绘制这样一个网络对于从整体上了解控制生物体生长、发育等各个生理过程的机制非常重要，同时也有助于特异药物的开发。

（3）生物个体水平的生理功能研究和病理模型的建立。生物体由多种细胞、组织和器官构成，它们之间不是相互独立的，而是相互影响的。因此，过去主要在细胞水平上进行的信号转导研究有着很大的局限性。目前，生物个体水平上的研究和以病理模型为基础的研究发展得非常迅速。比如，利用基因敲除和转基因的小鼠来研究某一信号分子及信号通路对个体生长、发育和生理状态的作用。人们还建立了很多疾病的动物模型，如小鼠、大鼠和灵长类的心血管疾病、神经退行性疾病和肿瘤转移模型等，这些模型的建立有助于深入研究信号转导的机制和病理功能。

6. 细胞代谢研究

细胞代谢研究的快速发展，使人们已经不再单纯的研究某一步代谢反应，而是针对代谢中的代谢物、关键转录因子、参与代谢调控的信号途径、蛋白及其复合物、细胞内各亚细胞器开展系统性研究。

（1）细胞代谢的动力学研究。利用细胞动力学原理和光学成像方法，详细研究了细胞代谢重要激酶（如 AMP 依赖的蛋白激酶）活性的时空动力学特征。利用脂质组学方法，系统大量分析有丝分裂过程脂质代谢小分子动力学特征，揭示脂质代谢产物及其空间定位对细胞有丝分裂质量的维系起重要调控作用。

（2）亚细胞器与细胞代谢。细胞代谢发生在细胞内的各个区域及亚细胞器，如脂肪酸氧化发生在线粒体，脂肪酸合成在细胞质，胆固醇合成在内质网等。近年对线粒体在细胞代谢的研究主要集中于线粒体自身的合成与氧化磷酸化的关系，多条信号转导途径对细胞代谢的调控也直接连接到线粒体的能量代谢网络。另外，脂滴形成、融合和脂代谢关键调控因子及其生理功能的研究也十分重要。

（3）细胞代谢的调控。细胞外激素或其他信号引起的细胞代谢变化是当前细胞代谢研究领域最活跃的研究之一。胰岛素、胰高血糖素、糖皮质激素等可通过信号转导途径激活多条代谢途径（如糖代谢和脂代谢），协调细胞内各种代谢产物的分解、合成、存储及运输。细胞内还存在另一条由 AMP 依赖的蛋白激酶（AMPK）调控的途径，与脂类代谢、糖类代谢和蛋白质代谢都有着密切的关系。核受体作为代谢感应器，能够通过诱导相应代谢途径中的基因表达和激活信号通路，使得组织器官迅速适应环境的变化，在能量代谢、糖代谢、脂代谢、胆汁酸代谢及胆固醇的吸收等多个代谢调控通路中发挥着重要的作用。

（4）细胞代谢的细胞特异性。不同细胞类型有其特殊的代谢方式，如胚胎干细胞和肿瘤细胞主要以糖酵解方式产生能量，其调控机制是目前的研究课题。由于肿瘤组织存在较大的异质性，研究肿瘤细胞代谢与微环境的关联已成为细胞代谢中的热点问题。通过对免疫细胞（如T细胞、巨噬细胞）与基质细胞（如成纤细胞）的研究，揭示微环境改变可通过调控免疫细胞的代谢从而改变其可塑性。

（5）细胞代谢对细胞行为的调控作用。细胞代谢不仅受到各种外界信号的调节，其本身也会对细胞的增殖、分化、迁移等行为和命运决定产生影响。

7. 干细胞多能性维持和定向分化

近年来，对于胚胎干细胞和iPS细胞自我更新和分化机制的研究已经取得了重大进展，其定向分化和应用成为干细胞研究的重要方向。另外，各个组织和器官中的成体干细胞标记物的发现，掀起了成体干细胞命运决定机制和应用探索的热潮。

（1）干细胞自我更新和定向分化机理的研究。胚胎干细胞和iPS细胞的自我更新和定向分化受到复杂的分子网络调控，例如，TGF-β/Activin/Nodal和FGF信号通路已经被证明有助于维持人类胚胎干细胞的自我更新。只有在了解干细胞命运决定的分子机制的基础上，才有可能对干细胞进行精确的人为操控，根据需求得到不同种类的分化细胞，真正实现干细胞的定向分化，进而有可能通过将其导入病人体内实现细胞治疗。目前已经证明，胚胎干细胞、iPS细胞及成体干细胞在体外特定培养条件下，可以定向分化为胰腺细胞、神经细胞和心肌细胞等。有些分化细胞已被证明在疾病动物模型中可发挥“补救”功能。

（2）成体干细胞与其微环境的相互作用。成体组织干细胞是指存在于生物体各种已发育成熟的组织中，具有自我更新和分化能力的多能干细胞。其自我更新和分化的机制，不仅受到细胞内因素的严格调控，也受到细胞外微环境的影响。微环境由周围细胞或非细胞的组分构成，并通过与成体干细胞的相互作用来调节成体干细胞的自我更新与分化。研究成体干细胞微环境具有重要价值：一是可通过创造特定微环境，在体外实现胚胎干细胞（ES细胞）、iPS细胞和成体干细胞的定向诱导分化；二是可以直接激活体内成体干细胞，达到组织修复的目的。未来的研究将着重于成体干细胞在参与组织稳态维持和组织损伤后修复过程中命运决定的分子机制。组织的成体干细胞还可能存在异质性，即成体干细胞由具有不同特性的亚群组成。这些不同的亚群在成体干细胞的分化、自我更新和代谢方面都有其特征，如何鉴定这些具有不同特征的成体干细胞亚群、研究其形成的分子机制和功能特征并了解它们对组织稳态的贡献将是这一领域今后的一个重要方向。

（3）成体细胞的转分化。成体细胞在特定条件下还能转化成其他组织类型细胞，这种跨系或跨胚层转化现象称为转分化。基于转分化机制，可以利用病人自身的健康组织成体细胞，诱导分化为能替代病损组织的功能细胞，从而达到治疗组织损伤性疾病的目的。这种方法可克服异体细胞移植的免疫排斥，因此，转分化已为成体细胞的研究和临床应用提供了新的思路和应用前景。

8. 活细胞成像研究的新技术、新方法

以单分子、单细胞及细胞组织为主要研究对象的显微成像技术近年来不断取得新的突破，其发展趋势是更高的空间分辨（50 纳米以下）、更快的速度、更高的灵敏度（单个分子）、实时动态成像及图像数据的定量化和标准化等。

（1）原位细胞活动成像。研究细胞生物学特征的最佳平台是在生物整体或组织的原位细胞。光片照明显微技术（light-sheet microscopy）是近年来发展完善的光学成像方法，旨在原位（组织）研究单个细胞在组织环境下的三维动态特征。此外，研究细胞可塑性的光遗传学（optogenetics）技术及解析细胞-细胞通讯与构架的“透明脑”成像技术为研究细胞的“社区活动”提供了有效的工具。这些技术与适用于超分辨显微镜的探针联合使用将使人们能在组织构架下看见单个蛋白质的运动轨迹。

（2）超分辨显微镜。由于光学衍射的限制，传统光学显微镜只能达到波长量级的空间分辨率（一般在 200 纳米左右）。近年发展出多种突破衍射极限的新方法，如 4Pi 显微术、结构照明显微术（SIM）、受激辐射耗尽显微术（STED）、光活化定位显微术（PALM）、随机光学重构显微术（STORM）等，其空间分辨率可达到 10 ～ 40 纳米。这些显微技术的发展和应用，将大大促进细胞生物学研究。

（3）单分子成像。运用传统的生命科学研究手段和分析方法往往都是对一群分子在给定的时间与空间内行为的平均表征，因此，在单个活细胞水平研究单个生物分子的物理化学性质及其动态调控分子机制，将为人们全面准确地认识生命带来新的突破。

（4）非荧光成像技术。非荧光标记的显微成像技术也是目前活跃的领域。相干反斯托克斯拉曼散射（CARS）显微镜，能检测到分子化学组成的变化；高电压电子显微镜可以对较厚的细胞切片成像；结合冷冻电镜技术和断层扫描技术（tomography），可对蛋白质复合物和复杂细胞结构产生纳米分辨率的影像，并可进一步嵌入其中蛋白质组分的晶体结构信息，实现原子水平的分辨率；利用同步辐射（软 X 射线），可对细胞的结构和动态过程进行实时的数十纳米高分辨率的三维成像；原子力显微镜（AFM）也可对生物大分子和细胞结构进行动态的高分辨率成像。

（5）分子探针与标记。对细胞中的特定组分进行成像离不开特异的分子探针。发展适合于活细胞观测和超分辨率检测的分子探针是细胞成像领域的一项重要需求。除常规的荧光色素外，量子点以及基于各种荧光蛋白的探针和标记也获得越来越多的应用。

第三节　细胞生物学的发展现状与发展布局

近 20 年来，随着我国对科学研究的重视和科研投入的不断增长，我国的细胞生物学研究总体水平上有飞速发展和显著进步。表现之一就是高水平论文的不断涌现，部分领域的研究已经达到了国际领先水平，获得了国际同行的广泛关注和认可。以下举例说明近年以来各领域具有代表性的突出成就。

（1）在细胞的增殖和死亡调控方面，我国科学家发现锌指蛋白 Apak 能通过 ATM 负调控 p53 的功能；RIP3 蛋白能调节肿瘤坏死因子（TNF）通路产生活性氧的能力，使得细胞进入坏死而非凋亡程序；在线虫凋亡的细胞内存在一个名为 retromer 的复合物，它能够介导吞噬受体 CED-1 的囊泡内吞和循环，从而调节凋亡细胞被吞噬细胞识别。

（2）在细胞骨架与运动研究领域，近年发现癌细胞在受限空间内迁移的新机制；发现钙信号和紧密连接蛋白质调控细胞定向迁移；发现在细胞迁移过程中 EGF 通过引起 BAR 结构域磷酸化调控细胞迁移；揭示了调节鞭毛长度的分子机理；发现小 RNA 可以通过抑制微丝动力学而促进纤毛发生；揭示多纤毛发生时中心粒扩增的分子机理等。

（3）在生物膜与膜运输领域，我国科学家在微管网络调控膜泡运输，重要信号通路受体内吞与跨膜信号传递，细胞内的“钙火花”的产生，线粒体超氧炫和活性氧产生机制等方面做出重要贡献。此外，我国科学家还在自噬体的生成和调控方面完成了多项重要工作，揭示了营养匮乏引发细胞自噬的分子机制。

（4）在细胞信号转导的研究方面，我国科学家首次发现 β-arrestin 能够进入细胞核内调控基因转录；此外，还发现 β-arrestin 与包括炎症、癌症和糖尿病在内的一系列疾病的发病机理有关系。我国科学家还在转化生长因子-β（TGF-β）和 Wnt 信号通路方面完成了一系列的工作，鉴定了包括 Dapper 在内的若干调控信号转导的蛋白和非编码 RNA；发现了 TGF-β 信号影响细胞转分化和干细胞自我更新的分子机制；鉴定了多种可以调控 Wnt 信号活性的小分子药物；发现了 Wnt 信号通路在成体干细胞命运决定、表观遗传修饰和癌症发生中的重要作用；发现了 Wnt 信号与其他信号通路以及细胞自噬间的紧密联系。在植物细胞信号转导方面，我国科学家对植物光照信号转导的分子机制的研究做出重要贡献；鉴定了多个植物细胞转运钠钾离子的关键因子；发现了表观遗传修饰和非编码 RNA 在植物发育和抗逆中的作用。

（5）在干细胞研究领域，我国科学工作者有一系列的开创性工作：成功利用 iPS 技术克隆出了有生殖能力的小鼠，证明了 iPS 细胞的全能性；首次实现胚胎成纤维细胞定向转分化为功能性肝细胞；证实单倍体孤雄干细胞具有可替代精子和快速传递基因修饰的能力；成功诱导了大鼠、猪、恒河猴等高等动物的多能干细胞；我国科学家还在世界上首次实现了全小分子药物诱导 iPS 细胞，改变了 iPS 细胞产生依赖基因干预的现状，大幅促进了 iPS 技术的发展和应用。

以上研究成果发表在《Science》《Cell》《Nature》《Nature Cell Biology》《Nature Immunolog》《Cell Stem Cell》《Developmental Cell》《The Journal of Cell Biology》《PNAS》等国际期刊上。

过去几年中，我国在细胞生物学领域取得的大量进展与国家在支持力度、仪器设备及配套设施建设方面的投入是密不可分的。以国家自然科学基金为例，2010～2015年，细胞生物学领域共获得面上项目590项、重点项目27项、重大项目1项、重大研究计划（重点支持）9项、优秀青年科学基金项目12项，杰出青年科学基金项目10项、创新研究群体6个。另外，国家自然科学基金委员会还启动了多个与细胞生物学有关的重大研究计划，例如，2007 年启动了“基于化学小分子探针的信号转导过程研究”，2010 年启动了“非可控性炎症恶性转化的调控网络及其分子机制”等。在国家的大力支持下，众多的高校和科研院所都实现了细胞生物学研究基础平台的改进和完善，人才聚集和交流也取得了显著成果。

虽然我国在细胞生物学领域已经取得了突出成绩和长足进步，但是与美国、欧洲乃至日本等科研发达国家和地区相比仍然有一定的差距。这些差距不光存在于细胞生物学研究领域，也存在于生命科学其他领域。主要表现为：虽然在细胞生物学研究领域有多个点的突破，但是系统性的原创性成果较少、顶尖的研究人员和研究群体较少。在“十三五”期间，细胞生物学研究要把握国际学科发展态势，优先支持干细胞和表观遗传等具有重大生物学意义的国际前沿研究；要适应于细胞生物学发展对技术手段的依赖性，在资金和人才方面重点支持生物标记、基因编辑和显微成像等技术的革新，以技术突破带动学科发展；要明确国家重大战略需求蕴涵的基础科学问题，优先发展我国有优势和特色的重点和前沿方向；鼓励细胞生物学与其他学科的交叉融合，为宏观生物学、农业科学和基础医学的发展创新提供理论和技术支持。

第四节　细胞生物学的发展目标及其实现途径

一、发展目标

生命科学应该探索生命活动的基本现象、规律及其机制，同时要以国家需求为目标开展研究，力争解决一系列与国计民生相关的基础科学问题。因此，细胞生物学今后不仅要试图阐明细胞活动的基本规律，也应结合实际应用开展基础研究，努力探索人类重要疾病发病的细胞学机制，农业生物抗逆丰产、环境和生态安全相关的细胞学基础等。同时，作为生命科学的基础学科，细胞生物学的发展应为生命科学领域内的其他学科的发展提供重要的支撑。

二、实现途径

1. 继续重视我国细胞生物学研究的优势方向，形成国际竞争优势

目前，我国细胞生物学学科已经在包括细胞信号转导、干细胞、表观遗传、细胞自噬和非编码 RNA 在内的诸多国际热点和前沿领域取得了重大成果，形成初步优势。这些优势方向对于整个细胞生物学领域快速发展具有重大推动作用，是我国细胞生物学研究发挥国际影响力的重要基础，需要给予高度重视和长期、稳定的支持。

2. 扶持薄弱方向，保障细胞生物学各学科的均衡发展

我国细胞生物学研究还有很多薄弱方向迫待改善。首先，细胞和组织三维培养技术的应用正成为细胞生物学发展的重要趋势，能更好地模拟细胞在体内的状态，而我国科学家在此方面经验尚浅；其次，因为生命过程存在时空特异性，在个体内研究细胞的行为逐渐成为细胞生物学的重要课题，而我国科学家在此方面的研究也略显不足；另外，我国细胞生物学研究在标准细胞图谱绘制和单细胞生命机制探究方面也存在明显欠缺。

3. 鼓励新兴前沿研究，支持学科交叉和方法技术创新

我国细胞生物学的发展要紧跟时代步伐。要时刻关注国际前沿领域，争取在例如人工合成细胞、重组生命等新兴领域有所作为。要努力实现技术方法的创新突破，一方面要尝试利用数学、物理学科的方法来研究细胞生物学问题；另一方面，要重视和支持包括活细胞成像技术在内的方法学研究。

4. 加强细胞生物学研究队伍的建设

我国细胞生物学的人才队伍有待加强，在未来十年内以人才带动学科的方式加强研究队伍的建设；对优秀研究人员给予高强度的持续支持，鼓励他们积极投入国际竞争；在继续从海外引进优秀中青年生命科学工作者的同时，要在本土加强培养学术基础扎实、具有突出的创新能力和发展潜力的优秀创新人才，并同等对待国内外来源的优秀创新人才。

第五节 优先资助领域及重要的交叉研究领域

一、细胞生物学遴选优先资助领域的基本原则

国家自然科学基金在细胞生物学的资助范围包括：细胞及亚细胞结构与功能、细胞增殖与分化、细胞凋亡、坏死和自噬、细胞运动与微环境、细胞信号转导、细胞物质运输、细胞呼吸与代谢、细胞变异与转化和细胞生物学研究中的新方法等。在遴选优先发展领域时，要关注重大的基本科学问题和国际前沿热点问题；关注在今后 5 ～ 10 年中有望取得突破的领域；同时注重已有的科学积累，持续推动我国优势领域和特色领域的发展；特别关注与国民经济发展相关的重要科学问题；重视细胞生物学与其他学科的交叉；重视细胞生物学研究技术方法的创新。

二、细胞生物学优先资助领域

1. 细胞增殖的分子调控机制

细胞增殖是生物体的重要生命特征，细胞以分裂的方式进行增殖。细胞增殖是通过细胞周期来实现的，而细胞周期是一个精细调控的有序过程，受周期蛋白和相关激酶的调控。细胞周期检验点确保细胞周期中每一步骤的有序和精确完成，检验点的失控会导致细胞周期的紊乱，导致肿瘤等多种疾病的发生。

重要研究方向：①DNA 复制起始的调控；② 分裂后期促进复合体（APC）和 SCF 蛋白复合体在细胞周期调控中的作用机制；③ 纺锤体组装和纺锤体检验点的作用机制；④ 中心体在细胞分裂中的作用和机制；⑤ 细胞周期检验点失控与肿瘤发生的关系；⑥ 细胞周期调控异常与相关疾病发生的关系。

2. 细胞分化与细胞可塑性

哺乳动物个体均来自一个全能性细胞——受精卵。受精卵经过不断分裂

和分化，形成含有多种分化细胞的个体，即胚胎发育伴随细胞的分化。由多能干细胞向终末分化细胞的分化过程，一般认为是单方向不可逆的。终末分化的细胞非常稳定，这种细胞身份的稳定对于维持细胞功能和组织稳态等都极为重要。但是，近几年的研究发现，在特定条件下，细胞的命运可以发生改变，或者转分化为其他类型的分化细胞，或者从分化状态逆转到多能性状态甚至全能性状态。

重要研究方向：① 诱导和控制细胞分化的各种因子的鉴定及机制研究；② 胚胎干细胞、iPS 细胞及成体干细胞定向分化的机理研究；③ 细胞去分化和转分化的机理研究；④ 在体内正常条件下，细胞可塑性的诱导及其在再生医学的应用。

3. 细胞衰老、死亡的分子机制

细胞在正常环境条件下发生功能减退，逐渐趋向死亡的现象为细胞衰老。由于细胞是一切生物体结构和功能的基本单位，因此，细胞衰老机制的阐明无疑对于了解更高层次的衰老现象（如个体衰老和病理性衰老）提供坚实的理论基础。在衰老或其他一些生理病理过程中，细胞不可避免地呈现代谢紊乱、结构破坏和功能丧失等不可逆性变化，细胞将进行死亡。细胞死亡形式主要包括细胞凋亡和细胞坏死。探讨细胞衰老和细胞凋亡的分子机理，对深入理解相关疾病如在肿瘤、神经退行性疾病、免疫等疾病的发生有重要意义。

重要研究方向：① 细胞衰老的信号转导基础和机制；② 细胞衰老过程中基因表达和表观遗传编程；③ 程序性衰老和损伤性衰老的相互功能关系机制；④ 细胞凋亡和程序化坏死分子机理；⑤ 细胞选择不同死亡形式的分子调控机制。

4. 细胞骨架的动态性、相互关系与细胞运动的调节机理

微管和微丝是高度动态性的细胞骨架，是细胞和组织形态形成和维持的结构基础，驱动细胞迁移、细胞分裂和纤毛 / 鞭毛摆动等细胞运动。它们通过与细胞黏附结构的相互作用，在细胞 - 细胞和细胞 - 胞外基质相互作用中发挥重要功能。微管和微丝还能作为骨架依赖性分子马达的“公路”支持其行使功能。此外，有多种细胞器都是以细胞骨架为主形成的，例如，以微管为主构成纺锤体和纤毛 / 鞭毛，以微丝为主形成微绒毛。细胞运动是复杂、精细而且高

度动态的过程，因而其调控机制也是高度复杂的。微管和微丝骨架，以及依赖于它们的分子马达，是细胞运动的驱动因素，而相关的受体信号转导则是重要的调节因素。

重要研究方向：① 微管和微丝动态性的调节机制以及它们的相互作用；② 微管和微丝与各种细胞器的相互作用及其与细胞活动的关系；③ 细胞迁移的分子机理；④ 细胞极性的形成、维持和功能；⑤ 细胞迁移与黏附的功能和调节机理；⑥ 纤毛 / 鞭毛的发生及其调控机理。

5. 生物膜动态变化和膜运输的调控机制

生物膜的动态变化与细胞的生命活动紧密相连，其中胞吞、胞吐是细胞与外环境进行物质和信息交换的途径，而细胞自噬的作用是清除降解细胞内损伤或衰老的细胞器，以及不再需要的生物大分子等，也为细胞提供营养、参与细胞结构的再循环。膜运输是细胞质膜及内膜系统之间进行物质和信息交流的方式。膜运输包含了以细胞骨架为轨道并由马达蛋白驱动的囊泡运输，以及不同类型囊泡及膜性细胞器的断裂、融合及分选等动态过程。膜运输及囊泡膜的动态变化不仅与蛋白质的分拣、转运以及细胞器的发生和细胞器之间的相互作用密切相关，而且参与细胞多项重要的生命活动，如神经递质释放、激素分泌、天然免疫、信号转导等。生物膜的动态变化是细胞生物学的核心问题之一。

重要研究方向：① 囊泡的生成、运输、与靶膜的融合和回收利用机制；② 胞吞、胞吐、自噬发生的调节机理及其在生理病理过程中的作用；③ 各种类型的囊泡上的膜脂、膜蛋白或效应分子的动态变化；④ 囊泡货物的分拣机制；⑤ 运输囊泡与马达蛋白和细胞骨架的相互作用。

6. 细胞器的动态变化规律与其功能的关系

细胞器的结构与功能相适应，例如，线粒体数量和超微结构在不同生物学过程中发生动态变化；内质网是细胞质中由膜围成的管状或扁平囊状的结构，互相连通成网络系统。了解细胞器的动态变化规律及其调控机制是目前细胞生物学的热点领域之一。另外，近年来高分辨率成像及细胞器分离纯化等技术的发展促进了对于细胞器新功能甚至新的亚细胞结构的发现和鉴定。例如，高尔基体作为微管聚合位点，在微管细胞骨架的形成、分布和动态变化中起到重要调控作用，并在细胞分裂过程中协助中心体完成对细胞核周围细胞骨架的调节；内质网与多种细胞器以及细胞质膜之间的动态接触，对于内膜系统中脂质的转运、物质交换与能量的运输具有重要的调控作用；高尔基体和溶酶体膜上有多种信号分子的分布，可能是相关信号转导中心之一。另外，尽管真核细胞质膜上普遍存在的纤毛作为细胞器早已被发现，非运动型纤毛 / 初级纤毛作为细胞的感觉器官，在细胞感知外界信号、胞内信号转导及细胞生长中的重要功能近年来逐渐被揭示。

重要研究方向：① 细胞器形态及结构的动态变化规律；② 细胞器动态变化与其功能的相关性和调控机制；③ 细胞器生成、衰老、降解等过程的动态蛋白质组学分析；④ 不同细胞器之间的动态互作、功能的协调和偶联关系；⑤ 细胞器新功能的发现；⑥ 新亚细胞结构的鉴定。

7. 新信号分子的鉴定和信号分子的活性调控

新信号分子的发现和信号分子新功能的阐明是一个永恒的重要课题。信号通路的许多信号分子并不是相互独立的，而是由通过支架蛋白形成蛋白复合体，这使得信号分子之间相互接近，提高了信号的转导效率和调控效率。利用复合体分离、纯化、组分分析的方法鉴定了新的信号分子及相关调控蛋白，可以有效完善对信号通路的了解。许多信号分子存在多种化学修饰，如磷酸化、泛素化、类泛素化、甲基化、乙酰化、糖基化等，这些化学修饰调节着信号分子的活性、细胞内定位、稳定性及与其他信号分子的相互作用等，在信号转导的过程中发挥着至关重要的作用。

重要研究方向：① 新信号分子和新蛋白复合体的鉴定和功能研究；② 信号分子新修饰及其活性调控；③ 信号转导的新模式和新通路的发现和机制研究。

8. 信号通路之间的交叉作用——信号网络的阐明和信号转导的定量研究

细胞是由许多信号分子组成的一个复杂的网络，网络中各个通路的组合和相互作用一起决定了细胞的行为。近年来，一些高通量的实验技术、大规模数据的产生和分析方法使我们建立这个网络成为可能，通过组合和比较，传统的信号通路可以被整合成一个大的信号网络。研究并绘制这样一个网络对于从整体上了解控制生物体生长、发育等各个生理过程的机制非常重要，同时也有助于特异药物的开发。随着单分子成像等技术的发展，信号转导的定量研究成为可能，这将有助于精确信号网络模型的建立，有利于我们预测细胞行为和了解细胞病变机制。

重要研究方向：① 生物学过程中不同信号通路之间的相互作用及其分子机制；② 信号网络的绘制及其调控机制；③ 基于新技术新方法的信号转导定量研究。

9. 细胞代谢途径的调控机制

细胞代谢是由多个代谢途径组成的高度协调的细胞生命活动。细胞代谢是精密调控且高度动态的过程，根据内部或者外部环境的改变来调控细胞代谢速率的能力与途径的选择，是活细胞所不可或缺的属性，该能力是维持细胞内环境稳定（稳态）所必需的、也是细胞得以实现其功能的基础。

重要研究方向：① 细胞外因子如营养和信号分子等对细胞代谢动态性的调节机制；② 胞外因子与细胞代谢途径的选择性［如沃伯格效应（Warburg effect）］及其与细胞命运抉择的关系；③ 节律与细胞周期过程中细胞代谢的变化与调控；④ 病原微生物干预宿主细胞代谢的途径。

10. 细胞代谢在细胞增殖、分化和死亡中的作用与调控规律

细胞增殖、分化和死亡是生命活动的重要行为，传统上认为这些行为由不同的信号传导途径来调控。细胞代谢是生命活动的物质基础，新近研究提示一些经典的代谢酶（如糖酵解丙酮酸激酶同工酶 PKM2）整合了细胞代谢与细胞增殖的调控，一些细胞代谢的产物［如 2- 羟基戊二酸（2-HG）］，可作为“二级信使”调控细胞的生理与病理学过程。为此，细胞代谢在细胞增殖、分化和死亡中的作用机制是重要的研究方向。

重要研究方向：① 细胞代谢产物对细胞活动的调控；② 细胞代谢与信号转导的相互作用；③ 细胞代谢异常与信号调控途径改变及疾病发生的关系。

11. 干细胞多能性维持和 iPS 细胞多能性获得的分子机制

胚胎干细胞、成体干细胞和 iPS 细胞通过自我更新来维持多能性，这个过程受到复杂的分子网络调控。例如，TGF-β/Activin/Nodal 和 FGF 信号通路已

经被证明有助于维持人类胚胎干细胞的自我更新；而成体干细胞的自我更新不仅受到细胞内因素的影响，也受到细胞外微环境的严格调控。进一步研究胚胎干细胞自我更新和 iPS 细胞多能性获得的机制，以及研究成体干细胞与微环境的相互作用，是将其应用于再生治疗的基础。

重要研究方向：① 胚胎干细胞自我更新和 iPS 细胞多能性获得的机制；② 成体干细胞多能性维持机制；③ 成体干细胞与微环境的相互作用；④ 成体干细胞亚群的鉴定、形成机制及其对组织稳态的贡献。

12. 细胞生命活动中重要调控分子的实时、定量研究

细胞成像能在分子和活体细胞水平上对生物过程进行表征和测量。传统的细胞生物学研究往往基于大量细胞平均测量所获得的结果，但由于细胞的异质性，细胞群的研究方法严重掩盖了独立个体样本的行为及所涉及的信号传导途径。通过活细胞单分子成像和超分辨显微技术，可以了解单个生物分子在细胞内的分布和动态行为特征；在单个细胞内研究重要调控分子时空动力学特征可以解析细胞可塑性调控及疾病发生与发展的详尽分子机制。

重要研究方向：① 细胞生命活动中重要调控分子的实时动态研究；② 基于荧光成像技术对活细胞代谢产物原位定量分析的开发与应用；③ 细胞生命活动中多种翻译后修饰的动态定量分析技术的开发与应用；④ 细胞生物学图像信息处理标准化、超分辨细胞亚结构标准图谱建立与检索。

13. 新型活细胞分子标记探针与方法

在单细胞水平研究重要调控分子需要具有更高的空间分辨率及更高的灵敏度、同时监控多靶点的标记探针与高通量的定量分析方法。目前，细胞生物学研究结论通常基于细胞中一类分子的平均量，从而忽略了单个分子行为特征及具有决定性意义的环节。为此，探索与建立新型活细胞分子标记探针与方法将为研究重要单个生物分子在细胞内的动态行为提供更为有效的工具。

重要研究方向：① 新型活细胞分子标记探针与方法的开发；② 针对核酸、蛋白质等生物大分子在活细胞内多种单分子（多色）成像技术的开发和应用；③ 活细胞内单分子的非荧光成像技术的开发与应用。

14. 细胞功能实现的系统整合研究

细胞是由复杂的生物大分子（复合体）和亚细胞结构（细胞器）组成的生命基本单元。以往的研究主要针对单一组分或单一细胞器，而随着组学大规模数据的积累和信息理论的应用，系统、整合、跨尺度研究细胞内不同组分的功能和互作机制成为可能。通过理论建模、模型实验与生物学验证，将为全面阐述细胞的功能方式提供重要基础。在揭示细胞内分子网络调控规律的基础上，由生物学与工程科学、数理科学、化学、计算机科学等融合产生的合成生物学以"重塑生命"为核心，通过设计和构建亚细胞结构，探究细胞系统内整体生命活动规律。

重要研究方向：① 多个细胞器之间的相互作用和网络调控的系统整合研究；② 胞浆中的生物大分子（复合体）与亚细胞结构的相互作用和调控；③ 细胞器形态生成和维持中的力学机制；④ 细胞功能预测和诠释的细胞模型和模拟；⑤ 细胞器和亚细胞结构的人工设计原理与构建。

三、细胞生物学与其他学科交叉的优先领域

细胞生物学与许多生命科学中的分支学科（如发育生物学、免疫学、遗传学、生物化学、结构生物学、计算生物学和生物信息学等）有密切的联系。例如，遗传学能帮助人们研究细胞生命活动过程中 DNA 和染色质蛋白的相互作用，并鉴定细胞生命活动相关基因及其功能；而表观遗传学、非编码 RNA 生物学等领域对我们了解细胞生命活动也非常重要。细胞生物学还与数学、物理学、化学等基础科学有着许多交叉，细胞生物学的研究体现着与这些基础自然科学的交叉和融合的特征，同时，也为这些基础科学的研究提供了新的研究方向。

细胞生命活动往往是多种复杂因素共同调控的一个系统过程，计算生物学和生物信息学能帮助人们研究整个复杂系统的特性。目前和今后的分析方法包括用计算方法对信号转导建模和预测，结合基因表达谱对细胞生命过程进行定量计算分析研究细胞生命活动的相关网络。

动态细胞成分分析一直是细胞生物学研究中的一个重点和难点，基于大分子的质谱方法能帮助人们鉴定细胞中的未知蛋白；基于化学生物学的方法能

帮助人们设计和筛选化学小分子来阐明细胞生命活动及其机制；基于X射线结晶学、电子显微镜等技术手段的结构生物学能帮助人们解析蛋白的结构以及研究细胞活动时蛋白结构与功能的关系；物理学和材料学还能帮助人们设计特殊的细胞培养条件和信号探测方法，从而推进细胞生物学学科的发展。

细胞的显微成像涉及生物学、医学、化学、物理、材料、信息学、纳米科学等诸多学科领域，应大力支持并鼓励跨学科的合作。长期以来我国的科研仪器设备研制一直是一个薄弱环节，显微成像也不例外。应加大对显微成像仪器研制的支持，尤其是将仪器的研制与生物科学问题的解决相结合。细胞的生命活动往往是一个连续的动态的过程，对其研究需要不断提高光学成像的空间和时间分辨率以及在体检测的能力，因此需要设计出新型的荧光探针，并改进检测的仪器和实验方法。另外，光学成像会产生出海量的数据，从中提取出有意义的信息是实验的重要环节，自动化、高通量的分析技术将为该问题的解决提供重要的保证。应进一步与有机化学、工程学、计算机科学、数学等学科进行广泛深入的合作，开发出实时、定量、精细和高通量的研究系统，不断促进细胞生物学的研究技术和分析手段的进步。

四、开展国际合作与交流的需求分析和优先领域

随着细胞生物学不断向微观世界的深入和扩展，研究的规模、复杂程度日益扩大，需要整合和发挥各国的知识、技术、人才和资源优势。从我国社会经济持续快速发展的外部需求，以及科学研究发展的自身能力来看，推动基础研究国际合作实现战略性提升的时机已经成熟。若仍停留在低层次、分散化、小型化的阶段，将丧失众多进入科学研究前沿的机会，不能以平等身份参与发达国家间的合作，难以组织以我为主的重大国际合作研究计划，不能有效地利用外部资源并合理地分享国际科学前沿的成果和核心高技术。这将导致国内大量模仿型、低水平的跟踪研究，最终将影响到我国自主科技创新能力和国际科技竞争力的有效提高。我们应当发挥国际合作的特有优势和先导作用，不失时机地加强国际合作的战略管理和谋划，提高合作的层次，有效保证我国在这一研究领域在国际上的地位并加快提高我国科学发展的自主创新能力。

在具体操作时，我们应加强对国际前沿和热点问题的关注，举办和参与高水平、多层次、学科交叉的学术研讨会。鼓励并推动国际合作，特别是青年

学者的访问交流，提高其研究的技能和思维水平，同时学习国外先进的管理经验和运作机制。应该努力与国外该领域顶尖实验室建立良好的合作关系。除了与国外学术界交流以外，还可与国际大公司合作，建立国际标准的知识产权管理体系，开展成果转化、合作研究等。

在确定优先领域时，我们应该遵循以下原则。

（1）关注国际前沿和热点问题。

（2）支持源头创新，鼓励具有我国优势和特色的研究领域。

（3）体现基础研究特点，只规划领域，不涉及具体课题。

（4）开展多学科交叉的综合研究。

（5）注重对研究技术和方法创新的支持。

（6）将支持项目同培养人才结合起来。

（7）重视科学积累。

（8）注意与国家其他部门和其他研究项目的分工和衔接。

具体建议优先合作的领域及方向如下。

（1）生物膜的动态变化及其调控机制。

（2）囊泡运输的调控机制。

（3）细胞器的发生、动态变化及细胞器的相互作用。

（4）信号通路交叉作用和信号网络的构建。

（5）自噬发生和调控机制的研究。

（6）干细胞自我更新和定向分化的研究。

（7）细胞代谢对细胞行为的调控功能。

（8）模式生物在细胞生物学中的应用。

（9）实时、动态和定量的细胞成像新方法、新技术研究。

主要参考文献

国家自然科学基金委员会，中国科学院 . 2012. 未来 10 年中国学科发展战略 · 生物学 . 北京：科学出版社 .

裴钢 . 2009. 中国干细胞研究大有希望——干细胞研究专刊序言 . 生命科学，21：1.

中国科学技术协会 . 2008. 2007 ～ 2008 生物学学科发展报告 . 北京：中国科学技术出版社 .

中国科学院 . 2013. 2013 科学发展报告 . 北京：科学出版社 .

中国科学院 . 2014. 2014 科学发展报告 . 北京：科学出版社 .

Alisdair R，Fernie R，Trethewey A，et al. 2004. Metabolite profiling：from diagnostics to systems biology. Nat Rev Mol Cell Biol，5：763-769.

Bertoli C，Skotheim J M，Bruin RA. 2013. Control of cell cycle transcription during G1 and S phases. Nat Rev Mol Cell Biol，14（8）：518-528.

Donoghue S，Gavin A C，Gehlenborg N，et al. 2010. Visualizing biological data：now and in the future. Nat Methods，7：S2-S4.

Fuchs Y，Steller H. 2011. Programmed cell death in animal development and disease. Cell. 147（4）：742-758.

Galluzzi L，Kepp O，Kroemer G. 2012. Mitochondria：Master regulators of danger signalling. Nat Rev Mol Cell Biol，13（12）：780-788.

Hipfner D，Cohen S. 2004. Connecting proliferation and apoptosis in development and disease. Nat Rev Mol Cell Biol，5：805-815.

Kaelin W G，McKnight S L. 2013. Influence of metabolism on epigenetics and disease. Cell，153（1）：56-69.

Kholodenko B. 2006. Cell-signalling dynamics in time and space. Nat Rev Mol Cell Biol，7：165-176.

Rando T A，Chang H Y. 2012. Aging，rejuvenation，and epigenetic reprogramming：Resetting the aging clock. Cell，148（1-2）：46-57.

Ridley A，Schwartz M，Burridge K，et al. Cell migration：Integrating signals from front to back. Science，2003. 5：1704-1709.

Rossi D，Jamieson C，Weissman I. 2008. Stems cells and the pathways to aging and cancer. Cell，22：681-696.

Scadden D T. 2014. Nice neighborhood：Emerging concepts of the stem cell niche. Cell，157（1）：41-50.

Seife C. 2005. So much more to know. Science，309：78-102.

Sheetz M. 2001. Cell control by membrane–cytoskeleton adhesion. Nat Rev Mol Cell Biol，2：392-396.

第九章

免　疫　学

第一节　免疫学的战略地位

免疫学是一门研究机体与外界环境相互作用、维持自我稳定的科学，简而言之是研究和解决人类健康问题的学科。宏观而言，免疫系统通过准确地区分非我、排除异物，维持机体内环境稳定。具体而言，免疫系统识别特定抗原产生的免疫应答或免疫耐受具有特异性、多样性和记忆性，从而使同一疾病不会再患，或使接种疫苗后获得免疫。免疫系统具有三大基本功能：① 针对传染性微生物、移植物等进行免疫防御；② 清除衰老及损伤的自身细胞以维持自身稳定；③ 监视和清除突变的自身细胞以杜绝肿瘤。免疫受损及紊乱直接导致了人类疾病（如感染性疾病、肿瘤、自身免疫性疾病、心脑血管疾病等）的发生。

免疫学是一门古老的学科，其发源可追溯至公元前的“雅典瘟疫”；1796年，牛痘疫苗发明及第一次使用“vaccination”概念，开启了人工主动免疫的先河；1890年，抗血清疗法开创了人工被动免疫疗法和体液免疫概念；同时细胞免疫学说也被提出；随后，多种疫苗（如卡介苗、脊髓灰质炎疫苗等）问世并使若干人类重要疾病被成功预防；1976年，单克隆抗体技术的问世和全球牛痘疫苗接种于 1977 年全球消灭天花，见证了免疫学应用于卫生事业的杰出成就。免疫学科又是一门相对年轻的学科，20 世纪 70 年代始从微生物学独立。随克隆选择学说、危险信号学说的建立，免疫细胞亚群和分子的不断鉴定，抗体结构的解析、主要组织相容性复合物（MHC）和基因重排机制的破解，免疫学科在进入 21 世纪来以势如破竹的态势发展，免疫发育、免疫应答与调控基本理论不断得到完善，同时在人类重大疾病的疫苗研发、抗体类药物和临床诊断试剂等产业化领域凸显引领作用，成为医学与生命科学中基础、前沿和支柱性的关键学科和明星学科。全球发达国家均重点建立国家免疫学研究中心，如法国巴斯德研究所（Institut Pasteur）、日本免疫与过敏科学综合研究中心、美国斯克利普斯研究所（The Scripps Research Institute）和国家过敏和传染病研究所（National Institute of Allergy and Infectious Diseases，NIAID）等，旨在深入阐明免疫理论同时指引医药产业工业发展。1901 年迄今的 204 位诺贝尔生理学或医学奖获奖者中，有 1/3 以上从事或涉及免疫学研究，见证了免疫学学科的战略地位。

免疫学在生命科学和医学领域所发挥的战略作用体现在以下三方面。

（1）免疫学是生命科学和基础医学中最为根基性的学科。免疫系统是生命体不可或缺的组成系统之一；免疫学研究推动了生命基本规律和生命现象本质如细胞分化发育、衰老死亡、细胞与环境交流等基础理论，完善了生命科学核心理论。在医学学科核心框架中，免疫学试图解决人类机体与感染病原体、肿瘤和自身抗原以及代谢与应力改变等环境因素的排斥与交融关系，内外环境交流互动的维稳机制，同样为基础医学的完善构筑了核心框架。免疫学科是全球科研 ESI 评价体系中与临床医学、微生物学科并驾齐驱的 22 个学科之一，其水平成为衡量一个国家综合科技实力的重要指标之一。

（2）免疫学科支撑和促进了多种学科的发展。免疫学科自身的发展壮大产生了分子免疫学、细胞免疫学、移植免疫学、肿瘤免疫学、感染免疫学、自身免疫学、免疫病理学、生殖免疫学、进化免疫学、黏膜免疫学和免疫疫苗学等分支学科；不仅如此，免疫学由于共同的科学问题与众多生命科学前沿学科如微生物学、病原生物学、发育生物学、生物化学、遗传学、生理学、神经科学以及其他基础学科如化学、材料科学、药理学等发生紧密交融渗透，进一步衍生出神经免疫学、遗传免疫学、免疫化学等新兴学科。免疫学关键技术还直接为临床医学、药物学等应用学科方向提供关键的技术支撑。

（3）免疫学科具有直接推动生物医药产业的重要作用。基因工程抗体类生物制剂作为第三次工业革命浪潮生物技术工业的主要代表，是免疫学与生物化学、分子生物学技术融合的创新产业成果，已当仁不让地成为当代生物医药发展的主要方向。近 10 年来治疗用单抗市场规模增速是总药品销售增速的 6 倍；抗肿瘤单抗药物销售额更在全球抗肿瘤药物 10 强中高居前 3 位，成为全球抗肿瘤市场的主导品种。此外，疫苗产业是解决国民健康问题的支柱产业，现有计划用疫苗的更新，艾滋病、结核、慢性乙型病毒性肝炎（简称乙肝）、流感和肿瘤疫苗的创制将持续成为我国卫生事业的重中之重。基因重组细胞因子、佐剂、生物医药材料等免疫制剂和临床诊断免疫检验试剂的市场需求居高不下，同样依赖于免疫学科的关键指引与支撑。免疫生物医药产业正前所未有地获得全球高度重视和国家政策倾斜。

综上，免疫学科是生命学科与医学学科的根基性支柱学科，对于完善生命与医学学科基本理论、支撑和促进多种新型学科发展，以及推动生物医药产业创新发展，均发挥不可或缺的关键作用。将持续在学科构筑发展、民生和产业创新、乃至大国地位支撑方面长期突显其战略地位。

第二节　免疫学的发展规律与发展态势

免疫学科虽然起步略晚，但近年呈现非常快速的发展，呈现如下规律。

（1）免疫学研究的核心问题从病原体拓展到非病原体，以识别“非我”拓展到识别“自我”，从以抗感染免疫为主体发展到多免疫学科齐头并进发展。

（2）对免疫应答的构架，从强调适应性免疫，发展为重视固有免疫及两者的相互调节。

（3）从对免疫细胞与分子的功能研究为主，到深入拓展至免疫功能的结构基础研究。

（4）免疫学研究从过去的孤立、单点单层面研究，逐渐发展至多层面多分子系统研究，同时因技术革新向微观和单细胞免疫学研究深入。

（5）免疫学新技术和新方法的不断创新推动了免疫学科的革命性发展。例如，疫苗接种技术催生了经典免疫学；免疫电泳技术推动了抗体免疫化学；

近交系小鼠的培育推动以MHC为核心的免疫遗传学；单克隆抗体技术革命推动以CD分子为细胞表型标志的细胞免疫学；基因敲除技术推动以细胞因子、转录因子和信号分子为主的分子免疫学；人源化抗体的创造直接推进治疗自身免疫病和恶性肿瘤的抗体药物革命。免疫学基础理论与免疫学新技术的相辅相成，丰富了生命科学的内涵，给现代医学带来卓越贡献。

21世纪的免疫学研究呈现如下发展态势。

（1）大数据组学技术、条件敲除基因技术和动态成像技术使分子免疫学研究进入单分子、单细胞、动态化和网络化层面。

（2）疾病相关关键免疫分子和靶点的确定使转化免疫学蓬勃发展，自身免疫病、肿瘤、移植排斥等重要疾病的防治重现曙光。

（3）免疫学科从理论到应用的飞速发展直接推动临床及预防医学多个学科的发展。

（4）在分子和细胞水平深入阐明免疫识、应答及调控机制，加速转化应用，是免疫学未来发展的主要态势。

近年免疫学科各方向的发展态势总结如下。

一、固有免疫

固有免疫是当前研究前沿，其在感染、肿瘤和自身免疫发生情况下的免疫驱动和炎症功能具有重要意义，促使免疫学家对整个免疫系统理论进行重新审视。固有免疫通过位于人体第一道防线的固有免疫细胞表面的有限的模式识别受体（PRRs），迅速识别大量病原和危险相关分子模式（PAMPs、DAMPs），介导快速免疫效应清除有害物质，促进炎症并驱动和调节适应性免疫发生，对疾病的发生与进程起决定作用。固有免疫研究有三个重要领域。

1. 固有免疫识别与应答

将持续成为今后免疫学的前沿重点，将重点围绕发现新的膜型和胞浆PRRs、深入阐明固有免疫识别信号传导网络。这对于深入解析抗细菌、病毒、真菌免疫，及抗肿瘤和自身免疫具有重要引领意义，同时有望发掘多种PRR信号通路分子作为疾病治疗靶点。

2. 炎性小体及功能

炎性小体由多种 NLR 成员诱导大分子复合体通过 IL-1β 参与免疫炎症调节。其参与多种人类重大炎症疾病（如 2 型糖尿病、关节炎、神经退行性疾病）而备受瞩目，并与机体代谢互为调节。NLRP3 炎症小体的激活信号、诱导机制及炎症调节亟待深入研究。

3. 天然淋巴细胞的分群与功能

天然淋巴细胞（ILCs）是新分类的固有免疫细胞，与 Th 亚群的转录谱和功能存在镜像关系，ILCs 介导的局部固有免疫损伤与重大炎症类疾病相关，其在诱发肿瘤、抗体生成、介导口服耐受、血管生成、生殖免疫等方面功能也被报道。系统解析 ILCs 的分化发育、表型功能、识别及信号转导、组织微环境对 ILCs 功能的调控、ILCs 在黏膜免疫与耐受的调节作用是重要研究方向。

二、适应性免疫

以 T 细胞、B 细胞为主体的适应性免疫是免疫应答的核心，仍有若干 T 细胞、B 细胞新亚群需要发现，适应性免疫细胞间的网络连接与调控、信号分子网络、基因表达的表观遗传调控与修饰将成为学科发展态势。

1. 免疫细胞的网络连接与调控

固有免疫与适应性免疫细胞间存在分子（细胞因子、趋化因子、黏附分子）连接与调控的细胞网络，调控免疫细胞发育、稳态、免疫应答和免疫耐受，是免疫基础研究和免疫相关疾病研究的重点。

重点研究方向：① 探索新的功能免疫细胞亚群和效应分子；② 介导免疫细胞网络连接与调控的新机制；③ 组织特异性免疫细胞网络连接和调控；④ 免疫调控中旁观者效应功能特征与应用；⑤ 免疫网络调控理论应用于临床疾病诊疗的转化研究。

2. 免疫细胞的基因表达与调控

“免疫基因组计划”（ImmGen）使免疫转录组、代谢组、蛋白质组数据高速增长，使从基因表达调控层面立体解析和精细调控免疫细胞的发育、分化及功能成为可能。免疫细胞基因转录调控网络的高通量筛选、长链非编码 RNA/miRNA/RNA 及其结合蛋白的表观遗传调控机制、组织微环境对免疫细胞基因表达的调控、神经 - 内分泌系统对免疫系统整体调控等，均是今后研究重点。整合多层次高通量免疫基因表达调控数据、准确阐释免疫细胞表达调控机制，将显著推动自身免疫、移植、感染及肿瘤等人类顽疾的治疗靶向分子药物的开发。

3. 免疫细胞功能的表观遗传调控

免疫细胞的发育和功能受胞内信号分子、转录因子（如 NF-κB）的网络调控。转录因子结合靶基因过程受表观遗传（组蛋白乙酰化、甲基化修饰、DNA 甲基化）和染色质重塑等严格调控，成为当前“后转录因子”时代研究热点。组蛋白甲基化对 T 细胞亚群定向分化、可塑性和记忆的调控以及 *Igk* 基因乙酰化和甲基化对 B 细胞发育成熟的调控是当前亮点成果。

三、组织区域免疫

免疫学界近期已确立组织区域免疫器官（肝脏、肠道、胸腺、皮肤、胰腺和子宫等）的存在与解剖位置和组成功能的独特性，其在介导局部免疫、炎症性疾病（如肝炎、炎症性肠病）中发挥关键作用。

1. 区域免疫器官的免疫组成与特性

区域免疫器官的免疫组成完全不同于中枢与外周免疫器官，需要系统、完整地描绘肝脏、肺脏、肠道等“非专职”免疫器官的免疫细胞组成、表型和功能，以及其来源、发育与维持机制。

2. 组织区域免疫特性与疾病

区域免疫器官具有独特的微环境，与众多组织区域疾病发生发展密切相关。肝脏、肠道、母胎界面、肺脏区域免疫器官的免疫识别、应答与调节特性，与肝脏慢性疾病、肠道炎症疾病、母胎妊娠疾病及肺结核、哮喘等重大人类疾病的发生与调控密切相关，是解决疾病免疫防治的关键研究领域。

四、免疫相关疾病与转化医学研究发展

当前人类多数顽疾均与免疫系统紊乱相关，免疫疾病的发病机制及临床转化是免疫学科发展的终极出口。

1. 免疫、代谢与疾病

免疫系统受代谢系统的密切调控；而免疫系统通过改变代谢显著影响代谢性疾病的进程。这使得代谢免疫学成为当今重要的新兴学科，分为两个主要方向。

（1）免疫细胞自身代谢对免疫的调节。重要领域包括：① 调控免疫细胞活化与记忆功能及免疫细胞亚群分化/极化的代谢途径，并应用于T细胞治疗、疫苗；② 炎症局部或肿瘤微环境氧供和营养代谢对局部免疫的调控；③ 代谢产物及自噬对胞内信号转导的影响。

（2）免疫系统对机体代谢的调节及在代谢性疾病中的作用。重要领域包括：① 生理及病理状态下免疫系统对脂肪代谢和肥胖的调控机制；② 免疫系统感受和调控肝脏组织糖/脂类代谢网络机制及与肝脏疾病的关系。

2. 自身免疫识别与调节

自身免疫病的免疫调控机制近年获得诸多突破，例如，Ⅰ型干扰素正反馈环的重要作用及作为自身免疫病诊断新标准；针对B细胞的自身免疫治疗性单抗被美国食品药品管理局（FDA）批准上市。自身免疫研究及转化医学的未来重心将在于：① 自身抗原（如dsDNA）的免疫识别和应答机制；② 患者标本大规模数据的高通量分析筛选启动与放大自身免疫的关键分子作为治疗靶点；③ 免疫抑制背景下提高B细胞功能拮抗抗体的药物疗效；④ 糖修饰对致病抗体的作用；⑤ 局部器官免疫的自身免疫调控。

3. 肿瘤免疫识别机制与免疫治疗

研究重点仍为：① 肿瘤特异抗原（TSA）的鉴定；②TSA免疫识别与应答及耐受调节机制；③ 肿瘤微环境与免疫细胞相互作用的网络研究；④ 肿瘤免疫逃逸和转移机制；⑤ 应用高通量筛选平台加快肿瘤治疗新策略研发。

4. 免疫缺陷性疾病的免疫治疗

原发性免疫缺陷病与感染、肿瘤和自身免疫病密切相关，其致病基因与免疫细胞发育、应答、免疫维稳高度相关。研究免疫缺陷病致病基因可揭示免疫细胞发育、活化及效应调节的关键基因及其规律。

5. 新型疫苗的设计与挑战

当前疫苗向新型抗原、新型载体、新型佐剂联合方向发展，功能也由预防向治疗性拓展。重点领域包括：① 重视临床大样本高通量分析乙肝、艾滋病和肺结核的免疫病理和保护机制，筛选正确的疫苗靶抗原；② 研究乙肝、流感疫苗等的持久保护机制；③ 异种 prime-boost 加强策略在不同疫苗的探索和优化；④ 对抗多种病原体血清型的通用抗体制备；⑤ 开发 DNA、病毒、脂质体、生物颗粒载体等疫苗载体和佐剂；⑥ 研究载体和佐剂指导下的局部免疫激活机制；⑦ 确定临床有效性、安全性评估新指标；⑧ 加快慢性乙肝、肺结核等治疗性疫苗的研发。

五、免疫学新技术

针对当前免疫大数据大信息的免疫学新技术与仪器研发，拟人化免疫模型体系、可视化系统、难建疾病动物模型等技术方法的解决，将成为推动我国免疫学研究向世界前沿迈进的重要利器。

1. 拟人化免疫研究体系

将人体组织、造血干细胞及抗原受体（TCR）转入小鼠制备的人源化小鼠，对与人类免疫疾病机制研究、人类疫苗、药效临床评价具有终极意义。未来重要研究领域包括：① 完善免疫系统与疾病器官双人源化小鼠（如 alb-uPA、FRG、AFC8-hu HSC/Hep、HSV-TK）模型为研究组织特异性疾病发病机理；② 慢性乙肝人源化小鼠的完善以彻底解决中国慢性乙肝问题等。

2. 免疫研究体系

高时空分辨活体成像技术，可准确、动态观测复杂生物体内的免疫应答规律，使免疫学研究迈入系统化与可视化新里程。未来将侧重于：① 长时程、多层面、可控开关、系统跟踪功能的改进完善，捕捉免疫细胞及信号的全程改变；② 升级发展高时空分辨的三维成像，跟踪蛋白质相互作用、微环境动态变化与跨组织器官迁移；③ 多分子与细胞事件并行检测；跨层次多尺度观察等。

3. 免疫信息整合与免疫组学

集合多层次多时程免疫大数据，归纳形成数学模型并合理预测，是免疫组学当务之急。未来急需开张的研究领域包括：① 生物体多组织器官、生理与病理状态、发育疾病进程中的免疫细胞的基因表达谱归纳；② 大力发展高分辨率质谱及质谱流式细胞术加速免疫蛋白组学研究；③ 联合数据挖掘、机器学习、数学、计算机算法，实现免疫大数据的归纳，高效应用于肿瘤标志物筛查、疫苗设计等领域。

第三节　免疫学的发展现状与发展布局

一、中国免疫学的发展现状

过去五年中，中国免疫学研究呈现出蓬勃跨越式发展、快速上升态势。在经典免疫学和免疫学科与其他生命学科的交叉领域，研究的质与量均取得了显著进步。我国在国际免疫学期刊发表论文总数已跃居世界第二位，仅次于美国。大批学者在中国本土完成高水平工作，在《Cell》《Nature》《Science》顶级生命学科期刊发表论文已呈常态化。中国免疫学在国际学术地位显著提升。2012 年 11 月，《Cell》子刊《Immunity》推出 *Spotlight on China* 增刊，专门介绍中国免疫学研究机构和免疫学家在各免疫领域的杰出工作。2013 年，在意大利召开的国际免疫学会（IUIS）第 15 届会员代表大会上，中国以压倒性优势获得 2019 年国际免疫学大会主办权。中国免疫学会已定期与德国、日本、加拿大、韩国、芬兰等国进行双边或多边交流，美国免疫学会年会每年都设有中国专场。中国免疫学会还组织召开了多次有较大影响的国际免疫学会议，如冷泉港会议、Treg/Th 细胞会议等。中国工程院院士曹雪涛在 2011 年当选亚洲大洋洲地区免疫学会联盟（FIMSA）主席，2014 年受聘出任《Cell》杂志编委，彰显了中国免疫学国际学术影响力。以曹雪涛、田志刚、舒红兵、韩家淮、高福、邵峰等为代表的中国免疫学工作者的研究得到国际同行的高度关注与认可。

目前，免疫学会正式注册的会员约 7300 人，加上未注册者、在读研究生、博士后及各类免疫技术应用开发人员，我国从事免疫学研究的人员估计超过 5 万人。在过去的 5 年中，国家自然科学基金委员会生命科学部免疫学科共资助了 9 项国家优秀青年科学基金，371 项面上项目、287 项青年科学基金和 31 项地区基金，15 项重点项目和 1 项重大项目，资助总额累计近 4 亿元；过去 20 年中，共计有 32 位免疫学研究人员获得了国家杰出青年科学基金的支持。免疫学研究还得到了科技部 973 计划、863 计划、“十一五” / “十二五” 国家重大科技专项等国家级计划以及地方政府计划的支持。但尽管如此，与发达国家相比，我国免疫学科的体量仍明显不足，高水平的顶尖人才和领军人物仍十分匮乏。

近年来，我国免疫学研究在各个重要方向已取得长足进步，尤其在固有免疫应答及调控领域已取得国际领先的一些亮点成果，但是各个方向的发展很不均衡，总体而言学科发展不够系统和深入。

1. 免疫细胞分化发育及其新亚群

免疫细胞发育是免疫学研究的经典领域，我国近年来在这方面研究有少数亮点。例如，发现 Tespa1 调控 TCR 信号从而显著影响胸腺细胞阳性选择和成熟单阳性 T 细胞；发现 Ca^{2+} 结合阴离子脂质诱导 CD3 磷酸化调控 TCR 信号活化，以及肝造血干细胞分化的具免疫记忆的 NK 细胞的发育特性等。

在免疫细胞新亚群研究中，我国免疫学家在 T 细胞亚群分化、发育、迁移及功能调控领域卓有建树，例如，发现：①TRAF3 通过竞争结合 IL-17R 抑制炎性和实验性变态反应性脑脊髓炎（EAE）发生；② 细胞外基质蛋白 EMC1 通过结合 IL-2R 调控 Th2 迁移与呼吸道过敏疾病；③ 神经前体细胞可负向调控 Th17 分化；④ “旁观” B 细胞提供的 ICOS 信号促进滤泡性辅助性 T 细胞（Tfh）向生发中心募集；⑤E3 泛素连接酶 Stub1 调控 Foxp3 发生泛素化降解而调控调节性 T 细胞（Treg）的功能。在 B 细胞新亚群及近期新发现的天然样淋巴细胞（ILCs）方面的创新性工作相对较少。

2. 固有免疫及其调控机制

固有免疫细胞借助 PRRs 识别 PAMP 和 DAMP，通过调控炎性细胞因子和Ⅰ型干扰素，发挥重要防御、调控和控炎作用。我国免疫学家发现了一系列新的固有免疫调节分子或调控机制，在国际上具有一定的影响力。例如发现：① 整合素 CD11b 促进 MyD88 及 TRIF 降解反馈性抑制 TLR 信号机制；② 胞浆感受器 LRRFIP1 通 β-catenin 通路激活 IRF3 介导的Ⅰ型干扰素；③TLR 信号触发 MHC Ⅰ类分子磷酸化进而抑制的机制；④MHC Ⅱ类分子通过 CD40 维持 Btk 活性进而与 MyD88 和 TRIF 作用促进炎性因子及Ⅰ型 IFN；⑤STAT6 调控干扰素基因刺激因子（STING）介导的抗病毒免疫机制；⑥E3 泛素连接酶 CHIP 通过招募酪氨酸激酶 Src 及非典型蛋白激酶 C 促进 TLR4/9 介导的炎症应答；⑦ 泛素连接酶 RNF5 通过促进 STING 降解调节抗病毒免疫；⑧GSK3β 激酶调控 IRF3 介导的抗病毒应答；⑨C 型凝集素受体 Dectin2/3 介导的抗真菌固有免疫；⑩ 凝集素 Siglec-G 通过 E3 泛素连接酶 c-Cbl 促进 RIG-I 降解、负向调控 IRF3 抗病毒机制；⑪ 植物 PR R-FLS2 经配体 Flg22 活化经 BAK1 参与植物抗感染防御。我国学者还通过复合体晶体结构揭示了 IL-1β 结合及激活其受体的结构基础。但是在新型固有免疫感受器的创新发现、新型 PAMP/DAMP 的挖掘方面我国免疫学研究尚不充分。

3. 免疫应答的信号通路及表观调控

通过 DNA 甲基化、组蛋白修饰、非编码 RNA 等表观遗传调控方式影响免疫分子基因表达、调控免疫细胞功能的表观遗传免疫学研究日趋受到重视。中国免疫学家创新性地发现：①miR-29 直接靶向 Ifng 3’UTR 从而调控结核分枝杆菌胞内感染；②miR-23b 靶向 TAB2/3 和 IKK-α 反馈抑制 IL-17 介导的 NF-κB 活化及炎症从而调控自身免疫炎症；③miR-378 和 -30e 靶向穿孔素与颗粒酶抑制自然杀伤（NK）细胞毒性；④miR-199a /b-3p 靶向促肝癌激酶分子 PAK4 抑制抑制肝癌生长及与不良预后密切相关；⑤H3K4 甲基化转移酶 Ash1 通过调控 A20 表达、降低 TRAF6 和 NEMO 泛素化、抑制下游通路负向调控固有免疫的机制；⑥ 树突状细胞（DC）特异 Lnc-RNA-DC 通过去磷酸化调节 Stat3 活化而调控 T 细胞活化；⑦ 对类风湿关节炎、银屑病、系统性红斑狼疮等疾病高度关联的 SNPs 的发掘提供了自身免疫病诊疗的重要线索。此外，有关巨噬细胞极化的遗传表观修饰与功能调节及与自身免疫病关系等的研究也有进展。

4. 自身免疫、肿瘤免疫与移植免疫

我国免疫学家在自身免疫研究方面发现：①银屑病患者受损皮肤γδ T细胞通过IL-17在皮肤炎症和增生发挥的重要作用；②循环$CXCR5^{+}CCR7^{lo}PD1^{hi}CD4^{+}$Tfh细胞与SLE等自身免疫病的关联；③慢性乙肝患者肝脏NK细胞激活与促进慢性乙肝肝脏损伤的机制；④Rhbdd3通过调节NF-κB必须调节蛋白（NEMO）泛素化抑制TLR活化树突状细胞的机制、Th17和Treg富集参与自身免疫病的机制等。然而，我国自身免疫研究仍显散漫，庞大的自身免疫病患者群体临床资源未得有效利用，缺乏大规模临床横向和纵向跟踪回溯系统性研究，基础研究与临床脱节。

我国免疫学在肿瘤免疫方面创新性发现包括：①肝癌低水平RIG-I与患者生存和IFN-α治疗低反应性的关系，及其通过STAT1调控IFN-α效应的机制；②共抑制分子PD-1等在慢性乙肝进展过程中的调控作用；③HER2抗体疗效依赖特异性抗肿瘤T细胞应答的新机制；④肝癌肿瘤微环境中多种免疫细胞表型和功能与肝癌免疫逃逸的新机制等。但是，抗肿瘤免疫基础免疫研究关于肿瘤特异抗原的免疫应答机制、放化疗干预治疗的免疫损伤和应答机制、循环肿瘤细胞的免疫逃逸机制、带瘤生存的免疫学机制等尚未有深入和有亮点的成果。

我国在移植免疫研究方面亮点不多，片面集中急性移植排斥，忽视决定移植器官长期存活的慢性排斥机制，以及T细胞和B细胞的协同机制。

5. 黏膜免疫与微生态

在这一国际免疫学研究的新生长点，我国免疫学家发现：①肠道菌群改变通过TLR通路促进肠上皮细胞产生IL-17C、肠道上皮细胞分泌IL-17C与上皮细胞IL-17RE/RA复合体结合介导黏膜及皮肤炎症；②诱导表达Bcl-2/xL促进肿瘤发生的机制；③NOD2信号识别肠道病原通过IL-15维持IEL稳态抑制肠炎的机制；④肠道上皮细胞的免疫调控机制等。但总体而言，对于黏膜免疫的组成、免疫细胞亚群特性、肠道皮肤微生态与黏膜免疫的分子调节等基础免疫学问题缺乏系统研究。

6. 抗感染免疫和疫苗研发

免疫学研究的原发动力与出口是抗感染免疫保护机制与疫苗设计。近年来，我国学者发现：① 通过血凝素-唾液酸受体复合物晶体揭示了高致病性禽流感病毒物种间传播的结构基础；② 并发现志贺氏痢疾杆菌和肠致病大肠杆菌利用全新毒力效应分子抑制宿主自噬和炎症抗感染的新机制；③ 细菌蛋白 Tir 与宿主 SHP-1 作用调控 TRAF6 泛素化抑制肠道固有免疫；④IFN-α 刺激肝非实质细胞分泌外泌抗病毒分子的抗病毒机制；⑤ 自主研制了通过Ⅲ期临床试验的戊型病毒性肝炎（简称戊肝）疫苗，成为全球范围内戊肝防控领域的突破性进展。但在慢性乙肝、肺结核等重大传染病的免疫耐受机制和防治疫苗研制上仍未有突破性进展。

7. 人类和低等动物及植物系统免疫学

我国免疫学研究的大部分成果集中于近交系小鼠和细胞系研究，涉及人类器官组织和灵长类动物的免疫学研究受限，牛、猪、家兔、狗免疫学研究较少，更勿论低等生物和植物的免疫学研究。一方面，虽然近交系小鼠是研究免疫细胞分化发育、免疫调控、抗感染免疫、肿瘤免疫和自身免疫的最佳动物模型，但小鼠免疫系统不同于人类，且多种在小鼠体内证实优良保护效果的疫苗（如艾滋病新型疫苗），在灵长类和人类试验完全失败，提示各级物种免疫系统及功能存在较大差异，小鼠获得的免疫学原理不能完全代替高级灵长类动物；推动我国免疫学研究成果的临床转化，必须切实加大加深对于人体免疫系统的系统研究，特别是肿瘤免疫、自身免疫和移植免疫领域。另一方面，低等模式生物（如线虫和斑马鱼等）在近年证实具有针对感染、损伤和炎症的固有免疫调控网络，是人类了解免疫进化的重要生物。此外，畜牧动物免疫学和疫苗学，以及处于较空白的植物免疫学研究更加具有重要的应用意义。我国在人类和低等动物及植物系统免疫学研究方面非常薄弱，研究团队很少，缺乏系统性、综合性和物种交叉的系统免疫学基础研究。需要大力支持人类和低等动物及植物系统免疫学研究，完善免疫学框架，同时为重要的人畜共患病（如手口足病、禽流感等）的免疫防治提供重要的基础数据。

8. 免疫学新技术和新设备

免疫学科的重大进展总是依赖并伴随免疫新技术方法与新仪器的诞生，如免疫细胞的组织培养技术、单克隆抗体技术、流式细胞术及流式检测分选仪等。虽然中国也努力试图在免疫学新技术及仪器方面迎头赶上，但基于历史问题，我国自主设备研制能力十分薄弱，且需要物理学科、光化学学科、信息学科等多学科的通力整体合作，目前尚未能在具有自主知识产权的免疫学大型仪器及单细胞免疫检测技术等方面有重要进展，导致重要大型仪器设备依赖进口，严重制约了我国免疫学向国际先进水平的跨越。因此，急需创新机制、加大投入，针对免疫学领域的关键技术瓶颈，联合多学科及企业，联合攻关突破关键技术，支持研发自主免疫大型设备特别是多通道检测单细胞表型、单细胞转录组学、单细胞代谢组学、活体动态示踪等一系列新技术平台和仪器。将在未来数十年对我国免疫学科发展产生重大的推动作用。

综上，我国免疫学整体研究队伍和水平近五年已发生质与量的飞跃，队伍不断壮大，研究方向多元化，在某些领域产生了国际水准的成果，但和美国日本等发达国家相比，免疫学研究水平尚存在质与量的差距。首先，我国免疫学研究在免疫细胞发育、适应性免疫、免疫记忆等传统领域及微生态与黏膜免疫、代谢免疫、表观遗传免疫等新兴领域缺少有国际影响的研究团队。其次，研究手段多沿用经典细胞和分子生物学方法，缺乏在体微观的成果展示。再次，研究成果缺少领域上的优势与真正意义上的突破性进展，尚无“明星”分子或重要细胞亚群由我国学者发现或定义。最重要的是，尚缺乏原创性、引领性的免疫学学术思想。欲实现我国免疫学的跨越式发展和国际领先，还有很长的路要走。

二、我国免疫学的发展布局

当代免疫学发展呈现新特点和新趋势。第一，免疫细胞分群越来越细致，相关的功能性新分子越来越多地被鉴定；而不同细胞亚群间相互调节的复杂机制尚未阐明，从器官、整体水平认识免疫细胞的协同作用同样是未来挑战。第二，在经典免疫细胞和器官之外，发现肝脏、肠道、肺脏、皮肤等作为区域免疫器官广泛参与免疫应答，非经典免疫细胞与器官在免疫应答和内稳中的功能将构成免疫学研究新的“增长点”。第三，已证实免疫机制参与高血压、糖尿病、神经退行性疾病等重大疾病的发生发展。第四，肿瘤免疫学研究逐步深入已产生有前景的干预靶点。第五，对固有免疫应答机制及认识取得长足进步，作为现代免疫学基石的“自我与非我”识别理论显得捉襟见肘，有待建立新的理论体系。针对上述发展趋势，我国免疫学须合理布局，重点突破。

三、我国免疫学发展面临的主要问题及措施建议

我国免疫学水平和发达国家相比整体差距较大，主要问题包括以下五个方面。

（1）我国免疫学科先天发育不全，20 世纪 90 年代中晚期方起步，21 世纪始有发展，有影响力的工作较少。

（2）我国免疫学成果内容窄，集中于固有免疫、T 细胞亚群分化等少数热点，在免疫细胞发育、适应性免疫、免疫记忆等经典领域仅有零星亮点。

（3）我国免疫学研究队伍体量虽然增加，但分布较散，基础设施较差，研究低水平重复，各实验室各自为战。我国专业免疫学机构仅十数个，最多不过十余人，缺乏“临界质量”效应，不利于合作研究。

（4）我国免疫学界大师级和顶级科学家人数少，缺少原创理论体系和技术支撑体系，开拓新研究领域的创新水平低。

（5）相对传统优势学科，免疫学整体规模小，缺少话语权。

要想解决上述问题，所应采取的应对措施有以下几方面。

1. 加大支持力度，建设国家级免疫学研究机构

发达国家均已重点建立规模宏大的国家级专门免疫学研究机构，以一流工作环境、实验设施和科研支撑系统，吸引顶级免疫学家高效合作在重点领域集中突破。因此，提出以下建议。

（1）在培育全国性免疫基础院所和临床研究基地前提下成立国家级免疫学研究中心。

（2）集中精力针对基础免疫学重大科学问题、临床重要疾病的免疫学致病机制，集团合作式开展系统性研究；

（3）配备顶级的大型免疫学设备如高效基因操作技术、活体显微成像、

高通量筛选平台及信息分析平台。

（4）设立支持高质量免疫相关疾病队列建设的科学基金项目。

2. 引导建立合理的评价体系，营造“大师”成长环境

学术跟风、追求“影响因子”、急功近利的评价体系，不利于免疫学科的健康发展和营造“大师”成长环境，建议采取以下措施。

（1）收缩多头基金管理体系，加大单项资助力度，激励科学家聚焦关键科学问题实现创新突破。

（2）引导建立科学合理的评价体系，不以论文篇数或“点数”论英雄，而以工作创新性、系统性及对领域贡献为评价。

（3）沿用“国家杰出青年科学基金”培养模式，建立国家级免疫学科人才科学基金，加大力度，鼓励创新，长期连续跟踪，激励原始创新、实现理论技术突破、培养有国际影响力杰出免疫学大师。

3. 扩充博士后队伍，增加免疫学研究队伍的体量

我国免疫学研究队伍中的留学归国中青年免疫学者体量与发达国家相比显著低下，特别是博士后队伍非常单薄。为培养和壮大博士后研究队伍，应采取以下措施：

（1）完善硕－博－博士后培养体系，鼓励人才在我国贡献科研创造力。

（2）改善我国现行博士后体制名额有限、待遇很低、缺乏归属感的缺点，采取切实举措让毕业研究生学子安心留于国内从事博士后研究。

（3）建议设立独立的博士后基金，突破名额限制，给予有尊严的博士后待遇，在中国本土自行培养一流免疫学人才。

4. 实现学科内合理布局，促进学科间交叉融合

我国免疫学发展很不均衡。固有免疫等领域进展较快，经典免疫学领域发展明显滞后，新兴领域如黏膜免疫、代谢免疫缺少有规模研究团队。为实现学科内的合理布局，建议采取以下措施。

（1）人才引进方面更应充分考虑领域布局和学科长远发展要求。

（2）建议国家自然科学基金委员会通过设定重点支持领域发挥关键性的政策导向，令免疫学科内布局更趋合理。

（3）从国家基金层面鼓励免疫学与神经生物学、系统生物学等生物学科及与医学、物理学、化学、农学的交叉，推动免疫学向纵深和拓宽的新生长点发展。

第四节　免疫学的发展目标及其实现途径

针对我国免疫学发展整体水平不足、免疫学科布局缺乏完整性、研究优势领域局限性、重要免疫学领域缺少国际影响力团队、新兴国际前沿研究领域处弱势地位的现状，免疫学科的宏观目标是：提升系统免疫学理论基础，在固有免疫调控等领域实现突破，提出有国际影响力的原创理论体系，在代谢免疫、微生态免疫等前沿迎头赶上；增强源头创新能力，获得一批具有自主知识产权的疾病免疫分子标志物并创建具有重大应用前景的核心免疫技术和设备，提升免疫学对生命学科发展、人口健康、医药产业、国家安全等的支撑能力。改变现状的阶段目标为以下七个方面。

（1）免疫学科发展领域实现均衡布局。

（2）增加免疫学研究队伍体量。

（3）全国范围内建设 3 ～ 5 个领域领先并具方向特色的先进实验室或中心。

（4）培养一批引领免疫学发展的有影响力的免疫学领军人才。

（5）获得免疫学领域原创性有影响力的科学成果。

（6）重大前沿领域产生有自主知识产权的成果转化。

（7）提升在国际免疫学届的整体实力。

要想实现以上目标，必须对我国免疫学研究的优势研究方向、薄弱方向、交叉学科和前沿方向分别予以不同的扶植策略，政策上要依赖于国家自然科学基金委员会、科技部针对薄弱方向的学科布局和对新兴研究领域的倾斜资助等保障。

一、需加强的优势方向

1. 免疫应答的信号传导

免疫细胞内信号激活传导决定了免疫细胞分化发育与效应。从淋巴细胞活化的“双信号学说”到 PRR 信号传导、到近期共刺激分子 PD-1 调节抗肿瘤免疫治疗研究的深入，免疫细胞信号传导网络的复杂性和临床重要意义愈发凸显。今后特别加强以下工作：① 应用蛋白质组学、CyTOF、多通道光学等具高分辨率实时技术系统研究信号分子网络作用的动态；② 不同信号途径的相互作用和调节及协同调节免疫细胞活化、效应的机制；③ 信号异常产生的免疫失调和生理学效应，同时加强传统 TCR、BCR 信号传导研究。

2. 固有免疫应答和调控机制

固有免疫细胞感受感染、损伤等危险启动的固有免疫调控功能不断被赋予重要意义。已知 PRRs 对 PAMPs 的识别及应答还不能覆盖机体应对纷繁复杂病原的识别与效应全局机制。近年发现的诸多核酸感受器介导的固有免疫与感染、自身免疫性炎症疾病发生密切相关。我国在固有免疫领域有一定优势和科研产出，但尚无有国际影响力的理论模型和系统研究，重点工作有：① 病原微生物和危险信号的感受器及功能研究；② 固有免疫识别活化与适应性免疫的相互调节；③NLRs 炎症小体的超微结构、诱导和调控机制及在人类重大疾病中的机制阐释；④ 扩大我国在病原微生物和宿主细胞相互作用固有免疫领域的领先性。

3. 免疫应答表观调控

免疫应答的人体差异性受免疫调控基因和多态性基因的密切调控。近年我国对复杂疾病的全基因关联遗传分析（GWAS）鉴定了包括类风湿关节炎（RA）、特异性皮炎、原发性干燥综合征（SS）、系统性红斑狼疮（SLE）、银屑病、麻风病、白癜风和强直性脊柱炎等疾病相关的重要免疫基因。非编码 RNA（如 microRNA 和 lncRNA）及代谢产物、糖等对免疫基因的系统调控功能十分瞩目，我国在该领域研究与国外高水平实验室同时起步并有少数高水平创新成果。

今后还应加强：① 利用独有大体系疾病资源深入分析 GWAS 数据，拓展基因 - 环境交互作用研究，在动物水平进行深层机制探讨；② 关注复杂疾病的免疫调控基因；③ 进一步依赖单细胞测序等先进技术发现新的调控分子和机制；④ 区分表观遗传调控在生理及病理状态下的免疫调控作用与机制。

4. 疫苗设计与新型疫苗的研制

我国疫苗研制在过去稳健发展，其中自主研制的戊型肝炎疫苗通过Ⅲ期临床试验于 2012 年上市，成为全球戊肝防控的突破。治疗性 DNA 和复合型乙肝疫苗已进入临床实验，使我国有望世界上首次以治疗性疫苗治疗乙肝。新型感染性疾病疫苗研制方面，我国在全球最先成功研发了 H5N1 亚型高致病性禽流感新型疫苗和 H7N9 禽流感病毒疫苗株。在现有的领先基础上，未来应重视：开发新型疫苗载体、佐剂和递送系统；建立新的疫苗终点滴定和有效评价体系；利用人源化动物模型深入开展疫苗研发的免疫学基础研究。

二、需扶植的薄弱方向

1. 免疫新分子和新细胞亚群的鉴定和系统功能研究

细致区分免疫细胞 Th、ILCs、APC 等新亚群、研究不同微环境细胞亚群功能、末端分化免疫细胞的可塑性研究是当前国际免疫学研究前沿，免疫细胞分化及功能的调节则依赖重要免疫分子的不断探知。同时，细胞因子、膜受体、小分子、金属、胞内信号传导分子、高盐、高糖、肠道菌组分均可调控免疫细胞分化和功能进而影响免疫平衡和疾病。我国在 Th17、Tfh、Treg 功能调节方面有高水平科研产出，但免疫新分子和细胞新亚群方面受免疫技术方法及仪器限制比较薄弱，缺乏自主创新发现。未来必须加强基于组学和新型细胞分型技术新免疫分子和细胞亚群的鉴定；及在生理和病理状态下组织微环境不同免疫细胞亚群的相互调节与转化。同时应避免过去单点单层面的免疫研究，应将免疫系统各细胞和分子整合为系统，利用在体高通量免疫新技术对免疫细胞网络及调控机制进行整合性研究，分析复杂免疫反应和免疫疾病中的重要调控细胞和免疫分子。

2. 器官（区域）免疫与免疫耐受

近年已确定肝脏、肠道、肺脏、脑为区域免疫器官，其免疫细胞亚群及功能不同于中枢和外周淋巴器官而显现“局部”特征；同时免疫细胞的基因表达谱和功能受肿瘤等特定微环境显著调控，并随作用对象而进行适应性功能亚群“漂移”。我国在肝脏区域免疫学方面具有一定的基础优势，但在肺脏和脑免疫学则几乎呈现空白。

为填补区域免疫学空白，应加强以下工作：① 重要疾病高发组织器官（肝脏、肠道、肺等）的免疫细胞亚群功能基本性状；② 探索区域免疫器官的细胞和分子调控网络；③ 探索与自身免疫病、炎症、感染、肿瘤、过敏、肥胖相关的区域免疫病理生理机制。

3. 免疫相关疾病的免疫防治策略

随自身免疫病、肿瘤和代谢相关疾病发病逐年上升，以及慢性乙肝、艾滋病、肺结核和禽流感等感染疾病的流行现状，疾病疫苗研制迫在眉睫。近年治疗性肿瘤疫苗和宫颈癌预防疫苗已成功上市，针对 PD1、CTLA-4 等免疫调节分子的免疫治疗已获重要突破。我国免疫相关临床疾病的科研队伍众多，但缺乏突破性理论或医疗成果，相对较为薄弱。

未来应加强以下工作：① 利用我国丰富的大样本临床资源，系统分析疾病相关免疫调控基因谱系；② 鉴定肿瘤特异性抗原和靶标分子；③ 重点加强特异性肿瘤免疫防治；④ 加强高血压、动脉粥样硬化、2 型糖尿病等代谢疾病的免疫机制研究；⑤ 充分利用组学研究工具，对复杂疾病进行多分子多层次系统研究，积极开发疾病（如艾滋病、丙肝等）免疫诊断试剂；针对我国肺结核发病及耐药免疫诊断长期受制于国外，开发自主知识产权的特异性免疫分子标志物和诊断试剂。

4. 动物模型和免疫拟人化

动物模型是免疫学研究的重器，而我国目前面临的困境有：① 缺乏小鼠之外的成熟动物模型；② 转基因 / 基因敲除动物模型的缺乏长期制约我国研究；③ 梅毒螺旋体、乙肝和艾滋病动物模型的缺乏；④ 灵长类动物模型的缺乏和不规范。未来免疫学研究必须充分重视动物中心和 ABSL-3 安全实验室的建立、免疫拟人化动物培育、关键疾病动物模型的突破；同时将 GWAS 临床疾病相关免疫基因功能在动物模型验证。

5. 大型免疫仪器

免疫学的发展常伴随免疫技术和新型仪器装置的革新。流式细胞仪的发明推动了免疫细胞分群表型功能研究的突破；活体影像学技术推动了可视化动态免疫学研究；组学技术发展推动了免疫组学、代谢免疫组学的发展。质谱-流式技术在稀有新型免疫细胞鉴定中显示强大功能。当下免疫学研究的系统化、直观立体化、单细胞化研究趋势，要求借助光学探针及纳米荧光示踪、激光共聚焦显微术、双光子显微术、分选技术相结合的跨层次、多尺度、长时程动态监测大型免疫分析平台开发，是解决重大疾病免疫全局研究的关键，是我国亟待推进的薄弱领域。

三、需鼓励的交叉方向

1. 免疫干细胞重建机制

干细胞生物学与免疫学的结合推动了肿瘤干细胞、干细胞免疫移植及干细胞修复免疫损伤等的交叉研究，由此产生的免疫重建、干细胞移植排斥、体内干细胞调节功能等研究方向，均是推动干细胞应用与免疫疾病治疗的关键科学问题。此外免疫缺陷、免疫衰老和老年免疫功能恢复与重建也是干细胞免疫学发展的重要方向。

2. 结构免疫学

免疫分子的相互作用与其结构密切相关，由此已推动了病原体感染宿主细胞机制、T 细胞表位预测数学模型、抗感染拮抗小分子化合物、HIV 天然中和表位构筑诱导高效中和抗体的艾滋病治疗疫苗研究。近年，我国在 SARS-CoV 以及禽流感病毒感染免疫结构生物学上建树颇丰，希望在艾滋病、结核和肿瘤领域的相关机制和疫苗工作获得进展突破。

3. 免疫组学

复杂体系的免疫学研究势必依赖大数据、系统性、网络化免疫研究，依赖大型实时动态仪器、生物信息学和系统生物学工具、生物物理学、病理学和代谢学科的交叉协作，整合分析生理或病理条件下多免疫细胞和分子的动态数据的捕捉、分析和归纳比较；同时必须建立和维护如 Immgen、ENCODE 等公共数据库、完善资源上传和共享等模式数据整合和分析。中国在这方面相当薄弱，必须投入相当的人力和物力，顺应未来免疫科学研究的发展趋势。

四、需促进的前沿方向

1. 微生态黏膜免疫

肠道和皮肤存在的菌群微生态具有可调节和“塑造”机体局部和全身免疫系统的重要功能。近期证实的肠道细菌如分段丝状菌（SFB）通过调节肠道Th17和Treg功能显著影响肠道炎症疾病发生。更重要的，免疫-益生菌群-代谢三者呈交叉、协同作用，三者平衡紊乱可影响局部代谢及免疫功能紊乱而促进病理；非感染状态下局部或系统性低量炎症状态与慢性疾病和肿瘤发生密切相关。“危险信号”累积触发的慢性、持续性无菌性炎症及后续适应性免疫机制，及在肿瘤和炎症自身免疫病发生中的机制研究是当前国际免疫学前沿。我国在该领域缺乏引领和亮点工作，亟待迎头赶上。

2. 代谢免疫

日益增多的代谢性疾病等（如糖尿病、脂肪肝，以及动脉粥样硬化等心血管疾病）发病与局部或系统性免疫功能紊乱密切相关，例如：脂肪组织炎症与M1巨噬细胞累积密切相关；免疫系统异常与葡萄糖、胰岛素代谢紊乱相关，代谢产物（如饱和脂肪酸、高密度脂蛋白、氧化型低密度脂蛋白、瘦素）影响免疫细胞功能和稳态；糖酵解、氧化磷酸化及脂肪酸氧化方式直接影响免疫细胞特定状态功能。亟须推进我国免疫代谢组学研究，为免疫系统的代谢调控机制和代谢性疾病分子靶标奠定基础。

第五节　优先资助领域及重要交叉研究领域

一、免疫学科优先资助领域

生命学科诸多学科中，免疫学始终保持快速发展和相对领先态势，其部分归功于免疫研究技术方法在生物物理学、生物信息学等辅助下的进展，同时与干细胞生物学、肿瘤生物学等学科交互促进发展。为了加深对生命体系统免疫学规律认识、拓展免疫学新领域、加强免疫成果的医学转化；需要战略性地加强免疫学与多生命学科的交叉与融合，以其他学科的新理论、新技术及逻辑体系推动免疫学高层次发展，升华免疫学成果应用转化。通过学科间的密切交叉融合开创新的前沿领域，提升生命学科创新研究整体水平。

1. 免疫器官、亚群和分子的再认识和新发现

系统免疫学的发展目标是将各个免疫组织、器官、细胞与分子作为一个整体，研究免疫的组成与发育，生理稳态和疾病状态下免疫细胞的形态和功能特征、不同免疫组织及细胞间的交流规律、免疫分子网络整体格局在疾病状态下的变化和调控规律等。基于传统生化细胞手段、单点、单线的研究不能揭示免疫细胞分子相互作用的全局与本质，急需整合生命学科内部的多学科相关技术，充分运用电镜示踪、磁微粒标记、多荧光材料及纳米光学材料等新技术，重点研发高分辨率多荧光成像技术，实现机体和细胞层面的免疫实时监控，将使系统免疫学实时研究迈上新台阶。

优先资助的学科领域如下。

（1）免疫器官与细胞发育及区域免疫功能。① 重新研究和认识肝脏、肠道、皮肤、肺脏等免疫新器官的基本免疫学特性；② 在各免疫器官中发现和鉴定新的免疫细胞亚群（Th、ILCs、TILs、Mφ）分化发育表型及区域免疫功能；③ 新型免疫器官（如肝脏、肠道、皮肤）基本免疫特征及免疫细胞亚群功能的鉴定，深入研究各免疫器官内免疫细胞。

（2）免疫细胞新亚群的表型特征和生理病理功能。深入剖析 $CD4^{+}$Th、DC、巨噬细胞、ILCs、TILs、骨髓来源的抑制性细胞（MDSCs）等重要免疫细胞的新亚群，其表型特征、分化发育及生理和病理功能。

（3）免疫新分子的发现和鉴定。调控免疫细胞重要功能和信号传导的各膜分子、分泌蛋白、转录因子、受体、信号分子、接头蛋白分子等的组学鉴定和谱系描绘。

（4）免疫细胞与分子的系统网络调控机制。利用在体实时荧光成像技术，描绘和分析抗原特异性免疫应答全程中，组织器官中多免疫细胞的相互作用程序与规律、胞内外多种免疫分子解离与作用的程序与规律。描绘特异性免疫应答的免疫细胞与分子作用网络图谱。

2. 免疫识别、应答与调节规律与机制

尽管目前对抗感染免疫识别、应答与免疫调节规律的认识有长足进展，然而在对肿瘤、自身抗原、糖脂类抗原、非感染性危险信号（DAMPs，包括应激压力、代谢产物等）等的免疫识别、应答与调节规律的认识仍未获得突破性进展。恶性肿瘤与自身免疫病的发病与严重性已逐渐超越感染性疾病。免疫记忆的维持机制是疫苗开发的前提，也尚未完全阐明。需要在明确抗原的基础上，就免疫应答与调节的基础免疫学机制研究做深入探索。

优先资助的学科领域如下。

（1）特异性免疫识别的分子基础：补充 TCR/BCR 对核酸等的特异性识别规律，重点拓展固有免疫细胞（DC、巨噬细胞、NK 细胞、γδT 细胞）的识别配体及识别规律。

（2）自身抗原和肿瘤抗原的免疫识别、应答与调节：全局性、系统性阐明生理及病理条件下固有免疫、适应性免疫对自身抗原、肿瘤特异性抗原的免疫识别与效应机制，诱导部位和病理部位免疫应答与效应的差异，上述过程中重要的调控。

（3）免疫记忆的形成与维持：深入阐明 T 细胞、B 细胞特异性免疫记忆机制；探索固有免疫细胞的“记忆”机制。

（4）免疫系统的表观遗传调控：拓展 DNA/ 组蛋白化学修饰、非编码 RNA 和其他表观遗传调控介质对免疫基因转录表达、免疫细胞分化、增殖、效应的调控机制。

（5）高通量数据归纳的疾病相关化学表观修饰规律及干预策略。

3. 区域免疫学与黏膜免疫学

近年已确定肝脏、肠道、脂肪、脑等为区域免疫器官，其免疫细胞亚群、表达谱系及功能不同于传统淋巴器官而显现“局部”特征，同时上述器官也是重要疾病高发器官，其局部免疫状态与应答特征与传统的全身免疫显示了显著不同和相互影响的特征。在肠道和皮肤，免疫-益生菌群-代谢三者呈交叉联系、协同作用，三者的平衡紊乱显著影响疾病病理发生。

优先资助的学科领域如下。

（1）区域免疫器官及组织的基本组成与生理功能：系统描绘肝脏、肠道、皮肤、肺脏、脑、胎盘等区域免疫器官的基本免疫特征与免疫细胞亚群性状与

功能。

（2）微生态黏膜免疫：深入研究肠道和皮肤微生态与黏膜免疫的互为调节机制，探索黏膜免疫对于全身免疫及免疫保护的影响及在重要器官疾病中的作用。

4. 免疫系统的代谢规律与分子调控

优先资助的学科领域如下。

（1）免疫系统与炎症反应的细胞与分子机制：在感染、肿瘤和自身免疫病环境系统阐明触发、激活、放大免疫炎症的 PAMPs 和危险信号，阐明炎症信号维持与反馈的分子机制，阐明免疫炎症与疾病发生发展、抗感染及抗肿瘤免疫结局的相关关系与调节。探索关键调控分子作为炎症靶向治疗分子的策略。

（2）免疫系统与机体代谢的相互作用机制：深入探索宿主能量、糖、脂、血流与压力代谢对于免疫细胞功能的调控；阐明免疫细胞自身代谢的关键调控信号通路及对功能的影响；探索治疗肥胖、高血脂、高血压、神经退行性病变等代谢疾病的免疫治疗分子靶点与策略。

5. 肿瘤免疫

免疫系统监视肿瘤发生发展是人体免疫系统的三大功能之一。而肿瘤特异性抗原（TSA）及其识别与免疫应答机制、肿瘤免疫抑制（如 MDSCs）的时空特性及调控、肿瘤干细胞维持机制等仍不明确。已上市的 2 个肿瘤疫苗和近期的 T 细胞嵌合抗原受体免疫治疗实现了肿瘤免疫治疗的重大突破。

优先资助的学科领域如下。

（1）免疫系统对 TSA 的识别机制及肿瘤免疫生物标志物的鉴定：急需发掘肿瘤特异性抗原及肿瘤发展阶段免疫标志物，在肿瘤特异诊断和免疫治疗实现突破。

（2）肿瘤微环境免疫格局及放化疗对免疫系统的影响：深入研究肿瘤微环境内免疫细胞分群格局、表型与功能、迁移规律，肿瘤外循环免疫细胞与肿瘤内免疫细胞相互作用，放化疗程序对于全身和区域免疫系统的长期影响、对不同免疫细胞亚群的优势调控特征规律，以此设计肿瘤免疫治疗新策略。

6. 移植免疫

我国器官移植的高需求与成功移植器官的有效性等问题始终未能有效解决。在移植器官方面，除角膜、肝脏和肾脏移植的5年存活率突破70%，其余重要器官在移植排斥机制及免疫防治仍存在较多问题。

优先资助的学科领域主要为细胞、组织与器官慢性移植排斥机制：① 在人体组织研究器官移植后长期过程的细胞、组织与器官的慢性移植排斥机制；② 明确T细胞和抗体的作用与相互调节；③ 移植物的长期维持机制。

7. 转化免疫学

免疫学的战略意义之一即免疫学在医学防治应用的重大作用及潜力，目前治疗用单克隆抗体药物的研发受到广泛重视，肿瘤、神经退行性疾病的治疗性疫苗的研发也初现曙光。人类重大传染病预防疫苗的研制与更新始终是关系民生的重要免疫转化研究任务。

优先资助的学科领域如下。

（1）免疫拟人化及疾病动物模型：推动和完善关于慢性乙肝、艾滋病、自身免疫病等转基因小鼠模型、拟人化小鼠乃至灵长类动物模型的建立。

（2）免疫调节功能的小分子化合物作用机制：在多种新型小分子筛选平台体系，针对调控免疫细胞发育及功能的关键转录因子或信号分子，高通量筛选具有免疫调节功能的小分子化合物，并行改构和增效，作为新型免疫制剂候选。

（3）新型疫苗设计策略、新型纳米递送体系与佐剂研究：针对艾滋病、结核、慢性乙肝、禽流感、系统性红斑狼疮、类风湿关节炎、乳腺癌及肺癌、Ⅰ性超敏疾病、高血压血脂代谢疾病，优化抗原，利用新型载体与佐剂，设计新型疫苗及免疫策略。

8. 模式生物与低等生物的系统免疫学

模式生物对于研究生命体免疫应答的基本规律、免疫系统发育与调控机制非常重要。同时，深入研究植物体系的免疫系统与应答规律、低等动物及畜牧动物的免疫系统与免疫应答规律具有重要的理论和应用意义。应鼓励重要模式生物（线虫等）及发展新型模式生物、并以模式植物和低等动物为研究体系，针对重要科学问题，展开原创性、系统性研究，实现免疫学理论体系的创新。

优先资助的学科领域为模式生物与低等动植物的系统免疫学：研究模式生物、低等动物与植物的免疫系统组成、免疫细胞基本性状、免疫应答基本规律。

9. 糖免疫学

多糖作为特殊化学结构广泛参与各种生物生命活动和生理过程。病原体、肿瘤细胞的高丰度糖修饰与感染、侵袭转移相关；对于多糖的免疫识别及固有免疫炎症及调节功能被逐渐认识；发现糖抗体在免疫疾病的发生发展中起重要作用。

优先资助的学科领域：① 多糖的免疫识别与应答机制；② 解析病原及肿瘤抗原的多糖修饰的免疫原性和免疫调节作用；③ 探索免疫疾病进程的多糖分子标志物。

二、免疫学与其他学科交叉的优先领域

免疫细胞分子的相互作用，不仅是免疫行为，也是分子间化学物理作用的结果，阐明免疫细胞分子相互作用的化学与物理学基本特性，有助于深入理解免疫特异作用的本质；并据此设计亲和力增强或构效增强的免疫活性分子，是免疫学科实现转化的重要前提。免疫学研究除了重要的自身的科学问题，在大规模免疫组学数据的处理、归纳、分析及挖掘方面需要与数学及信息学科的紧密合作，开发适合于免疫学数据分析与算法的软件与模建工具。同时，在当前集成和大规模研究的形势下，我国应重点解决具有自主知识产权的高通量实时集成分析的免疫学大型研究装置，实现对于免疫现象的全局和单细胞层面解析。

1. 结构免疫学与生物力免疫学

在物质的基本结构与物质反应的化学物理本质层面，免疫都与化学、物理学发生密不可分的联系。免疫分子特异结合的本质是化学结构的空间嵌合，抗原抗体的相互作用具有典型的亲和与解离曲线；近期发现微重力与

内外环境的应力变化对免疫组织与细胞具有重要的调节作用。重点支持方向为：

外界应力与化学构象对免疫应答的调节：阐明外界应力变化对固有免疫和适应性免疫的激活、信号通路与效应；深入阐明高效中和抗体产生的表位结构学；免疫调节活性小分子的构效关系与改构。

2. 免疫学组学与信息学研究

大样本和组学检测技术已提供了免疫学研究的大数据，为抗原表位预测、免疫细胞信号转导网络图谱、免疫标志物模建与预测、多组学层面系统研究免疫分子功能提供了平台。然而多层次数据的复杂性与各区域免疫器官组学的差异性，需要生物信息统计与归纳体系对繁复免疫数据的正确解析，使免疫学研究转换为科学系统的、可预测数字化分析研究。我国严重缺乏具有自主知识产权的大数据分析仪器与软件，将成为免疫组学研究面临的最突出矛盾。

重点支持方向为免疫组学和信息学在重大人类疾病诊断预后的应用：利用高通量工具与技术平台，对我国重大免疫疾病发病过程中的人体标本进行大规模免疫组学数据的采集与归纳，发展基于免疫细胞生理与病理参数（表观遗传组、基因组、转录组、蛋白组）的免疫组学，重点支持肺结核、慢性乙肝和肿瘤的早期诊断、预后、疗效评估。

3. 免疫学研究大型仪器设备

随大规模组学研究的开展和单细胞免疫研究的新兴，应充分联合我国生命科学学科、化学、物理学、光学、信息学等学科优势，集中攻坚，研制具有我国自主知识产权的具有高通量、实时、可视化、组学数据统计分析功能为一体的免疫学集成研究的大型仪器。

重点支持方向为可视化免疫学与免疫大型装置：可视化免疫仪器与制剂、研发具有特殊免疫学应用的大型三维成像仪器及在体荧光成像仪器。

第六节 实现“十三五”发展战略的政策措施

免疫学是当前位于发展最前沿、引领性的生命学科，其为生命学科的基本构架之一，其基本原理直接推动疫苗、单克隆抗体药物，更为病原生物学、制药、临床诊疗学科提供根基性支撑，持续受全球各国学科发展战略的高度重视。当前我国免疫学科发展不均衡、队伍体量不足、系统性、开创性研究不够，缺乏高水平的人类免疫学及免疫转化医学成果，使我国在原创性疫苗与生物医药研发落后于欧美。鉴于免疫学的巨大战略价值，需要充分重视免疫学科发展的优先性，制定有效政策推进免疫学的跨越发展和世界接轨速度。

1. 搭建和完善国家级免疫研究平台与中心

建设大规模高水平免疫学研究技术支撑平台如人源化抗体平台、基因修饰小鼠技术平台、在体实时动态免疫检测平台、代谢免疫组研究平台、免疫大数据库与信息处理运算器，并在慢性乙肝小鼠模型和艾滋病灵长类动物模型实现突破、建设一批 ABSL-3 实验室，推动我国免疫学研究高层次发展。

2. 持续加大对免疫学科的倾斜支持

面对免疫学科在国际生命及医学医药科学的引领性战略地位，针对我国免疫学科的体量小、一流科学家有限、系统研究大规模数据集成薄弱、高水平人类免疫学及免疫转化医学工作缺乏、国家支撑力度不足的现状，应对免疫学科继续地加大力度地予以战略意义的高度重视，在学科建设、政策、团队建设、人才培养、项目课题设置与经费予以倾斜支持，使我国免疫学科在体量、产出、国际地位及影响力得到大规模提升。

3. 鼓励和支持以重大疾病或基本生命现象为核心的免疫学科与相关学科（化学、材料、神经、药学）的交叉课题研究

突破在技术和资源层面的初级交叉，通过共同科学问题的凝练融合、合力解题，实现免疫学科的系统提升及新兴免疫交叉学科的成熟。以此为契机推

动新型防治疫苗、新型小分子药物研发，开发有中国自主知识产权的新型疫苗和药物。

4. 特别重视和资助免疫学研究所需的重大仪器、新技术方法的开发与创制

免疫学科重要科学问题的产生与阐明很大程度上取决于新型免疫仪器及创新技术的发明，如免疫细胞基本表型与功能及相应免疫分子特性在近20年的逐一探明解析，完全依赖于以多色荧光标记和激光激发示踪的流式细胞仪这一大型科研仪器，而这一领域我国缺乏自主知识产权的局面曾使国内免疫研究团队长期受限，在免疫细胞新亚群与新分子发现方面长期落后。未来我国免疫学研究的创新性、突破性成果的加大，极大程度地依赖于集成了检测、分选、可视、在体、高通量、多通道功能的一体化大型免疫仪器设备的创制。

未来10年，中国免疫学有望在学科发展和基础研究重点方向获得突破，建设若干高层次免疫学研发中心，培养若干具有国际影响和创新的免疫学科带头人，在免疫基础理论和疫苗应用领域取得几项国际前沿的成果，名至实归地引领生命学科与医学学科，加快实现其提升国民健康、推动生物医药产业之作用。

主要参考文献

Akkina R. 2013. Human immune responses and potential for vaccine assessment in humanized mice. Curr Opin Immunol，25：403-409.

Cao X. 2008. Immunology in China：The past，present and future. Nat Immunol，9（4）：339-342.

Chen W，Han C，Xie B，et al. 2013. Induction of Siglec-G by RNA viruses inhibits the innate immune response by promoting RIG-I degradation. Cell，152（3）：467-478.

Cherian T，et al. 2014. The decade of vaccines global vaccine action plan：Shaping immunization programmes in the current decade. Expert Review of Vaccines，13：573-575.

Constantinides M G，et al. 2014. mmitted precursor to innate lymphoid cells. Nature，508：397-401.

Couzin-Frankel J. 2013. Breakthrough of the year 2013：Cancer immunotherapy. Science，342：

1432-1433.

Kidd B A，et al. 2014. Unifying immunology with informatics and multiscale biology. Nature Immunology，15（2）：118-127.

Kim M S，Pinto S M，Getnet D，et al. 2014. A draft map of the human proteome. Nature，509，575-581.

Kruglov A A，et al. 2013. Nonredundant function of soluble LTα3 produced by innate lymphoid clls in intestinal homeostasis. Science，342（6163）：1243-1246.

Liang Z，Mao Q，Wang J. 2014. Health care：Strict vaccine quality control in China. Nature，509（7501）：427.

Liu J，Han C，Xie B，et al. 2014. Rhbdd3 controls autoimmunity by suppressing the production of IL-6 by dendritic cells via K27-linked ubiquitination of the regulator NEMO. Nat Immunol，15（7）：612-622.

Liu X，Chen X，Zhong B，et al. 2014. Transcription factor achaete-scute homologue 2 initiates follicular T-helper-cell development. Nature，507（7493）：513-518.

Martin E，et al. 2014. CTP synthase 1 deficiency in humans reveals its central role in lymphocyte proliferation. Nature，510：288-292.

May M. 2014. Life science technologies：Big biological impacts from big data. Science，344：1298-1300.

Meissner F，et al. 2014. Quantitative shotgun proteomics：Considerations for a high-quality workflow in immunology. Nature Immunology，15（2）：112-117.

Mortha A，et al. 2014. Microbiota-dependent crosstalk between macrophages and ILC3 promotes intestinal homeostasis. Science，343（6178）：1249288.

Pavert S A，et al. 2014. Maternal retinoids control type 3 innate lymphoid cells and set the offspring immunity. Nature，508（7494）：123-127.

Pearce E L，et al. 2013. Fueling immunity：Insights into metabolism and lymphocyte function. Science，342：1242454.

Shi Y，Zhang W，Wang F，et al. 2013. Structures and receptor binding of hemagglutinins from human-infecting H7N9 influenza viruses. Science，342（6155）：243-247.

Spencer S P，et al. 2014. Adaptation of innate lymphoid cells to a micronutrient deficiency promotes type 2 barrier immunity. Science，343（6169）：432-437.

Spits H, et al. 2013. Innate lymphoid cells-a proposal for uniform nomenclature. Nat Rev Immunol, 13 (2): 145-149.

Sun L, et al. 2013. Cyclic GMP-AMP synthase is a cytosolic DNA sensor that activates the type I interferon pathway. Science, 339: 786-791.

Sun Y, Li L, Macho A P, et al. 2013. Structural basis for flg22-induced activation of the Arabidopsis FLS2-BAK1 immune complex. Science, 342 (6158): 624-628.

Tan Q, Zhu Y, Li J, et al. 2013. Structure of the CCR5 chemokine receptor-HIV entry inhibitor maraviroc complex. Science, 341 (6152): 1387-1390.

Wang P, Xue Y, Han Y, et al. 2014. The STAT3-binding long noncoding RNA lnc-DC controls human dendritic cell differentiation. Science, 344 (6181): 310-313.

Wilhelm M, Schlegl J, Hahne H, et al. 2014. Mass-spectrometry-based draft of the human proteome. Nature, 509, 582-587.

Xu H, Yang J, Gao W, et al. 2014. Innate immune sensing of bacterial modifications of Rho GTPases by the Pyrin inflammasome. Nature, doi: 10. 1038/nature13449.

Zhao J L, Ma C, O'Connell R M, et al. 2014. Conversion of danger signals into cytokine signals by hematopoietic stem and progenitor cells for regulation of stress-induced hematopoiesis. Cell Stem Cell, 14: 445-459.

Zhu L L, et al. 2013. C-type lectin receptors Dectin-3 and Dectin-2 from a heterodimeric pattern-recognition receptor for host defense against fungal infection. Immunity, 39: 324-334.

第十章

神经科学

揭示脑功能和脑疾病的神经机制是人类认识自然和认识自我的最大挑战之一。神经系统是人体最为复杂且最为重要的系统之一，它控制着机体器官和系统的正常功能。神经系统的异常会导致疾病的发生和发展，影响人口健康。神经系统的结构与功能的高度复杂性需要多门学科的交叉、多种技术的结合和海量数据的处理，这也是神经科学研究的重要条件和发展趋势。近半个世纪以来，神经科学的研究取得了许多令人鼓舞和振奋的进展，在分子和细胞水平上，揭示了一些重要的分子如何在神经细胞中表达，神经细胞经过特定的联系，实现特定的功能。尽管如此，神经元如何相互连接形成具有某一特定功能的神经环路或网络，神经元和神经环路如何对外部环境信息进行编码、加工和处理，从而形成感知、记忆、思维和语言，并做出学习、注意、抉择和运动等脑高级功能反应的机制仍不十分清楚，这些科学问题是现代神经科学面临的巨大挑战。欧盟、美国和日本等地区和国家相继启动的“脑计划”，持续、大规模地探索神经系统的结构与功能。其中，美国在 2014 年 6 月正式启动的“推进创新神经技术脑研究计划”（*Brain Research through Advancing Innovative Neurotechnologies*，简称 BRAIN 计划），其主要目的是建立和应用创新性神经科学研究技术，探索大脑功能的神经环路结构基础和功能。所以，研究神经环路和脑结构与脑功能是神经科学领域面临的新挑战。根据当前国际发展趋势和我国的实际情况，我国神经科学的近期发展应加强发育神经生物学、神经细胞离子通道调控、系统神经生物学、感觉系统神经生物学、神经系统疾病和前沿神经科学技术等方面的基础研究，在各方面深入调研，提出并凝练重大科学问题和研究方向，充分发挥学科交叉优势，深入探索神经系统的结构与功能，使我国神经科学的各个领域得到全面均衡的发展。

第一节 神经科学的战略地位

神经科学是探索神经系统现象和活动的学科。神经系统是人体最为重要的系统之一，庞大而复杂的神经网络控制着机体器官和系统的正常活动。神经科学的研究对象包括神经元、神经环路、神经网络和个体之间的相互作用。因此，神经科学是人类探索自然规律和生命现象的主要学科之一。神经科学研究也是解决长期以来存在于医学、心理学和药学等学科领域问题的需要。现代社会的人均寿命逐渐延长。随着人口老龄化的到来，我国老年人口比例的逐年增加，各种与年龄相关的神经系统退行性疾病的影响也逐渐增加，例如，阿尔茨海默病的患者数逐年增长，对个人生活和社会的影响也将越来越明显。由于目前尚无药物和有效的治疗方法，更没有预防手段，而且患者到了中后期必须依赖他人的照顾，对家庭和社会都是沉重的负担，亟须我们找到有效的办法对该病进行治疗或控制。已有的大量临床试验性研究表明，早期发现对提升治疗效果的作用可能更显著。因此，研究神经系统疾病的发生发展及其机理，尽可能实现基于病理机制的“早诊断、早治疗”，是神经科学所面临的重大挑战。神经系统研究体系涉及范围大、内容杂，不仅包括发育神经生物学、系统神经生物学、离子通道、感觉系统、重要脑疾病，还包括推动神经科学发展的新技术和新方法等诸多领域。

一、神经科学与人类语言

语言是生物同类之间进行沟通而演化形成的具有编码、解码功能的声音讯号。然而，只有人类才有真正的语言。许多动物也能够发出声音来传递自己的信息，但是这并不是完整意义上的语言。只有人类才会把声音，根据语法进行变化和组合，成为彼此可以交流、理解和储存的声音讯号——语言。语言是人类大脑进化的最重要的成果之一，也是人类保存和传递文明的最重要的生物基础之一。从布洛卡区病变引起的失语症，人们认识到语言是受到相应的脑区调控的。*FOXP2* 基因（语言基因）是目前第一个发现的影响人类语言相关的基因。该语言基因对脑结构的影响，如对神经元的产生、神经环路的形成，及脑结构如何影响或导致语言的产生，尚不十分清楚。因此，从分子、细胞、系统、整体和群体等不同水平上去认识和理解人类语言的工作原理是“认识脑”的基础和关键部分，探索人类语言的神经基础是人类认识大脑最重要的终极目标之一。

二、神经科学与人类认知

人类所具有的感知、运动、学习、记忆、注意、思维、抉择、智能、情绪和意识等高级认知功能是受神经元及其组成的神经网络所调控的。神经科学研究神经元如何相互连接形成具有某一特定功能的神经环路或网络，研究神经元和神经环路如何对外部环境信息进行编码和处理、形成感知和记忆、做出抉择和运动反应。运动功能不仅是生命活动的重要方面，也是机体外在行为得以表现的生理基础。因此，对运动系统的研究是系统神经生物学的一个重要方面。系统神经生物学利用脑成像、电生理、光遗传学、分子生物学和解剖学等各种研究手段，探讨脑高级认知功能的神经基础。例如，感觉系统是大脑和内、外环境相互作用的界面。机械、化学和电磁等不同感受器通过不同机制实现相同功能，即将生物体内、外环境的变化转换成神经信号，经过几次中继，传递至大脑皮层进行处理、整合和储存。感觉系统可以分为躯体感觉（触觉、痛觉和本体感觉等）和特殊感觉（视觉、听觉、嗅觉和味觉）。感觉系统无外乎编码信息的三个方面：信号的模态、时间和空间。信号的模态如光、声、热、机械或化学信号，是由感觉系统第一级的感受器决定的。感受器通过其特有的机制将不同的能量变化转换成神经信号，由特定的神经通路传递到特定的脑区，决定了刺激的模态。而感觉系统通过将其感受的区域以拓扑方式投射到大脑皮层来编码空间。脑的信息处理功能是通过各个层次的神经计算得以实现的。因此，了解感觉神经信息编码机制将成为破译大脑计算方法的关键。

三、神经科学与人类健康

神经科学与人类健康密切相关，神经系统异常可诱发诸多而复杂的疾病。目前，神经科学在疾病研究方向主要集中探索阿尔茨海默病、帕金森病、脑卒中及癫痫等疾病的机制。然而，基于它们发病机制的诊治是神经科学和医学面临的巨大挑战。一方面，从分子、细胞、环路和整体等不同层面阐明疾病的发生和发展，发现和验证分子标志物，为它们的早期诊断、药物研发和有效防治提供理论依据，适应人口健康的发展，也是目前国家战略发展的重大需求之一；另一方面，研究神经系统疾病的发病机理，寻找疾病治疗的潜在靶点，发现有效、经济的治疗方法是脑疾病研究的最高目标之一和科学意义所在。因此，基于病理机制的早期诊断是基础神经科学与临床神经科学领域研究的新的巨大挑战。

四、神经科学与技术方法

神经科学的新技术新方法极大地促进了神经科学发展。科学既由创新思想发起，也由技术工具推动。在早期，创新思维是神经科学发展的主要原动力。而在现代，新的技术方法的推动愈发重要，如磁共振成像用于活体脑的结构与功能研究，超高分辨光学显微技术如激光共聚焦、光激活定位显微技术（PALM）、随机光学重构显微技术（STORM）和受激发射损耗显微技术（STED）等分别在整体和微观水平探索神经元和脑结构，对认识脑和神经科学的发展起着举足轻重的作用。因此，新技术与新方法是神经科学发展的驱动器。反之，神经科学的发展需求也催生了新技术与新方法的诞生。

第二节　神经科学的发展规律与发展态势

探索大脑，揭示认知的神经科学机制是人类认识自然、认识自我的挑战。因此，这也是极具挑战性的重要科学问题之一。神经科学的建立和发展最初起步于对大脑解剖结构和神经元形态与电活动的“好奇式”探索，研究大脑基本功能“语言”（即神经活动）一直是神经科学研究的重要方向。近半个世纪以来，因现代分子和细胞生物学技术的发展，神经科学在分子和细胞层面上已基本描述了神经元极性建立、神经元的结构与功能、神经元存活与迁移、神经元突触联系的功能和可塑性及部分脑疾病的分子机制。同时，脑功能成像研究则进一步在宏观水平上拓展了对功能脑区的定位和大尺度功能连接的认识。基于这两个层次上脑科学知识的丰富积累，以及新发展的光遗传学、电生理学和高清晰度神经元活动成像技术，使得神经科学研究再次回到对大脑工作“语言”的探索，比如神经环路的活动与脑功能。而当前悬而未决的最重要的基本问题之一是对神经元网络结构和功能的认识。欧盟、美国和日本等地区和国家相继启动的各自的“脑计划”，尤其是美国的“BRAIN”计划，强调探索大脑功能的神经元与环路基础，尤其是时空发展动态机制，这促使我们同样思考如何加强神经元及其环路的形成与调控的细胞与分子机制的研究。通过研究脑高级认知功能在分子、细胞和环路水平的神经活动机制，形成具有一定普适性的神经系统的工作原理的理论框架，将会为进一步理解脑工作原理打下新的基础，也为实现真正意义上的脑式信息处理系统和人工智能奠定理论基础，这些都将是亟须进行的工作。

近年，神经科学的一个重要发展方向是研究脑的正常功能及其功能异常的机制。神经科学领域的研究逐渐呈现出两大趋势：一方面，在分子、细胞水平上研究脑功能和脑疾病机理；另一方面，在系统和整体水平上对脑功能多层次的整合研究。近期启动的欧盟“脑计划”注重对神经元的结构、电生理功能和突触连接进行记录和模拟，最终实现模拟脑的功能并发展新型信息科技和人工智能；而美国的“BRAIN 计划”注重描绘神经系统的活动图谱和发展脑科学研究的新技术。这些大型脑计划的实施表明：脑信息处理机制研究是一大趋势，也是信息科技革新和相关产业发展的潜在突破点。值得注意的是，计算神经科学受到了极大重视，欧盟“脑计划”中专门设立了理论神经科学研究方向。当然，需要通过动物实验研究揭示在脑高级认知活动过程中信息处理和调控的基本机制，这样神经计算和理论模型可基于第一手的实验数据来构建具有普适意义的理论框架。尽管近半个世纪来，视觉科学的研究取得了许多令人鼓舞和振奋的进展，但是在神经递质、突触、神经环路和网络进而在整体及系统水平上，感觉（包括视觉）信息的编码、加工和处理，运动发起和运动控制的神经机制等仍不十分清楚，这些均是现代神经科学面临的巨大挑战。离子通道是神经系统功能的分子水平上的重要承载体，在新型离子通道的功能和机制研究方面，近年几大类新型膜离子通道超家族相继被发现，包括瞬时感受器电位通道、钙激活氯离子通道、机械门控通道和酸敏感离子通道等，它们广泛参与感知觉、神经发育、学习记忆和神经损伤等重要生理病理过程。然而对于这些新型离子通道的门控、转运及调节机制及其相关的神经生物学意义，尚不十分清楚。近年化学感受系统如嗅觉和味觉的研究方面，也取得了一些进展，其感受器和通路得以解析。而不同模态感觉信息的整合，也正越来越受到重视。如基于已经掌握的神经生物学机制的人工发起和控制运动的尝试逐渐成为现实，为人类利用工程手段克服运动障碍揭示了前景。

对于阿尔茨海默病和帕金森病等神经退行性疾病而言，进行早期诊断和预防是未来发展的主要趋势。脑卒中是以脑部缺血及出血性损伤症状为主要临床表现的疾病。目前，关于脑卒中基础研究的主要目标为减轻缺血和血流再灌造成的半影区神经元损伤。然而，基于目前的基础研究而开展的临床试验性治疗，仍没有令人满意的结果。我们距离治疗卒中性脑损伤还比较遥远。癫痫是神经元过度兴奋或功能异常所引起的阵发性痫性发作，其发病率仅次于脑卒中。癫痫的研究趋势包括两方面：第一是包括癫痫发生机制、癫痫动物模型的发展策略和鉴定、抗癫痫药的开发和验证等方面的研究；第二是强调转化医学，将基础研究知识向临床应用研究转化，提高疾病诊断、治疗和预防水平。深部脑刺激（deep brain stimulation，DBS）是一种脑外科手术，在脑内特定神经核团植入电极，通过高频电刺激影响神经元的活动，控制和减轻诸如帕金森病引起的运动障碍等症状。应当指出，在过去的一段时间，无论是从事基础研究的神经科学工作者还是临床医生都发现，DBS 治疗疗效确切、安全、可逆，并且具有可通过术后调整达到最佳症状控制，减少副反应的优点，但其治疗帕金森病症状的神经生物学基础尚不十分清楚。被美国 FDA 批准的可用 DBS 治疗的疾病包括：原发性震颤（1997 年）、帕金森病（2002 年），肌张力障碍（2003 年）和强迫症（2009 年）。此外，DBS 也被用于治疗重性抑郁障碍、癫痫、扭转痉挛等疾病。国内很多医院已应用 DBS 治疗多种神经疾病，取得了很好的疗效，并开始了其机理研究。然而，DBS 如何控制这些神经疾病症状的神经机制还不清楚。因此，探索 DBS 的分子、细胞和环路机制具有十分重要的临床意义。反之，揭示它的机理也有助于理解影响运动的神经环路基础。

创新思想启蒙了科学的发生，技术工具推动了科学的发展。神经科学的研究也极大地受益于技术的发展。美国的“BRAIN 计划”，其研发重点是先进技术。把神经科学实验与理论、模型和统计学等整合。描述人类大脑成像技术的机制基本都属于技术、方法或是工具的建立。例如，光遗传学、超分辨显微成像、冷冻电镜和跨突触荧光示踪等技术的发展，以及遗传学、表观遗传学和小分子 RNA 等领域的迅猛发展，都极大地推动了神经科学的发展，特别是针对神经环路结构和功能的研究。所以，发展有效的研究神经环路结构与功能的技术方法和工具，印证和融合各类技术方法和工具在研究神经环路中的意义，将进一步促进神经科学的发展。

第三节　神经科学的发展现状与发展布局

当前神经科学领域有很多悬而未决的基本问题。诸如，神经元活动如何产生并编码和储存信息；神经元网络结构如何由突触连接而形成，又如何决定和调控神经活动；这些神经网络如何工作从而编码认知和思维过程，及产生各种运动和行为；等等。针对这些科学前沿问题的系统研究将在微观分子、细胞神经生物学和宏观脑功能研究之间架起一座联系的桥梁。通过研究脑的高级认知功能在细胞和网络水平的神经活动机制，形成具有相当普适性的脑工作原理的实验和理论框架，为实现真正意义上的理解人脑信息处理机制和将来的人工智能奠定理论基础。

一、发育神经生物学

发育神经生物学研究对象的高度复杂性决定了多门学科的交叉，多种技术的结合以及海量数据的处理，也是该研究的必要条件和发展趋势。随着基因组学、单细胞测序技术和高分辨实时影像技术等实验方法与技术的发展及科研成本的降低，需要与生物信息学、计算机图像处理、实时影像技术和表观遗传学技术等多门学科交叉并与多种技术结合。

目前，发育神经生物学的一个发展趋势是重视研究发育障碍和衰老等引起的各种神经功能失调或缺陷，和继而导致的各种神经系统疾病的发生机制。随着各种研究技术和各学科领域的快速进展，如遗传学、表观遗传学和小分子RNA 等领域的快速发展，发育神经生物学领域的发展也体现了综合应用各种技术，并与各学科紧密结合和交叉的特点。迄今，我国的神经系统发育研究主要是在模式动物中开展的，如线虫、果蝇、非洲爪蟾、小鼠等，其中部分领域的研究已取得重要进展，但是这些物种与人类在神经系统发育中存在一定的差异。因此，寻找并开发理想的高等级的模式动物，对开展发育神经生物学研究将是新的挑战。例如，能否利用非人灵长类等高等动物阐明发育神经生物学的关键问题，会有助于研究人类重要疾病的发病机制。

二、离子通道的神经生物学

研究离子通道的结构与功能，解析它们在神经环路和重大脑疾病中的作用，开展靶向离子通道的脑疾病治疗等是神经科学领域研究离子通道的趋势之一。综合运用各种方法，包括电生理、生物化学、生物物理学、转基因和行为学分析等综合手段，研究离子通道门控、定位、转运和调节过程的分子机制和结构基础，及整体的生理功能。例如：① 探索离子通道在生理及病理环境下的功能调节及其机制；② 离子通道膜激活、敏化、脱敏的分子机制及其神经生物学意义；③ 离子通道信号调控的细胞类型特异性作用及其机制；④ 离子通道调节突触形成、神经环路构建和可塑性的功能和机制；⑤ 靶向离子通道敏化、去敏化及其信号转导机制的神经保护；⑥ 离子通道与认知调控及干预。这些都需要与生物信息学、结构生物学，组织工程学、分子影像学和认知科学等的交叉。

我国神经生物学界在离子通道病理生理学功能和作用机制方向上取得了显著进展，如钠离子通道定位与兴奋性扩布、神经递质分泌的调控机制、伴随突触可塑性的突触前神经元兴奋性的双向调控及整合特性、活动依赖性突触成熟的信号转导机理、神经元－胶质细胞间信息传递的可塑性等。在疼痛机理研究中，在慢性痛模型感觉通路中离子通道转运调控、敏化及去敏化机理等方面，我国研究人员取得了一些进展。在脑疾病与脑保护研究方面，在脑缺血神经损伤和保护、神经退行性疾病、癫痫和药物成瘾等过程中的离子通道作用机制及信号转导过程选择性等方面，我国也取得了有意义的进展。

我国科学家在众多的高水平的国际学术期刊发表许多论文，有一定的国际影响力。但目前我国神经生物学领域仍缺乏重大实验发现、理论突破和技术发明、研究原创性和系统性还不十分强。需要在未来进一步凝练科技目标和研究方向，在提高整体研究水平的基础上，培育更高水平的人才和研究成果。我国在高等动物疾病模型的发展与进步，为我们在该领域的研究带来新的资源优势。

三、系统神经生物学

系统神经科学是一门交叉性很强的学科，需要生物信息学、结构生物学，解剖学、临床医学、分子影像学、认知科学、心理学和计算科学等领域的交叉，阐明脑高级认知功能的神经元和神经环路机制，阐明组成功能神经环路（参与特定认知功能、运动功能和行为）的神经元种类、神经元之间的突触连接规律、神经元和神经环路的活动规律。近期，发达国家相继提出的大型脑科学研究计划，突出呈现了交叉性很强的脑科学发展趋势。这些计划分别注重发展新技术用于描绘神经活动图谱，以及模拟神经网络结构与神经活动功能，并最终发展新型信息科技和人工智能。例如，运动系统作为系统神经生物学研究的一个重要方面，运动概念和运动计划的生成、运动程序的编制和运动指令的执行是一系列非常复杂的问题，涉及信息处理、协调整合和认知等多方面的内容。因此，需要神经科学、计算科学、认知科学、物理学、生物力学，乃至心理学多学科的交叉研究。另一方面，运动系统障碍往往导致严重的运动系统疾病，如帕金森病、亨廷顿病、共济失调、猝倒症、肌萎缩脊髓侧索硬化（ALS）等。因此，对运动系统基础神经生物学问题的研究应当是我国神经科学研究布局中的重要一环。

准确地理解大脑的正常功能机制和神经精神疾病的发生发展过程，需要整合宏观-介观-微观的信息，在时间和空间上都贯通起来。所以，我们不仅要重点发展有效的研究神经环路结构与功能的新技术方法和工具，还要着重已有技术方法的改良，以扩展到环路水平的研究中，以及各类技术方法和工具之间的印证、整合和融合，为系统神经科学的发展提供了很好的机遇。

四、感觉神经生物学

我国在感觉神经生物学的研究有着优良的传统和历史。比如，在视听觉和痛觉研究方面具有相当的研究基础和一定的国际影响力。国内研究人员 20 多年来一直在探索“知觉过程从哪里开始”“知觉信息的基本表达”等视觉科学中的重大问题，发现左半球颞叶在大范围拓扑视觉中的关键作用，向近代占统治地位的“由局部性质到大范围性质”的理论提出挑战，发展了由“由大范围性质到局部性质”的拓扑性质知觉理论。此外，利用电生理手段或功能性磁共振技术，在形状知觉和场景分割等方面做出了重要贡献。目前，国内已经建立了数个具有一定水平的猕猴饲养和实验中心，并且从国外引进了一批在感觉神经生物学做出了出色成绩的青年人才。

视觉神经机制的研究也需要光遗传学、分子生物学、细胞生物学、解剖学和计算神经科学等领域的交叉，这些技术的应用不仅可以促进我们对视皮层中神经环路和神经信息表征的了解，也可以对信息科学、智能科学乃至医学和教育学等都具有重要的推动促进作用。例如，智能系统在工业制造、国防建设和信息管理等领域有重要应用，它的一个核心功能是视觉物体的识别，而实现物体识别的计算机算法广泛地借鉴了高级视觉的研究成果，从脑与认知科学的研究中获得很多理论启发；对动态场景中的物体识别训练可以提高人类的多种基本视觉能力，开启了视觉康复医学的一条新道路。正是由于这种多层次、多方面的应用和需求，对视觉的研究充分体现了生命科学和信息科学的结合、定性研究和定量手段的结合，对基础科学的新思路和新理论的提出，以及对新技术的研发，均有极大的推动促进作用。

五、神经系统疾病

随着人口老龄化的到来，我国老年人口比例的逐渐增加，阿尔茨海默病的人群势必逐年增大。阿尔茨海默病是老年人群中最常见的疾病之一，是造成老年人痴呆的首要因素。它给个人、家庭、社会和国家带来了巨大的负担。帕金森病是一种因中脑多巴胺神经元受损退化导致的中枢神经系统变性疾病。65 岁以上老年人群患该病的比率会显著上升。亚洲的发展中国家将成为帕金森病患者增加最快的国家。预计到2030年，仅在中国，罹患帕金森病的人数将达500万人。对于帕金森病的有效治疗甚至治愈依赖于其发病机制的阐明。脑卒中是一组以脑部缺血及出血性损伤症状为主要临床表现的疾病。据估算我国40岁以上的脑卒中患者已有1000多万人。目前，关于脑卒中基础研究的主要目标是为减轻缺血和血流再灌造成的半影区神经元损伤提供理论依据，但至今仍没有令人满意的结果。癫痫是因神经元过度兴奋或功能异常所引起的阵发性痫性发作。发病率约为1%，仅次于脑卒中。癫痫的致病机理并不十分清楚，无法治愈，70%的发作可以被药物控制，但仍有30%左右的人对药物不敏感，属于难治性癫痫。对于那些对药物不敏感的发作且适合手术切除病灶的患者，可采用手术。考虑到手术可能会引起的并发症，且尚有部分患者不适合进行手术治疗，寻找癫痫的致病机理及更有效的治疗方式就显得十分重要。此外，与发育相关的神经系统疾病也逐渐引起人们的重视，精神疾病也逐渐增加，开展这些疾病发生发展的探索，会推动神经科学研究的发展，也有助于人口健康。在运动疾病的治疗和康复方面，除了一些常规的药物和手术手段之外，国内在利用工程手段进行运动障碍的治疗方面，尚未广泛开展。

六、神经科学技术方法与工具

“工欲善其事，必先利其器。”没有相应的技术、方法和工具，脑科学研究无法进行。美国的“推进创新神经技术脑研究计划”（即“BRAIN计划”），从名字上就不难看出，关键是新的技术。尽管关于推进创新神经技术脑研究计划的详细方案尚不明晰，但美国“BRAIN计划”的核心内容是新技术的发展和应用。美国“BRAIN计划”的总投入由2013年计划的30亿美元提高到了45亿美元，最新的报告展示了较细节的预算，其技术方法开发的基金约占总额的40%，其中前期占到70%以上。我国若不及时发展相关技术方法和工具将严重阻碍我国神经科学的发展，也将无法改变甚至强化仪器试剂等研究必须条件对国外产品极度依赖的现状。我们国家无论大学或研究所的实验室的大量昂贵仪器基本都从国外采购，如果我们也像美国开展脑的连接组研究（Human Connectome Project），又将花大量的经费从国外买入大量的、精密而贵重的仪器和试剂，如超高分辨率的显微镜、冷冻电子显微镜和功能磁共振等。因此，加强我们的仪器和试剂等的研究，摆脱对国外产品的极度依赖是包括神经科学工作者等面临的新的挑战。此外，如何进行适合我们国情的、与国家财力相当的研究，达到“四两拨千斤”的效果，也是我国神经科学界应当思考的问题。应当指出，在环路层次的研究，无论是技术方法和工具，还是功能与机制，各国都处于起始阶段，我国的相关研究并不明显落后，在一些方面，包括技术方法和工具，甚至是领先国际水平。例如，华中科技大学建立的显微光学切片断层成像系统（MOST）技术，获得了小鼠全脑神经元的三维连接图谱；近期又突破了样品在处理过程中的荧光淬灭这一普遍存在的瓶颈问题，实现了荧光样品的 MOST，为构建高精度全脑环路的连接图谱奠定了坚实的基础。云南省动物模型与人类疾病机理重点实验室和南京大学合作在国际上利用新型转基因技术（CRISPR/Cas9）率先成功地建立了基因敲除猴，并有望系统地建立非人灵长类动物的人类疾病模型。无比复杂的环路结构对计算机的速度和能力也提出了前所未有的挑战，但我国国防科技大学研制成功的“天河二号”超级计算机，2013 年至今已经连续四次在超级计算机世界 TOP 500 排名中位列第一。同时，对环路结构和功能研究极为重要的光遗传学技术和基于嗜神经病毒的环路示踪技术与方法的发展和应用方面，我国也与国际水平差距不大。

近年发展起来的光遗传方法可以无创刺激或抑制神经元的电活动，而 GCaMP 等高信噪比钙指示蛋白的表达可以实现同时无创记录群体神经元的活动，为研究神经信息处理提供了新的手段和工具，可望加速神经环路的结构、功能及其可塑性的研究。解析神经微环路中突触连接的基本规律一直是系统神经科学研究中的一个关键问题，包括多电极记录、光遗传、双光子激光成像和病毒跨突触追踪等在内的一些新技术的建立与应用正逐渐地揭示这些“动态”细胞集群的连接模式。任何一个认知任务都是由很多个脑区协同工作的结果。各个脑区相对独立又互相关联，形成既并列又分等级的动态依赖关系。大规模多脑区记录技术的发展，为跨脑区神经网络活动规律的研究提供了可能。脑高级认知功能的神经活动规律及其动态调节机制、大脑高级认知功能的内在神经机制大多仍然不清楚或存在争议。另外，认知功能往往受个体的记忆、经验和情绪等因素的影响，相关神经环路的活动受到当时脑电活动状态和脑化学状态（如神经调质等）的调节。因此，动态监测神经元及其环路的电、化学活动规律，可以深入探讨认知功能的动态变化。大尺度神经网络的动力学性质及其信息加工机制研究，了解复杂神经网络的动力学性质及其信息加工功能是计算神经科学的关键领域之一。神经科学的终极目标是了解人脑的工作原理，欧盟、美国与日本的“脑计划”都强调针对人脑和动物模型进行研究。因此，在伦理规定的范围内，鼓励人脑组织本身的研究，做到动物实验和人脑研究并重是非常必要的。在动物实验研究中，探索如何有效地发挥我国非人灵长类研究的资源优势，加强科学问题导向的清醒猴认知功能的研究。

第四节　神经科学的发展目标及其实现途径

神经科学的发展目标包括：探索神经系统基本现象和活动，揭示人脑功能和脑疾病的神经机制，提高人口健康水平。近期，加强以下研究领域的投入将有助与神经科学的发展。

（1）在发育神经生物学研究领域，应加强长时效荧光成像监控神经生成与迁移规律、电生理与清醒动物脑成像技术的结合等方面的研究，阐明脑皮层发育和功能形成过程。除了在脑发育，尤其是高等模式动物和人脑神经生成的细胞与分子机制外，应该重点支持神经环路的形成及功能调控和神经发育疾病相关的基础机理的核心技术的研究。

（2）在离子通道调节机制的整体生理功能研究方向，从整体行为学水平探索离子通道的调节机制，研究离子通道调节机制作为药物治疗靶点的可能性。对感光离子通道蛋白的实验使用为神经科学研究提供了全新的方法和技术。目前，一方面需要进一步推广光敏离子通道在神经环路结构与功能研究中的应用；另一方面，通过基因工程改造现有感光离子通道或者赋予传统离子通道以感光性。

（3）系统神经生物学的目标是最终揭示人脑功能和脑疾病的神经机制，在发展布局上需要鼓励人脑组织本身的研究，积极开展与临床医生合作，利用我国神经疾病种类多，患者数量大的优势，探索不同脑区的功能。例如，缺血导致的神经损伤对认知的影响及与某脑区的关系等。

（4）在动物实验研究中，需要发挥我国非人灵长类研究的优势。然而，如何利用这一优势需要认真研究，制定规范。应当指出，目前国际上应用非人灵长类进行研究的国家越来越少，不清楚将来动物保护是否会影响到我们在此方面的研究。所以，我们在用非人灵长类进行研究的时候应坚持以科学问题为导向，认识到非人灵长类不同于其他的模式动物，避免“give a try”粗放的研究方式，有效利用动物资金，提高动物使用效率，在进行清醒猴认知功能研究的同时，充分考虑到动物的伦理问题和动物管理的规范化。

（5）在感觉研究领域，学科交叉有待加强。例如，视觉研究虽然从学科划分角度来说，归属脑与认知科学或神经科学，但驱动该学科发展的一个主要领域则是信息科学和智能科学。未来感知觉研究的总体布局应包括多种实验手段和技术结合，特别是神经成像技术和电生理技术的结合。值得指出的是，多种技术的结合需要一个强大的技术支持平台，从而需要来自国家层面的人员和财力支持，需要实验研究和理论模型的结合。

（6）重要脑疾病机制上的研究趋势包括两方面：一是探索脑疾病发生机制、建立脑疾病的动物模型、脑疾病的早期诊断及相关药物的开发；二是强调转化医学，将基础研究知识向临床应用研究转化，提高疾病诊断、治疗和预防水平。

（7）在神经技术领域以下的布局对开展神经环路的解析会有大的帮助：① 高分辨定量显微成像相关技术及其在神经突触结构功能解析中的应用；② 系统整合环路结构示踪与功能研究的新技术新方法；③ 技术方法的整合；④ 揭示神经环路结构连接的同时又能揭示特定任务 / 活动 / 过程的功能网络；⑤ 绘制和分析从突触到全脑的环路结构的新技术新方法；⑥ 可用于神经环路结构与功能研究的磁共振成像新技术新方法系统，解析活体网络特性。

应当指出，近年来我国先后建立了若干个与神经有关的国家重点实验室，如神经科学国家重点实验室、脑与认知科学国家重点实验室、医学神经生物学国家重点实验室和认知神经科学与学习国家重点实验室等，吸引了一批专注于神经生物学研究的人才。此外，很多高等院校也引进了一批在发达国家神经生物学领域训练的青年人才。在过去的十年里，随着国家对科技投入的不断增加，我国神经科学研究在一些重要方向上取得了进展。但与欧美科技发达国家和地区相比，我国的神经科学在原始创新能力与标志性成果方面仍有较大差距。要想尽快提升我国在本领域的研究水平，应加强国际合作交流，充分利用全球神经影像资源，在未来 5 ～ 10 年优先在神经发生与迁移的实时影像、突触发育的活动物成像、脑连接组学等领域开展国际合作与交流，学习世界发达国家的相关研究经验和研究思路，并借助其先进的实验平台，推动我国相关领域研究的快速进步。

第五节　优先资助领域及重要的交叉研究领域

探索形成和执行脑功能的重要神经环路的结构基础和功能机制是神经科学的优先发展领域，主要是涉及实现脑功能以及脑功能障碍的分子、细胞和神经环路基础。神经科学研究的重要目的之一是服务于人口和健康，为临床疾病的诊治提供理论依据和发展方向。分子生物学、细胞生物学、遗传学、行为学、电生理学和计算神经科学等多学科交叉促进了系统神经科学的发展，为其提供了新方法。

在神经元水平，分子生物学、细胞生物学和遗传学等领域为鉴别不同类型神经元提供了新工具。在环路水平，借助于新的解剖追踪技术，人们可以得到高清晰度的神经元形态、神经元间的局部突触联系和脑区间长程突触联系模式。在环路功能水平，借助光遗传学技术在特定神经环路上表达光敏感离子通道蛋白。利用外源光刺激精确兴奋或抑制神经元或神经环路的电活动，可以研究神经环路的结构和在脑高级功能中的贡献；借助于电极阵列和光学成像，可以同时记录上百个神经元的活动，观察这些活动与认知活动的关系；利用“光开关”技术让一个神经元或一个突触连接处于激活或关闭状态；利用神经荧光蛋白“脑虹”技术可以标记出上百个神经元，显示复杂的神经环路。通过利用上述新技术，科学家发现成年脑中神经干细胞及促使神经干细胞形成神经元的分子，以及成年大脑中新生细胞与终身学习的联系；发现了精神分裂症、阅读困难、孤独症、早老性痴呆等疾病的新的相关基因。但是，近年来在神经科学的重大问题上实现突破性进展的进程明显减缓。因此，需要在基本理论上寻求新的突破，来引领新一轮的实质性的快速进展。

通过学科内部的交叉研究，拟揭示神经元和神经环路发育的分子和细胞机制；明确影响疾病发病风险的因素，为防治疾病提供线索；研究致病因素导致的分子、细胞和环路机制，以寻找药物靶点；针对靶点开发特异和副作用小的药物，发现早期诊断和评估治疗效果的生物标志物。要想达到以上目标，需要与分子生物学、细胞生物学、遗传学、行为学和电生理学等多学科交叉，为疾病提供新的诊治的理论依据。应当指出，DBS 治疗疗效确切、安全，并且具有可通过术后调整达到最佳症状控制、减少副反应的优点，目前已经被美国FDA批准治疗多种疾病。我国也有很多医院开展DBS手术。然而，它的治疗机制并不清楚，例如DBS是如何很快发挥治疗作用的分子机制。其机制研究对于更多的应用深部脑刺激具有指导意义，也为开展无损伤性的化学刺激，并起到DBS类似的治疗疗效，提供理论依据。

1. 大脑皮层发育的分子和细胞机制

大脑皮层发育的过程非常复杂，涉及不同的分子和细胞。神经干细胞是一类具有分裂潜能和自我更新能力的细胞，它可以通过不对等的分裂方式产生神经组织的各类细胞，在大脑皮层发育的过程中起到非常重要的作用。神经干细胞经历增殖，子细胞迁移到达特定的脑区，形成复杂的神经环路、网络和大脑皮层。长期以来，学术界一直认为成年脑内不能产生新的神经元，即出生后神经元数量不再增加。但新的研究表明成年脑内的特定区域存在活跃的神经干细胞，它们能增殖、分化并整合到已存在的神经环路中。探索神经干细胞增殖、分化的分子机制，已成为理解脑发育和成熟、脑高级认知功能，以及神经系统疾病治疗的关键部分。近年，iPS细胞的发现是干细胞领域的突破性进展，如何在体内诱导iPS细胞的产生和分化对神经系统疾病的治疗将有重要意义。

重要研究方向：① 神经干细胞谱系、分裂模式、神经元生成、迁移机制与脑发育；② 神经微环路的发育调控机制；③ 在体微环境对神经发生的调控机制；④ 脑发育重要分子及其异常导致的常见疾病；⑤ 生长因子调控胚胎期和婴儿期脑发育的机理。

2. 轴突与树突发育和突触形成

树突和轴突发育以及突触形成是神经科学的基础问题之一，是神经环路发育主要的结构基础。神经元之间的突触传递是神经系统中信息传导的基本方式，突触结构和功能的研究是理解神经信息传递、加工、整合和编码的重要基础。我国在轴突发育领域取得了许多显著性进展，但在树突发育和突触形成等领域还有许多不清楚的问题和发展空间。

重点研究方向：① 在体条件下调控神经元轴突、树突发育的分子机制；② 突触形成及结构与功能的可塑性的分子机制。

3. 神经胶质细胞的起源与分化

神经胶质细胞是广泛分布于中枢神经系统内的，除了神经元以外的所有细胞。具有支持和滋养神经元的作用，也有吸收和调节某些活性物质的功能。胶质细胞虽有突起，但不具有轴突，也不产生动作电位。胶质细胞有分裂的能力，还能够吞噬因损伤而解体破碎的神经元，并能修补填充、形成瘢痕。大脑和小脑发育中细胞构筑的形成都有赖胶质细胞作前导，提供原初的框架结构。我国在该领域上的研究具有国际重要地位，但从总体上看，系统性和研究深度尚待进一步加强。应结合光遗传、干细胞转分化、单细胞测序和在体影像学等新技术，针对神经胶质细胞类型、生理或病理进展过程中的特异性功能和作用机制，进行系统性研究。

重点研究方向：① 在体胶质细胞生成规律及相关调控分子机制；② 在体胶质细胞与神经微环路发育及相关调控分子机制；③ 神经元和胶质细胞的相互作用。

4. 离子通道信号转导过程的系统研究

离子通道是神经信号的主要承载者，其介导信号转导过程的研究从利用工具药调控通道的离子通透功能逐渐转向靶向离子通道综合性信号转导过程的系统研究。我国在离子通道信号转导及其病理生理学功能和作用机制方面取得了显著进展，但从总体上看，系统性和研究深度尚待进一步加强。为了有效提升我国神经生物学基础研究的水平和国际竞争力，需要通过持续稳定支持、引导和鼓励综合运用电生理学和药理学等传统手段和化学生物学、遗传学、生物物理学和整体行为学分析等新的方法，针对细胞类型、生理或病理进展过程中离子通道的功能和作用机制，展开原创性、系统性长期研究，实现概念与理论体系的创新。

重要研究方向：① 离子通道内源性配体的发现及其功能；② 通道离子通透性和选择性的结构机制及其生物学意义；③ 离子通道细胞类型特异性的功能和机制；④ 细胞器膜离子通道的生理功能；⑤ 基于离子通道信号转导过程的新方法。

5. 神经细胞离子通道功能调控与脑疾病

离子通道门控、转运和调节是神经可塑性和脑疾病神经功能重塑的主要物质基础之一。开展神经细胞离子通道的结构与功能的研究，解析它们在重大脑疾病中的功能异常机理，是开展靶向离子通道的脑疾病治疗基础和转化医学研究的前提。建议稳定支持离子通道门控、转运和调节过程的分子机制和结构基础研究，鼓励通过结合遗传学、行为学分析等方法，进一步揭示离子通道门控和调节的整体生理功能。作为疾病神经生物学基础研究的重要组成部分，建议重点支持离子通道调节神经损伤性死亡、神经环路可塑和重建过程中的功能和机制研究，靶向离子通道敏化、去敏化及其信号转导机制的神经保护和认知调控新策略研究。

重要研究方向：① 离子通道转运调节与突触和环路可塑性；② 离子通道激活、敏化、脱敏的分子机制及其神经生物学意义；③ 离子通道相互作用蛋白功能复合物的鉴定及其病理生理功能研究；④ 靶向离子通道敏化、去敏化及其信号转导机制的神经保护新策略；⑤ 离子通道的基因突变与脑疾病。

6. 离子通道特殊门控与调节

离子通道多样化的门控和调节是神经系统复杂功能和适应活动依赖脑结构重塑的实现途径之一。近年来，发现了一系列新的离子通道门控与调节方式及其神经生物学意义，拓宽了对脑功能生理和病理过程分子机制的认识。考虑到脑功能调节的巨大复杂性，承载重要神经生物学意义的离子通道新型门控和调节方式还将不断被发现。因此，需要积极开展离子通道特殊门控与调节机制的研究，揭示不同脑功能过程中新的分子适应机制。几大类新型膜离子通道超家族相继被发现，包括瞬时感受器电位通道、钙激活氯离子通道、机械门控通道和酸敏感离子通道等，它们广泛参与感知觉、神经发育、学习记忆和神经损伤等重要生理病理过程，解析这些新型离子通道的门控、转运及调节机制及其相关的神经生物学意义不仅有利于加深对神经活动基本过程的认识，也有利于揭示相关离子通道病的发病机制和发展新的干预策略。

重要研究方向：① 新型膜离子通道的门控和调节机制；② 离子通道不依赖离子通透的新功能和新机制；③ 离子通道多门控和调节方式相互作用的机制和意义；④ 离子通道新型变构调节剂的发现和功能研究。

7. 神经信号处理和编码机制

神经元产生的主要传出信号是动作电位。神经系统中神经元的种类繁多，不同类群神经元上动作电位发生的决定因素各不相同。神经元通过动作电位的频率编码、精确发放时间编码以及集群编码对信息进行处理。探讨各种认知功能（如感知觉、运动、注意、抉择、情绪、学习、记忆等）如何通过神经元的动作电位进行编码是系统神经生物学领域的重要问题。神经元除了利用动作电位进行数字编码，也通过膜电位调控突触传递进行模拟编码，并且受到振荡信号的调制，在脑的不同活动状态下进行动态编码。目前对神经元编码的研究手段主要是利用电生理对单个或多个神经元电活动进行记录，通过这些记录可以探讨模式动物在进行认知活动的过程中神经元的电活动规律。新近发展起来的多电极阵列可以同时记录几十或上百个细胞的电活动，通过分析这些记录所产生的数据抽提出群体神经元的编码机制。光遗传方法可以刺激或抑制神经元的电活动，而 GCAMP 等钙指示蛋白的表达可以实现同时无创记录群体神经元的活动。这些技术为研究神经信息处理和解析大脑工作原理提供了核心手段和工具。

重要研究方向：① 脑内神经元分类及其功能特征；② 神经元电信号发生和编码原理，运动信息的编码；③ 人和非人灵长类脑内特有的神经元种类及其电生理特性；④ 振荡信号的反应特性和神经机制；⑤ 神经元编码模式的动态变化及其机制；⑥ 神经调质对神经元信号发生和编码的调节。

8. 神经环路的结构、功能及其可塑性

神经元通过交互式突触连接形成一个整体复杂但局部规则的功能性环路。局部脑区中参与同一功能的神经元组成神经微环路，是大脑信息处理的基本模块。微环路可以由几个神经元组成，如皮层的交互抑制微环路；也可以由上万个神经元组成，如皮层功能柱。解析神经微环路的突触连接规律和活动特征是深入了解大脑信息处理机制的关键之一。近些年，包括多电极记录、光遗传、双光子激光成像和病毒跨突触追踪等一些新技术的建立与应用正逐渐地揭示“动态”细胞集群的连接模式。在不同脑区中，γ- 氨基丁酸（GABA）能中间神经元在形态结构、生理特性、突触连接模式和基因表达等方面都具有高度多样性，解析 GABA 能神经元的精细突触连接模式和规律是了解特定脑区工作机理的基础。神经微环路中，神经元内在特性的变化、突触的可塑性、神经递质和神经调质的调节、神经胶质细胞对神经活动的调节等如何改变神经环路的功能及脑的认知活动是了解脑功能可塑性变化的关键。任何一个认知任务都是由很多个脑区协同工作的结果。各个脑区相对独立又互相关联，形成既并列又分等级的动态依赖关系。在以往的研究中，由于技术的限制，对形态学连接研究比较多，对功能连接和脑区间信息流的处理方式研究比较少。随着大规模多脑区记录技术的发展，使得对跨脑区神经网络活动规律的研究成为可能。同样，光遗传学和单个细胞分辨率的成像技术可以动态调控和观测神经环路的活动，为解析环路结构和功能提供了重要工具，有望获得重大突破。

重要研究方向：① 神经微环路的突触连接和功能；② 神经递质和神经调质在功能神经环路可塑性中的作用；③ 神经环路的结构和时空反应特性；④ 跨脑区神经环路功能的可塑性变化及其机制；⑤ 人与非人灵长类动物特有神经微环路的结构与功能。

9. 脑高级认知功能的神经活动规律及其调节

神经科学的任务之一是了解大脑高级功能。人和其他灵长类动物有别于其他动物的重要方面就在于其高度进化的大脑高级认知功能，以及高级认知功能之间的相互影响。所以，了解大脑高级认知功能背后的神经机制是当今认知神经科学急待解决的问题。虽然，近年来随着多电极记录、脑功能成像等实验技术的发展，系统神经生物学在高级认知功能方面的研究有了突破性的进展，具体体现在认知功能和行为在大脑的功能定位上，然而这些功能的内在神经机制大多仍然不清楚或存在争议。另外，认知功能往往受个体的记忆、经验和情绪等因素的影响，相关神经环路的活动受到当时脑电活动状态和脑化学状态（如神经调质等）的调节。因此，动态监测神经元及其环路的电、化学活动规律可以深入探讨认知功能的动态变化。

重要研究方向：① 认知功能的神经元和神经环路活动机制；② 高级认知功能对初级感觉的调制及其神经机制；③ 空间感知、运动的神经机制；④ 抉择的神经机制及其影响的因素；⑤ 神经调质对脑活动状态和认知功能的调节。

10. 大尺度神经网络的动力学及其信息加工机制

人的大脑中神经元的数目高达 10^{11} 个，它们之间突触的连接数目则达到

10^{14}个。神经元相互的连接拓扑结构也极其复杂，形成了许多复杂的连接模式。另一方面，通过先天遗传和后天学习，神经元又非常协调地工作在一起产生了脑的各种神奇微妙的功能。因此，了解复杂神经网络的动力学性质及其信息加工功能是计算神经科学的关键领域之一。早期对神经元网络的研究要么过分简化了神经元的特性，要么网络结构过于简单而丢掉了生物计算的本质，因而不能描述神经系统的真实结构和功能。最近，两项关键技术的革命使得我们有可能仿真和研究更靠近真实生物系统的大尺度神经网络的计算特性。这两项关键技术是：一是多项脑成像技术的快速发展使得我们能直接记录大范围神经环路的功能活动，从而为理论建模提供了实验基础；二是现代计算机科学技术的发展使得我们可以构造大尺度的神经网络模型并仿真脑在系统层面上的功能活动。

重要研究方向：① 大尺度神经网络的动力学行为，及其与脑功能之间的关系；② 大尺度神经网络的振荡特性，及其与脑功能之间的关系；③ 大尺度神经网络编码信息的机制；④ 高级认知功能的网络实现，如抉择、信息传输和多模态信息整合等；⑤ 大尺度神经网络的仿真技术研究。

11. 感觉神经元及其环路的特性和信号编码机制

形成神经系统非常强大的信号处理能力的基础是其极为复杂的结构和联系。几乎所有的神经系统核团，都有不同类型的神经细胞：兴奋性和抑制性细胞，含有不同神经递质或调质的细胞，形成局部联系和长程联系的细胞。解析不同类型细胞的功能及其联系是理解信息编码的基础。这些在以前曾经无法入手的问题，借助于遗传学（尤其是光遗传学）技术的广泛运用，结合病毒跨突触标记方法，得以深入研究，有助于解决许多重要的科学问题。

重要研究方向：① 感觉神经元特性及感觉信号处理和编码机制；② 感觉神经微环路和跨脑区的神经环路的突触连接特点；③ 感觉神经环路的编码机制；④ 多通道、多模态感知觉信息整合的神经机制和计算机理；⑤ 感觉-运动整合的神经机制；⑥ 高级认知功能对感知觉的调节。

12. 感知觉异常的机制

许多病理状态下，感觉系统会出现异常。如梅尼埃病出现的耳鸣，阿尔茨海默病患者早期出现嗅觉异常，精神分裂症患者出现幻听、幻视等。研究出现感觉异常时感觉系统神经元活动的变化及其机制，能为很多疾病的早期预警、干预及治疗提出新的方法和思路。

重要研究方向：① 感觉异常的生物学机制；② 神经退行性疾病中感知觉异常的生物学机制；③ 精神疾病中感知觉异常的生物学机制。

13. 运动控制和运动疾病的神经机制

运动与感觉构成了脑的两大基本功能。运动功能不仅是生命活动的重要方面，也是机体外在行为得以表现的生理基础，更是人类实现其创造力和改造客观世界的最后环节。从运动计划的生成、运动程序的编制到运动指令的精确执行都离不开感觉-运动整合和躯体-非躯体反应整合。一方面，对运动系统的研究，不仅是揭示机体行为活动产生机制的基本问题和关键，也是揭示神经系统信息整合机制的一个“窗口”。另一方面，运动系统功能障碍往往导致严重的运动疾病，如帕金森病、亨廷顿病、共济失调、猝倒症等。但是，由于目前还缺乏对运动系统基础理论问题的深入系统研究，严重制约了运动疾病治疗新策略、新靶点和新药物的研发。因此，对运动系统基础神经生物学和运动疾病的研究具有重要的基础理论和临床实践意义。

重要研究方向：① 运动信息的编码；② 运动发起和控制的神经环路活动机制；③ 运动的协调机制；④ 运动系统的功能可塑性；⑤ 感觉-运动整合和躯体-非躯体反应整合的神经机制。

14. 神经退行性疾病早期诊断和评估治疗效果的生物标志物的发现与确定

随着我国人口寿命的不断延长，与年龄相关的神经疾病发病人数逐渐增加，如阿尔茨海默病，帕金森病等神经系统疾病，但治疗结果仍然很不理想。对阿尔茨海默病而言，其重要原因之一在于抑制 γ 分泌酶会导致严重的副作用，而一旦诊断为阿尔茨海默病可能已错过了治疗的有效期。对帕金森病，其重要原因之一在于患者一旦出现运动症状，也已错过了治疗的最佳期。因此，进一步阐明这些疾病神经元损伤的机制和寻找切实有效的神经元保护方法对于治疗和提高患者的生活质量具有重要意义。大量的基础研究和临床试验结果提示：针对阿尔茨海默病和帕金森病的早期诊断而进行治疗可能会有较好的疗效。因此，如何做到早期诊断对基础神经科学与临床神经科学研究领域是新的挑战。

重要研究方向：① 探寻基于发病机制的血液中的可用于早期诊断的生物标志物；② 探寻基于发病机制的早期诊断遗传标志物；③ 探寻基于发病机制的早期诊断表观遗传标志物；④ 阿尔茨海默病或帕金森病非人灵长类模型的建立。

15. 缺血性脑损伤的分子机理

脑卒中，也称为脑中风，是指大脑中的血管被堵塞或者破裂，致使受该血管供应能量和氧的脑区出现快速死亡的现象，中风可以被分为缺血性中风和出血性中风两大类，其中大部分中风都属于缺血性中风。在中国，每年约有300万人死于中风，且其发病率以每年8.7%的速率递增，五年内中风复发的比例高达54%。75%的幸存者会丧失一定程度的劳动能力，每年因中风而产生的直接和间接费用高达约120亿和400亿元人民币。因此，探索脑卒中，尤其是缺血性脑卒中导致大脑损伤的分子机制及有效的防治措施，具有重要的医学价值和社会意义。缺血性脑卒中致神经元损伤的分子机制主要有三种：谷氨酸兴奋性毒性、钙超载和各种自由基，并且脑内多种细胞均参与其损伤及修复过程。突触后过度激活的谷氨酸受体被认为是具有临床应用前景的药物靶点。已有研究表明N-甲基-D-天冬氨酸（NMDA）受体过度激活是造成缺血性脑损伤的主要原因。但是，NMDA受体具有非常重要的生理功能，针对该受体的药物都产生了严重的副作用，临床试验无一成功。因此，进一步研究缺血性脑卒中的细胞生物学过程及分子机理，找到缺血性脑卒中的治疗新策略和新药物靶标是一个亟须解决的问题。

重要研究方向：① 缺血特异的或缺血条件下脑损伤的细胞生物学过程及分子机理；② 谷氨酸受体后机制与缺血性神经元损伤；③ 脑缺血后进行干预，减少脑损伤、促进神经修复的策略及药物靶标；④ 血管、胶质细胞和神经元参与缺血性脑损伤的机制。

16. 深部脑刺激的神经机制

深部脑刺激（deep brain stimulation，DBS）是一种应用外科手段在特定的脑部核团植入电极，并通过该电极局部给予电流刺激来治疗神经系统疾病的一种技术。自从1997年首次被FDA批准用于治疗特发性震颤以来，DBS以其治疗效果确切以及副作用少等优势迅速发展成为当今功能神经外科最重要的治疗方法之一。其治疗的病种也发展到药物成瘾、强迫症、抑郁症等更加复杂的疾病，而且其应用范围仍在不断的拓展当中。但目前的研究主要集中在增加靶点导向的精确性、改变电极的轨迹、延长电池的寿命等外围的优化手段细节上，而DBS刺激是如何治疗疾病或改善症状的机制、如何预判DBS能治疗哪些病或哪些症状等关键问题还不清楚。这很大程度地限制了DBS这种治疗方式的进一步发展。

重要研究方向：① 与DBS效应相关的或高频特异的神经递质或调质；② 与DBS效应相关的神经核团；③ 与DBS效应相关的局部神经环路；④ 与DBS效应相关的跨脑区的神经环路。

17. 癫痫发生的神经机制

癫痫是最常见的神经系统疾病之一，种类多，发病率高，约占人口数量的1%，为社会带来了巨大的压力。此外，癫痫患者通常也容易罹患其他精神类疾病（如抑郁、注意力缺陷、认知障碍和焦虑性障碍等）。临床上主要以药物控制癫痫症状并降低癫痫发作的危险为治疗手段。这些药物作用于钠离子和钾离子通道及兴奋性和抑制性神经突触上，降低神经元的兴奋性从而控制癫痫。这些药物的缺点是：一有较大的副作用，容易产生耐受；二是30%的癫痫患者对药物不敏感成为难治性癫痫；三现有所有的抗癫痫药物仅能控制发作症状，不能逆转癫痫的发生（epileptogenesis）。癫痫发病的分子、细胞和环路机制还不清楚。一般癫痫发生包括三个时期：首先是大脑损伤和癫痫持续状态等诱因的出现；之后是一个较长的潜伏期；最后慢性癫痫形成。潜伏期，是正常大脑逐渐发生变化的时期，是可以阻止癫痫最后形成的关键时期。在这个过程中，被调控的基因，功能失调的细胞类型，发生变化的关键信号通路，出现功能异常的环路，是影响癫痫发生的重要问题。因此，找出在该关键期的病理变化不仅能及早地预警癫痫的发生，也能为临床治疗提出新的思路和手段，具有重大意义。

重要研究方向：① 癫痫发生的分子机制及早期发生的预警标记物；② 癫痫发生的关键神经核团及相关的神经元环路；③ 难治性癫痫的发病机制；④ 控制癫痫发作和发生的新调控手段。

18. 高分辨定量显微成像相关技术与神经突触结构功能解析

大脑的活动是由众多种类的神经元通过突触连接形成的复杂神经网络来实现的，突触作为神经网络的节点，是正常脑功能和可塑性的关键单元和神经精神疾病的病灶。目前对突触的组成已有相当的了解，但数千种蛋白分子在神经突触这一小于 1 微米^3 空间中的有效结构、形成过程、与突触功能的关系、受疾病状态的影响和时空间改变模式等关键问题，成为理解神经环路与脑功能及其变异的瓶颈。近年，突破衍射极限的光学显微以及高分辨电子显微等新成像技术的涌现，为突破这一瓶颈提供了一个重要契机。但这些新技术刚开始用于突触研究，尚存许多技术难点。因此，针对神经环路突触结构和功能的动态特性，通过物理、化学、生物以及信息科学的交叉，发展一系列适当的超微成像相关技术及其应用方法，将可极大地推动对神经突触结构功能乃至神经环路拓扑构象的深入定量解析，实现脑功能与疾病机制研究的突破。

重要研究方向：① 突触蛋白超微成像标记和三维定量解析技术与分析方法；② 活体神经环路突触结构功能超高分辨光学成像动态解析；③ 突触及其蛋白复合体的高分辨结构解析技术与方法；④ 上述技术与神经示踪和大范围连接组图谱绘制技术的整合。

19. 整合回路结构示踪与功能研究的新技术新方法

对特定功能（如记忆或情感）网络的研究，必须对其进行特异性的标记，使之可视化，从而给所获结果的释义提供解剖根据。近年，通过反向遗传学改造的病毒包括嗜神经性的 1 型单纯疱疹病毒、伪狂犬病毒、狂犬病毒、以及其他可感染神经元的慢病毒、逆转录病毒、腺病毒和腺相关病毒等作为标记工具，结合最新的转基因技术成果（如众多的 cre- 品系），成为神经网络结构和功能研究中的重要工具。但现有的回路示踪工具还存在众多的问题，包括：① 各类嗜神经工具病毒在神经系统中的感染、扩增、包装、运输和跨突触机制，各种嗜神经病毒对各类神经元的感染和传播能力，神经网络活动与嗜神经病毒跨突触传播的关系尚不清楚，影响实验结果的解析；② 由于生产流程的缺陷，工具病毒广泛存在质量不稳定现象；③ 现有示踪体系上不能用于各种物种，性能难以满足神经科学复杂的要求，包括进行环路结构与功能同步研究的体系。

重要研究方向：① 不同嗜神经病毒与宿主各类神经细胞相互作用的机制和特性；② 发展新型、高效嗜神经工具病毒载体改造和制备系统；③ 发展针对不同模式动物的示踪各类脑细胞间网络的标记体系；④ 建立获得全脑尺度特定回路具有突触分辨的精细连接及其解析方法；⑤ 建立能够同步揭示环路结构与研究环路功能的标记体系；⑥ 整合光遗传学和环路示踪技术，发展高时空精准环路的研究体系。

20. 绘制和解析从突触到全脑的环路结构

高时空分辨地观测神经环路的结构与功能，是破解大脑奥秘的必由之路。电镜、光学显微成像和磁共振成像等方法的建立与进步，为用成像技术解析脑功能开辟了广阔的前景，并在线虫、果蝇和小鼠等模式动物上取得了一定突破。得益于扫描电镜技术的改进，2011 年建立了 100 微米脑区的纳米分辨神经连接图谱。但要建立鼠脑连接图谱，通量仍需提高几个数量级。磁共振成像无损快速，但空间分辨率极限难以突破；基于神经元和网络尺寸，光学成像在神经连接成像中扮演重要的角色，已经为亚微米的分辨率、全脑范围、高通量地观测神经环路提供了可能，但要成为神经科学研究的有效工具，从环路标记到最后的结果展示，一系列的问题尚需解决，包括对感觉神经元网络的特异性标记，对标记了的样品的处理（如样品包埋或透明化处理时保持荧光强度、连接位点的稳定性、减少变形等），如何获得不同精密度（投射轮廓高突触可辨）的高保真和高通量的成像，如何对海量图像（数万张，数十 TG bit）进行处理（包括特定神经元的投射追踪、连接组图谱重组等），和如何对所获得的全脑或部分脑区连接图谱的数字化展示，不同样品（正常与疾病，发育与老龄化等）的定量分析和比较等。

重要研究方向：① 宏观和介观结构，功能网络的相互关联与验证技术方法；② 发展与光遗传学匹配的各种其他跨脑区神经活动检测方法；③ 建立不同精密度的大范围成像技术方法和工具；④ BOLD 信号的生理学基础、意义及其与神经活动的定量关系；⑤ 海量图像的重构、分析、数字化展示和定量比较的技术方法和工具。

第六节 与其他学科交叉的优先领域

生命科学的发展离不开非生命科学的交叉和渗透，具有代表性的有生物信息学、组织工程学、医学、分子影像学、认知科学和地质生物学等。多学科多层次揭示生物大分子相互作用原理及规律成为生命科学重要的研究前沿。现代生命科学的发展不仅离不开仪器设备，而且也离不开其他非生物学学科的参与。在20世纪初，正是由于一批物理学家、化学家进入生物学研究领域，才导致了分子生物学的诞生。现代生物实验科学经过了50多年的自我发展，研究越来越深入，问题越来越复杂，现有的生物学理论和方法暴露出了越来越大的局限，又到了一个需要多学科交叉的新阶段。例如，20世纪后半叶生物科学的发展，很多重要的里程碑式的成果都离不开物理学、化学等学科的直接贡献。例如，X射线晶体衍射对DNA双螺旋结构的确定、各种先进设备用于精确和高通量的基因测序、数学和计算机技术对基因组测定的整合和分析等极大地推动了分子生物学的发展。近年，随着基因和蛋白质数据爆炸式的增加，产生了一门新兴学科——生物信息学来对这些数据进行处理和研究。又例如，对细胞和神经等复杂系统和网络的研究导致了数学生物学的诞生。当前，数、理、化和生物学领域的科学家的交流和合作也许孕育着又一次学科的“大爆炸”。多学科交叉将推动生物学自身及其他自然科学学科的发展。

重点支持方向如下：

1. 在发育神经生物学方面

如何整合纳米科学与发育神经生物学，从而实现重构微环境，调控神经生成与环路形成，揭示组件性质和形成环路的机制。

2. 在神经生物学的离子通道方面

如何整合分子、细胞、遗传、药理、环路、影像学、生物信息学、结构生物学、组织工程学、分子影像学和认知科学等，阐明离子通道门控、转运和调节过程的分子机制和结构基础，研究离子通道门控和其调节整体生理功能的机制。

3. 在系统神经生物学方面

如何整合各类组学、行为学、信息学和微观层次的分子、细胞和遗传学等，系统地解析大脑感觉信息的编码和处理，以及运动的发起和执行、感觉-运动整合和躯体-非躯体整合的神经活动机制。

4. 在感觉系统神经生物学方

如何整合各种计算方法（包括统计学方法、时间序列分析方法、非线性动力学方法、多维数据分析方法、系统分析方法和信息学方法等）、生命科学和信息科学的定性定量手段，探索复杂动态环境中感知觉信息处理的神经机制，感知经验如何影响大脑皮层的结构和功能，感知觉皮层的可塑性，多通道感知觉信息的神经整合机制和计算机理。

5. 在神经系统疾病方面

如何综合运用电生理、生物化学、生物物理学、生物信息学、转基因、行为学分析、流行病学和分子影像学等手段，阐明疾病的分子细胞机制和神经环路机制；如何与化学、物理学、机械和电子工程学等学科交叉，优化 DBS 流程，阐明其治疗机理。

6. 在神经科学研究技术方法与工具方面

如何整合电子学、精密机械、光学成像、计算机和信息学手段，实现高分辨定量显微成像，并应用于神经突触结构功能的解析中；如何整合分子生物学、遗传学、病毒学、神经生物学、神经影像学和信息学手段，实现神经环路结构示踪与功能研究的一体化；如何整合神经环路标记技术，样品处理技术、各类成像技术和海量成像数据处理技术，从而获得全脑或部分脑区连接图谱的数字化展示的定量分析和比较；如何整合光遗传学、各种电生理学、光学、化学、精密机械、药理学和行为学等，实现特定神经元和神经环路活动的调制、特定行为的环路机制；如何整合环路结构与功能研究技术方法和磁共振成像技术，实现介观水平和宏观水平环路和网络上的相互关联。

第七节　实现“十三五”发展战略的政策措施

对于重大基础科学问题的研究，要给予足够的重视和较大强度持续性的支持，加强中青年人才培养及团队建设。同时，重视科研基地及平台建设，开展国际交流与合作。需要提醒的是，在国家投入了大量的经费进行基础研究的一定时间后，从国家发展的角度，如何看待投入到基础研究中纳税人的钱的回报，即对经济发展和人口健康的贡献，也是神经科学工作者面临的问题。所以，在探索生命现象的同时，注意转化科研成果，服务回馈社会，也可能是我们发展战略的政策措施之一。比如，发育神经生物学需要考虑如何利用生物信息学和单细胞测序技术研究神经干细胞和神经元发育分子新机制的交叉方向的同时，也可以研究它们能否为临床服务。需要指出，新的蛋白质组研究结果显示，RNA 的变化与蛋白质变化并不同步。因此，采用单细胞测序技术研究细胞的分类和变化具有一定的不确定性。考虑到单细胞测序的费用很高，我们应尽量避免这种“labor-intensive”的研究。选择性的系统标记特定类型神经元的方法的建立和发展新的神经活动光学观测方法和技术，以及相应的模式动物的建立等前沿方向的研究，会有助与神经环路的探索。另外，在开展离子通道功能导向的基因工程研究的基础上，结合 DBS 技术，探索离子通道作为靶点治疗神经系统疾病（如视力障碍、强迫症、抑郁症，神经退行性疾病等）的新策略。系统神经生物学方面应尽快研究神经元和神经环路的电活动产生和调节机制，及其在认知过程中的编码原理和机制。感觉系统研究的目标是阐明神经系统如何将内、外环境变化转换成神经信号，这些信号在传递的过程中如何进一步加工处理。最终，来自不同感觉系统的信号如何在脑的高级中枢整合，使大脑对千变万化的内、外环境作出综合的反应。集合各种手段积极探索实现认知功能的神经元及其组成的功能神经环路。神经系统疾病方面需要广泛开展国际合作与交流，学习世界发达国家的相关研究经验和研究思路，并借助其先进的实验平台，大力推动我国临床医生和基础研究人员的实质性合作研究，充分利用和开发我国的临床资源。尤其是临床上发现有效但机制不清楚的问题，可能是重要的基础转化研究的机遇。比如，DBS 就是首先在临床患者上发现有效，然后，引起了基础神经科学研究的巨大兴趣。神经科学技术是神经科学发展的必要保证，也促进了神经科学的发展。希望能建立一系列的技术方法和工具，适于在突触内结构与功能的研究，不同分辨率和不同尺度（突触水平到全脑水平）的结构网络构建和分析，不同分辨率和尺度功能网络的构建与分析，不同尺度网络的功能研究，及结构网络与功能网络的关联等，促进和推动我国乃至国际神经科学研究。

主要参考文献

Bazil C W，Pedley T A. 1998. Advances in the medical treatment of epilepsy. Annu Rev Med，49：135-162.

Bear M F，et al. 1995. Neuroscience：Exploring The Brain. Philadelphia：Lippincott Williams & Wilkins.

Briggman K L，Helmstaedter M，Denk W. 2011. Wiring specificity in the direction-selectivity circuit of the retina. Nature，471：183-188.

Callaway E M. 2008. Transneuronal circuit tracing with neurotropic viruses. Curr Opin Neurobiol，18：617-623.

Card J P，Enquist L W. 2014. Transneuronal circuit analysis with pseudorabies viruses. Curr Protoc Neurosci，68：1. 5. 1-1. 5. 39.

Dayan P，Abbott L F. 2001. Theoretical Neuroscience：Computational and Mathematical Modeling of Neural Systems. Cambridge Mass：Massachusetts Institute of Technology Press.

Deisseroth K. 2011. Optogenetics. Nat Method，8：26-29.

Du W，Huang J，Desai A K. 2005. Diagnosis and treatment of Alzheimer's disease. Neurology，64：S34-S39.

Fell J，Axmacher N. 2011. The role of phase synchronization in memory processes. Nat Rev Neurosci，12：105-118.

Gu Y，Liu S，Fetsch C R，et al. 2011. Perceptual learning reduces interneuronal correlations in macaque visual cortex. Neuron，71：750-761.

Hattar S，Liao H W，Takao M，et al. 2002. Melanopsin-containing retinal ganglion cells：

Architecture，projections，and intrinsic photosensitivity. Science，295：1065-1070.

Huang B，Bates M，Zhuang X. 2009. Super-resolution fluorescence microscopy. Annu Rev Biochem，78：993-1016.

Kriegstein A，Alvarez-Buylla A. 2009. The glial nature of embryonic and adult neural stem cells. Annu Rev Neurosci，32：149-184.

Lee J H. 2012. Informing brain connectivity with optogenetic functional magnetic resonance imaging. Neuroimage，62：2244-2249.

Li K X，Lu Y M，Xu Z H，et al. 2011. Neuregulin 1 regulates excitability of fast-spiking neurons through Kv1. 1 and acts in epilepsy. Nat Neurosci，15：267-273.

Lo E H，Dalkara T，Moskowitz M A. 2003. Mechanisms，challenges and opportunities in stroke. Nat Rev Neurosci，4：399-415.

Luo L，Callaway E M，Svoboda K. 2008. Genetic dissection of neural circuits. Neuron，57：634-660.

O'Donnell M，Chance R K，Bashaw G J. 2009. Axon growth and guidance：Receptor regulation and signal transduction. Annu Rev Neurosc，32：383-412.

Okun M S. 2012. Deep brain stimulation for Parkinson's disease. N Engl J Med，367：1529-1538.

Petreanu L，Huber D，Sobczyk A，et al. 2007. Channelrhodopsin-2-assisted circuit mapping of long-range callosal projections. Nat Neurosci，10：663-668.

Rowitch D H，Kriegstein A R. 2010. Developmental genetics of vertebrate glial-cell specification. Nature，468：214-222.

Squire L，Berg D，Bloom F E，et al. 2012. Spitzer，Fundamental Neuroscience. Salt Lake City：Academic Press.

Steinberg E E，Christoffel D J，Deisseroth K，et al. 2014. Illuminating circuitry relevant to psychiatric disorders with optogenetics. Curr Opin Neurobiol，30C：9-16.

Stuart G，Spruston N，Sakmann B，et al. 1997. Action potential initiation and backpropagation in neurons of the mammalian CNS. Trends Neurosci，20：125-131.

Tarazi F I，Sahli Z T，Wolny M，et al. 2014. Emerging therapies for Parkinson's disease：From bench to bedside. Pharmacol Ther，144：123-133.

Yao H，et al. 2010. Inhibition of TRPC6 degradation suppresses ischemic brain damage in rats. Journal of Clinical Investigation，120：3480-3492.

Yonehara K, Balint K, Noda M, et al. 2011. Spatially asymmetric reorganization of inhibition establishes a motion-sensitive circuit. Nature, 469: 407-410.

Yu Y, Chen Z, Li W G, et al. 2010. A nonproton ligand sensor in the acid-sensing ion channel. Neuron, 68: 61-72.

Zhao W S, Wang J, Ma X J, et al. 2014. Relative motions between left flipper and dorsal fin domains favor P2X4 receptor activation. Nat Commun, 5: 4189.

第十一章

生物力学与组织工程学

第一节　生物力学与组织工程学的战略地位

生物力学与组织工程学科是应用物理（力学）、化学、数学等基础学科，以及电学、光学、材料学、计算机科学、信息科学等工程学科原理和方法研究生物学和医学问题，定量认识生命现象和生物学过程的基本规律，理解、调控生物系统，提升人类健康与重大疾病诊治水平。因此，生物力学与组织工程学科充分体现出现代科学技术从相互交叉走向有机融合的特征，是国家创新能力在人类健康与重大疾病领域的重要体现。其研究内容主要包括生物力学、生物材料、组织工程、纳米生物学、生物图像与生物电子学等。

1. 生物力学

生物力学是研究生命体运动与变形的科学，其内涵是运用力学理论和方法深化对生物学和医学问题的认识，从而理解生命体的运动与变化规律、量化生命体的结构－功能关系；将理论模型、数值模拟、实验测定、结构预测、功能验证等新思想、新方法和新技术应用于生物医学的定量化研究，服务于人类健康，推动临床医学疾病诊治技术的发展及生物医学工程仪器与医疗器械研发，提升新药研制的能力，并促进工程化构建、再生与康复医学等新兴应用领域的发展。

2. 生物材料

生物材料是一类用于对生物体进行诊断、治疗、修复或替换其病损组织、器官，或增进其功能的一类材料。生物材料与公众的生命健康密切相关，得到世界各国的广泛关注。在我国，开发高性能生物材料及器械，不仅能够挽救病人的生命，提高人民的健康水平和生命质量，同时也是解决当前看病难、建设和谐小康社会的重要物质基础。生物材料学是以材料、化学、生物、化工、药学、医学等为基础的交叉学科，其研究周期长、难度大。生物材料已连续被列为“十一五”“十二五”的国家重点基础研究发展计划（973 计划）项目，《国家中长期科学和技术发展规划纲要（2006—2020 年）》也将其列为优先发展主题，国家自然科学基金近年来在生物材料领域的资助项目数量逐年上升。这些都体现了开展新型生物材料研究的必要性和迫切性。

3. 组织工程

组织、器官丧失或功能障碍是人类健康面临的主要危害之一，也是人类疾病和死亡的最主要原因。然而，目前单纯依靠传统治疗模式仍然存在着许多无法根本解决的问题，例如，对自体供区组织造成新的创伤、异体组织或器官来源有限、生物材料不能完成功能性修复等。组织工程是指应用生命科学与工程学的原理与技术，在正确认识哺乳动物的正常及病理两种状态下的组织结构与功能关系的基础上，研究、开发用于修复、维护、促进人体各种组织或器官损伤后的功能和形态的生物替代物。在今后的几十年中，组织工程将可能与目前的药物治疗方法并列，成为临床医学的一个重要组成部分。因此，组织工程已经成为继人类基因大规模测序完成后生命科学中最活跃的研究领域之一，国际性的产业化竞争热潮也已开始，掌握了其中的关键核心技术就获得了生命科学前沿技术发展的制高点。

4. 纳米生物学

纳米生物学是在纳米尺度上以新的视角和方法，研究和解析生命现象，解决生命科学基本问题的新兴学科，是纳米科学和技术向生物科学渗透与交叉及由纳米技术和生物技术共同发展而推动产生的交叉学科，其内涵是生物学和纳米科学与技术的有机结合。一方面，应用纳米技术促进对生命系统的理解，深入认识生命现象和生物学过程的基本规律；另一方面，在纳米尺度微观、定量地研究生物问题，利用天然或人造纳米材料理解、改变或控制生物系统，从全新的角度为提升人类健康保障与重大疾病诊治水平提供新理论，新方法和新工具。该领域的迅速发展已经并将继续促进生命科学的发展和革新，引发医药、生物及环境等领域的技术革命和跨越式发展。

5. 生物图像与生物电子学

生物图像与生物电子学是生物、数学、物理、化学、电子、计算机、医学等多学科大跨度交叉的前沿科学领域。生物图像是在不同时空尺度上获得生命体内部各组成的形态、分子代谢及生理功能等图像信号，以及对这些信号的处理、显示、记录、存储、传输和可视化等过程。生物电子学是在细胞、组织、器官以及个体等层次上研究与生命体相关的电磁现象及其机制，利用物理电子技术（如高能射线、声、电磁场等）开展生物体中生理、生化信号的获取、处理、分析、建模以及干预等研究，发展各种生物传感器和检测系统以及医用电子器件和治疗装置等，达到对特定生命状态进行检测、监控、调节和疾病治疗等目的。

第二节　生物力学与组织工程学的发展规律与发展态势

一、生物力学的发展规律与发展态势

生命科学与包括力学在内的基础和工程科学交叉、融合是当今生命科学的研究热点，成为生命科学、生物医学工程和力学学科的新生长点，也是生物力学领域未来的发展态势。

当前，以分子-细胞生物力学与力学生物学为代表的生物力学新兴方向发展势头强劲。以骨骼-肌肉生物力学、血流动力学为代表的传统优势方向方兴

未艾。基于组织再生、创伤康复的生物力学以及生物材料力学与仿生力学体现出强大应用潜力和前景。同时，生物力学新概念、新技术与新方法始终是关注的重点。

二、生物材料学的发展规律与发展态势

生物材料的发展经历了从惰性到生物化再到生物活性的过程。惰性生物材料仅为简单的功能替代，生物化则关注材料与组织 / 细胞之间相互作用的改善。基于特殊材料和细胞 / 生长因子修饰的生物活性材料则能主动与人体细胞、组织产生可控的相互作用，帮助机体实现组织的修复和再生，代表本科学发展的方向。

从宏观—微米尺度—纳米尺度是药物输送系统研究的发展趋势。自组装高分子纳米胶束、脂质体、无机纳米颗粒等新型药物输送体系取得了较大的成功，主动靶向、表面控制、多功能等特性使纳米药物输送体系成为生物材料领域持续的研究热点之一。

作为生物材料领域两个重要技术，表面图案化和微流控芯片方面的研究得到重点关注。表面图案化可制备与细胞尺寸和信号分子分布相匹配的表面图案，其目前的发展是从二维平面向三维组织结构转变，实现多种细胞在体外共培养。微流控芯片技术在样品准备、操作及分析等方面表现出巨大的潜力，多功能有机整合的复杂芯片代表着将来的研究方向。

三、组织工程学的发展规律与发展态势

组织工程是多学科交叉的前沿领域，经过 20 多年的努力，组织工程已经从早期的理论探索进展到了应用基础研究阶段。组织工程的研究涉及基础和临床科学的各个领域，是生命科学研究与材料科学研究紧密结合的产物。

组织工程的研究大致经历了三个发展阶段。第一个阶段，主要探索体外构建组织工程组织的可行性；第二个阶段，主要是通过动物试验验证组织工程组织的修复功能；第三个阶段是实现组织工程的终极目标——临床应用。组织工程广泛吸收了现代科学的新发现，充分利用现代高科技技术，正在以极其令

人瞩目的速度强有力地推动着现代医学科学迈向另一个新巅峰。近几年，纳米技术、干细胞生物学、系统生物学、医用生物材料和组织工程学的研究的汇总交叉，为研发具有重大需求的成熟完善的器官替代品及人工器官带来新的思路。

尽管目前组织工程的研究、开发与应用仍处于起步阶段，但其相关产品或初级产品及技术已经进入市场。根据欧美最新调查结果，全球组织工程市场目前约为 2000 亿美元 / 年，年增长率约 15%；预计到 2020 年全球市场将超过 5000 亿美元 / 年。因此，组织工程化组织和器官上市后，可开拓年产值 5000 亿美元以上的市场。我国有着巨大的人口基数，未来必将成为组织工程产品最大的需求市场，组织损伤与缺损的修复医疗市场随着经济的发展必将产生巨大的潜力。

四、纳米生物学的发展规律与发展态势

纳米生物学作为一门由多学科交叉而产生的新兴学科，其快速发展的态势充分体现了现代科技发展的总体规律：即以实际经济社会发展的需要为牵引，多种基础科学和工程学相交汇，在短时间内迅速崛起、迅猛发展，并且深入渗透到现代科学的深层，成为主流的学科之一。纳米生物学不仅是物质科学、分子科学与生命科学交叉的前沿，同时也是生物医药等高技术产业的深度融合，其快速发展的态势主要体现在：以功能性新材料和新物质的制备为基础，以发展分子、团簇和原子尺度的新型表征和分析方法为特色，以及全方位与现代生物技术、新药研发、组织修复再生和移植等充分交叉融合为方向。随着物质科学、分子科学和生命科学的进一步的发展，纳米生物学将为深入理解纳米尺度下生命体的结构和功能、生理和病理、物质和能量传递等重要生命现象提供新的信息、认知和理论，并将以重大经济变革和社会需求为导向、变革性产品和技术为主线、协同创新为动力以及产出标志性研究和应用成果而快速发展。

五、生物图像与生物电子学的发展规律与发展态势

生物图像与生物电子学发展依赖于生物信息的获取、传感、处理、器件

和影像设备的发展水平。生物图像与生物电子学以物理学发现为基础，以探索生命规律和关注人类健康为目标，以生命科学、生理学和病理学的最新成果为依托，以数学为基本理论，以工程学和计算机技术为支撑加以实现。生物医学成像新原理、新方法研究及相关的新设备研制一直是生物图像研究领域的制高点。生物医学图像的发展正在从单纯提供生物体的形态信息向同时提供生物体的形态、生理、功能和代谢等信息转变，从单一模态成像向多模态信息融合转变，从宏观成像向宏观与微观融合的多尺度成像转变。生物医学图像处理和分析经历了一个由简单到复杂、由定性到定量的发展过程。随着电子技术、信息技术和计算机技术的发展，该领域的发展愈发强调对生命活动本质的探索，包括对发育和老化、疾病发生发展，以及意识和思维等高级功能的理解和认知。

第三节 生物力学与组织工程学的发展现状与发展布局

一、发展现状

国际生物力学研究蓬勃发展。第七届世界生物力学大会（2014 年，波士顿）参会人数达 4200 余人，收到投稿 4000 余篇。当前，国内生物力学发展态势和水平与国际基本同步。第十届全国生物力学大会（2012 年，成都）参会人数达 500 余人，比第九届（2009 年，天津）增加近一倍。同时，国内生物力学研究不仅涵盖了国际生物力学领域的主要前沿方向，而且还在开拓空天生物力学与工程，并在提供新的临床诊治仪器和装备等方面做出了特色工作。

国家的持续大力支持使我国生物材料领域成功地跨入国际先进水平。根据近年来生物材料领域标志性期刊《Biomaterial》发表的论文数量来看（表 11-1），我国科学家自 2011 年以来发表的论文数量已占全部论文的 29.2% 左右。其他相关期刊（如《Journal of Controlled Release》等）也呈现相似的发展态势。这表明，我国从事生物材料研究的整体实力已得到大幅度提升。但我国的高水平原创性成果与发达国家还有一定的差距，在《Nature》系列期刊发表的论文数量还相对较少。

表 11-1 《Biomaterials》期刊论文统计

年份	2000 ~ 2005 年	2005 ~ 2010 年	2011 年至今
全球发表论文数 / 篇	3214	3535	3495
我国发表论文数 / 篇	228	486	1020
我国所占比例 /%	7.1	13.7	29.2

我国组织工程研究的发展道路为以临床需求为引导，以结构性组织的构建为突破，最终实现人体器官再生。近年来，我国取得了以组织工程皮肤产品注册，个体化组织工程骨、软骨、神经等工程化组织临床应用，人工肝、人工肾等组织工程产品的注册、检定，以及一批专利和产品标准为代表的标志性成果；涌现了一系列积极参与组织工程产业化的高科技生物技术公司；建立了组织工程产品的研发生产基地和临床技术应用的临床基地，初步形成了产学研技术联合创新的联盟态势。我国组织工程整体水平处于国际先进，某些方面（如骨关节组织、皮肤组织、肌肉组织等）已处于领先地位，但是对结构和功能复杂的组织工程（如心脏、血管、肝、肾等）的高水平创新性研究，与欧洲、美国和日本等发达国家和地区存在较大差距。

经过 20 余年的努力，我国纳米生物学研究已从零星和分散的局面，发展为相对集中于纳米生物效应，纳米生物检测和纳米载体与递送等的前沿领域。在国际纳米生物学相关的主流期刊发表了颇具影响的研究成果，多次主办了国际上最具影响力的国际会议，并且在多个一级学会下成立了二级学会，有效将相关领域的科学家凝聚一起，不断凝练前沿学科方向，扩大中国科学家在国际上的影响力和话语权，部分研究工作得到国际同行的广泛认可。我国生物图像和生物电子学学科发展较快，已经形成了由国家重点实验室、部门重点实验室等为主导的高水平研究队伍。作为跨学科的研究领域，该学科整合了电子信息、数理、材料、机械等不同学科的研究力量，整体研究水平得到快速提升，但原始创新能力还有待于加强。脑图像分析、脑网络组研究及生物传感等方面，我国已处在国际先进水平的行列，在本学科一些国际重要学术杂志，如《Neuroimage》《 IEEE Transactions on Medical Imaging》《Human Brain Mapping》《Biosensors and Bioelectronics》《Sensors and Actuators》《IEEE Sensors Journal 等》都有来自中国的编委，并作为大会主席方承办本学科的重要国际会议。

二、发展布局

根据以上对我国的现状分析及国际学科趋势，“十三五”期间我国应该在以下几个方面进行重点部署。

（一）生物力学方面

1. 分子-细胞生物力学

分子-细胞生物力学特征是决定生命体宏观生物学过程的基础。在分子-细胞水平定量刻画并揭示生物学过程的力学调控途径，将为相关疾病的治疗和创新药物设计提供新的解决方案，是分子-细胞生物力学的研究重点及竞争焦点。

2. 力学生物学与生物流变学

力学生物学研究生命体的力学信号感受和响应机制，并最终试图阐明机体的生长、重建、适应性变化和修复等之间的相互关系。生物流变学则重点探讨细胞、亚细胞和大分子的流变学行为及其对机体功能的变化，并为临床疾病的诊断、预防和治疗提供新手段。

3. 骨骼-肌肉生物力学

骨力学着重研究力学刺激下各类骨细胞的生物学响应等；肌肉力学重点考察神经脉冲对肌肉纤维中钙离子的调控、肌肉收缩机制等。同时，器官水平的骨骼-肌肉相互作用规律以及在运动生物力学中的应用也颇受重视。

4. 血流动力学

血流动力学重点以特异性、靶向性、无创性的新技术和新方法研究心脑血管疾病的发生、发展规律和机理，对指导心脑血管病手术、介入治疗具有重要作用。同时，肿瘤内血管发生及其血流动力学研究是与临床结合的一个重要契合点。

5. 人类健康和重大疾病的生物力学基础

人类健康和重大疾病的生物力学基础重点研究严重危害人类健康的心脑血管病、肿瘤等重大疾病发生发展的生物力学机制；在再生医学方面研究力学环境调控细胞组装并维持三维组织的机理，通过生物反应器力学设计，精确控制细胞化学和力学环境，实现细胞三维生长和组织工程化构建。在创伤康复医学方面则进一步发展个体化建模、在体测量和检测等关键技术并应用于临床，更加准确设计和优化康复辅具。

6. 生物材料力学与仿生力学

生物材料力学着重解读天然生物材料不同尺度的精巧多级结构以及与性能之间的关联，应用于先进材料的开发和生产、微纳米器件与结构的制备等领域。同时，生物高效能运动的仿生力学机制可与微制作、微流控、微模式化等技术相结合，在微米－纳米尺度上发展表面性质可控的新概念、新方法、新技术乃至新器件，应用于生物传感器、生物芯片、医用生物材料、药物（缓）控释等领域。

（二）生物材料学方面

1. 基于临床需求的生物材料及多功能化构建

临床需求是生物材料研发的直接推动力。近年来，随着生活节奏的加快及老龄化社会的到来，临床对高活性、微创治疗以及多功能化生物材料的需求量急剧增加。因此，在学科布局上，必须加强以下方面的研究：① 功能仿生材料 / 组织 / 器官的设计与制备新技术及制造新原理；② 适于老龄患者治疗的新材料制备与功能组装；多功能生物材料的研究等等。

2. 引导组织再生的智能生物材料研究

基于特定材料和细胞生长因子的引导组织再生材料是解决目前骨组织修复材料活性低的有效手段。为此，须加强可缓释细胞生长因子，具有定向调控细胞和诱导特定组织结构再生的智能材料新技术的研发。

3. 建立材料生物相容性“基因谱”

材料生物相容性评价涉及内容庞杂、难度大，现有的标准体系多以较简单的技术和检测手段为主，检测灵敏度低。在今后的发展中，可借助细胞组学、系统生物学等学科的最新研究手段和方法，建立各类生物材料生物相容性的数据库；并从细胞和分子水平上确立材料生物相容性的细胞“基因谱”库，为生物材料的研究、发展和应用提供基础性数据。

4. 生物材料的“基因组”研究

“材料基因组计划”（*Materials Genome Initiative*）是美国 2011 年 6 月启动的“先进制造业伙伴关系”计划的重要组成部分，假肢、植入材料与器件等是重要的研究方向。为此，在生物材料领域布局上，应以临床使用或具有应用潜力的材料为对象，通过计算和实验手段建立生物材料的基础数据库和性能预测算法、数据的标准化以及它们的共享系统。

5. 新型药物 / 蛋白缓控材料研究

将新型多功能纳米药物输送材料与再生医学相结合代表本领域重要发展方向。重点发展：① 同时负载多种药物分子、诊断分子或探针的多功能纳米生物材料；② 多肽、蛋白、核酸为代表的生物活性类药物输送系统；③ 负载细胞生长因子、基因等的组织工程支架等。

6. 新型材料体内外检测和示踪材料

重点发展：① 长效稳定的材料组成、细胞和组织直接与间接标记用新材料；② 用于脑、心脏等特殊组织 / 器官标记的新材料；③ 单细胞水平上的动态变化监测；④ 具有实时、在线、高通量、高灵敏度生物传感器等。

（三）组织工程学方面

1. 重要生命器官体外构建技术及仿生构筑原理研究

重点发展新技术、新材料：① 形成基于微流道与微流控等的微制造技术及微生物反应器技术；② 研究和开发组织工程器官构建的生物反应器；③ 充分研究目标器官的生物学结构、生理功能、生长环境等；④ 研发替代器官功能的装置。最终形成完善的构建体系，使重要生命器官的仿生制造和功能维持成为可能。

2. 结构性人体组织工程化产品的安全性评估、标准化建立及产品保存技术

在未来的发展中，须加强以下方面的研究：① 临床前对组织工程产品的原料来源的评价；② 支架材料、种子细胞及生长因子的安全性评价；③ 工程组织的临床研究，包括免疫安全性等；④ 临床产品的上市监督；⑤ 灭菌对工程组织活性的影响；⑥ 组织工程成品的保存及运输方法；等等。最终建立一套以指导组织工程产品研发和临床应用的完整合理科学的评价体系。

3. 工程化组织及器官血管与微血管网络构筑与相应规律及机制研究

针对现有工程化组织器官及修复再生过程中血管化的问题，开展复杂性组织器官修复中血管化目标，重点开展以下方面研究：① 三维支架材料中血管形成的规律及其机制；② 使用新型生物材料、种子细胞及生长因子、采用 3D 打印技术构建预血管化的工程化组织或器官；③ 以脱细胞的细胞外基质为支架构建预血管化的组织等。

4. 组织工程愈合过程中神经支配重建及其机制研究

针对组织工程器官及组织修复过程中神经修复与再生的问题，开展组织及器官移植后神经的功能重建过程及其影响机制。重点研究方向为：① 组织工程的组织或器官移植以后神经的再生过程及其影响因素；② 神经的再生与功能重建的机制；③ 促进神经再生的方法。尤其要关注以脱细胞的细胞外基质为支架组织工程神经的再生机制。

5. 具有主动响应性生物材料的生物学性能研究

具有“主动修复”和“生物响应调控”功能，能充分调动人体自身修复能力，再生和重建被损坏的人体组织或器官，或恢复和增进其生物功能的生物活性材料是目前组织修复材料开发研究的热点。

6. 三维支架材料中干细胞全能性的生物学基础

该领域的重要研究方向包括：① 干细胞自我更新及分化的微环境及调控

网络；② 力学、化学及空间等非生物因素对干细胞特性的影响；③ 多种生长因子及诱导因素在三维支架材料中对干细胞分化的协同作用机理；④ 三维支架材料特征调控对干细胞及其分化影响规律；⑤ 干细胞及其分化而来的细胞在三维支架材料中的迁移等。

（四）纳米生物学方面

1. 新型纳米生物材料及纳米系统的研发

新型功能性纳米生物材料的设计和制备是纳米生物学的基础之一。纳米材料及由其构建的纳米系统的超小尺寸赋予其独特的理化和生物学性质，在生物医药领域具有广泛的应用前景。该领域的重要研究方向包括：① 以现有生命科学研究成果为基础，基于生命现象中的分子组装机制等合成、制备及制造高性能纳米材料并构建功能集成的纳米系统；② 利用理论计算和分子模拟等方法从原子和分子层面，通过研究纳米结构材料与生物体系的相互作用分析和认识生命现象。该领域的研究成果对促进纳米生物学和相关的生命科学的发展具有重要的意义。

2. 纳米材料用于生物检测和医学诊断

发展新型高效的分析方法是纳米生物学的另一个重要基础。发展实时、定量、高灵敏度、高特异性的检测和高分辨成像技术是目前临床医学技术发展的核心方向之一。基于纳米生物技术提高检测生物分子和疾病相关标志物的效率、准确性以及生物成像技术的分辨率，发展区别于传统模式的高效、精确、安全和功能可控的诊断手段和应用技术，将极大促进临床医学检测和影像学的发展。

3. 纳米药物与药物靶向递释系统

纳米药物研究是纳米生物学的最重要的应用方向之一。利用纳米材料与技术构建药物载体不仅能够提高药物的生物利用度和稳定性，改善药物性能，而且能赋予其靶向功效和延长药物作用时间，在对恶性肿瘤等重大疾病的治疗、基因药物的递释和环境响应性，以及高精准靶向药物递释系统的构建等方面具有重大意义。

4. 促进组织再生修复过程的纳米生物材料和纳米体系

纳米生物医学的另一个重要应用方向是组织工程和再生医学。纳米结构生物材料可以作为组织细胞黏附、增殖和分化等行为的结构基础，并且在信号传导和细胞通讯中发挥重要作用，可以显著促进组织再生修复，并可以通过纳米生物材料与细胞等的相互作用，分析生物体组织、器官结构的发生与形成等生物学机制。

5. 纳米材料和纳米药物安全性评价

在逐渐认识纳米技术与纳米材料对多个国民经济重要产业，特别是医药产业的巨大推动作用的同时，纳米颗粒和纳米材料对人类健康及生存环境等方面的广泛影响，及其安全性评价在世界范围内受到极大的关注。同时，纳米生物安全性的研究也逐步从传统毒理学实验方法和技术发展到应用新理论、新技术对天然和人造纳米结构的系统性评价。各种新理论、新技术和新方法的发展将极大促进纳米生物学和整个生命科学的快速发展。

（五）生物图像与生物电子学方面

1. 生物信号检测与成像

重点发展方向：① 生物信号检测与成像的新原理、新方法；② 新型生物传感、生物芯片、生物电子器件等，特别是新型的神经成像原理、细胞分子传感技术及设备。

2. 健康系统工程

重点要发展系统生物学建模和生物大数据研究。我国拥有海量的生物图像数据资源和超级计算资源优势，应该开展生物图像大数据及各种组学数据的融合研究。

3. 生物接口技术

发展各种新型的生物接口技术，特别是神经相关的接口技术，实现高性能的脑机交互、脑机接口、微纳传感、人体器官芯片，用于人体康复和人工假体的研究。

4. 其他

脑连接组学与脑网络组学、在体与离体检测、生物系统穿戴式信号检测与器件，电磁生物效应的宏观和微观机制等，将为认识脑等人体器官的功能开辟新途径。

第四节 生物力学与组织工程学的发展目标及其实现途径

一、发展目标

生物力学的发展目标是立足于生命体重要生理、病理过程的内在机理，阐明力学环境调控生命现象和生物学过程的基本规律，发展定量化、工程化及临床应用的新概念、新技术与新方法。

生物材料的发展目标是高活性、个性化和微创伤检测和治疗。

组织工程的目标是要建立细胞与生物材料的三维空间复合体或器官支持系统，使其成为具有功能的活体组织或替代装置，用以对病损组织进行形态、结构和功能的重建并达到暂时性或永久性替代。

纳米生物学的研究目标是以纳米技术为手段，从微纳观角度上揭示生物学原理及重大疾病的发生机制和进展过程，并利用纳米技术结合纳米生物材料，在新材料、新技术、新产品和新装备等方面形成关键性技术突破，在纳米层次上对分子进行操控及改性，以期达到加深对生物学基础科学问题的认识和对临床医学的发展提供新原理、新方法、新技术和新材料。

生物图像与生物电子学的研究目标是发展新型分子识别、标记和检测原理，利用现代电子物理技术、信号检测分析技术以及计算机技术的最新研究成果，在细胞、组织、器官及系统等多层次上实现生物信息及其高分辨率时空分布的快速、高灵敏度、高特异性、无创、原位的获取、处理、存储、分析和应用，研制相应的器件、软件、装置及数据库，为生命科学研究和医学临床实践提供精准的技术和工具。

二、实现途径

（一）需继续加强的优势方向

1. 生物力学领域

包括：① 分子-细胞层次生物学过程和生命活动的力学-化学-生物学耦合机制；② 力学信号的感知、传递、转导与应答机制；③ 骨骼-肌肉系统的生物力学行为及其在（植）介入体中的应用基础；④ 心脑血管系统的生物力学机制及其在重建（重构）中的应用基础。

2. 生物材料学领域

包括：① 生物材料的功能化设计和构建及其组织再生特性研究；② 生物材料的生物相容性评价新方法及其相关机理；③ 用于疾病诊断和治疗的新型生物材料；④ 生物力学适配及分子生物力学研究

3. 在组织工程学领域

包括：① 结构性人体组织的体外构建与移植应用；② 支架材料的功能化及产品保存技术；③ 组织工程产品的安全性评估、标准化的建立及产品保存技术；④ 干细胞在三维支架材料中的诱导分化、迁移，移植微环境对干细胞的影响，内源性干细胞在组织再生中发挥的作用等研究；⑤ 机体免疫对干细胞移植后生物学特性和组织再生的作用及机制；⑥ 干细胞株的建立及保存技术，细胞库的建立，异体干细胞应用的安全性和有效性；⑦ 人工器官设计的策略和技术。

4. 纳米生物学领域

包括：① 纳微米生物制造及纳米生物器件的加工及表征；② 纳米材料生物安全性评价；③ 新型纳米诊断和治疗系统的研究；④ 生物合成功能纳米材料；⑤ 新型纳米集成系统和生物器件。

5. 生物图像与生物电子学领域

包括：① 生物图像的计算理论和方法；② 生物图像大数据获取、存储、传输和处理；③ 不同组学数据的融合和分析；④ 高性能的生物信息检测技术。

（二）需扶持的薄弱方向

1. 生物力学领域

包括：① 运动、感知、呼吸、泌尿生殖等系统的生物力学；② 植物生物力学（包括生物个体、器官、组织、细胞、分子等跨层次的生物力学基础）；③ 生物力免疫学、生物力医学、生物力治疗等新兴分支的探索。

2. 生物材料学领域

包括：① 生长因子与药物等多重序贯缓控体系的构建和性能；② 生物材料表面与界面行为及其与生物体组织的相互作用；③ 高灵敏度体内视踪材料。

3. 组织工程学领域

包括：① 重要生命器官的组织工程构建和性能；② 工程化组织或器官血管化研究；③ 组织工程愈合过程中神经支配重建过程及其机制；④ 肿瘤组织的三维模拟构建；⑤ 非治疗用途的组织工程化体外检测模型建立；⑥ 炎症和衰老对干细胞的影响及机制；⑦ 生物材料仿生化设计的策略和技术；⑧ 干细胞植入体内的转归，包括生长、凋亡、分化、转化、存活时间。

4. 纳米生物学领域

包括：① 与重大疾病相关的，针对重要生物学问题的纳米材料及纳米系统的设计、构筑和制造；② 生物材料表面纳 / 微结构及其与生物体的相互作用；③ 多模态、高分辨率、活体原位和生物靶向成像示踪技术；④ 分子体系纳米仿生学研究。

5. 生物医学图像与生物电子学领域

包括：① 生物成像的新理论和新方法；② 重大科学问题导向的生物成像重大设备研制；③ 可植入生物电子器件。

（三）应鼓励的交叉方向

1. 生物力学领域

包括：① 基于超高时空分辨荧光技术的生物大分子相互作用的生物力学机制；② 基于生物相容材料的细胞-生理微环境互作的生物力学规律；③ 基于力学与工程设计的组织-器官工程化构建的力学生物学耦合。

2. 生物材料学领域

包括：① 生物材料的生物学特性及相关机理；② 组织修复与治疗多功能材料的制备与性能；③ 多功能肿瘤诊断和治疗药物载体的构建与性能。

3. 组织工程学领域

包括：① 芯片人体技术；② 组织工程移植体排异反应的控制研究；③ 组织再生过程中，植入材料的调控与转归；④ 体外用于三维培养的生物反应器技术；⑤ 生物力学在工程化组织 / 器官再造中的调控机制。

4. 纳米生物学领域

包括：① 组织修复用纳米材料的功能修饰及其组织再生特性研究；② 纳米技术辅助的基因操作和蛋白质工程技术；③活体原位生物合成纳米探针及其生物靶向成像技术。

5. 生物医学图像与生物电子学领域

包括：① 生物图像融合及应用；② 脑机交互与神经功能修复；③ 人体器官芯片。

（四）应促进的前沿方向

1. 生物力学领域

包括：① 干细胞分化与胚胎发育的生物力学基础；② 免疫应答与肿瘤转移的跨尺度力学 - 生物学耦合；③ 跨尺度、多场耦合的生物力学模型及其在生理病理过程中的应用基础；④ 极端力学环境影响生命体生物学过程的力学 -

生物学耦合；⑤ 临床医学与工程中生物力学评价指标的建立及其应用，以及相关生物材料、结构设计、医疗器械、手术规划等。

2. 生物材料学领域

包括：① 生物材料与体内微环境的作用相互；② 生物材料介导下的组织再生机理；③ 新型微创治疗和检测材料。

3. 组织工程学领域

包括：① 免疫器官体外构建研究；② 工程化组织或器官与体内病理微环境的相互作用；③3D 打印新技术；④ 全器官脱细胞基质再细胞化研究。

4. 纳米生物学领域

包括：① 纳米技术用于干细胞定向分化的调控；② 纳米材料的免疫应答机制研究；③ 重大疾病靶标纳米筛选技术；④ 纳米技术的非传统生物应用研究。

5. 生物医学图像与生物电子学领域

包括：① 脑连接组学与脑网络组学；② 不同物种的脑图谱及进化机制；③ 基于不同尺度的多模态成像技术；④ 面向重大需求的类脑计算及相关技术；⑤ 系统生物学建模与健康系统工程。

第五节　生物力学与组织工程学和其他科学部学科交叉研究领域

1. 基于超高分辨荧光技术的大分子相互作用的生物力学机制

针对分子-细胞生物力学研究中的重点与热点问题，即如何实时、原位、动态检测蛋白质相互作用动力学特征及其与蛋白质构象之间的关联，建议与化学科学部、数理科学部合作，发展高灵敏、高分辨的荧光标记技术，以期在实时、原位检测蛋白质相互作用的结构-功能关系方面取得较大突破。

关键科学问题包括：① 建立稳定、定点、可控的蛋白质荧光标记技术；② 建立单分子水平基于荧光技术的量化生物大分子相互作用及蛋白质构象变化的实验方面和理论模型；③ 实现原位、实时、动态的蛋白质相互作用的成像与检测。

2. 基于生物相容材料的细胞-生理微环境互作的生物力学规律

针对再生医学与组织工程研究中的重点与热点问题，即力学、物理微环境如何，及其与生物化学因素如何协同作用调控干细胞定向分化，建议与工程与材料科学部、医学科学部合作，体外构建模拟生理组织的生物相容材料微环境，进行相应（干）细胞-生物微环境互作的生物力学规律研究，以期在组织微环境力学、物理因素调控（干）细胞生物学行为方面取得较大突破。

关键科学问题包括：① 构建模拟生理组织微环境的生物相容材料，建立定量评估其力学、物理性质的理论与实验方法；② 定量评估微环境力学、物理因素对（干）细胞生物学行为的调控作用。

3. 基于生物力学的组织-器官工程化构建

为从系统水平上进行基于力学与工程设计的组织-器官工程化构建的力学-生物学耦合研究，最终有效应用于临床，建议与工程与材料科学部、医学科学部合作，以期取得较大突破。

关键科学问题包括：① 基于生物力学的人工组织-器官工程化构建方法及有效性评估；② 基于特定力学、物理环境的人工组织-器官的生物力学评价和生物学功能验证。

4. 面向临床医学与康复工程的生物力学理论模型、指标体系、规划设计

定量化、微创化、个体化、大数据已经成为现代临床医学和康复工程的重要理念，是提高疗效的重要途径。因此，建立准确、完善的生物力学理论模型、指标体系和规划设计是决定其实现程度的重要基础。基于此，建议与数理科学部、信息科学部及医学科学部合作，在完善理论模型、规划设计及指标体系等方面取得较大突破。

关键科学问题包括：① 深化面向临床医学与康复工程的个体化理论模型；② 构建数据驱动的人类高发疾病大数据分析方法；③ 完善面向临床医学与康复工程的指标评价体系；④ 强化面向临床医学与康复工程的辅助优化设计。

5. 新型生物材料的生物学行为研究

具有“主动修复”和“生物响应调控”功能的生物活性材料是目前组织修复材料研究的热点。但目前对于材料介导下微环境的形成、材料与宿主微环境的相互作用等缺乏深入的认识。为此，建议生命科学部与工程与材料学部、医学科学部进行广泛的合作，重点突破：① 生物材料介导下细胞微环境的形成规律，以及材料学特性与生物环境的相互作用及其转化为细胞内分子信号的通道对细胞内基因的级联激活及其机制；研究过程的关键信号分子和分子通道，建立材料特征-体内微环境-细胞分化-组织形成的基本规律；② 研究生物材料在体内的降解、分布及代谢等规律；③ 研究细胞与分子层面的力学-生物学和力学-化学耦合作用关系及其机制；④ 探明材料植入后的宿主体内应答的序列事件及其机制，设计制备具有免疫调控功能的生物材料。

6. 兼具诊断和治疗功能的生物材料与器件

疾病的快速诊断与治疗是生物材料和临床医学的重要内容。建议生命科学部与工程与材料学部、医学科学部进行广泛的合作，今后的主要研究方向包括：① 发展兼具分子诊断和治疗的多功能药物输送系统；② 解决生物活性大分子药物输送的效率问题；③ 生物活性物质在表面的高活性、定向可控固定及生物活性界面设计与构建；④ 疾病检测过程中特征标志物及其敏感分子筛选；⑤ 发展生物材料和药物新型输送技术，提高药物输送系统的功效。

7. 基于 3D 打印技术构建组织和器官的基础研究

3D 生物打印技术为新型活性器官 / 组织的构建提供了新的技术，但目前大块体活性器官 / 组织的打印仍面临巨大的挑战。要实现大幅度的创新和突破，建议生命科学部与工程与材料科学、生命科学以及医学科学等多个领域协同创新。

该领域的关键科学问题包括：① 新型高性能材料的合成与改性，突破现有材料在强度和可打印性方面的突出矛盾；② 细胞 / 蛋白 / 生物材料的三维仿生打印，探索细胞/蛋白打印的基础制造学和生物学理论；③ 细胞生物学功能的体内外定性、定量分析及表征；④ 如何保持 3D 打印过程中细胞的活力和打印组织/器官的快速成型；⑤ 复杂组织/器官的外形和内部微观结构的建模和仿生设计；⑥ 如何实现 3D 打印组织/器官的血管、神经等结构仿生和生物学、力学等功能仿生。

8. 重要免疫器官体外再造研究

对于免疫系统疾病的治疗迫切需要寻找新的手段和策略。近年来，免疫器官组织工程研究的兴起为临床治疗免疫系统相关疾病带来了新的希望，而我国在这方面的研究几乎空白。因此需要重大、重点项目的牵引，以尽快提升我国在免疫器官再造的基础和应用研究水平。建议与医学部合作。

该领域的关键科学问题包括：① 免疫细胞在三维支架材料中发育的生物学基础问题；② 免疫细胞在三维空间及生物等因素影响下的免疫应答机制；③ 免疫细胞与基质细胞在三维空间中的相互作用机制；④ 免疫器官形态构建的机制。

9. 自组装多功能纳米生物材料的研制

目前，纳米药物主要是通过将传统药物分子负载于纳米尺度的载体内获得。现有的药用纳米载体研究虽然已考虑在给药过程中克服生物屏障问题，但是将纳米载体进入血液循环后作为一个整体，系统性研究与生物屏障的相互作用与生物相容性研究仍然缺乏，特别是较少考虑纳米载体在病灶组织中渗透能力和特定细胞或分子相互作用。建议同工程与材料科学学部合作，以生物可降解和生物相容性好的纳米材料及其衍生物为研究对象，合成或构建具有多重响应等特性的功能材料，通过功能集成/互补的纳米组装，发展出高效低毒的新一代多功能协同纳米载体。

10. 纳米材料在生物成像领域的应用

纳米技术的开发及新型纳米材料的制备为生物成像领域带来了新契机。纳米成像技术能够显著增加其在体内外成像对比度和分辨率，提高成像质量。建议与工程与材料学部、信息学部和医学部合作，开展联合攻关。

该领域的主要研究内容包括：① 纳米影像剂的组成和结构及给药途径对纳米探针成像质量的影响；② 纳米探针材料的表面修饰及改性，获得特异性针对病变组织的高分辨率成像的研究；③ 纳米探针与交叉技术结合，突破传统成像分辨率的技术研究。

11. 具有良好生物相容性及生物活性的纳米材料制备

生物材料的研究涉及生物学、生物医学、材料学和化学等多门学科领域的最新技术成就，是材料学和生物学共同的重要分支。纳米材料独特的物理结构使其具有许多常规物质不具备的理化性质，在生物医学领域上展现出广阔的应用前景。建议与医学科学部、材料学部、化学学部等学科进一步广泛合作。

该领域的主要研究内容包括：① 新型生物材料的制备、制造与表征技术；② 纳米材料的表面化学、生物修饰及其与生物活性的构效关系；③ 纳米生物材料与细胞相互作用的信号传导通路及基因表达规律。

12. 生物信息获取、处理与分析的新理论与新方法

采用多模态图像形式获取的生物数据不仅能够用于揭示生物组织发育、发展规律，而且能够在临床研究中为重要疾病的研究提供生物组织病理变化过程，为疾病早期发现、干预和治疗提供重要的手段，能够满足国家战略发展中对疾病研究数据获取手段的重大需求。发展能够对生物体进行不同时间和空间尺度、不同生理特征的全方位信号的传感、检测和监测的方法，对生物信息的海量数据管理、数据挖掘分析、多模态数据融合等信息和计算机科学领域的问题提出新的挑战，进而也能促进系统科学、人工智能等信息科学研究的发展。建议与信息学部和医学部合作。

该领域的主要研究方向包括：① 研究分子探针、纳米技术、生物芯片、高通量技术等方法，获得不同维度、不同层次的高通量、高内涵信息；② 多维异构生物大数据的传感、压缩、传输、存储、标准化、数据库建立及共享等，不同模态、不同时空分辨率、不同组学数据的有机融合；③ 生物图像大数据（脑影像、基因、电镜、行为及在体生物信号等等）的量化分析及数据挖掘，生物图像大数据的实时可视化和数据解读所需的转换工具；④ 海量生物数据挖掘所得到的模型在特定生命过程或特定疾病中的应用型融合研究

13. 脑机交互的新机制和新方法及其应用

脑机接口技术最直接的应用可能是为很多残疾和患有神经系统疾病的病

人，提供一种新的与外界进行交互的方式。此外，脑机接口技术也有逐渐从单一的医疗康复向现代工业生产、航空/航天以及军事作战的多个领域拓展。建议与基础神经科学、信息科学、临床医学等多学科交叉合作。

该领域的主要研究方向包括：① 发展适应不同应用环境和特殊目标的神经信息采集和传感技术，包括多模态侵入式或非侵入式的神经信号采集和传感技术；② 开展脑机接口与神经系统可塑性相互影响的研究，发展脑机接口信息提取与处理的自适应技术与评价方法；③ 开展脑机接口中的神经反馈机制与技术研究，发展和改进有关的学习理论与方法；④ 发展在新应用背景和新系统构架下的脑机接口技术，以及针对具体应用和特殊目标的解决方案；⑤ 双向脑机接口技术研究，突破传统的单向信息交换的限制，更好的实现人脑与外部环境信息交换从而实现脑机交互能力的自适应性。

第六节 “十三五”本学科优先资助领域

1. 细胞感知、响应生理力学环境规律及其分子机制

人体所处力学环境的多因素、非线性、交互作用特征需要深入认识分子-细胞的力学-生物学与力学-化学耦合规律，不仅为深入认识力学调控生命过程的内在机制提供基础数据，同时是蛋白质药物活性表位设计及功能评价、工程化组织构建与再生医学等国家重大应用需求的基础。

主要研究内容：① 生物大分子微观结构基础与功能预测，分子力学性质与分子间相互作用，组装动力学与协同机制及外力调控规律；② 亚细胞组元动力学行为与亚细胞结构的组装和重建；③ 细胞多场耦合模型与分析，细胞力学性质与细胞-细胞/基质相互作用机制，外力对细胞生物学行为的调控规律。

2. 重要病理/生理过程的生物力学基础与组织器官重建

人体生命活动、健康与体内力学环境息息相关。骨骼-关节-肌肉人体支撑力学系统，心脑血管力学与血流动力学系统等生物力学基础研究是理解生命体这一复杂力学系统的重要内容，也是相关重大疾病预防、诊断与治疗的重要

基础。同时，组织器官重建的生物力学分析以及基于生物力学设计的工程化组织器官构建是实现生物学功能的必要保证。

主要研究内容：① 骨骼-关节-肌肉、呼吸、感知等系统的生物力学及其在组织-器官创伤和修复中的作用；② 心脑血管生理及其疾病的力学生物学机制；③ 组织-器官工程化构建的关键生物力学问题；④ 基于手术规划和个体化医疗的生物力学新概念、新方法和新技术。

3. 多尺度生物材料力学与仿生力学设计、仿生界面行为

天然生物材料多尺度力学的系统研究，以及基于仿生学启示发展不同尺度上力学性质和表面性质可控的新概念、新方法、新技术，应用于生物传感器、生物芯片、医用生物材料、药物（缓）控释等领域成为生物材料力学与仿生力学研究的重要方向。

主要研究内容：① 生物材料的多尺度力学关联与跨尺度力学耦合；② 仿生与运动的生物力学基础；③ 考虑生命特征的生物材料和仿生过程的理论模拟和力学设计；④ 不同尺度生物流体、生物固体的力学表征和表面可控。

4. 临床医学与工程的微观生物力学基础

开展微-纳尺度生物力学研究不仅可以加深理解力学环境下细胞-亚细胞-分子的生物学响应机制，而且在组织再生、纳米材料、微纳器件、药物释放等方面具有应用前景，为优化材料结构、提高材料性能等提供科学依据和启迪。

主要研究内容包括：① 纳米材料与细胞互作的生物力学机制及其在病理生理学中的应用；② 生物纳米技术与微-纳生物材料的生物力学基础；③ 分子-细胞定量研究、显微观测和力学加载的新概念、新技术和新方法；④ 干细胞-力学微环境互作及其在组织工程化构建中的作用；⑤ 免疫细胞与肿瘤细胞互作的分子力学机制及其在肿瘤转移等过程中的作用。

5. 组织修复材料及与微环境的相互作用

体内微环境是材料进行生物转化实现修复功能的重要场所。研究组织修复材料与体内微环境的相互作用将揭示材料对于组织再生修复过程的影响机制，为新型生物活性修复材料的构建提供理论指导和技术支撑。

主要科学问题包括：① 活性组织修复材料的制备新原理、成型加工过程的物理化学控制机制；② 材料介导下细胞微环境的形成规律，以及材料学信号与生物环境的相互作用及其对细胞内基因的级联激活及其机制；③ 材料介导下的组织再生过程及其关键信号分子和分子通道；④ 材料在体内微环境中的降解、转归机制；⑤ 材料激发生物体的免疫应答机制及其对组织再生的影响。

6. 材料表 / 界面的生物功能化

材料的生物功能首先发生在其表 / 界面上。开展材料表界面的生物功能化研究不仅可加深对材料环境下细胞的生物学响应机制的理解，而且为构建新型植入材料、组织再生材料、纳米材料等提供科学依据。

主要科学问题包括：① 生物材料表面纳米 / 微米结构与生物体的相互作用及相关机制；② 植入体表面生物多功能化的构建及其生物学效应；③ 材料与组织（细胞）接触界面的功能性过渡设计与构建；④ 生物材料表界面与组织（细胞）相互作用的分子机制及动态过程；⑤ 生物材料表 / 界面的原位 / 实时定量示踪。

7. 新型组织再生材料的制备、表征及功能评价

生物材料的构建是组织工程和再生医学研究的关键和核心。从仿生和组织修复过程需求的角度构建新型组织再生材料，实现工程化组织的体内构建，是集合生物材料和组织工程优势的新思路，也是组织修复领域的研究热点。

主要的科学问题包括：① 材料化学组分、结构、力学、降解行为及拓扑、几何结构等对干细胞和始祖细胞行为的影响规律与机制；② 材料功能化修饰及其对细胞 / 组织的生长空间及生长环境的影响；③ 工程化组织的构建中不同细胞的精确空间定位及生物材料对功能化宿主细胞的调控；④ 与组织生长相匹配的新型生物材料的设计原则及降解调控机制研究。

8. 生物材料的“基因组学” / 系统生物学特征

现有的材料生物相容性检测方法落后、检测体系不完整，利用基因组学方法建立生物材料的基础数据库将为生物材料的研究、发展和应用提供基础性数据。

主要的科学问题包括：① 借助细胞组学、生物组学、系统生物学手段，

修正现有生物材料相容性的检测体系和标准，建立材料生物相容性评价新方法；② 研究生物材料的成分、结构及其生物相容性之间的关系，建立生物材料相容性的“基因谱”；③ 研究生物材料的成分、结构对细胞、基因、蛋白质等影响规律和相关机制，建立材料生物相容性的细胞“基因谱”；④ 以量大面广的植入体材料与器件为研究对象，建立生物材料的基础数据库和性能预测算法、数据的标准化以及它们的共享系统。

9. 移植干细胞 / 工程化组织与免疫系统相互作用

组织工程为基础的组织再生的核心科学问题之一是干细胞及工程化组织体内移植后如何调控机体免疫及如何响应机体的免疫反应。

主要科学问题包括：① 植入细胞、材料及工程化组织与机体局部免疫系统的相互作用机制；② 工程化组织对机体免疫细胞的动员、募集和归巢研究；③ 机体免疫对工程化组织的作用规律及原理；④ 组织工程材料降解产物对机体免疫的影响等；⑤ 机体对不同体细胞、干细胞及诱导分化的细胞产生的免疫排斥的有无及强弱。

10. 器官工程化构建与仿生构筑

国际上针对心脏、肝脏、肾脏以及肺脏等脏器的体外构建与体内移植应用相继取得突破性进展，且近年来多种技术的交叉与融合明显提升了器官仿生设计与制造能力，正在从初级仿生制备向高级仿生制造跃升，器官“仿生制造”正在成为可能。我国亟须在相应基础研究层面加大支持力度，以尽快提升我国在器官组织工程仿生制造研究方面的基础研究水平。

主要科学问题包括：① 种子细胞行为与组织形成之间的规律性研究；② 器官体外形成和发育的复杂调控机制；③ 组织工程器官在体内与宿主免疫系统的相互作用规律研究；④ 基于器官组织微结构与微环境的特征的微系统仿生构筑研究；⑤ 器官仿生制造用活性分子元件的高通量筛选与功能验证；⑥ 功能材料仿生设计、制造与器官损伤修复研究；⑦ 器官体外仿生构建及体内发育与重构规律；⑧ 人工器官装置体外替代的原理研究。

11. 工程化组织或器官的微环境优化与功能调控

尽管目前皮肤、骨、软骨等多种组织已进入临床应用或试用阶段，但这些工程化组织在精细结构和功能上与正常组织仍存在较大差距，组织再生成功率和技术稳定性远未达规模化临床应用要求。要真正解决这些技术瓶颈，需要系统地研究工程化组织体内外再生的精细分子调控机制及其发育生物学基础，全面阐明影响组织再生结构与功能的关键因素及其调控机制。

主要科学问题包括：① 工程化组织形成与再生机制及其与正常组织发育的异同；② 正常组织发育和形成的关键调控因素及其对工程化组织再生的调控作用与机制；③ 组织特异微环境的体内外精确模拟及其对组织再生的调控作用；④ 组织特异性材料的多级仿生化、功能化设计制造及其对组织再生的引导作用；⑤ 生物力学刺激调控细胞分化及特定组织形成的关键作用与机制；⑥ 工程化组织再生三维形态、精细结构及力学性能的精确调控；⑦ 模拟临床实际的大动物模型构筑及工程化组织体内再生机制与功能转归。

12. 工程化组织或器官的血管化/神经重建

组织工程组织及器官的血管化和神经支配重建，是传质运输及组织与器官构建的重要环节，也是制约组织与器官构建的瓶颈环节，针对现有组织工程化组织及器官修复再生过程中血管化和神经支配重建问题，须大力加强其修复过程中血管化和神经支配重建机制及其控制方法的研究。

主要科学问题包括：① 干细胞在三维支架材料中分化为内皮及形成血管的机制；② 三维支架材料中细胞与血管形成的相互作用规律；③ 组织工程化组织器官中血管及微血管网络的形成规律及机理；④ 组织工程组织及器官神经再生及其神经功能重建规律；⑤ 组织工程组织及器官神经再生机制；⑥ 促进组织工程组织及器官神经再生的方法。

13. 纳米生物材料的代谢行为及与免疫系统的相互作用

作为纳米生物学基础研究和转化应用的重要环节和关键障碍，免疫系统与纳米生物材料间的相互作用规律成为领域内高度关注的关键科学问题。一方面，基于生物材料的纳米技术在医药方面的应用都需要纳米颗粒或制剂在人体内通过循环系统而靶向到达特定组织。另一方面，纳米颗粒与人体免疫系统的相互作用与小分子和生物大分子有所不同。深入研究生物纳米载体/材料分子在体内代谢过程中与免疫系统的相互作用机制，对阐明纳米材料在体内分子和细胞学效应，发展具有自主知识产权的新型纳米材料和应用技术有重要的理论和实践意义。

主要科学问题包括：① 纳米生物材料在血液循环、免疫、内分泌等器官 / 系统中的生理效应及其变化规律；② 纳米生物材料的尺寸、形貌、表面化学修饰等理化性质与逃避免疫系统识别的规律及其作用机制；③ 纳米生物材料降解产物对机体免疫系统的影响；④ 纳米生物材料对机体免疫调节抑制或增强影响的调控机制等。

14. 纳米药物载体的多功能集成和协同

发展低毒高效的纳米载体系统是纳米生物学和纳米医学研究的主要目标之一，需要针对疾病的微环境生物学特性，设计和构筑具有高效体内循环、病灶组织富集与渗透、细胞摄取及胞内药物释放性能的多功能协同特性的智能纳米结构。发展新型纳米材料的设计、合成新技术，新方法，为纳米载体系统的多功能集成和协同组装机理、理化参数与性能之间的构效关系等重要科学问题提供科学指导及理论研究依据。

主要科学问题包括：① 两亲性自组装纳米材料的自组装过程、调控机理及应用研究；② 新型多功能纳米材料及具有生物可降解、环境响应性和微环境调控功能的纳米材料设计与构筑；③ 有机无机杂化纳米材料的合成或制造及其在生物医学中的应用；④ 蛋白、多肽及核酸纳米材料的可控制备及其生物应用；⑤ 基于微环境调控的纳米材料新型给药途径和作用机制的研究等。

15. 纳米材料生物检测与成像原理及应用

设计和制备具有环境敏感性、生物标志物高时空间分辨率和灵敏性的纳米生物材料是发展高灵敏度和高特异性的体内外生物检测和示踪技术的前提条件。此类纳米材料通常使用生物相容性材料构建，具有多重刺激响应性的诊断与治疗功能。基于新的成像原理和各类生物医学成像技术（如 MRI、CT、US 及 PET 等），发展具有高空间分辨、时间分辨、质量分辨的细胞和活体的生物纳米成像与生物纳米检测技术，研究纳米材料生物效应的分子机理以及建立疾病检测新方法是生物纳米领域今后的热点之一。

主要科学问题包括：① 长余辉或上转换发光的纳米材料的制备及性质研究；② 纳米生物材料活细胞标记示踪及其生物学效应评估；③ 纳米成像剂的

剂型及给药途径对纳米探针成像质量的影响；④ 通过对纳米探针材料的表面修饰及改性以获得高分辨率和特异性针对病变组织成像的研究；⑤ 各类疾病标志物的发现及与之相应的特异性标记物的研发等。

16. 纳米生物体系与生物体相互作用及理论模拟

纳米生物材料 / 体系与生物体间的相互作用主要是发生在生物材料的表面和各种生物界面上。因此，深入研究生物材料的表面和生物界面行为和规律，为构建和设计新型生物纳米体系提供科学指导和依据。理论计算与模拟可以从分子水平解释和预测纳米生物材料与生物界面相互作用的动态过程和作用规律。将理论模拟与实验结合，可以高效、准确地筛选适合生物活体环境的检测和药物输运体系。

主要科学问题包括：① 利用分子模拟及超级计算等技术方法深入研究纳米材料的合成制备及其与生理体系相互作用的机制；② 纳米生物材料的仿生三维结构、表面构造及表面化学性质、生物修饰对其生物活性及细胞黏附生长的影响；③ 纳米生物材料与细胞相互作用的信号传导通路及基因表达规律等。

17. 生物 - 机器接口及信息交互

生物系统与电子信息系统的各类接口技术发展十分迅速，生物 - 机器接口包括生命体与器件界面的生物相容性问题、生命体内生化、生理信号与光电信号的转换问题，以及生物系统与物理电子系统间信息处理方式的匹配问题等。以脑电信号为主的脑机接口技术已经为“利用脑”的研究打开了一个窗口，脑机交互技术已经为残疾和患有神经系统疾病的患者提供了一种新的与外界进行交互的方式。微纳生理、生化信号的传感及信息获取技术成为探索生命系统的研究热点。可以预计，以生化信号为主的人机接口技术将会给我们带来更多的惊喜。

关键科学问题：① 研究生物体内生化、生理信号与器件光电信号的相互转换技术，研究微纳生化、生理信号传感。研究植入器件和生命体界面，特别是在电极等功能部件上的生物相容性。② 借助柔性电极技术，分析挖掘脑沟内神经信息的特征和功能意义。借助宽频脑电系统，拓展可用于脑机交互的神经信息频段。借助多模态技术，阐明影响脑机交互性能的内在神经机制。开展脑机交互与神经系统可塑性相互影响的研究，发展脑机交互信息提取与处理的自适应技术与评价方法。③ 生物系统与物理系统间信息处理方式的匹配，利用生物分子大规模平行和低耗能计算的特点，研究生物计算原理和实现方法。④ 研究信息由外部机器向生物体的传递技术，通过机器对生命体进行干预和调控。实现机器与生命体的双向信息交换，提高交互能力的自我学习能力和自适应性。

18. 细胞分子传感和/或器官芯片构建

以生物体的感觉系统，包括视觉、听觉、触觉、嗅觉以及味觉感知及神经传导和组织、细胞和分子为目标，在分子、细胞和组织层次上研究生物传感系统的机理。结合微米纳米传感技术，从空间、时间检测体内或体外细胞分子生理和生化信息，发展高灵敏度和高特异性的体内外生物检测和纳米示踪技术，研究纳米材料的生物效应发生机制和生物相容性。结合成像、传感以及生物信息处理技术，研究仿生智能生物材料，构建仿生微循环系统，在芯片上实现人体器官和功能再现、研制具有肝、肾、心、神经等器官芯片。

主要科学问题包括：① 细胞分子微纳传感器件的制备及性质研究，活细胞标记示踪及其量化分析与识别；② 以细胞和分子为目标，在分子、细胞和组织层次上研究生物传感的机理，通过对纳米探针材料的表面修饰及改性以获得高分辨率和特异性智能生物材料；③ 多组织、多器官在芯片内的集成，在三维空间结构上整合多种芯片微器官，模拟机体内各器官之间的相互联系和影响；④ 研究人体器官芯片的系统生物学建模及其性能综合评价体系，寻找相关的生物标志物，研发相应的生物功能器件等。

19. 基于多尺度、多模态的生物成像与分析

生物体是一个多维、多层次开放性的复杂动力学系统，生命状态的表征体现出多指标、多参数的特征。发展多靶点成像技术对于认识复杂生命过程、疾病的早期诊断和干预非常重要。对于现有的生物医学成像技术，仅仅通过单一技术要同时获取高空间分辨率和高时间分辨率精准的活体状态图像信息仍是一项巨大的挑战。通过不同生物图像技术的融合，对于同一活体生命组织中的生理病理过程进行多模态和多尺度的成像研究，是国际学术界发展的一个重要方向。

关键科学问题：① 活细胞标记、示踪及其量化分析与识别，高特异性分

子探针制备，标记物在体内的输运和对靶点标记效率；② 新型分子靶标的检测原理和方法，生物图像的快速、精准获取和处理；③ 多模态图像信息同步获取原理和方法，多尺度数据融合技术和可视化方法；④ 基于多模态影像信息的实时导航技术，实现体内微创的干预和调控。

20. 基于生物医学图像的脑连接组学与脑网络组学

由于脑的高级功能不是单个神经元或单一脑区孤立完成的，而是由许多脑区交互作用来实现的。因此，从脑网络的角度来研究人脑的结构和功能，揭示脑对神经信息的处理机制是非常必要的。随着各种生物成像技术的发展，特别是磁共振、光学成像以及基因工程等技术的发展和融合，为活体（包括人和动物）脑解剖和功能连接信息的检测提供了新的技术手段。

关键科学问题：① 宏观和系统水平上的脑网络研究。利用高时空分辨率成像技术和现代计算技术结合，建立不同脑区交互作用的脑网络模型及其动态演化规律，为理解脑的信息加工过程及脑的高级功能开辟新的途径；② 组织透明和介观成像新原理和新机制，尤其针对透明脑技术和神经组织及毛细血管的显微成像技术；③ 多尺度、多模态非人灵长类动物脑图谱研究。特别是不同尺度基本功能单元的识别，不同尺度和不同模态脑连接模式的绘制；④ 不同组学数据融合的计算理论与方法，寻找基于不同组学技术的特定疾病的生物标记物。

第七节　实现“十三五”发展战略的政策措施

基于生物力学与组织工程学科跨度大，交叉性强的特点，建议采取以下政策措施，以进一步促进学科发展：

1. 项目层面

尝试在本学科建立双项目负责人制度，鼓励力学、材料、工程、纳米、电子 / 影像等不同学科背景的科学家针对同一科学问题开展合作研究，推动从交叉向融合的进程。具体政策（申请与评审程序、经费额度、计项与限项等）

请有关管理部门研究制定。

2. 人才层面

本学科的交叉特点决定了人才训练时间长、杰出人才成长慢，从而限制了本学科的人才储备和持续发展。建议对本学科交叉青年人才采用与学科发展特点相应的评估标准，在国家优秀青年科学基金、国家杰出青年科学基金人才遴选方面适当倾斜。

3. 仪器层面

作为生命学部为数不多有能力发展新方法、新技术、新仪器的学科，其技术方法的进步必将推动生命科学的发展。建议尝试在面上项目层次设立仪器类项目，既鼓励针对特定科学问题的新技术探索，又为凝练和集成生命科学重大仪器项目奠定基础。

（中国科学院自动化研究所蒋田仔研究员参加了本章编写，特此致谢。）

主要参考文献

陈冰，肖志峰，戴建武 . 2009. 干细胞与组织工程 . 生命科学，21（5）：734-739.

Ateshian G A，Friedman M H. 2009. Integrative biomechanics：A paradigm for clinical applications of fundamental mechanics. J Biomech，42（10）：1444-1451.

Bonifá cio B V， Silva P B， Ramos M A， et al. 2014. Nanotechnology-based drug delivery systems and herbal medicines：A review. Int J Nanomedicine，9：1-15.

Buikema J W， Meer P， Sluijter J P， et al. 2013. Concise review：Engineering myocardial tissue：The convergence of stem cells biology and tissue engineering technology. Stem Cells，31（ 12）：2587-2598.

Carriel V，Alaminos M， Garzó n I， et al. 2014.Tissue engineering of the peripheral nervous system. Expert Rev Neurother，14（3）：301-318.

Cheng Z L，Zaki A，Hui J Z，et al. 2012. Multifunctional nanoparticles：Cost versus benefit of adding targeting and imaging capabilities. Science，338（6109）：903-910.

Cherry S R，2006. Multimodality in vivo imaging systems：Twice the power or double the trouble? Annu Rev Biomed Eng，8：35-62.

Chiu J J，Chien S. 2011. Effects of disturbed flow on vascular endothelium：Pathophysiological basis and clinical perspectives. Physiol Rev，91（1）：327-387.

Engler A J，Sen S，Sweeney H L，et al. 2006. Matrix elasticity directs stem cell lineage specification. Cell，126（4）：677-689.

Flusberg B A，Nimmerjahn A，Cocker E D，et al. 2008. High-speed，miniaturized fluorescence microscopy in freely moving mice. Nat Methods，5：935-938.

Graf A B，Andersen R A. 2014. Brain-machine interface for eye movements. Proc Natl Acad Sci USA，111（49）：17630-17635.

Guilak F，Butler D L，Goldstein S A，et al. 2014. Biomechanics and mechanobiology in functional tissue engineering. J Biomech，47（9）：1933-1940

Harrison R H，St-Pierre J P，Stevens M M. 2014. Tissue engineering and regenerative medicine：A year in review. Tissue Eng Part B Rev，20（1）：1-16.

Hoffman B D，Crocker J C. 2009. Cell mechanics：dissecting the physical responses of cells to force. Annu Rev Biomed Eng，11：259-288.

Hrapko M，van Dommelen J A，Peters G W，et al. 2008. Characterisation of the mechanical behaviour of brain tissue in compression and shear. Biorheology，45（6）：663-676.

Hu B H，Shi W X，Wu Y L，et al.2014. Orthogonally engineering matrix topography and rigidity to regulate multicellular morphology. Adv Mater，26（33）：5786-5793.

Hubbell J A，Chilkoti A. 2012. Nanomaterials for drug delivery. Science，337（6092）：303-305.

Huh D，Hamilton G A，Ingber D E. 2011. From 3D cell culture to organs-on-chips. Trends Cell Biol，21（12）：745-754.

Hvistendahl M. 2012. China’s push in tissue engineering. Science，338（6109）：900-902.

Jiang T，Zhou Y，Liu B，et al. 2013. Brainnetome-wide association studies in schizophrenia：The advances and future. Neurosci Biobehav Rev，37：2818-2835.

Jiang T. 2013. Brainnetome：A new -ome to understand the brain and its disorders. Neuroimage，80：263-272.

Jorritsma W，Cnossen F，van Ooijen P M. 2015. Improving the radiologist-CAD interaction：Designing for appropriate trust. Clin Radiol，70（2）：115-122.

Katari R S，Peloso A，Orlando G. Tissue engineering. Adv Surg，2014. 48：137-154.

Kearney C J，Mooney D J. 2013. Macroscale delivery systems for molecular and cellular payloads. Nature Mater，12（11）：1004-1017.

Kirtane A R 1，Kalscheuer S M，Panyam J. 2013. Exploiting nanotechnology to overcome tumor drug resistance：Challenges and opportunities. Adv Drug Deliv Rev，65（13-14）：1731-1747.

Lichtman J W，Pfister H，Shavit N.2014.The big data challenges of connectomics. Nat Neurosci，17：1448-1454.

Liu B，Chen W，Evavold B D，et al. 2014. Accumulation of dynamic catch bonds between TCR and agonist peptide-MHC triggers T cell signaling. Cell，157（2）：357-368.

Markram H. 2013. Seven challenges for neuroscience. Funct Neurol，28：145-151.

Martin I，Smith T，Wendt D. 2009. Bioreactor-based roadmap for the translation of tissue engineering strategies into clinical products. Trends Biotechnol，27（9）：495-502.

Naumova A V，Modo M，Moore A，et al. 2014. Clinical imaging in regenerative medicine. Nature Biotech，32（8）：804-818.

Nel A，Xia T，Meng H，et al. 2012. Nanomaterial toxicity testing in the 21st century：Use of a predictive toxicological approach and high-throughput screening. Accounts Chem Res，46（3）：607-621.

Place E S，Evans N D.，Stevens M M. 2009. Complexity in biomaterials for tissue engineering. Nature Mater，8（6）：457-470.

Post M J，Rahimi N，Caolo V. 2013.Update on vascularization in tissue engineering. Regen Med，8（6）：759-770.

Ranga A，Gjorevski N，Lutolf M. 2014. Drug discovery through stem cell-based organoid models. Adv Drug Deliver Rev，69-70：19-28.

Resende R R，Fonseca E A，Tonelli F M，et al. 2014. Scale/topography of substrates surface resembling extracellular matrix for tissue engineering. J Biomed Nanotechnol，10（7）：1157-1193

Sahoo N G，Pan Y Z，Li L，et al. 2013. Nanocomposites for bone tissue regeneration. Nanomedicine（Lond）8（4）：639-653.

Sean V M，Anthony A. 2014. 3D bioprinting of tissues and organs，Nature Biotech，32（8）：773-785.

Sheng W Y，Huang L. 2011. Cancer immunotherapy and nanomedicine. Pharm Res，28（2）：200-214.

Shepherd G M，Mirsky J S，Healy M D，et al. 1998.The Human Brain Project：Neuroinformatics tools for integrating，searching and modeling multidisciplinary neuroscience data. Trends Neurosci，21：460-468.

Toy R，Bauer L，Hoimes C，et al. 2014. Targeted nanotechnology for cancer imaging. Adv Drug Deliv Rev，76：79-97.

Wang B L，Ghaderi A，Zhou H，et al. 2014. Microfluidic high-throughput culturing of single cells for selection based on extracellular metabolite production or consumption，Nature Biotech，32（5）：473-478.

Wang P C，Blumenthal R P，Zhao Y，et al. 2009. Building scientific progress without borders：Nanobiology and nanomedicine in China and the US Cancer Res，69（13）：5294-5295.

Webb A R.2003. Introduction to Biomedical Imaging. Hoboken：Wiley Press.

Weitman E，Cuzzone D，Mehrara B J. 2013. Tissue engineering and regeneration of lymphatic structures. Future Oncol，9（9）：1365-1374.

Widener A. 2013. Materials genome initiative. Chem Eng News，91（31）：25-27.

Wong I Y，Bhatia S N，Toner M. 2013. Nanotechnology：Emerging tools for biology and medicine. Genes Dev，27（22）：2397-2408.

Zhang F，Zhang Q，Zhang D，et al. 2014. Biosensor analysis of natural and artificial sweeteners in intact taste epithelium. Biosens Bioelectron，54：385-392.

Zhu M，Nie G，Meng H，et al. 2013. Physicochemical properties determine nanomaterial cellular uptake，transport，and fate. Acc Chem Res，46（3）：622-631.

第十二章

生理学与整合生物学

本章根据国际生理学与整合生物学领域的发展态势，分析我国生理学与整合生物学领域的研究现状、存在的问题、未来发展趋势和亟待解决的问题，瞄准国际生理学与整合生物学研究前沿，明确“十三五”期间推动学科均衡协调可持续发展和交叉融合的战略思路和保障措施，提出未来5年的学科重点发展方向、优先资助领域和重大交叉领域，对国家自然科学基金委员会“十三五”期间资助政策及管理措施提出建议。

第一节　生理学与整合生物学的战略地位

一、生理学的战略地位

生理学是研究生命体的生命活动现象、规律和调控的科学。它主要研究在生理状态下，机体内各分子、细胞、器官、系统的功能，以及作为一个整体各部分之间的相互协调并与外界环境相适应的规律和机制。其研究对象包括细胞、组织、器官和完整个体。生理学研究的内容包括细胞生理学、系统生理学、整合生理学（integrative physiology）、生物节律、营养与代谢生理学、运动生理学、特殊环境生理学、比较生理学、衰老生物学等。生理学强调机体的整体性及稳态，注重探究机体功能调控的机制。因此，生理学是医学、心理学及相关健康科学的基础。生理学的资助范围包括机体在生理状态下的各个系统功能及其稳态维持机制及病理生理状态下细胞、组织、器官的结构功能的改变及调控机制研究。

（1）细胞生理学是生理学及生物学的一个重要基础分支，主要是在细胞水平上研究细胞膜和细胞亚结构的生理功能、细胞代谢以及细胞间相互作用的机制；研究内容主要包括细胞膜生理功能、细胞生物电活动、细胞代谢、自由基、增殖、死亡与细胞间信息传递及相互作用等。

（2）系统生理学是以组织和器官为单位，探索其在生命活动中的作用和功能，以及各种微环境对其功能的调控及其机制。

（3）整合生理学旨在揭示机体稳态维持及调控机制，研究在生理或病理生理状态下机体的结构、功能维持或发生异常变化的过程及其调控机制，尤其强调不同细胞之间或不同组织、器官、系统之间的相互作用、功能整合及调控机制。

（4）代谢生理学重在研究细胞、组织，以及整体水平上各种代谢过程的调控、动态变化、相互作用及其与疾病的发生和发展的关系，是生理学的一个重要分支，主要包括糖代谢、脂代谢、蛋白质代谢、微量元素代谢、内分泌与代谢调控、应激的代谢调控等。

（5）运动生理学研究与运动相关的因素作用于细胞、组织、器官系统及整体的生理过程及调控机制，以及细胞、组织和器官对运动适应的生理过程及其结构和功能的变化机制，为运动医学的发展、全民健身和通过运动预防和辅助治疗疾病提供科学依据。

（6）特殊环境生理学主要涉及机体对特殊环境因素变化的反应及其机制，其主要任务是阐明机体在新的特殊环境因素作用下的平衡调节机制，达到挑战生命极限、拓展生存空间的目的。特别是，我国青藏高原地理特点及近年来我国太空、深海和极地事业的发展，低氧、航天和高气压等环境生理学是亟须大力发展的研究方向。

（7）比较生理学是用比较的方法研究生物的种属发生和个体发育在不同阶段和不同环境条件下的生理功能特点及其发展规律的科学。它注重探索生命活动如何与其环境变化相适应，利用与人体比较接近的某些哺乳动物生理学或器官生理学实验资料，为人体生理学研究及医疗和医药实践提供科学理论基础。

（8）衰老不仅是生物发育成熟后逐渐趋向死亡的一种重要的自然生理过程和现象，还与人类的许多疾病，尤其是退行性疾病的发生发展密切相关。衰老一直是生命科学领域的最为基本和重要的问题之一。衰老研究涉及细胞衰老与死亡的分子基础、细胞衰老的启动机制、遗传机制、线粒体损伤机制以及自由基与衰老的关系等。

生理学既是阐明生命现象最重要的基础科学，也是生物学和临床医学的重要"桥梁"基础学科。生理学在阐明人体适应环境变化、探寻新的疾病诊疗手段、延长人类寿命和提高健康水平等方面发挥关键作用。生理学的发展为防治人类重大疾病提供了重要科学基础和方法，因此诺贝尔医学方面的奖项至今仍称为"生理学或医学奖"（Nobel Prize in Physiology or Medicine）。现代生理学的一个重要任务就是促进转化医学研究（translational medical research）：即建立基础医学与药物研发和临床医学之间的桥梁，把临床疾病问题转化为实验室研究的科学问题，并将基础研究获得的研究成果高效转化为临床上疾病防治的新方法，加速推进临床医学的发展。

总之，生理学立足于研究机体功能，从系统和整体的角度、以整合的思维研究和揭示机体功能及其调控机制，不仅是连接生物学与医学、基础医学与临床的"桥梁"，还将在揭示机体功能调控的复杂网络，认识生命现象、解决疾病问题、促进生物医学及相关学科的发展中发挥不可替代的重要作用。

二、整合生物学的战略地位

整合生物学是一门新兴学科，旨在从多学科角度出发，利用多学科交叉的方法、手段来研究和理解生命科学问题。它将生物有机体视为复杂系统，从生命体各级水平（从分子、基因、细胞、组织、器官、个体、种群到生态系统）出发，整合生物学及相关多学科（分子生物学、细胞生物学、生理学、医学、生态学、生物信息学及计算机科学等）的知识，系统全面地研究生命系统复杂动力学行为。整合生物学融合其他学科（物理学、化学、数学、计算机、工程学、社会科学等）的研究思路和方法，通过实验、计算、建模等手段，从综合系统角度认识生物体的结构、功能和调控机制，探索生物系统动力学规律，实现从微观到宏观的多尺度物理定量，揭示生命活动的规律。整合生物学不仅具有普遍应用前景，同时也为实现虚拟整体生理人奠定基石，并为推动预测生物学领域发展提供理论支撑。

第二节 生理学与整合生物学的发展规律与发展态势

一方面，从国际上看，生理学的发展与生物学的其他学科一样，逐渐表现出“两极”发展的倾向，即向微观和宏观以及向最基本的和最复杂的两极发展。20世纪70年代中后期以后，随着分子生物学的发展，多个新兴学科逐渐从以组织器官功能为主要研究对象的传统生理学分支而出。虽然微观生物学学科的发展，使传统生理学出现“边缘化”现象，但通过随后几十年的研究人们发现基因、分子等微观层次的研究不能阐明机体复杂的功能活动，更难以解决疾病问题，以生理学为代表的“整体观”重新回归和兴起。以“整合”理念为主导的多层次分析和生物信息网络化研究，为生理学开拓了新的发展方向、带来新的契机，并将为生物学和医学的发展提供功能框架。

另一方面，生理学研究自身呈现波浪式发展和螺旋式上升的态势。所谓波浪式发展，即研究领域经历了从高潮到低谷再到高潮的过程；而目前以及未来可预见的5～10年，对于机体功能稳态调控及其失衡与疾病之间关系的研究将会处于一个高潮期，同时也是整合生理学研究领域的国际前沿和热点之一。所谓螺旋式上升，是指生理学科各个分支领域经历了从整体宏观到分子细胞微观再到整体宏观这样一个发展历程，而目前整体宏观的研究是一个更深入、更高层次的研究。现代生理学以动物模型为依托，整合了传统生理学、现代细胞生物学和分子生理学及各种组学的研究工具和手段，因此是包含了分子、细胞等微观过程的整体宏观科学。目前，生理学研究位居生物学、基础医学及临床医学的核心，是连接三者并促进其转化研究的“桥梁”。纵观当前国际和国内生理学各分支领域的发展现状和趋势，现代生理学的发展表现出如下三个特点。

一、细胞生理学推动现代生理学向微观层次纵深发展

细胞生物学与生理学间的学科交叉开拓了研究的新领域。经典的生理学

研究主要集中于机体的器官和系统水平。随着近年细胞生物学的发展和相关研究技术的进步，细胞生理学研究得以从微观领域探索各种组织细胞的生理特性和活动特征（如神经细胞、肌肉细胞、上皮细胞的生理功能及其相互关系），以及亚细胞和分子水平的生理研究（如关于细胞膜的物质转运的分子机制，神经和肌肉细胞膜的电位变化及其与离子通透性改变的关系，各种肌肉细胞的超微结构的功能及其与兴奋 / 收缩耦联的关系，各种激素的生物合成过程及其分泌和作用机制，中枢神经细胞的递质和神经激素的研究等），极大地促进了现代生理学的发展。特别是近年来超分辨率（单分子）成像技术和冷冻电镜三维成像技术的高速发展，将作为细胞生物学研究基础的显微影像技术提高到前所未有的水平。

由于细胞之间存在差异，研究细胞群体往往会掩盖这种差异。单细胞分析可获得反映细胞生理状态和过程的更精确信息，对于研究细胞信号转导、生理病理和重大疾病的早期诊断十分重要。此外，胞内分子是影响细胞功能的基础，细胞内源性活性分子与细胞增殖、分化、凋亡，以及重大疾病发生、发展、迁移等过程密切相关。细胞内生物活性分子，既有生物大分子（如蛋白质和核酸），又有能够调节细胞功能的多种小分子（如激素和众多信号转导分子等）。这些分子的表达、相互作用、信号传递等构成了极其复杂的分子网络调控系统，在细胞的生成、增殖、衰老和凋亡等过程发挥着至关重要的作用。研究细胞的生理过程不仅要了解这些分子的表达及其相互作用的复杂过程，还要明确关键分子在细胞器中特定位置的作用区域和时空变化。因此，细胞中多种成分的同时测定和时空分辨具有重要的意义。基因组学、RNA 组学、蛋白质组学及代谢组学等新兴技术使发现新的重要蛋白成为可能，并有助于阐述该蛋白质与其他蛋白及非编码 RNA 间的相互作用以及在整个系统、器官或细胞网络调节中的功能，从而阐明其在病理生理过程中的关键作用。

离子通道功能及其调控的研究是细胞生理功能经典而又特色的研究领域。近年来，随着分子生物学与影像技术的发展，采用数学与计算机辅助探讨离子通道的门控机制与模式，基因重组与电生理及影像技术结合分析通道的结构与功能关系；采用分子生物学方法分析离子通道蛋白编码基因突变、表达异常导致细胞功能改变以及与疾病的关系；采用分子生物学方法分析通道蛋白表达与定位机理，蛋白质结晶、核磁共振与 X 射线衍射技术分析离子通道蛋白空间结构，利用高通量方法发现新的离子通道调节剂并阐明这些化合物和通道作用的分子机制等，显著促进了细胞生理学的深入发展。

然而，细胞生理学研究已由过去的主要集中于探讨发生在单一细胞中的生物学过程上升到复杂细胞群体水平，并且不光着眼于个别或一种类型的细胞，而是把范围拓展到了整个器官内的多种不同细胞，研究它们的相互影响过程；并与解决人类健康和农牧业实际问题结合日益紧密。干细胞领域的快速发展对于改善人类健康、治疗疾病和发展农牧业有重要作用。

细胞程序性死亡（或称细胞凋亡）在过去 20 多年里广受关注，但多集中在 caspase 和线粒体依赖的细胞凋亡信号转导途径，以及细胞进入死亡的分子机制等方面。在分子水平上理解细胞凋亡的机制仍然是当前细胞凋亡研究的重点。同时，设计和发展针对细胞凋亡调控蛋白的新型癌症治疗药物，以及直接激活肿瘤细胞中的细胞凋亡分子体系，以杀死肿瘤细胞，也是研究热点之一。近年来，其他形式的细胞死亡，如非 caspase 依赖的细胞死亡、自吞噬程序化死亡和细胞坏死等，也日益受到关注。

细胞器的发生、结构与功能研究一直是细胞生理学的重要研究内容。膜细胞器使得各种复杂的生理活动相互独立开来，而其他类型的细胞器则提供特定的生物学功能。例如，内质网是由膜连接而成的网状结构，是细胞内蛋白质的合成和加工场所；溶酶体分解衰老和损伤的细胞器，吞噬并杀死入侵的病毒或细菌；线粒体是细胞进行有氧呼吸的主要场所，是能量代谢的核心，也与细胞凋亡密切相关。近年对线粒体在细胞代谢的研究主要集中于线粒体自身的合成与氧化磷酸化的关系，多条信号转导途径对细胞代谢的调控也直接连接到线粒体的能量代谢网络中。

二、代谢生理学已成为现代生理学研究的前沿和热点

代谢是生命的基本特征之一，是生命得以存在的首要因素，其中糖、脂和蛋白质三大物质代谢为生物提供生物合成的基本原材料和生命活动所需的能量，是代谢研究的核心；此外，微量元素的代谢在机体的生理过程和某些疾病发生中也起着重要的调节作用。代谢失调与糖尿病、肥胖、心血管疾病、神经系统疾病和肿瘤等多种重大疾病的发生和发展密切相关，目前已成为生物医学领域研究的热点之一。

1. 糖代谢

葡萄糖作为机体能量以及生物合成前体的主要提供者，其代谢稳态调控紊乱及异常与2型糖尿病、肥胖、肿瘤及神经退行性疾病的发生都有密切关系。因此，糖代谢稳态的调控及失衡机制近年受到高度关注。近年来，随着国人生活水平的提高及生活方式的改变，我国2型糖尿病患者的数量激增，2013年达到9840万[①]，我国已成为目前世界上糖尿病第一大国；更为严峻的是，我国目前还有近5亿人处于糖尿病前期（pre-diabetes），其主要表现为胰岛素抵抗和糖代谢稳态出现失衡。我国对糖代谢稳态调控的研究起步较晚，研究力量总体较为薄弱，且研究经费投入较少，这极大限制了我国该领域研究的发展。可喜的是，近年来我国在葡萄糖代谢调控领域取得了一些国际领先的成果，形成了一些优势研究方向。例如，在国际上首次揭示人源葡萄糖转运体1（GLUT1）的晶体结构，以及蛋白乙酰化对细胞糖代谢的调控机制等。因此，针对葡萄糖代谢稳态调控研究领域，今后应集中力量优先资助一些优势方向，使之能够保持国际竞争力；同时培育一些未来可能的热点研究，使之能够引领国际潮流。

2. 脂代谢

脂类物质种类繁多，结构复杂，是生命活动必不可少的物质，它是构成生物膜的主要组分，是能量的重要载体，脂代谢包括脂质的消化吸收，合成，储存以及转运，降解和氧化的多个步骤，脂类物质还可转变为第二信使、激素、维生素或胆汁酸等发挥功能作用。脂质代谢异常与许多疾病（心脑血管疾病、脂肪肝、肥胖、糖尿病、癌症和神经退行性疾病）的发生发展有密切关系。运用脂质组学技术大规模定性和定量研究脂类化合物已成为脂代谢研究的重要手段。

脂代谢中关于胆固醇的代谢是多年来国际脂代谢研究的热点。近年来，我国科学家在脂滴分离纯化、融合、降解等脂稳态调控，以及胆固醇的运输和代谢领域已建立了相关的技术平台与研究体系，发表了多篇高水平论文并获得多项发明专利，积累了较厚实的研究基础，具备了进一步集成和突破的条件。

磷脂是生物膜的重要组成部分。溶血磷脂是机体内磷脂代谢的产物，被

① 国际糖尿病联盟（IDF），全球糖尿病概览（IDF Diabetes Atlas）（第6版）

称为生物活性脂质介质。近年的研究发现，生物活性脂质介质作为配体与细胞膜上特异的受体结合，参与多种生理和病理生理过程的调控，包括脑和神经系统的发育、免疫反应、血管再生，以及心血管系统和内分泌系统的功能维持及调控等；其代谢及信号通路的调控异常是导致神经退行性疾病、自身免疫、动脉粥样硬化等多种疾病发生和发展的关键因素之一。目前我国的磷脂及活性脂质介质研究领域尚处于萌芽状态，亟待重点支持和发展。

3. 蛋白质代谢

蛋白质代谢指蛋白质在细胞内的代谢途径，包括蛋白质的合成、降解、转运、修饰、与其他物质如糖脂等的转化。蛋白质代谢以氨基酸为核心，还包括氨基酸与其他含氮物质如嘌呤、嘧啶、磷脂、卟啉和辅酶等的代谢机制。在蛋白质合成调控研究方面，PI3K-Akt-mTOR 信号通路在生物体内众多细胞信号通路中占据相当重要的地位，参与调控如增殖、代谢、生长、分化和凋亡等多种生命现象，同时在炎症、肿瘤、代谢性疾病和心血管疾病的发病机制中起重要作用，是目前国内外生命科学研究领域的热点。在蛋白质降解过程研究方面，近年来已发现不少蛋白质被蛋白酶体以非泛素依赖方式降解。该途径涉及降解某些短寿命的调节蛋白、错误折叠蛋白、衰老蛋白和氧化蛋白，以及新合成蛋白的“质量控制”，并涉及某些病理过程（如癌症、神经退行性疾病），在生理和病理过程中发挥着重要作用。蛋白质在内质网上合成后要经过精细复杂的分选、转运到其发挥功能的亚细胞结构。蛋白质的翻译后的修饰（磷酸化、乙酰化、SUMO 修饰）在蛋白质的代谢中起到重要作用，已知很多糖代谢过程中的关键酶存在乙酰化修饰，这种修饰对糖脂代谢也起着重要的作用。

三、整合生理学将成为生理学未来的重要发展方向

在分子生物学、细胞生物学等微观生物学发展的基础上，现代生理学的主要任务是用多学科、多种技术和方法交叉研究并阐明机体的各系统、器官和细胞之间的功能联系、相互协同、相互调节关系以及机体在整体水平上的整合及其机制，并运用现代高通量生物信息学和分子生物学技术，结合传统生理学的研究方法将特定生理过程纳入网络调节的整体范畴，从而系统地理解人体生命活动规律的全貌，这也是整合生理学强调的特性。整合生理学概念的引入，

进一步提高且深化了现代生物医学研究的思维模式，将有助于系统揭示生命体是如何通过多层次的、多途径相互作用的网络调控模式来调控机体功能和建立、维持机体稳态的，同时也将有助于我们理解和揭示一些经典而复杂生命现象背后的生理调控过程和机制。

1. 应激

机体对环境改变的反应包括急性的应激反应（stress response）和适稳态（allostasis）形成两个方面。在整体水平，应激反应是指个体在受到各种应激原刺激时所出现的以交感神经兴奋和垂体-肾上腺皮质分泌增多为主的一系列神经内分泌反应，以及由此而引起的各种行为、机能和代谢的改变。在细胞水平，应激反应则包括对细胞外的营养元素、激素及其他信号分子进行的应答，和对内在代谢产物的积累、生物大分子损伤的发生、膜组分的变化等进行的相应的修复和调整，以恢复稳态或达到新的稳态的过程。由于机体总是处于不断变化的内、外环境之中，应激反应在细胞及个体的生存、繁殖和适应环境过程中极为重要。此外，近年来，随着人类科学技术的发展和社会竞争激烈程度的增加，以及国人生活水平的提高和生活、工作方式的改变，应激给人类健康带来的问题日趋严重，与应激相关的疾病（如精神系统疾病、癌症、心脑血管病等）都呈上升甚至流行趋势。虽然对于应激在上述疾病发生发展中的作用机制研究在我国起步较晚，研究团队规模较小，但还是取得了一系列较出色的成果，如低氧应激与脑—内分泌—免疫网络功能、应激与代谢性心血管疾病等。目前，应激反应与医学生物学基础与临床多学科相交叉，新学科——应激医学应运而生，应激相关研究有潜力成为我国最为活跃的领域之一。

2. 神经-内分泌-免疫调节

神经、内分泌与免疫三大系统构成复杂的网络，共同调节机体代谢、协调机体器官、系统功能活动，从而达到内环境的稳态。内分泌器官分泌的激素、细胞因子对机体生理功能调节及病理生理进程均有着重要的调节作用。神经系统通过控制内分泌系统的激素分泌，以及神经细胞自身分泌神经递质，对免疫系统的调节作用，在调节机体的生理功能、保持内环境稳定方面起重要作用。免疫系统对神经、内分泌系统的调节作用主要是指细胞因子对神经、内分泌系统的调节。近年来的研究发现，作为非经典内分泌器官的神经内分泌可以分泌多种细胞因子，在器官、组织以及细胞的生理功能调节中有特殊的重要作用。神经、内分泌与免疫调节是一个相对较年轻的研究领域，目前基础研究相对薄弱，还不能满足临床医学相关疾病的防治要求。我国虽然在神经科学、免疫学、内分泌学三个学科的各自发展都非常迅速，取得可喜的进步，但是作为三者的链接“神经-内分泌-免疫网络”的发展，特别是基础研究，多年却是处于相对较弱的状态。从事该领域的研究单位和研究人员屈指可数，研究队伍薄弱，亟待支持和改观。另外，虽然临床神经免疫学发展较快，但与基础研究结合不够密切，总体水平仍然落后于发达国家。注重神经-内分泌- 免疫网络研究以发现神经内分泌系统和免疫系统间的化学和神经联系、其通路中的关键因子，研究参与这些过程的因子、调控及其调节的关键环节。

3. 生物节律

生物节律是生物适应环境周期性变化的一种内在机制，具有重要的生理功能，生物节律的紊乱会严重影响健康或生存。生物钟研究以同时考察时间和空间四维尺度的方式来研究生命现象的节律性动态变化，可以更为准确地揭示生命现象的规律及内在机制。近 20 年来，生物节律研究领域快速发展，涌现出许多重要的科学发现与成果，成为生命科学研究中与其他学科交叉协同最广泛和最受重视的基础学科之一。在我国，随着经济社会的发展和人民生活水平的提高、饮食结构和环境因素的改变，由睡眠障碍、代谢障碍以及这些失调长期积累的慢性疾病已经对人们的生活质量构成极大威胁。如何改变睡眠以及预防代谢性相关疾病已经成为迫切需要解决的重大医学问题。

作为适应环境的内在机制，生物钟对代谢起着重要的调控作用。睡眠是一个典型的受生物钟调控的生理活动，生物钟的紊乱会引起睡眠障碍，而睡眠障碍又会对体内的正常代谢过程造成影响。研究发现，长期的睡眠缺乏会导致体重增加，并与 2 型糖尿病的发生率增高有关联。许多调控重要代谢途径的激素水平也受到生物钟的调节，如胰岛素、胰高血糖素、脂联素和瘦素等，这些激素可将中枢神经系统的信息传递至外周负责代谢的组织和器官，对于调节代谢稳态非常重要。此外，血糖等多种重要的代谢过程也受到生物钟的调节。新近研究显示，生物钟对代谢和稳态的调节可能在联系生理调控与环境适应当中起重要作用。生物钟基因的突变会使代谢相关基因表达的节律性丧失。目前，对于生物钟的调控机制的基本框架已经了解得较为清楚，但对生物钟如何适应环境并调节生理过程从而适应环境这一问题却很不清楚。近年来，我国从事生物节律和生物钟相关研究的力量也不断成长壮大，并取得了一系列重要的研究成果。生物节律产生及其调控和维持机制、生物钟对重要生理功能的调节机制、生物节律与疾病发生发展的关系、特殊和极端环境下的生物节律调节及适应等可能成为该领域研究的热点。

第三节　我国生理学和整合生物学的发展现状与发展布局

生理学是一个研究范围非常广泛的基础学科。在未来 5 年中，生理学学科发展布局的指导思想和发展策略应以国家需求为目标开展基础研究，大力提倡和鼓励概念和理论上的原始创新以及学科的交叉和融合；吸收新进展和新技术，注重宏观与微观的有机结合；宏观上注重健康与疾病的生理学基础研究（即转化医学研究）。生理学作为临床医学发展的重要基础学科涵盖几乎所有与人类疾病相关的生命现象，在理解人类疾病发生机制及寻找有效的治疗方法方面有不可或缺的作用。整合生物学以生理学为基础，旨在从多学科角度出发，利用多学科交叉的方法、手段来研究认识和理解生命科学问题。与国际本领域相比较，对我国生理学与整合生物学各分支领域的研究现状及发展布局进行如下概述。

1. 循环生理学

随着人口老龄化和生活方式的改变，心血管疾病的致残、致死率排在了慢性非传染性疾病中的第一位。目前对心血管的研究已经打破了以往的学科界限，出现了多手段的纵深研究，整合生理学成为研究的趋势和核心。我国学者在这方面做出了较突出的贡献，近年在心血管生理（如阐释心血管活动过程中线粒体活性氧信号转导的规律和超氧炫的生理调节机制）、病理生理（如揭示抗动脉粥样硬化发病新的内源性血管活性分子的作用机制，如可溶性表氧化酶、硫化氢、辣椒素受体和细胞外基质蛋白 COMP 等）方面研究取得了长足进展，在心血管领域权威期刊上发表论著数目明显增加，已达到国际先进水平，具备了在该领域进行国际竞争的良好基础。2002 ～ 2011 年的 10 年间，在心血管研究领域，中国无论是发表 SCI 论文总数还是发表数量在世界的排名都逐年提升，SCI 论文数量从 61 篇增加到 662 篇，世界排名从第 20 位上升到第 9 位；在国际心血管一流期刊发表的原著论文也增加了 5 倍；特别是基础研究论文的比例增长迅速，2013 年已经占到世界的 6%，虽然与美国 37.25% 相比仍有很大差距，中国心血管研究领域的 SCI 论文在 2007 ～ 2011 年的被引频次名列世界第 16 位，比 2002 ～ 2006 年的 22 位提高了 6 位。2008 ～ 2013 年的 6 年间，发表在国际心血管领域专业期刊上的以中国本土作为责任作者的 122 篇文章中的 77% 是由国家自然科学基金资助的。此外，研究队伍也增长较快，从 1984 年卫生部在北京医科大学（现为北京大学医学部）建立了第一个心血管部级重点实验室，到 2011 年国家批准中国医学科学院阜外医院成立心血管国家重点实验室期间，国家自然科学基金委员会共资助了循环方向的 4 个创新群体，但这些研究机构主要集中在经济发达地区和“985”计划项目资助的高校，与美国“遍地开花”的研究实力相比仍有很大差距。研究人员的数量、规模和整体研究水平远不能与我国人口需求、人口老化、心血管疾病高发状况及防治的基本需求相匹配。

未来 5 年，心血管研究将大幅度向转化医学倾斜，心力衰竭、动脉粥样硬化和糖尿病性心血管病的发生发展机制研究仍然是未来十年国内外心血管研究亟待攻克的重点。所以，更需要具有能融通心血管整合生理学及相关学科知识而有较大创新潜力的复合型人才。

2. 血液生理学

血液生理是以血液成分及造血组织为主要对象，研究血液系统的正常生理功能和异常病理生理改变及其与疾病的关系的科学。血液生理的诸多研究手段和进展可为其他系统的生理学甚至整个生命科学提供重要的基础和范式，推动不同学科的融合、渗透，进而促进整个生命科学的发展。

我国目前的血液生理学发展不平衡，尚有许多空白或弱势领域。与其他多个学科相比，研究体量较小，人才队伍相对匮乏。但自 2001 年以来，我国血液生理的研究状况较之前有巨大的进步，逐渐在包括《Cell》《Cell Stem Cell》在内的国际生物学顶级期刊发表研究论文。据不完全统计，截至 2014 年

8 月，国内科研人员以通讯作者身份在颇具代表性的血液学顶级期刊《Blood》发表血液生理相关的研究论文逾 50 篇，主要涉及红细胞、血小板、出凝血、白细胞和造血调控等研究领域；其中，2001 ～ 2005 年 3 篇，2006 ～ 2010 年 27 篇，2011 年以来共 23 篇。

今后 5 年，血液生理应在血细胞生理和造血调控两个方向重点布局。红细胞发育的研究早在 30 年前已经受到高度重视，并且取得了里程碑性的进展。我国多年来一直开展珠蛋白基因表达调控研究，近 10 年在从顺反式因子相互作用、组蛋白修饰和染色质高级构象等多个层次研究珠蛋白基因簇发育开关和红系特异基因的转录调控方面取得了系列进展。此外，我国科学家还长期致力于非编码 RNA 在红细胞发育中的功能与分子机制研究，系统性鉴定出多个调控红系分化的 miRNA 分子及红系分化关键转录因子 GATA-1 调控的 miRNA 网络。近年来，我国的研究人员还发现了红系新的分化标志物，建立分离红系发育阶段各期细胞的新方法，系统开展了红系发育分化过程中转录谱和 DNA 甲基化表达谱的动态研究，建立了研究红细胞脱核的新方法，发现了大量与脱核有关的潜在基因。血小板在止血及血栓形成中起着核心作用，在调节血管壁完整性、炎症、免疫反应，肿瘤发生、转移以及发育等方面具有重要作用。今后，深入研究在血栓形成早期蛋白质二硫键异构酶（PDI）家族的细胞来源、作用机制和调控网络将为揭示血栓形成启动的细胞和分子机制提供革新性的认识，推动兼备抑制血小板活化和凝血系统激活双重作用的抗血栓药物的研发。造血干细胞（hematopoietic stem cell，HSC）在造血功能层面的全能性决定其在造血调控研究中的核心地位。目前国内外关于 HSC 的基础研究正处于向“纵深和精细”方向发展的阶段，热点的研究方向主要包括 HSC 的异质性、HSC 的微环境和 HSC 组学研究。

3. 呼吸生理学

呼吸系统疾病是严重危害人类健康的常见疾病。据世界卫生组织的资料显示，全球约有 10 亿人患有慢性呼吸系统疾病，年死亡人数超过 400 万，预计至 2030 年，单就慢性阻塞性肺病（COPD）将成为全球第三位主要死因。呼吸疾病也是我国的常见病、多发病，据我国城乡居民疾病死亡原因的第 3 位。随着我国城市化、工业化进程的加速，预计呼吸疾病的发病率和死亡率仍将继续攀升，防治形势严峻。此外，近年来发生的 SARS、禽流感等重大突发性呼吸系统传染病以及雾霾等空气污染，临床症状均以呼吸系统损害为显著特征，构成严重公共卫生事件。相对于心血管疾病和肿瘤，呼吸系统疾病的基础研究和临床治疗手段在全球范围内均明显滞后。其中，认识上的一个关键的沟堑是缺乏对于人体正常发育过程中肺及其免疫系统如何建立和维持功能稳态的，以及在疾病状态下，这种稳态又如何被打破的系统了解。由于肺泡的发育要在出生后 2 年才能完成，宫内及出生后早期暴露于危险因素将成为成年后肺疾病发生的重要机制。肺还与外界环境相通，全身血流都需流经肺循环，独特的解剖地位使得肺易于受到气源性（包括污染物，感染源和过敏原）和血源性损伤因子的攻击，肺应当具有特有的保护和损伤修复机制。肺不仅仅只是外呼吸器官，还具有活跃的代谢功能和独特的区域免疫特性。除了遗传因素，肺及其免疫系统的正常发育，以及呼吸系统疾病的发生过程不可避免地会受到发育过程和环境因素的共同影响。因此，呼吸系统疾病的基础研究的核心首先应该是深入理解影响肺，气道、血管、免疫、神经和肌肉系统的发育、调节、整合及交互作用的生理机制，进而深入开展呼吸功能调节网络的整合研究。

我国目前从事呼吸基础研究的机构有限，研究的主要科学问题主要集中在气道高反应性、急性肺损伤、慢性阻塞性肺病发病机制、呼吸系统炎症与感染、高原缺氧 / 呼吸机制的探讨、呼吸力学、呼吸神经调控及睡眠呼吸障碍的机制等呼吸生理和肺功能等方面，以及包括肺动脉高压和肺心病在内的肺血管疾病，这也是我国呼吸系统疾病基础研究的传统优势领域。近年来，我国在呼吸系统相关干细胞、表观遗传学的研究增长迅速，基因敲除动物模型被越来越多地应用于研究中。尽管近年来呼吸系统基础研究的国家自然科学基金申请项目数增长了近一倍，反映出研究队伍的迅速扩大，但从整体来说，与循环生理和神经生理基础研究相比较，呼吸生理基础研究的水平较低而亟待发展。

肺是由 40 余种细胞组成的复杂器官。肺的结构功能稳态的维持除受到来自肺外的神经体液调节外，更受到局部微环境的影响。肺上皮细胞是肺的实质细胞，也是肺正常结构和功能的基础，对于维持生理条件下肺内区域免疫的平衡、避免肺的异常重构起有关键性作用。应将肺上皮正常结构功能稳态的维持与肺重构、肺上皮在肺区域性性免疫调节中的作用与肺内炎症作为今后重点研究领域。此外，低氧性肺血管收缩是肺血管不同于体循环血管的重要功能差异性特征，而肺动脉高压也是严重危害我国人民健康的常见疾病。上述研究在我国也有较好的基础，因此可将低氧性肺血管收缩与肺血管重塑作为优先资助的领域。随着我国工业化程度提高，环境污染对呼吸系统的影响也越来越受到关注。建议将肺发育的调节及对成年后肺结构功能的影响和环境污染对呼吸系统的影响及机制作为亟待扶持的研究领域。

4. 消化生理学

消化器官是机体最庞大的器官系统，掌控机体的摄食、消化和吸收，并与代谢和内分泌系统等密切相关。消化生理学是医学领域发展最早的学科之一，主要研究胃肠消化道、肝胆和胰腺的正常生理功能和异常病理生理改变及其与疾病的关系，包括消化系统的生长和发育、消化过程、分泌过程、吸收过程、代谢过程、消化器官的运动，还包括消化系统免疫和炎症反应、消化器官的神经内分泌调节，其研究成果显著提高了临床疾病的治疗水平。

10 多年来，消化道动力学研究方面，最引人注目的进展就是有关消化道平滑肌自动节律性产生机制的研究。科学家们通过免疫组织化学、分子生物学以及电生理学等手段，不断证实 Cajal 间质细胞（interstitial cell of Cajal，ICC）就是消化道自动节律产生的起搏细胞。目前已经基本勾勒出 ICC 产生起搏电流的机制，ICC 成为消化道动力基础研究和胃肠动力障碍性疾病发病机理研究的热点。

消化内分泌指胃肠道和胰腺存在的多种内分泌细胞，它们分散地分布在胃和肠黏膜层内的非内分泌细胞之间及胰岛内，这些细胞分泌多种肽类及胺类激素，与神经系统一起，共同调节消化器官的运动、分泌和吸收功能。这些细胞如果发生恶变，则会形成神经内分泌肿瘤。肠道微生态也是最近研究的一个热点。肠道微生态是指人类肠道含有大量微生物群落，与宿主形成共生关系，以维持内环境的稳定。影响消化系统疾病发生的主要环境因素是肠道稳态、饮食结构、烟酒嗜好等。肠道稳态包括肠道微生态（肠道菌群及其代谢产物）和肠黏膜屏障（肠黏膜免疫系统等），维持肠道微环境的平衡对保护肠道黏膜有着重要的作用。深入研究肠道菌群和肠道免疫的相互作用与网络调控，可进一步明确消化道疾病的发生机制，并可研发一些调节肠菌和免疫疫苗等，为消化道疾病的防治提供一定的理论基础和治疗手段。

已知消化道迷走传入神经向中枢神经系统传递重要的“饱食信号”，调控进食行为和进食量。近年来，消化道迷走传入神经通过肠-脑互动机制对葡萄糖、脂肪等能量物质代谢的调控作用成为研究热点。研究提示，肠-脑互动轴可能参与胃旁路术（gastric bypass surgery）对糖代谢的改善作用，肠－脑－肝神经轴异常可能参与肥胖、糖尿病及胰岛素抵抗的发生。围绕肠－脑－肝、肠－脑－骨骼肌及肠－脑－脂肪组织神经轴深入研究相关分子信号通路，可能有助于揭示代谢性疾病的病理生理机制和发现新的干预靶点。消化道菌群、免疫内分泌细胞、Toll 样受体、消化道感觉神经和脑所组成的信号网络对机体免疫功能是亟须加强的研究领域。越来越多的证据表明，共生菌与宿主黏膜的防御反应之间的调节对肿瘤的发生发展有重要的作用。因此，肠道菌群与大肠肿瘤发生的关系成为研究的热点。但是，针对内环境稳态维持中不同要素的协同作用和相互作用机制目前并不清楚，这也是制约认识消化道黏膜屏障功能障碍与相关疾病发病关系的瓶颈。虽然目前已经认识到肠道菌群在维持消化道微生态平衡的过程中作用关键，但是研究模式基本上还停留在以整体动物实验和器官实验为主的层次。

消化系统疾病在各国发病人群中均占有很大的比例。目前，消化生理学的研究模式已紧密结合分子生物学、细胞生物学、生化、病原微生物学、免疫学、神经科学等学科，侧重研究消化系统的形态改变、功能调节和常见消化系统疾病的发生机制。目前，国内消化生理的研究队伍和力量非常薄弱，因此，急需缩小我们与国际间差距，对内国家层面顶层设计，并大力加强与先进的国家进行交流和合作研究。

根据目前该领域的研究现状和成果，今后 5 年消化生理学在以下方面有可能取得显著进展：① 消化道运动的调控机制研究；② 离子通道及转运蛋白在消化道上皮细胞的基本功能及调控机制；③ 肠道菌群在维持消化道微生态平衡中的作用机制；④ 肠黏膜屏障功能及异常；⑤ 消化系统神经内分泌肿瘤发生发展机制；⑥ 重要消化器官结构功能异常的分子机制等。

5. 泌尿生理学

泌尿生理学主要研究泌尿系统的生命活动规律及其调节机制，侧重于探讨人体水盐和酸碱平衡调节和代谢产物的排泄机制。国际上对肾脏生理的研究主要集中在肾脏的血流动力学调节、肾小球滤过调节和肾小管重吸收和分泌机制及水盐代谢对血压调节的影响等。

目前，肾脏生理研究主要集中在将传统的肾脏生理研究手段和先进组学技术相结合，研究几种严重威胁人类健康的肾脏疾病的生理和病理生理学基础，包括高血压的发生和血压调节、继发性（如糖尿病和高血压）肾脏疾病的发病机制、肾脏水盐代谢调节的离子通道基础、肾脏的代谢和内分泌功能研究等。尽管中国肾脏临床疾病的研究有一定的基础，但在肾脏生理研究方面严重滞后于国际发展，全国从事肾脏生理研究的队伍薄弱，尚无突出的研究中心和优势单位，研究多集中在较局限的肾脏分子生理水平，尚缺乏肾脏功能与血压调节、水盐代谢调节、糖脂代谢调节和血流动力学调节相关研究的人才团队和研究机构。此外，与国际先进水平相比，中国泌尿生理研究领域缺乏先进的研究平台和实验动物，这也在一定程度上制约了中国该领域的研究和发展。

6. 生殖生理学

生殖生理学是以生殖活动规律和功能调节为主要研究内容、同时探讨机体调节功能的宏观“稳态”维持机制的学科。生殖生理研究不仅是认识生命发生、发展本质的需要，更是从源头上揭示生殖相关疾病发生机制、发展新型诊疗策略的前提。近年来，随着生物信息学、分子生物学和各种“组学”的对传统生殖生理学的全面渗透，以及对整体生理功能动态变化的日益重视，全面阐明生命孕育关键事件，如配子发生、早期胚胎发育、胚泡植入、胎盘发育及分娩启动等的遗传与表观遗传机制成为生殖生理学的重要目标。

目前，生殖生理学的研究热点领域包括：① 干细胞体外诱导形成功能性配子的细胞生理学机制；② 配子发生、成熟的在体稳态调节机制；③ 生殖机能衰老和生育力重塑的生理机制；④ 妊娠期多脏器互作及生理性代偿的分子机理；⑤ 环境、应激与妊娠结局和子代健康的表观遗传基础；⑥ 建立中国人生殖生理特征参数的大数据队列等。

近年来，我国的生殖生理研究在精卵发生成熟与受精、早期胚胎发育、胚泡植入与胎盘发育等方面，已经取得了一系列基础性的重要研究成果，逐渐缩小了与国际水平的差距。不过，与国际先进水平相比，我国生殖生理研究缺少系统性的整合，更缺少国家资助渠道对学科发展的倾斜性支持。今后，应进一步强化生殖关键事件“动态性、在体性和整体性”的理念，整合新型基因组编辑技术、单细胞分析和细胞重编程技术等研究策略，优先资助生殖细胞发生与成熟、妊娠建立和维持与环境应激、生育力保持与重塑等重点研究内容。此外、建立中国人生殖生理特征参数的大数据队列将会为更全面的评估和跟踪国人的生殖健康状况提供基本保障。

7. 内分泌生理学

传统的内分泌器官包括肾上腺、内分泌胰腺、甲状旁腺、垂体、甲状腺和性腺等可以分泌多种调节生理活动的激素。而非传统的内分泌器官范围更为广泛，肠道，肝脏，脂肪，心脏和肌肉乃至骨骼等几乎所有器官都可以分泌激素和调控因子，调节全身的功能稳态。例如。肠道作为非典型内分泌器官，分泌许多激素，如胃抑素（gastric inhibitory polypeptide）、胰高血糖素、胰高血糖素样肽 -1（GLP-1）、GLP-2 及 oxyntomodulin 等。近 20 年来，已从胃肠道中分离出 30 多种多肽激素。激素可作用于各种靶组织、靶器官，调控机体的多种功能，包括代谢活动。

自 20 世纪 60 年代以来，内分泌代谢专业在我国逐渐发展起来。近年来，我国在心血管内分泌功能研究，糖尿病、代谢性骨病和内分泌性高血压研究，脑垂体疾病、肥胖症、性早熟以及甲状腺疾病的临床研究方面开展了大量工作。我国内分泌医学事业不断蓬勃向前，取得了一系列重要成果，例如，发现细胞内钙离子稳态失调导致Ⅱ型先天性全身脂肪缺乏症；通过小肠细胞对饮食胆固醇吸收的分子模型，发现了该途径中的多个蛋白因子；首次证明棕色脂肪在能量代谢调控过程中起着至关重要的作用；揭示了肝脏脂质合成与棕色脂肪能量代谢的联系；发现了肝内质网应激 IRE1α 信号通路在机体能量代谢的适应性反应中所发挥的生理学作用和调节机制；阐明了乳腺上皮细胞脂类分泌的新机制。然而，我国目前从事内分泌研究的多是临床实验室，从事内分泌与代谢调控的基础研究的机构还很有限，研究水平和手段相对薄弱，需要大力发展。

8. 特殊环境生理学

特殊环境指低温、高温、高低压、失重、缺氧、高噪音、高辐射等不适合人类生存的环境。特殊环境生理学主要涉及机体对环境变化的反应及其适应过程，其任务是阐明机体在新的环境因素作用下的调节机制，研究不同环境因素对人体生理功能的影响规律及机制，并在此基础上探索防护或对抗的方法，提高人体对环境的适应能力。该领域的发展与相关学科领域的发展密切相关，与国家发展的需要密切相关，实用性是其重要特征。

特殊环境生理学研究的主要环境对象包括高原、热带、沙漠、寒区与极地、航空航天与航海等。国际上当前重点关注的问题有：① 航天医学生物学相关领域中的失重对循环系统、骨骼肌系统以及生物节律的影响等；② 高原医学生物学相关领域的低氧对呼吸、循环、神经和生殖系统的作用；③ 潜水医学生物学相关领域的高压对神经、消化系统的作用等；④ 极地医学生物学相关领域的幽闭环境和极夜对内分泌、免疫系统的作用等。主要趋势是引入基因组学、蛋白质组学、认知科学等目前热点学科的理论和技术，结合特色资源进行研究。

由于特殊环境相关研究往往与国家意志有关，近年来我国在高原、航天方面做了重点投入，取得了很大的进展。低氧生理学方面，2006 ～ 2010 年，SCI 文章超过了新中国成立后前 50 年该领域英文论文的总数，在《Science》等期刊上发表了系列文章。航天生理学方面的研究也在《Nature Medicine》等期刊有所斩获。更加重要的是，有关研究在我国的经济与国防建设中发挥了作用，如青藏铁路建设与运行、玉树地震救援、“神舟”系列飞船医学保障、舰载机飞行员选拔、南极昆仑站建设等。

9. 运动生理学

运动生理学是生理学的一个分支，主要研究急性运动反应和长期身体训练适应所引起的机体结构和功能的变化，研究机体内各系统、器官、组织、细胞乃至分子对不同运动量、不同运动方式的应答。根据研究的目的，运动生理学研究可以分为旨在提高竞技运动水平的竞技运动生理学（sports physiology）和促进大众运动健康适应的锻炼运动生理学（exercise physiology）。

我国运动生理学的起步虽相对较晚，但近年来发展迅速，研究队伍逐步成熟，研究内容几乎涉及生理学母学科的其他相关学科领域。近几年，学科在竞技运动训练生理生化监控及分子遗传学选才、高原训练生理生化理论与实践、骨骼肌损伤及修复的分子机制、肌肉物质能量代谢及调节、肌肉自由基代谢、钙稳态维持和运动性疲劳中枢机制、运动防治心血管疾病、糖尿病及神经退行性疾病的机制研究以及运动与免疫调节等领域取得了长足的进展，其中部分成果已经接近或达到国际先进水平。目前，运动促进健康和防治慢病的基础及应用基础研究正逐渐成为运动生理学研究的热点。

2014 年 10 月，国务院发布了《关于加快发展体育产业促进体育消费的若干意见》，将全民健身上升为国家战略。面向国家人口健康的重大社会需求，我国运动生理学研究的重心应由竞技运动生理学转向锻炼运动生理学及其转化的临床运动生理学。然而，相对于生理学其他学科，目前我国运动生理学关于运动促进健康和预防慢性非传染性疾病（简称慢病）的研究还不够深入、系统，在全民健身的转化应用方面尚缺乏科学指导、健身运动的监控和评价体系研究。这不仅在一定程度上影响了将科学运动健身作为健康生活方式的普及，也制约着将运动作为防治慢病有效手段的推广。因而，运动生理学未来的发展应在整合生理学和转化生理学理念的引领下开展研究，由微观研究转向系统生物学研究，从细胞、器官、组织、系统及整体水平系统揭示运动促进健康和防治疾病的生理机制及生物网络，以期在若干重大科学理论上取得突破，提升我国运动生理学在国际上的地位。同时，积极开展基础研究成果的人群转化应用研究，将运动处方标准化和运动效果评价规范化作为临床运动生理的转化目标，使运动生理学研究更好地为提高国民体质和健康水平做出贡献，继而促进我国运动生理学学科的可持续发展。

10. 人体解剖与组织胚胎学

解剖学（anatomy）和组织胚胎学（histology and embryology）均隶属于生命科学领域的形态学研究范畴，是医学科学的重要支柱学科，也是医学教育的一门重要基础课程。随着现代生物技术的发展、生命科学向微观研究的深入，以及临床医学疾病谱的改变，传统的人体解剖与组织胚胎学（以形态学研究为主）学科也面临新的挑战。在该研究领域，脑神经网络解析、数字解剖学、断面解剖学、分子解剖学、基因解剖学、功能组织学，疾病组织学、定量形态计量学、生殖生物学与生殖医学、胚胎发育与肿瘤发生等已成为新的研究热点。

我国数字解剖学与数字医学的发展虽然起步稍晚于国外发达国家，但近年来发展迅速，已成为一门新的学科分支。随着数字化进程的推进，传统医学正朝着以“精确化、个性化、微创化和远程化”为主要特征的现代医学方向发展。数字解剖与数字医学在临床的应用，如外科手术导航、影像立体重建、人工器官的个性化制造、有创诊疗手段的虚拟仿真等，为临床医学的发展做出了重要贡献。因此，以经典人体解剖和组织胚胎学为基础的数字医学已成为21世纪医学发展的一个重要方向。

近年，我国组织学与胚胎学工作者围绕国家需求，面向学科前沿和热点，突破传统思维的束缚，加强学科交叉和融合，在神经发育的分子机制、神经退行性疾病发病机制与防治策略、神经精神疾病的分子与结构基础、生殖相关的蛋白表达谱与配子发生、辅助生殖技术与安全性研究、胚胎发育与肿瘤发生、干细胞与组织工程、器官构建与损伤修复等诸多领域，取得了一些有意义的研究结果，具有一定的国际影响力。此外，我国生物物理和生物工程学者研发的一些先进设备和技术，如单个生物分子的动力学光敏定位超高光学分辨率显微镜系统、显微光学切片断层成像系统，已用于人体解剖与组织胚胎学领域的研究，凸显出广阔的应用前景。在人体胚胎学研究领域，亦引入现代细胞生物学、遗传学及分子生物学等研究方法，并借助新仪器、新技术，探索胚胎细胞的组分与发育机制；利用显微镜观察生殖细胞和微小胚胎，实时监测活体胚胎在发育过程中的动态变化，以及对某些特殊细胞进行追踪等研究亦取得了较大进展。与欧美等发达国家的研究水平相比，我国组织学与胚胎学的研究还存在原创性成果较少、在体整体研究薄弱、研究深度不够、跨学科 / 单位 / 地区的大团队合作攻关缺乏、对新技术方法的研发重视不够等问题。因此，今后需要加大资助力度，鼓励不同单位和学科之间协作与合作，促进学科间的交叉与融合，形成本学科新的增长点。

11. 衰老生物学

衰老（ ageing ）又称老化，是医学发育生物学的一个重要研究方向，指在正常状况下生物发育成熟后，随年龄增加，机体器官、组织的细胞数、反应敏感性及自身功能均逐步下降、内环境稳定能力与应激能力下降，各种组分逐步发生退行性变，趋向死亡。衰老是生物体的共同归宿，也是生物体的自然过程。衰老具有发展过程的渐进性、涉及范围的普遍性、发生的多因性等特征，即衰老贯穿于生命的全过程，并以逐渐加重的方式进行；而且，任何生物均不可避免地要发生衰老，且以不同的方式衰老。一些疾病或异常因素可引起上述现象提早出现，称病理性衰老（ senility ）。人口老龄化是全球性重大社会问题，亦是当前人口与健康的重大医学问题。我国老年人口更是基数大，发展迅速。联合国预测到 21 世纪上半叶，中国老年人口数量是世界之最，占全世界老年人口总数的 1/5。这样一个庞大的老年人群必然会对我国社会、经济、政治等产生重大影响。因此，“衰老”是老年病百病之源。衰老生理学旨在研究衰老过程中器官、组织、细胞甚至细胞器功能的变化、调控机制、机体修复及代偿机制等是亟待解决的重要科学问题，着眼于人类衰老的机制及其影响因素，为人类的健康长寿和老年病的防治提供基础理论依据。

目前衰老生物学研究中存在的主要问题有以下三个方面。

（1）模式生物的局限性：研究成果可借鉴，但不可照搬。蠕虫、果蝇等模式生物与哺乳类同属有生命物质，他们的遗传密码基本相同，但从低等动物所获结果不宜照搬。即使小鼠与人同属哺乳类，得自小鼠的研究结果也不可与人类混同。

（2）细胞衰老模型的局限性：非整体性与非生理性。体外培养的人二倍体细胞可以作为机体衰老的微观模型，除成纤维细胞外，也有采用人乳腺上皮细胞、视网膜上皮细胞、黑色素细胞等作为人类衰老模型的报道。但体外培养的细胞，难以体现并反映体内神经、内分泌、免疫的相互作用，难以体现并反映器官、组织中各种细胞的相互作用。以上两个模式系统各有优点，但如何互证、互补仍是老年学基础研究中有待解决的重要问题。

（3）缺乏分子水平的衰老标志。动物与细胞的生物学年龄或衰老程度的测定依赖于细胞与分子水平的衰老生物学标志（biomarker）的确定，生物学年龄有大致预计未来健康状况与寿命的功能。衰老生物学标志的确立对衰老研究十分重要，使用衰老生物学标志可计算衰老速度，且可研究各种因素（如药物、限食、锻炼和心理等）对衰老进程的影响。发现和鉴定有效的衰老生物标志物也成为当前衰老研究领域的瓶颈问题。

12. 整合生物学

生理学是一门实验性学科，且研究对象是复杂大系统。现代生理学研究急需与系统论的研究相融合，发展整合生理学。进行整合生理学的研究急需高通量和多信息分析的新技术和新方法。整合生理学强调在细胞、组织、器官和系统的多层次上开展创新性研究，以阐明机体功能稳态维持和适应的调节机制。而整合生物学研究的开展既推进了学科交叉融合，又促进了不同实验室、研究所和大学院系的联合为开展整合生理学的研究提供了有效的方法、手段和理论支持。整合生物学在被提出的20年间获得了迅速发展，国外许多著名大学均设立了整合生物学系（院），美国国家基金会（NSF）从2003年开始设立了整合生物学部常规机构以资助科学家在整合生物学领域开展研究。本领域资助从分子到整体水平开展功能与结构关系的研究，尤其是定量描述和预测器官或机体功能、表型及行为，探讨相关信息传递规律。

生理学与整合生物学是与医学、生命科学其他学科和其他自然科学学科交叉融合，在技术领域需要有突破，建立功能研究、整合研究及网络研究的新技术和新方法。主要集中于以下几个方面：

（1）与物理、化学、光学、电子学，以及免疫、生物物理等学科交叉和融合，发展高通量功能检测方法和技术、多因子相互作用的网络调节的测定方法及作用模式、不同层次（基因、蛋白、组织、器官）功能反应的测定方法、功能改变及结构改变间的三维立体评估方法、整体多靶点标记动态检测及分析方法、生理学模拟系统，进行高通量筛选。

（2）虚拟生理心脏领域研发。虚拟生理心脏应用计算机强有力的计算、分析和图形显示能力，通过在给计算机心脏模型赋予活体心脏所具有的心肌、血液的动力学特性，动态电传导特性，生化特性和各种生理病理知识，使之从形态、结构和功能等方面逼真地再现人体心脏的活动过程，有益于我们深入研究心血管系统疾病和临床表现之间的关系并实现早期无创诊断。通过数学建模，构建多物理尺度虚拟生理心脏模型（代谢、电学、力学、电-力耦合模型），定量地仿真心脏从微观到宏观的生理活动，实现心脏研究宏观与微观层次的有机结合，研究心肌微观生理变化如何发展成心脏疾病，这将为人们更好地理解心脏系统的电-力功能、提高心脏病的诊治水平提供理论支撑和技术平台。

第四节 生理学和整合生物学的发展目标及其实现途径

生理学科发展的目标是在“十二五”资助基础上，按照《国家中长期科学和技术发展规划纲要（2006—2020 年）》的要求，今后 5 年内在均衡发展的基础上突出对重点领域的研究，既要发展生理学的传统领域，更要重点发展我国的优势领域和具有重大生物学意义、与疾病和健康关系密切的热点前沿领域。同时，鼓励原始创新，促进生理学与医学及整合生物学相关前沿领域的交叉研究，使我国能够成为国际上最重要的几个生理学研究中心之一，在部分领域具有国际领先和主导地位，同时为相关领域的发展和进步起到重要的推动作用。

1. 对有望获得突破性成果的重点领域和优秀团队给予持续稳定支持

生理学是一个医学基础学科，也是连接临床医学和生物学多个相关领域的“桥梁”学科。整合生理学的深入研究不仅可促进相关学科的交叉融合，还会极大推动我国转化医学的发展。我国在此领域的优势在于保留了大部分生理学科完整性并与病理生理学科保持密切联系。但是，我国宏观生理学的研究发展缓慢，一些领域的人才严重缺乏。随着转化医学的出现，我们更需要借助整合生物学和各种组学（基因和蛋白质组学）的研究理念，支持将数学、物理学、化学、信息学等领域的研究成果应用到生理学研究，力争在理论和技术上取得突破，在加强传统的生理学研究的同时，更要注重分子、细胞、组织以及器官多层次的整合生理学研究，这将是生理学科未来的发展方向。建议国家自然科学基金委员会通过设立重大或重点项目培植整体生理学，加大对本学科领域经费的支持力度，倡导和鼓励原始创新，促进整体生理学与传统微观生理学的交叉和融合，带动和促进生理学整个学科的发展。加大对本学科领域经费的支持力度是最基本的保障措施之一。由于经费总额的限制，根据学科发展的需要，对有望获得突破性成果的重点领域要给予长期稳定的支持，强调团队的整体支持和基础较好领域的稳定支持，以促进产生突破性成果和有国际影响的实验室。

2. 注重整合理念、促进转化医学研究

转化性研究的重要性愈加突出，同时还刺激了新教育模式的产生，将以往独立的各学科整合到同一个疾病或健康问题的基础研究和临床医学中去，促进多学科交叉研究策略和教育平台的建立，有助于培养新一代具有转化医学理念和能力的研究工作者和医疗工作者，培养既能研究又能看病的“两栖人才”。按照“全面支持、重点突出”的原则进行发展布局，优先集中资助具有重大生物学意义或者具有我国特色的生物学学科热点和前沿研究；支持国内基础好的具有国际竞争力、在世界范围内有一定影响的重点高校的重点学科、国家重点实验室和教育部重点实验室的生理学家积极参与国际竞争，最终实现生理学科的长期、稳步及快速发展。从整体上来看，支持将数学、物理、化学和信息等领域的研究成果应用到生理学研究中，大力发展整合生物学使其在转化医学中发挥积极作用，为我国国民健康、社会经济发展与建设服务。今后 5 年应在发展传统科学的同时，大力发展心血管功能的生理调控机制、特殊环境及运动对机体生理功能及相关生命活动的调节机制、老年机体对环境适应性反应的生理学、脂代谢、三大营养物质代谢及不同活性物质间相互作用等重大领域的研究。

3. 积极促进生理学与相关前沿学科的交叉合作研究

积极鼓励系统整合与学科交叉的研究。增加尖端设备与提高通用设备利用率相结合，提高政策制定者的认识与鼓励其他学科专家的积极参与相结合。具体措施为：

（1）继续推进重点课题和重大研究计划的组织和实施，鼓励多学科、多单位合作攻关，以重点带动一般；增加支持力度，使一些基础好的实验室能稳定发展。

（2）建设一流的共享研究平台。在有限资源的情况下，提供公共服务平台，最大化地推动学科的发展。国家应建设几个高水平的生理学研究平台（尤其是模式动物研究平台），建立健全科学的平台管理制度，促进研究平台的全面共享，加强数据整合和共享。

（3）由于各类“组学”均具有大科学、综合交叉及前沿性等特点，需要在政策上大大鼓励和促进学科的交叉，集新技术、信息学、规模化功能研究于一体，在系统生物学和整合生物学层次开展研究。

4. 有计划逐步扶持薄弱领域

建议从顶层设计开始倾斜薄弱领域，扩大队伍和提高研究能力。随着整合生物学、整合生理学和转化医学研究的发展，越来越多的生理学相关学科的学者，尤其是许多临床医学家采用合作或直接进入等方式参与到相关的生理学研究，极大地补充和发展了生理学相关人才队伍。基于我国整合生理学研究人才严重缺乏，要通过加大支持力度，稳定现有队伍，吸引其他相关学科人才队伍，积极引进海外人才，同时积极培育国内确有成绩的青年人才，稳定和培养优秀创新学术团队，造就一批具有国际竞争力的研究队伍，以提升我国生理学的原始创新和集成创新能力，进一步扩大国际影响，加强人才队伍的建设与储备。应当鼓励国内优秀的研究单位和团队进行合作，在进行高层次人才的吸引，设立相应的基金支持的同时，为年轻人才提供参与和实际操作的机会，加强青年人才的培养和加大基金强度和比例，为未来引领发展打造人才库。同时为科研人员创造一个相对宽松的科研环境，鼓励自由探索和创新，应建立科学的合理的科研成果评价体系，要把研究结果的影响力和研究工作的系统性作为评价的主要指标；鼓励科研人员潜心从事长期性的基础研究工作。

第五节 优先资助领域及重要的交叉研究领域

综合分析近年国内外生理学和整合生物学的研究热点和发展趋势。我国心血管和糖、脂和激素等代谢调控研究领域呈现进展较快的态势，而特殊环境研究则更多的立足于解决中国特殊的环境对人体和生物的影响。结合我国相关领域的研究现状，特别是已有研究基础、人才和团队优势及存在的问题，鼓励“原始创新”，力求取得具有重要国际影响的突破性成果。建议未来 5 年我国生理学与整合生物学学科应重点发展和优先资助以下领域。

1. 重要组织脏器之间功能活动的网络调节

现代生理学的发展，已逐渐从研究单分子的作用，过渡到研究多个分子、细胞、组织、器官和系统间不同层次的网络调控作用。随着转化医学概念的出现，我们急需借助系统生物学的研究理念，系统、深入研究基础生理学并应用于临床疾病的预防和治疗，力争在理论上取得重大突破，这将是生理学科未来的发展方向。

重点研究方向：① 探索不同外环境下，各组织器官之间维持重要功能的相互调控的作用机制以及形态和机能重构机制；② 心脑血管稳态之间的相互作用及调控机制；③ 肾脏水盐代谢功能改变与心血管等生理功能的相互调控机制；④ 机体重要组织器官经典功能之外新的调控机制。

2. 重要组织和脏器内不同细胞之间的相互作用及微环境稳态调节机制

在加强传统的器官系统生理学研究的同时，必须注重细胞分子生理学的研究，关键要注重并加强对分子、细胞、组织、器官和系统的多层次的整合生理学（系统生理学）研究，促进整合生理学与传统生理学和微观生理学的交叉和融合，这对促进和加速生理学整个学科的发展至关重要。

重点研究方向：探索重要组织器官内不同类型细胞之间相互作用在维持该组织器官微环境稳态及其生理功能中的机制和网络调控模式。

3. 肠道、呼吸道稳态与机体稳态调控的关系

虽然目前已经初步认识到肠道菌群在维持消化道微生态平衡的过程中作用关键，但是对于对外开放器官，如呼吸道和肠道的免疫调节机制的研究仍处于起步阶段，发展乏力。研究模式基本上还停留在以整体动物实验和器官实验为主，侧重形态学研究，亦缺乏相关的动物模型，更缺乏与分子生物学、细胞生物学、生化、病原微生物学、免疫学等学科的交叉和紧密结合。

重点研究方向：① 消化道、呼吸道微生态稳态维持和失衡对其他远程靶器官，如肝脏、心血管、肾脏、骨骼肌及生殖系统等的功能调节及机制；② 研究消化道、呼吸道微生态产生的代谢产物与靶器官功能调节及分子网络应答；③ 探索机体稳态调控失衡对肠道、呼吸道稳态维持的影响。

4. 衰老的生理功能变化机制

细胞及其相应组织、器官衰老是年龄相关的细胞及相应组织、器官固有功能的丧失，如细胞分裂复制、细胞内和细胞间的运输及通讯功能丧失，最后导致衰老的细胞死亡或被其他细胞清除，从而导致相应组织、器官功能衰退。衰老发生在几乎所有类型的细胞，包括生殖细胞系和干细胞。终末期分化的细胞不再进行分裂和复制，如神经元、心肌细胞、骨骼肌细胞、脂肪细胞、骨细胞、组织巨噬细胞，所以终末分化细胞的衰老主要表现为细胞完全分化所获得特定功能的丧失（如神经传递、肌肉收缩、激素及细胞因子的分泌释放等）。有丝分裂细胞的复制性衰老，导致具有再生能力的组织细胞减少、萎缩和损伤修复及再生功能障碍；而终末期分化细胞衰老，导致组织器官分化功能丧失引起的特殊疾病（如神经退行性疾病、肌肉萎缩、骨质疏松、糖尿病等）。大多数哺乳动物组织中存在干细胞，但干细胞对于组织器官的稳态和损伤修复的贡献却有很大差别。随年龄增长，哺乳动物组织再生的可能性减退，目前我们还不清楚干细胞衰老是由细胞内在的衰老机制抑或是由衰老的组织环境引起的。

热量限制（CR）是目前最被公认的延缓衰老的方式，研究显示，热量限

制可以延长啮齿类动物寿命 30% ~ 50%，并降低肿瘤的发生，但其机制尚未阐明。初步认为与线粒体内自由基生成增加、FOXO 转录因子、AMP 激活蛋白激酶和沉默调节蛋白（特别是 SIRT1）有关。如 CR 可以通过 SIRT1、PGC1 和 mTOR 等分子调节线粒体增殖及自噬，维持细胞内线粒体稳态，最终延缓衰老及相关疾病如肿瘤等的发生。

重点研究方向 :① 探索衰老与重要组织器官形态和功能重塑的机制；② 机体内外环境因素促使衰老生理稳态改变的机制；③ 衰老时能量代谢变化及其调控。

5. 特殊环境对机体生理功能的影响及其机制

结合多种研究方法与研究对象在整体、器官、组织、细胞与分子等多个层次开展研究，重点阐明高原、寒区与极地、航空航天与水下等特殊环境对机体生理功能的影响及机制，研发相应的防护及对抗措施。通过建立基于特殊环境（高温、低氧和低温等）细胞以及动物暴露模型，分别在组织器官、细胞以及分子等多层次水平上研究特殊环境引起机体重要器官生理功能改变的机制。利用整体暴露单元在组织器官水平上，研究低氧、寒冷和高温等特殊环境因素不同程度暴露下病理生理改变情况；利用细胞暴露单元阐明特殊环境危害因素及其复合因素作用下细胞损伤特征、细胞学及分子生物学基础，揭示特殊环境危害因素作用下细胞的结构、功能、膜通道变化、特异性成分及靶标的变化规律，从而揭示损伤机制。从分子水平上利用基因组学、蛋白质组学、代谢组学以及转录组学技术，借助生物信息学分析手段揭示极端特殊环境因素引起机体重要器官生理功能改变的分子机制，对特殊环境下生物体内代谢物进行系统分析，并寻找代谢物波动与生理病理变化的相关关系；通过全基因组水平的比较研究，定位和克隆与特殊环境响应相关的关键基因，结合表观遗传学，探索极端特殊环境机体适应发生的机理及其分子生物学基础。

重点研究方向：① 不同特殊环境的急性、慢性暴露对机体重要生理功能和形态的影响及机体适应性变化及其机制；② 特殊环境长期暴露导致的机体组织器官表观遗传学信息编码及其重要生理功能的联系；③ 特殊环境长期暴露导致神经内分泌免疫系统对机体稳态维持的网络调节；④ 特殊环境暴露对认知、情绪等脑高级功能的影响与机制；⑤ 特殊环境长期暴露诱导的细胞亚细胞器内微环境对细胞增殖、迁移、损伤修复以及靶向性活动影响及其机制；

⑥ 大气污染（大气细颗粒物等）慢性暴露对机体重要生理功能和形态的影响及机制。

6. 生物节律及其对器官功能稳态调控的影响

从低等生物到高等生物都普遍存在的昼夜节律现象称为生物节律，其生理意义在于使生物体根据外界环境的昼夜变化，以日周期的形式有秩序、有节奏地进行生命活动，从而对环境变化做出更好的前瞻性适应。哺乳动物生物钟分为中枢生物钟与外周生物钟，中枢生物钟可以独立产生并维持日周期节律，不能独立产生节律的外周生物钟受中枢生物钟控制，在体液因子的参与下产生与中枢生物钟同步的生物节律。生物钟是机体对环境（包括自然环境和机体内环境）的适应机制，通过其对规律性变化中的特定状态（如光线明暗、活动状态、激素水平等）进行预设，帮助机体协调生理、生化及行为的时间步骤，提前对即将发生的代谢、激素变化及能量供应等做好必要的准备，从而做出最优反应。人体的生物钟以昼夜节律方式调节机体几乎所有激素的释放和机体绝大多数功能。生物钟紊乱与疾病的发生发展密切相关，表现为疾病相关参数在波动幅度和节律时相的变化。分子生物学研究已初步发现生物钟反馈环路的基因调节机制。然而基因调控的机体生理功能、能量代谢的调控机制尚未明确生物钟的运作牵涉复杂的分子交互作用，如何利用计算机分析建立数学模型对阐明生物节律活动与生理功能调节的规律，有助于理解机体一般生命活动的规律。

重点研究方向 :① 中枢钟调控外周器官的节律性活动的调控机制，包括神经内分泌机制、旁 / 自分泌机制以及基因表达调控机制；② 外周钟对中枢钟的反应性，外周钟的自身节律与中枢钟的相互关系，以及这种关系紊乱对生理功能的影响及机制；③ 生物钟与内外环境的适应机制，特别是应激条件下，对机体能量代谢和生物节律等生理功能的调控机制。

7. 代谢稳态调控与代谢重构的生理意义

糖、脂和蛋白质三大物质代谢又是生命代谢的核心，它们为生物提供生物合成的基本原材料和生命活动所需的能量。此外，微量元素的代谢在机体的正常生理过程中也起着重要的调节作用。代谢的失调可导致糖尿病，脂肪肝，心血管疾病，肿瘤和免疫疾病的发生和发展。

代谢生理学研究在过去几十年一直沿袭的是以克隆或发现生物反应中单

个分子（如某一基因或蛋白质）为主导的分子生物学。近年来，随着现代生物学技术手段的飞速发展、转基因技术广泛应用以及各种组学和信息学技术的日趋成熟，目前研究逐渐转变为以某个功能变化过程中基因的代谢网络调节和蛋白质之间的相互作用，从而揭示机体生物现象发生原理的整合生理学研究。

我国在代谢生理学起步较晚，局部的研究方向取得了一批国际领先的成果。国内外在营养物质代谢机制、人类相关疾病的病理机制以及营养干预的临床策略等研究领域都呈现出加速发展的态势。但研究团队的结构和研究手段比较单一，还不能完全胜任代谢生理学所涉及的多学科交叉与集成的要求。要正确地理解营养物质稳态代谢机制、明晰其对我国重大流行病的调节作用及机制，进而为有效防治策略的研发及国家政策的制定提供可靠的依据，仍需要对微量营养素代谢及流行病防治领域提供强有力的支持。未来 5 ～ 10 年内的发展目标应结合基础与临床的力量，采用“团队协作”和“多学科交叉式”的研究模式，进一步加强代谢研究队伍建设，在分子、细胞、组织、器官、模式生物、个体和群体上进行深入、完善、系统和全面的研究。

重点研究方向：① 糖、脂质和蛋白质及其各级代谢产物（代谢产物之间相互作用）对主要组织和器官稳态和失衡的影响及机制；② 脂质（包括脂肪、胆固醇和磷脂）代谢的生物活性小分子及其受体之间交互调节对重要生理功能的影响；③ 重要亚细胞器如线粒体、内质网、脂滴、溶酶体及代谢性核受体在代谢调控中的作用；④ 蛋白质代谢（降解、修饰等）与组织器官的代谢调控和功能协调；⑤ 各种微量元素及维生素的吸收、转运、储存、转化及再循环的稳态调节机制；⑥ 微量元素及维生素代谢与细胞氧化应激、炎症、细胞表型改变及肠道菌群失调的网络调控；⑦ 各种微量元素及维生素在肥胖、代谢综合征等重要代谢紊乱发生中作用及机制。

8. 运动健康效应的系统调控机制及其生理意义

运动作为一种外界环境应激因素，通过打破机体现有内环境稳态，诱导一系列分子水平、细胞水平、器官水平和整体水平等的重构使机体达到新的平衡。适量规律性运动对骨骼肌、心血管系统、呼吸系统、神经系统、内分泌系统、消化系统、泌尿系统、生殖系统等几乎所有的器官系统均有健康促进效应。既往研究多局限于运动对单一器官系统生理功能的影响及调节机制，忽视了机体作为整体应答运动时各系统间的交互调控和协同效应。近几年国际运动生理研究的进展表明，在运动刺激下，骨骼肌、心肌、脂肪、肝脏、脑等运动应答器官会产生类激素物质（被定义为“运动因子”，exercise-induced cytokines），以旁分泌或内分泌方式释放，并调控远隔器官和组织，产生运动健康效应。提示在机体应答运动刺激中，各器官系统间存在交互调控机制。在整合生理学成为当代生理学发展指引性理念的大背景下，利用系统生物学方法阐明各器官对运动的应答机制及功能关联，实现运动的健康效应已经成为运动生理学领域的重要科学问题。

重点研究方向：① 运动诱导骨骼肌重塑的生物学效应及调控机制；② 运动应答中细胞器，特别是线粒体和内质网间的交互调控机制；③ 运动能量代谢调控与氧化还原偶联机制；④ 运动健康效应生物标志物的筛选鉴定及其生物学效应；⑤ 运动健康效应的系统调控机制。

9. 非经典内分泌因子的发现、功能鉴定及调节机制

内分泌与代谢调控是代谢领域的研究热点，尽管针对传统的各种内分泌激素对靶分子、靶细胞、靶组织、靶器官的各种代谢调控的机制已经较为清楚，非典型性内分泌器官（如脂肪组织、肝脏、心脏、骨骼肌、小肠）分泌的新型激素以及作用机制等不清楚。另外一个重要问题是非典型性内分泌器官对环境因素（应激，信号，营养等）的应答，功能协同、代谢调节的可塑性和多样型等都将是未来 5 ～ 10 年研究的重点。

重点研究方向：① 分离和鉴定非经典内分泌器官的新的内分泌因子对自身和远隔器官功能调节及其在机体内稳态平衡中的意义；② 诱导脂肪、骨骼肌、心肌等组织分泌生物活性因子的内外环境因素及其调控分泌机制。

10. 应激的生理调节机制

虽然应激与代谢调控研究领域取得了一些进展，然而在分子与生理学机制层面上，不同组织器官中环境因素变化所引发的应激反应，如何参与或干扰中枢神经系统（如下丘脑）整合机体营养代谢状况的外周组织信号，如何参与或干扰肝脏、脂肪（白色脂肪与棕色脂肪）、胰脏和肌肉等重要代谢器官组织间的信息交流，如何通过免疫系统的介入影响代谢组织的功能重塑及糖脂代谢的稳态调节网络，目前是国际代谢研究领域中悬而未决的前沿热点问题。

重点研究方向：① 慢性应激对机体生理功能、免疫功能和机体能量代谢

的影响及其机制；② 应激对神经 - 内分泌和免疫系统（特别是新活性物质的发现）、细胞旁 / 自分泌影响的机制；③ 线粒体、内质网等细胞器应激对各器官、组织、细胞生理功能的影响及其机制；④ 受体和受体修饰及离子通道在应激状态下介导的生理功能改变及其调节机制。

11. 整合生理学研究新模型和新技术

近年来复杂系统生物学及计算生物技术在生物医学工程研究领域的研究与应用正日益受到广泛重视。建立具有详细生理信息与解剖结构的虚拟心脏研究是生物医学工程领域中前沿并具有挑战性的热点课题，涉及领域多，实现难度大，但其应用前景（如药物筛选、疾病机理研究等）和价值巨大。

与此同时，代谢组学和脂质组学在国际上正处于快速发展阶段。近年来我国多所科研院校已开展了一些代谢组学与脂代谢相关研究，也从国外引进了一批该领域的优秀人才，取得了不错的成绩。但代谢组学和脂质组学在方法和技术上都不够成熟，与国内的蛋白组学和基因组学相比，专项资金投入方面严重不足，发展比较缓慢，严重制约了该领域及相关领域的高速发展。

重点研究方向：① 多尺度整合生理学模型（包括亚细胞、细胞、组织到器官）的建立和研究，从基因调控、电生理等角度探讨比较模式动物、细胞模型与生理系统稳态调控的关系。例如，运用交叉科学技术研究虚拟生理心脏：从电生理实验数据及心脏解剖结构数据建立完备的心脏数学模型，使其能研究仿真心脏的基本生理活动，并提供系统性分析心脏疾病产生机理的理论平台。② 采用高通量、高灵敏度、高重复性的脂质组学和代谢组学分析技术，以及系统生物信息学分析技术研究机体代谢网络与生理功能间的关系。③ 探索新的分子成像和影像技术用于活体和机体结构和无创功能研究，如 3D 机体解剖结构重构与打印。

主要参考文献

薄海，姜宁，张子怡，等 . 2014. 运动与健康：从运动健康效应评价到运动模拟药物开发 . 生理科学进展，45：251-256.

蔡谭溪，刘平生，杨福全，等 . 2010. 脂质组学研究进展 . 生物化学与生物物理学进展，37：121-128.

陈竺，等 . 2008. "健康中国 2020" 战略规划科技支撑与前沿领域研究报告 .

方福德 . 1992. 生理学向何处去？生理科学进展，23（3）：196-198.

高峰，范明 . 2012. 整合生理学：传统与未来 . 生理学报，64：346-348.

耿凤豪，张鹏，董玲，等 . 2014. AMPK- 能量代谢感受器与可激活 AMPK 相关的药物研究进展 . 心脏杂志，26：97-100.

江美玲，许岸高 . 2012. 肠道微生态和老龄化 . 医学综述，18：2761-2764.

蒋峻，谢叻，方彬吉，等 . 2014. 基于中国数字人数据的心脏三维模型的重建 . 组织工程与重建外科杂志，10：8-10.

孔炜，唐朝枢 . 2013. 中国心血管系统研究领域的发展现状和未来挑战 . 医学十年：中国与世界：102-107.

李斌，陈平 . 2013. 维生素 D 非经典途径的研究进展 . 四川医学，34：166-168.

李莹，刘曾荣 . 2012. 哺乳动物生物钟的数学建模及研究进展 . 动力学与控制学报，10：263-267.

刘静霞，巴洪冰 . 2013. 运动生理学面临的挑战及发展展望 . 运动人体科学，3：15-16.

刘俊平 . 2014. 衰老及相关疾病细胞分子机制研究进展 . 生物化学与生物物理进展，41（3）：215-230.

倪银华，吴涛，金黎，等 . 2011. 哺乳动物营养代谢的时间生物学研究进展 . 中国细胞生物学学报，33：190-196.

钱令嘉 . 2013. 应激生理学——生命维护和疾病控制的重要领域 . 生理科学进展，44：321-322.

童坦君，张宗玉 . 2007. 衰老机制及其学说 . 生理科学进展，38（1）：14-17.

卫生部心血管疾病防治研究中心 . 2013. 中国心血管报告 2012. 北京：中国大百科全书出版

社：2-10.

薛红 . 2005. 论分子生物学时代的生理学探索——微观与宏观的统一 . 医学与哲学，26：16-18.

姚卫峰，周莉娜，张丽，等 . 2014. 细胞代谢组学及其应用 . 中国临床药理学与治疗学，19：334-340.

中华人民共和国国务院 . 2006. 国家中长期科学和技术发展规划纲要（2006—2020 年）.

Colman M A，Aslanidi O V，Kharche S，et al. 2013

Pro-arrhythmogenic effects of atrial fibrillation-induced electrical remodelling：Insights from the three-dimensional virtual human atria. J Physiol，591（17）：4249-4272.

Diane G，Wouter V，Cheng H，et al. 2014. Cardiovascular research as a forum for publications：From China：present，past，and future. Cardiovas Res，104：383-387.

Go A S，Mozaffarian D，Roger V L，et al. 2013. Heart disease and stroke statistics—2013 update a report from the American Heart Association. Circulation，127：e6-e245.

Guarente L. 2008. Mitochondria—a nexus for aging，calorie restriction，and sirtuins? Cell，132（2）：171-176.

McCay C M，Crowell M F，Maynard L A. 1935. The effect of retarded growth upon the length of life span and upon the ultimate body size：One figure. Journal of Nutrition，10（1）：63.

Scherz-Shouval R，Elazar Z. 2007. ROS，mitochondria and the regulation of autophagy. Trends Cell Biol，17（9）：422-427.

Schieber M，Chandel N S. 2014. ROS function in redox signaling and oxidative stress. Curr Biol，24：R453-R462.

Weindruch R，et al.1986. The retardation of aging in mice by dietary restriction：Longevity，cancer，immunity and lifetime energy intake. Journal of Nutrition，116（4）：641.

第十三章

发育生物学与生殖生物学

第一节　发育生物学与生殖生物学的战略地位

发育生物学与生殖生物学是研究多细胞生命个体形成、发育、生长和衰老过程的一门科学，旨在揭示生物个体在配子形成、受精、胚胎的发育、组织器官的发生和形成、个体衰老等过程中的规律。

发育生物学与生殖生物学重点关注的是生物个体如何由单细胞发育成为由多种组织、多种器官组成的高度复杂的生物体、个体如何维持或改变组织和器官的结构与功能、如何代代相传繁衍不息等科学问题。如今，发育繁殖生物学已将胚胎学、解剖学、遗传学、细胞生物学、系统生物学、基因组学等整合在一起，成为“无界生物学”（biology without borders），代表着生命科学的前沿。

根据生命周期，发育生物学与生殖生物学研究一般可以粗略地分为几个大的研究方向，即早期胚胎发育、组织器官形成及其稳态维持、生殖发育和衰老。发育生物学与生殖生物学研究的进展，导致了一些新兴学科的诞生（如干细胞生物学、再生生物学），显示出无限活力。

1. 早期胚胎发育

早期胚胎发育是指雄配子和雌配子结合形成的受精卵，通过细胞的快速增殖、细胞运动、细胞分化形成多个胚层（外胚层、中胚层、内胚层）并逐渐构建出个体雏形的过程。胚胎的早期发育很快，受精后胚胎细胞快速增殖，几乎无分裂间期，卵裂期的细胞都具有全能性；即使在原肠胚期，绝大多数细胞仍具有多能性。早期胚胎会出现多个极性，如前后轴线极性、背腹轴线极性、细胞的内外极性，一些物种中胚胎的极性甚至源自卵母细胞成熟过程中所建立的极性。整体而言，早期胚胎发育是一个容易发生异常的阶段，既受内在因素的控制、又容易受外部环境的影响。早期胚胎发育的异常，可以导致流产以及胎儿的多种缺陷，如无脑畸形、脊柱裂、先天性脑积水、腭裂、唇裂、21-三体综合征（唐氏综合征）、先天性心脏病等。加强对早期胚胎发育的研究，对于预防人类胚胎流产和出生缺陷，提高人口质量有重要的意义。同时，加深对早期胚胎发育机理的理解对于畜牧业生产力的提高也至关重要。

2. 组织器官形成

生命个体经历早期胚胎发育后，开始形成大小和形态各异、功能不同的各种组织器官。组织器官发育涉及图式形成、形态建成、细胞命运决定和分化、细胞迁移和归巢、细胞极性及其相互作用等基本科学问题。组织器官发育成型后，通过组织重塑和稳态维持机制，使组织器官应对来自自身和环境的改变，保持动态平衡以维持个体生命。组织器官发育的异常是许多先天性疾病（如先天性心脏病、先天性肾病综合征、先天性痴呆等）的主要致病原因。加深对组织器官发育和稳态维持的细胞和分子机制的认识，将为相关疾病的预防、诊断和治疗提供理论基础。此外成体组织器官的修复与再生常常采用早期器官发育类似的细胞和分子机制，对组织器官发育规律的深入研究将极大地推动人类实现体内器官再生和体外器官再造等再生医学梦想。

3. 生殖

生殖是生命体繁衍后代的一个主要过程。生殖细胞的发生、成熟、精卵识别、受精是生殖过程的主要环节，任何一个环节出现异常都可能引发生殖系统疾病并导致不孕不育或出生缺陷。研究生殖细胞发生成熟的分子调节机制，以及生殖功能维持与衰老的机理，对于研发不孕不育的诊疗新途径，防治出生缺陷，保证人口安全、生殖健康，提高生活质量以及构建和谐社会具有重要意义。

4. 衰老

衰老是生命个体随时间自动发生的、渐进性的生理功能逐渐丧失的过程，并最终导致个体的死亡。衰老会导致成年组织器官结构和功能稳态维持机制失调，因此衰老是人类重大疾病的主要风险因素，与癌症、糖尿病、心血管疾病及神经退行性疾病密切相关。对衰老的研究将从分子、细胞、组织器官、个体水平上展开。研究衰老的基本规律，探讨细胞、组织器官衰老演化的机制，不仅有助于解析衰老这一重要生命现象的本质，同时对于揭示老年疾病发生与发展的机理、延缓个体衰老过程都具有重要意义。

5. 植物的发育生殖过程

植物的发育生殖过程与动物有显著不同。植物的一生中都保持着具有干细胞活性的生长点，称为分生组织。茎尖的分生组织形成地上部分的各种器官，根尖的分生组织形成根系。叶片、花、果实等各种器官在胚胎形成过程中都未发生，而是由胚后发育完成。植物的生殖过程与动物的生殖过程也具有明显差异。配子体时期是植物生命史的一个组成部分，甚至在一些植物类群中是主要的生命形式。配子体的形成和发育的研究成为植物所特有的一个重要研究问题。植物发育过程的研究有助于我们理解植物器官的模式建成，进而应用于作物分子设计。例如，叶片形态建成的研究可为提高叶片光合效率提供理论依据，株型和穗型的研究对于合理增减作物穗数和穗粒数 / 果实数有重要指导意义；配子体的研究对于种子的形成及杂交优势的利用都具有直接应用潜力。

第二节 发育生物学与生殖生物学的发展规律与发展态势

一、发育生物学与生殖生物学的发展简史及规律

早在2000多年前，出于对生命个体发育奥秘的极大兴趣，希腊人开始了发育生物学与生殖生物学的研究。公元前第5世纪，希腊人希波克拉底试图以热、湿、凝固的原理解释生物个体的发育。一个世纪后，希腊哲学家、科学家亚里士多德（公元前384年～前322年）提出了胚胎形成不同组织器官的两种可能性，即先成论（preformation）和后成论（epigenesis）。前者指生物个体的一切组成部分一开始就存在于胚胎中、各部分随后随着胚胎的发育而长大，后者是指胚胎的各个组成部分是在胚胎发育过程中逐渐形成的。他通过观察鸡胚和无脊椎动物胚胎的发育，认为后成论才是正确的。之后的1000多年中，后成论占据了统治地位，未受到重大挑战。但到了17世纪，一些科学家根据观察到的一些似是而非的现象，提出了胚胎的精源学说、卵源学说等，否定后成论、肯定先成论。到了19世纪30年代，德国植物学家施莱登（Mathias Schleiden）和生理学家施万（Theodor Schwann）等提出了细胞学说，认为生命体都由细胞组成、细胞是生命活动的基本单位、细胞可以通过分裂而增殖；紧接着，德国生物学家魏斯曼（August Weismann）提出了生殖细胞论，认为后代个体是通过精子和卵子继承双亲的特征信息。至此，后成论得到了公认，而先成论被完全否定。

从19世纪到20世纪中叶以前，对发育生物学的研究仍局限于描述性的研究，关注胚胎发育的可调节性、胚胎细胞的分裂特性、细胞的运动方式、胚胎局部区域的诱导活性、细胞谱系、组织器官的形态发生、配子的发生等，这些研究取得了大批的成果，产生了一些生命科学的重大理论。例如，20世纪20年代，施佩曼（Hans Spemann）和曼戈尔德（Hilde Mangold）通过蝾螈胚胎间的组织移植实验，发现了一种细胞可诱导另一种细胞命运发生改变的细胞诱导现象。该发现是细胞间信号转导的奠基性成果，这两位科学家因此获得了1935年诺贝尔生理学或医学奖。20世纪50年代末，布伦纳（Sydney

Brenner）开始利用秀丽线虫研究发育；70 年代霍维茨（Robert Horvitz）和萨尔斯顿（John Sulston）等在研究线虫胚胎细胞的分化系谱中发现了细胞程序性死亡（又称细胞凋亡现象），他们三人共同获得了 2002 年诺贝尔生理学或医学奖。20 世纪 30 ～ 50 年代，通过植物分化组织的体外培养，发现分化的细胞保持了全能性。格登（John Gurdon）等在 20 世纪 50 年代通过在爪蛙和鱼类上的核移植实验，证明动物的已分化细胞也保持了全能性，他因该成果获得 2012 年诺贝尔生理学或医学奖。20 世纪 30 年代，科学家开始尝试分离兔的卵子、在体外试管中将其与精子受精，然后再植入受体兔输卵管中，直到 1959 年张明觉（M. C. Chang）获得试管兔；同样是在 20 世纪 30 年代，科学家开始尝试人类卵子的体外受精。直到 1978 年，爱德华兹（Robert G. Edwards）利用基于体外受精的辅助生殖技术帮助获得世界上第一个试管婴儿露易丝 · 布朗（Louise Brown），他因此获得 2010 年的诺贝尔生理学或医学奖。时至今日，辅助生殖技术已帮助数以万计的不育不孕患者生儿育女，无疑是发育生物学与生殖生物学对人类的重大贡献之一。

20 世纪 80 年代之后，特别是 90 年代以来，分子生物学技术、遗传学技术蓬勃发展，在发育生物学研究中得到广泛的应用，发育生物学的研究由宏观性研究步入微观性研究新阶段，从描述性研究转入机制性研究，阐明了许多基因在胚胎和组织器官发育中的功能。例如，在 20 世纪 80 年代初，埃文斯（Martin J. Evans）等成功地利用小鼠胚泡细胞在体外培养出多能干细胞系，卡佩基（Mario R. Capecchi）和史密斯（Oliver Smithies）等科学家在此基础上创立了小鼠基因剔除技术，为了解哺乳动物基因的发育阶段特异性或组织特异性功能提供了革命性手段，卡佩基和史密斯因此获得 2007 年诺贝尔生理学或医学奖；20 世纪 70 年代末，威绍斯（Eric F. Wieschaus）和福尔哈德（Christiane Nüsslein-Volhard）通过大规模化学诱变，刘易斯（Edward B. Lewis）通过 X 射线诱变获得大量的果蝇发育突变体，借助分子生物学技术，鉴定了相应的突变基因，从而揭示了许多基因在早期胚胎发育中的功能，这三位科学家共同获得了 1995 年诺贝尔生理学或医学奖。2008 年诺贝尔化学奖授予了三位在研究绿色荧光蛋白（GFP）方面做出突出贡献的科学家——下村修（Osamu Shimomura）、沙尔菲（Martin Chalfie）和钱永健（Roger Y. Tsien）。绿色荧光蛋白的发现，使发育生物学家得以动态观察发育过程中细胞命运的变化，从而在胚胎发育、组织器官损伤修复等方面取得了诸多重要发现。通过拟南芥等模式遗传学植物的确立、突变体筛选及克隆，科学家分离到一大批能够调控各个植物发育和生殖过程的基因，并逐步对它们之间的调控关系有所了解。

整体而言，一方面发育生物学与生殖生物学的研究经历了从宏观到微观、从形态到细胞和分子、从描述性到机理性研究的转变；另一方面，目前该学科也比早期更重视有应用前景的研究。该学科与遗传学、细胞生物学、分子生物学、生物信息学等学科的交叉融合越来越深入，特别是与遗传学、细胞生物学等学科的界限越来越模糊。

二、发育生物学与生殖生物学的发展态势

1. 整体发展态势

多细胞生物体的发育和生殖涉及个体雏形的形成、器官的发生、组织器官稳态的维持及衰老，其基础是细胞行为，如细胞的增殖、迁移、分化、形态改变、去分化和再分化及凋亡。细胞的行为具有空间性、时间性和可变性。体内细胞的行为主要受内在的基因组表达活性状态和周边细胞环境的调控。脊椎动物个体发育中，任何一个细胞表达的基因数目近万个，在一个或多个方面发挥功能。尽管目前已了解上千个基因的部分发育功能，但仍有数千个基因在时间和空间上的发育功能仍处于未了解状态。因此，未来很长一段时间内，发育生物学与生殖生物学研究仍然致力于阐明每个基因及其表达产物在特定的时间、特定的空间、特定的外部环境下的作用及其分子机理。

发育生殖过程中任何一种细胞的行为都同时受到数十、数百个基因的调控，这些基因的表达和功能发挥相互影响、相互调节，呈现网络式的互作关系。随着基因组学、转录组学、蛋白质组学等技术的不断改进和普及，发育与生殖研究也越来越重视利用这些技术去探讨发育与生殖过程的分子网络调控机制。

过去对基因或者信号通路在发育或生殖中的功能的认识主要是定性。随着各种研究和检测手段的不断进步或创新，以及与数学等学科的交叉，科学家已开始重视量化表型的变化、量化基因或信号通路的功能。

个体的任何一种组织或器官都含有处于不同基因活性状态、不同命运状态的细胞，它们有的难以识别、有的数量很少。随着转基因荧光标记技术的广

泛应用、单细胞或微量样本分析技术的发展，研究组织器官中特定细胞或细胞类群的行为和调控机制已成为可能，也必将成为主流方向，必将产生突破性成果。

如前所述，发育生殖与医学、农业生产密切相关。探索自然不育不孕、出生缺陷的发生机理、动植物重要生产性状的发育调节机制等，也成为发育与生殖研究的主要方向。

2. 胚胎发育

进入 21 世纪后，对胚胎发育的研究重点是从分子水平上深入了解胚层形成和分化的调控网络。过去的研究已经发现，在胚胎发育中的胚层形成和分化中起关键作用的信号通路包括经典和非经典 Wnt 信号通路、Hedgehog 信号通路、TGF-β/BMP 信号通路、RAS 信号通路和 FGF 信号通路等。近年来本领域的主要研究方向是发现这些信号通路的新的介导因子和调节因子，研究它们在细胞增殖、迁移、胚层形成和分化中的作用及其所涉及的调控网络；研究这些信号通路之间的对话和协同；发现这些信号通路直接的作用靶点及其对发育的影响；阐明信号梯度形成的各种分子机理；这些信号如何整合并调控细胞的代谢以及命运决定。在早期胚胎发育中细胞分裂、迁移、分化在不断地动态变化，这些事件相互偶联的机理也是有待阐明的重要科学问题。另外，表观遗传修饰及非编码 RNA 在早期胚胎发育中的作用及其机理也受到极大的重视。过去的许多关于早期胚胎发育的理论都是从低等模式动物研究中获得的，其是否也适用于解释高等脊椎动物（如哺乳动物和鸟类）的早期胚胎发育规律，目前大多还没有结论。例如，迄今对高等脊椎动物胚胎的精细细胞谱系、前后轴线和背腹轴线建立的机制都没有深入的了解，对哺乳动物胚胎着床的分子机理的了解也很少。

胚胎发育研究导致了具有自我更新能力、多向分化潜能的胚胎干细胞的发现，以致建立了多个物种的体外胚胎干细胞系，并扩展到 iPS 细胞和成年组织器官的干细胞 / 多能细胞的建系，使干细胞的研究成为生命科学的热点领域。目前，干细胞的研究主要包括干细胞自我更新能力维持的机制、干细胞定向分化的分子调控机制、灵长类等大动物干细胞建系及利用等。干细胞在疾病治疗、再生医学上的应用研究也是热点，可望为有效治疗心血管疾病、糖尿病、帕金森病、阿尔茨海默病、严重烧伤、肿瘤、自身免疫性疾病等提供新的途径。

3. 组织器官发育与稳态维持

在组织器官发育方面，主要的科学问题依然集中在早期胚胎中特定组织器官原基是如何决定的，各个组织器官的图式是如何形成的，组织器官的形态建成、尺寸、组织硬度是如何协同的，组织器官之间是否和如何相互影响等方面。

新型多潜能前体细胞的鉴定为组织器官的协同发育机制提供了新的证据。成年组织器官发生及其生理意义也越来越受到重视。例如，不同模式生物（包括人类）成年大脑的不同区域可以通过神经发生产生新的神经元；小鼠心脏壁内层的冠状动脉也是出生后由心内膜干细胞发育而成。在组织器官稳态维持方面，利用基于基因组修饰技术的多种模式生物谱系示踪技术，人们对组织干细胞的顺序分化、细胞命运决定和转分化及其在稳态维持中的重要作用都有了崭新的认识。

组织器官分化细胞的异质性及其生理意义在近年来受到关注。例如，近期研究发现一种新的毛细血管亚型，具有不同的形态、分子和功能特征。这些血管存在于骨髓特定区域、介导骨骼血管的生长、营造不同代谢和分子微环境、维持血管周围的骨骼前体细胞、偶联血管形成和骨发生。

很多研究证明已分化细胞能在转录因子指导下被重编程成其他细胞，而异常的细胞转分化是一些疾病的诱因，例如，脑内皮—间质细胞转化（EndMT）与脑血管发育异常和脑海绵状血管瘤密切相关。进一步深入地探索组织干细胞及其顺序分化而成的各种细胞，以及不同类型的终末分化细胞如何对不同信号做出精确、协同的反应，对于理解组织稳态机制具有重要意义。

分离和鉴定不同器官的成体干细胞及其微环境细胞，以及阐明成体干细胞与微环境相互作用参与组织修复和再生的机制是近年来重要的研究方向。深入研究成体干细胞自我更新和动员的调控机制有助于理解多种疾病如肿瘤发生机制，也为其在组织损伤修复中的应用奠定了基础。利用可以再现组织器官发育过程的体外三维类器官培养系统，在理解组织器官的自组织机制方面也取得了很大进展。

近年来随着细胞和分子生物学技术以及模式生物技术的快速发展，体内细胞谱系示踪、细胞分选、显微成像等技术的改进和提高，使研究者可以在单细胞尺度成像观察不同模式生物的发育过程，将极大地促进对组织器官发育、损伤修复和再生、稳态维持的细胞和分子机制的认识。

4. 生殖发育

在生殖发育领域，原始生殖细胞的起源、迁移、生殖干细胞的建立和分化是重大的科学问题。近年来，胚胎干细胞和 iPS 细胞向生殖细胞分化技术的进展，为生殖细胞的产生和分化研究提供了新的思路。原始生殖细胞分化为雄性或雌性生殖细胞以及受精过程中的表观遗传学调控，也是当前本领域中重要的研究内容。

发育成熟的卵子和精子才能相互作用完成正常的生殖过程。原始卵泡的形成、卵泡和卵母细胞发育、成熟和排卵涉及大量信号通路的网络调控是本领域目前的研究热点。精原干细胞是雄性生殖的基础，利用精原干细胞来保存雄性生育能力是目前国际上的研究热点之一，因此精原干细胞分化成为功能精子也是本领域期待解决的关键问题之一。精卵相互作用调控机制研究为不孕不育诊治和避孕药物研发提供了新的思路。此外，生殖细胞质量与环境因素的关系也得到了越来越广泛的关注。

新的基因打靶技术（如 TALENs 和 CRISPR-Cas9）技术及单细胞测序技术的快速发展，也极大地推动了生殖发育的研究。例如，新的基因打靶技术在食蟹猴中的顺利实现，为构建生殖相关疾病的灵长类动物模型奠定了很好的基础；对单精子基因组测序，发现减数分裂重组位点不是随机分布的，这些重组的“热点”位置可以帮助生物学家绘制与疾病相关的遗传变异的位置；通过全基因组范围的大规模变异分析，获得了一批与精子和卵子发生障碍密切相关的基因位点。

人类胎儿大多数的出生缺陷是由于早期胚胎的异常发育所致，而生命早期的各类影响因素是导致生命体发生缺陷和疾病最重要的病因。由此，研究生命早期环境、遗传、表观遗传、行为等因素对生命周期的远期影响及其分子机制，已成为近年来生殖发育领域的国际前沿之一。大规模出生队列研究配合适宜的动物模型是目前优生优育、病源研究的前沿领域，其建立和应用将为阐明出生缺陷和胚胎源性疾病提供强有力的数据信息、生物样本支撑和疾病线索。生殖细胞功能的维持、衰老与相关疾病的研究逐渐成为了近年来研究的热点。

女性生殖周期的启动（月经来潮）与结束（绝经）与众多生殖相关疾病及其他疾病（如心血管疾病、激素依赖性肿瘤、骨质增生等）有着很大的相关性。而且，我们发现越来越多的疾病（如糖尿病、脂肪肝、神经退行性疾病等）存在着性别差异性。因此，生殖激素的改变及其对靶器官的调控作用日趋受到关注。

5. 组织器官和个体的衰老

衰老是一个极其复杂的过程。近年来，得益于遗传学、分子生物学、细胞生物学等领域的飞速发展，以及遗传修饰模式生物在衰老研究中的大量应用，在动物整体水平上确定遗传变异和环境因素与衰老间的因果联系成为可能，衰老在个体发育过程中的生理意义及其调控机制也逐步得到揭示。细胞是组织器官衰老的基本单位。1961 年，美国海弗利克（Hayflick）教授关于体外培养细胞只能进行有限次数分裂现象的发现成为衰老学上的重要里程碑。这一现象揭示了个体和组织器官衰老的细胞学基础。此后，研究者发现随细胞分裂而发生的端粒缩短导致基因组不稳定性增加并促进肿瘤发生，支持细胞衰老防止损伤细胞无限生长的假说。最新的研究结果显示，细胞衰老的生理学意义不仅限于肿瘤抑制，它在胚胎发育、创伤愈合、组织修复和器官衰老过程中同样具有重要作用。胚胎发育和组织修复过程中的细胞衰老是由特定刺激因子靶向特定类型细胞的程序化过程，而在个体衰老过程中，细胞衰老表现为在多种衰老诱发因素协同作用下的随机过程。细胞衰老的诱发因素和效应通路包括端粒缩短、肿瘤抑制基因失活、原癌基因激活、代谢改变、促有丝分裂信号、有丝分裂纺锤体应激等。由于缺乏细胞衰老的特异性分子标志物，鉴定组织器官中的衰老细胞仍然存在一定难度，但利用了多种分子标志物的组合可以提供可靠的证据显示：衰老的细胞在衰老个体的组织器官以及组织损伤和重塑的部位积累。衰老细胞也存在于衰老相关疾病（如骨关节炎、肺纤维化、动脉粥样硬化和阿尔茨海默病）患者的组织中，但是多阶段细胞衰老的体内生理意义还有待证实。

除了细胞衰老，个体衰老伴随时间而发生的特征性改变包括：基因组损伤、端粒缩短、蛋白质质量控制和稳态维持功能的下降、线粒体功能异常、营养感知和痛觉感知失调、表观遗传学改变、组织干细胞耗竭、细胞间相互作用改变等。伴随年龄增长的基因组损伤能使衰老进程加快，尤其是端粒缩短与细胞和器官衰老有着直接的因果联系。采取措施增强基因组稳定性将有可能延长寿命，如端粒酶激活可以改善老年突变小鼠的早衰表型。表观遗传学机制失调，包括DNA甲基化图式、组蛋白翻译后修饰、染色质重塑等的异常促进衰老。非编码RNA在细胞及组织衰老过程中的作用及其机制，正日渐成为衰老领域的研究热点。近年来，社会环境和体内微环境因素对衰老和寿命的调控作用也受到较大的关注。研究显示，雄性线虫的精液通过触发两条衰老相关的通路，导致雌性过早衰老和死亡，证实社会环境对衰老和寿命具有调控作用。共生微生物和宿主间的相互作用被证实影响宿主的新陈代谢和免疫状态，其失调与年龄相关的屏障性上皮系统慢性炎症和癌症密切相关。通过保持先天免疫稳态而维持健康的共生微生物群体将有助于延缓衰老。衰老领域最激动人心的进展之一莫过于证明衰老的进程可以被改善。异体共生实验显示，老年小鼠的多种衰老表型可以因为年轻小鼠循环而改善，提示年轻小鼠血液中含有对抗衰老的因子。衰老症状的改善将受到广泛的关注。另外，新一代测序技术将有助于筛选和鉴定衰老过程中的遗传和表观遗传改变。例如，利用遗传修饰模式生物的体内功能研究，将在相关性研究的基础上，进一步建立这些特征性改变与衰老之间的因果联系；系统生物学策略将有助于解析衰老过程大量伴生改变之间的有机联系以及基因组与环境因素间的相互作用。这些研究成果终将有助于发现和开发有效改善健康延年益寿的药物。

6. 植物发育与生殖

植物发育生物学近来关注的重点有四个方面。第一，新的突变体筛选方法和基因组水平的系统生物学技术的引入，将有助于我们对配子体发生、侧生分生组织形成等传统遗传筛选难以研究的发育过程有所了解。第二，活体成像等实验技术的建立使我们对发育过程能够有更为全面、细致的了解，而不再是剪影式的片面认识。第三，数学建模等系统生物学研究将使我们能够将基因的功能与发育的过程（特别是三维形态建成及其动态变化）结合起来，真正从分子水平认识发育这一四维过程。第四，如何将对发育过程的认识应用于作物、能源植物的分子设计和育种是植物发育生殖研究的另一个挑战和机遇。

第三节 发育生物学与生殖生物学的发展现状与发展布局

我国的发育生物学在20世纪60年代取得了一些具有特色的研究成果。例如，在国际上较早地建立了动物核移植的方法和体系，提出了细胞质遗传的概念，这些研究对今天的表观遗传调控研究起到了一定的推动作用。之后，由于历史原因，整个发育生物学与生殖生物学领域发展较慢，整体研究水平与国际先进水平相比差距甚大。2000年之后，我国的发育生物学与生殖生物学进入了快速发展期，特别是近年来的发展势头非常迅猛。这主要得益于三方面的因素：第一，国家对科技投入的增加，使许多科研人员有条件开展基础性、探索性研究；第二，从国外回国全职工作的科学家的数量不断增加；第三，各个部门、各个单位采取各种政策和措施，鼓励与国外高水平科研单位和科学家的学术交流和科研合作，不仅促进了国内许多单位的科研水平的提高，也吸引了更多的研究人员投身发育生物学与生殖生物学的研究。

目前，我国科学家在早期胚胎发育、组织器官发育、生殖发育、衰老、干细胞生物学等方面广泛开展研究，主要利用的模式动物包括秀丽线虫、果蝇、斑马鱼、小鼠、水稻、拟南芥等，建立了多种模式动物和植物的突变库和转基因库，国内同行之间以及与国际同行之间的交流合作广泛深入。自2013年以来，科学引文索引数据库（SCI）收录的我国发表的发育与生殖方面的论文数量已排世界第二，在《Nature》《Science》《Cell》三大国际顶尖期刊上发表的论文逐年增多，显示我国在该学科有一支活跃的研究队伍，研究水平已显著提升，已具有一定的国际影响力。

一、发展现状

1. 胚胎早期发育

在胚胎早期发育方面，研究涉及母源因子的作用、胚胎发育中的表观遗传修饰、胚层诱导和分化、左右不对称发育、哺乳动物胚胎着床机理、出生缺陷的发生机理等，取得了一些重要成果。例如，我国科学家阐明了人类、小鼠、斑马鱼合子基因组 DNA 去甲基化模式；首次揭示了表观遗传学修饰的一个重要环节—5- 甲基胞嘧啶的去甲基化机制，并证明母源性的 Tet3 双加氧酶在受精后重编程过程中发挥了重要作用；发现线虫早期胚胎中母源种质 P- 颗粒成分通过自噬作用降解的分子机理，并以此为模型开展了大规模筛选、鉴定了多个参与多细胞生物自噬的基因，极大地促进了对多细胞生物自噬分子机制的了解；揭示了子宫内膜上皮细胞钠通道在调控胚胎植入所需的 PGE2 生成和释放中作用；发现中国汉族人 *Vangl2* 基因突变导致神经管缺陷、胎儿夭折。

2. 组织器官发育

在组织器官发育方面，主要研究心脏发育、血管发育、血细胞的诱导和分化、神经诱导和分化、神经环路形成、肌发生和分化、肾脏发育等，发现了许多新的基因和调控机制。例如，我国科学家在国际上首次揭示了冠状动脉的新起源，重新定义了冠状动脉的生长方式及血管新生概念；揭示了上皮细胞多纤毛发生前中心粒大量扩增的机理、前列腺素调控纤毛形成的机理；发现小鼠脑血管内皮细胞可以原位产生造血干细胞，并贡献了成体的造血干细胞及各类成熟造血细胞；发现中国人群先天性心脏病的致病位点；首次证明在人类大脑皮层神经环路上，有一种电突触介导的信息交流主导脑神经的发育；发现了少突胶质细胞谱系决定因子 Olig2 调控少突胶质细胞分化、成纤维细胞生长因子 13B 调控大脑与智力发育的机制。

3. 成体组织器官稳态

在成体组织器官稳态维持方面，研究涉及成体组织器官内多能细胞的鉴定、多能细胞的分化、细胞转分化、器官再生等。例如，发现在斑马鱼急性肝损伤模型中胆管上皮细胞转分化为肝细胞；斑马鱼心外膜和心肌中合成的过氧化氢是心肌再生所必需的；果蝇气管来源的 BMP 配体 DPP 在调节中肠稳态中发挥重要作用；成体小鼠脑中 Sox2 等可诱导星状胶质细胞转分化为可增殖的神经前体细胞。

4. 生殖

在生殖方面，研究涉及原始生殖细胞的起源和生殖细胞的命运决定、减数分裂的调控机制、配子发生及成熟和受精的分子基础、卵泡形成和发育及排卵的分子机制、生殖相关重大疾病的发病机理、营养和环境等因素导致的生殖和发育缺陷的分子机理等。例如，发现成年小鼠的卵巢中仍存在可增殖和发育的雌性生殖干细胞；发现精子发生过程中单倍体基因组中大量的组蛋白降解依赖于乙酰化介导的特异性蛋白酶体通路；发现卵子中 Tet3 相关蛋白（如 CRL4 复合体）的正确表达对于维持雌性生育力至关重要；发现了中国人群非阻塞性无精症、多囊卵巢综合征、卵巢早衰等不育不孕症的潜在致病基因；首次证明卵子极体移植可能是一种很有潜力的阻断遗传性线粒体病的治疗策略。

5. 衰老

在衰老研究方面，我国在神经退行性病变、血管老化、正常衰老和病理过程中端粒长度的变化、糖尿病等疾病与衰老的关系、生殖器官衰老等研究方向上有一支活跃的研究队伍，取得了一些突出的成果。例如，我国科学家首次发现线粒体的“超氧炫”（mitoflash）频率可以预测线虫的寿命，提示线粒体的功能活性与衰老有着密切关系，在国际上受到很大关注。

6. 干细胞研究

在干细胞研究方面，我国已形成一支非常活跃的研究队伍。例如，我国科学家在国际上首次证明高度分化的体细胞诱导出的 iPS 细胞可以进一步再分化诱导发育为成熟个体；证明一些小分子化合物可以大幅度提高 iPS 细胞诱导效率；成功建立了小鼠单倍体干细胞系，利用单倍体胚胎干细胞进行基因修饰可以直接遗传给后代，从而大幅提高了基因修饰效率及应用范围。

7. 植物发育与生殖

在植物方面，以拟南芥和水稻等模式植物的发育生殖相关研究成果丰硕，尤其在发育相关的表观遗传调控机理、组织器官发育的基因鉴定、植物有性生殖的调控等方面有许多重要的发现。我国科学家发现了控制水稻分蘖、株型、籽粒大小、自交不亲和性等重要基因及其作用机理；发现了调控生长、抗逆等新的信号通路。

8. 生物学与生殖生物学研究相关新技术

我国科学家重视发育生物学与生殖生物学研究相关新技术的创新，取得了一系列具有国际引领性的研究成果。例如，率先利用 CRISP-Cas9 技术构建了定向突变的基因工程猴、猪、大鼠等动物模型；利用单细胞测序技术对小鼠及人的卵细胞和早期胚胎的转录组、全基因组进行了精细解析。

二、学科布局

我国对发育生物学与生殖生物学研究的资助，主要来自于科技部和国家自然科学基金委员会。根据《国家中长期科学和技术发展规划纲要（2006—2020年）》，科技部于2006年启动了“发育与生殖研究”重大科学研究计划，于2011年设立了“干细胞研究”重大科学研究计划，这两个重大科学研究计划已资助近百个研究团队。2015年，国家自然科学基金委员会启动了“RNA结合蛋白在早期胚胎发育中的作用及机理”重大项目。2010～2015年，7位从事发育生物学与生殖生物学研究的科学家获得了国家杰出青年科学基金的支持；国家自然科学基金委员会资助的发育生物学与生殖生物学项目有905项，总资助金额达到58 454万元，其中重点项目26项。特别可喜的是，发育生物与生殖生物学研究队伍还在继续快速地增长，相关研究人员与遗传学、细胞生物学、生殖医学等领域的研究人员之间的合作研究正在加强，创新性成果不断涌现。

第四节　发育生物学与生殖生物学的发展目标及其实现途径

发育生物学与生殖生物学的发展目标是从组织器官、细胞、分子等多个层级上，阐明生物体形成、发育、生长、稳态维持和衰老的机制，为人类健康、农业生产提供理论基础和技术手段。

我国发育生物学与生殖生物学“十三五”期间的发展目标是：丰富发育与生殖研究遗传资源，实现更广泛有效的互补、共享；阐明发育与生殖的一些重要规律，提出一些原创性理论；大部分研究达到国际水平，在国际上引领部分研究方向；扩大人才队伍，形成可持续创新研究能力。

为实现上述发展目标，需要采取的措施包括以下方面。第一，重点支持科学问题明确、创新性强、探索性强的基础研究，以期发现重大科学规律和理论。第二，支持收集和创建研究资源，这些资源（如发育与生殖突变体、标记特点类群细胞的转基因品系）对于提升我国发育与生殖研究的整体水平会发挥重要作用。第三，鼓励发展核心研究技术，DNA 同源重组、干细胞建系、高通量测序、单细胞测序、CRISPR/Cas9 等核心技术的发展极大地促进了发育生物学与生殖生物学的研究，未来需进一步发展和完善体内细胞谱系和亚细胞器示踪技术、微量分析技术、体外三维类器官培养系统、非编码基因功能的研究技术等。第四，鼓励与其他学科的交叉研究。例如，鼓励与化学、数学、物理学、材料科学、医学等学科的研究人员联合申请项目。第五，扩大项目资助数目。随着人才队伍的不断扩大，很有必要相应地扩大项目资助数，以稳定队伍。

第五节　发育生物学与生殖生物学的优先资助领域及重要的交叉研究领域

发育生物学与生殖生物学学科主要资助以传统模式动植物或特点突出的动植物为对象，研究生物体的配子形成、受精、胚胎发育、组织器官发育、多能细胞的增殖与分化、组织器官损伤修复及再生、衰老的规律，强调分子机理及调控网络的阐释；鼓励研究人类出生缺陷及疾病相关的发育机制；鼓励研究灵长类动物和猪等大动物的发育与生殖规律；鼓励建立新的研究体系、发展新的研究技术；鼓励与其他学科的交叉研究。

在充分疏理发育生物学与生殖生物学的重大重点科学问题和国际热点的基础上，结合我国的特色和优势，基于有所为、有所不为的原则，遴选若干优先资助领域和交叉研究领域。

一、发育生物学与生殖生物学的优先资助领域

1. 母源因子在胚胎发育中的作用及其分子机制

动物的生命起始于卵子和精子的受精作用所形成的受精卵。动物卵子在

生长和成熟过程中，合成大量的 RNA、蛋白质等物质储存在卵母细胞中，它们被统称为母源因子。母源因子可以调控 RNA 和翻译效率、调控蛋白质的稳定性和定位、重编程基因组、激活发育信号通路等，从而影响卵的极性、胚胎细胞的增殖、迁移和分化，因此它们对于胚胎发育的启动和按设定程序的发育来说起着至关重要的作用，在维持胚胎细胞的全能性方面也发挥一定作用。动物早期胚胎发育过程中的重要事件之一是合子基因组的重编码，涉及 DNA 和组蛋白的可逆修饰；另一重要事件是基因组从转录休眠状态到转录激活的转换过程，即中囊胚转换（midblastula transition）或合子基因激活（zygotic gene activation）。一些证据表明，母源因子在合子基因组重编程和中囊胚转换中发挥了关键调控作用。母源因子的缺乏，会导致胚胎发育的异常，甚至夭折。已发现人类的一些出生缺陷和先天性疾病与母源因子的缺乏有关。继续深入研究和揭示母源因子对早期胚胎发育的生理作用与调节机制，不仅具有理论意义，而且可为女性不孕不育等生殖疾病的预防治疗和探索新的避孕途径等提供新的理论指导。

重要研究方向：① 母源因子对染色质结构的影响；② 母源因子对合子基因激活的调控作用；③ 母源因子对胚胎发育的调控作用；④ 受精以后母源 mRNA 主动降解的调节机制；⑤ 母源因子与人类流产和出生缺陷的关系。

2. 胚胎早期发育的分子调控机制

胚胎发育是一个快速、复杂的过程，包括前-后轴线、背-腹轴线、左-右轴线的建立、胚层的形成和分化，涉及细胞的增殖、迁移、分化等细胞行为，受到多个信号通路和许多因子的协同调控。在哺乳动物上，受精卵在输卵管中发育到囊胚阶段，到达子宫后嵌入子宫壁中（着床）继续发育，胚胎着床过程涉及胚胎与母体间复杂的信号交流和响应。早期胚胎发育中的一个最重要的事件是细胞命运的分化，特定时间点、特定区域、特定位置的细胞被多个信号赋予一个特定的综合位置信息，该信息是一个时空多维信息，每个细胞都必须对自己接收的综合位置信息做出准确的翻译和反应，从而获得不同的发育命运。另一个重大事件是细胞的主动性迁移。细胞迁移是形成胚层、组织器官原基的必要步骤，但胚胎细胞的迁移是定向的，迁移的速率是受调控的。尽管目前已经知道在上述事件中发挥关键作用的一些重要信号通路和因子，但还无法建立起详细的调控网络，有待深入的研究。发育相关突变体或转基因动物在阐明胚胎发育的分子机制上发挥了极为重要的作用，我国在这方面有待加强。

重要研究方向：① 早期胚胎中多维位置信息的建立与响应；② 胚层诱导和分化的分子调控机理；③ 胚胎细胞增殖和迁移的调控机制；④ 胚胎左右不对称发育的分子调控机理；⑤ 表观遗传对胚胎图式形成的调控作用。

3. 组织器官原基发育的分子调控

组织器官的形成依赖于早期发育中器官原基的建立、形态建成、细胞命运决定和分化、细胞增殖和迁移、细胞极性及其相互作用等复杂过程。在三胚层建立之后，如何在特定胚胎位置有序形成特定器官一直是发育生物学的根本问题之一。借助多色标记和克隆分析技术以及活体实时成像技术，可以对组织器官不同类型细胞的命运同时进行示踪，并确认它们在组织器官发育过程中的行为和作用。鉴定不同组织器官原基的共同祖细胞 / 多潜能前体细胞，将有助于进一步理解组织器官的协同发育机制。寻找主要信号通路（如 TGF-β 信号通路、Wnt 信号通路、FGF 信号通路、Hedgehog 信号通路等）和主控转录因子（包括非编码 RNA 在内）的新型调控因子，并研究它们在细胞命运决定、形态建成等过程中的功能及其机制，同时深入研究不同信号转导通路如何相互作用影响组织器官发育，将有助于全面深入理解组织器官发育的分子机制。

重点研究方向：① 组织器官原基前体细胞的起源和分化的机制；② 组织器官原基的图式形成及其调控机制；③ 早期器官原基形成中组织间及细胞间的相互作用；④ 组织器官前体细胞活体示踪系统的建立。

4. 组织器官的形态建成

在组织器官发育过程中，头与尾、背与腹、内与外等不同空间的细胞对复杂的形态发生素信号级联、生物机械应力等做出精确的反应，自行运动排列、增殖、特化并分化为形态功能各异的细胞类型，最终发育成形态大小各异、具有恰当的三维结构和复杂生理功能的器官。主要的挑战依然是：理解形态发生素和生物机械应力产生的细胞基础、形态发生素梯度形成和信号转导的分子基础、形态发生素和生物机械应力如何整合并导致不同类型细胞的协同变化以最终完成组织器官的形态建成。活体成像技术有助于观察形态建成过程中内源形态发生素的浓度梯度，是研究组织器官形态建成过程中组织细胞动态行为的强大工具。体外三维类器官培养系统，有助于解析组织器官的自组织机制以及形态建成的分子机制。对组织器官形态建成细胞和分子机制的全面理解将最终帮助人类开发出有效的再生医学策略、为各个器官设计出理想的替代组织。

重点研究方向：① 组织形态发生素的梯度形成和信号转导的调控机制；② 组织器官形成中生物机械应力的产生、响应与作用；③ 组织器官内细胞分化和转分化的机制；④ 组织器官和类器官的体外培养系统；⑤ 组织器官 3D 生物打印的基础研究。

5. 组织器官发育与稳态维持及其疾病

胚胎发育完成后，组织器官通过组织重塑完成在尺寸和结构上的巨大改变，并通过稳态维持使组织器官面对体内外刺激保持结构和功能的动态平衡。一个巨大的挑战依然是：理解不同类型的细胞如何形成尺寸、形状、硬度和结构最终定型的成年组织器官，以及理解组织器官稳态失衡如何导致疾病发生。一个重要的研究方向依然是：分离和鉴定不同器官的成体干细胞及其微环境细胞，阐明不同类型组织干细胞自我更新和顺序分化的机制及其参与组织修复和再生的机制。近年来的研究发现，成年后依然存在组织器官发生，未来的研究将进一步揭示成年组织器官发生的生理意义及其调控机制。越来越多的研究发现组织器官分化细胞存在复杂的异质性，深入研究不同类型的终末分化细胞如何对不同信号做出精确和协同的反应，对于理解组织稳态机制具有重要意义。体外器官发育疾病模型，将有助于解析组织器官发育和疾病发生的分子机制。

重点研究方向：① 成年组织器官发生的分子机制；② 组织器官重塑的分子机制；③ 组织器官相互作用在发育和稳态维持中的作用及其机制；④ 组织器官损伤和再生的细胞和分子机制；⑤ 器官发育疾病模型（包括遗传和非遗传模型）的建立和分子干预研究。

6. 配子发生、成熟和受精的分子基础

动物原始生殖细胞具有最终形成精子或卵子的潜能，其起源、迁移、分化成生殖干细胞并最终形成配子一直是生殖和发育生物学中的基本科学问题。近年来胚胎干细胞在体外向生殖细胞分化的研究为理解其在体内分化提供了重要的信息。原始生殖细胞进入生殖器官后，一部分成为生殖干细胞，一部分经过减数分裂形成配子。配子的发生、成熟和存活都受到非常复杂的调控，不仅

受其内在遗传程序的调控，也受到来自附近多种体细胞的信号的调控，以及性腺与中枢神经系统分泌的生殖激素的调控。精子与卵子的结合（即受精）也是一个多步骤的复杂过程，目前对动物受精的基本过程（如精子获能、顶体反应和精卵融合等现象）已经有了比较系统的认识，然而这些现象背后的分子机理在很大程度上还处于未知状态。配子发生、成熟或存活、受精的调控异常，可导致不育不孕，影响人类生殖健康。因此，了解哪些基因 / 蛋白质在何种调控过程中如何决定正常与异常生殖细胞的发生、成熟、凋亡及受精，阐明其调控机理，并构建生殖相关疾病的动物模型，不仅可以揭示一系列重大科学问题，而且为设计、研发生殖干预药物、减少出生缺陷、完善辅助生殖技术以及改进动物克隆和干细胞技术奠定基础。

重点研究方向：① 原始生殖细胞的起源、命运决定、迁移、增殖和分化；② 配子发生、成熟、衰老的遗传学和表观遗传学调控研究；③ 哺乳动物精子获能、顶体反应和受精的分子信号通路；④ 原始卵泡库建立、卵泡发育启动和卵泡闭锁的分子调控；⑤ 生殖激素的调控和对靶器官的作用机制；⑥ 配子发生障碍的分子机制和模型构建。

7. 生殖干细胞的命运决定和维持

生殖干细胞是成体干细胞中一类特殊的干细胞群体，它来自最原始的生殖细胞，构成了配子发生的基础。雄性睾丸中的精原干细胞终生不断自我更新并分化产生精子，和雌性配子一起维持物种的延续。对研究精原干细胞研究，将为补偿雄性个体生育能力、生殖干细胞水平上基因修饰（如建立转基因动物，纠正遗传缺陷）、从雄性生殖干细胞角度研究物种保存等带来可能。精原干细胞研究领域的热点问题主要包括：新的标志分子的发现和功能阐述，精原干细胞的自我更新和增殖的关键机制，对称性和不对称分化理论，精原干细胞和基质（niche）的相互作用以及归巢（homing）机制，精原干细胞在啮齿类动物以外的长期体外培养和功能验证体系的建立等。雌性卵巢中是否存在生殖干细胞（即卵源干细胞）、其特性如何，也是需要深入探讨的热点问题。

重点研究方向：① 决定精原干细胞自我更新和分化平衡的关键分子机制；② 胚胎干细胞或 iPS 细胞向精原干细胞的分化调控；③ 精原干细胞体外定向分化为功能精子的技术体系建立；④ 基于精原干细胞的体内体外的基因修饰及改造；⑤ 卵源干细胞的鉴定及其分化机制。

8. 发育及干细胞体内分化谱系建立及机制探讨

从卵子受精到个体形成的发育过程中，会产生许多种细胞谱系，最终形成构成人体的200多种终末分化的细胞，维持机体的正常运转。每个细胞谱系包含分化程度较低的干细胞或前体细胞、多能细胞和多种终末分化细胞。然而，目前还不清楚细胞谱系是如何建立和维持的。通过研究细胞谱系的建立和维持，包括研究早期胚胎细胞谱系的建立、不同胚层发育谱系及相关机制研究、细胞谱系建立与维持的调控机制，进一步建立并利用胚胎干细胞、滋养层干细胞、上胚层干细胞等多能干细胞体外分化模型，研究与体内谱系相对应的干细胞分化的重要的生物学过程，可以充分了解细胞谱系中干细胞的形成、维持及分化成其后代细胞过程中各个重要环节的调控机制，将大大促进干细胞在再生医学领域的应用。

重点研究方向：① 发育过程中细胞谱系的建立和维持的调控网络；② 细胞微环境和胞外信号对细胞谱系的调控作用研究；③ 细胞谱系对机体稳态维持的功能和机制研究；④ 病理状态异常细胞谱系的异常调控机制探讨。

9. 体内体外细胞转分化的机制研究

在正常器官发育结束后，某些成体组织器官（如哺乳动物肝脏和某些动物的肢体）在受到损伤或特殊的刺激后，具有激活细胞去分化或者转分化的能力，这也是器官自身修复必不可缺的功能。然而，绝大多数器官缺少这种自身修复功能。人们尝试将体细胞直接重编程为成体干细胞和终末分化细胞，而不借助经历类多能干细胞的重编程过程，极大程度地降低了细胞致瘤的风险，同时也为组织器官的再生治疗提供了更加充足多样的细胞来源。对细胞转分化的机制进行深入系统的研究，探讨生理和病理条件下细胞命运改变的机制，研究表观遗传修饰和非编码RNA对细胞转分化的调控作用，开发细胞体内转分化技术不仅对于解决基础的科学问题至关重要，对于再生医学的应用也有极大的启示作用。

重点研究方向：① 生理和病理条件下体内特殊类群细胞的命运转化；② 表观遗传修饰和非编码RNA对细胞命运转化的调控作用；③ 体外细胞转分化技术的建立及分子机制研究；④ 体内体细胞转分化技术与方法的研究；⑤ 干细胞在异体或异种动物体内再造器官的机制研究。

10. 大动物发育与生殖生物学模型的构建

发育与生殖研究，过去主要集中于小鼠、鸡以及小型低等脊椎动物和无脊椎动物，对猪、猴等大动物的研究甚少，相关基础数据和知识有限。猪、猴等大动物在生理水平上与人更加接近，可作为研究理解人类的发育和生殖规律和发展人类疾病治疗技术的更好模式动物，甚至是治疗人类器官性疾病的潜在重要异种器官来源，因此开展大动物发育与生殖的系统性研究具有重要的科学意义和战略意义。近年来，随着基因修饰技术的迅速发展，可较方便地制备大动物发育与生殖突变体或转基因品系，从而阐明大动物的发育与生殖调控机制，并可制备人类疾病模型以研究疾病的发病机理和治疗技术、制备人源化器官以研究异种器官移植涉及的科学问题。

重点研究方向：① 大动物细胞与组织器官发育的时空特点；② 大动物体内细胞示踪；③ 人类疾病大动物模型的建立及发病机制研究；④ 人源化大动物模型的建立；⑤ 大动物的基因修饰技术的开发与应用。

11. 衰老的分子调控机理

衰老是复杂的、渐进性的组织器官生理功能逐渐丧失的过程，伴随着多种慢性疾病发生并最终导致死亡。个体衰老伴随时间而发生的特征性改变包括细胞衰老、基因组损伤、端粒缩短、蛋白质质量控制和稳态下降、线粒体功能异常、营养感知和痛觉感知失调、表观遗传学改变、组织干细胞耗竭、细胞间相互作用改变等。细胞衰老在胚胎发育、创伤愈合、组织修复和器官衰老过程中同样具有重要作用。衰老细胞在衰老个体的组织器官中积累，并促使组织器官功能失调。组织器官的衰老细胞积累与细胞补充更新，决定了组织器官衰老的进程和生理功能的衰退速率，与个体衰老死亡直接相关。清除衰老细胞可能延缓年龄相关的退行性病理改变。不同器官因组成细胞的不同，衰老也有先后，机制也复杂多样。衰老不仅受到环境（激素、神经递质、营养素、不良环境胁迫等）变化的影响，也受到遗传因素的调控。研究细胞、组织器官和个体衰老的分子基础和调控机理，对于揭示衰老这一重要生命现象的本质、实现衰老干预具有重要意义。

重点研究方向：① 组织器官中细胞衰老的生理功能及其分子机制；② 组织器官中衰老细胞积累与细胞补充更新的机制；③ 不同组织器官的衰老进程

和相互关系及其对个体衰老的贡献；④ 内、外环境因素影响衰老的细胞和分子基础；⑤ 衰老关键基因和非编码 RNA 的鉴定及其作用机理。

12. 植物配子体发生、识别与受精机制

植物生殖细胞系是从胚后发育的器官中重新形成的，涉及体细胞向生殖细胞的转化、配子体发生、雌雄配子体互作和受精等过程，其分子遗传机理还很不清楚。主要科学问题包括生殖细胞分化调控、配子（体）识别的分子机制等。近年来，在雌雄配子体发育、自交不亲和反应、花粉管与胚囊识别、受精过程、配子细胞表达谱等方面进展显著，胚囊分泌信号的鉴定为了解花粉管与胚囊互作奠定了基础，是近来的研究热点，有望取得突破。因此，雌雄配子（体）发生、识别的分子机制、合子激活及其表观遗传调控、生殖隔离与发育调控机制将是研究的重点。其分子机理的认识将为农作物育性调控与远缘杂交提供新的思路和途径。

重点研究方向：① 雌雄配子发生的分子遗传调控机制；② 雌雄配子体识别的分子遗传机制；③ 受精卵激活及其表观遗传调控；④ 种间生殖障碍与发育调控机制。

13. 植物胚胎发育的分子机制

植物胚胎发生始于双受精和合子的激活，合子经历极性生长和不对称分裂产生小的顶细胞和大的基细胞。前者再通过一系列的细胞分裂，依次发育成球形胚胎、心形胚、鱼雷形胚、子叶胚、成熟胚；而后者则经历几次横向分裂形成单列细胞排列的胚柄，连接胚胎与胎座。在胚胎发育的同时，受精的另一产物——胚乳也同时发育，成为种子的一个储存器官，为胚胎发育、种子萌发和幼苗生长提供营养。植物胚胎发育研究应重点了解合子激活与不对称分裂、父 / 母源基因在早期胚胎发生中的作用、表观遗传调控、细胞分化与细胞命运决定、胚乳与胚胎的互作、植物激素在胚胎发育和种子形成中的作用等方面。

重点研究方向：① 合子极性建立与不对称分裂的调控机制；② 早期胚胎发生中形态建成的分子调控网络；③ 胚乳发育及其与胚胎互作的分子机制；④ 种子发育、种子形态及灌浆的分子遗传规律；⑤ 子叶发育与营养累积的机制。

14. 植物组织器官的模式构建机制

与动物的器官发生不同，植物器官大多在胚后发育过程中由分生组织（干细胞）产生。器官在发生后通过自我组织的模式构建过程形成具有特定生理功能和三维形态的结构，受到包括植物激素在内的多重内源因子的调控。器官的发生和模式构建涉及器官原基的形成和细胞分化，器官对称性的建立及其与器官形态形成的关系，侧生分生组织发生的分子机制等基本的发育生物学问题，因此组织器官的发生和模式构建长期以来是植物学研究的重点，揭示植物重要器官形成的分子机理具有重要的科学意义和应用价值。

重点研究方向：① 侧生分生组织与器官原基发生的分子机制；② 叶和花等器官对称性的分子调控机制；③ 器官形态发生及其数学模拟；④ 根、茎等贮藏器官形成的发育生物学机制。

15. 表观遗传调控对发育与生殖的影响

在发育与生殖过程中，一些发育相关重要基因或基因群受到 DNA 或 / 和组蛋白修饰、非编码 RNA 及染色体重塑等表观遗传修饰信息的调控，其表达呈现高度的时空特异性。在发育与生殖过程中，这些表观遗传修饰信息是如何被调控的？其靶基因的表达呈现怎样的动态变化？这些靶基因又是如何影响个体的发育生殖的？等等，都是急需解答的重要科学问题。另一方面，一些重要蛋白质的翻译后修饰，如磷酸化、乙酰基化和糖基化等，可通过影响蛋白质的稳定性、定位及功能等方式发挥作用，这些翻译后修饰在发育与生殖中的功能机制目前尚知之甚少。此外，新近的研究发现，非编码 RNA，包括小分子非编码（如生殖细胞特异性 piRNA[①]）和长分子非编码 RNA，可在表观遗传水平、转录及转录后水平控制生殖细胞的染色质结构及基因组表达，调控生殖细胞的发育分化，是当前发育与生殖领域普遍关注的一个热点科学问题。

重要研究方向：① 表观调控因子在发育过程中的表达谱及其调控；② 非编码 RNA 在生殖发育中的功能机制研究；③ 发育相关重要蛋白的翻译后修饰及其功能；④ 表观遗传修饰所调控的发育相关靶基因的鉴定及其功能研究；⑤RNA 和蛋白的亚细胞定位的动态变化及发育作用。

---

① 与 Piwi 蛋白相作用的 RNA。

16. 环境对发育和生殖的影响

近年来，各类环境问题对生殖发育过程的影响越来越受到重视。环境化学物中除了生殖内分泌干扰物，一些新兴的化学物（如纳米材料）也因具有生殖发育毒性进而备受关注。生殖发育过程涉及配子发生、受精、孕期等多个阶段，其中胚胎期对环境化学物特别敏感，期间暴露可能对子代生长发育造成持久的甚至不可逆的损伤。环境因素也可通过影响配子而对子代健康产生影响，这种健康危害效应可持续到多代之后。近年来，随着组学技术的发展，组学联用分析将帮助发现生殖发育过程中的关键因子，有助于阐明生命早期环境暴露对生殖发育系统影响的关键时间窗及作用机制。同时，在关注环境因素的同时，也应意识到基因—环境交互作用的存在，及其对生殖异常、宫内生长发育异常及子代疾病中发挥了重要作用。

重点研究方向：① 新兴环境污染物对生殖发育过程的影响及分子机制；② 生命早期环境化学物暴露对子代生长发育及生殖系统的影响；③ 配子介导的环境因素生殖发育毒性的传代效应；④ 组学联用分析在研究环境暴露对生殖发育影响中的应用；⑤ 基因-环境交互作用对生殖异常的影响及其机制。

二、与其他学科交叉的优先领域

发育生物学与生殖生物学已从宏观研究时代进入微观研究时代、从表述性研究转换到分子机制的研究。过去20多年来，发育生物学与生殖生物学的快速发展得益于分子生物学、细胞生物学、生物信息学、计算生物学等的发展。目前，发育生物学与生殖生物学和遗传学、细胞生物学、动物学、植物学等学科的交叉、融合越来越深入，甚至交融在一起。此外，发育生物学与生殖生物学关注人类生殖障碍、出生缺陷、先天性疾病、器质性病变等的发生机制，与基础医学和临床医学也有深入的交叉。因此，国际上非常重视发育与生殖学科与其他学科的交叉研究，我国应鼓励、加强对交叉研究的支持。

1. 发育生殖障碍导致出生缺陷的关联机制

根据我国卫生部2012年9月发布的《中国出生缺陷防治报告》数据，我国2011年出生缺陷的发生率为5.9%，每年新增病例90万，发病率较发达国家高出近2倍；其中，先天性心脏病、多指（趾）畸形、唇腭裂排在我国出生缺陷发病率的前三位。日益庞大的发育缺陷人群已逐渐成为一个严重社会问题，将会对我国的人口结构、社会医疗和资源分配、国防、国民经济的持续健康发展及国家的竞争力造成严重且持久的影响，深入研究出生缺陷的病因机制是生殖健康的重大需求。调控发育与生殖的一些关键基因的突变可导致出生缺陷，大部分出生缺陷是不良环境与个体遗传因素互作的结果。由于发育与生殖的重要过程往往涉及多种信号通路及其互作，表型相似的出生缺陷的遗传或表观遗传机制可能是不同的。由于伦理问题，出生缺陷的发生机制的研究需要借助模式动物系统。我国是人口大国，有丰富的遗传资源，有望在出生缺陷研究方面取得原创性重大科学成果，为出生缺陷的预防、诊断和治疗提供理论基础。

重点研究方向：① 出生缺陷资源的精细分类和大规模收集；② 利用出生缺陷家系资源定位突变基因；③ 利用出生缺陷大样本鉴定候选致病基因或因子；④ 基于出生缺陷候选因子致病动物模型并研究致病机制；⑤ 出生缺陷数据平台的建设。

2. 发育与生殖的进化

地球生命形式多种多样，从单细胞生物到多细胞生物、从藻类到高等植物，从无脊椎动物到人类。达尔文进化论的核心是自然选择、遗传和变异，自然选择导致了物种的进化。不管是动物或植物个体，都是由许多在发育和结构上有所不同的组件所组成，如神经系统、眼睛、心脏、血管、肠、肢体、卵巢、睾丸等。许多在成年个体形态上大为不同的物种，在发育与生殖上存在相同的过程，如动物体节形成与分化、肢体的形成、植物的根系生长、动植物的受精等，甚至动植物都共用相似的信号分子网络，说明发育进化是一个渐进的过程。胚胎发育是生物体的生命周期的开始阶段，因而是进化的根本性步骤，生物体在形态上的进化是胚胎发育改变的结果。基因控制细胞的行为，细胞行为是胚胎发育的基础，因而遗传物质的变异在进化上起着决定性作用。环境压力既可促成有利于繁殖和生存的基因变异引起的发育变化的世代相传，也可刺激产生新的遗传变异。发育与生殖进化的研究，重点是探讨不同物种的发育与生殖规律的异同以及这种异同的遗传基础、历史关系及生境联系。

重点研究方向：① 胚胎早期发育过程的进化规律；② 特定组织、器官或细胞类型的进化规律；③ 生殖过程与生殖行为的进化规律；④ 不同发育特性的协同进化；⑤ 发育与生殖相关基因及基因网络的进化；⑥ 发育和生殖特性进化与环境的关系。

3. 环境胁迫及代谢异常等对生殖发育的影响

蛋白质、糖类、脂类和能量代谢的平衡维持对于正常生理功能和生长发育至关重要。在饥饿、营养匮乏、细胞器损伤、错误折叠蛋白累积等胁迫环境中，细胞正常的能量和物质代谢网络会发生改变或紊乱。代谢失调是糖尿病、心脑血管疾病、肿瘤及神经退行性疾病等重大代谢性疾病发生的重要原因。自噬是由溶酶体介导的降解途径，是细胞应对各种胁迫条件以及维持细胞稳态平衡的重要代谢途径，在蛋白质、糖类、脂类和能量代谢中发挥着重要作用。在分子、细胞和个体水平上，揭示正常发育中以及胁迫环境中细胞及机体代谢平衡的调控机制，以及这些代谢的异常如何导致不孕不育、糖尿病和肿瘤等重大疾病发生的致病机理，是我国人口和健康战略的迫切需求。此外，生殖细胞发育受到体内激素水平（促性腺激素、性激素、代谢相关激素等）的调节。环境毒素对正常性周期、卵泡发育和排卵有较大影响。环境变化也是影响植物营养和生殖发育的重要因素，在分子、细胞和个体不同层次研究植物生殖过程对环境变化的反应，是保证粮食安全的重要条件。

重要研究方向：① 多细胞生物发育过程中蛋白质、糖类、脂类的代谢调控；② 自噬 - 溶酶体通路的功能、分子机制及调控方式；③ 多细胞生物发育过程中代谢的调控机制和生理功能；④ 代谢异常在代谢性疾病发生发展中的分子机制；⑤ 植物生殖发育响应环境变化的分子机制；⑥ 环境毒素影响性周期、卵泡发育和排卵的重要靶基因和生化机制。

4. 发育生物学新技术的研究

像生命科学其他学科一样，发育生物学学科的发展得到了新的研究技术手段的极大推动。利用物理方法（如射线）或化学方法［如甲磺酸、乙酯（EMU）和乙酰基亚硝基脲（ENU）］，实现了对生物体发育性状的人为高效诱变，创造了丰富的遗传资源；利用基因操作技术如基因克隆、基因扩增、基因剔除、基因敲减、转基因等，阐明了众多发育与生殖性状的遗传调控机制；利用化学合成染料、转基因标记技术、荧光辅助的细胞分选技术、激光共聚焦显微镜等，更详细地认识了细胞谱系发生、组织器官形态构建与损伤修复规律；利用高通量测序、单细胞测序、微量样本的生化分析等技术，使人们能够探讨个体和组织器官发育的分子调控网络。自21世纪以来，研究技术和设备的创新与革新更快，受益面更大。新型技术和设备的发展，往往需要多学科交叉、协同、集成。在发展趋势上，新型技术主要体现为更为高效、精准、易行；可在全基因组水平分析，产生、获取大量的信息，或者可对微量样本或单细胞、单分子进行分析。

重点研究方向：① 高效基因组定点修饰及新型组织特异性遗传修饰技术；② 微量样本或单细胞组学技术；③ 组织器官离体培养或重建技术；④ 活体中单分子和多分子标记、观察、信息处理技术；⑤ 组织器官中细胞生理活性的活体检测技术与设备。

第六节 实现“十三五”发展战略的政策措施

发育生物学与生殖生物学的研究是基础性、前沿性的研究工作。尽管多年来发育生物学和生殖生物学等基础研究领域已经有了长足的发展，我们必须意识到我们与国际先进国家相比，在研究体量和整体水平上还是有差距的，应该进一步强化对该领域的资金支持，鼓励相关的研究人员积极参与到该领域的研究工作中。发育生物学研究具有周期长的特点，成果获得需要长期积累，才有可能产生较为重大的突破性进展。由于基金资助特点，发育生物学与生殖生物学学科内竞争激烈，导致一部分研究人员，尤其是涉及学科交叉的研究人员，在项目申报时转投其他学科，不利于本学科发展。建议针对发育生物学与生殖生物学的发展特点进行适当调整，确保一定资助数量的情况下按照适当比例进行资助。此外，建议在资助项目中适当增加重点项目比例，鼓励科研人员开展攻坚项目，深入研究关键科学问题，促进重大项目的产出。

公共资源平台是学科领域发展的基石，将科研资源和科学数据进行系统化和规范化的重组，将促进科研资源的高效配置和综合利用，拓宽共享范围，提升创新能力，是一项长期性的工作，对于提升我国科研影响力具有重要意义。因此，建议在支撑环境上，加强公共资源平台的建设，如一些重要模式动植物遗传资源中心的建设，增设平台专项，对于公共资源平台本着长期、稳定的原则给予支持。

主要参考文献

国家自然科学基金委员会，中国科学院 . 2011. 未来 10 年中国学科发展战略 · 生物学 . 北京：科学出版社 .

杨增明，孙青原，夏国良 . 2005. 生殖生物学 . 北京：科学出版社 .

Bianchi E，Doe B，Goulding D，et al. 2014. Juno is the egg Izumo receptor and is essential for mammalian fertilization. Nature，508（7497）：483-487.

Carlos L，Blasco M A，Partridge L，et al. 2013. The hallmarks of aging. Cell，153（6）：1194-1217.

Gilbert S F. 2014. Developmental Biology，10th edition. Sunderland：Sinauer Associates Inc.

Gong Z，Liu J，Guo C，et al. 2010. Two pairs of neurons in the central brain control Drosophila innate light preference. Science，330（6003）：499-502.

Gu T P，Guo F，Yang H，et al.The role of Tet3 DNA dioxygenase in epigenetic reprogramming by oocytes. Nature. 2011. 477（7366）：606-610.

Hayashi K，Ohta H，Kurimoto K，et al. 2011. Reconstitution of the mouse germ cell specification pathway in culture by pluripotent stem cells. Cell，146（4）：519-532.

He Y F，Li B Z，Li Z，et al. 2011. Tet-mediated formation of 5-carboxylcytosine and its excision by TDG in mammalian DNA. Science，333（6047）：1303-1307.

Hou P，Li Y，Zhang X，et al. 2013. Pluripotent stem cells induced from mouse somatic cells by small-molecule compounds. Science，341（6146）：651-654.

Hou Y，Fan W，Yan L，et al. 2013. Genome analyses of single human oocytes. Cell，155（7）：1492-1506.

Jiang L，Zhang J，Wang J J，et al. 2013. Sperm，but not oocyte，DNA methylome is inherited by zebrafish early embryos. Cell，153（4）：773-784.

Li W，Shuai L，Wan H，et al. Androgenetic haploid embryonic stem cells produce live transgenic mice. Nature. 2012. 490（7420）：407-411.

Lu S，Zong C，Fan W，et al. 2012. Probing meiotic recombination and aneuploidy of single sperm cells by whole-genome sequencing. Science，338（6114）：1627-1630.

Muñoz-Espín D，Cañamero M，Maraver A，et al. 2013. Programmed cell senescence during mammalian embryonic development. Cell，155（5）：1104-1118.

Shu J，Wu C，Wu Y，et al. 2013. Induction of pluripotency in mouse somatic cells with lineage specifiers. Cell，153（5）：963-975.

Storer M，Mas A，Robert-Moreno A，et al. 2013. Senescence is a developmental mechanism that contributes to embryonic growth and patterning. Cell，155（5）：1119-1130.

Wang L，Zhang J，Duan J，et al. 2014. Programming and inheritance of parental DNA methylomes in mammals. Cell，157（4）：979-991.

Wolpert L，Tickle C. 2011. Principles of Development. 4th edition. New York：Oxford University Press.

Wu Q F，Yang L，Li S，et al. 2012. Fibroblast growth factor 13 is a microtubule-stabilizing protein regulating neuronal polarization and migration. Cell，149（7）：1549-1564.

Xia L，Jia S，Huang S，et al. 2010. The Fused/Smurf complex controls the fate of Drosophila germline stem cells by generating a gradient BMP response. Cell，143（6）：978-990.

Xue Z，Huang K，Cai C，et al. 2013. Genetic programs in human and mouse early embryos revealed by single-cell RNA sequencing. Nature，500（7464）：593-597.

Yang H，Shi L，Wang B A，et al. 2012. Generation of genetically modified mice by oocyte injection of androgenetic haploid embryonic stem cells. Cell，149（3）：605-617.

Zhang M，Su Y Q，Sugiura K，et al. 2010. Granulosa cell ligand NPPC and its receptor NPR2 maintain meiotic arrest in mouse oocytes. Science，330（6002）：366-369.

Zhao X Y，Li W，Lv Z，et al. 2009. iPS cells produce viable mice through tetraploid complementation. Nature，461（7260）：86-90.

第十四章

农学基础与作物学

作物学是以高等栽培植物（农作物）为对象，研究作物重要性状的遗传规律、育种技术并培育优良品种，揭示作物生长发育和产量、品质形成规律及其与环境关系，充分利用自然资源（水、肥、光、热等）进行大规模高效生产的科学。

第一节　作物学的战略地位

人类的生存和发展面临诸多挑战，但其首要和根本问题则为粮食问题。在作物优良品种培育、耕作栽培等方面不断创新，推动作物生产水平不断提高和现代农业的可持续发展，将为保障国家粮食安全、保护农业生态环境、维持经济持续发展、不断提高人民生活质量提供理论基础和技术支撑。因此，作物学的发展直接关系着我国的国计民生，是整个农业科学的核心学科之一，是农业发展的战略基础学科。

一、作物学科发展是提高农业生产能力、确保国家粮食和农产品供给安全的根本措施

我国自然资源的硬约束不断增强，人均耕地、水资源量明显低于世界平均水平。粮食、棉花、油料等主要农产品的需求呈刚性增长，农业增产、农民增收和农产品竞争力增强的压力将长期存在。这就决定了农产品保障有效供给，特别是保障粮食安全，是种植业发展的首要任务。要在稳定解决温饱基础上满足城乡居民食品多样化的消费需求，粮食数量和质量的需求还要进一步增加，粮食安全问题更加严峻。同时，棉花、油料等作物的生产能力和需求矛盾也不断加剧，对增产的需求也日益迫切。

我国《农业及粮食科技发展规划（2009～2020年）》指出，到2020年我国粮食综合生产能力要达到5.5亿吨以上，平均单产要达到5250千克/公顷。据测算，2030年前后，我国人口将达到16亿，要在稳定解决温饱基础上，满足城乡居民食品多样化的消费需求，今后30年内粮食生产能力要提高1.5亿～2亿吨。在粮食播种面积保持在1亿公顷的基础上，粮食单产必须提高到6450千克/公顷左右的水平。这就要求必须加强粮食主产区生产能力，在现有基础上大幅度提高我国农作物的单产水平，从而实现我国粮食基本自给、口粮绝对安全的战略目标。

国内外大量研究和生产实践表明，农作物新品种对单产提高的贡献率在诸项农业技术中占30%以上，作物栽培管理对提高作物产量和品质的贡献率达30%～40%。目前，我国水稻、玉米的全国平均单产仅达到高产纪录的30%～35%，我国主要作物平均单产仅相当于世界同类作物最高单产国家同类水平的40%～60%。要提高单产，迫切需要在作物新品种培育和高产栽培理论与技术上取得重要突破。一方面，我国作物优良品种的单产水平亟待提高，应用分子育种等新技术不断培育聚合多种优异性状的“超级”品种是粮食增产的基础。另一方面由于生产条件与栽培技术等原因，作物良种的增产潜力也未充分发挥，现实作物产量与高产纪录差距悬殊。

粮食安全是关系到我国国民经济发展、社会稳定和国家自立的全局性重大战略问题，也是当前和今后相当长时期内我国农业科技发展的重要任务。同时，由于市场需求多样化、优质化，我国新阶段的农业生产目标已由过去单纯地追求产量提高转向高产、优质、高效、生态、安全多目标的统一。这都有赖

于作物学科的建设和发展。

二、作物学科发展是形成与传播可持续农业理念、建设“美丽中国”、实现区域农业均衡发展的重要基础

长期以来，在粮食安全供给的压力下，我们片面重视产量、漠视效率、忽视生态环境安全。当前的作物生产模式仍主要以“高投入、高产出”为特征，水、肥等投入巨大，但其利用效率低（化肥平均利用率仅为 30% ～ 35%，仅为发达国家 50% ～ 60% 的一半左右），不仅增加了生产成本，而且还带来极大环境压力。土地退化、环境污染、生物多样性下降等生态环境弊端日趋显现，局部地区农业生态危机“一触即发”，农业生态环境问题已成为我国农业生产可持续发展的关键制约因素之一，因此如何协调作物高产与资源环境恶化的矛盾，是现代农作物生产亟待解决的重大课题，需要作物学学科的发展及其理论和技术成果。

农业生态环境改善是实现党的十八大提出的建设“美丽中国”目标的必由之路，而目前我国农业生态环境却有不断恶化趋势。在我国现有耕地、水源等自然资源不足背景下，要在保证农产品有效供给前提下进一步改善农业生态环境，则必须提高水分、化肥等资源的利用率，降低污染和改善农田生态环境，形成农田循环高效生产体系。这就需要育成一大批高产、优质、抗病虫和养分等资源高效利用型作物新品种，形成一大批配套、高效、生态友好型栽培技术体系，建成多套地区适应性新型农作制度，而这些归根到底是依赖于作物学学科的发展。

我国地域辽阔，种植业生产所依赖的气候地理环境条件多样，相应的生产品种结构需求多样。同时随着我国现代农业发展与农村经济转型加快，迫切需要加速构建有区域特色的现代农作制模式，强化农作物生产领域的制度性技术进步。如何提高区域农业生产力与资源生态安全、发展现代农业与农村劳动力转移、拓展农业新型产业与城乡统筹发展等，是现阶段农业科技发展面临的重大难题和艰巨任务。因此迫切需要从系统角度研究农作物生产与自然环境及人工环境的关系，以及农业系统中种、养、加工及农、林、牧产业协调发展的综合技术体系，不断探索适合不同类型区域的现代农作制度，形成一体化和规范化的节地、节水、节肥等资源节约高效型农作技术，探索保护性农作制模式

与技术，以及防灾减灾农作制技术等。这些都需要作物学学科能够不断增加新的内涵，从而为我国区域农业发展提供理论与技术支撑。

三、作物学学科发展是国家实施中长期科技发展规划、主动应对农业生产方式转变、支撑社会主义新农村建设的有力保障

在农业领域,《国家中长期科学和技术发展规划纲要（2006—2020年）》(简称《纲要》）的目标是到2020年实现“农业科技整体实力进入世界前列”“涌现出一批具有世界水平的科学家和研究团队”“建成若干世界一流的科研院所和大学以及具有国际竞争力的企业研究开发机构，形成比较完善的中国特色国家创新体系”，目前距离该目标尚有一定距离，“十三五”是《纲要》的最后五年，也是实现该计划的最终攻坚阶段，作物学学科作为农业领域的核心学科，其发展水平很大程度上决定上述目标能否按时实现。

未来主要农作物的生产方式将逐步实现“集约化、规模化、信息化、机械化、标准化”的转变。这种转变要求将传统作物栽培理论技术与全程机械化、精确化技术进行融合。一方面要针对水稻、玉米、小麦、大豆等不同作物的生理特性和区域自然特点，将精细整地、精量播种、精确施肥、精准施药、精量调水等技术进行组装集成，构建精确农业技术体系；另一方面，要针对作物重要农时、重点生产环节和重点区域进行关键生产环节（耕作、播种、栽插、收获等）的工程技术和实用高效成套技术装备进行智能组装示范，提升生产的集约化程度和全程机械化程度。

要实现“生产发展、生活宽裕、乡风文明、村容整洁、管理民主”的社会主义新农村建设目标，关键是提高农业科技水平和贡献率、提高农业综合生产能力。其内容主要包括：① 发展现代农业，提高作物单产、品质和生产效益，增加农民收入；② 推进农业结构调整，发展高产、优质、高效、生态、安全农产品；③ 优化农业区域布局，改革传统耕作方式，推行农业标准化，发展节约型农业；④ 加强农田和农村生态管理，改善农村面貌；⑤ 提高农民科技素质，培养新型农民。这些战略任务的完成都离不开作物学学科发展的支撑。

第二节 作物学的发展规律与发展态势

一、作物学的内涵和发展规律

作物学研究对象为高等栽培植物—农作物，研究目的是为了充分利用自然资源（水、肥、光、热等）进行大规模高效生产。作物科学任务是：

（1）揭示作物生长发育和产量、品质形成规律及其与环境关系，制定相应的耕作、栽培、管理技术策略，将良种的增产潜力转化为现实生产力；

（2）研究基于作物—环境关系的变量投入等精确化管理技术，实现资源高效化、效益最优化；

（3）通过农机农艺结合，构建作物管理全程机械化理论和技术，最终实现持续高产、优质、高效、生态、安全的生产目标。

作物学科涵盖作物种质资源与遗传育种学、作物生理生态学、作物栽培与耕作学、作物种子学等二级学科。现阶段，面对农业生产方式向“集约化、规模化、信息化、机械化、标准化”的转变，作物学的理论技术迫切需要与全程机械化、精确化技术进行融合，促进作物信息学等新兴交叉学科的快速发展。

农作物生物学基础研究不同于模式植物生物学理论研究。农作物具有高度进化的形态特征和复杂的遗传生理基础，其主要性状的发育、调控与生物和非生物环境密切相关，受到诸多外在因素的限制。在学科发展规划时，必须充分认识和考虑作物学的复杂性、系统性和实践性特点，鼓励围绕作物产量、品质、环境适应和利用等方面开展研究。在欧美发达国家和地区作物学研究迅猛发展的背景之下，我国现代作物生产对一些作物交叉学科的理论基础研究需求迫切。特别是信息学、农业工程和系统学的快速发展及其与作物学的交叉融合，催生了生物信息学和作物信息学。这些交叉学科在作物基因资源利用与分析、种质高效创制、规模化育种、精确化管理、机械化生产等方面发挥了重要作用。

二、作物学的发展态势

作物学既是一个传统的学科，又是一个富于活力的学科。随着生物技术和信息技术的兴起和发展，本学科已成为生命科学领域最具有发展潜力的前沿学科之一。目前国际上本学科发展状况和主要态势如下。

1. 生物技术和信息技术的迅猛发展和应用，推动作物学科基础研究的进步，是农业科技创新的源头动力

近年来，生命科学研究进入大数据库时代。各种“组”学、生物信息学、系统生物学和整合生物学等的兴起和发展，推动作物学科基础研究的深度和广度。水稻、玉米、小麦、棉花、大豆、油菜等主要作物或祖先供体种基因组测序完成，一些针对 DNA、RNA、蛋白质、代谢产物等不同层次分子信息的新高通量技术日趋成熟，生命科学数据呈现高维化、动态化、网络化、数字化的发展趋势。作物生物组学研究贯穿生态水平、群体水平、个体水平、细胞水平到分子水平，形成多学科、多层次、多角度、多时空（发育和进化）的整体研究格局。

作物栽培学与耕作学的研究，已从作物个体、群体逐步上升到农田生态系统。与信息学、农业工程和系统学等学科交叉形成了精确化、数字化、轻简化和工程化的全新栽培管理体系，正渗透融合于作物生产的种、管、测、收等各个环节。加强基于作物—环境关系的精确化种植、定量化诊断、模型化预测和机械化操作等方面的相关理论和技术基础研究，将大大促进和提升我国作物生产的现代化水平。

另外，应对全球气候变化对作物育种、栽培和耕作学等提出新的挑战。作物学科与其他学科的交叉日益加强，多学科、多区域联合攻关正在成为解决作物学重大科学问题的科研模式，对作物学科人才培养也提出了复合型、创新型等新的需求。

2. 农作物特异基因资源的发现及有效利用已成为育种研究的重要热点

现代育种实践证明，突破性育种往往依赖于特异基因资源的发现及其有效利用。如：水稻“矮脚南特”“低脚乌尖”及小麦“农林 10 号”矮秆等特异基因资源的发现和利用引发了第一次“绿色革命”，大幅度提高了谷物产量。美国从原产于中国北京的小黑豆品种中发掘大豆孢囊线虫病抗源并用于大豆新品种选育，控制了 20 世纪 50 年代中期美国大面积爆发的大豆孢囊线虫病，拯

救了美国的大豆产业。我国从野生水稻资源中发现并利用了水稻野败不育基因，实现了三系配套制种，使杂交水稻得以大面积推广，为解决中国人的温饱问题做出了重要贡献。

鉴于植物基因资源对人类生存与繁衍及商业的重要性，各国正在不断地运用新的技术和方法“抢占”基因资源，以期在现存的资源中获得最大的“发现”，并实现最有效“利用”。我国有丰富的作物优特基因资源，通过常规技术和现代组学手段，已发掘出一批决定形态、发育、产量、品质、抗病虫、抗逆等一系列重要农艺性状的基因资源，为突破性新品种的选育提供了新技术、新方法和新材料。近年来，随着全球变暖、土壤沙化与水体富营养化，迫切需求发掘优特基因资源，培育出资源节约、环境友好的新品种，以满足生态多样性和现代农业可持续发展。

3. 作物性状形成的生理生态基础及分子调控机制研究，是作物高产、优质、高效生产技术开发的重要基础

明确作物生长发育、产量品质形成的生理生态基础和分子机制是开发作物高产、优质、高效生产技术的重要基础。发达国家在作物氮素高效利用机制、作物水分胁迫生理、作物耐盐胁迫机制及分子生理等方面取得了大量研究成果，为作物高产、优质、高效、抗逆生产提供了理论基础。我国在水分胁迫生态生理、作物水分代谢及逆境胁迫反应（补偿）机制，作物逆境适应性和御逆机制，逆境与作物生长发育、产量、品质的关系及机制等方面也开展了大量工作。但相比于国外，我国在作物氮高效利用、水高效利用、盐胁迫机制、气象胁迫机制等方面的基础研究还不深入、亟须加强；同时在相应的分子调控机制方面研究仍需进一步深入，以期为我国抗逆育种和抗逆栽培提供理论与技术支撑。

4. 株型育种和杂种优势利用是进一步提供作物单产水平的关键途径

农作物株型的遗传改良在作物生产中发挥了十分重要的作用。例如，小麦和水稻矮秆化实现了“绿色革命”；玉米的紧凑株型提高了种植密度，大幅度提高了产量。然而，油菜和棉花等作物的株型遗传改良研究还有待拓展。随着经济的发展、劳动力成本的上升，实现现代农业可持续发展必须加速适合规模化、机械化作物新品种的培育，而株型育种是关键。

主要农作物杂种优势利用是提高作物产量的有效途径。发达国家玉米杂交种的普及率已经达到 100%，对提高玉米生产水平做出了巨大贡献。美国是最早大规模开展棉花杂种优势研究和利用的国家，先后利用 CMS-D8 等不育系培育出抗虫杂交棉。油菜杂种优势利用的主要途径有细胞质雄性不育和细胞核雄性不育，加拿大、比利时、德国、印度等国利用生物技术进行油菜的种间、属间远缘杂交或通过基因转移等手段，已创造出不同类型的细胞质雄性不育系，培育出不同类型的甘蓝型杂交油菜，使油菜杂种优势利用取得了突破性进展。大豆杂种优势利用实现“三系”配套，已选育出多个杂交种。进一步研制主要农作物杂种优势利用的新途径和新方法，提高杂种优势潜力和利用效率，实现小麦等作物的杂种优势规模化利用，对于保障我国粮食安全具有重要的战略意义。

5. 植物细胞工程技术趋于完善并在品种改良中发挥了重要作用

植物细胞与染色体工程育种在 20 世纪 70 ～ 80 年代曾经为农作物育种技术的提升和品种的遗传增益做出过巨大贡献。70 年代，源自欧洲的小麦 / 黑麦易位系品种（简称“洛类”品种）集中了矮秆、丰产、抗多种病害等优良性状，在全世界的小麦主产区均得到了广泛应用，使小麦单产大幅度提高，为世界小麦生产做出了卓越贡献。

随着分子生物学技术的兴起和高速发展及应用领域的不断拓宽，细胞与染色体工程育种技术与分子生物学技术，尤其是各种“组学”技术的结合使得该研究领域又显示出新的活力。一个以创建染色体片段渗入系为核心技术的植物分子染色体工程研究领域正在兴起。充分利用栽培品种的二级、三级基因库，将远缘物种以全基因组或基因组片段渗入系的形式导入到栽培品种遗传背景中，以充分挖掘和利用近缘种的优异基因来改良栽培品种，可以大大拓宽栽培品种的遗传多样性和生产持久性。

6. 作物周年高产与资源高效利用、产量与品质协同改良已成为作物研究新热点

近年来，我国注重作物单产的提高，往往忽视了作物周年丰产，特别是在一年多熟地区，作物间对温光资源存在竞争，如果片面追求某一作物增产，易导致另一作物减产，造成作物周年减产。因此，深入研究探索作物周年增

产的生理和生态学机制，有效协调温光资源利用，可为作物周年高产和资源高效利用提供理论基础。另外，我国普遍注重产量的提高，忽视了品质的同步改善。随着人类生活质量的提高，不再满足吃饱，而要转向吃好。例如，水稻产量高，并不意味着品质好（口感好）。因此，在保证一定产量的条件下，如何调节改善产品品质是作物学研究的热点。既要养活我国13亿人口，又同步提升13亿人口的生活质量，是作物学研究迫切需要解决的一个重大问题。

三、作物学的研究现状和研究动态

（一）研究现状、重要进展和重要成果

随着国家对基础研究的重视和科研投入不断增长，我国科技人员在作物科学基础和应用基础研究方面取得了明显的进步，有力推动了作物科学的技术创新。直接表现为近几年我国作物学基础科学研究论文不仅数量有了很大的提高，同时研究论文的质量也显著提高，在《Science》《Nature》等国际顶尖期刊发表了系列创新性成果，在国际学术界产生了重要影响。

1. 作物种质资源挖掘和利用稳定快速发展

作物新基因发掘是实现作物种质资源向基因资源转变和作物分子育种的基础。我国长期重视基因资源的搜集、鉴定、保存和评价工作，建设了作物基因资源安全保存设施和技术体系，建立了基因资源“分子指纹图谱”和网络化数据库。近年来中国科学家在作物基因发掘和利用研究领域取得了突破性进展。至2013年12月，我国作物种质资源长期保存总量达到443 955份，保存总量居世界第二位；其中，国家种质库长期保存384 557份，43个国家种质圃保存59 398份。完成140种作物16 816份农艺性状鉴定，其中对21种3975份种质资源进行了抗病虫、抗逆和品质性状的精细特性鉴定，评价筛选出652份特性突出、有育种价值的种质资源。创制出一批具有特色的基因发掘和育种利用的基础材料，包括基于中国作物遗传多样性的核心种质、基于染色体工程的远缘新种质、基于优异资源的遗传分离群体和基于人工诱变的突变体等。基因发掘技术和方法有所突破，尤其是建立了针对不同基因特点和来源不同的整合各种技术的基因发掘技术，改进了基因/数量性状基因座（QTL）的生物统

计算法等，提高了作物种内和近缘物种基因发掘的效率。作物重要性状基因/QTL的标记定位已成为作物常规遗传研究方法，定位了一批抗病虫、抗逆、优质、养分高效、高产相关基因/QTL。以水稻为代表的作物基因克隆及功能研究在国际上受到瞩目，近5年来在水稻中已克隆了300多个基因，其中在目标作物中验证的重要性状基因数超过70个。具有我国知识产权的功能基因和基因载体已经在育种利用中初见成效，为应对国际基因资源竞争奠定了基础。目前，国际作物基因发掘正朝高效化、规模化及实用化方向发展，中国作物基因发掘也在这些方面有所创新，日前，《GigaScience》正式发表了3000份水稻材料基因组测序文章，3000份水稻基因组数据的公开将极大地推动育种计划的开展。然而，与国际作物基因发掘研究相比，我国作物基因发掘的数量和质量还远远不能满足作物分子育种的需求，具体表现为不同作物基因发掘研究进展不平衡、发掘基因的数量还相对有限、已发掘的基因中具有重大利用价值的基因不多等。针对我国基因发掘面临的问题，为充分应对世界各国尤其是跨国生物技术公司争夺基因的巨大挑战，中国作物基因发掘亟须进一步扩展整体工作的广度与深度，重点提高基因发掘效率，开展重要基因克隆及基因的价值评估，加强以生物产业发展需求为导向的基因发掘策略，提升我国作物种质资源研究水平。

2. 作物基因组学和分子育种取得重要突破

以水稻引领的我国作物科学近几年来取得了骄人的成绩。中国科学家在《Nature》《Nature Genetics》等国际权威杂志发表多篇与水稻基因相关研究论文。中国科学家克隆的控制水稻分蘖、籽粒形状、品质、株型、抗病、耐盐、磷高效、广亲和等原创性的重要基因引起了国内外的广泛关注，多篇论文以杂志封面文章发表，充分体现了我国水稻功能基因组项目实施以来该领域研究呈现的迅猛发展态势。在小麦、棉花、油菜等作物上，中国科学家牵头完成了这些异源多倍体作物的祖先亲本基因组测序工作，研究成果发表在《Nature》及其子刊上，产生了巨大反响。基于序列信息，许多作物开展了深层次的研究，如突变体库构建、基因组重测序、表观基因组学、蛋白质组学、比较基因组学研究等研究技术和平台的建立。

植物基因组学的迅猛发展对农作物分子育种正在产生巨大的促进作用。近年来，基于基因序列的第三代分子标记（以cSSR、SNP为代表）相继构建出主要农作物的高密度分子连锁图，极大地促进了以作图为基础的新基因发掘、功能标记开发及分子标记辅助选择研究，获得一大批主要作物重要农艺性状的基因 /QTL，建立了分子标记辅助育种选择体系。分子育种技术已开始在部分常规育种无法解决的问题上展现出明显的优越性。例如，利用分子标记辅助育种技术，南京农业大学建立了分子标记辅助选择（molecular marker-assisted selection，MAS）的基因叠加育种体系，显著提高了育种效率，获得“南农 85188”等一批抗虫、优质的创新种质，并培育出高产、优质、抗虫的棉花杂交种进行产业化开发。转基因育种取得长足进步，培育出了大批高产、优质、多抗作物新品种，获得了经过安全性评价的转基因作物，例如，转基因棉花在生产上大面积推广。细胞工程和染色体工程进一步扩大应用范围，与传统育种技术结合，将大幅度提高育种的效率和水平。适应作物基因组学和遗传育种研究的系列育种理论和方法（如“上位性是杂种优势的主要遗传基础”理论，“分子标记辅助聚合育种”方法等）日趋完善，广泛应用。

3. 作物生理、栽培和耕作研究不断深化

在作物栽培耕作和生理生态研究方面，我国目前研究主要集中在作物高产优质理论与技术、作物高产与资源高效协同理论与技术、保护性耕作理论与技术、作物逆境响应与调控理论与技术、数字农业理论与技术、农田生态系统对气候变化的响应与适应等领域，在作物超高产、高产优质、逆境响应、化学调控、数字农业等方面取得了突出成就，部分领域已达到或接近国际先进水平。肥水运筹、个体和群体结构优化、协调“源、库、流”关系等研究，为作物高产、高效、优质奠定了较好的理论基础，创建了作物高产、优质栽培理论和精确栽培技术，逐步实现了作物栽培的机械化、标准化、信息化。但是，我国在注重作物单产提高的同时，往往忽视了作物周年丰产，对品质的同步提升也重视不够。因此，如何在保证作物单产的同时，深入探索作物周年增产的生理和生态学机制，并同步调节产品品质，集成建立适应未来气候变化和粮食安全的简化、高效、环境友好的作物生产技术体系，是未来 5 ～ 10 年的重要课题。

4. 作物学与其他学科的交叉不断拓展

以栽培科学与信息科学的交叉与渗透为主要特征的作物信息学，对于作

物栽培的定量化、数字化、科学化、工程化具有重要的推动作用。随着作物栽培学与遥感技术、系统模拟技术、决策支持技术、智慧管理技术、机械化管理等领域的交叉与融合，作物栽培管理不断向着定量化、精确化、快速化和规模化的方向迈进。近年来，我国部分作物学研究单位相继成立了从国家到地方不同级别的信息农业工程技术中心或重点实验室，促进了作物信息学交叉学科的快速发展，并培养了一大批作物信息学相关博士研究生。在作物信息学关键技术的大力推动下，我国科学家针对作物生产的不同环节，重点围绕产前作物栽培方案的精确设计、产中作物生长指标的快速诊断、产后作物生产力的预测预警，以及作物生产管理的全程数字化和精确化平台等方面开展了深入系统的研究，取得了突破性进展，并先后获得了多项国家和部省级奖励，研究成果大大提升了作物生长和生产系统的精确化和数字化管理水平。

随着下一代测序技术等新技术的不断应用，作物学产生了海量的基因组重测序、转录组、蛋白质组以及代谢组等组学数据，也促进了一门新兴的交叉学科——生物信息学的迅速发展。生物信息学技术在功能基因注释、重要基因挖掘、全基因组关联分析、基因表达调控网络构建以及系统生物学研究等方面发挥了不可或缺的作用。目前我国主要的作物学研究单位均成立了生物信息学中心或生物信息学分析平台，促进了生物信息学和作物学的学科交叉，建设了一批有影响的作物生物信息学数据库和分析平台。在生物信息学分析技术的大力推动下，我国科学家牵头完成的水稻、小麦、棉花等农作物的基因组测序和重测序工作取得了突破性的进展，多篇论文在《Nature》及其子刊发表，为作物学的发展做出了重要的贡献。

5. 基础学科对作物学的支撑能力显著增强

近年来，我国作物学科基础研究和前沿技术研究得到进一步加强，原创性重要研究成果不断涌现，使作物遗传育种技术与方法不断创新，基础学科对作物学的支撑能力显著增强。如南京农业大学“小麦－簇毛麦远缘新种质创新及应用”研究，创造性地将细胞遗传学和分子生物学方法相结合，有效解决了因外源染色体与小麦染色体不配对、外源基因克隆难的问题，创造了高抗白粉病和条锈病的小麦－簇毛麦 T6VS/6AL 易位系，以其为亲本，育成了“内麦”8号～11号、“石麦14”、“远中175”、“扬麦18”等20余个小麦抗病高产新品种，其推广应用产生显著的社会经济效益。我国在水稻株型基因的克隆方面取得了一系列重要进展，克隆出多个关键基因（如*MOC1*等），为水稻株型改良提供了重要的理论基础。

（二）国家资助情况

国家自然科学基金委员会一直重视作物学的发展，对作物学和农学基础学科的资助不断增加。2011 ～ 2015 年，国家自然科学基金委员会生命科学部在作物学科资助重点项目26项，总经费7897万元（其中2015年为直接经费）。2011 ～ 2015 年，国家自然科学基金委员会生命科学部共资助“国家杰出青年科学基金”项目 129 人，其中作物学领域 10 人。2011 ～ 2015 年，国家自然科学基金委员会生命科学部共资助面上类项目（含面上项目、青年基金和地区基金）26 733 项，其中农学基础与作物学科总资助项数 2187 项，占生命科学部面上类项目总资助数的 8.18%。

“十二五”期间，农业部在作物学科技创新资助方面，继续实施项目带动战略，同时着力统筹项目、基地、人才三大创新要素均衡发展，增强对科研基地建设的促进作用和对人才培养的孵化作用。2010 ～ 2014 年，农业部组织全国 20 多个水稻科研团队分工协作，继续加强“高产、优质、多抗、广适”型超级稻新品种选育，启动实施中国超级稻亩产 1000 千克攻关计划（中国超级稻育种计划第四期目标）；协同开展了粮食增产模式重点科技攻关，针对水稻、玉米、小麦、马铃薯、油菜等五大作物在新品种选育推广、耕种收全程机械化、耕地质量提升、病虫害防控等环节存在的技术瓶颈，组织跨区域、跨领域专家团队进行联合攻关。2010 ～ 2014 年，农业部共支持现代农业产业技术体系 50 个，其中作物学领域主要有水稻、玉米、小麦、大豆、油菜、棉花、大麦、谷子、高粱、花生及芝麻等。“十二五”期间，国家农业科技创新平台、农业部重点实验室学科群、农业应用研究示范基地三类条件能力建设项目，预计总投资 64.43 亿元；其中，重点实验室学科群 30 个，重点实验室 252 个，建设经费 22.81 亿元；重点实验室学科群中与作物学科相关的学科群为 8 个，重点实验室 70 个，建设资金预计 5.6 亿元。

国家“转基因生物新品种培育科技重大专项”（下文简称“专项”）2008 年启动实施 61 个课题。具体为：转基因水稻、小麦、玉米、大豆、棉花、猪、牛、羊新品种培育共 40 个课题；基因克隆功能验证与规模化转基因操作技术 8 个课题；转基因生物安全技术 11 个课题；转基因生物新品种推广及产业化

2个课题。“专项”2008年度经费投入总预算为7.29亿元，由中央财政投入、地方财政投入、承担单位投入三部分构成。其中，中央财政投入6.10亿元，占83.67%，地方财政投入0.4亿元，占5.48%，承担单位投入0.79亿元，占10.84%。

“十二五”期间（2011～2014年），科技部高度重视农业科技创新能力的提高，在农业领域设立了生物育种与产业化、主要作物优质高效丰产、农业应对气候变化、农业与农村信息化、农林生态环境保护与控制、农林重大灾害防控、绿色智能农业装备、农业生物制品创制与产业化、生物质能源、食品加工与安全、特色资源高值加工等11个主题领域。国家863计划前后分三批启动了35个项目（共计248个课题），国拨经费24.8689亿元。其中，生物育种与产业化领域作物相关项目6项（39个课题），包含2项重大项目，国拨经费5.6951亿元；农业与农村信息化领域作物相关项目1项（7个课题），国拨经费0.7292亿元；农林生态环境保护与控制领域作物相关项目1项（4个课题），国拨经费0.3547亿元；与作物学科相关项目总计8项（53个课题），占启动项目的22.88%，国拨经费6.779亿元，占国拨总经费的27.26%。“国家科技支撑计划”分4批启动了117个项目，国拨经费48.2934亿元。其中，生物育种与产业化领域作物相关项目9项（38个课题），国拨经费3.6793亿元；主要作物优质高效丰产作物相关项目10项（77个课题），国拨经费6.5621亿元（其中粮食丰产工程项目3.9481亿元）；农林生态环境保护与控制领域作物与农田生态相关项目4项（31个课题），国拨经费2.5316亿元；农业与农村信息化领域相关项目4项（34个课题），国拨经费2.526亿元；作物学科相关项目总计27项（180个课题），国拨经费15.299亿元，另外，粮食丰产工程地方配套经费4.1624亿。

（三）平台建设和人才队伍情况

近年来，由于我国对作物学科的投入持续增加，条件建设不断改善，人才队伍的数量和质量均有较大提升。

在平台建设方面，形成了国家、部门和单位不同层次，重点实验室、重大科学工程、工程实验室和工程技术中心、作物改良中心、野外观测实验站等不同功能定位的科研平台体系。截至2013年，全国已批准建设的作物学科相关的国家重点实验室有8个，分别为作物遗传改良、作物遗传与种质创新、作物生物学、水稻生物学、农业生物技术、植物细胞与染色体工程、热带作物生物技术、棉花生物学国家重点实验室。教育部、农业部和各省市批准建设的省部级重点实验室，也有一大批与作物学有关。截至 2009 年，农业部建设的 131 个重点开放实验室中，与作物学相关的有 52 个；建设了国家农作物种质资源保存中心；建成 24 个国家农作物改良中心，82 个分中心，覆盖小麦、玉米、水稻等 27 种主要农作物。2011 年，农业部重新启动和部署农业部重点实验室建设工作，按照学科群部署和建设农业领域重点实验室，重点实验室建设工作围绕主要农产品、共性技术和生态类型进行布局设计，形成了以综合性重点实验室为龙头、专业性和区域性重点实验室为骨干、科学观测实验站为延伸的一体化布局。30 个学科群中，作物学相关学科群 8 个，228 个重点实验室、269 个农业科学观测实验站，涵盖了农业领域的主要学科，其中作物学相关重点实验室 70 个；建设完成后，将形成“布局合理、任务明确、协作紧密、运转高效”的重点实验室体系。各农业高校、科研单位在科研条件上都有了大幅度改善，全国分工协作的局面逐渐形成。

在人才队伍方面，通过平台汇聚、团队建设和项目带动，作物学科人才队伍日益壮大，学科结构逐步完善，科技实力不断提升，已形成一支老中青结合、团结协作、有较强科研竞争力的学术队伍。截至 2015 年，全国与作物学相关的中国科学院、中国工程院院士 26 人，国家杰出青年科学基金获得者 30 人。从国外引进和国内培养的高水平科技人才数量迅速增加，素质不断提高。

在创新团队建设方面，作物学科已成功组建大团队、开展大协作，共同申请或承担重大科学研究项目，在引领学科发展，提升学科国际竞争力方面成效显著。截至 2015 年，作物学科获得“稻类遗传育种”“应用植物营养基因组学与养分高效小麦品种的分子设计与培育”“玉米籽粒关键性状的分子遗传学基础”等国家自然科学基金委员会创新研究群体项目 3 个；2004 ～ 2013 年，新增作物学相关教育部创新团队 13 个。

但是，目前我国作物学科科研平台和人才队伍的整体情况与国际一流水平相比尚有较大差距，尚不能满足作物学科的快速发展和国家重大战略需求，仍需要加大投入力度，加快基础条件建设和队伍建设。

（四）存在的主要问题

1. 理论和技术创新能力不足，与国际先进水平仍有差距

近年来随着基因组学等各种“组学”、生物信息学等新学科及生物技术的飞速发展，我国作物学基础研究也发展迅速，产生了一些重要的科研成果，特别是在多种农作物基因组研究等领域居于世界领先水平，但与国外同领域相比，总体上依然存在差距。例如，在作物遗传育种领域，种质资源的鉴定评价内容缺乏前瞻性，重视作物基因组等组学研究，但在此基础上对生理学和遗传学的机理揭示不够；在生物和非生物逆境抗耐性改良、水肥高效和产量、品质、抗性协调等方面的基础理论和高效育种方法等方面有待加强；作物生物技术研究很多是跟踪国外已有的或正在研究的一些技术路线和方法，拥有自主知识产权的创新性研究成果少。在栽培与耕作研究领域，基于优质、高效、抗逆、生态和安全多目标的耕作栽培技术基础研究还很薄弱，诸如农业资源高效可持续利用理论与方法，品质、产量、效益协同提高技术有待创新，控制农用化学品（地膜、农药和化肥残留）对环境和农产品污染技术创新等难题研究仍待深入。在精准农业方向，能够应用于作物生产的成熟技术和产品相对较少，缺乏多学科、多专业综合应用研究和技术。

2. 基础研究原创性不够强，支撑应用研究的能力有待提升

作物学是面向生产的科学，目前大量研究集中在少数热点领域，与我国农业生产实际问题结合不足，突破性的原创工作仍较少。表现在缺乏标志性的、针对国家重大需求、解决重大农业科技问题、支撑作物技术创新的重大基础研究成果；应对粮食安全的理论创新和技术储备已明显不足。与应用研发间衔接不够，针对创建我国高效作物生产体系中面临的资源有效利用、技术创新与集成等问题的原创性基础研究较少。例如，在我国所面临资源（水、肥、药）短缺、农田污染和质量下降等问题下，作物高效生产体系中基础研究工作急需加强。

3. 学术队伍分布不均，团队梯队建设亟须加强

学科不同研究方向的学术队伍力量分布不均衡，作物遗传育种、栽培与耕作方面力量较强，种子科学、作物生理生态学、农业基础学科等队伍需要加

强，特别是与作物学交叉的新兴学科（如基因组学、蛋白质组学、代谢组学、作物信息学等）人才则十分短缺，严重制约了学科交叉。不同作物间的基础研究队伍也强弱分明，除了主要粮食作物，其他作物的研究力量较薄弱，缺乏具有国际影响和竞争力的顶尖科学家和学术带头人。近年来，国家加强农业科技投入，一定程度上稳定了作物科学研究队伍。高水平的学术队伍有赖于长期稳定的培育和扶持，作物学学科团队建设仍需全面的顶层设计，合理布局、顾及长远。

4. 科技投入仍需持续增加，科研平台有待加强

近年来，随着我国对科研投入的加大，作物学基础研究科研经费大幅度增加。但整体而言，作物科学领域投资力度仍显不够，远低于医学等其他生命科学学科；与国外科研机构比，作物学科人均经费不到欧美同类学科的 1/2。随着研究方向拓展及研究内容的深化，科研经费的压力依然严峻，一定程度上制约了学科的持续发展。

近年来，随国家农业科技投入增加，特别是高等学校“211”“985”工程和国家农业创新体系等项目实施，全国作物学科的科研条件都有大幅度改善，相继建立了作物遗传育种、作物生物学等国家重点实验室和国家玉米改良中心等国家级工程技术中心，但是整体水平与国际一流尚有差距，特别是科研环境和运转效率尚待进一步改善，很多基地和平台运行费缺乏。

5. 国内外学术交流合作尚待拓展，国际影响需进一步提升

国际化是基础研究的重要特征。学科及领域之间的交叉和相互渗透不断加强，跨地区和全球性的科学问题（如资源高效利用）成为研究热点。近年作物学科与国际一流农业大学、研究机构、跨国公司建立起了广泛的合作关系，实质性的国际交流与合作最近几年迅猛发展，特别是通过研究生的国内外联合培养使研究生培养质量有了很大的提高，也在国际上树立了学科良好的信誉。但获得教育部认定的作物学相关国家级协同创新中心目前只有 2 个（河南农业大学、湖南农业大学），获得正式认定的省级协同创新中心也为数不多（南京农业大学、河南农业大学、湖南农业大学等）。另外，参与国际重大项目和国际重要会议的组织，特别是一些有影响的国际会议几乎是空白，在今后要重视和加强这方面的工作，通过组织本学科国际有影响的学术会议（如国际作物学大会）扩大本学科影响。

第三节　作物学学科发展布局

一、总体发展布局

在未来5～10年本学科领域的发展布局中，要重点支持面向国家战略性需求的作物学和相关农学基础学科的基础研究和应用基础研究。优先支持在该学科内我国有优势的前沿领域研究，保证使我国在未来10～20年间逐步成为世界农业基础科学创新与农业高新技术创新研究方面的先进国家。

二、重点发展方向布局

在优先领域和重点方向布局上，要以国家粮食安全、环境保护、可持续发展等重大需求蕴含的科学问题为导向，围绕揭示作物生长发育规律、解析作物—环境（含资源、其他生物）关系、作物遗传改良和栽培调控等基本内容和主要领域。主要包括以下方面。

（1）充分发掘和利用我国丰富的种质资源，以作物重要基因资源发掘与利用、重要性状遗传和分子机理解析、作物品种分子设计、作物高效、规模化、机械化生产为主线，重点开展作物种质资源生物学、作物功能基因组学、表观遗传学、蛋白组学、代谢组学、优异基因资源高效发掘和利用、杂种优势机理与利用等研究，为作物育种夯实理论和资源基础；从不同层次（分子、细胞、组织器官、个体、群体）上揭示作物重要性状（发育、产量、品质、抗病抗逆性、株型等）形成的遗传及分子机理，系统解决品种分子设计、高效精确调控的理论和方法问题。

（2）进一步拓展作物高产优质高效生产中的基因型 × 环境 × 管理间的互作规律、超高产、资源高效利用、量质协调、周年生产的基础理论研究纵深，加大作物抗逆的生理生态基础理论、栽培调控技术、农田生态系统管理等研究力度，加快与作物机械化、信息化生产管理相配套的品种、栽培技术、耕作制度的集成和推广应用速度。

（3）加强作物种子胚与胚乳的发育及其相互关系、种子成熟、种子脱水等种子发育生物学基础研究，阐述高品质种子形成的遗传与分子基础；重视种子活力与寿命控制、种子休眠、种子劣变与修复、种子健康（病理）、萌发及耐逆性等性状形成的生理、遗传和分子生物学基础，为改良品种播种性状、种子质量控制以及种子强化处理提供理论依据；加强研发可以用于种子智能分拣、精选的生物学方法与技术，促进种子生产与加工的规模化、机械化、信息化。为全面提升种子内在与外在品质、提高种子生产效率、保障种子质量、提高种子附加值提供理论与技术支撑。

三、交叉学科发展布局和发展方向

要特别注意培植新兴领域和学术生长点，鼓励学科交叉合作，鼓励作物学基础学科的前沿和自由探索。针对未来作物科技前沿和我国农业产业发展的需求，积极支持将组学、表观遗传学、计算生物学、系统生物学与作物学科结合形成的作物种质基因组学、作物组学、作物表观遗传学、作物系统生物学、作物生物信息学和作物分子育种学研究。加强生物信息学和表观遗传学在作物遗传改良中应用的基础性研究，包括基于高通量数据的重要基因（或 QTL）挖掘技术、重要农艺性状的基因调控网络构建技术、组学数据整合的系统生物学技术、新品种虚拟设计技术、计算机辅助优良等位基因组合技术等。

在作物—环境关系及现代作物生产方面，积极支持将生态学、信息学、计算机学、农业工程与作物学科紧密结合与交叉，拓展农田生态学、作物信息学研究内涵，重点加强农田养分循环利用与模拟、作物生长模拟与虚拟设计、新型作物养分诊断理论与方法、作物智慧管理理论与技术等方面的研究。加快农机农艺联合创新攻关，重视规模化作物生产的核心理论与技术研究。尽早启动农业大数据的建设与研究工作，充分发挥其在作物生产区划、作物生产管理、农田生产力预测预报和农业生产效益评估中的重要作用。

四、薄弱领域发展布局和发展方向

杂粮、油料作物、薯类等小作物在我国农业中占重要地位，特别是在维护我国中西部老少边贫地区的食物安全、社会稳定、农民增收、农业增效和抗御自然灾害等方面发挥着重要作用，而且在当前我国农业经济结构调整和生态环境保护中独具特色，具有不可替代的重要作用。同时这些特色作物具有生育期短、抗（或耐）干旱、耐瘠薄等逆性强等特点，其中大量优异的基因资源仍未得到利用。随着测序技术的突飞猛进，主要作物水稻、玉米等相继进入功能基因组时代。如何利用我国丰富、独特的小作物种质资源，抓住科技发展的战略契机，发挥后发优势来实现我国小作物功能基因组的飞跃，并在国际竞争中取得领先地位是十分急迫的。但是，由于对特色作物的研究投入较少，研究基础薄弱，研究队伍分散，加上产区自然条件较差、品种混杂退化严重、品种改良缓慢，生产水平普遍较低，其生产潜力尚未得到充分发挥，影响了特色作物的开发利用。因此，加强特色小作物功能基因组等基础研究，对小作物优异基因的利用，加速特色作物品种的分子改良，提高特色作物生产能力、生产水平和国际竞争力，都具有重要意义。

五、平台建设计划需求分析

根据我国作物科学研究现状和作物学科国际发展动态，在已有的科研平台基础上，需要进一步优化资源配置，重点建设作物杂种优势与利用等国家重点实验室、现代作物生产和种业科学国家工程实验室等科研平台，以及现代作物生产协同创新体系等。以产业和区域为模块，推动超大型仪器设备高效运行和共享服务，建立“科学实验共享平台”；以作物和重要目标性状为模块，结合不同作物、不同地区的生态条件，根据不同单位已有的研发优势基础，建设表型组学共享试验子平台、表型数据快速获取平台、大田试验共享平台等，推动作物学相关基础数据的信息共享，稳定快速提升作物学科研究水平。

第四节 作物学发展目标及其实现途径

一、制定作物科学发展目标的基本原则

在确定作物学科优势、重大交叉和前沿领域时，要注意以下基本原则。

（1）围绕国家粮食安全等重大需求，支持以解决国民经济发展中的重要科学问题为目标的基础研究。

（2）关注国际科学技术前沿和热点问题，支持源头创新和鼓励具有我国优势和特色的研究领域。

（3）以重要作物学生产相关的生命科学问题为导向，开展多学科交叉的综合研究。

（4）注重对作物学研究技术和方法创新的支持。

（5）重视科学积累，支持系统性强的研究。

（6）将支持项目同培养人才结合起来。

（7）注意国家各机构、各类型项目之间的分工和衔接。

（8）结合作物学科特点和我国国情特色。

二、优先发展领域

1. 作物种质资源保护和重要基因发掘、利用

种质资源是作物遗传改良的基石，优异基因的发掘和利用是作物育种取得突破的关键。我国地域辽阔，生态环境复杂多样，作物种质资源丰富，资源保护与研究工作有良好的基础，但如何将资源优势转变成技术优势和品种优势仍然是我们面临的难题。需要在已经建立的原生境、种质库、种质圃、试管苗和 DNA 库等作物种质资源保护技术的基础上，系统研究不同保护技术对基因多样性和安全性的影响，加强我国特色、稀有及极端生态环境的种质资源的保护和利用，加快我国作物重要基因的发掘利用，为我国作物育种取得新的突破和保障农业可持续发展提供优异资源和重要基因。

主要科学问题：① 全球气候变化对作物及其近缘野生种遗传多样性的影响及应对策略；② 极端生境作物或其近缘野生种生态适应性的遗传学基础及重要基因的发掘与利用；③ 小宗、特色、稀有作物种质资源的保护和利用新技术和新方法；④ 重要作物驯化的分子机理；⑤ 作物复杂性状功能基因挖掘与克隆的新方法；⑥ 重要性状基因 /QTL 的克隆及遗传调控网络解析。

2. 作物基因组的结构、功能和进化

基因组研究近年来取得了快速的发展，并将继续快速发展。水稻、玉米、大豆、野生小麦、油菜等的全基因组测序相继完成。在此基础上，开展以主要农作物基因组结构变异研究，特别是结构变异和功能的关系研究将会是下一步的全球研究热点。主要农作物（特别是玉米、小麦和油菜）都是多倍体，对这些作物基因组学的进一步研究可以更好的阐明这些多倍体作物基因组的起源和演化规律。主要作物骨干育种材料基因组深度测序获得的海量数据，为我们认识复杂农艺性状形成的分子调控网络，揭示作物重要器官发育过程及其与环境互作等提供了重要信息。由于测序成本的进一步降低，如何发掘主要作物个体间重要组织器官转录组的变异及其与重要农艺性状的关系也将成为今后的研究重点之一。全基因组关联分析、基于转录组的表达 QTL（eQTL）研究、表观遗传学研究和基于 CRISPR/Cas9 的基因组定向编辑技术等前沿领域的发展也必将为作物基因组结构变异和功能的联系提供前所未有的支撑。

主要科学问题：① 重要作物个体间全基因组结构变异发掘；② 作物全基因组结构变异和农艺性状的关系；③ 作物起源和驯化过程的基因组学研究；④ 多倍体作物基因组多倍化过程及不同亚基因组基因表达模式研究；作物全基因组表观修饰和农艺性状表现的关系研究；⑤ 农作物关键性状基因的定向编辑修饰。

3. 作物分子设计育种的理论与方法

传统的作物遗传改良主要通过表现型的选择来富集优良基因，存在规模大、周期长等问题。品种分子设计是基于对控制目标性状关键基因 /QTL 功能的认识，采用紧密连锁或共分离的分子标记将优良等位基因聚合到优良遗传背景中，创造出集中众多优良基因、性状得到明显改良的新种质或新品种（自交系）。因此，它具有常规育种无可比拟的优点，如优良基因的定向转移、基因型的精确鉴定、育种周期短等。随着水稻、玉米和小麦等作物全基因组测序及玉米和水稻骨干亲本的重测序相继完成、重要农艺性状分子解析和功能基因的克隆，将进一步促进“作物分子设计育种”研究的全面开展，实现从传统的“经验育种”到定向、高效的“精确育种”的转化。近几年来，双单倍体育种技术开始广泛应用在作物育种中。通过进一步探索单倍体诱导、染色体重组发

生及染色体加倍过程分子机理研究，挖掘高频诱导、重组率增加及染色体加倍基因。结合高频重组和双单倍体（DH）技术开发一套规模化，工程化的现代生物育种新技术，提高作物遗传育种效率，大大提速作物育种的进程。

主要科学问题：① 高通量基因型分析的方法和体系；② 调控作物基因重组频率的遗传基础及关键基因的挖掘；③ 作物单倍体诱导和染色体加倍的遗传基础；④ 作物品种分子设计的理论和模型；⑤ 育种信息学系统的开发；⑥ 高产优质性状多基因聚合的分子设计和育种模式。

4. 作物产量挖潜与资源效率协同提高的栽培生理机制

近年来，我国作物主产区每年均有多地出现超高产田块或数十亩或百亩连片方，实现了品种育种产量目标，但水肥药投入量大、效率低、重演性差，大面积应用实际产量仅为遗传产量潜力的 2/3 左右。当前，我国农业生产进入新的发展阶段，水肥等资源短缺矛盾突出，适应机械化的品种性状有待提高，作物高产优质高效的形成规律仍没有被系统揭示与认识。明确可重演的高产高效相协调的栽培相关性状和性状 - 环境互作的分子及生理生态机制，对于新型超级作物品种培育、作物高产高效栽培都有重要的理论与实践意义。

主要科学问题：① 作物生长发育、器官建成及调控的生理生化和分子机制；② 作物产量、品质与环境互作机理与调控；③ 作物籽粒败育与粒重形成的生理机制与调控；④ 作物资源高效利用的分子机制与精确调控；⑤ 周年持续增产的作物 - 环境（资源）协同机制及调控机理。

5. 中低产田改良与作物产量提升

我国粮食生产区域差异十分显著，不同类型耕地之间的产量差异也很大。我国现有中低产田面积合计 11.54 亿亩（包括产量相对低而不稳的现有耕地以及土壤肥力和生产力低下的新增耕地），占全国耕地面积的 70.95%。大面积的中低产田既是制约粮食生产能力的重要因子，也是挖掘增产潜力的重要突破口。中低产田存在的障碍限制因子、农田地力低下（农田土壤有机质含量低、养分非均衡化、土壤防旱排涝能力差、生物性状退化等）以及作物对水、肥等资源的利用效率下降等问题依然没有根本解决。因此，通过现代生物技术、材料技术、工程技术及现代农艺等综合措施，开展中低产田障碍因子消减、中低产田地力提升、资源优化配置与持续增产的科学基础研究，缩小区域“土壤质量差”和“作物产量差”，是全面提升我国耕地质量和作物生产力，实现我国耕地大面积均衡稳产高产的关键。

主要科学问题：① 中低产田障碍因子诊断及形成因素识别；② 中低产田关键障碍因子对作物生产力的影响机理；③ 中低产田地力提升的土壤生态过程解析；④ 中低产田水土资源优化与高效种植制度配置；⑤ 广适应性作物新品种培育的理论和方法。

6. 作物水分高效利用与抗旱的遗传生理基础

水资源紧缺、干旱频繁发生、产量不稳定、农业用水效率不高等已经成为威胁我国粮食安全，制约农业乃至整个国民经济可持续发展的主要瓶颈。近年来农业用水量约占经济社会用水总量的62%，部分地区高达90%以上，节水潜力巨大。研究作物需水与高效用水理论以及农田水资源转化规律、作物抗御季节性干旱的生态生理与分子机制，探索农业高效用水与抗旱高产稳产新途径，大力发展抗旱节水型农业，对于实现基本稳定农业用水量的同时扩大灌溉面积、提高灌溉保证率，促进水资源可持续高效利用，为保障国家水安全、粮食安全和生态安全提供科技支撑具有重要意义。

主要科学问题：① 作物水分高效利用和耐旱性的分子生理基础；② 作物水分高效利用与耐旱品种的遗传改良；③ 作物节水高产栽培生理基础与精确调控；④ 旱作农田水分跨季节调控与抗旱丰产栽培生理基础；⑤ 节水型农作制与区域农业水土资源优化配置。

7. 作物抗非生物逆境的生物学基础

我国作物生产区域辽阔，环境复杂，气候灾害频发，给农业生产造成巨大损失。随着全球气候变化，温度升高和极端天气事件频发等非生物逆境条件有增加趋势，作物耐热等非生物逆境遗传、生理及栽培调控机制研究的重要性凸显。通过现代生物技术和育种手段培育广谱抗逆性（如兼具耐热、耐盐、耐渍、耐冻、耐寒、抗倒伏性等）的作物品种，以及利用农艺锻炼、免疫诱导、生物配置、生化调控等耕作栽培措施，均可有效地防控非生物逆境。但是目前对作物抗逆性的遗传规律、生理生态特征和分子机制的认识尚不够深入、系统、全面，限制了抗逆育种及栽培调控技术的开发与应用，加强这方面的基础研究，对提高育种效率、建立抗逆栽培技术体系有重要指导意义。

主要科学问题：① 作物抗非生物逆境的鉴定和评价指标；② 作物抗非生物逆境基因的克隆及其作用机制；③ 作物抗非生物逆境关键基因的育种利用价值评价；④ 作物抗非生物逆境品种选育的理论与方法；⑤ 作物抗逆栽培调控的策略。

8. 作物种子质量调控的生理遗传机制

高质量种子是农业机械化精细播种简化栽培的物质基础。高质量作物种子可以充分发挥优良品种的增产潜力，能显著提高农业综合生产能力和农产品国际竞争力。我国长期粗放的播种技术使得我国在高质量作物种子形成与调控的基础理论研究方面非常薄弱。针对我国玉米、水稻等影响中国种业发展的高活力种子生产、加工、处理、检验的生理遗传研究处于起步阶段，严重不能满足新品种高质量种子扩繁生产的理论技术要求，应增加资助力度，加强研究。开展农作物种子质量的生理遗传理论及其在农作物种子加工、贮藏和处理过程中调控机理研究，探讨影响农作物高质量种子形成的生理遗传基础与分子机制，以及农作物种子质量的新型快速无损检测技术的基础理论研究，为进一步提高我国农作物种子质量水平奠定基础。

主要科学问题：① 作物种子质量快速无损检测技术；② 高质量种子形成的遗传、生理与调控机制；③ 种子休眠 / 萌发及调控的分子机制；④ 种子活力和寿命控制的生理遗传机制；⑤ 种子劣变及修复的生理生化和分子基础；⑥ 种子质量快速及无损检验技术的基础理论。

9. 小作物的功能基因组学研究

高粱、谷子、大麦、花生、薯类等是一类具有区域特色的重要经济和粮食作物，在利用边际农闲地，提高农业附加值及粮食安全等方面发挥着巨大的作用。高粱、谷子作为旱作农业的模式作物，花生、大麦和薯类等是区域特色的作物，其分子生物学的研究基础依然薄弱。利用革命性的下一代基因组测序技术，已完成或者正在完成高粱、谷子、大麦、花生、薯类等作物的全基因组测序，如何利用这些新的全基因组序列来加速这些小作物的功能基因组解析已成为一项紧迫的战略任务。图位克隆技术、全基因组关联分析、比较基因组和下一代测序等技术的综合应用来解析这些小作物驯化和重要农艺性状调控的分子机理，将有利于迅速扭转这些小作物功能基因组研究的薄弱局面，极大地加速这些小作物的分子改良和优良基因的跨种间利用。

主要科学问题：① 小作物的比较功能基因组；② 小作物关键驯化基因的克隆；③ 小作物品质性状形成的遗传学基础；④ 大麦和高粱产量性状基因的发掘和鉴定；⑤ 高粱和谷子抗旱的功能基因组学研究。

10. 杂种优势形成的生物学基础及其利用途径

杂种优势利用为解决我国乃至世界粮食安全问题做出了重要贡献。农作物杂种优势的利用正面临三大现实问题。第一，强优势组合选配还是主要依赖大规模的测配，效率低，理论指导实践的比重还很不够。第二，生产上广泛利用杂种优势的作物，其杂种优势潜力停滞不前或下滑。第三，一些重要农作物（如小麦和大豆等）因缺乏有效的杂种优势利用途径限制了杂种优势的大规模利用。阐明产量杂种优势形成机理，实现杂种优势分子设计育种，开拓创建杂种优势利用的新方法，将有助于进一步提高杂种优势研究与利用的水平，为保障我国粮食安全作出更大贡献。

主要科学问题：① 杂种优势形成的遗传学基础；② 杂种优势形成的分子生物学基础；③ 雄性不育与育性恢复基因克隆和分子机理；④ 作物杂种优势分子育种的理论和方法。

11. 作物根系发育的遗传生理基础

作物根系是吸收水分、养分和支撑植株的重要器官，其发育的好坏直接决定了作物植株的生长潜能和产量的高低。作物根系分布于地下，表型观测困难，发育研究的难度大，对其分子遗传和生理机制的认识仍十分有限。作物根系的遗传网络复杂，受到各种遗传因子的调控；同时作物从起源到广泛分布于世界的不同生态区是作物根系不断被驯化和适应各种复杂生态环境的结果；近几十年来，由于对根系养分吸收机制认识的不足，导致肥料的长期不合理使用，出现了农田土壤肥力下降、酸化等问题；另外作物根系也是决定产量的关键因素，根系与地上部分的互作也是急需解决的重要问题。因此，加强作物根系发育的遗传与生理基础研究将为作物高产、稳产和高效提供强大的理论支撑。

主要科学问题：① 作物根系性状的精确鉴定体系；② 作物根系发育关键基因的克隆及调控机理；③ 作物根系与水分、养分等环境互作的分子生理机制；④ 作物根系与地上器官协同调控产量形成的生物学基础。

12. 现代农作制创新理论与方法

农作制度决定作物种植结构、布局、模式及地力培育等，也与农业生产资源环境、技术、市场、政策等因素相关。随着我国农村经济快速发展和现代农业建设进程加快，面临国家粮食安全与增加农民收入、集约化生产与保护资源环境、提高农业生产力与节本增效等诸多难题与矛盾，需要推进现代农作制度建设。构建现代农作制需要根据农作制的综合性、区域性和整体性特点，在突出种植模式与农作技术改进的同时，加强关键科学问题研究，为构建符合我国国情和有区域特色的现代农作制模式与技术体系提高科学基础支撑。

主要科学问题：① 区域农业定位与农作制优先序研究；② 农作制的物质循环和能量流动特征与调控机理；③ 农作制对区域水土资源和环境的影响；④ 农作制对农田生态服务功能的影响与评估方法；⑤ 广适性的农作制系统设计理论与分析模型；⑥ 新型农作制创新与区域配置的适应性。

三、重大交叉和前沿研究领域

1. 作物抗生物逆境遗传调控机制

我国作物生产地域辽阔，气候环境复杂，复种指数高，极易造成病虫害流行，给农业生产造成巨大损失。随着全球气候变暖，极端气候事件频发，病虫害流行的逆境条件有增加趋势，作物抗病虫害遗传及调控机制研究的重要性凸显。通过现代生物技术发掘抗生物逆境基因，利用分子育种手段培育广谱抗病虫的作物品种，以及利用农艺锻炼、免疫诱导、生物配置、生化调控等耕作栽培措施，均可有效地防控生物逆境。但是，目前对作物抗病虫的遗传规律、抗性基因和分子机制、生理生态特征等方面的认识尚不够全面、深入和系统，限制了抗病虫育种及栽培调控技术的开发与应用。因此，加强抗生物逆境的基础研究，对提高育种效率，建立抗逆栽培技术体系有重要意义。

主要科学问题：① 作物抗生物逆境的遗传规律和生理生态特征；② 作物抗病虫基因 /QTL 的克隆、优良等位基因的发掘和利用；③ 作物抗病虫的遗传调控网络、寄主-病源生物互作的分子机制、作物与病源生物的协同进化机制；④ 作物交叉抗性（广谱抗性）的分子机制；⑤ 作物抗病虫害分子育种和广谱性抗性品种选育的策略和方法；⑥ 作物抗逆栽培调控的策略和方法。

2. 农作系统应对全球气候变化的响应与适应

全球气候变化成为当今世界关注的焦点。气候变暖及与之伴生的极端性天气尤其是高温热害存在明显的区域特征，国家及区域层次的应对气候变化的作物生产研究非常重要。目前，关于作物生产对气候变暖的研究，主要采用封闭式或半封闭气室等模拟预期的大气升温情景，相关的基础理论尤其是基于田间开放式增温的研究亟待加强；气候变化对作物响应关键过程及其深层机理还缺乏比较深刻与完善的科学认识；缺乏气候变化因子交互作用的评价；关于温室气体排放的评价方法还缺乏统一认识；农业适应对策和措施（包括栽培、耕作、植保和育种等），突发性气象灾害、气候变化等引起的持续性气象灾害对作物的影响等还需深入研究。因此，定量研究全球气候变化背景下我国主要作物和农作制度的响应规律，明确未来气候模式下我国作物生产的应对技术和发展策略，对我国未来粮食安全的预测和适应措施的制定至关重要。

主要科学问题：① 作物对主要气候变化因子响应和适应的生物学机制；② 农田生态系统碳循环过程与调控机理；③ 应对气候变化的作物种质与耕作栽培技术创新原理和途径；④ 应对气候变化的新型农作制基础理论；⑤ 气候变化与重要农业灾害的成灾原因、危害及防控机理；⑥ 主要农业措施对温室气体排放的影响机理及系统评估。

3. 作物生产系统与农业信息学研究

精细农业、数字农业和虚拟农业的交叉渗透是农业信息学的发展趋势，今后相当长一段时期内，农田生态系统中作物生长发育规律、生物与自然环境、生物与作业系统之间相互作用的内在规律仍然会是研究热点，并在促进作物生产中有巨大的潜力。例如，基于作物生长模型和数字作物的栽培管理技术优化，名特优新农作物和农产品适生环境形成机理和最优调控模型，基于环境参数的农产品品质调控机理与模式，基于作物生长模型－机器作业系统的智能化、精细作业和模型优化，基于多信息融合的农作物营养诊断原理，利用光谱学原理、机器视觉技术、现代信息处理技术的作物病虫害预测模型等。农产品（包括动物和植物产品）可追溯技术是保障食品安全的基础，研究农产品特征识别原理、农产品品质检测原理、流通中农产品特征和品质信息的记录与传输原理，建立基于智能化作业系统的农产品可追溯系统和质量保障体系也是农业信息学的优先领域。

主要科学问题：① 基于多信息融合的农作物营养诊断原理与模型、病虫草害检测诊断与预测模型；② 面向可追溯系统的农产品特征信息发现与传递模式；③ 作物表型组学；④ 数字作物模型和理论研究；⑤ 基于环境参数的农产品品质调控机理与模式；⑥ 农业生物－机器作业系统精准化、智能化原理和模型优化。

4. 作物与土壤微生物互作机理

作物与其生长环境中的土壤微生物共同构成一个生态区系，它是确保植物根系正常生长发育的生境场所。根系分泌物显著影响着根际微生物的组成、生物量及生命活动，对于生物地球化学循环、根际生态过程调控、植物生长发育等均具有重要功能。分子生物学的发展极大推动根际微生物的研究，植物对根际微生物多样性的影响已从不同层面得到更深认识。深入系统地研究根系分泌物介导下的植物－土壤－微生物的相互作用方式与机理，对揭示土壤微生态系统功能、定向调控植物根际生物学过程、促进农业生产可持续发展等具有重要的指导意义。

主要科学问题：① 植物－土壤－微生物互作机理及其生态环境效应；② 不同土壤环境条件下地上－地下部生物多样性的耦合机制；③ 植物根际养分转化的生物学过程及其调控机制；④ 植物间养分利用的互作机理及其定向调控；⑥ 植物有益细菌生物多样性，陆生植物与菌根菌的共生关系。

5. 作物重要性状形成的表观遗传学基础

表观遗传现象是指基因表达发生改变但不涉及 DNA 序列的变化。表观遗传主要通过 DNA 甲基化、组蛋白修饰、染色质重塑和非编码 RNA 调控等方式来控制基因表达。这些调控方式不仅各自表现出不同的表观遗传现象，而且它相互影响，参与复杂的生物学过程。以主要农作物（水稻、小麦、玉米、棉花、油菜等）为目标材料，采用分子遗传学、基因组学、表观遗传学及其表观组学、生物信息学和系统生物学等多学科交叉研究手段，同时结合新一代高通量测序技术，解析作物重要农艺性状及其杂种优势形成的表观遗传学调控机制，将为实现作物高产、优质及多抗分子育种提供理论依据。

主要科学问题：① 作物表观遗传修饰关键基因的克隆与功能鉴定；② 作

物重要组织器官的表观遗传组图谱建立；③ 表观遗传调控在作物重要农艺性状形成中的作用；④ 作物多倍体形成的表观遗传调控机制解析。

6. 作物安全、清洁生产理论和模式研究

近年来，"农药超标蔬菜""镉超标大米"等一系列有毒化学物质引发的农产品质量安全事件已成为媒体和公众关注的焦点。大量化学农药、化肥的滥用，造成农业生态环境破坏，农业资源污染严重，农产品中有机磷、有机氯等农药残留和亚硝酸盐等有毒物质超标，严重威胁国民健康。烃、氮、磷、黄曲霉毒素等污染物和生物毒素对农产品安全的影响也不容忽视。因此，研究这些有害因子及潜在有害因子在作物－农业生态环境中的运转规律、成害机制、调控和修复途径，构建作物生态、安全生产的理论基础和典型模式，对保障食品安全和国民健康，提高农产品市场竞争力和经济效益都有重要意义。

主要科学问题：① 作物安全生产障碍因子分布、运转规律；② 障碍因子影响作物质量的成害机制和分子机理；③ 作物响应典型污染物的机制和耐污染物种质资源挖掘；④ 障碍因子替代、消减和修复理论与技术途径；⑤ 作物安全生产技术体系和典型模式。

7. 作物大数据管理与分析服务平台

随着高通量测序技术的飞速发展和各类生物学数据的大幅积累，大数据（big data）技术亦将带来作物学领域的下一轮革命。以大数据技术为依托，通过对海量生物与农业数据的收集、管理和分析，为我们挖掘可为作物改良所用的优质基因资源，揭示生物系统与作物生长的普遍规律，优化作物耕种管理方案等提供技术支持。为推动作物学各研究领域的发展，组建作物学专用的高性能计算集群、大规模数据管理、一站式分析服务的大数据公共平台迫在眉睫。此外，信息学与数据科学专家应与作物学团队开展协作研究，将机器学习（machine learning）等智能分析体系应用到各自研究课题，开发原创型算法与软件，重点解决非模式作物基因组注释、基因组结构变异、生物网络构建、基因功能预测、基因型鉴定、基因型－表型关联分析、优质基因挖掘，以及开发基因组选择辅助育种模型、育种信息管理和育种决策等工具软件。

主要科学问题：① 构建作物大数据计算集群、数据存储服务器与云服务体系；② 开发作物大数据自动化收集、处理、标准化与导入流程；③ 开发非

关系型作物信息数据库管理与数据共享系统；④ 应用大数据智能分析体系解决具体的作物学研究问题；⑤ 整合各类大数据分析工具与生物数据库，建立一站式服务平台。

8. 农田重金属毒理与阻控消减机理

重金属污染具有隐蔽性、累积性、不可逆性和难降解的特点，耕地土壤一旦被重金属污染将会导致土壤退化、农作物产量和质量下降，甚至危害人类健康。目前，我国部分地区土壤污染较重，耕地土壤环境质量堪忧，污染超标率达 19.4%，其污染类型以重金属（无机型）污染为主。从源头控制、过程阻断、末端治理三个环节入手，控制重金属进入农田生态系统，钝化重金属在土壤中的活性，减少重金属从土壤到作物的迁移，降低重金属在作物体（尤其是食用部分）的积累，可为加快农产品无害化生产、促进我国生态清洁农业可持续发展提供理论支撑。因此，深入了解重金属的土壤化学与生物化学行为，借鉴和发展重金属的土壤钝化和活化、植物吸收和阻控、微生物转化和利用等研究成果，对今后开展农田土壤重金属领域的深入研究显得尤为重要。

主要科学问题：① 农田重金属溯源与环境风险识别；② 作物对重金属胁迫的生物学响应与抗性调控；③ 重金属低富集型主栽作物基因型调控与选择；④ 农田重金属生物可利用性调控与生态毒理评价；⑤ 高效节本的土壤重金属原位钝化农艺与生物调控机理；⑥ 基于生态毒理学的农田重金属含量阈值与标准制订。

四、实现途径

1. 围绕学科发展方向，增加经费投入

围绕本学科发展目标，进一步增加作物科学研究的经费投入，在继续支持传统优势方向的基础上，针对发展目标中的薄弱方向、交叉方向和前沿方向遴选一批重大和重点项目并给予重点支持。在项目执行过程中，通过与创新团队建设有机结合，实现创新研究和创新人才培养的突破。遴选一批创新性强、具有前瞻性的项目，特别是面向发展目标中的薄弱和交叉方向的项目，给予特别支持，以提高本学科的原始创新能力，积累研究工作基础。由于基础研究成果往往具有系统性、长远性和继承性，应克服我国当前科技界的急躁情绪，扭转急功近利倾向。对于符合作物学发展目标，具有较好工作基础和创新潜力的研究团队和研究项目可以进行长期的稳定资助。

2. 面向学科发展目标，加强平台建设

面向作物学学科的发展目标，有目的的建设一批国家作物科学基础研究平台和基地，构建作物科学研究信息共享平台，促进研究资源和成果的共享，提高作物学研究的效率。根据作物学研究的特点，重点建设一批协同创新平台，联合作物学研究的上下游单位，将作物学基础研究和应用研究紧密结合，提高研究服务生产的能力。针对发展目标中的薄弱方向，整合国内外优势研究力量，建设跨单位、跨学科的综合开放研究平台或联合研究中心，注重平台建设中学科的交叉融合和信息资源共享。国家及地方应充分考虑作物学研究的发展方向和特色，在国家重点开放实验室、工程技术中心等项目建设方面，进行合理的学科区域布局，保障和强化对本学科的投入和支持。

3. 加强创新团队建设，培养学科拔尖人才

作物科学的创新研究离不开创新团队建设。特别针对发展方向中的薄弱方向、交叉方向和前沿方向，大力培养和引进高端人才，实现团队成员的优势互补和协同创新。在“千人计划”“长江学者奖励计划”特聘教授或讲座教授、“国家杰出青年科学基金”、“国家自然科学基金创新研究群体”项目等人才和团队项目中，评价体系中要充分考虑作物学科的发展方向，作物学研究的应用性、公益性强的特点，增加作物学科的培养名额。人才培养过程中注重后备人才的培养，在“青年千人计划”“拔尖创新人才”“优秀青年科学基金”“长江学者奖励计划”青年项目等人才和团队项目中充分考虑作物学学科，鼓励和吸引优秀青年人才从事作物学前沿科学研究。同时，结合国家、地方和单位的高层次人才引进计划，建设一支结构合理、高效精干的作物科学研究队伍，培育和造就一批具有世界前沿水平的大师级科学家和拔尖创新型人才队伍。

4. 扩大对外合作，鼓励国际重大合作计划

在国际交流与合作上，作物学应进一步扩大国际学术和人才交流，鼓励作物学研究人员承担和参与国际重大合作计划，鼓励参与重要的国际学术组织和牵头

组织重要的国际学术交流活动，提升我国作物科学的研究水平、创新能力和国际影响力。围绕作物学科的发展目标，特别是针对研究目标中的薄弱方向和前沿方向，设立一批我国科学家主导的重大国际合作工程，实现国内外优势互补和学科方向的交叉融合，加快本学科传统领域的提升和新领域的拓展。鼓励作物学研究相关的科研院所、高等院校与海外研究开发机构建立联合实验室或研究开发中心。支持在双边、多边科技合作协议框架下，实施国际合作项目。

5. 改革评价模式，促进学科高效发展

作物科学研究不仅需要良好的政策、机制、投入等方面的保障，更需要一个宽松的人文环境和客观的科研评价体系。改革作物学及相关领域科研的评价体系、奖励制度、经费分配和项目申请制度，鼓励科学家们长期地、系统地从事基础和应用基础研究。对于符合作物学发展目标，具有较好工作基础和创新潜力的研究团队可以进行长期的稳定资助。考虑作物科学研究的特点，评价研究水平时应考虑该研究在作物生产实践中的应用价值和实际贡献，应允许作物科学研究产出后延，甚至失败，可适当延长项目执行期和产出评估年限。

第五节　国际合作与交流

一、我国在本学科领域国际合作的基本情况和发展态势

近年来，我国的作物科学基础研究取得了长足进步，一些研究领域或方向在国际上已有较高的学术影响和地位。以水稻科学研究为代表的我国作物科学基础研究的创新性成果在国际上产生了重要影响，凝聚和培养了一大批高水平的科研团队和青年人才，奠定了我国在该领域的国际地位。我国已有 24 所大学和科研机构农业科学领域的 ESI 排名进入全球前 1%。但是，我国作物科学研究水平与我国粮食安全、食品安全、生态安全、农业可持续发展的目标及国际先进水平相比，仍有较大差距。这些差距突出表现在以下方面。

（1）研究内容多属跟踪性，原创性的成果较少。

（2）论文数量增长快，而质量提升较慢。

（3）参与国际作物科学学术交流的人数快速增加，但起主导或引领作用的国际级大师还不多。

（4）具有重要应用价值并拥有自主知识产权的基因少。

（5）分子育种技术研究的产业化程度相对较低。

（6）作物生产信息化和数字农作技术水平与发达国家的差距较大。

可以预计，今后 5 ～ 10 年，我国将有部分学科和少数科学家在此领域处于国际前沿或领先地位，但整体而言，我国仍将处于追赶发达国家的水平。

开展国际合作与交流是我国由科技大国向科技强国转变，加强作物学的学科建设、科学研究和人才培养的重要途径。在如今的大科学时代，我国作物学的国际合作主要还处在一般性人员交流的水平，参与高水平国际合作研究的协同创新不够，如一些欧盟的科学研究项目，我们的参与面不广，参与度不深。“十三五”期间，应进一步加大对国际合作和交流的支持和投入，加大国内外大学、科研院所联合承担国家重大科研项目、联合建立高水平实验室、联合培养高质量研究生等工作力度；依托国家重点科技项目，邀请国外一流科学家和领军人才来华工作，派出研究人员，特别是优秀青年人才到国外高水平的大学和科研院所、一流实验室开展合作研究和交流，增加双方学术交流的广度和深度，取得实质性合作的高质量成果。同时，也要加强与发展中国家的科技合作，充分利用全球科技资源和技术力量，为我国作物学科的跨越式发展和创新型国家建设作出积极贡献。

二、我国在本领域开展国际合作交流的战略需求和总体布局

根据作物学科相关领域的国际研究前沿，以及我国目前作物科学研究的现状，未来 5 ～ 10 年，我国开展国际合作与交流的必要性和优先领域主要有以下几方面。

1. 作物功能基因组学和复杂性状的分子调控网络解析

为应对环境危机，保障粮食安全，世界各国对基因资源需求将更加迫切。开展国际合作的内容主要有：① 农作物和关联物种的功能基因组学；② 作物稀有资源的引进和利用；③ 作物抗逆、抗病虫、高产、优质和广适性等基因资源发掘与联合评价；④ 作物关键性状及关键基因的认知、挖掘、克隆和利

用等理论和技术；⑤ 多倍体作物基因组间互作及进化与育种理论突破和方法创新；⑥ 重要代谢途径分析及基因调控网络、生物信息学分析技术等。

2. 作物基因组编辑及分子设计育种

基因组学、分子生物学、生物信息学等学科与作物遗传育种学不断交叉融合，推动"作物分子设计育种"研究快速发展。我国在该方面的基础条件和创新团队建设刚刚起步，应与美国、加拿大、澳大利亚、欧盟等国家和地区开展国际合作，加强重要性状基因定位、标记、克隆和功能解析，基因组编辑和品种设计理论和方法等基础研究力度。同时要加强与孟山都、先锋等国际大型种子企业的合作，加快分子育种和转基因育种的应用研究和产业化进程。

3. 全球气候变化下的作物响应和管理对策

比较分析国内外作物栽培生理生态研究的异同，结合我国作物生产特色及发展趋势，应在保护性农业的基础理论研究、作物生产与气候变化的理论研究等方面开展国际合作。我国在此领域没有足够的基础理论与技术积累，研究方法与思路也不成熟，可以通过国际合作促进我国相关学科的发展。

4. 作物逆境分子和生态机理研究

国际上对植物逆境信号传导、重要基因及其功能等方面的基础研究已取得突破性进展，日本冈山大学生物资源研究所在植物资源鉴定、美国加州大学河滨分校在植物耐盐分子机理、美国密西根州立大学在抗旱植物资源的鉴定与利用等领域在国际上具有广泛影响。在抗逆资源、抗逆基因、抗逆作物改良等方面加强国际合作，可迅速提升我国作物抗逆育种和栽培研究的水平，为我国应对作物逆境、提高产量奠定基础。

5. 作物新品种选育理论与方法学研究

受人口不断增长和耕地逐渐减少的影响，粮食生产安全问题日益凸显，作物超高产育种已成为世界各国育种家竞相努力的方向。在揭示重要性状遗传规律的基础上，充分利用现代分子生物学的理论与技术改进育种方法、提高育种效率，是当前作物育种研究的前沿领域。国际玉米小麦改良中心（CIMMYT）、国际水稻研究所（IRRI）等国际育种中心，孟山都和先正达等公司在作物新品种选育和种质创造方面处于国际领先水平。

6. 作物品质形成与生理代谢调控研究

国际上正把从拟南芥获得的与品质形成有关的生理和分子标记数据，应用到主要粮油作物上，以深入开展作物品质及其生理代谢调控研究。同时，基因组学、蛋白组学、代谢组学等新技术已广泛应用于作物品质形成、特殊品质资源的鉴定及其生理代谢调控相关基因的功能研究。英国约翰·英纳斯中心（John Innes Centre，JIC）、美国加利福尼亚大学戴维斯分校等研究机构在该研究领域处于世界领先地位。

7. 系统数量遗传学的理论体系

数量遗传学和生物信息学正从利用生物表现型数据和分子标记数据发展到综合利用基因组学、蛋白质组学所提供的序列、基因表达谱和蛋白质谱的海量数据，剖析控制复杂性状的分子机理，阐明复杂性状分子育种的改良途径。美国北卡罗来纳州立大学、康奈尔大学和华盛顿大学等在上述研究领域处于领先地位。

8. 重要作物“模式”实验材料及生物信息学共享平台的建立

随着测序技术及生物信息学的快速发展，水稻、小麦、玉米、棉花、油菜等重要作物的全基因组信息相继公开。全世界作物学家围绕模式实验材料，如水稻“日本晴”“9311”等开展了大量研究，获得了海量数据。用模式实验材料建立相关生物信息学平台，不仅可以共享国内外科学家的研究成果，而且可以让国内有限资源的利用效益最大化，为作物科学工作者提供便利。

第六节 实现“十三五”发展战略的政策措施

1. 稳定作物科学基础投入，增强创新驱动发展能力

作物科学是作物高产、优质、高效、生态、安全的基础，作物学基础研究创新将驱动传统农业向现代农业转变，为保障粮食安全、生态安全和人民

生活质量稳定提高提供理论基础和技术支撑，促进农业农村经济的持续稳定发展。同时，要充分考虑到作物科学公益性、系统性、复杂性和长期性的特点，进一步稳定增加作物科学基础研究的经费投入。建议围绕学科发展前沿、国家重大需求，结合我国农业科学研究基础和实际，遴选实施一批作物学领域重大研究计划、重点基础研究项目，突出自主创新和源头创新；同时加大对作物科学薄弱领域、特色作物、典型区域的支持，促进作物学均衡发展，满足我国种植业多样化需求，通过 5 ～ 10 年稳定支持，提升我国作物科学研究水平和国际学术地位，进一步发挥科技创新对农业经济发展的驱动作用。

2. 加强人才梯队建设，促进学科队伍提升

作物科学基础研究创新的关键在于人才队伍建设。相关部门和单位应整合各类科技资源，进一步实施国家自然科学基金创新研究群体、长江学者创新团队、人才推进计划科技创新团队等计划，加大对创新团队的支持力度，建立稳定支持机制，促进我国作物科学研究队伍结构优化、科研能力提升、国际影响力和竞争力显著增强。在作物科学队伍建设中要突出人才梯队建设。既要结合国家高层次人才培养支持计划和引进计划，培育和造就一批面向科技前沿、具有世界水平的大师级科学家和领军人才，也要重点培养更多面向我国需求、持续系统从事作物学基础研究的中青年骨干。建议在国家杰出青年科学基金、“长江学者奖励计划”、“千人计划”、“万人计划”等重要人才计划遴选评价中，要充分考虑作物学科特点并给予倾斜支持。同时要特别加强对作物学科青年优秀人才的支持和培养，通过实施青年千人计划、优秀青年科学基金项目、青年科学基金项目、中青年科技创新领军人才、新世纪优秀人才计划等，促进青年领军人才成长。通过团队建设和杰出人才培养，提升学科队伍的创新水平和综合实力，带动作物学科基础理论与技术研究的自主创新。

3. 构建基地平台网络，推进科技资源共享

我国农业多样性突出，作物种类多，区域布局特色明显，作物科学研究需要统筹布局、协同创新。我国经多年建设，已布局了多个作物学相关的国家重点实验室、野外试验台站、工程技术中心等科技基地平台，并在科技创新

方面发挥了重要的支撑和引领作用，但与其他一级学科比明显偏少，从学科方向、区域分布等方面也远未体现作物科学创新和发展的需求，建议国家有关部门考虑我国作物科学特点促优补缺，在加大对已建科研基地平台稳定支持力度的同时，结合学科方向和区域布局增加新建实验室。同时，针对作物科学研究需求和农业科技资源分散的突出问题，加强顶层设计和科学布局，通过不同学科方向、不同区域、不同单位的协作，重点建设作物基因资源挖掘和数字化表型、作物生产要素长期定位研究和集成、作物科学大数据等重大科技基础设施和研究平台。通过基地平台的网络化布局，实现科研条件、种质资源、基础数据等科技资源的整合和共享，支撑作物学科实现跨越发展，加快解决作物科学和作物生产中重大、复杂难题。

4. 深化国际交流合作，提升国际学术影响

近年来国际农业科学发展日新月异，重大科技问题的全球化协作趋势明显，在强调自主创新的同时，要充分利用国际科技资源，快速提升我国科技水平和解决科技问题的能力，加快自主创新。在作物科学领域国际合作上，第一要进一步拓宽合作领域，加快本学科传统领域的提升和新领域的拓展。随着粮食安全、资源缺乏、环境污染、气候变化等全球性科学问题的日益突出，国际上作物学与基因组学、生物信息学、生态学、环境科学、土壤学、全球变化科学等学科的交叉日益明显，我国急需在这些重要领域拓展国际合作。其次要深化国际合作水平。在稳定开展学术会议、人员互访、科技合作等多种形式国际和地区间交流合作基础上，要鼓励牵头和参与组织国际或区域性大科学工程、国际重大科研计划、国际学术组织等，鼓励组建联合实验室或研发中心，举办有重大影响的国际学术会议，结合合作项目开展研究生联合培养等。同时还要实施“走出去”战略，通过科技资源共享、牵头合作项目、共建实验基地的方式，加大与发展中国家的农业科技合作交流和一体化发展，促进其农业科技水平提升。建议有关部门加大对作物学科拓宽、深化合作交流的支持，通过深化国际合作提升我国作物学科自主创新水平和国际影响力。

5. 推进科技机制改革，优化基金资助模式

“十二五”期间，国家启动了新一轮的科技体制机制改革，《中共中央国务

院关于深化科技体制改革加快国家创新体系建设的意见》（中发〔2012〕6号）、国务院《关于改进和加强中央财政科研项目和资金管理的若干意见》（国发〔2014〕11号）等文件明确了改革的总体思路和项目资金管理要求。国家自然科学基金经多年实施，形成了较完善的资助体系和以同行专家评议为主的管理模式，在促进基础研究、人才培养、团队建设、国际交流等方面发挥了巨大作用，得到国内外各界的高度评价。在作物学科，国家自然科学基金已成为支持基础和应用基础研究的主渠道，资助项目覆盖作物学科各二级学科和主要研究方向，在促进科技创新、支撑种植业发展、稳定研究队伍等方面成效卓著。建议在“十三五”期间继续稳定支持的基础上，贯彻落实国家科技体制机制改革精神，进一步优化资助体系和管理模式。具体建议如下。

（1）落实创新驱动发展、促进科技与经济紧密结合的原则，在作物学和农业基础学科中，科学设计和布局，在针对重大需求和前沿基础问题设置重大、重点项目的同时，在面上项目中增加对紧密结合农业生产实际和需求的研究、系统性和长期定位试验研究、区域问题、特色作物和薄弱领域等的支持，衔接互补，促进作物学均衡发展。

（2）结合作物学特点，鼓励长期、系统开展从事基础和应用基础研究，加强对作物学科优秀科学家、创新群体、完成质量优秀项目的连续和稳定资助，提高作物学复杂科学问题的解决能力，进一步提升我国作物学科基础研究的水平。

（3）大力提倡和鼓励作物学二级学科间、作物学与农业基础学科、作物学与其他学科交叉与合作，优先支持交叉领域项目和团队，培植新的学科生长点。

（4）重点建设一批作物科学基础研究平台基地和重大基础设施，结合基金资助项目成果的公开，构建作物科学基础研究信息共享平台，提高科学工作者的工作效率，促进研究资源和成果的共享。

（5）完善成果评价体系，建立资助项目结题后的同行专家评估体系。可在项目完成后3～5年进行，重点评价科学问题解决程度、后续产出和影响、成果对生产支撑作用等。克服科技界重量轻质、急功近利等不良倾向，创造鼓励自由探索、持续创新、诚信开放的宽松科研环境。

主要参考文献

信乃诠，许世卫，孔繁涛 . 2008. 我国基础农学学科发展战略研究 . 前沿科学，3：9-18.

张启发 . 2009. 绿色超级稻的构想与实践 . 北京：科学出版社 .

中国科学技术协会 . 2009. 2008 ～ 2009 基础农学学科发展研究报告 . 北京：中国科学技术出版社 .

中国科学技术协会 . 2012. 2011 ～ 2012 作物科学学科发展报告 . 北京：中国科学技术出版社 .

中华人民共和国国务院 . 国家中长期科学和技术发展规划纲要（2006—2020 年）. http：// www. gov. cn/jrzg/2006-02/09/ content_183787. htm[2006-02-09].

作物学会 . 2013 中国作物学会学术论文集 . 2013-10（内部资料）.

第十五章

植物保护学

第一节　植物保护学的战略地位

植物保护学是研究病虫草鼠等有害生物种类识别、生物学特性、发生规律、危害损失、成灾机理、防治策略与技术革新的综合性学科。其分支学科包括植物病理学、农业昆虫学、农田草害、农田鼠害、植物化学保护、生物防治、农业有害生物检疫与入侵生物学、植物保护生物技术、植物免疫学等。

我国是一个农业生态环境脆弱、生物灾害频繁发生的农业大国。病虫害是影响农业持续、稳定和健康发展的重要障碍。据统计，我国常见农业害虫有 838 种、病害 742 种，分布广、突发性强、成灾频率高。每年都有几种重大病虫害流行和异常暴发，导致农作物大面积减产或失收，且品质严重下降。21 世纪以来，我国农作物病虫害防控工作所面临的形势更加严峻。一是原生性有害生物频繁暴发，灾害持续不断、经济损失巨大，如稻瘟病、水稻病毒病、稻飞虱、赤霉病、柑橘黄龙病、草地螟等大规模连年发生，危害程度之重、持续时间之长均为历史罕见。二是部分次要病虫害逐渐上升为毁灭性灾害，有些原已长期控制的病虫害死灰复燃，更加猖獗。例如，稻曲病的早期报道可追溯到

18 世纪，一直以来被认为是一种次要病害，但是由于近些年高产杂交品种和高水肥栽培模式的大力推广，导致稻曲病上升为我国水稻最重要的病害之一。另外，种植结构调整和全球气候变化导致黏虫、棉盲蝽、小麦赤霉病等生物灾害大爆发，年发生面积超过 60 亿亩次，经大力防治后每年仍损失粮食 1600 万吨、棉花 50 万吨、油料 90 万吨、其他作物 1100 万吨，从而使植物保护学科不断面临新的挑战。三是危险性外来生物入侵导致农业经济损失与生态环境破坏，加重和突出了农业生物灾害问题。随着经济全球化和国际贸易往来的迅速发展，危险性外来有害生物入侵所造成的生物灾害问题不断突显。目前入侵我国的外来生物已达 544 种，在世界自然保护联盟公布的全球 100 种最具威胁的外来物种中，我国已有 50 余种，且呈现出侵入数量增多、频率加快、蔓延范围扩大、发生危害加剧、经济损失加重的趋势。据统计，仅烟粉虱等 11 种外来入侵生物便可造成我国每年 570 亿元的直接经济损失，同时还导致景观破碎、生物多样性丧失、生态环境持续恶化等一系列重大问题。四是化学农药的大量投放及其不合理使用导致农药残留超标、环境污染、人畜中毒事件频发。化学农药仍是目前防治农田有害生物的主要手段，据统计，我国每年化学防治面积约 60 亿亩次，使用农药制剂 120 万吨，高达 70% ～ 80% 的农药转移或流失到非靶标生物、土壤和水域中，受不同程度农药污染的农田有 1.36 亿亩。此外，生物富集作用使作物体内和农产品中的农药残留超标，进而通过食物链危害人体健康，对食物安全和农产品贸易造成不良影响。

综上所述，植物保护学是支撑我国现代农业可持续发展的战略性学科，其在保障农产品质量安全，减少环境污染，保护生物多样性与生态安全，维护公众健康等方面具有不可替代的关键作用。加强植物保护学科建设，提升植物保护科技创新能力，发展农作物有害生物检测、监测、预警和控制的新理论与新技术，对保障国家粮食、经济和生态安全，促进农民增收和农业发展等均有着重要的现实意义。

第二节　植物保护学的发展规律与发展态势

植物保护学具有明显的跨学科特征，不仅与农学基础学科、植物营养学和园艺学有着密切联系，而且与生物领域中的动物学、植物学、微生物学、遗传学、生态学、细胞生物学、生物化学与分子生物学、基因组学、蛋白组学、代谢组学，以及工学和信息科学等学科也有着高度的交叉和关联。现代生命科学和信息科学等基础学科的新理论与新技术正不断融入植物有害生物的检测、监测、预警与控制等各个阶段，促进了现代植物保护学的形成与发展。总体上，现代植物保护学在科学研究上朝微观和宏观两个方向快速发展。一方面利用分子生物学和信息技术等现代科技手段深入揭示植物抵御有害生物的分子机理及有害生物灾变规律，另一方面应用生态学和系统工程学的原理和方法建立有利于农业综合生产能力提高、生物多样性保护、环境污染控制和资源节约的有害生物持续治理技术体系。同时，现代植物保护学科也呈现出两个方向相互交叉、相互促进的发展局面。

一、植物保护学的研究领域不断拓宽

传统的植物保护主要是针对农业生产中的病虫害防治理论与技术。随着全球经济一体化和转基因技术的发展应用，外来入侵生物控制和转基因生物风险管理已成为植物保护学的重要研究内容。入侵生物学的研究内容主要包括外来有害物种在入侵过程中的传入与种群构建、生存与适应、演变与进化、种间互作的生物内在特性，环境响应与系统抵御的外部特征，预防与控制的技术基础等。转基因生物安全是植物保护学科新近发展起来的具有战略高科技特点的分支学科。2013 年，全球 27 个国家转基因作物的种植面积已达到 1.75 亿公顷，其中抗除草剂和抗病虫等以植物保护为目标的转基因作物占总种植面积的 99% 以上。转基因技术在农业上的应用，为解决粮食安全、生态安全、农民增收和农业发展等问题提供了新的有效途径。转基因生物安全性研究主要集中于转基因作物对农田生态系统与生物资源的影响、靶标害虫抗性治理理论和基因漂移生态效应等方面。

二、高新技术广泛应用于植物保护学研究

现代分子生物学与生物信息技术的应用，如分子克隆、重组、体外表达、

基因组学、蛋白组学、代谢组学等，已广泛应用植物病虫致害机理、植物与病虫互作机制、病虫抗药性机理研究，为揭示植物病虫致害及植物抗病虫机理、新药剂研发和农药合理使用起到了重要的促进作用。地理信息系统（GIS）、全球定位系统（GPS）、卫星和航空遥感（RS）、昆虫雷达监测网络等现代信息技术显著提升了植物病虫害的监测预警能力。网络视频技术、信息高速公路以及人工智能识别技术为病虫害防控信息的传递和发布提供了空前的便利条件。转基因技术是21世纪引领未来的前沿技术之一，已广泛应用于植物保护的各个分支学科，如基因工程技术创制的微生物杀虫剂、RNA干扰技术创制的抗病虫转基因品种等。近年来，转基因昆虫技术取得了重要进展，通过培育抗药性天敌和分子不育昆虫及传毒能力弱的介体昆虫，有望成为寻求害虫可持续控制的新途径。

三、学科交叉融合催生新的分支学科

植物保护科学发展已进入综合性研究的新领域，向生物学、生态学、数学、物理学、化学、生物信息学、基因和蛋白组学等学科提出了许多新问题、新概念和新的研究领域，产生了雷达昆虫学、昆虫毒理化学、昆虫分子生物学等昆虫学分支学科和植物与病原互作的基因组学、蛋白组学、代谢组学等植物病理学分支学科。学科交叉是植物保护科学发展规律，多学科联合攻关是解决植物保护复杂问题的重要途径，只有多学科的有机协同才能产生重大的植物保护科技创新。

四、高度重视环境友好和食品安全植保新技术的研发

随着人类对生活质量要求不断提高，降低农产品农药残留和保护生态环境的有害生物防治理念日益增强。围绕环境友好和食品安全的植保技术研发，如抗性作物品种的布局与利用技术、生物防治技术、环境友好型农药、辐射不育技术、分子生态调控技术和物理诱杀技术等，受到了高度重视。

第三节　植物保护学的发展现状与发展布局

一、学科发展现状

"十二五"以来，我国科学家独立完成了稻瘟菌、水稻纹枯菌、小麦条锈菌和水稻稻曲病菌等病原菌的全基因组测序和重测序工作，同时也完成了小菜蛾、蝗虫、褐飞虱、烟粉虱等重要农业害虫的全基因组测序，发现了一些重要病原菌的致病基因和无毒基因、与害虫抗药性等生物学密切相关的关键基因。在入侵有害生物的扩张机制及其对生态系统的影响，抗病虫转基因作物的培育、利用及其生态安全上取得了一系列国际同行高度认可的成果。我国科学家还在水稻抗病基因分离与鉴定、植物介导抑制害虫基因表达的 RNA 干扰技术、病原效应因子修饰替代寄主生理与生化过程、植物与病毒互作分子机理、真菌病毒与弱毒相关病毒防治真菌病害、植物免疫系统与激素调节间的相互作用、害虫抗药性分子机制及其治理、昆虫神经与认知等方面取得了突出成绩。此外，我国在杀线虫真菌的进化、绿色化学农药先导结构及作用靶标的发现、植物和微生物源抗菌杀虫活性化合物、新型杀虫蛋白等方面也取得了可喜进展。一批重要的研究论文分别在《Nature》《Science》和《PNAS》等国际顶尖科学刊物上发表。此外，五年一次的国际植物病理学大会（第十届）于 2013 年在我国首次成功地召开，也说明了我国植物保护学科的成绩也得到了国际同行的认可。

欧美发达国家和地区高度重视植物保护新理论与新技术的研究工作。进入 21 世纪，随着以生物技术和信息技术为代表的第二次农业技术革命的到来，植物保护理论和方法得到了进一步的发展。近年来基因组学、蛋白质组学、代谢组学的发展和突破又推动了分子生物学和生物技术的迅猛发展，并衍生出抗病、抗虫和抗除草剂转基因植物、转基因昆虫、杀虫防病基因重组微生物、作物病虫害的分子检测与诊断技术。与发达国家相比，我国植物保护的基础研究还较为薄弱，主要体现在原创性的研究较少，新概念与关键技术的创新匮乏，研究工作之间缺少连续性与系统性，缺少学科间的交叉。我国对有害生物的中短期预测取得了很多成绩，但大尺度的长期预报相对滞后。在信息的传递和发布手段上，发达国家已实现计算机网络化，将有害生物的有关信息作为服务资源，通过互联网传递给农户。此外，对有害生物功能基因组、转抗病虫和除草剂基因植物，以及转基因昆虫的研究与应用等领域的研究工作，我国与发达国家之间也还存在较大的差距。

1. 有害生物监测预警

近年来，我国利用 3S 技术建立了多种农业有害生物的监测预警网络和系统，显著提高了监测预警的水平与能力。我国有关科研单位先后开发了农作物有害生物疫情地理信息系统、全国农作物病虫害监控中心信息网络和信息系统、分布式虫害预测预报 Web-GIS 系统、迁飞性害虫实时迁入峰预警系统、田间昆虫数据采集和计算机网络化的数据传输和管理技术、田间小气候实时监测技术和影响农作物病虫害的关键气象因素和预警指标的分析提取技术、中长期预测预报技术等关键技术。一些专业公司研发了一系列的测报产品，如自动虫情测报灯、生物远程实时监测系统，以及基于 PDA 的病虫害监测数据采集系统等。通过实现虫情测报工具的自动化，解决了测报工作劳动强度大、效率低等问题。我国还组建了由多部昆虫雷达组成的监测网络系统，研制的毫米波昆虫雷达和多普勒昆虫雷达有效解决了蚜虫、稻飞虱等微小昆虫迁飞行为的监测难题；并利用该雷达网，开展了稻飞虱、稻纵卷叶螟、棉铃虫、草地螟、黏虫、甜菜夜蛾等重要迁飞性害虫的监测预警工作，为这些害虫的预测预报和防治决策提供了重要依据。

2. 植物病害控制

近年来，国内科学家在植物病原致病和控制理论研究方面的突出成果主要集中于病原物遗传结构、寄生适应性变异及致病力分化研究、植物与病原物互作分子机理、植物抗病信号传导途径、病原物功能基因组、抗病基因资源的鉴定与合理布局利用和植物病害流行学研究与防治策略等。我国已经在植物与病原物，特别是在植物与病原细菌（尤其是 Pseudomonas 和 Xanthomonas）、植物与病毒互作机理的研究等方面取得了重要进展；明确了一批病原物效应蛋白的植物靶标，发现一些病毒蛋白能抑制植物的抗病毒基因沉默体系因子；发现有些病原物效应蛋白能在翻译后修饰水平抑制植物靶标的抗病功能；克隆和鉴定了一批植物 ETI 抗病 R 基因，分析了一批 R 基因结构 - 功能关系，明确了它们介导产生 ETI 抗性的分子机理；分离和鉴定了一批 PTI 和 ETI 抗性信号传导重要基因，分析了其作用机理，解析了 PTI 和 ETI 抗性信号传导网络。我国植物病理学研究者在病原物的基因组学研究方面也取得了引人关注的成绩，先后独立完成了黄单胞甘蓝黑腐病菌、水稻稻瘟菌、白叶枯菌、水稻纹枯菌、小麦条锈菌和水稻稻曲病菌等病原菌全基因组测序与重测序，并已开始系统鉴定一些重要病原的致病基因和效应物基因。在植物病害综合治理方面，我国在小麦条锈病综合治理体系建立和应用方面取得突破性进展，创建了以生物多样性利用为核心，以生态抗灾、生物控害、化学减灾为目标的小麦条锈病菌源基地综合治理技术体系。在水稻稻瘟病防控新技术研发方面，将稻瘟病菌群体的无毒基因监测与抗病品种筛选有机结合，筛选出表现高水平抗病性的品种。

3. 农业昆虫控制

完成了对小菜蛾和蝗虫的全基因组测序，获得了一批与害虫抗药性产生相关的重要基因；对蝗虫、稻飞虱、棉铃虫和草地螟等重大害虫的生物学习性，如迁飞、滞育、抗寒性和种型分化机理等研究取得一批突破性成果；在植物－害虫－天敌三营养级互作关系以及化学通信机理、寄生蜂与害虫免疫互作机理等方面取得长足进展；并系统研究了产业结构调整、全球变化等现状下盲蝽等农业害虫种群发生灾变趋势及其生态学机制。根据农业生产需求，研发了物理诱杀、昆虫性诱剂、诱集植物等一系列害虫绿色防控新技术与新产品，研究建立了一批基于单个虫害如蝗虫、盲蝽、稻飞虱、稻纵卷叶螟、草地螟和烟粉虱等可持续治理技术体系，以及基于作物系统如小麦、水稻、玉米、大豆、棉花、蔬菜和果树等害虫可持续治理技术体系。在 Bt 棉花大规模商业化种植对天敌昆虫种群生态调控机制研究方面也取得重要进展。

4. 外来有害生物控制

我国在外来生物入侵机制研究取得了突破性进展。例如，阐明了 B 型烟粉虱的非对称型交配互作理论，揭示了粉虱共存系统中的生殖干涉行为和互利共生机制等；建立了近 20 种危险性入侵物种与潜在入侵物种快速检测的分子基础、技术与方法；构建了重要外来入侵物种早期预警与狙击体系、应急控制技术体系、阻断与扑灭技术体系、可持续综合防御与控制体系。在植物检疫方面，快速分子鉴定与检测水平不断提升，实时荧光 PCR 技术、PCR-RFLP 快速鉴定技术、芯片技术等先进鉴定技术在我国一线口岸得到广泛应用。检疫性有害生物的风险分析从定性研究逐步转入到定量分析。检疫除害处理技术研究不断完善，尤其在冷处理和热处理为主导的物理检疫除害处理得到了广泛应用。

5. 杂草控制

我国科学家明确了水稻、小麦、玉米、大豆和棉花等农田主要杂草群落演替规律及成因，构建了以除草剂减量使用技术为核心，生态控草与化学防除相结合的农田治理技术体系；研究了杂草稻等杂草的遗传多样性，提出了外来杂草紫茎泽兰氮素分配机制增强其竞争性的论点；首次发现了抗草甘膦野芥菜种群，明确了多种杂草对不同除草剂的抗性机制，建立了抗药性杂草快速检测技术及多靶标治理对策；建立了千余种杂草子实和近 3000 种杂草植株标本的杂草标本库和中国杂草信息系统数据库；研究了生物除草剂的作用机理，发现了四氨酸类次生物质可作为新的光系统Ⅱ抑制剂除草剂。

6. 鼠害控制

近年来，我国学者从多方面对鼠类的种群波动和暴发成灾机理做出了突出贡献。主要包括：从全球气候变化角度提出新的“厄尔尼诺－南方涛动”成因假说，并在欧洲的旅鼠和田鼠及我国的布氏田鼠上得到印证；从环境因子角度发现了空间行为与捕食的调节作用、食物的限制作用；从种群遗传学角度发现种群边缘区或低密度年份存在近交和遗传漂变现象，推测在鼠类种群暴发上可能起重要作用；从生理生态学角度提出母体效应在鼠类种群调节中起关键作用；从生态治理角度，提出以控制放牧强度，调整草-畜-鼠协同关系为主的新策略，为实现无公害可持续控制草原鼠害奠定了基础；从行为生态学角度，提出以“不育竞争性繁殖干扰”为核心的不育控制理论，并发现左炔诺孕酮－炔雌醚复合不育剂对多种野生鼠类的繁殖具有很好的控制作用。

7. 化学保护

我国对生物源农药及其类似物、农药新剂型和多功能混剂、农药安全高效使用技术、重要病虫害抗药基因早期检测技术，以及病虫害抗药性综合治理理论与技术开展深入研究。在农药微乳剂质量技术指标及测定方法，新型多功能混剂、农药安全高效使用技术及病虫害抗药性基因检测技术研究等方面取得了一系列创新性研究成果。例如，明确了棉铃虫、棉蚜、褐飞虱、甜菜夜蛾和烟粉虱等重要害虫对杀虫药剂产生抗性的生理生化及分子机理，建立了抗性基因分子检测技术；开发了大量可延缓抗药性发展和提高防治效果的农药复配剂，提出了褐飞虱等重大害虫抗药性治理技术体系；通过评估甲胺磷等高毒农药禁用对害虫种群演化的影响，建立了低毒农药的替代使用技术。此外，我国在农药－靶标复合物结构生物学方面也取得了突破进展，例如在新烟碱化合物作用机制研究与验证，具有拮抗作用的新烟碱杀虫剂开发，几丁质水解酶复合物晶体结构，基于复合物晶体结构的分子设计等研究方面已经形成特色。

8. 生物防治

我国调查并挖掘了一批新的天敌昆虫、生防微生物资源及相关新基因资源，克隆获得了一些具有自主知识产权的杀虫抗病新基因，以及寄生蜂寄生因子基因；系统研究了重要天敌昆虫的控害规律及其机制，包括天敌的行为与适应、天敌与寄主的互作免疫、天敌协同控害的生态学原理，昆虫病毒、Bt杀虫蛋白以及寄生蜂对害虫的致病或控制机制研究已上升至分子水平；探索了天敌昆虫大量繁育的营养学和生理学原理，在发育营养、滞育调控、生殖生理方面取得了一批突破性成果；利用现代生物技术，初步建立了昆虫消化酶抑制剂与RNAi干扰剂研究的新领域，并取得了阶段性进展；系统开展了植物病害生防研究和生物杀菌剂创制研究，创制了有自主知识产权的芽孢杆菌、蛋白质和寡糖类诱抗剂、食线虫真菌等高效生防制剂；深入开展了诱导植物免疫及部分重大病害防控的分子机理研究；在植物病虫害生防产品的应用基础研究方面，实现了部分天敌和生防微生物制剂的产业化应用，取得了显著的经济、社会和生态效益，已取得一定数量的商品化产品。

二、资助现状和人才队伍情况

国家自然科学基金涉及植物保护的内容包括重点项目、面上项目、地区基金、地区联合基金、国际合作项目和人才项目等。科技部等部门通过973计划、国家科技支撑计划、国际合作计划、863计划、948计划和公益性行业科研专项等对植物保护的研究工作进行了资助。“十二五”期间的总体资助强度有大幅度增加。

我国植物保护科研人员主要分布于国家和省属农业科学院、农业高等院校和中国科学院三大系统。农业科学院系统包括中国农业科学院、中国热带农业科学院，以及各省农业科学院，这些单位均下设植物保护研究所。此外，隶属中国农业科学院的棉花、水稻、麻类、甜菜、蔬菜花卉、油料作物、果树、柑橘、茶叶等研究所内均设有植物保护研究室。全国高等院校中，中国农业大学等 50 家涉农院校设有植物保护专业。中国科学院动物研究所等多个研究所亦设有多个植物保护相关科研机构。经过 60 余年的建设，我国已形成了一支在国内分布广泛的植物保护基础研究、应用基础研究和应用技术研究的专业科研队伍。1994 以来，25 位植物研究保护领域科学家获得国家杰出青年科学基金资助，10 位青年学者获得国家优秀青年科学基金资助。

三、学科发展存在的问题

与发达国家相比，我国植物保护学基础研究还较为薄弱，在重要有害生物的功能基因组、有害生物致害性和植物抗性的信号传导途径、农田生态系统食物网和转基因技术利用等方面还存在很大差距。国际合作与学术交流、科研团队和科研设施建设等需要加强。

1. 基础研究领域需拓宽和加强

我国植物保护研究领域基础和应用基础研究还相对薄弱，在新理论上缺乏开拓性的探索工作。近年来，生物基因组学、蛋白质组学、生物信息学等新学科快速发展，已全面融入植物保护学研究，对本学科领域发展产生了重大的促进作用。而我国在这些方面多数是一味追踪或仿效国际发展趋势，原创性工作少，缺乏标志性的研究成果。

2. 科研投入力度有待加强，机制需要完善

植物保护研究具有周期长、季节性明显、地域性强、风险大等特点，但现有的科研项目一般资助力度小、时限短、持续性差，导致我国严重缺乏系统性、连续性、深入性研究。这直接影响到原创性工作的开展和高水平研究成果的产生，也一定程度影响到人才环境建设和学科本身的发展。

3. 科研领军人物缺乏，团队有待优化

我国植物保护学科尚缺乏国际植物保护领军人才，能够在国际植物保护学科主要会议上做主题发言、担任会议主席、分会主席的专家很少。另外，科研团队还需进一步优化，有待组建一支高水平的、适应当代植物保护学前沿性研究和国家需求的高精干研究队伍。

4. 国际合作交流有待拓展

我国从事植物保护研究的很多单位在国际科研合作与学术交流的活动偏少，这势必将影响我们跟踪国际科技发展前沿、利用世界科学技术的最新成果来推动我国植物保护学科的发展。

5. 科研设施和平台建设需要加强

近年来，植物保护学研究仪器设备已有明显改善，但与国际一流水平尚存差距，还不能完全满足基础性、原创性工作的开展。另外，农业试验基地建设普遍比较落后。有待进一步加强本学科科研基础设施和基地建设，为推进整个学科建设提供平台支撑。

四、学科发展布局

（一）各分支学科

1. 植物病理

重点发展：① 研究植物与病原物的分子互作；② 通过功能与比较基因组学、蛋白组学的技术，筛选与鉴定重要作物的重要病原物的关键致病因子并阐明其致病的分子机理；③ 通过与功能基因组学、蛋白组学与代谢组学等学科的交叉鉴定植物的抗病基因，研究植物抗病网络与调控机制。相关研究成果不仅可为高效绿色农药的设计提供靶标基因，并奠定快速、准确检测病原的理论和技术基础，也可以发掘有用的基因资源用于作物抗病育种，继而为抗病品种的合理化布局控制病害提供优异品种。

2. 农业昆虫

传统的害虫防治技术已不能满足现阶段我国农业生产需求，需要通过科技创新研究害虫持续控制的新方法与新理论。随着国际经济一体化、全球气候变化、农业产业结构调整和种植制度变革，重点发展方向包括：① 主要粮食、粮油、蔬菜和果树作物害虫种群演变规律和灾变机理；② 农业害虫防治的新技术与新理论，包括生态调控、遗传控制、信息素干扰、诱杀、转基因作物与转基因昆虫的利用和基于农药化学的杀虫剂应用新技术等。

3. 农田杂草

重点发展方向：① 杂草生物学与生态学，包括关键地区杂草多样性、杂草生理与生化适应机制、杂草与作物的互作机制、杂草群落演替规律、寄生杂草对寄主的识别机制、杂草生态调控的原理及其方法等；② 杂草化学防治，包括除草剂作用机理和靶标、除草剂精准高效施用技术、杂草抗药性机制、抗药性杂草早期检测技术及多样性治理技术、除草剂毒理及残留；③ 杂草生物防治，包括杂草天敌资源、专化性微生物、杂草与其他生物的相互作用、生物源除草剂的作用靶标与机理等。为构建以生态控草为核心，以生物防治、精准安全施药为基础的杂草治理新方法和关键技术奠定基础。

4. 农田鼠害

加强监测预警及治理策略的基础研究，包括：① 气候变化、环境因子与鼠类种群数量波动和遗传结构变化的关系；② 环境因子、遗传因子与鼠类繁殖的关系，鼠类繁殖生物学的分子机制及影响因素；③ 种群密度、社群结构与鼠类行为和生理变化的关系。同时，也要加强农田鼠害治理的新技术与新理论的研究，包括：① 基于生态基础的综合治理技术；② 杀鼠剂抗性机理及新型监测技术；③ 不育控制技术在鼠类数量控制中的理论和应用。

5. 入侵生物

在基础理论方面，应着重于基于生态模拟研究的定量风险与损失评估的理论与方法，检疫性有害生物入侵 / 定殖 / 扩散 / 传播 / 流行的生态学过程中的关键控制因子以及灾变机制，以及前瞻性的新型防控技术，如灾害机制阻断、遗传控制、生物干扰等基础研究。在应用基础方面，应着重于全球生物灾害源自动侦验、识别与预警技术，创新现场高通量、快速的基因诊断和自动识别技术，突发疫情应急处置技术等。

6. 化学保护

重点方向包括：① 有害生物体内专一性农药分子靶标和新靶标；② 有害生物抗药性、再猖獗以及药剂的选择性机理；③ 新药创制进行的天然活性化合物的分离鉴定、生物大分子的结构与功能；④ 杀虫药剂膜蛋白靶标蛋白质组学；⑤ 基于分子靶标的新农药筛选与创制技术；⑥ 化学防治新方法与新技术，如通过植物表达农药活性成分、农药纳米剂型、有效成分控释机理等。

7. 生物防治

重点方向主要包括：① 新杀虫防病的蛋白与基因资源挖掘；② 天敌与有害生物互作的行为、生理与分子机制；③ 天敌昆虫人工繁育及滞育调控的营养学与生理学基础；④ 新型微生物生防制剂的创制及效价提升；⑤ 生防微生物及免疫诱抗剂作用的分子机理；⑥ 多种生防因子协同控害的生态学原理；⑦ 农田食物网作物-害虫-天敌间的化学信息网与通信机制，以及天敌与害虫相互防御机制；⑧ 农田景观格局内有害生物、天敌的库与源动态、生物多样性对天敌控害功能的作用；⑨RNAi 的靶标基因及相关制剂的合成；⑩抗虫转基因植物的安全性评价等。

（二）交叉学科

重点培育新兴领域和学科生长点，鼓励学科交叉合作，推动学科前沿的探索性研究。在学科交叉方面，针对未来植物保护科技前沿和我国农业产业发展的需求，积极支持基因组学和蛋白组学与植物保护学科结合产生有害生物转录组学、蛋白质组学、代谢组学和结构生物学等，促进现代化学技术、信息技术、纳米技术、遥感技术等与植物保护学的交叉结合；通过与结构生物学与现代化学合成相结合，实现病虫等有害生物新靶标筛选与绿色新药剂创制的有机结合；鼓励植物病理学、微生物学与宏基因组学相结合的交叉研究领域，以及植物表面微生物群落生态研究。

（三）平台建设计划

根据植物保护学科国际发展态势和我国科技实际，需要建设有害生物监测预警和生物防治等国家工程实验室，以及完善不同农作物主产区有害生物种群观测国家野外台站等科研平台，推动植物保护科研创新能力的快速提升。

第四节 植物保护的发展目标及其实现途径

一、发展目标

围绕建设创新型国家之战略目标，瞄准植物保护学基础研究发展的国际前沿，结合国家农业生产的战略需求与实际需要，针对植物保护学科发展的重要科学问题，系统整合基础研究和应用基础研究队伍，加强原始性创新，在更深的层面和更广泛的领域进行植物保护重大科学问题的基础研究与探索，提高我国自主创新能力和解决重大问题的能力，为国家农业安全、持续发展提供科学支撑。

未来 5 ～ 10 年，应高度重视多学科交叉和渗透、宏观与微观结合，全面促进植物病理、农业昆虫、农田草害、农田鼠害、化学保护、生物防治、农业有害生物检疫与入侵生物学等分支学科的协同发展，并使部分学科方向或领域具有国际优势与特色。同时，应通过分层次、分重点地推进各类项目的组织与实施，重点阐明重大农业有害生物的发生规律与灾变机制，发展农业有害生物监测预警与控制新理论和新方法。

二、实现途径

未来 5 ～ 10 年，将面向我国农业生产和植物保护科技实际，继续巩固与协同发展植物病理、农业昆虫、农田草害、农田鼠害、化学保护、生物防治、农业有害生物检疫与入侵生物学等分支学科的主要研究领域，并重点扶持研究队伍规模偏小、基础较薄弱的农田草害和农田鼠害分支学科，以及经济或特色作物病虫害发生规律与控制的应用基础研究。重点支持通过与生命科学学科内部相关学科的交叉，应用组学与系统生物学理论与方法研究揭示农业有害生物的发生规律与灾变机制，以及生防微生物与害虫天敌控制有害生物的机理，发展有害生物控制新理论与新方法；支持与现代信息技术的交叉融合，研究与发展重大农业有害生物监测预警新思路与方法。鼓励与环境科学的交叉合作，研究农田生态系统农药的生态行为与污染控制；鼓励与化学等学科的交叉合作，研究有害生物源信息化合物对害虫和天敌的行为调控机制，以及农药新颖靶标的挖掘与设计利用等，发展有害生物控制新途径与新方法。根据生命科学与生物技术的国际发展态势，结合植物保护学科特点，通过学科交叉与合作，应重点培植植物保护生物技术等新兴领域和学术生长点，促进源头创新。最后，加强国际合作与交流，全面提高我国植物保护基础研究水平，切实解决一些跨境迁移有害生物的监测与防控科学问题。

第五节　优先发展领域及重要的交叉研究领域

一、优先发展领域

1. 农作物病虫暴发成灾的种群分化与遗传机制

现代农业生产由于品种选育及推广大大降低了农作物的遗传多样性，常导致病虫在抗性基因的选择压力下种群快速变异，最终因抗性丧失爆发成灾。针对不同地理来源的病虫种群遗传结构、种群间基因流的估算及种群间系统发育关系等方面的重大科学问题，从基因组学、生物信息学、种群遗传学等学科，以及农作物、病虫、环境等相互作用角度出发，探讨有效种群的数量和结构，种群间基因流的范围和频率，明确病虫暴发的起源和发展态势并提前预警，阐明病虫害暴发机制，为病虫害的高效防治提供理论依据。

主要科学问题：① 农作物病虫的分子标记开发和种群遗传结构分析；② 病虫对环境适应性进化的分子机制；③ 农作物病虫害暴发的种群遗传学机制；④ 种群遗传多样性和种群间基因流与农作物的抗性品种布局的关系。

2. 农作物与病虫互作的分子机理

揭示农作物与病虫互作的网络互作关系，可在理论上进一步加深对病原物或害虫与植物互作机理、协同进化等的理解，亦可在实践上为开发病虫绿色防控技术提供支撑，因此研究其间的互作关系已成为目前植物保护领域的热点。针对明确病虫搜寻寄主作物的过程及其内在机制、作物应对病虫入侵的防卫反应及其机理、揭示识别与反识别及防卫与反防卫的互作过程及其作用机理等方面的重大科学问题，从遗传学、化学、分子生物学与生物信息学，以及基因组学、转录组学、蛋白质组学以及代谢组学等角度出发，以作物与病虫相互作用为核心，重点剖析病虫识别寄主植物、病虫诱导作物产生防卫反应以及病虫克服作物防卫反应等方面的机理，进而发掘作物抗性基因与病虫中可用于药物靶标的候选基因，为我国基于农作物与病虫互作机理的新型害虫防治策略提供理论依据。

主要科学问题：① 作物识别与防卫病虫反应的机理及调控网络；② 病虫识别与克服作物防卫反应的途径与机理；③ 作物与病虫中小 RNA（sRNA）与长链非编码 RNA 的调控机理以及各自在抗病虫与致害性中的作用；④ 蛋白修饰在病原物致病与植物抗病中的作用以及病原物次生代谢物参与致病性的机制；⑤ 植物植保素等代谢物在抗病虫中的功能与机理以及植物抗病虫反应与生长发育过程间的协调及其机理。

3. 作物布局调整中病虫害演变与灾变形成机制

农作物病虫害灾变是生态环境条件与病虫自身生物特征统一协同的结果。与病虫自身特性一样，环境因素在病虫害演变和成灾中的重要性得到了广泛认同。但由于组成环境的因素众多且作用复杂，生态环境对病虫害发生灾变的影响作用及内在机制尚缺乏长期系统研究和深入科学认识。近年来，农作物种植结构调整引起了农田景观生态系统的组成与结构出现明显变化，直接影响病虫的寄主来源与生境条件，使黏虫、马铃薯晚疫病等老问题死灰复燃，二点委夜蛾等新问题层出不穷。因此，从作物布局因素出发，阐明作物种植结构调整过程中农作物病虫害的演变过程和成灾机制，具有重要科学价值和实践意义。

主要科学问题：① 农田空间分布规律、景观格局特征及其变化趋势；② 病虫在农田景观中不同生境及作物间的传播流行与转移扩散规律；③ 农田景观组成与结构对病虫种群时空动态的调控作用机制；④农作物种植结构调整过程中病虫灾变形成机制。

4. 生境多样性调控作物主要病虫害的原理及关键因子

近年来生物多样性领域取得了很多进展。国外的进展主要表现自然生态系统中的生物多样性的功能，如生物多样性与碳、氮循环，与气候变化的关系研究等。而国内的主要进展则体现在农业生态系统中，包括生物多样性与粮食产量的关系，生物多样性与病虫害控制的关系等。在遗传多样性和物种多样性控制病虫害的两期973计划项目基础上，深入研究利用生境多样性调控作物主要有害生物的基本原理和方法，明确农作物差异化屏障有害生物迁徙和传播的规律、效应和作用，探索生境多样性阻碍有害生物传播的关键因子，为我国主要农业主要病虫的生态调控和生态安全屏障建设提供科学理论和关键技术，为世界各国边境地区有害生物的传播和防控提供重要范例和参考。

关键科学问题：①生境多样性的组成和分布对作物主要病虫害的效应；②生境多样性调控作物主要病虫的机制；③生境多样性构建我国生态安全屏障的原理；④生境多样性调控作物主要有害生物的关键影响因子。

5. 生物源物质对农作物病虫害的作用机理

利用生物源物质与生防微生物防控植物病虫害因其具有应用简便有效、对环境和生物安全等突出优点，而受到国际上植物病虫害防治领域的普遍关注。根据农作物病虫害的发生发展规律，以我国重要农作物病害为研究对象，挖掘并鉴定具有抑制植物病虫害的微生物、生物资源与功能蛋白质，分离、纯化并鉴定由生防微生物或植物内生菌等产生的具有抑制病虫活性的生物源物质，研究生防微生物与靶标病原菌/害虫相互作用的分子机制，揭示生物源物质合成途径及其抑制植物病虫害的作用机理，对推动农作物病虫害的绿色防治的发展有着积极的作用。

主要科学问题：①生防微生物资源筛选与效果评价、高效生防微生物工程菌的改造；②生防微生物（抗病杀虫）与靶标（病原物、害虫）的相互识别、信号交流及其传导途径的分子机制；③生物源活性物质的鉴定、功能分析及其抑制植物病虫害的分子机制；④生物源类物质合成途径、调控机制及应用；生防微生物的定殖、环境适应性调节的分子机制。

6. 病虫抗药性机理及监测预警

病虫抗药性是在药剂选择压力下有害生物适应性进化的必然结果，是病虫防治面临的最棘手的问题，国内外均投入了大量人力、物力进行研究治理。病虫抗药性快速增长，目前至少有 30 种农作物害虫对约 40 种杀虫剂、20 多种病原菌对各类现代选择性杀菌剂产生了不同程度的抗药性。病虫抗药性暴发导致防控失败，导致农产品产量损失、质量下降和高效药剂的淘汰，同时导致更多的化学农药投入田间，对环境造成严重污染，对有益生物造成毁灭性的杀伤。近年来，围绕有害生物抗药性机理和早期监测预警，引进了组学分析技术，对病虫抗药性涉及的靶标抗性、代谢抗性和其他类型抗性基因进行了全面分析，在靶标结构生物学和代谢抗性分子机理研究方面取得了突出进展。然而，由于室内抗性筛选与自然科学进化的差异，新药剂的抗药性风险评估大都停留在实验室环节，可靠的抗药性早期监测技术缺乏，因此病虫抗药性治理还存在严峻挑战。

主要科学问题：① 农药与病虫分子靶标互作的结构生物学、抗药性遗传和生化机制；② 病虫抗药性水平调控路径和共性、转性抗性基因鉴定；③Bt 抗性新机制与不同机制对抗性的贡献方式；④ 有害生物抗药性演变规律和关键影响因素鉴定；⑤ 基于抗药性机理的病虫抗药性早期检测技术与预警系统；⑥ 基于病虫抗药性的新农药结构优化与分子设计。

7. 农作物病原物效应子的功能与作用机制

效应子是一类由植物病原物产生并转运到寄主体内的分泌蛋白。效应子被转运到寄主体内后以寄主生长发育或抗病信号传导过程中关键蛋白为靶标，干涉寄主细胞正常生理生化过程以及抗病信号传导途径，从而抑制植物的免疫反应。它们是绝大多数病原物侵染植物过程中最为关键的一类致病因子。另一方面，在植物与病原协同进化过程中，一些效应子能够被植物的抗病蛋白间接或直接地识别从而激发抗病反应。效应子在植物与病原互作以及协同进化中起到核心作用。因此，研究病原物效应子的功能及其在寄主中的作用靶标，既能阐明病原物致病的分子机理和病害发生规律，也能揭示植物抗病信号传导过程中关键组分，解析植物抗病信号网络，为开发植物持久抗病材料提供信息与资源。

主要科学问题：① 农作物病原物效应子的大规模挖掘与鉴定；② 农作物病原物效应子在植物与病原物互作中的功能及其作用靶标的鉴定；③农作物病原物效应子与植物抗病蛋白互作机制和协同进化规律；④ 农作物病原物效应子干扰植物免疫反应的分子机制；⑤ 农作物病原物效应子的转运模式与有效抑制途径；⑥ 农作物病原物效应子遗传变异与病害流行的关系及其在抗病育种中的应用。

8. 病原菌毒素的形成调控机理

黄曲霉、镰刀菌以及稻曲病菌等植物病原菌产生的毒素，具有强毒性和致癌性，能够污染几乎所有的农产品。在我国，病原菌毒素污染每年造成粮食直接经济损失高达 850 亿元。另外，据统计，2001 ～ 2011 年，我国出口欧盟食品违例事件 2559 起，其中病原菌毒素超标事件占 28.6%，是农药残留超标事件的 10 倍，严重制约了我国农产品的出口。因此，加强病原菌毒素防控已成为保障我国粮食安全生产、食品安全以及农产品国际竞争力的重大需求。利用群体遗传学、分子生物学以及代谢组学技术，解析产毒素病原菌的群体结构和变异规律，阐明病原菌毒素形成机理和致害机制，对病原菌毒素的科学防控有重要的理论和现实意义。

主要科学问题：① 产毒素病原菌的群体遗传结构和变异规律；② 病原菌毒素形成调控机理；环境条件对毒素形成的调控机制；③ 毒素在病原菌与寄主及其他生物互作中致害的机理。

9. 作物对病原物的免疫调控机理

作物对病原物的免疫性一般表现为稳定、持久与温和的抗性，其典型的抗病反应包括产生活性氧、植保素的生成、病程相关基因的诱导、胼胝质沉淀和细胞壁的加厚等；而对于病毒，植物则利用 RNA 沉默机制抵御其侵染，RNA 沉默是植物对抗病毒最为重要的免疫防卫反应。近年来，国内外学者在作物上已鉴定并成功地分离出了一批抗病基因，鉴定了病毒侵染过程中 RNA 沉默防卫体系中寄主蛋白的核心防卫作用，但是对其免疫反应产生的机理、免疫调控网络还有待进一步研究。生物信息学和各类组学技术如基因组、转录组、小 RNA 组、蛋白组、代谢组等的高速发展，使全面绘制农作物对重要病原物免疫调控网络成为现实。加快对基因沉默体系中寄主蛋白在对抗病毒侵染中的作用机制研究、鉴定新抗性基因及免疫调控通路中重要元件，并结合遗传学、表观遗传学和蛋白组学等学科的交叉，大规模揭示作物免疫调控通路中各个元件的功能，从而绘制出作物对病原物的免疫调控网络，有助于发掘通过调控植物自身的免疫反应进行病害控制的新策略。

主要科学问题：① 作物利用基因沉默对抗病毒侵染的免疫反应机制；② 作物对不同类型病原物的免疫反应特征及其机制；③ 作物免疫信号传导与调控网络中的关键元件鉴定；④ 作物免疫调控网络中转录因子的功能；⑤ 作物免疫调控网络的表观遗传学及蛋白翻译后修饰。

10. 昆虫传播农作物重要病原菌的机制

昆虫传播的植物病原菌种类繁多，尤其是传播植物病毒，危害严重，防治难度大，严重制约我国粮食等农作物的高产和稳产。介体昆虫传播病原菌尤其病毒是一个复杂的过程。介体昆虫传播病毒涉及病毒与昆虫细胞识别并侵入细胞、然后突破各种组织和膜屏障进入唾液腺、最后再通过取食过程释放病毒，引起病害。目前国际上对植物病毒的传播路径、传播效率和传播特异性等方面已开展了研究。但有关植物病毒如何进入相应介体昆虫体内并完成循回过程、病毒如何逃脱昆虫免疫系统攻击，以及如何实现经卵传播等机制尚不清楚。采用病毒学、分子生物学、昆虫学等学科的研究方法，开展昆虫传播植物病毒的机制研究，明确虫传病毒专化性识别介体昆虫，突破介体昆虫各种屏障，以及逃避介体免疫系统的分子机制，发展阻断病毒病通过介体昆虫传播的新策略。针对介体昆虫、病毒会通过寄主植物建立互惠关系，加重了病毒及介体昆虫危害等实际问题，揭示介体昆虫、病毒和植物间的互作影响病虫害发生和流行的机制，为有效预防和控制作物病害的危害与蔓延以及介体昆虫暴发成灾提供理论依据和技术体系，确保农作物产量和品质的安全。

主要科学问题：① 介体昆虫识别及传播植物病原菌（病毒）的分子机制；② 植物病原菌（病毒）和介体昆虫相互作用的机制；③ 介体昆虫、病原菌（病毒）和寄主植物三者相互作用机制；④ 防控植物病害通过介体昆虫传播的新方法。

11. 农作物害虫生殖调控的分子机理

农作物害虫生殖力的大小是决定害虫种群数量变动与为害程度的重要因

子。因此，研究害虫生殖调控机理，并探寻出调控害虫生殖的新方法，对揭示害虫爆发成灾机理以及减少虫灾均具有十分重要的意义。害虫的生殖力受内源性因子（如 SNP）和外源性因子（如作物品种、农药、温度等）的共同影响，其中内源性因子是调控生殖的关键。探索各种因子对生殖的影响，找出其中规律性，并利用这些变动的因子对生殖力的调控，即有望更好地控制害虫种群数量增长与为害。近年，就作为昆虫生殖力的重要分子标记的卵黄原蛋白（Vitellogenin，Vg）及其受体（VgR）的调控主要信号通路（胰岛素信号通路、激素通路、营养通路和能量通路）国内外已有一定研究。同样，在外源性因子影响害虫生殖方面的报道也不断增加。但总体对害虫生殖调控的分子机理仍缺乏深入的揭示。在利用农业昆虫基因组信息的基础上，利用分子生物学、遗传学、基因组学、转录组学、蛋白质组学等方法，开展害虫生殖相关基因功能及其相互间关系网络解析、害虫生殖的内分泌调控机理、害虫生殖调控的遗传机理、抗虫作物等外源性因子对害虫生殖的调控作用及其机理以及于生殖调控的害虫控制新方法，以阐明害虫生殖调控的生理基础与分子机理，揭示我国主要作物害虫暴发成灾与害虫生殖力间关系，对发展基于害虫生殖力调控的新型害虫预测与防治新思路与新方法具有重要意义。

主要科学问题：① 害虫生殖相关基因功能及其相互间关系网络解析；② 害虫生殖的内分泌调控机理；③ 害虫生殖调控的遗传机理；④ 抗虫作物等外源性因子对害虫生殖的调控作用及其机理；⑤ 基于生殖调控的害虫控制新方法。

12. 寄生性天敌与害虫互作的机理

寄生性天敌是作物害虫自然控制的重要因子，利用其控制害虫一直是作物害虫生物防治的主要手段。但直接利用寄生性天敌防治害虫尚存在一定缺陷与不足，因此，深入解析寄生性天敌与害虫互作机理，将有助于提高天敌及其活性因子的利用效率。该内容已成为目前国际上植物保护领域的研究热点之一。近年来，随着基因组学、转录组学、蛋白质组学等组学对农业昆虫学科的渗透与应用，有关“寄生性天敌-害虫”相互作用的研究也取得了一些新进展，如完成模式寄生蜂丽蝇蛹集金小蜂的基因组测序、鉴定了一些寄生性天敌寄生活性因子组成与功能。然而，迄今对寄生性天敌与害虫互作的分子机理尚缺乏深入系统研究，一些与寄生行为和成功寄生相关的关键活性因子及其功能尚有待揭示。从昆虫生理学、免疫学、生物化学、行为学，以及基因组学、转录组学、蛋白质组学与代谢组学等角度出发，开展寄生性天敌寄生行为调控及其机制、害虫对寄生性天敌的防卫反应及其机理、寄生性天敌活性因子鉴定与功能分析，以及寄生性天敌活性因子与害虫体内靶分子互作机理等研究，以明确我国主要寄生性天敌与害虫互作的生理与分子机理。揭示寄生性天敌行为调控的生理与分子机理。这将为挖掘和利用寄生性天敌寄生活性因子，开辟基于寄生性天敌活性因子的害虫生物防治新思路与新方法提供理论依据与技术支撑。

主要科学问题：① 寄生性天敌寄生行为调控因子及其作用机理；② 害虫免疫防卫寄生性天敌的机理；③ 寄生性天敌调控害虫免疫与发育等生理过程网络的解析；④ 寄生性天敌寄生活性因子的鉴定与功能分析；⑤ 寄生活性因子与害虫体内分子靶标的互作机理；⑥ 寄生活性因子的利用途径与方法。

13. 农业昆虫趋性行为机制

在全球气候变化及复合农业种植模式频繁更替背景下，重要农业昆虫为害行为发生了很大变化。针对重要农业昆虫趋光、趋化为害及适应、寄主植物化学信息分子的网络调控及昆虫识别趋性信息分子机制等方面的重大科学问题，从生态学、光物理学、化学、分子生物学、生物信息学等多学科、多方位、多角度出发，明确趋性信号对重要农业昆虫的行为调控，解析寄主植物关键化学信息分子基因调控网络及对昆虫趋性行为影响，阐明昆虫识别趋性信号的分子机制，为通过趋性行为调控治理昆虫提供理论依据。

主要科学问题：① 夜行性昆虫响应光胁迫的信号转导分子调控机理；② 重要趋光蛋白的分子功能剂适应策略；③ 寄主主植物关键化学信息分子网络及趋化调控功能；④ 害虫嗅觉相关蛋白互作及对气味信息的识别传导。

14. 农药新颖靶标的挖掘与利用

化学防治仍然是目前病虫草鼠害防控的主要手段，化学农药在农业安全生产中的重要作用和化学农药暴露出来的安全问题之间形成了尖锐的矛盾，迫使人们不断寻求新型、安全、高效农药。但是，现有的农药靶标数量有限，部分靶标面临着被淘汰的危险，因此寻找新颖农药靶标是目前乃至未来很长一段时间内的农药开发工作重点。从长远利用来讲，这比寻找某个新颖农药本身更重要。病虫草鼠害生物学规律的不断揭示、关键信号通路的阐明、关键蛋白功能的明确，为农药新颖靶标的挖掘提供了坚实的基础。昆虫、病菌、杂草等有害生物基因组的完成，为挖掘新颖农药靶标提供了宝贵材料，有害生物生长发育过程的调控、有害生物种间交流的阻断、有害生物对寄主定位的干扰、有害生物与天敌相互关系的利用、植物抗性调控和激活等方面，都可能成为农药开发的攻击靶点，并逐渐形成农药开发的新颖靶标。其中昆虫嗅觉行为调控、昆虫生殖行为调控、病原物致病因子利用、新型抗病毒剂开发、植物抗性调控是目前发展较快的几个方面。

主要科学问题：① 昆虫嗅觉控制基因挖掘和基于昆虫嗅觉干扰的潜在农药靶标筛选；② 调控昆虫驱避、交配和取食等行为的关键受体功能研究与潜在农药靶标筛选；③ 植物病原物致病因子的鉴定、晶体结构解析与潜在农药靶标的特征分析；④ 诱导植物抗性的途径、关键控制因子和潜在靶标发掘；⑤ 新型抗病毒剂靶标的挖掘与抗病毒剂研制。

15. 农业有害生物的入侵、扩张与适应机制

外来入侵生物严重威胁着我国农业的经济安全、生态安全和生态文明建设，我国多样化气候条件、多类型的农业耕作制度和种植方式加剧了其危害。应针对入侵生物“传入—定殖 / 潜伏—扩散—暴发”入侵过程中的重大科学问题，采用遗传学、生理学、分子生物学、生态学、生物地理学等多学科方法，从种群、种间和生态系统多层次，探究重大农业入侵生物时空扩散规律，解析其生态适应性进化 / 分化机制，阐明其竞争性扩张机制，明确其监测和控制的技术方法，为预测、狙击、监测、控制和管理提供理论依据。

主要科学问题：① 入侵生物的时空扩散及预警；② 入侵生物的生态适应性及进化；③入侵生物对本地生物的竞争性扩张；④ 入侵生物的监测和控制。

16. 农田杂草致灾机制

农田杂草在农业生态系统中不断适应，致使其种群不断演化，蔓延日益加速，竞争日趋加剧，危害持续加重。围绕农田杂草休眠、生长、竞争、繁殖、抗药性等重要性状，针对杂草致灾机制的重大科学问题，明确杂草的相关基因及其功能，从基因水平阐明杂草种子休眠萌发、生长、竞争与危害的关系，揭示杂草生态适应性与致灾分子机制，为农田杂草治理提供深层次的基础理论。

主要科学问题：① 杂草种子休眠萌发机制；② 杂草竞争机制；③ 杂草生态适应性；④ 杂草相关基因及其功能；⑤ 抗药性杂草扩散机制。

17. 农田害鼠种群数量波动及其调控机制

鼠害成灾的实质是害鼠种群数量的暴发。害鼠种群数量波动及暴发机制研究，是实现鼠害监测预警及鼠害可持续综合控制的基础理论支持和新技术研发的根本切入点。鼠类种群暴发危害的根本原因是外界环境因子与种群内部因子结合，导致短时期内种群数量急剧增加的结果。遗传学、功能基因组学及表观遗传学的最新研究表明，哺乳动物对环境的响应状态能够在世代之间延续，种群波动周期很可能是环境因素与遗传因素互作的结果，害鼠种群波动是有规律可循的。因此，宏微观理论与技术方法相结合，分析环境因素与遗传因素互作在害鼠种群数量波动及鼠害周期性特征中的作用，将是未来鼠害成灾规律研究的一个主要方向及核心。

主要科学问题：① 农田害鼠种群数量波动特征、种群繁殖特征及其与所处生态环境特征的关系；② 食物、温度、光周期等环境因子变化对农田害鼠繁殖、种群数量的影响及其生理遗传机制；③ 环境敏感性遗传标记筛选及其在农田鼠害预测预报中的应用。

二、交叉研究领域

1. 信息技术与病虫害监测预警

病虫害是造成农作物产量损失的关键因素，其防治过程中的农药滥用是造成环境污染和生态恶化的主因。现代信息技术是建立病虫害自动化精确预警的基础，针对病虫害种群扩张和猖獗为害机制、信息化预警和风险管控策略等重大科学问题，从生态学、行为学、信息学、系统工程学等方面进行多学科交叉研究，明确病虫害区域迁移、种群扩张、群落演替、猖獗为害的生态学机制，阐明信息技术在生物灾变预警中的基础作用，为病虫害综合治理和农业可持续发展提供理论依据和技术支撑。

主要科学问题：① 信息多元化与生物灾变精准预警的模型基础；② 信息控制、系统工程与风险管控策略；③ 病虫害间歇性猖獗为害的生态机制；④

病虫害大区域迁移及其种群扩张机制。

2. 农药与靶标互作及其在新农药分子设计中的应用

农药－靶标相互作用研究是绿色农药创制的核心问题，也是解决抗性、非靶标生物毒性、生态环境负面影响等问题的关键。该领域的研究有助于新农药作用机制的明晰，新先导化合物的发现、小分子与靶标残基作用模式的确认以及农药毒理学作用模型的建立，为后续生态农药的创制提供重要的理论依据。近年来，国内外在农药－靶标相互作用研究进展较为迅速，如从分子靶标的角度降低氟虫腈对水生生物毒性、通过荧光偏振技术研究新先导与鱼尼丁受体的作用、通过电生理技术研究环氧虫啶等与烟碱型乙酰胆碱受体的作用机制、依托结构生物学方法探知昆虫几丁质水解酶复合物晶体结构、从原卟啉原氧化酶复合物晶体结构出发开展基于靶标的分子设计与作用机制研究、通过生物信息学方法研究除草剂抗性机制并建立基于 DFT 方法的 QSAR 反抗性分子设计技术、以天然产物为先导开发新型高效低毒杀菌剂以及植物健康为核心的诱导寄主获得性抗性的杀菌剂、亲和捕获和基因组以及蛋白组学等技术已经在靶标探寻、机制研究方面得到广泛应用。上述研究为从分子靶标的角度理解农药分子与靶标之间的相互作用提供有力的理论依据，为农药的分子设计提供了有力支撑，促进了新农药创制的进程。因此，开展农药－靶标相互作用研究，有利于在保证选择性的同时，实现农药作用靶标的多样性以及新作用靶标的发现。为了解决农药－靶标互作及基于互作的新农药分子设计探索，需要通过植物保护领域与化学学部的有机化学、农药化学、结构化学相结合，从蛋白质生物学与农药化学结构两个方面开展研究，共同完成。

主要科学问题：① 农药靶标的发掘与验证；② 靶标与活性分子的柔性结合模式研究；③ 靶标与农药互作模型构建；④ 靶标多态性与活性分子敏感性的关系分析；⑤ 基于农药－靶标相互作用模式的分子设计体系构建；⑥ 基于靶标－农药作用模式的新先导发现。

3. 农药环境行为与风险评价

我国每年农作物有害生物化学防治面积约 60 亿亩次，每年使用农药制剂 120 万吨，高达 70% ～ 80% 的农药转移或流失到非靶标生物、土壤和水域中，受农药不同程度污染的农田有 1.36 亿亩。化学农药还通过生物富集在作物体内形成较高残留，再通过食物链危害人体健康，尤其农药的应用对农田有害生物天敌、有益生物等非靶标物种的危害作用日益严重。我国在农药化学污染、风险控制研究多集中于农药应用后的残留分布现象的监测和分析，而对农药应用后对农产品和环境污染形成过程和机制缺乏深入研究，这也是国际农药安全应用研究的难点和热点问题。因此，急需揭示农药环境行为规律与农药应用效率的关系，明确农药环境毒理机制，系统开展农药对非靶标生物的安全评价，制订农药高效安全应用对策，从而建立有利于农业综合生产能力提高、生物多样性保护、环境污染控制和资源节约的有害生物持续治理技术体系。完成该研究内容，需要与地学学部环境污染、土壤化学等领域结合，共同完成。

主要科学问题：① 农药对有害生物天敌、农业有益生物的负面影响机制与评价；② 农药－靶标生物－非靶标生物－环境之间的互作关系；③ 农药的环境化学行为与可控机制；④ 水体、土壤农药残留的生物影响评价；⑤ 多种农药的残留综合与累加风险评价；⑥ 农药高效安全应用理论及评价标准。

第六节　实现“十三五”发展战略的政策措施

一、加强对重要病虫害生物学研究

种植结构调整和全球气候变化导致一些次要病虫害逐渐发展成为毁灭性灾害，如稻曲病、柑橘黄龙病、黏虫和棉盲蝽等，但我国对这些病虫害的研究基础较薄弱，今后应加大对这些危害严重但研究较少的病虫害开展生物学研究，明确其发生流行规律，为控制其危害提供有效的技术和策略。

二、进一步强化资源库与数据库平台建设与共享

植物保护学科的研究对象涉及植物、动物和微生物，其种类繁多。我国与植物保护学科相关的遗传资源极其丰富，遗传多样性好，这些资源是植物保护学科发展的宝贵财富。长期以来，我国没有重视对植物保护学科相关的遗传资源进行收集，没有建立良性的合作和分享机制。今后应打破部门单位封闭格

局，建立资源库及相关信息平台，制定完善资源库与数据库开放共享的机制，加强协同创新，推动我国植物保护学科的发展。

三、以目标为导向科学设计重大、重点科研项目

瞄准国际植物保护学科技前沿和国家农业生产的重大需求，抓好重大、重点科研项目的顶层设计。通过重大、重点项目的实施，组织开展全国植物保护科研协同创新，鼓励和推进中国农业科学院、省市农业科学院、农业院校及综合性大学和中国科学院系统科研团队的科研协作和学术交流等，突破因基础研究队伍力量薄弱与力量分散而导致我国植物保护学基础研究缺乏原创性成果的瓶颈。围绕优先发展领域，通过设立更多的体现学科前沿或国家需求的重大重点项目，集中全国优势力量联合攻关，促进学科交叉，提升原始创新能力。

四、进一步促进国际合作与交流

通过“走出去”与“请进来”的方式，鼓励国际合作，促进交流。从国家层面与国际应用生物科学中心（CABI）、国际玉米与小麦改良中心（CIMMYT）和国际水稻研究所（IRRI）等国际性科研机构建立长期、稳定的双边或多边合作关系，建立国际联合实验室，并对联合实验室提供经费支持，提高我国植物保护学科的国际参与度，并通过举办和承办一批国际系列学术会议、工作研讨会等，扩大国内相关人员的受益面，从整体上促进我国植物保护学科基础研究达到国际先进水平。

主要参考文献

中国植物保护学会 . 2011. 2010 ～ 2011 植物保护学科发展报告 . 北京：中国科学技术出版社 .

中国植物保护学会 . 2013. 2012 ～ 2013 植物保护学科发展报告 . 北京：中国科学技术出版社 .

Bommarco R，Kleijn D，Potts S G. 2013. Ecological intensification：harnessing ecosystem services for food security. Trends in Ecology and Evolution，28：230-238.

Bourguet D, Delmotte F, Franck P. 2013. Heterogeneity of selection and the evolution of resistance. Trends in Ecology & Evolution, 28: 110-118.

Casida J E, Durkin K A. 2013. Neuroactive insecticides: Targets, selectivity, resistance, and secondary effects. Annual Review of Entomology, 58: 99-117.

Erb M, Meldau S, Howe G A. 2012. Role of phytohormones in insect-specific plant reactions. Trends in Plant Science, 17: 250-259.

Leal W S. 2013. Odorant reception in insects: roles of receptors, binding proteins, and degrading enzymes. Annual Review of Entomology, 58: 373-391.

Liu W D, Liu J L, Triplett L, et al. 2014. Novel insights into rice innate immunity against bacterial and fungal pathogens. Annual Review of Phytopathology, 52: 213-241.

Liu L, Xie J, Cheng J, et al. 2014. Fungal negative-stranded RNA virus that is related to bornaviruses and nyaviruses. Proceedings of the National Academy of Sciences of the United States of America, 111: 12205-12210.

Lu Y H, Wu K M, Jiang Y Y, et al. 2012. Widespread adoption of Bt cotton and insecticide decrease promotes biocontrol services. Nature, 487: 362-365.

Lu Y H, Wu K M, Jiang Y Y, et al. 2010. Mirid bug outbreaks in multiple crops correlated with wide-scale adoption of Bt cotton in China. Science, 328: 1151-1154.

Mithofer A, Boland W. 2012. Plant defense against herbivores: Chemical aspects. Annual Review of Plant Biology, 63: 431-450.

Schellhorn N A, Bianchi F, Hsu C L. 2014. Movement of entomophagous arthropods in agricultural landscapes: Links to pest suppression. Annual Review of Entomology, 59: 559-581.

Vleeshouwers V, Raffaele S, Vossen J H. 2011. Understanding and exploiting late blight resistance in the age of effectors. Annual Review of Phytopathology, 49: 507-531.

You M, Yue Z, He W, Yang X, Yang G, et al. 2013. A heterozygous moth genome provides insights into herbivory and detoxification. Nature Genetics, 45: 220-225.

Zheng W, Huang L, Huang J, et al. 2013. High genome heterozygosity and endemic genetic recombination in the wheat stripe rust fungus. Nature Communications, 4: 2673.

Zhou X P. 2013. Advances in understanding begomovirus satellites. Annual Review of Phytopathology, 51: 357-358.

第十六章

园艺学与植物营养学

随着我国经济的快速发展，人们生活质量的提高、农业自然资源越来越紧缺，园艺学与植物营养学的战略地位显得越来越重要。近年来，园艺学与植物营养学的基础和应用基础研究方面得到了快速、健康和有序的发展，学科研究领域不断拓展，研究队伍逐步发展壮大，学科条件不断改善，科学研究针对性逐渐增强，我国科学家在国际舞台的活跃程度和研究水平近五年得到快速提升。

第一节　园艺学与植物营养学的战略地位

一、园艺学的战略地位

（一）园艺学定义及范围

园艺学的研究对象为果树、蔬菜（含瓜果和食用菌）和花卉植物。园艺学是研究园艺作物生长发育和遗传规律的一门学科，涉及园艺作物起源与分类、种质资源、遗传改良、栽培、病虫害防治及采后处理、贮藏保鲜等应用技术与原理，既有应用基础理论研究，也包含应用技术的原始创新与开发利用。

（二）园艺学研究的特点

园艺学研究和其他生物学研究有一些共性的基础理论研究，如园艺作物研究往往可借鉴模式植物的研究成果。但与其他农作物相比，园艺作物本身具有一些特异的生物学特性和农艺性状。园艺学研究主要有以下特点。

1. 园艺产品的鲜活性

与大田作物等以成熟干种子为食用器官相比，园艺产品的食用多以鲜活、柔嫩、多汁的幼嫩器官或成熟器官产品为主。观赏用的花卉产品也同样具有高度的鲜活特性。园艺产品的鲜活性将使得园艺产品器官的发育、成熟、保鲜等方面具有独特的科学规律和研究内涵。

2. 园艺作物种类和园艺产品的多样性

我国园艺作物资源丰富多样，是多种园艺作物的起源中心，生态型广，种类丰富。而其产品种类多样，根、茎、叶、花、果、种子等不同器官均可食用或观赏。这些产品器官的形成发育与模式植物有明显差异，因而园艺作物具有特异的器官形成发育机制和调控机理。与大田作物不同，园艺作物不仅仅满足鲜食需求，还满足观赏和精神文化需求。

3. 园艺学研究的周期长

大田作物的采收后产品贮藏较为简单，而园艺产品器官涉及产前、产中及采后等环节，时间跨度长。园艺产品采后贮藏保鲜环节是园艺产品区别于其他农作物产品的一大特色。此外，木本果树还需要度过 3 ～ 10 年的童期才能开花结果，相关遗传学、杂交育种等研究所需要的时间长。与一年生作物不同，木本果树还具有营养生长与生殖生长交替进行，地上和低下部分一年中交替生产等特性。

4. 具有嫁接复合体的特殊生长习性

园艺作物由于自身的生长特点，具有砧–穗嫁接复合体的生长习性，性状形成与砧穗互作有密切关系。嫁接在园艺作物栽培中有悠久历史并被广泛采用，是无性快速繁殖的重要途径，还可改善园艺作物的生长势以及对生物胁迫和非生物胁迫的抗性。

5. 大量利用体细胞变异

园艺作物大多数采用无性繁殖，其遗传背景具有高度复杂性，加上较长的生命周期，在生产实践中产生了丰富的体细胞变异。在长期的遗传改良和育种过程中，利用体细胞变异（芽变）改良品种比较普遍。体细胞突变体是园艺性状形成机制研究的理想材料，也是育种创新的重要资源。

（三）园艺产业经济和社会地位

1. 园艺总产值占种植业四成，是一个关系社会稳定大局的富民产业

园艺生产是农业生产的重要组成部分，园艺产品对于人们的食品保障、饮食结构改善、微量营养元素补充以及美化人们生活具有重要价值。园艺业已成为我国当今农业中最具活力的产业之一。园艺产业占整个种植业总产值的45%以上，为农业增效贡献年总产值超过1.2万亿元。

园艺产品是我国目前为数不多的、具有较强国际竞争力的一大类农产品，是出口创汇农业的重要构成，年出口额超600亿元。2013年我国园艺产品贸易顺差达到131.6亿元。我国园艺产业在国际市场竞争中继续保持强势，在平衡我国农产品国际贸易中的地位和作用十分突出，不可替代。

2. 稳定农村劳动力，促进农村经济发展

园艺产业是劳动密集型产业，也是解决城乡居民就业的重要产业。园艺产业发展壮大，带动了交通运输、农资建材、生活服务、信息通信、金融保险等其他第二、第三产业的发展，消化转移大量的农村社会劳动力。如水果和蔬菜的生产、贮藏、加工、运输、销售，为城乡居民解决了2亿人就业。

园艺作物种植区域遍布全国，种类多样，种植面积大、适应性强。果树上山下滩，不与粮争地，适合于在山区、丘陵、滩涂等瘠薄区域生产；也是国家连片扶贫区农民脱贫致富和国家大型移民安置的首选富民产业。蔬菜瓜果花卉生育周期短，种植茬口多，可与粮食作物科学轮作具有显著的增效稳粮作用。

3. 保障人民健康素质，提高人民生活质量

园艺产业提高人们生活质量的必需产业，“无蔬（蔬果）不康”成为人们的共识。园艺产品不仅能为人们提供碳水化合物、蛋白质和脂肪，维持人体健康所必需的维生素等生理活性物质、矿物营养和食用纤维；同时还具有美化环境、传承文化、丰富城乡景观等社会功能，在改善人居环境等方面具有不可替代的作用。

4. 我国生产规模居世界第一，未来必须依靠科技进步走内涵式发展的道路

据农业部统计，2013 年全国园艺作物种植面积超过 5 亿亩，水果、蔬菜和花卉类作物的种植面积和产量皆居世界首位。园艺产业多年来主要是靠增加要素投入实现总产增长，是一种外延式的发展道路，单产低、产品附加值较低、国际竞争力不强等缺点制约着园艺产业的发展。因此，未来必须依靠科技进步走内涵式发展的道路，全面提升以单产、质量、效益并重的园艺产业现代化水平。

二、植物营养学的战略地位

（一）植物营养学定义及范围

植物营养学是实现作物高产、高效、优质、安全及可持续发展的基础学科之一，重点研究植物矿质元素利用的生理与分子机制、植物营养遗传与改良、根际过程与调控、肥料与施肥、养分资源与养分循环、土壤－植物系统的环境效应与污染控制等，以期在稳定作物产量和提高产品品质的前提下，实现养分高效利用、阻控有害元素和污染物进入食物链、减少生态环境压力等目的，促进农业可持续发展。

（二）植物营养学的战略定位

1. 植物营养学在保障国家粮食安全和农产品有效供给方面发挥着不可替代的作用

为满足我国 13 亿多人口的食物需求，至 2030 年我国粮食单产需要提高

30% ～ 50%，即年均增长率要达到 2%左右。在粮食种植面积扩大潜力有限的形势下，大面积持续提高作物单产成为保障我国粮食安全的唯一选择。同时，随着经济发展和人民生活水平的改善，对蔬菜、水果、油料等农产品的需求也将不断增长。

过去 10 年，我国作物连续高产基本上靠“大水、大肥、大药”来实现，我国已是世界上最大的化肥消费国，消费量约占全球的 1/3，长期过量施用化肥，造成作物吸收与营养元素利用的遗传能力逐步退化，测定土壤有效养分的传统方法和指标及其施肥模式基本不适合目前我国农作物的生产，如何定向培育植物利用较低的养分换来更高的产量和更好的品质，涉及大量科学问题，亟待阐明。

2. 植物营养学在解决我国农田生态环境问题中发挥着主力军作用

不合理施用化学氮肥导致我国耕地土壤 pH 在过去的 30 多年间下降了 0.5 ～ 0.8 个单位，阐明土壤酸化对土壤 - 植物系统的影响机制，如活化有害元素、破坏土壤结构和土壤微生物区系等科学问题，不仅为植物营养学科发展拓宽了空间，更为国家制定肥料施用和土壤管理条例提供科学依据。

我国畜禽规模化养殖已经成为不可逆转的发展势态，由此产生的大量畜禽粪便随地弃置必将严重污染环境，必须快速发展商品有机肥、有机无机复混肥、生物有机肥以及有机无机生物全元复合肥等有机（类）肥料。但由于商品有机（类）肥料成分复杂，其作用机制需要系统、深入的研究，以便从理论上指导我国有机（类）肥料产业的发展。

化学氮肥对水体和大气产生污染影响，其主要原因是化学氮肥在土壤中转化太快，过去植物营养学研究大多集中在肥料施用后养分的去向，忽略了对新型肥料品种的研发。新型肥料需要满足植物同步需求、环境负荷最小等要求与标准，而对化学氮肥品种进行改性的技术水平取决于这方面的科研进展。

3. 土壤微生物、水肥一体化以及养分资源信息化管理是我国植物营养学科面临的新任务

植物营养学科既要关注土壤中养分转化和有效性问题，也要关注阻控有毒有害物质进入食物链的生物学机制，而其中的关键问题是调控土壤微生物区系，构建农作物高产型和经济作物抑病型的土壤微生物区系，这是植物营养学

科在新时期面临的重要研究任务。

植物营养学科宏观层面的科学问题涉及施肥与养分资源管理，要真正实现区域或田块上的精准施肥，必须将土壤-作物信息系统与肥料产品和特性紧密结合起来。随着耕地规模化经营模式的快速发展，精准施肥将迎来春天，而其中的科学问题也将受到更深入广泛的研究。

第二节　园艺学与植物营养学的发展规律与发展态势

一、园艺学的发展规律与发展态势

（一）园艺学的发展规律

园艺学研究为园艺作物生产实践提供必要的理论支撑和技术指导。在园艺学发展过程中，表现出了以下几个主要规律。

1. 从单一学科走向多学科交叉融合

学科交叉和多学科发展是园艺科学发展的必然趋势。园艺学与食品、信息、工程、化学、医学、艺术学科产生广泛交叉，有机结合，相互提升。

2. 生产需求拉动与科学技术推动的双驱动发展

园艺学是一门应用性很强的学科，一方面园艺学研究为生产实践提供必要的科学理论和技术指导。同时，园艺产业中不断涌现的生产问题蕴含了重要科学命题，并成为园艺学研究选题的重要来源。

3. 宏观和微观的有机结合

随着现代生物技术的不断推进和深入，园艺学以园艺作物为对象，从生态、群体、个体、细胞到分子水平，从基于高通量信息的DNA序列信息还原到系统生物学开展研究，宏观和微观各种手段相互结合，从各个层面揭示园艺学主要科学问题，成为当今园艺学发展规律之一。

（二）园艺学的发展态势

1. 基础研究将更加聚焦产业提出的重要科学问题

我国园艺学研究一直坚持以应用需求为导向，强调解决生产实际问题，而园艺学相关的基础研究的系统性或创新性较弱。近年来在基础生物学交叉渗透下，基础理论研究取得了一系列重要科研成果，创新性明显增强。但基础理论成果和实际应用无缝对接的成功例子不多。未来 5 ～ 10 年，基础研究将进一步针对园艺产业中的重要科学问题，为解决实际问题提供理论基础、手段和途径，发挥应用基础研究在园艺产业解决问题的引领力。

2. 种质资源的发掘和利用仍将是我国园艺学研究的优势和热点

我国是一大批重要园艺作物的起源地，是世界上园艺作物资源最丰富的国家之一。我国有不少稀有的特异资源，且在种质搜集、评价和利用等方面已有一定的积累。未来研究需要进一步大规模收集种质资源，包括野生资源、地方良种以及国外引入的重要资源。在资源创新育种和品种改良方面，需要更大程度的满足园艺产品的多样化需求以及新形势下的新需求，如培育各种特色品种（高酸、低糖、丰富色泽、适宜花期和成熟期、长货架期、特殊次生代谢物、适合机械化等）；以及在劳动力成本明显增加的形势下培育适合于省力、轻简化栽培的品种。

3. 园艺作物特异生物学机制的研究将成为新的研究热点

园艺作物自身具有许多大田作物所不具备的生物学特点或性状。园艺作物大多可以通过无性生殖或无性繁殖，例如，嫁接是园艺作物独特和最重要的无性繁殖方式；木本园艺作物的芽变育种是独具特色的育种途径。目前芽变和体细胞变异机制等科学问题都还不清楚。此外，与大田作物食用器官为成熟干种子相比，园艺作物产品器官丰富多样，根、茎、叶、花、果、种子等不同器官均可作为食用或观赏器官，并且产品多以鲜活、柔嫩、多汁的幼嫩器官或成熟器官产品为主，这使得园艺器官产品的生长发育、品质调控、成熟衰老、采后产品保质等方面具有独特的研究内涵。

4. 功能基因组研究平台和技术创新是未来园艺学的竞争前沿

园艺学研究已经迎来后基因组时代，未来 5 ～ 10 年是园艺作物基因功能研究的黄金时代。功能基因组研究手段更加多样化，代谢组和修饰组手段将成为热点。二是研究对象将更加微小化，如特异组织，甚至是单细胞水平。三是研究尺度更加大规模化和网络化，从全基因组水平理解基因功能、蛋白互作以及网络。目前，多数园艺作物的基因功能平台还不够完善，不能满足规模化研究，特别是转化率和再生效率仍是主要瓶颈。亟须开发适合于开展大规模基因功能研究的平台（如类似于拟南芥和水稻功能研究平台），同时在构建模式材料及高效遗传转化技术平台方面也要取得突破。

5. 提升园艺产品健康成分、剔除不良性状的研究逐渐受到关注

随着人们生活水平的提高和消费观念的改变，园艺产品与人们健康的研究越来越受到关注。园艺产品在人们生活中发挥着重要作用，能够提供各种维生素、膳食纤维以及微量营养元素等必需营养成分。近年来，园艺产品的安全性问题引起社会的广泛关注，园艺产品健康成分的科学评价，不利 / 有害物质的积累和代谢机制研究以及这些成分的安全性评价显得越来越重要。

二、植物营养学的发展规律与发展态势

（一）植物营养学的发展规律

近 20 年多年来，国内外植物营养学呈现如下发展规律。

1. 遗传学、生物化学和分子生物学技术手段相结合揭示植物营养学的生物学机制

在分子水平上解析了植物矿质营养的活化、吸收、运输和利用的动态过程，揭示了植物根系感知和吸收土壤养分，以及养分在植物体内的运输与分配的分子调控机制，逐渐阐明了植物高效利用养分与高产优质协调的生物学机理。

2. 解析了土壤养分以及有毒有害物质转化的根际微生物学过程

传统植物营养学研究主要注重养分开始与终结的含量与形态特征，而当

今植物营养学更注重土壤养分以及有毒有害物质的转化过程，尤其是关注物质根际的转化特征，以达到人为定向调控的目的。

3. 养分循环与养分管理已从微观走向宏观

传统植物营养学只关注田块尺度的养分输入与输出，而当今植物营养学，通过农田土壤信息系统与作物生长模型的偶联，已在区域尺度上提出农田养分循环与管理的模型与策略，并将植物营养的理论应用于养分生物地球化学循环及其环境效应之中。

4. 植物营养学与新型肥料产品创制结合更加紧密

传统植物营养学对植物养分需求规律研究甚为透彻，而当今植物营养学侧重于植物养分需求规律用于新型肥料产品的设计之中，并不断创制适合于不同作物和不同土壤的肥料新产品，充分体现植物营养学解决实际生产问题的能力。

（二）植物营养学的发展态势

国内外传统的植物营养学大多基于养分亏缺条件下研究其在土壤、植物和环境中的行为和利用，而目前我国的植物营养学科面临着因化肥不合理施用导致的养分损失严重、利用率下降和土壤肥力退化等突出问题。针对我国当前提出的“减肥、减药”的重大战略目标，植物高效利用养分的遗传资源挖掘与新品种选育、根际养分和根际微生物区系调控、有害元素食物链阻控等正成为我国新时期植物营养学发展的重要研究方向，已经在国际上形成了鲜明特色，可望在理论与实践方面取得新突破。

1. 植物营养学与分子生物学结合越来越紧密

近年来随着分子生物学和生物技术的迅速发展，促进了植物营养生理学和植物营养遗传学的快速发展，使植物营养学研究进入到分子水平，高效营养基因的克隆和相关分子标记的挖掘使人们看到了通过植物营养遗传改良提高作物养分资源利用效率的美好前景。

2. 根际微生物特征与功能调控已经成为现代植物营养学的研究前沿

根际微生物对改善植物营养、维护植物健康至关重要，高通量测序及组学技术的发展有力推动了根际微生物群落结构的形成机制、特征及功能调控研究，其成果有望为充分发挥根际微生物调控植物营养和提高土壤肥力提供新途径。

3. 有毒、有害物质食物链阻控生物学机制成为新时期植物营养学的研究热点

根际是污染物质进入食物链的门户，深刻理解根际环境中污染物的转化、降解、植物吸收、富集规律、阻控机制以及通过养分管理强化植物的修复作用，是未来植物营养学的又一重点发展方向。

4. 养分循环与环境效应成为植物营养学科的重要交叉领域

植物营养学科在养分循环及其生态环境效应研究方面呈现出良好的发展势头，农业生态系统中氮磷的流失和气态损失、有机废弃物的肥料资源化和综合利用，以及土壤固碳潜力等已成为当前植物营养学的重要交叉领域。

5. 施肥与土壤酸化成为我国植物营养学科独特的研究领域

我国由于长期过量施用化学氮肥，农田土壤酸化趋势十分严峻，直接影响土壤的可持续利用。我国植物营养领域的研究工作者正在对化学氮肥过量施用导致土壤酸化、有机肥阻控土壤酸化的机制进行广泛研究，有望取得突破。

第三节 园艺学与植物营养学的发展现状与发展布局

一、园艺学的发展现状与发展布局

（一）园艺学的发展现状和重要成果

随着国家对基础研究日益重视和科研投入不断增长，过去 5 年，我国科技人员在园艺科学基础和应用基础研究方面取得了明显的成绩。园艺学科技论文数量有了明显提高，其中代表基础研究水平的 SCI 文章的数量和质量均显著

提高。2009 年以来，我国主导完成了黄瓜、马铃薯、白菜、甜橙、西瓜、梨、甘蓝、猕猴桃、梅花等基因组图谱构建，在《Nature》和《Nature genetics》等刊物发表了一系列具有重大国际影响力的论文；在多个研究领域阐明了相关机制，包括重要园艺产品不利成分、园艺作物群体遗传变异、采后花朵开放与衰老、果实品质与调控、抗逆等方面，部分成果发表在《Science》《Nature Genetics》《Plant Cell》《PNAS》等期刊。

园艺作物种质资源原生境保护与非原生境保护相结合的标准化、规模化、自动化和网络化保存体系构建成为种质资源保护生物学的研究热点，为在群体、个体、细胞、分子水平上进行了优异种质资源的鉴定、高通量评价和遗传分析奠定了基础。例如，克隆了调控黄瓜苦味物质（葫芦素）的 *BI* 和 *BT* 基因；克隆和鉴定了番茄茸毛发育和抗性相关 *Woolly* 基因。随着基因组学的迅猛发展，对不同种类的种质资源的比较研究备受重视，而基于种质资源的新基因发掘已成为争夺基因专利的焦点，如花卉作物，克隆了调控花朵开放、衰老性状、植株逆境耐性和成花特性的调控基因。利用细胞工程、分子标记等生物技术开展优良基因的定向转移，培育出了大批高产、优质、多抗作物新品系，如通过细胞工程创制的柑橘胞质杂种新品种——“华柚”2 号，表现雄性不育、果实无核。园艺作物生理学、逆境调控以及环境因子互作研究取得了重要进展，如光照和温度对果实品质的调控机制。

过去 5 年，我国园艺科学研究取得长足的进展，通过文献计量学分析可以看出，我国园艺方面在国际同行认可的杂志上发表的论文数量逐步提升，已位居世界第二，被引用的情况逐年提高，位次逐步迁移，部分领域近 1 ～ 2 年位居第一。这反映出我国园艺科研在国际舞台的活跃程度。与此同时，相关领域的研究水平得到大幅度提升。一批中青年学者进入国际刊物的共同主编、副主编以及编委行列。

（二）人才队伍情况

园艺学科领域形成了一批以院士和“长江学者奖励计划”特聘教授（简称长江学者）为代表，结构合理、年富力强的科技队伍。园艺学研究条件建设不断改善，如国家蔬菜工程技术研究中心、国家蔬菜改良中心、国家苹果工程技术中心、国家柑橘工程技术中心等一批国家级研究平台不断增加。国外引进和国内培养的园艺学科研人员的数量迅速增加，全国各大园艺科研单位分工协作的局面逐渐形成，科技队伍日益壮大，学科结构逐步完善。我国目前有 19 个单位具有园艺学博士学位授予权，每年招收百余名博士生和近千名硕士研究生，他们将成为我国园艺学研究的新生力量。

（三）园艺学学科发展存在的问题

1. 基础研究缺乏源头创新和标志性重大成果，跟踪性研究较多

我国园艺学研究多年来重视解决生产问题、强调应用技术，而相关的基础研究较为薄弱。近年来我国园艺学基础和应用研究发展迅速，并产生了一些重要的科研成果，但与国外同领域相比，差距仍较大，具有重大国际影响的重大研究成果较少。有些研究课题的选题比较赶时髦，针对产业中的重要科学问题凝练不够，或是原创新不够；跟踪性研究较多，创新性课题较少。今后的园艺学研究中，在重视应用基础和应用研究的同时，重点加强源头创新。

2. 能围绕重要科学问题持之以恒的研究较少

园艺学研究周期长，在研究过程中能长期坚持、攻坚难题的较少，大部分“与时俱进”应时性课题较多，不少研究者的方向不稳定，研究不够细致，尚未形成特色。近年来，我国对科研投入加大，园艺学科研经费明显增长，以及研究项目周期延长，为园艺学研究调整思路和系统深入研究提供了契机。同时，客观上国家对园艺学的投入力度仍远低于作物学等其他生命科学学科，国家重大项目、重点项目、重大基础研究科学计划对园艺领域支持相对不足。

3. 各研究方向发展不平衡

我国园艺学研究主要集中在种质资源、遗传改良、基因组学、生物技术以及采后生物学，而其他领域相对较弱而且相关领域的人员和资金分布不够科学。与国际同行单位相比，我国园艺学研究涵盖范围相对较窄，特别是在公益性领域如园艺教育、栽培技术、机械化、采后技术、病虫害管理等方面的系统性或体制性研究还比较缺乏。

4. 国际交流有待拓展，国际影响力尚须提升

园艺学科与国际一流大学、研究机构、跨国公司建立起了广泛的合作关

系，实质性的国际交流与合作最近几年迅猛发展，特别是通过主办国际性学术会议在国际上树立了学科良好的声誉。但是重大国际会议主题报告或特邀报告还较少，今后要重视和加强国际重大科研项目和重大科学问题攻关的联合和参与。

（四）园艺学学科的发展布局

传统园艺学主要分为果树学、蔬菜学和花卉学三个分支学科。随着设施园艺规模扩大及西甜瓜生产在我国园艺业中的重要地位，新增加了设施园艺学和瓜果学。这样最后形成了现在的园艺学新体系，包含果树学、蔬菜学、瓜果学、观赏园艺学和设施园艺学。

未来 5 ～ 10 年，将继续支持对重要园艺作物的系统研究，适度扩大研究范围；重点支持园艺作物全球资源收集和全基因组变异图谱构建、优异种质资源发掘、创新和创制、重要生物学特性和农艺性状形成的分子机理和调控网络、新基因或特异基因的功能解析、园艺作物产品器官发育机理及调控、园艺作物与环境逆境互作及响应机制的基础科学问题等研究。优先支持具有重大生物学意义的战略性研究和有优势或特色的学科前沿研究，如园艺作物砧穗互作机制、轻简化栽培相关生物学研究。鼓励园艺产品的功能性成分研究，与医学健康领域合作研究；以及园艺产业导向需求的纳米技术研究及安全性评价。在研究手段上，充分利用各种基因组学技术，针对重要园艺作物构建高标准基因组平台；支持利用基因组编辑技术、表观基因组、DNA 和蛋白修饰研究手段就园艺学或园艺产业的重点热点问题开展创新性研究。另外，加强扶持我国空白和薄弱研究领域，如园艺公益性教育研究，提倡和大力鼓励交叉研究，开展学科交叉、合作和综合研究，以此推动本学科领域的发展，使园艺学研究形成较完整的学科布局。

二、植物营养学的发展现状与发展布局

（一）植物营养学的发展现状与重要进展

植物营养学科瞄准国际研究前沿，在植物营养生理和遗传学、根际微生物分子生态、土壤与环境互作、土壤-植物系统中微量元素 / 重金属生物地球化学循环、污染物阻控和治理等基础研究领域取得重要突破。具体表现在：

① 在养分资源管理方面，形成了以根层养分调控为核心的作物高产高效养分资源综合管理体系，为国际上集约化农业可持续发展提供了可行的途径；② 在土壤－植物－微生物互作研究方面，“根际对话”研究成为新的热点，稳定同位素标记技术与分子生态学技术相结合，使水稻根际碳转化微生物学机理研究取得重要突破；③ 利用分子标记技术研究外源功能微生物在根际和根表的定殖与成膜机制，构建高产型和抑病型根际微生物区系等方面在国际同行界产生了影响；④ 根际环境中污染物的转化、降解、植物吸收富集规律与控制机制也已经形成了鲜明特色；⑤ 根系构型和根系发育生物学，以及氮磷高效吸收的分子机制等方面在国际同行界逐步形成优势；⑥ 通过分子标记辅助选择及转基因手段提高作物对主要养分的利用效率，改善籽粒的营养品质，也取得了重要进展。在过去的 5 年间，中国大陆植物营养学领域的研究成果在国际植物学领域重要期刊《Plant Cell》《The Plant Journal》《Plant Physiolgy》《New Phytologist》《Journal of Experimental Botany》《Plant Cell Environment》上发表的论文占中国大陆所有学科领域的 7.2%，植物营养和土壤领域的研究成果在国际该领域代表性专业刊物《Plant and Soil》《Soil Biology and Biochemistry》和《Biology and Fertility of Soils》上发表的论文分别占这些刊物发表论文总数的 1/5 ～ 1/4，说明我国植物营养与土壤学科有关理论和应用基础研究在过去的 5 年间成绩显著。尤其在植物氮磷养分高效吸收的信号传导、根际微生物区系调控与土传病害防控、养分循环与管理等研究领域取得了突破性进展，在国际同行界产生了较大影响。

（二）植物营养学学科发展存在的问题

1. 部分研究领域基础偏弱、规模偏小

由于植物营养学长期以来局限于研究植物对养分的吸收、养分在土壤中的转化以及施肥技术等方面，而涉及植物营养分子机制、根系－微生物互作以及区域养分资源管理机制等方面的研究只有十多年历史，致使目前我国植物营养学虽然发展势头较好，但基础和规模偏小，还需要时间淀积和各方面的支持。

2. 关注国家产业发展中的科学问题不够

传统的植物营养学定位较窄，没有很好地将学科方向与国家需求和产业

发展紧密联系在一起，导致学科方向越做越窄。未来需要加强从国家需求和产业发展中去提炼科学问题。

3. 研究方向有待进一步平衡发展

目前我国植物营养学科在植物矿质元素的生理与分子机制、根系-微生物互作、养分循环与管理等方面发展速度较快，但在新型肥料创制的基础科学问题、土壤养分转化、水肥互作原理等方面的研究，还跟不上国内外相关的重大基础理论和高技术发展的速度，有待进一步加强。

（三）植物营养学的发展布局

植物营养学科今后应进一步面向国家战略性需求的植物营养学基础研究和应用基础研究，优先支持在该学科内我国有优势的前沿领域和交叉领域创新研究，争取使我国植物营养学在未来 10 年内进入国际植物营养基础科学创新与技术创新的先进、甚至领先行列。为此，今后我国植物营养学的总体布局是：以土壤-植物系统物质转化、营养过程与调控为核心，突出土壤 - 植物相互作用特色，涵盖从土壤过程、到根际互作过程、再到植物过程相互关联的几大方面，通过优先领域的支持和研究，引领我国植物营养学的更快发展。

第四节　园艺学与植物营养学的发展目标及其实现途径

一、园艺学的发展目标及其实现途径

围绕国家的重大需求，瞄准园艺学科国际发展趋势，着力提升园艺学研究的源头创新性和实践可应用性。在学科研究方向上，充分利用我国园艺种质资源丰富的优势以及近年来在基因组学领域的领先优势，挖掘更多与重要经济性状相关的功能基因，促进主要园艺作物全基因组选择育种的实现；推动功能基因组的步伐，构建重要园艺作物的模式植物及高效遗传转化技术平台。着力构建主要园艺作物研究技术平台和体系，培育特色鲜明、具有国际知名度的研究队伍，力争在“十三五”期间有 3 ～ 5 个方向的园艺学研究处于国际领先行列，20 个左右的重点研究方向进入国际主流行列。主要实现途径如下：

（1）加强在园艺作物特有的、自身鲜明生物学特点或性状研究，深入解析园艺产品器官的生长发育、品质调控、成熟衰老、采后品质保持等方面独特的规律和机制。

（2）继续加强我国在园艺植物基因组学领域的领先优势，结合我国园艺植物种质资源丰富的优势，以基因组学为工具促进薄弱的种质资源评价和利用研究，挖掘一批与重要经济性状相关的功能基因，促进主要园艺作物全基因组选择育种的实现。

（3）扶持园艺栽培领域和公益性领域的基础研究工作。例如，在劳动力成本明显增加的形势下，省力化和轻简化栽培的相关生物学问题成为新时期急需扶持的领域。

（4）鼓励园艺作物与植物保护的交叉研究，为产业中重要病害 / 毁灭性病害的防控提供科学基础和技术依据。鼓励园艺产品与医学生理学的交叉研究，对园艺产品健康成分进行医学临床评价，为不同人群的健康需求提供科学依据。鼓励光电识别技术、分子影像、信息技术、纳米技术等应用到园艺学科的各类研究。

（5）引导并促进前沿生物技术（如基因组编辑、逆向育种和表观遗传等新技术）在园艺研究中的应用。

（6）在学科队伍上，重点培育一批潜心研究、学术活跃、国际知名的中青年专家，积极吸引曾从事模式植物研究的科研人员加入到园艺学研究，建设一支实力强、水平高、视野宽、有国际竞争力的学术队伍。

二、植物营养学的发展目标及其实现途径

未来植物营养学的发展目标是：以国家粮食安全、环境安全、资源高效与可持续发展等重大需求蕴含的植物营养与土壤科学问题为导向，揭示土壤 - 植物系统物质循环与转化、养分资源高效利用的植物 - 土壤 - 微生物互作关系、植物营养生理过程与遗传改良、污染物阻控以及高效施肥原理等重大科学问题。

为了实现上述目标，植物营养学应进一步加强的优势方向是：① 植物养

分高效吸收与利用的分子生物学；② 有害污染元素阻控原理与技术；③ 养分转化与抑制土传病害的根际微生物过程；④ 养分循环机制与高效管理。需要扶持的薄弱方向是：① 作物高产与养分高效的遗传基础及品种改良；② 根际微生物生态学原理；③ 水肥互作机制及一体化原理与技术；④ 高效新型肥料创制与原理。需要鼓励的交叉方向是：① 植物营养与遗传学交叉；② 植物营养与微生物学交叉；③ 植物营养与农产品安全交叉；④ 植物营养与环境和地球化学交叉；⑤ 新型肥料与新型材料学交叉；⑥ 养分管理与信息学交叉等。需要促进的前沿方向是：① 植物营养的分子信号传导与网络；② 根系与微生物对话机制；③ 根际微生物宏基因组与功能等。

第五节　优先资助领域及重要的交叉研究领域

一、园艺学的优先资助领域及重要的交叉研究领域

（一）园艺学的优先资助领域

1. 园艺作物野生及特异资源的评价与基因挖掘

我国是一大批重要园艺作物的野生资源大国和原始起源地，是世界上园艺作物资源最丰富的国家之一。我国在果树、蔬菜、瓜果、花卉植物资源搜集、评价和利用方面已有一定积累，但这些前期工作仍然缺乏系统性和聚焦点，特别是对自然居群、自然突变体和群体遗传学研究不够，对重要性状的高通量评价和相应的分子遗传基础研究还较缺乏，阻碍了后续的利用及育种应用。因此，在系统收集我国园艺作物种质资源基础上，一方面对农艺性状或是园艺学性状开展精细和系统评价，同时利用全基因组水平的高通量基因分型技术，深入剖析重要性状的遗传结构，挖掘关键调控基因，对于未来实现基因组辅助育种（genome selection）、定向选择、多样性品种创制具有重要意义和紧迫性。此外，利用自然突变体资源或是人工创造突变体资源库是深入开展重要性状调控研究的重要途径，突变体资源收集和创制是当前亟待开展的研究方向。

主要科学问题：① 园艺作物野生资源的收集和评价；② 特异资源的收集、性状遗传剖析及基因挖掘；③ 木本园艺作物芽变资源收集及变异机制；④ 核心种质资源的基因组变异图谱；⑤ 特定生态区自然居群的生态、进化遗传机制和利用。

2. 园艺产品品质形成与调控机理

随着我国园艺产品总量的持续增加和人们对品质消费的日益提升，园艺产品品质的优劣成为市场竞争力的核心因子。消费者对园艺产品的品质要求更加多元化，如颜色、形状、大小等外观品质，酸甜、香味、风味、脆硬等内在品质，货架期等贮藏品质，以及出汁率等加工品质。因此，改善园艺产品中品质成分的种类和含量（特别是一些健康成分的改良），以及产品的外观品质，开展园艺产品品质调控机制解析及核心调控因子挖掘已成为当前和今后的重大科学问题。同时，园艺产品器官种类繁多，或肉质多汁（水果、蔬菜），或性状特异（花卉），模式植物大多没有这些相关性状（或不典型）；同时，这些肉质多汁器官的品质性状与大田作物的籽粒性状明显不同，具有鲜明的特色，以园艺作物为研究对象，开展品质形成的机理和调控研究，具有不可替代性。

主要科学问题：① 园艺产品品质形成规律及其遗传学和表观遗传学基础；② 调控重要品质形成的关键基因及作用网络；③ 果实糖酸等核心品质的形成与调控机制；④ 品质形成过程中的转录和转录后调控机制；⑤ 内部信号和环境因子调控园艺作物品质形成的机制。

3. 园艺作物产品器官发育机理及调控

发育生物学是当今生命科学中的一门前沿学科，园艺作物种质资源的丰富多样以及器官发育的多向性，为器官分化和发育基础研究提供了无可比拟的资源。以园艺作物中形式多样的产品器官为例，如叶球、花球、块茎、球茎、肉质根、肉质茎、根状茎、浆果、瓠果、荚果及假果、真果等不同形态的产品器官，以及菊花、月季、兰花、鹤望兰、金鱼草等花器官发育研究不仅具有重要的园艺学价值，在植物发育学层面也具有重要科学价值。研究同一器官不同发育模式和分化方向的机制，将为产品器官的形成与调控奠定理论基础。以花器官的发生和发育为例，作为果树和果菜类而言雌蕊的发生和调控决定着产量和质量，而对于观赏植物花的形态建成决定着观赏价值，因此对于经济栽培和育种都具有重要意义。另外，一些特殊的性状如变态茎和变态根等的发生不同于一般植物，更值得深入研究。深入研究园艺产品器官形态发生与建成、产品器官发生的基因调控，阐明它们的调控机理和对细胞行为和组织器官形成与分化的影响，将有助于深入了解园艺产品器官生长发育和形态建成机制，进而提高园艺产品产量以及调控园艺产品形态。

主要科学问题：① 园艺产品器官发生与发育的调节机制；② 产品器官形态建成的主导因子及其网络；③ 体细胞胚发生的遗传调控和信号网络；④ 园艺作物嵌合体形成和细胞互作机制；⑤ 激素信号和环境因子影响园艺产品器官发育的机制。

4. 园艺作物对非生物逆境的应答机制与调控

我国气候具有明显的大陆性气候和多样气候类型等特点，各种非生物胁迫，如干旱、低温、高温和盐渍等，严重影响园艺作物的产量和品质。园艺作物生长周期长、种植区域广、遭受气候与土壤等环境复杂。非生物逆境中，干旱、高温、冷害、涝害、盐碱、土壤酸化等已成为制约园艺产品生产和质量提升的重要限制因子。园艺作物逆境适应的分子和生理机制以及调控将成为园艺学研究的热点领域之一。近年来，借鉴模式植物相关研究，园艺作物逆境适应和响应机制研究取得了一些进展，但对逆境胁迫的应答机制及调控机理还不清楚，需要进一步阐明逆境条件下园艺作物生理响应和生长发育规律，研究逆境对园艺产品品质和产量影响的生理与分子基础，为发展应对逆境调控措施、创制逆境抗性园艺资源提供理论基础和基因资源。为此，深入研究园艺作物对逆境的响应和适应机制，对于揭示园艺作物在环境逆境条件下的生长发育过程，阐明逆境对园艺作物生长发育和品质形成的影响，制定科学合理的栽培调控措施和指导园艺生产具有重要的科学价值。

主要科学问题：① 开发和利用抗逆性评价新技术，大规模开展非生物抗逆性的评价；② 园艺作物响应逆境胁迫和亚适宜环境的生理机制和分子特征；③ 园艺作物抗逆性的分子调控网络和信号转导途径；④ 逆境抗性基因克隆、功能解析和利用；⑤ 非生物逆境下园艺作物生长发育的规律及调控机制。

5. 园艺作物遗传改良方法研究与新材料创制

园艺作物细胞工程和基因工程技术是遗传改良和种质创新的重要手段。

细胞工程技术可以克服远缘杂交不亲和、无性胚干扰、雄雌不育等有性生殖障碍，实现同源及非同源重组，也可以引起高频率的等位变异。我国在胚挽救培养、体细胞杂交等细胞工程方面取得了突出成绩。未来需要进一步挖掘这种“传统且不存在安全性争议”的生物技术手段的应用潜力，创制更多有应用价值的育种新材料。此外，针对优异种质资源，充分发掘其中的优良基因，并通过不同途径向栽培种进行转移，将为园艺作物育种提供丰富的基因资源和育种材料。由于通过常规杂交、回交的方法实现基因转移，需要很长时间，而且还很难奏效。因此分离得到重要功能基因后，通过基因工程方法导入到受体植物中，就可避免遗传累赘，克服杂交育种中周期长、盲目性大、效率低，短期内难以针对某一性状进行有效改良等问题提供了重要手段，从而提高育种效率。随着生物技术的快速发展，特别是近年来新兴的基因组编辑技术（genome editing），如 TALENs 和 CRISPR/Cas9 技术，为基因资源的高效利用和园艺种质创新提供了更多选择。然而目前园艺作物生物技术育种基础研究相对薄弱，规模化实用化的遗传转化系统还需完善。因此，未来需要进一步开展功能基因组研究，人工构建突变体库和大规模解析基因功能迫在眉睫。

主要科学问题：① 细胞工程和染色体工程创制园艺种质；② 功能基因的安全高效转化平台构建；③ 大规模突变体库构建及基因功能分析；④ 体细胞变异类型、机制及其在育种中的利用；⑤ 适合于功能基因组研究的模式材料的发掘、评价和平台构建。

6. 园艺产品成熟衰老和品质保持的生物学机制与调控

园艺产品的生产区域性、成熟期集中以及园艺产品自身的鲜活特性，决定了园艺作物必须加强成熟衰老和采后保鲜的生物学研究，以适应延迟衰老、延长货架期，达到周年供应的产业需求。由于园艺生产具有地域性强、季节性明显、园艺产品成熟期集中等特点，近年频繁出现季节性或区域性相对过剩，既无法保证生产者的效益也无法满足消费者的需求。解决此问题的主要途径一方面在于通过各种技术手段调节园艺产品的成熟期，另一方面在于尽可能延缓园艺产品衰老，以延长其投放市场的时间。以上两条途径是园艺产品周年供应的关键，但目前对园艺作物成熟和衰老的机理研究基础均比较薄弱，很大部分研究停留在生理和衰老特性的层次，缺乏对其深入的遗传和调控机制解析。对大多数木本园艺作物来说，决定园艺产品从生长发育转向成熟的信号分子和调控机理尚不明确，园艺产品的成熟与衰老的生物学基础有待阐明，客观评价园艺产品成熟与衰老程度的分子证据尚待发掘。园艺产品衰老是发育进程中一个独特的过程，与其他需要细胞分裂、分化、扩张等发育步骤不同，园艺产品衰老主要是一种细胞程序化死亡和营养物质回收利用的过程。为了完成这一生命过程，细胞需要启动新的基因合成蛋白，卸载亚细胞结构和大分子物质，以及回收运输营养物质等。因此，解析复杂的园艺产品成熟衰老过程，探究衰老相关基因调控机制具有重要意义。

主要科学问题：① 园艺产品成熟和衰老的生物学基础及调控的分子机制；② 园艺产品采后品质保持的生物学基础和调控机制；③ 亚细胞器（线粒体、质体）在成熟和衰老中的作用；④ 环境因子对园艺产品品质保持的作用机制。

7. 园艺作物砧穗互作生物学基础及作用机制

嫁接是园艺作物独特和最重要的无性繁殖方式，通过接穗与砧木的嫁接结合使得植株获得抗性、矮化等性状，增加产量，提高品质。形成嫁接复合体和砧－穗互作是园艺作物区别于其他农作物的一大特色。园艺作物中大部分果树、瓜果、部分蔬菜和花卉植物通过嫁接进行繁殖和育苗，即砧木与接穗在嫁接后形成一个共生体。园艺作物嫁接除显著提高作物的抗病性外，还可提高作物对非生物胁迫（耐寒、耐盐等）的抗性，特定砧木还能矮化接穗树体、促进早产丰产，改善产品品质性状。由于接穗是产生经济效益的部位，大部分的研究都集中于接穗的生物学研究、优良性状形成机理和遗传改良研究，而对于砧木以及砧木－接穗互作的研究被忽视。因此，明确砧木与接穗之间相互作用机制对于园艺作物生产具有重要的实用价值和指导意义。砧木影响接穗生长、抗性和品质性状的机制非常复杂，人们最早主要从解剖学、营养运输、激素等方面解释砧木对接穗的影响机制。最近的研究表明，一些 mRNA 和小分子 RNA 可通过嫁接从砧木传运到接穗，并影响接穗的表型。未来需要进一步探索砧穗两者之间嫁接亲和性及共生亲和性机理、砧木对接穗的表型调控，以及砧穗间远距离信号传导研究等。

主要科学问题：① 嫁接亲和性和共生亲和性机制；② 大分子和小分子遗传物质在砧木和接穗移动性及其传递机理；③ 砧木根系信号对接穗生长发育、抗性和品质等性状的调控机制；④ 接穗对砧木根系水分和养分吸收和利用的信号调控机制。

8. 设施条件下园艺作物优质丰产的生理基础与调控机制

近年来各种园艺设施发展迅速，满足了我国冬春和夏秋淡季园艺产品消费需求，缓解了供需矛盾，基本实现了周年均衡供应，经济效益显著。以蔬菜为例，我国设施蔬菜（含西甜瓜）栽培面积达 270 多万公顷，占世界设施蔬菜生产面积的 80% 以上。但我国绝大多数温室的生产设施和配套设备简陋，设施环境可控水平较低。近年来随着全球气候环境的变化，极端天气事件频发，而我国农业设施条件相对薄弱，且长期以来一直推行的是节能栽培技术体系，因此在设施园艺生产中经常遭遇亚低温、高温、弱光、CO_2 亏缺、高湿等胁迫环境，严重影响园艺作物的产量和品质。此外，园艺作物设施栽培中土壤次生盐渍化、土壤酸化和土传病虫害的问题比较突出，土壤中阳离子和阴离子的种类和数量、土壤中微生物的种群和数量与露地环境具有很大差别，加上设施条件下复种指数高，连作问题比较突出，连作障碍已经成为我国园艺产业可持续发展的重要障碍。这些问题更加凸显出开展设施园艺栽培中逆境适应相关研究的迫切性和重要性。研究园艺作物在设施逆境条件下的生长发育、代谢适应及其调控，建立科学量化的设施栽培技术体系，对于提高我国设施资源的利用效率、提高单位面积产量、制定科学合理的栽培调控措施指导园艺生产具有重要的科学意义。

主要科学问题：① 设施栽培条件下园艺作物生长发育和品质形成的规律及调控机制；② 设施园艺作物需肥需水规律及高效利用的生理与分子机制；③ 设施条件下园艺作物生理病害的分子机制；④ 农艺措施缓解园艺作物连作障碍的机制。

9. 园艺作物省力化栽培的生物学基础

园艺产业为劳动密集型产业，许多作业必须手工来完成，目前无法用机械代替。随着我国城镇化建设加速，人民生活水平提高，同时伴随着人口老龄化问题的出现，从事农业生产的青壮年劳力越来越少，导致劳动力成本大幅度增加，省力化是我国园艺作物生产的未来方向。园艺作物生产需要大量的手工劳作，以果树为例，包括修剪、授粉、疏花疏果、喷施农药、除草施肥等，大大增加了生产成本，从生物学角度挖掘朝着园艺作物省力化栽培的性状已迫在眉睫。园艺作物自交亲和或单性结实（不需人工授粉）、自疏果（花序中部分花朵自然脱落，减少疏果）和芽‘自剪’（枝梢停止生长）等为园艺生产提供了有利的产品形成途径，这些性状都是极具潜力的生物学性状。未来需要综合运用常规遗传学手段和现代生物技术，掌握自交亲和、单性结实、自疏果和‘自剪’性状的遗传规律；运用基因组学技术，阐明这些性状形成与调控的分子机制，挖掘关键基因，在此基础之上进行有目的辅助育种或遗传改良。

主要科学问题：① 园艺作物单性结实的生物学基础和调控机制；② 适合于机械化采收性状（如脱落和离层）的形成与调控；③ 园艺作物自交亲和性的细胞和分子机制；④ 园艺作物适合机械作业株型的生物学基础和调控机制。

10. 园艺产品自生过敏性成分的积累、代谢与调控机制

与人类健康有关的研究、不利成分的剔除以及功能性品种的培育成为园艺学研究新的生长点。园艺产品中一些不利品质性状使得园艺产品难以满足消费者对园艺产品品质的需求。园艺产品中不利成分的表现形式多样，包括人体“过敏”的品种，“上火”的果品，多食“易中毒”的水果，生食易“过敏”的蔬菜，可能原因是园艺作物自然发育过程中某些次生代谢产物的积累浓度过高。另外，园艺作物在满足人们审美要求的同时，带来诸多与健康相关的问题如花粉过敏问题越来越多的困扰者现代城市人群，如法国梧桐果实飞毛问题既污染环境、妨碍交通、影响空气，同时造成人体过敏反应，还有众多引起人体“花粉过敏”的花卉作物。因此需要剔除园艺产品中不良性状 / 不利成分，解析园艺产品中过敏性成分积累与代谢机制。研究园艺产品中过敏性成分的积累与代谢调控机制将对未来园艺产品的改良及竞争力的提高奠定重要基础。

主要科学问题：① 园艺产品中过敏性成分的组分鉴定和基础数据搜集；② 园艺产品过敏源的鉴定及其遗传基础；③ 园艺产品过敏等不利性状的遗传基础及关键基因功能解析；④ 栽培环境对园艺产品过敏等不利成分的影响机制。

11. 园艺作物次生代谢产物的形成与调控机制

园艺作物拥有着大田作物无法比拟的天然代谢产物库。园艺产品的营养、风味、色泽等品质因素与植物体内复杂多样的代谢产物密切相关。风味品质一般是由人的味觉、嗅觉等神经系统与植物产生的挥发性代谢产物共同决定；色泽品质主要由类胡萝卜素、花氰素、叶绿素等代谢产物决定。随着消费者对健康越来越重视，高品质园艺产品的需求也日益增多，培育风味好、营养高的高端特色品种是园艺作物育种的必然趋势。代谢组学在这样的研究趋势中将发挥

着越来越重要的作用，但现阶段大部分与园艺产品品质密切相关的代谢产物的代谢通路以及调控机制还不清楚，仅有一小部分的初级或次级产物的代谢通路刚刚建立。未知化合物代谢通路的解析需要进一步突破。另一方面园艺作物基因组信息挖掘还有待继续深入。我国目前已完成了十多个园艺作物的基因组测序工作，将代谢组学数据与基因组、转录组相结合，将加速未知化合物代谢通路的解析。

主要科学问题：① 园艺作物次生代谢组分析方法研究；② 调控色泽、风味和香味积累的关键基因及其作用机制；③ 园艺产品功能性成分的代谢与调控；④ 园艺产品品质的代谢组学研究及平台构建。

（二）园艺学的重要交叉研究领域

1. 园艺产业需求导向的纳米技术及安全性评价（园艺学与化学科学部）

该领域的科学意义和战略价值：与大田作物相比，蔬菜和果树的集约度较高，化肥、农药施用量大。据统计，1998 ～ 2008 年，我国农用化肥年消费量增加了 1201.3 万吨，其中以蔬菜和水果为代表的园艺作物占其中 70% 左右。实践证明，纳米技术对作物种植过程中农药、肥料的使用具有显著的减量增效效果，目前国内外相继推出了多种纳米农药、纳米肥料产品，成为研究的热点。但是，纳米技术在促进作物产量提高的同时，也带来了一系列安全性评价问题。例如，已有研究表明，纳米材料能够进入农作物体内，在剂量过高时会导致农作物细胞凋亡和组织坏死，甚至出现染色体畸变、DNA 损伤等遗传相关的异常情况。这些现象引起国际学术界的高度重视。目前国外已经有专门政策指导纳米材料在农业领域的安全应用。例如，美国环保署（EPA）和药品食品管理局（FDA）专门针对农药等产品提出了纳米材料使用的管理政策，指出纳米技术在农业领域应用应当兼顾人类健康和环境所受到的影响，必须科学客观地评估。相对而言，国内在纳米材料对作物生物学效应研究领域只是初具轮廓，缺少必要的基础性和前瞻性深入研究，亟须在作用机制及安全性评价体系方面取得突破，为纳米材料对作物的暴露风险及安全应用提供支撑性理论和评价体系。纳米材料应用于农业生产并暴露于食物链低端是否存在风险、纳米材料进入农作物体内后的去向、纳米材料是否蓄积于供食用的农产品并经食物链影响到人类健康，亟须通过农学、化学、生物、材料等多学科交叉，系统研究纳米材料的作用机制、遗传行为，发展适用于纳米材料 / 作物体系研究的方法学，为纳米技术促进农业发展的安全性评价提供支撑性理论。

主要科学问题：① 纳米肥料、农药对园艺作物的生物学效应及其细胞和分子机制；② 纳米材料被作物摄入、体内转运和子代传递的行为过程；③ 纳米材料对园艺作物遗传行为的影响及调控基础；④ 纳米材料在园艺作物的应用探索；⑤ 纳米材料对园艺作物暴露风险及安全性评估体系。

二、植物营养学的优先资助领域及重要的交叉研究领域

（一）植物营养学的优先资助领域

1. 植物营养元素高效利用与作物高产优质的生理与分子机制

作物高产优质及养分高效品种的应用在兼顾粮食增产、资源增效两个目标中发挥重要作用，是未来保障粮食安全和解决资源环境问题的重要途径之一。研究作物对矿质营养元素的活化、吸收、运输、分配过程的规律，以及这些过程对外界环境的响应机制，可以解析作物高效利用养分的内在机制。研究作物体内养分代谢利用过程与产量、品质形成的关系，深化源库互作理论，可以阐明支撑作物高产优质的营养生理基础。近年来，国内外在养分高效利用关键基因的功能和调控机制方面的研究取得了重要进展，也十分重视养分高效作物品种的遗传改良。与国外相比，我国的基础研究多以粮食和经济作物为对象，其理论成果更易于指导生产实践应用。因此，深入解析控制养分高效利用的分子调控网络、协同高产和高效性状的生物学基础，定位养分高效相关的数量性状遗传位点，克隆重要的功能基因，利用现代分子育种技术改良作物营养性状，可实现作物高产高效品种改良的理论和技术创新。

主要科学问题：① 作物养分高效的生理、分子遗传基础与调控；② 作物养分高效与高产优质抗逆的协同机制；③ 作物养分高效利用的遗传改良。

2. 作物抗有害元素的生理与分子机制

研究作物对重金属等有害元素的吸收、转运、分配和解毒的生理和分子机制，对于阻控有害元素向作物可食部位的积累、保障农产品安全具有重要

意义。近年来，国内外在植物抗有害元素以及植物吸收、转运有害元素的生理和分子机制方面的研究取得了重要进展。但是，这些研究主要集中在模式植物上，离农作物生产的实际应用尚有一定距离。与国外不同，我国主要集中在作物抗有害元素和阻控作物对有害元素的积累研究，其理论研究成果更易转化为实际应用。因此，应进一步深入研究作物对有害元素的吸收、转运和解毒的生理和分子机制，克隆一系列抗有害元素关键新基因；充分挖掘我国遗传多样性高的作物种质资源，鉴定和克隆抗有害元素和有害元素低积累的数量性状遗传位点，采用遗传转化或分子标记辅助选择等现代分子手段改良作物对有害元素的抗性或积累，提高作物的产量和品质，保障农产品的安全。

主要科学问题：① 作物抗有害元素的生理过程与分子机制；② 作物吸收、转运有害元素的生理过程与分子机制；③ 作物有害元素抗性或积累的品种间差异的遗传基础和分子机制；④ 作物抗有害元素或有害元素低积累的遗传改良。

3. 作物根系－微生物互作及根际微生物群落结构与功能

根际微生物与宿主植物紧密相连，作物根系－微生物的根际互作、根际微生物的群落组成及功能特征与根际的养分转化、根系养分吸收及健康维护直接相关。研究植物根系与根际有益菌之间的信号及其它们在菌－植之间的识别、调控途径与机制，深入揭示根际微生物群落形成机制与功能调控对提高根际微生物的作用具有重要意义；一些作物－微生物互作的重要信号分子和调控机制已被初步揭示，包括根瘤菌－豆科植物之间互作的黄酮类物质、菌根真菌－宿主植物之间的独脚金内酯物质、植物根系分泌的微生物群感信号物质等。高通量测序与组学技术加深了对根际微生物群落结构与功能的认识。挖掘新的根系－微生物互作信号分子并揭示其调控机理有助于通过信号分子调控增强根际有益菌的功能。我国科学家在高通量测序、土壤宏基因组、宏转录组、生物信息学、根际微生物分子生态学、根系代谢组学等方面也正在建立具有国际水平的技术体系和人才队伍。结合我国种植模式多样以及分布广泛、管理良好的农业长期定位试验站，在根际微生物生态与功能及其调控方面取得突破，可以为我国土壤资源可持续利用及农业可持续发展提供理论与技术支撑。

主要科学问题：① 植物根系－根际有益微生物互作的分子机制及调控；② 根际微生物群落结构形成机制与调控；③ 根际微生物区系与养分有效性和作物健康。

4. 作物-土壤水肥互作过程及协同机制

作物水肥互作的生物学过程，区域水分生产潜力的挖掘与养分资源高效利用，田间尺度高产高效的水肥耦合或协同实现的机制与技术，成为破解世界和我国粮食生产进一步增产增效难题的关键。水肥互作对土壤养分的活化过程与生物学机制，特别是水分变化调控土壤养分转化的过程，养分–根系–水分互作与协同的生物机制，是目前水分互作研究需要明确的重要课题。典型区域的作物不同生长阶段、生长条件的水分和养分需求与互作协同理论与机制研究依然显得严重滞后，亟须加强。水肥一体化技术在我国快速发展，但水、肥管理脱节，水肥协同程度差，节肥潜力没能充分发挥，施入的养分去向及其环境效应不清等问题突出，其重要原因是缺乏针对我国不同生态环境条件下、不同作物生产体系下的指导水肥一体化应用与发展的理论，相关理论基础研究亟待加强。

主要科学问题：① 水分调控土壤养分转化的过程与模拟；② 养分–水分互作与作物需求协同机制；③ 雨养条件下以肥促水机制与调控；④ 灌溉条件下水肥互作与耦合调控；⑤ 作物根系生长与水肥时空匹配机制；⑥ 养分–水分的互作与水肥一体化调控协同机制。

5. 作物养分需求规律与调控

我国化肥施用量大、利用率低。要实现到 2025 年化肥减施 20% 的国家战略目标，研究和创制与作物需肥规律相匹配的新型肥料势在必行。缓（控）释肥和生物有机肥料是近年来国内外新型肥料研究的热点，缓（控）释肥料主要集中于肥料颗粒缓（控）释包膜材料的研究，尤其在高分子包膜材料方面取得了突破性进展；生物有机肥料集微生物菌剂与有机肥料载体为一体，克服了传统的生物肥料效果不稳定的缺陷。与国外相比，我国在水基包膜材料和生物碳膜材料上具有研究优势，但在缓（控）释肥料养分的释放速率和数量上仍沿用国外同行的单位时间段水溶液中的养分释放量，而很少关注控释肥料施入土壤后的释放过程与作物吸收养分的匹配和同步；我国在生物有机肥料方面，已经获得了许多促生及养分转化的高效微生物菌剂，但在菌剂和有机载体的亲和性方面亟须加强。因此，在新型肥料创制中，开展作物不同生育阶段的生长发育、干物质积累和养分利用特点研究，揭示作物各个营养阶段养分需求规律，使缓（控）释肥料供应的养分形态、数量、速度与作物的需求相吻合；根据作物、土壤及功能微生物类型设计与创制新型生物有机肥，探明功能微生物的营养特征及功能菌在生物有机肥一次、二次固体发酵中的定殖及其与其他微生物群落的交互作用，发挥生物有机肥料调节土壤微生物多样性、抑制土壤酸化和培肥土壤等功能，从而大幅度提高我国肥料利用率和保育耕地土壤。

主要科学问题：① 主要农作物、果树、蔬菜等不同生长阶段的营养特性；② 包膜肥料养分缓（控）释机理及养分释放特性与作物需求的同步；③ 功能菌的营养组学与固体发酵过程的生物学特性；④ 生物有机肥的作用机理与调控。

6. 农田养分互作与高效利用及环境效应

根据《第一次全国污染源普查公报》，我国农业源的总氮（TN）、总磷（TP）和化学需氧量（COD）分别占排放总量的 57%、67% 和 44%，其中种植业 TN 排放占农业源的 59%。以大气氮沉降方式进入土壤和植物系统的氮素比例在逐年加大，已经由 1980 年的 13.2 千克 / 公顷，增加到 2000 年的 21.1 千克 / 公顷。此外，我国每年产生大约 7.8 亿吨的秸秆，而被利用的不足 1/3，这些富含氮、磷、钾和微量元素的有机物料被大量焚烧、堆积和弃置，不能重新进入土壤中被作物循环利用。因此，提高资源利用效率，保护生态环境，是我国农业可持续发展亟须解决的重大问题。研究农田尺度上养分互作对提高养分吸收利用和减少环境负面影响方面，尤其是对有机养分资源与化肥相结合的碳氮互作调控、不同氮素形态之间的互作增效和不同养分之间的互作协同机制和途径方面展开研究，对于提高我国肥料利用率，实现农业高产、养分高效、环境友好，保障农业可持续发展具有重要的意义。

主要科学问题：① 养分高效利用的碳氮互作调控原理与耦合机制；② 养分高效利用的根际铵态氮、硝态氮协同促进机制与氮肥增效途径；③ 养分高效利用的氮磷互作耦合机制与调控途径；④ 农业高产、养分高效与环境友好（面源污染物和温室气体减排）的协同原理与效应评估。

（二）植物营养学的重要交叉研究领域

1. 全球气候变化下植物营养适应性机制与地力提升（与地学部交叉）

以大气 CO_2 等为主的温室气体浓度上升导致的全球变暖问题是当今人类

社会面临的重大挑战，全球气候变暖造成极端气候事件（厄尔尼诺、干旱、洪涝、高温天气等）频繁发生，导致了部分地区严重缺水，并由此带来土壤次生盐渍化，严重危害农业生产和威胁人类生存环境。矿质营养是农作物生产最为基本的物质。气候和土壤环境条件在很大程度上决定着养分在土壤中的转化、作物对矿质元素的吸收利用。温、光、水、气等的不协调影响根系对养分的吸收利用和光合效能，进而影响植物的正常生长发育。通过平衡协调矿质养分与水分的利用，提高植物吸收利用 CO_2 的能力，无疑是降低大气中 CO_2 浓度的一种最有效的节能方式，也是通过植物残体和根系分泌物增加土壤有机质、提升土壤肥力的重要措施。其次，全球变化与农田土壤酸化、土壤养分矿化、植物氮素利用等密切相关。此外，利用微咸水和部分脱盐海水灌溉将成为未来农业面临淡水资源匮乏的不可避免的一个选择，而植物耐盐的主要适应机制之一是高效利用钾素，维持钾、钠元素间的稳态平衡。因此，揭示植物应对气候环境变化与盐旱胁迫的营养生理与分子基础是植物营养领域与地球科学、环境科学学科共同面临的新课题，急需开展交叉研究。

主要科学问题：① 大气温室气体浓度升高对植物养分需求及其吸收利用的影响机制；② 植物适应高温、旱涝、盐碱胁迫的矿质养分吸收利用及其调控机制；③ 平衡协调养分供应增强植物适应气候变化的植物生理和营养过程；④ 全球变化背景下土壤地力提升的植物营养调控原理与养分管理策略。

2. 有毒有害元素食物链阻控的植物营养学基础与机制

环保部与国土资源部发布的土壤污染状况调查公报指出，我国土壤环境状况总体不容乐观，部分地区土壤污染较重，耕地土壤环境质量堪忧。部分地区农产品污染物超标问题较为严重，影响农产品质量安全，危害人体健康。污染物往往通过植物必需或有益养分的吸收运输途径从土壤进入植物可食部位，植物物种或品种间对污染物的吸收积累能力存在极大的遗传性差异，污染物在土壤及根际的迁移转化决定了其生物有效性，土壤中必需或有益养分的供应水平也影响植物对污染物的吸收积累。因此，实现对土壤污染物进入食物链的有效阻控需要深入开展植物营养学与环境化学、土壤生物学的交叉研究，阐明土壤污染物的化学形态及环境行为、土壤微生物及植物根系对污染物的转化机制、植物吸收与解毒污染物的过程及分子机制，优化适宜于中轻度污染土壤食物链阻控技术；充分挖掘微生物和植物资源，开发并优化适用于污染较为严重的土壤生物修复技术。

主要科学问题：① 土壤－植物系统中污染物的化学形态及生物有效性；② 微生物介导的土壤污染物转化过程及关键功能基因；③ 植物根际污染物的转化特征；④ 植物对污染物的吸收、运输与解毒机制；⑤ 土壤污染物生物有效性调控原理及技术开发；⑥ 污染土壤生物修复的原理及生物、基因资源挖掘。

第六节 实现“十三五”发展战略的政策措施

1. 加强学科布局的前瞻性，强化基础研究对应用研究的引领力

随着园艺产业的结构不断调整，园艺学科将产生一些新的生长点。园艺学科始终是一门与产业紧密结合、应用性很强的学科，学科发展需要不断根据产业需求以及生物学等基础学科的前沿进展丰富其内涵，完善其布局，为园艺产业发展提供理论和技术支撑。未来需要进一步推动原创性科技创新，解析园艺作物特有的科学问题。同时，需要进一步关注园艺产业的发展，形成对产业起重要推动作用的成果时间较长，需要年轻科技人员深入实践了解产业，针对产业需求凝练科学问题，并坚持长期研究；最终解决产业实际问题，引导园艺学科和产业的健康和可持续发展。

进一步提升植物营养学作为农业基础学科的地位，强化植物营养的生物学和植物-土壤互作过程等研究，通过持续稳定的经费支持保障周期长的基础性研究，带动植物营养学科基础与应用基础研究；鼓励围绕产业问题选准方向开展长期、系统和精准的研究，促进农业可持续发展。

2. 培育拔尖人才队伍

加快培养具有世界前沿水平的高级专家队伍。充分利用各类人才项目和基地建设项目，更好地培养国内人才和吸引海外优秀人才、吸纳海外研究资源，打造优势学科队伍，加强梯队建设。加强科技创新与人才培养的有机结合，鼓励科研院所与高等院校合作培养研究型人才。积极支持组织全国优势队

伍，建立高效的合作网络与平台，实现资源与信息共享；统筹跨学科的综合性基础研究与应用基础研究；加强集成创新研究。

加大对人才项目连续资助力度，注重发现和培养一批战略科学家，强化人才项目链条的资助持续性和完整性。建议设立青年基金-优秀青年基金、优秀青年基金-杰出青年基金连续资助机制，即在前一个人才项目取得重大理论或应用技术突破，结题时经专家鉴定为优秀并推荐直接参加更高层次人才项目的申请（控制一定比例），则在申请人才项目时，免去第一轮专家通讯评审过程，直接参加第二轮的会评。

3. 加强研究基地和平台建设

园艺学和植物营养学的基础研究对基地硬件条件依赖性强。加强硬件条件建设，为学科发展提供坚实的基础。保证学科建设和运行的基本条件，根据学科建设经费的投入预算，在资金上、政策上给予保护，确保基地条件建设上一个新台阶，为学科发展打下良好的基础。

主要参考文献

李莉 . 2010. 我国园艺产业三十年的回顾与展望 . 北方园艺，19：201-205.

李倩，等 .2012. 我国果园管理机械发展现状及趋势 . 农业装备与车辆工程，247：1-7.

Huang S，et al. 2009. The genome of the cucumber，Cucumis sativus L. Nat Genet，41：1275-1281.

Xu Q，et al.（2013）The draft genome of sweet orange（Citrus sinensis）. Nat Genet，45：59-66.

Yang Y，et al. 2014. A zinc finger protein regulates flowering time and abiotic stress tolerance in chrysanthemum by nodulating gibberellin biosynthesis. Plant Cell，26：2038-2054.

Zhang W F，et al. 2013. New technologies reduce greenhouse gas emissions from nitrogenous fertilizer in China. Proc Nat Aca Sci USA，110：8375-8380.

第十七章

林　学

林学是以森林和木本植物为主要对象，揭示其生物学现象的本质和规律，开展森林资源的培育、保护、经营管理和利用等的一门学科。林学的研究范围一般以培育和经营管理森林的科学技术为主，包括森林培育、森林保护、森林生态、森林经营管理、森林采伐更新等多方面科学。广义的林学还包括林业机具的应用改良、木材采运和林产品加工等森林工业方面的科学。随着社会的发展进步，国家和社会各界对林业和生态环境建设愈加重视，林学学科建设得以迅速、健康和有序发展，林业科学研究领域不断拓展，研究队伍发展壮大，学科条件不断改善，学科研究水平显著提高。

第一节　林学的战略地位

林学学科战略地位与林业战略地位紧密相关。我国对林业的总体战略定位是：在贯彻可持续发展战略中具有重要地位，在生态建设中具有首要地位，在西部大开发中具有基础地位，在应对气候变化中具有特殊地位。

林学学科是实现林业战略目标的支撑与保障。林学学科发展所产生的新概念、新理论、新方法和新材料是推动林业科技进步和创新的前提；林学学科科技积累和产生的基础数据是国家经济发展宏观决策的重要科学依据；林学学科人才建设是提高林业行业从业人员整体素质的重要途径；林学学科发展程度是衡量国家整体科技水平的重要标志之一。因此，林学学科在我国科技、经济、社会发展中占有极其重要和不可或缺的基础地位。

一、林学学科为建设美丽中国提供理论基础和科技支撑

党的十八大提出了“大力推进生态文明建设，建设美丽中国”的宏伟蓝图。森林是陆地生态系统的主体，具有经济效益、社会效益和环境效益，被誉为“地球之肺”。森林是筑就“天蓝”“地绿”“水清”和“宜居”美丽中国的根基。然而，我国仍然是一个缺林少绿、生态脆弱的国家，森林覆盖率（21.63%）远低于全球31%的平均水平，人均森林面积仅为世界人均水平的1/4，人均森林蓄积只有世界人均水平的1/7，森林资源总量相对不足、质量不高、分布不均的状况仍未得到根本改变，林业发展还面临着巨大的压力和挑战，其中一个重要的原因就是我国林学基础研究薄弱，关于森林培育和林地生产力提高方面的基础理论不足。

建设美丽中国，是关系人民福祉、关乎民族未来的长远大计。面对森林资源约束趋紧、环境污染严重、森林生态系统退化的严峻形势，树立尊重自然、顺应自然、保护自然的生态文明理念，把发展林学基础研究放在突出地位，融入林业生产和林业行业的各方面和全过程，努力提高我国森林资源质量、增加森林碳汇、增强应对气候变化能力，是实现美丽中国和永续发展的中国梦的必然要求，也是现代林业建设的新任务和对林业发展的新的历史定位。

二、林学学科发展是林业产业转型升级的基础和动力

林业是诸多社会产业的一部分，但林业又不是类同工业的纯粹产业，它是兼有基础产业特征和公益服务的特殊“产业”。林业产业包括三大部分：第一产业有林木的育种和育苗、造林和更新、森林经营和管护、木材和竹材的采运，以及各种经济林（包括林果、药材等非木质林产品的采集）；第二产业有木材加工及木，竹、藤、棕、草制品业，家具制造业，造纸及纸制品业，以及

化学原料及化学制品制造业等；第三产业有环境、文化、休闲、公共设施管理业等。

我国的木材工业综合产值超过1万亿人民币，是国家重要的支柱产业之一。相比许多其他新兴产业，林业的发展更为稳健，但林业产业仍属于国民经济中的弱质产业：在产业结构方面，一产基础不稳、二产素质不高、三产发展滞后，中国林业产业发展已进入转型升级的关键时期。

科技创新是推动林业产业转型升级的驱动力。我国林业产业的转型升级对林学学科发展提出了新的战略需求。林学科学研究紧贴国家需求，是林学学科发展始终坚持的原则。林学科研要加强原始创新，瞄准林木良种培育、特色经济林培育与绿色加工、木竹产业转型升级、林业特色资源开发利用、生物基材料与生物质能源开发等与新兴产业密切相关的关键技术领域，协同攻关，力求突破，取得自主知识产权成果，增强自主发展能力，为林业产业转型升级提供动力和科技支撑。

第二节　林学的发展规律与发展态势

林学学科的发展规律和发展态势是：学科内各领域的基础理论和应用研究均呈现向纵深发展；林学学科的各分支学科间以及林学与其他相关学科的联系更加紧密，学科交叉与融合更加显现，从单一学科的问题诊断向多学科的知识和方法的综合应用转变；研究领域和研究内容不断扩展，从单项研究向综合集成转变；林学学科研究内容与社会经济发展的联系更加紧密。林学学科的研究方法不断提升，从静态分析向动态过程分析转变，从单一数据源向多源数据转变。

一、林木生物学研究是林学发展的基石

林学作为一门专业性学科区别于其他生物学领域的重要因素是林学研究的对象树木的特征使然。树木的一系列特点决定了林学学科的一些重要特点。树木生命周期长，从几十到上千年不等，不同年龄和发育阶段生物学特征差

异显著；个体高大，部分树种树高超过 100 米；遗传背景复杂，高度杂合，进化历史长，生物学特征中整合了长期进化史中环境变化与基因组相互作用的结果；有突出的休眠特征，有助于克服短期的环境胁迫等。这些树木独有的特征决定了林学研究必须在对上述特点深入认识的基础上发展科学有效的森林管理理论和方法。

树木的长生命周期和不同年龄和发育阶段生物学特征的差异要求林学基础研究必须强调长期研究的重要性，要求在研究体系的设计上注重不同演替阶段的对比（天然林）和不同发育阶段的对比（人工林），从而形成对林木整体生活史的全面认识。根据林木不同年龄阶段的生物学特征如生长速率和向茎干的碳分配比例，确定合理的轮伐年龄。根据林木在不同发育阶段对资源需求的差异以及不同年份不同结实强度对养分的需求，确定高效和可持续的森林管理经营模式。

林木进化历史长，遗传背景复杂则要求林学的遗传育种和森林物种的进化研究必须重视不同树种遗传特征在自然界中变异的宽度以及这种变异形成的原因。这有助于筛选优良性状作为育种的基础。而对林木遗传性状的深入认识也是将不同遗传特征的品种与适宜的环境条件相配合的前提，从而在科学上有力地支撑适地适树的实践。

林木个体高大，各器官在整株功能整合的同时也呈现出明显的模块化的特征。短时间尺度的过程如水汽交换等要求从根系到叶片气孔形成一个高效的水分输导系统。但在养分吸收和储存，碳的固定和分配，对短期和长期逆境的适应等方面，不同器官采取了不同的策略，也扮演不同的角色。短命器官如叶片和吸收细根通过生长量和生长时间的变化来调节树木整体的碳消耗，通过控制性凋亡从而使树木的其他部分与干燥的外界环境绝缘来适应短期到中期干旱。而长命且生物量极大的木质化部分（如树干和粗根）因其基本与外界隔离，可以保护树木中的形成层，保证了短命器官在条件适宜时的生长。而大量的碳和养分的储存则有助于树木在逆境条件下对维持性碳消耗和对养分的需求。认识这些生物学特征对森林应对环境变化及森林的长期可持续发展具有重要意义。

二、林木种质创新要注重林木自身的生物学特性

大多数林木处于半野生状态，具有丰富的种质资源，为林木遗传育种工作提供了重要的材料基础。世界上商品化的林木遗传育种研究起始于 20 世纪 50 年代，遗传学基础研究相对薄弱。以往树木在生物学理论和分析技术上主要借鉴农业领域的研究成果和经验，但由于树木具有个体高大、世代周期长、杂合度高、经济性状稳定表现需较长时间检验等一系列特殊的生物学特性，导致在树木上难以直接仿效作物育种的技术路线开展良种选育。因此，林木种质创新应结合树木的生长发育特性，围绕林木良种选育的根本目标，对树木个体和群体遗传变异的现象、规律、物质基础、影响因素等科学问题展开深入研究。与作物相比，树木的育种周期一般需要十几年甚至几十年的时间，分子育种是突破林木长育种周期瓶颈的关键技术。目前林木种质创新呈现强调常规育种和分子育种有机结合的发展态势，注重产量、品质多性状复合育种技术的综合研究。

由于树木遗传变异层次的多样性，木本植物多年生和世代周期长的特性、树木生境因子的复杂性和不可控性，特别是树木培育利用周期长，培育新种质需经环境适合度验证等，决定了林木遗传育种工作的复杂性和高难度。因此，种质创新研究目标设计要有前瞻性、环境设计要有地域性、样本设计要有代表性、因子设计要体现综合性、方法与指标设计需要特别注重树木的生物学特性。

三、提高森林生产力、促进资源增量是林学的核心目标

据 2013 年数据，我国原木产量达 7800 多万米^3，原木进口量达 4500 多万米^3，锯材进口 2400 多万米^3，在全球范围内木材消费仅次于美国，对外木材依存度接近 50%，因此人工林生产力的提高势在必行。同时，天然林和次生林作为重要的生态系统类型，是国家大区域生态屏障的核心组成部分，经济林产品生产和加工在地方经济发展中作用独特，各类森林在水源涵养、生态旅游等服务功能方面至关重要。这些社会需求对森林资源总量和质量提出了前所未有的要求。

提高森林资源质和量的核心是进一步提高森林生产力。我国森林资源培

育经过几十年的发展，总体情况已大大改善，尤其是森林资源面积大幅增加。但由于社会发展对国土面积的刚性需求（农田面积红线及城镇建设用地快速大幅增加），进一步扩大森林资源总面积的潜力有限，提高森林资源总量的主要途径是提高单位面积森林生产力。在发展目标上，要重点突破提高生态公益林质量的技术，兼顾单位面积蓄积量和生物多样性的提高。由于这类森林面积大，对相对地处偏远区域，主要靠加强保护和依靠自然力逐步恢复；条件成熟的区域，可以采用近自然林管理，也可以考虑林下管理及促进长期土壤有机质积累。在用材林方面，要加强定向培育、林下植物多功能培育、木本粮油植物培育、生物质能源林培育、竹林多目标经营及纸浆林高效稳产经营等，同时考虑增加管理强度，选择合适的轮伐期并注意砍伐过程中土壤资源的保护，最大限度提高森林单位面积蓄积量，保证人工林的可持续发展。随单位面积森林资源总量提高，除木材生产之外的其他功能如生态服务功能等也将不断优化，更好地服务于国家和社会需求。

四、长期森林经营管理是可持续发展理论的范本

森林资源经营管理是关于森林区划、调查、生长与收获、监测与评价、决策规划与控制调整等理论、方法及技术的科学。现代森林经理学愈来愈显示出其方向引领作用，通过解决森林经营管理的关键理论与技术，始终引领林学的发展。20 世纪 50 年代，提出森林调查技术和永续利用理论；60 年代，森林经营方案编制与遥感技术得到应用；70 年代，建成达到国际先进水平的具有中国特色的全国森林资源连续清查体系；80 年代，创建森林资源综合信息管理体系；90 年代，开展林业可持续发展和森林可持续经营研究；直至 21 世纪初的中国林业跨越式发展、森林文化、3S 技术集成及其在森林经营中应用、近自然经营、森林健康经营和森林多功能经营等，都为我国林业发展和森林经营做出了不可磨灭的贡献。森林经营发展总态势是在可持续发展理论的指导下，全面实现森林资源可持续经营管理。战略目标是在精确的时间与空间范围内，实施精确的经营措施，以期在保证森林生态系统健康的条件下，满足利益共同体的多方面要求。基本途径是在逐步实现森林资源和生态状况信息化和知识化的基础上实现森林生态系统经营。可持续发展理论成为森林经营管理研究中的特色和优势。

五、林产品精深加工与高值利用研究要全面深化

随着我国乃至全球木材资源的转变和经济发展的需要，林产品加工对象发生了重大转变，由传统的天然林木材向速生人工林、竹材、稻草、秸秆等低质生物质材料转变，是全面深化林产品精深加工与高值利用的直接原因。

木材学、林产化学、物理学、力学、生物学、仪器科学、材料学等众多学科的交叉融合，正向生物质产业方向拓展并逐渐形成学科群；随着以透射电子显微镜、扫描电子显微镜和激光共聚焦显微镜为代表的显微分析技术，以X射线衍射分析为代表的晶体结构分析技术，以固体核磁共振波谱、傅里叶变换红外光谱为代表的化学结构分析技术，以光电子能谱为代表的表面分析技术，纳米压痕细胞壁力学仪器及显微纳米红外技术的发展，将推动林产品精深加工与高值利用研究全面深化。

我国林产品加工原料利用率低、产品附加值不高、技术集成度低的现状急迫要求全面深化对林产品精深加工与高值利用的研究。面向林业产业的需求，基础理论研究需进一步建立在适材适用前提条件下，围绕多层次多品种综合加工、提高出材率和附加值、功能性改良提高使用性能、延长使用寿命以及提高转化效率与降低成本等方面，开展基础理论研究。在这些领域，我国研究多属于跟踪性的，在林业产业上具体反映是生产力水平低，森林资源利用率、出材率、商品率及林产品附加值等均较低，普遍存在原料消耗大，成本高，效益差的问题。因此，针对我国森林资源特点进行原始创新，是实现学科发展目标的根本出路。

六、林学与其他学科的交叉进一步加强

林学日趋广泛地与自然科学的其他学科（如自然地理学、气象学、土壤学、水文学、植物学、动物学、微生物学等），以及与社会、经济科学、人文科学和遥感、物理、化学测量分析技术和生物技术等紧密结合。森林生态学已由阐明森林与其环境相互关系，指导森林培育和经营管理的经典定义发展为指导人类科学合理处理人与森林相互关系，最大限度发挥森林多种功能以服务于人类社会和地球表面系统环境的科学，生态学作为森林培育与经营的基础逐渐

渗透到林学的各个分支。DNA 指纹技术在森林生物分类中的应用，使相似种的区别鉴定成为可能，为动植物分类和确定林业检疫物种提供了重要方法。利用生物工程技术将抗逆基因导入林木中，为抗逆育种提供了新方法。通过引入和广泛应用遥感（RS）、地理信息系统（GIS）、全球定位系统（GPS）、红外摄影技术和计算机技术，建立了我国森林资源信息管理系统及病虫害管理等生态综合监测系统。森林生长模型的建立成为可能，模型研究由林分模型向分级模型和单木模型发展，由数值模型向可视化方向发展。林学与其他学科交叉与渗透已成为科技发展的重要特征和常态。

第三节 林学的发展现状与发展布局

一、发展现状

伴随我国经济和社会的不断发展，生态文明建设越发受到重视，林业事业得以蓬勃发展，林学学科领域目前已经初步形成了一个门类齐全、队伍壮大、人员素质较高、设备先进的学科体系。林学学科整体水平明显提高，取得了一系列突破性进展，整体上已经进入了现代林学的发展时期。在 973 计划、863 计划、国家科技支撑（攻关）计划和各级自然科学基金等项目的支持下，林学学科形成了一支具有坚实的专业基础理论知识、娴熟的实验技术技能、学历和年龄结构合理并具有创新能力和协作精神的学科团队，建立了一批相对稳定的科学研究、推广示范和产、学、研相结合的基地。

在重要科学领域里取得的标志性成果和进展有以下方面。

（1）在基因组水平探索了林木特定性状形成的系统进化机制。

（2）在超微和分子水平上深化了对树木抗逆机理和木材性状形成的理解。

（3）实行自主创新与引进战略相结合的方针，选育（引进）了一批用材林、经济林、花卉良种。

（4）初步建立了杨树、桉树、杉木、马尾松、落叶松等速生用材树种和经济林树种的定向、高效、集约化培育体系。

（5）研制出典型生态区域和困难立地条件植被建设中树种选择及配套培

育技术。

（6）研制出适合不同地域和立地条件的以先进理论指导和技术手段调控的农林复合生态经营技术。

（7）初步建立了高效空间配置和稳定林分结构的防护林建设科技体系。

（8）初步建立了基于高新技术的森林资源动态管理和森林灾害监测体系。

1. 林木重要性状形成的分子机理研究逐步深入

树木的生长发育过程中存在幼、成期转换，揭示与阐明树木各发育阶段的分子机理，可以为繁育、调控和改良树木提供有力的理论指导。应用现代分子生物学、遗传学和发育生物学等研究方法，从不同层面上开展生长发育、重要性状遗传调控及品质形成研究是这个领域的主导方向。测序技术的飞速发展是生命科学领域的重要进展。随着不同超高通量测序技术的成熟，DNA 测序技术出现了跳跃式发展。2006 年美国《Science》期刊首次报道了第一个木本植物的全基因组测序工作；2007 年英国《Nature》期刊又报道了第二个木本植物－葡萄的全基因组测序研究；桉树的全基因组测序也已完成。迄今，我国也完成了竹子、梅花和柳树的全基因组测序研究。目前，我国对一些重要树种（如油桐、茶树、鹅掌楸、杜仲、楸树等）的全基因组测序研究也取得了一定的进展。测序技术的飞速发展，使林木从基本遗传平台构建研究的初始阶段，快速进入后基因组研究时代。功能基因组研究在揭示诸如林木生长、发育及代谢调控等生命活动规律研究方面将会有重大突破，在鉴定并克隆林木重要的产量、品质、抗性相关的基因，阐述林木杂种优势形成及木材形成机理等方面也将取得重大的进展。近年来，借助于各种组学技术，国内学者在树木种子休眠和老化调控机理、维管形成层活动的周期性调控，以及细胞壁形成分子机制等方面获得了一定的进展。同时，国内研究者针对我国干旱、盐碱化、重金属污染等重大环境问题，深入探索了树木抗旱、耐盐的生理及分子机制；已经利用分子调控技术进行了林木抗逆性遗传改良，并结合各种生物技术手段，提高树木的环境适应能力，必将在推动我国脆弱生态地区的环境建设和生态恢复中发挥越来越重要的作用。全基因组关联分析法（GWAS）是一种用来寻找某种基因变异与表型之间关系的方法。近年来，关联分析在人类遗传学研究领域取得了重要成果，但这一方向的研究在木本植物中还处于起步阶段。然而在木本植物中，我们即将拥有多个参照基因组，同时超高通量测序技术的成熟，使木本植物基因组中单核苷酸多态性（SNP）的快速检测成为可能。结合芯片杂交与高通量测序技术，目标区域局部测序技术也日臻成熟。林木基本处于半野生状态，大多数物种具有理想的自然群体材料，这些新技术的发展为结合分子数量遗传学和群体遗传学的研究手段，在林木中实现功能基因的精细定位和快速克隆打下了坚实的基础。

2. 林木育种平台建设和良种化成效显著

林木良种是林业发展的战略资源和重要基础。推进我国林木良种化进程是提高我国森林资源质量和林地生产力、促进林业发展方式转变和实现林业发展目标的根本性和战略性的选择。得益于我国所具有的资源优势，我国林木良种事业发展迅速。我国有乔灌藤本植物 9100 多种，其中特有的优良用材和经济林树种达 1100 种，拥有林木种质资源超过 108 万份。为推进我国林木良种化，满足现代林业建设和经济社会发展对林木良种的需要，我国建立了一大批林木良种基地。2009 年 1 月，国家林业局确定了第一批 131 处国家重点林木良种基地；2012 年 2 月，又在全国增设布局了 95 处国家重点林木良种基地。国家重点林木良种基地面积合计达 7.33 万公顷。此外，全国还有省级林木良种基地 500 多处，面积超过 26 万公顷。这些国家和省级林木良种基地年产良种 223 万千克、穗条 15 亿条（根），为我国主要用材林、防护林和木本粮油树种的良种生产提供了重要保障。2011 年，科技部批准立项了林木遗传育种国家重点实验室，这是我国林业行业的第一个国家重点实验室，标志着我国林木育种平台建设上了一个新台阶。

依托这些良种基地和育种平台，我国林木遗传育种科研人员选育了大量的林木良种，相继开展了 70 多个主要造林树种和部分珍稀濒危树种良种选育，审（认）定并推广了 2900 多个林木良种。这些林木良种对推动我国林业发展发挥了巨大作用。如南方型杨树优良品种在长江中下游地区大面积推广，仅江苏一省的杨树产业年产值已超过 2000 亿元，林木良种对产业带动影响深远。

虽然我国的林木育种平台建设和良种选育工作成效显著，但当前我国林木良种供需矛盾仍十分突出，林木良种选育周期很长，需要十几年甚至更长的时间培育出一个良种，基地尤其是种子园也需要较长的建设周期。整体来看，目前我国林木良种产量低、供应能力不足、遗传改良种子更少、林木种质资源保护评价利用也相对滞后、还不能满足社会经济发展和林业建设的需求。

3. 森林资源经营管理水平全面提升

森林资源信息学已经进入了快速发展时期，在各个方面取得了一些重要进展。在森林资源信息的获取方面，地面信息的采集手段不断现代化，一些新的仪器设备得到了应用，提高了数据采集的效率和精度。随着新的空间传感器的使用，森林空间信息的采集手段、内容以及精确度有了很大改进。在信息处理方面，研发了多种森林资源信息处理软件系统，能够完成森林及其环境海量数据的储存、管理和分析。在森林资源监测方面，利用多时相的数据源、远程图像传输和移动通讯等技术，实现对森林资源动态变化以及灾害等监测。在统计模型方面，开展新的统计方法在森林资源统计预测上的应用研究，如混合模型、度量误差模型等。据第八次全国森林资源清查结果显示，在最近的两次清查间隔期内，森林总量持续增长。森林面积净增 1223 万公顷；森林覆盖率由 20.36% 提高到 21.63%，提高 1.27 个百分点；森林蓄积净增 14.16 亿$米^3$。森林质量不断提高。森林每公顷蓄积量增加 3.91$米^3$，达到 89.79$米^3$；每公顷年均生长量增加 0.28$米^3$，达到 4.23$米^3$。森林健康的实质就是要使森林具有较好的自我调节并保持其系统稳定性的能力，从而使其能释放最大潜力、最充分地持续发挥其经济、生态和社会效益。森林健康理论最初动机主要是针对病虫害防治和森林防火，但随后不久因得到广泛的认同而成为美国林业的核心价值观念。目前森林健康经营已经在国际上产生了广泛的影响。

4. 森林土壤研究向纵深发展

目前，森林土壤学的研究主要集中在森林土壤肥力的维持和提高、土壤肥力与森林生产力的关系、土壤生物系统在森林土壤物质循环中的作用、森林土壤固碳、土壤碳稳定性、森林土壤对酸沉降和氮沉降的响应及对其他污染物的净化作用等方面。上述各项研究内容的重点研究对象是人工林。一方面，人工林是人类高强度管理的木材生产系统，单一物种的人工林仍是人工林的主要类型。由于这类森林经营强度高、轮伐期短、碳及养分的收获量大，由于木材收获移除的养分流失及采伐过程中造成的土壤表层有机质及矿质养分的流失多，土壤地力维持始终是一个重要的研究内容。尤其在我国，由于林地多处坡地，上述问题更为突出。另一方面，长期高强度经营单一树种也造成土壤地力衰退。从南方的桉树、橡胶、杉木到北方的杨树、落叶松等人工林均面临如何维持地力的挑战。其中南方人工林面临的问题更多，因为轮伐期更短，或由于降水量大造成的采伐后的养分流失更严重。这些都是森林土壤学服务林业生产的相关研究内容，也将是研究者长期关注的内容。

我国森林土壤学近年来在土壤肥力与森林生产力的关系、森林土壤固碳等领域取得显著进展，在国际上已占有一席之地。随着各类生物学新技术的发展，在土壤生物系统在森林土壤物质循环及短期和长期土壤肥力的维持和提高的调控机制研究方面也获得长足进步，有望做出创新且具引领性的基础研究工作，并为土壤肥力管理提供有力的科学支撑。此外，土壤有机质动态如何响应不同的全球变化因子及人为或自然干扰等也是被长期关注并不断取得进展的领域。

5. 木质基新材料研究快速发展

目前，我国在木材构造、性质、利用、保护、改性及其测试等方面研究都已取得了很大的成绩，尤其在木质基新材料研究方面得到了快速发展。

木竹材材质改性及功能化逐渐受到重视，并已经取得了良好进展。木竹材材质改性方面，如软化处理，尺寸稳定化，强化处理，防腐及阻燃抑烟处理等方向成果众多并处于国际先进行列。木质复合材料方面，采用木质化的植物纤维材料作为基本原料，通过复合材料技术生产高性能的木质复合材料，已为木材工业的重要产品系列，也是木材科学的重要研究内容。异质复合材料（木竹材与塑料、金属、橡胶及无机物等）极大地改进了木竹材刚性、尺寸稳定性及热稳定性，赋予了静音、电磁屏蔽、抗静电等功能，已取得丰富的研究成果及社会和环境效益，提高了木材使用性能和综合利用率。木竹材表面无机纳米修饰技术也是未来低质木材高值化开发的一条新途径，但在扩大合成纳米材料种类、多元共晶协效体系、先进纳米结构、木竹材表面纳米晶元智能化有序组装等方面需要开展深入探讨。

针对我国林产品精深加工与高值利用研究要全面深化的发展态势及创新驱动木竹产品加工业健康持续发展的需求，木竹材新型功能化技术如导电发热、吸声隔声、储能、超轻质、超疏水、隔热保温、微胶囊、抗菌自洁等及木竹材低碳加工与绿色保障将是应用研究的热点。同时，前沿性研究领域如木基材料的3D打印集成技术及木竹材仿生与智能化，通过高效的成型控制技术、加工技术及仿生构筑技术，可解决木竹材资源不足和使用中的种种限制，实现木竹材的自组织性、自修复性、自适应性，尚属崭新领域，具有极大拓展和深化空间，对进一步推动木竹材科学与技术的深入发展具有重要的促进作用。

6. 林产化学研究加速发展

林产化学学科主要从事木质和非木质资源化学结构与特性、化学与生物化学加工利用基础与应用基础研究，为全面、合理、高效利用我国丰富的农林生物质资源提供理论依据。我国林产化学发展历史悠久，已经形成了以木材水解、木材热解和木材制浆为主的木质资源化学与利用以及以树木分泌物、提取物化学等为主的非木质资源化学与利用两大领域。随着信息技术、生物技术、新材料技术和新能源技术的应用，林产化学研究的深度和广度不断拓展，已成为门类交叉的重要学科。

随着化石资源的日益枯竭，生物质资源作为唯一可以转化成为液体能源和替代石油基化工产品的可再生资源，是人类赖以生存和发展的重要基础资源，将成为未来替代石油、天然气等化石资源的最佳选择。通过绿色化学资源化利用技术，重点开发以绿色化学转化利用为特征的高效高附加值精深加工、定向转化、功能化、环境友好化的生物质战略型新兴产业，将成为林产化学发展的新生动力。

林产化学学科研究内容不断地向生物质材料、生物质能源、生物质化学品、生物质提取物等领域纵深方向扩展，预期林产化学的发展将呈现如下特点。

（1）林业生物质能源化学研究日益突出。

（2）林业剩余或废弃资源的化学资源化利用将成为林产化学的重要组成部分。

（3）林业生物质材料化学将成林产化学学科的重要研究领域。

（4）林产化学将为林业生物质产业提供重要的技术支撑。

7. 存在的主要问题

林学学科发展存在优秀研究队伍匮乏，前期的研究支撑少。基础研究与战略性研究相对薄弱，且跟踪模仿和重复性研究多，创新性研究弱。缺乏长期设置、连续观测、反映不同生态类型、不同森林及经营类型的系列基地不多。很多研究没有针对林木特有的生长性状开展研究，与国家需求和林业生产实践联系不够紧密。缺乏与林木研究特点相配套的长效科研资助机制，许多研究因得不到长期的支持而中断，基因库、育种基地和试验林因缺乏土地及经费而难以维持，研究缺乏继承性和持续性，导致科研资源浪费严重。

二、发展布局

林学是一门以应用为主的学科，随着我国社会经济发展和科学技术的进步，林学及其分支学科发展很快，社会对林学的需求也发生了根本变化。林学学科的发展战略布局应与其战略地位相适应，通过科技创新，建立和完善现代林业新的理论体系和技术体系，为构建三大体系（生态体系、产业体系和文化体系），提升三大功能（生态功能、产业功能和文化功能）的协调和互相支撑。

1. 加强高新技术在林学基础学科研究中的应用

林学基础学科研究是林学科技发展的原动力，关系到林学科技创新能力和发展后劲的提高，是林业可持续发展的关键。在学科研究方面，针对国内外本学科领域的重大科学问题，巩固和加强本学科已有的特色和优势学科领域，注重学科渗透和融合，不断开拓新的研究方向。

本领域的重大科学问题主要有：① 木本植物生物质（细胞壁）组成、生长、分化、发育、次生代谢与木材形成；② 树木花器分化、开花促进、品种高效培育、杂交与倍性育种的细胞与分子机制；③ 生长、发育、分化、次生代谢与特定性状（速生、优质、抗逆等）形成相关的组学（基因组、蛋白质组、转录组、代谢组以及互作组）研究；④ 解析林木复杂性状形成的基因调控网络。

利用分子生物学方法研究林木指示性状变异动因、林木遗传基因图谱与数量性状基因定位，以了解和掌握林木遗传规律；探索面向林木分子育种的计算生物学理论创建和林木固碳能力及光合产物分配性状遗传调控研究。通过分子育种和常规育种有机结合的手段，实现林木在生长、抗性、材性等优良性状的快速高效改良，为各种森林资源的快速增长提供相应良种。从分子、细胞、个体、群体等不同层次和不同地理尺度研究森林生物与环境的关系，多角度、多学科、多层次探索林木、森林健康发展的科学问题，森林资源科学培育和保护问题，森林资源管理和信息化问题，以及森林可持续经营问题。

2. 关注林木特有生物学特性的基础研究

与模式植物拟南芥和重要作物相比，大多数林木处于半野生状态，具有丰富的种质资源，因此林木遗传改良潜力巨大。但林木遗传改良历史较短，研究基础相对薄弱。林木有许多自身特有的生物学特性，如多年生、个体高大、世代周期长、遗传背景复杂、杂合度高、木质化、随季节休眠、细胞壁次生生长、生长过程中存在幼成期转换、对环境的缓冲能力强等特性，这些特性决定了林木应作为一个特殊的体系开展研究。长期以来，林木基础生物学研究主要借鉴农业领域的研究成果和经验，以跟踪性研究为主，原创性和针对性不强，林木基础研究应特别强调关注其自身的生物学特性。与作物相比，树木的育种周期一般需要十几年甚至更长的时间，林木经济性状的稳定表现需较长的时间检验，树木生境因子具有复杂性和不可控性，因此在树木上难以直接仿效作物育种的技术路线开展良种选育。在林木种质创新方面，应注重树木的生长发育特性，针对林木良种选育的特殊需求开展育种设计。木材和林产品作为一类特殊的材料，在应用基础研究方面也具有特殊性。在营林方面，天然林基本处于野生或半野生状态，而人工林营建多利用边际化土地和困难立地，因此在经营管理上也具有特殊性。林学是以应用基础研究为主的学科，在学科发展布局上特别强调关注林木特有生物学特性的基础研究。

3. 加强具有林业特色的科研平台和条件建设

通过国家级平台建设，培养、引进一批在国际上有重大影响的专家学者，承担国家级和行业重大科技项目，形成优势学科和学科群。

（1）加强实验室建设

国家林业部门自 1995 年以来陆续建立了涵盖林学各分支学科的部（省）级重点实验室。经过将近 20 年建设，形成了具有相当规模的学科专业科技队伍。在提高我国林业科技水平、推进林业生产发挥了重要作用，取得了显著成效。但开放程度和创新程度有待提高。在未来 5 ～ 10 年内，在现有国家级和省部级重点实验室的基础上，完善“流动、开放、竞争、协作”运行机制，不断提高创新能力。同时，更新和完善仪器设备，改善试验条件。经过 5 ～ 10 年，建设覆盖林学主要分支学科的 1 ～ 3 个国家级重点实验室，为科技创新打下基础。

（2）加强科学技术研究基地建设

包括森林生态系统（与湿地生态）定位观测站网络建设、森林资源培育与经营技术定位观测网络体系建设和种质资源库建设等。自 20 世纪 60 年代以来，我国陆续建立起由 140 个定位观测站组成的长期陆地（含森林、湿地、荒漠）生态系统定位研究观测网络。同时，在重点生态工程区建立了近 50 个生态效益站。根据国家林业局陆地生态系统定位观测网络建设中长期规划，到 2020 年将达到 192 个定位观测站，逐步形成森林、湿地、荒漠在内的完整的陆地生态系统观测网络。生态系统观测网络建设中还需要根据我国林业的特点，加强人工林生态系统和城市森林生态系统的观测。

生态系统定位监测的同时，还必须建立基于森林培育技术、森林经营技术的长期固定样地系统。为我国主要林种、材种、主要造林树种、主要林分结构和关键培育技术的精准化、科学化、数量化、标准化提供依据，形成提高森林质量的技术保障体系。在种质资源库建设方面，已初步建成 10 个种质资源库。全国林木良种基地保存了育种材料种质 3.5 万份，初步建立了林木种质资源库的技术体系和林木种质资源遗传信息体系。收集登录了包括育种材料在内的种质信息 5 万余份，今后仍需继续扩大多树种种质资源的收集、保存和评价利用，特别是珍贵树种和灌木树种的收集、保存与利用，以及加强长期种质资源库、育种基地和试验林的经费支持。

（3）信息平台建设

以现代化信息技术手段，丰富的数字化信息化资源，方便、快捷、高效的网络平台满足用户对学科多种信息资源需求。加大数据库开发力度，研究和建立可靠的林业科技信息保障体系，加快“网上数字图书馆”建设，实现部分馆藏文献全文数据库的数字化加工、存储和检索，为用户提供网络化、个性化服务。

（4）继续加强工程技术中心建设

在现有基础上建立一批涵盖林木良种繁育、花卉、工厂化育苗、森林药材与食品、木浆造纸、林业机械等领域的国家级和省部级林业工程技术研究中心。促进林业科技成果转化为具有自主知识产权的成套技术和工艺，推动产业化发展。

4. 加强重点林业工程和产业关键科学技术研究

重点林业工程是我国林业的主体，林业工程科技发展对我国林业起到保障和引领作用。经过多个“五年计划”科技攻关（支撑）和其他项目的实施，林业工程若干科学技术问题得到一定解决，但是随着新工程（例如能源林、碳汇造林等）项目开展和原有工程建设的不断深入，若干关键技术研究仍然需要启动、提高和突破。例如，短周期工业用材林和珍贵用材林、经济林、能源林等良种选育和高效栽培技术；植被恢复与重建技术、各类防护林的树种选择、空间配置及其效益监测评价技术；林产品高效加工利用中，创建拥有自主知识产权的新型木基复合材料制造成套技术及生产工艺，研发专用、多能复合新材料理论与技术研究。

加强新型数据源的林业应用、多源数据的融合处理、信息综合处理和优化算法、信息监测体系的整合等资源信息学科基础理论与方法研究；加强对“三个生态系统和一个多样性”的动态监测技术的研究，包括森林、湿地、荒漠化和生物多样的信息获取、处理和动态监测以及灾害预警等；加强符合林业特点的平台和条件建设，包括高性能计算系统、林业虚拟现实与可视化系统等建设。

5. 加强学科和人才队伍建设

加强学科建设和条件建设，形成完善合理的创新体系，增强学科合力，培养既有先进理论又懂技术的，既有组织能力又善于团结队伍的高层次复合人才，造就一批在国内外享有较高声誉的科学家和学术骨干。在我国林业建设主战场发挥重要的科技支撑作用，并扩大在国外林学界影响，增加国际学术界的话语权。

第四节 林学的发展目标及其实现途径

一、林学的发展目标

综合考虑林业发展对林学的现实需求和林学自身的长远发展，围绕当前林业发展的中心任务，集中优势力量，尽快研究解决“重大林业工程”建设中存在的关键科学问题，提高我国林学基础研究水平和创新能力，有目标有成效地进行研究探索，推动基础学科的发展，发展优势领域、培育交叉新兴领域、扶持弱势领域，在促进学科均衡持续发展的同时，逐步形成一批在国际上有影响的优势特色领域。加强人才队伍建设，培养一批高水平的学术带头人和优秀团队。加速推进林业科学技术进步，以科技创新确保林业生态工程建设的质量和水平，以技术进步提升林业产业建设的规模和效益，并以此来带动林业科学学科的发展。

二、目标的实现途径

加强树木生长发育的分子机理、树木逆境适应性的生理生态学基础、树木碳分配的调控机制、森林的退化及恢复机制、林木育种群体的构建及种质创新、林木重要性状遗传基础与改良、木竹材仿生与智能性响应机制、木竹复合材料新型功能化技术及应用等优势方向。

扶持重要森林资源保护与利用的生物学基础、森林资源信息系统构建与应用、重大森林灾害监测预警系统构建、主要人工用材林培育理论、森林随机生长模拟理论及应用研究、木本油料树种油脂合成的遗传调控、园林规划和景观设计等薄弱方向。

鼓励计算生物学与分子设计育种、国家尺度高精度森林资源监测体系、数据融合体系及预测模型、木基材料的 3D 打印集成技术、追寻木竹材产品的碳足迹、林业生物质能源转化技术等交叉方向。

促进林木生物组学、数字林业、森林生物学、木质纤维资源高值化利用理论、林源非木质资源的化学与利用基础研究等前沿方向。

第五节 优先资助领域及重要的交叉研究领域

一、优先资助领域

1. 重要森林资源保护与利用的生物学基础

森林资源为人类的生存和发展提供如食品、药品、工业原料等木质和非木质林产品。近几十年来我国人口的增长及经济的发展，对森林资源的需求不断增大，加上全球气候变化、生境的破坏和不合理的开发利用等原因，许多重要森林生物资源的生存面临严重威胁。

国际上对濒危野生生物资源加强保护与利用已成为共识。世界自然保护联盟（IUCN）制定了目前被全球广泛接受的受威胁物种的分级标准体系。最近 20 多年，国际上参照 IUCN 评定标准评估物种濒危等级；借助生态学、分类学、遗传学及分子生物学等综合研究途径开展了大量的研究工作。我国森林生态系统多样，森林生物资源物种丰富，在物种濒危机制、濒危物种保护及其优先保育策略研究等方面取得重要进展，但由于起步较晚，且工作基础较为薄弱，与国际先进水平之间还存在不小的差距。

为提高濒危物种资源保护与管理的效率，在充分掌握我国珍稀濒危物种生存状况的基础上，采用多学科分析手段，深入开展生物学、生态学等方面的监测和基础研究，力争在重要森林资源保护和利用技术方面有所突破。

主要科学问题：① 森林资源发掘、分析与评价；② 森林资源保存与利用；③ 森林生物功能解析；④ 珍稀濒危森林生物保育。

2. 高精度森林资源信息系统构建与利用基础

构建高精度森林资源管理信息系统，实现森林资源信息的智能化管理和森林资源动态监测是现代林业建设的基本要求。我国的森林资源管理信息系统的研究和应用起步较晚，经过 20 多年的发展，已经研发了大量的应用系统，广泛应用于各级林业部门的日常工作系统中。目前，森林资源管理信息系统向着网络化、智能化、三维可视化方向发展，森林资源监测向多尺度、定量化、综合监测方向发展，监测内容和指标涵盖了森林生态系统健康和综合效益评价。但受技术水平的限制，目前只能完成平面的、线性的简单信息处理和管理，辅助决策功能尚待提高。森林资源监测的内容和指标比较单一，数据采集和融合的水平还不高。

因此，以构建智能化的森林资源管理信息系统为目标，充分利用新一代智能计算、控制技术，研究森林资源信息的数据库建立、数据存储、数据交换以及数据表达等方法，天、空、地一体化的大区域复杂海量森林资源信息的获取与处理、智能管理与分析评价等方法，力争在森林资源综合监测与评价技术体系方面有所突破。

主要科学问题：① 森林资源时空信息的快速识别和提取；② 森林资源信

息流的智能关系和交换机制；③ 智能森林资源信息管理框架的构建及辅助决策的优化算法；④ 多源、多时相、多分辨率森林资源数据融合及一体化管理；⑤ 森林资源结构动态变化监测与可持续利用综合评价模型。

3. 重大森林灾害监测预警系统

森林灾害的预测预报和应急处理是森林资源管理的重要内容。近年来，森林灾害对我国森林资源的危害日趋加重，尤其是林业有害生物灾害和森林火灾频繁发生，每年都造成了数额巨大的经济损失。目前在森林灾害的监测技术和方法上，国际上已从单一监测向综合监测、定性监测向定量监测、单尺度监测向多尺度监测方向发展。我国在基础研究方面，已经开展了一些研究（如森林病虫害的发生和响应机制、森林火灾发生发展的模拟等），但与国外存在很大差距，存在技术手段落后、监测预警措施不力、缺乏应急响应机制等问题，不能满足森林灾害持续管理的需要。

因此，以构建重大森林灾害监测与预警系统为目标，采用计算机、互联网、遥感、地理信息系统等高新技术，通过开展重大森林灾害监测、评估和预警的理论研究，力争在实现及时发现和快速反应有所突破，为预防和控制森林灾害提供科学依据，确保国家在处置重特大森林灾害时反应及时、准备充分、决策科学、措施有力，最高程度地降低灾害损失。

主要科学问题：① 森林灾害信息的快速获取和识别；② 森林灾害监测指标的数字化表达和阈值确定；③ 森林灾害预测预报模型、预警和应急响应机制；④ 森林灾害损失评估方法。

4. 木竹材仿生与智能性响应机制

木竹材仿生与智能性响应机制研究，是通过构筑具有仿生结构的智能型木竹材或复合材料，实现木竹材的自增值性、自修复性及自诊断性等智能化的系统学科，是我国领跑木竹材科学发展历程中极其重要的一步，具有里程碑的意义。近几年仿生智能材料合成已成为国际发展前沿和热点，美国、日本、澳大利亚等国家均有相应研究机构对其进行探索。目前，我国在木竹材仿生理论基础（如多尺度分级结构、调湿及生物调节等）和在木材仿生应用基础（如构筑超疏水表面、分级多孔氧化物及气凝胶材料等）方面已取得丰富的成果，处于世界领跑地位。但仍需重点突破木竹材的天然多尺度微结构与宏观功能的协同机制、木竹材仿生智能纳米界面的形成方法与原理等关键科学问题。

因此，构建具有特殊性能和智能响应性的纳米界面材料，通过分子自组装和有机质修饰技术，研究木竹材表面润湿性及相反物性可逆开关的形成原理、纳米结构及有机质修饰与智能响应性的关系等，是本学科的重点优先领域，可在木竹材的多尺度结构与宏观性能的协同作用机制方面取得跨越性突破。

主要科学问题：① 木竹材的天然多尺度微结构与宏观功能的协同机制；② 木竹材仿生智能纳米界面的形成方法与原理；③ 木竹材表面仿生智能效力的时效性；④ 纳米技术与传统木竹材功能改良方法的有机结合和复杂多效功能组装。

5. 木竹复合材料功能化机理与应用基础

木竹复合材料功能化机理是国内外木材科学研究的前沿之一。将木竹质基单元通过混杂、叠层和表面修饰等复合创制具有特殊功能的复合材料，是开拓木竹材应用领域、继续提升我国木材科学水平、增强国际竞争力的重要途径。世界发达国家正致力于开发新型木质材料的功能化技术（如纳米纤维素改性、原位聚合及结构设计等），我国在微波膨化、混杂嵌入、叠层组装及功能微胶囊化等功能化机理研究和阻燃防火、吸声隔声、导电发热、防腐抗菌等新型多功能材料研究方面，已具备较扎实的基础。然而，功能化技术的关键核心科学问题、功能化机理的基础理论研究深度都不够，导致各种功能的应用潜力发挥不足。

因此，该领域将通过创新研究木竹质基单元和基体的结构设计、功能单元制备及其与木竹质基单元的二元协同高效复合机制、重点研究各单元间的复合效应和材料整体的响应特性、功能效应的实现机理与失效评价，揭示木竹复合材料的功能化机理，推动木竹复合材料功能利用的应用基础研究，在功能效应最大化等方面取得突破。

主要科学问题：① 木竹质基单元生物特性在复合和应用中的变迁规律；② 新型功能单元制备机理及功能化途径与机制；③ 木竹质基单元和基体的创新结构设计与高效复合机制；④ 功能单元与木竹质基单元的界面结构、调控及响应机理；⑤ 功能特性与增强增韧的动态失效规律。

6. 木质纤维资源高效利用理论

木质纤维是自然界最丰富的可再生资源，木质纤维精深加工生产生物基能源、化学品和材料是国际上木质纤维利用领域的重要发展方向。我国在林业生物质抽提物溶出调控、细胞壁组分拆解、纤维定位活化等基础理论方面取得较好的进展，生物催化与转化过程关键酶的分子催化机理方面取得一定研究进展，但对于生物质组分的超微结构与键合机制、木质纤维的热化学和生物转化定向转化过程机理还不清楚，林业纤维类生物质组分物理、化学和生物法拆分的机制尚不明晰，需要揭示纤维素的去晶化和降解途径和机理、木质素转化利用等反应机制、半纤维素降解的反应过程及其调控机制，林业纤维类生物质的生物学合成过程与机制的研究缺乏。这些理论问题的存在，严重制约了木质纤维资源高效利用的理论和技术的发展。

木质纤维资源的全组分高效利用目标，重点开展木质纤维复杂组分有效分离基础研究，发现木质纤维定向演变规律、突破热化学与生物化学转化过程的调控机制，构建木质纤维基能源、材料、化学品的绿色化学与生物炼制理论。

主要科学问题：① 纤维素、半纤维素、木质素等生物学合成机制；② 木质资源主要组分结构解析与高效清洁分离；③ 木质纤维降解途径与机理及其应用基础；④ 木质纤维热化学、生物化学能源化转化定向演变规律与调控机制；⑤ 木质纤维基材料的化学基础，材料结构设计、绿色合成与界面修饰方法；⑥ 基于木质纤维原料的化学品的化学、生物合成与过程调控。

7. 林源非木质资源的化学与利用基础

林源非木质资源主要包括：树木分泌物和树木提取物，是树木次生代谢过程中产生的各类天然有机物，如松脂、生漆、油脂、植物多酚等。在非木质资源化学与利用方面，主要是利用存在于原料中的各种天然有机产物，如萜类化合物、生物碱、黄酮类化合物、多酚、脂肪酸及其他天然化合物。我国已经重点开展了松香松节油深加工利用、松树化学分类以及松树病虫害化学等基础研究；在林源多种植物提取物中天然化合物成分的化学结构、有效成分的定量分析方法，以及化学转化机理与高效利用的基础和应用基础的研究方面已经取得了较好的进展。但仍需要进一步加强树木分泌物形成机理、化学特性以及改性修饰研究，加强树木提取物中有效成分分布规律、结构特征、高效诱导提取分离方法的研究，以及精细化、功能化、高值化利用基础研究，推动林业非木质资源高附加值利用的理论与技术创新。

林源非木质资源化学利用的目标，围绕国家战略需求，突破非木质资源化学的科学理论问题，构建相应的化学利用理论体系。重点开展树木分泌物和提取物的化学基础与应用基础研究，重要组分分离理论等关键科学理论问题。

主要科学问题：① 树木次生代谢产物生物学形成与调控机制；② 树木分泌物和提取物的形成机理、有效成分分布规律、结构特征、化学特性的解析；③ 有效活性成分的化学与生物化学修饰与改性及构效关系；④ 林源有效成分的分离、精制与生物合成机制，结构修饰及功能化应用；⑤ 特色林业生物活性物基础化学与生物转化；⑥ 林源非木质产品的安全性评价与利用基础。

8. 树木发育的分子机理

树木的生长发育包含幼龄期、少龄期、成熟期和衰老期等阶段。尽管树木生长发育过程的基本规律与模式植物相似，但也存在一些特有的性状，譬如生长发育的周期性、次生生长、休眠与去休眠等。开展树木各发育阶段的分子机理研究，可以为树木繁育和改良提供理论指导。

国际上，应用多种现代生物学综合研究手段，从不同层面开展树木发育生长规律、性状调控和品种形成的研究成为这个领域的主导方向。我国在完成了胡杨、竹子和梅花等树木的全基因组测序以后，还开展了毛白杨和银杏等树种的基因组测序和复杂基因组解析等工作。近年来，借助于各种组学技术，国内学者在休眠和老化调控机理、维管形成层活动的周期性调控，以及细胞壁形成分子机制等方面获得了长足的进展。然而，我们在干细胞维持与分化、细胞壁形成与木质化、休眠与去休眠、营养生长与生殖生长转换机制等方面的研究深度尚不够深入，亟待加强。

今后，我们将充分利用各种组学获得的大量数据，结合单细胞测序、RNA 干扰、CRISPR/Cas 等新技术，力争阐明树木特有性状发育的分子机制。

主要科学问题：① 顶端分生组织和维管形成层干细胞维持与分化机理；② 树木细胞壁发育与木材形成的分子细胞学机制；③ 树木营养生长与生殖生长转换的分子生理机制。

9. 树木逆境适应性的生理生态基础

我国宜林地造林取得了很大的成效，但是脆弱生态地区的环境建设和生态恢复成效尚不够显著，亟须开展树木逆境适应性的生理生态学方面的研究。

树木逆境适应性的生理生态学研究就是应用多学科交叉的研究手段，着重对困难立地树木生长发育规律、抗逆适应性分子机制进行研究。国际上该领域的研究主要集中在树木抗逆离子平衡调控、抗性基因评价、基因间互作与反馈网络解析等方面。自 20 世纪 90 年代以来，我国在树木水分高效利用的种质资源、抗逆种质评价与鉴定，以及树木耐盐抗旱的细胞生理机制等方面已有较好的研究积累，并受到国际同行的广泛认同。然而，我们在树木抗逆性关键基因的功能解析、胁迫响应信号网络构建、树木菌根真菌等方面与国际先进水平存在较大的差距。

今后，我们将利用现代分子细胞生物学技术手段，针对困难立地树木所处的逆境胁迫，着重开展典型树木抗逆的生理生化与分子机制研究，分离与鉴定一批树木抗性关键基因与调控因子，阐明树木响应和适应环境胁迫的信号网络，并通过开发利用土壤微生物，提高树木对逆境的适应能力。

主要科学问题：① 树木抗逆生理生态学规律；② 树木逆境响应关键基因和分子调控网络的构建；③ 树木－真菌之间的基因水平转移与抗逆性机制。

10. 森林土壤生物对森林生产力的调控机制

森林土壤生物（包括植物根系、土壤微生物、土壤动物等）在植物养分吸收、土壤养分活化、土壤有机质积累等方面起到关键作用，是森林生产力的重要调控因子。但由于缺乏对土壤生物系统的深入认识，导致对树木养分吸收，土壤养分固定和活化等的认识严重缺乏，尚不能用森林土壤特征预测森林生产力并选择合理的树种和经营方式。土壤生物系统调控树木生长的机制尚不清楚，如菌根真菌在树木成材过程所起的作用不明确。各类土壤微生物在土壤养分活化中的作用、土壤微生物和土壤动物在土壤碳转化及碳稳定等方面的研究也刚起步。

未来，揭示土壤生物系统对森林土壤短期及长期肥力的调控作用，定量土壤生物对稳定土壤有机质的贡献，是认识土壤生物森林生产力调控机制的关键。

主要科学问题：① 土壤生物系统在土壤养分活化和积累中的作用；② 根际激发效应对土壤有机质周转的影响；③ 土壤生物系统对树木生长发育的作用及机制、土壤生物系统对森林管理措施、气候变化和人为活动的响应和反馈。

11. 森林土壤有机碳稳定性对全球变化的响应与适应

森林土壤有机质是森林土壤肥力的核心，目前我国土壤有机质含量低下直接限制了森林生产力的提升。全球森林土壤碳库约占陆地生态系统土壤碳库的 70%，其微小变化将极大影响大气 CO_2 浓度的波动。我国是全球变化（气候变化、森林转换等）比较激烈和敏感的地区，因此，揭示森林土壤有机碳稳定性对全球变化的响应与适应的机制，对提高林业应对气候变化能力和提升森林土壤肥力（双赢）具有重大科学价值。

新千年以来，国际上已把多学科多种现代分析技术综合应用于森林土壤有机碳研究，探索森林土壤有机碳的稳定性机制及其对全球变化的响应与适应。我国学者借助各种有机碳分组技术，对森林土壤有机碳不同组分和保护机制的认识有了较好的积累。然而，多数研究仅测定森林土壤有机碳稳定性的某些指标，较少借助现代化学分析手段，在全球变化对森林土壤有机碳稳定性影响及机制方面缺乏深入了解，与国际先进水平差距较大。

今后，重点鼓励现代化学分析与分子生物学等先进技术相结合，着重研究全球变化背景下森林土壤有机碳的稳定性变化特征，揭示森林土壤稳定有机碳的失稳过程及其适应机制，探索维持和提升森林土壤碳库和土壤肥力的可能途径。

主要科学问题：① 全球变化对森林土壤有机碳的物理保护的影响及机制；② 全球变化对森林土壤有机碳的化学保护的影响及机制；③ 全球变化背景下土壤微生物与酶在森林土壤有机碳稳定性中的作用机制。

12. 森林的退化及恢复机制

天然林在维系国家生态安全、满足木材生产需求等方面发挥举足轻重的作用。世界范围内森林退化已成为 21 世纪全球环境发展的难题之一，而我国天然林的主体是原始林经干扰后形成的次生林。开展天然林结构、功能退化和恢复机制研究，建立天然林经营体系，对维持和恢复天然林固有结构和功能、满足国家生态安全和木材生产安全战略需求具有重要意义。随着全球林业定位从木材生产转变为天然林多功能保育（保护与培育），如何维持和恢复现有退化天然林固有结构与功能、如何促进其可持续经营是天然林保育研究的首要方向。但受森林经营理念的限制，目前天然林保育以“保护”为主，缺乏天然林培育学的探索，使森林恢复过程过于缓慢，或使森林长期处于低产低效状态，无法满足人类对森林经营的需求。

因此，以构建天然林培育理论与技术体系为目标，有必要确定原始林结构与功能维持机制，明确次生林结构与功能退化机制和生态恢复途径。力争在原始林生产力形成与维持机制、次生林功能退化与恢复机制等方面有所突破。

主要科学问题：① 原始林生产力形成与维持机制；② 次生林结构（林窗）与生产 / 生态功能退化关系；③ 次生林功能退化的生物学机制与恢复重建；④ 干扰对森林退化的影响机理；⑤ 天然林多功能保育理论与恢复技术。

13. 主要人工用材林培育理论

人工林占我国森林面积 1/3，规模居世界之首。结构单一、生产力低及生产与生态功能不协调等是人工林存在的主要问题。开展林木种子与苗木培育理论与技术研究，以及人工用材林结构、功能与培育理论和技术研究，对解决上述问题、提升人工造林和人工诱导天然更新、满足国家优质高效林业建设和国家对人工林双重需求具有重要意义。目前，依据林木生长发育特点，形成适合人工林长期发展的种苗培育理论与技术，维持木材高产并兼顾生态功能的多目标经营已成为人工用材林定向培育的研究热点。但以往国内外林木种苗定向培育研究多应用于人工造林，缺乏对人工诱导天然更新能力的研究，而且更多关注的是人工林木材生产力。

因此，以构建林木种苗定向培育理论与技术体系、兼顾生产功能与生态功能的人工林定向培育为目标，有必要明确林木种子良种化和营养繁殖育苗机制，确定促进天然更新的种苗培育机制，探明人工林结构与功能关系，揭示现实生产力形成、长期生产力维持和生产功能与生态功能权衡机制。争取在天然林种苗培育与林分结构关系、人工用材林结构与生产 / 生态功能关系、生产功能与生态功能权衡关系以及经营理论与技术等方面有所突破。

主要科学问题：① 人工林良种壮苗培育理论；② 主要造林树种适地适树机理；③ 人工林结构组成与功能；④ 人工林混交机理；⑤ 人工诱导定向促

进人工林更新；⑥ 未来气候条件下林木分布区预测及适应未来环境种源选择；⑦ 人工林地力维持。

14. 森林随机生长模拟理论及应用

针对我国主要森林类型开展随机生长模拟系统的研究，是实现我国森林可持续经营的核心基础，对于优化林分结构、提高森林生产力及整体功能具有十分重要的意义。近 20 年来，随机效应模型已广泛地应用于社会科学、生物统计学、计量经济学和统计学等领域。目前，在林业领域，随机效应模型理论向着多水平、多层次、时间、空间加权及大尺度方向发展。但受计算机、统计和算法等技术水平的限制，目前只能完成简单的随机效应生长模拟，处理森林生长含有随机效应的纵向数据、重复测量数据、离散数据及含测量误差数据的水平还不高。

因此，以森林随机生长模拟理论为目标，充分利用近代统计方法、计算机模拟技术，研究随机单木生长、树干形质、树冠结构、生物量及碳储量预估模拟；立地质量空间评价；随机林分生长和收获模拟；森林经营（植被控制、间伐、施肥、遗传改良等）随机效应模拟，力争在森林随机生长模拟理论及技术方法上有所突破。

主要科学问题：① 森林随机生长模拟理论框架和分析方法；② 随机效应模型中随机参数的优化算法及协变量确定；③ 多水平随机效应的似乎不相关模型、相容联立方程组模型、度量误差模型、空间加权回归模型的参数渐进无偏估计；④ 森林经营随机效应模拟及应用。

15. 森林经营的近自然调控机理和利用基础

研究基于森林的自然特性和人工特性及其交互增益的机理和经营技术，构建物种丰富、结构合理、健康稳定的森林生态系统，提高生态环境承载力和生态产品生产力是实现“美丽中国”可持续发展目标的重大战略需求。森林作为自然对象有其自己发生发展的规律，但却不能满足人类社会的发展需要，且越来越强地受到来自人类生产生活的干扰；按工业化原理设计的人工林体系可以建立符合生产目标的森林，但又会破坏陆地生态系统的内在关系而导致生物多样性降低、土壤污染、地力衰退、病虫害突发等问题，加之在全球气候变化和新一轮城市建设大潮的负面影响下，创新维护和提高森林生态系统功能的近自然机理和技术尤为迫切。因此需要研究基于“自然－人工”交互合力的近自然森林经营机理，利用地理、生态、生理、林学、信息科学等多学科交叉信息，从日变化、年动态到百年目标尺度上整合机理和知识来探寻现代林学创新发展的道路。

主要科学问题：① 森林近自然经营的基础生态过程和经营措施交互影响机理；② 经营条件下种间和种内相互作用及对森林生态系统整体功能的影响；③ 森林在“个体-树种-林分-林型-景观”等空间尺度的结构-过程-功能关系；④ 近自然森林结构的关键要素和系统过程的表达模型和方法；⑤ 近自然森林经营的单木生长收获模拟和采伐优化模型；⑥ 经营措施对树种结构—碳汇能力—气候变化的影响机理和调控模型。

16. 重大森林病虫灾害发生机制与可持续控制

本领域以种群为关键尺度，阐明重大森林病虫灾害形成与流行的机制，研发灾害可持续控制的关键技术。病原物和害虫形成危害的前提是其种群的建立和维持，遗传变异与适应性进化是其基础。森林病原物和害虫在种群建立及扩散危害过程中，除种群自身遗传特性之外，与其他物种的互作以及森林生态系统结构的复杂性是重要的影响因素。我国重大病虫害种类集中但广布，跨区域频繁严重危害并不断扩散。解决核心科学问题进而产出关键控制技术是国家森林健康的重大需求。从病虫种群的遗传结构入手，阐明其与寄主互作的分子－生态耦合机制，构建生态调控的技术体系是国外研究的基本前沿态势。我国长期以来注重病虫灾害防治的应用研究，但基础研究的薄弱导致可持续控制关键技术产出严重不足。因此本领域以解决关联灾害形成及其调控的核心科学问题，孕育关键防控技术的产出为发展目标，以生物技术和生态学原理为基本手段，研究重大森林病原物和害虫的种群遗传结构及灾害地理分布格局形成及其与寄主、媒介生物、共生体互作的分子生态学机制。阐明广布型类群致病力分化和变异规律以及环境响应动态模型，阐明病原物和害虫种群扩张的化学信息调控途径。力争在病原物和害虫响应选择压力下的变异规律及其与寄主互作的分子调控机制方面取得突破。

主要科学问题：① 重大森林病虫在寄主和地理定向选择压力下的变异规律；② 病原物和害虫与寄主、媒介生物、共生体互作的化学生态学过程；③ 病原物与寄主植物互作的分子调控机制；④ 生态系统自我调控病虫灾害机制；⑤ 外来有害生物预防和控制。

17. 林木育种群体的构建及种质创新

育种群体构建是林木长期育种的基础和关键，决定着持续遗传改良的潜质、增益的高低、遗传基础的宽窄和后劲的大小。多世代遗传改良在育种群体推进中实现，育种群体为多世代新种质创制奠定基础。美国在火炬松、加拿大在黑云杉、澳大利亚在辐射松的育种群体构建方面做了大量的基础性研究工作，多群体育种策略已成为林木多世代改良、轮回选择的重要途径。我国于20世纪80年代，开展了主要造林树种遗传改良和种子园建设，基本上完成了第一代改良，有40多个树种营建了种子园，正在向高世代育种方向发展。但由于育种群体构建的基础性、长期性和复杂性致使在第一代改良中，为下个世代改良的准备工作做得不充分，未能有计划、有目标地为下一代选择创造足够大的选择群体，导致我国林木世代改良效果不显著，持续推进困难，已成为制约我国主要造林树种长期育种的重大瓶颈问题。

因此，以我国主要造林树种多世代育种为目标，开展育种种质遗传评价、多世代育种亲本选择，育种群体构建、核心种质筛选、育种亲本选配和新种质创制，力争在林木高世代育种群体结构解析方面有所突破。

主要科学问题：① 育种种质的遗传评价理论和方法；② 多世代育种亲本选择理论和方法；③ 育种群体和核心种质的构建理论和方法；④ 育种亲本选配和强杂种优势种质创制的理论基础。

18. 林木重要性状遗传基础与改良

林木重要性状包括生长性状、材质性状、抗病、抗虫及逆境适应性等。在林木的改良过程中，提高林木固碳能力及调控光合产物向树干中运输是进行林木种质改良的一个重要目标，它们也是需要关注的重要性状。育种周期长是限制林木遗传改良进程的主要障碍。要在较短时间内选育出速生、优质、抗性强的林木新品种还面临很大的困难和挑战。分子育种是突破林木长育种周期瓶颈的关键技术，目前林木种质创新呈现强调常规育种和分子育种有机结合的发展态势。近年来我国对白桦、柳树、鹅掌楸等树种的基因组测序和重要性状解析方面取得了重要研究进展，但目前对林木重要性状遗传解析还处在基因定位与关联分析阶段，对目的基因克隆及遗传调控网络的构建尚未取得实质性进展。

因此，利用已进行基因组测序的树种为研究对象，采用分子生物学、生物信息以及系统生物学相结合的手段，解析林木重要性状的遗传基础，构建调控林木重要性状的遗传网络，发现高端调控基因和枢纽基因，并在基于群体自然变异的基础上开发高效等位基因，实施品种分子设计，通过分子标记辅助育种和基因工程手段，在加速林木育种改良方面取得重大突破。

主要科学问题：① 利用连锁分析和联合遗传学手段精细定位控制林木重要性状的主效基因；② 克隆控制林木重要性状的高端调控基因和枢纽基因，并构建调控林木重要性状的遗传网络；③ 利用林木天然群体丰富的遗传变异，开发林木重要性状高效等位基因。

19. 木本油料树种油脂合成的遗传调控

木本油料树种是我国重要的经济林林种，是经济林产业中最具特色的类别，许多木本油脂是优质的食用植物油，或是制造生物柴油的基本原料，也是制造各种新型复合功能材料的优质原料。木本油料产业关系国家油料供给安全，我国已将木本油料产业列入国家重大发展计划。木本油料树种收获期长，具有一年种植，多年受益的特点，良种是木本油料产业发展的基础。目前木本油料树种遗传改良发展趋势是通过基因组学、比较基因组学和分子遗传学方法，挖掘油脂形成的重要性状基因，阐明油脂形成的遗传学基础和代谢调控机制，通过遗传转化实现木本油料树种产量和品质的提升。我国在一些木本油料树种重要经济性状的遗传多样性方面的研究已跻身国际先进行列，选育出一大批优良材料。但是，在木本油料树种油脂合成遗传调控研究方面基础比较薄弱。

因此，选择基因组相对较小、童期短、有较好研究基础的木本油料树种作为模式，开展木本油料树种油脂合成遗传调控基础研究，利用基因组、转录组、蛋白质组、代谢组学等手段研究油脂合成代谢途径及其遗传网络，综合解析木本油料树种油脂合成的遗传学基础，将为木本油料树种的遗传改良提供科技支撑，有望在木本油料树种的高产、优质和高效栽培等方面取得突破。

主要科学问题：① 通过与大豆、蓖麻等油料作物比较基因组学研究，挖掘油脂代谢的独特规律；② 定位并克隆木本油料树种油脂合成的主效基因，并阐明调控机制；③ 针对油脂品质提升，揭示脂肪酸组分改变的分子机理；④ 针对促进油脂合成，阐明油脂积累潜势的基因调控及生物学效应。

20. 防护林结构和功能与经营管理

防护林是世界各国应对自然灾害和生态问题而采取的重要防治对策，由于我国自然环境恶劣，对防护林的需求极大，已成为名副其实的防护林大国。实现防护林结构稳定、功能高效并可持续是防护林经营的最高目标，对防治荒漠化和控制水土流失、满足国家生态安全战略需求具有重大意义。科技资料显示，我国在防护林规划设计、树种选择、结构对效益的影响和营林技术等方向取得了长足进展，但缺乏防护林结构与功能关系的深入研究；在防护林经营理论与技术方面，一直沿用用材林的理念，严重影响了防护效益的发挥。近十几年来，基于我国三北防护林等重大防护林工程建设的需求，已形成了防护林经营理论与技术的基本框架，体现了我国防护林学研究的学科与资源优势。但是，由于防护林的特殊性——以提供生态效益为基本目标，有关防护林的经营理论与技术仍不能满足防护林经营需求，尤其是相对现有防护林的严重衰退，有关防护林衰退机制、生态修复与风险规避等研究仍十分薄弱。

因此，以实现防护林结构稳定、功能高效并可持续为目标，有必要明确防护林结构与功能关系、确定防护林高效稳定经营机理，探明防护林退化机制及相应生态修复途径；提出适合防护林效益发挥的经营理论与技术。有望在防护林结构量化、结构与防护功能关系以及经营理论与技术方面取得突破。

主要科学问题：① 防护林结构量化、变化规律及对防护功能的影响；② 防护林衰退机制、生态修复途径与衰退风险规避；③防护功能高效稳定结构优化原理、调控方法与更新过程；④ 基于 3S 技术与传统方法相结合的防护林工程生态环境效应；⑤ 适合防护林防护功能高效稳定发挥的经营理论与技术。

二、重要的交叉研究领域

1. 计算生物学与分子设计育种

林木复杂而独特的生物学特性使得我国林木育种实践一直未能满足国民经济发展的需求。近年来，随着现代生物技术的迅猛发展，林木全基因组测序积累了海量的数据。然而，这些数据尚未得到有效的评价和分析，迫切需要通过计算生物学等方法，深入解析林木速生、高产、抗逆等各种遗传机制。针对林木重要性状或生物特性形成，开展林木分子设计育种更是今后的主要发展方向。

在作物上，根据生长发育的精确遗传信息，构建能代表这些遗传信息的分子元件，按照育种目标进行定向组装的分子设计育种是一个重要研究方向。基于基因型选择和目标性状定向操作，分子设计育种在作物上已经进入实施阶段，但在林木上尚处于起步阶段。今后本领域将以研究基础较好的杨树、桉树等为模式树种，发展林木重要性状全基因组关联分析的统计模型与计算方法，不断获得精确遗传信息，揭示基因型到表型过程中基因调控的网络结构和动态变化模式。通过基因操作构建分子元件，依据林木培育要求，借助 RNA 干扰、CRISPR/Cas 等手段，分子标记辅助选择等方法培育出林木新品种。

主要科学问题：① 林木重要性状全基因组关联分析的统计模型与计算方法；② 决定林木基因网络结构的重要参数测算；③ 林木速生丰产的分子设计育种基础。

2. 国家尺度高精度森林资源监测和数据融合及预测

森林资源信息学是林学的基础学科，传统上主要基于森林资源调查与监测体系及大量的清查资料及相关的统计模型。技术的发展和社会对森林综合功能的需求给森林资源学的发展提供了新的学科交叉的机遇。近年来遥感技术已在森林资源学中得到广泛应用，在未来可以与监测体系和数据库建设进一步融合，将原位监测准确性高的优点和遥感技术尺度扩展能力强的优点相结合。同时，需要发展区域及更大空间尺度的模型，预测森林资源的时空变化格局及对环境变化的响应。

因此需重点结合物理、空间方法对森林资源进行分类和描述，深入认识森林资源的空间分布，着重提升对森林立地条件类型和森林生产力评价能力。要全面改进森林管理信息化、数字化程度水平，全面利用现代的地理信息系统、遥感、基于激光雷达的数字化地形地貌描述系统等先进科技手段对立地条件和生产力进行高精度的精细定量，最终目标是建立全国尺度高精度森林资源数据库及预测和评价模型的结合，实现在短时间对资源总量的动态变化和空间分布进行准确估算，有效发挥灾害预警功能，及时提供遥感数据、监测数据及战略性报告等社会服务产品。

主要科学问题：① 大尺度高精度森林资源监测体系及数据库的设计与建设方案；② 基于卫星遥感技术、无人机激光雷达技术，以及地面精细调查技术的数据融合及数据库创建；③ 国家尺度森林资源时空变化的预测模型；

④ 国家尺度森林资源灾害预测模型。

3. 木基材料的 3D 打印集成

3D 打印集成技术旨在以数字模型文件为基础，运用粉末状木质材料或塑料等可黏合物质，通过 3D 数字化智造的方式来构造某种物体的一种快速成型技术。该技术也被称为“增材制造技术”，1986 年，美国科学家胡尔创造了世界第一台 3D 打印机成为该技术发展的标志性事件。3D 打印集成技术在进入 21 世纪后得到了高度重视、弘扬和发展。

3D 打印集成技术是具有代表性和典型时代特征的新型技术，是创生新型木质基复合材料的有效途径之一，具有前瞻性和应用性，该项研究对于创生和延伸木质材料成型方法和赋予新的功能性具有十分重要的意义。要实现这一目标，需要木材学、生物质复合材料学、高分子化学、信息学和电磁学等多学科的交叉融合。以 3D 打印集成技术为基础，将全面应用初始材料的优化选择、预处理和高新技术的加工等若干个设计程序而付诸实施。3D 打印集成技术能够显著提高森林资源利用，特别是废弃物的利用效率。

该领域的研究可以提供木基材料的 3D 打印集成技术及其原理，并可能在木塑复合材（WPC）、木材－橡胶复合材（WRC）和木材－金属复合材（WMC）的 3D 打印成型材料的形成方法上有突破性的进展。

主要科学问题：① 数字模型的建立；②3D 打印的木质基材料挖掘；③ 3D 打印材料的黏合机理；④ 三维数字化智造设计；⑤3D 打印集成技术的形成原理。

4. 追寻木竹材产品的碳足迹

追寻木竹材产品的碳足迹，将从全生命周期的视角深度分析产品碳排放的本质过程，从源头制定木竹材产品的低碳节能发展战略，对实施木竹材低碳加工，促进国际低碳贸易合作及发展低碳经济具有重要意义。目前，碳足迹评定及低碳产品认证已经成为国际市场的绿色通行证，美国、德国和芬兰等国已相继制定出木制品碳足迹标准。我国木竹产品碳足迹研究起步晚，在木竹产品碳足迹的基础研究和评价体系方面仍需开展大量的研究工作。

今后将融合森林培育学、生态学、木材科学、木材保护学以及统计学等多学科，以揭示木竹材产品碳足迹历程为目标，主要研究木竹材产品碳素储存延伸方法与规律，创新高固碳和低能耗生物质能源高效转化技术及创生新型木竹材产品低碳制造和绿色保障协效机制，力争在高碳素储存量的优质木竹材培育措施、木竹材产品碳素储存与释放机制及碳计量模型的建立与响应系数确定等方面取得突破。

主要科学问题：① 碳素固定与排放的生命周期评价体系的构建；② 木竹材产品碳素储存与宏微观性能的内在联系；③ 木质系碳素新材料的形成机理；④ 木竹材产品碳素储存延伸方法与调控；⑤ 新型生物质基复合材料的低碳制造和绿色保障协效机制；⑥ 木竹材产品碳足迹评定模型的构建与完善。

第六节 实现“十三五”发展战略的政策措施

1. 增加对林学学科研究的支持力度和高效投入

建议在国家重大科研项目、重点实验室布局、研究团队建设、重点装备引进和国际合作等方面给予林学领域适当倾斜。建议采用“5+5+5”的连续支持。

2. 促进林学学科的交叉融合

出台政策措施，鼓励组织学科有关的各科研院所、高校、重点企业、检测机构及管理机构的专家，对林学学科的新理论、新技术、新产品、新设备进行专题研究，开展联合攻关，研究解决对林学学科发展有重大影响的关键技术和装备问题，增强技术、设备及产品的创新能力。进行学科交叉培养，引进跨学科的专门人才，建立多学科融合的创新团队。

3. 创新人才培养机制，加强学术思想传承梯队构建

人才是综合国力的重要指标，林业发展要狠抓人才优先布局。人才培养既重视数量，更突出质量素质，研究生培养要少而精。林业发展也需大师级人才。要有科学的人才评价体制，发现有创新思维和能力的青年人才。创新能力是领军人物的重要条件。采取培养与引进相结合、重点培养提高的方式，加强

学术梯队建设，特别是有创新精神的学术带头人队伍的建设，注重发现和培养一批战略科学家、科技管理专家；提高对基础研究团队的支持强度，增加国家自然科学基金滚动支持的比重。同时，加大前沿探索性研究的支持力度，对青年研究人员给予政策性扶持，有助于年轻人才的培养，从而形成一种创新研究和人才培养相互促进评价和选拔人才的长效机制，培育学科生长点。

4. 保障林业试验研究基地的长期稳定

林业研究要有长期试验条件的保障，才有科学精准的数据。林业的第一号数据必来自设计合理的大田长期试验，我国林业缺少自主创新理论和技术的约束因素之一是没有符合林业研究需时长、需地多的环境，林业研究的一切成果都要经大田试验验证。

5. 积极推进林学学科国际科技合作和交流

认识和吸收一切国际先进经验，是任何事业快速发展的必需。促进广泛开展多层次的国内外学术交流合作，支持矢志林业踏实肯干的青年骨干瞄准国际学科发展前沿，围绕国家发展目标，多出国交流学习和参与国际合作项目，努力争取多边和双边国际科技合作项目和国际科技交流项目，创造并增加本学科参与并组织国内外重要学术活动的机会。

6. 加强林学学科产学研政的有机结合

借助平台和依托国家工程研究中心、产业技术创新战略联盟，与企业建立更密切的联系，以促进科技与经济社会发展紧密结合为重点，通过提供共性平台技术、技术服务、技术支持和人才培训，服务社会，强化协同创新，全面提升行业核心技术能力和创新能力。建设若干个在科技成果转化上取得良好社会与经济效益的产、学、研一体化基地。

7. 完善科技基础设施与平台，强化林学共享机制

提高资源利用效益，调整产业结构，完善并建立现代产业技术创新体系；以市场需求为导向，集成和共享技术创新资源，分工合作开展研发，突破产业共性技术和关键技术瓶颈；以龙头企业为中心，引领产业技术创新发展方向，使联盟成为国家技术创新体系的重要组成部分。

建议推进大型开放共享装备平台的建设、维持与运行，并加大对优先领域的支持。

主要参考文献

谷瑞升，于振良，杜生明 . 2005. 我国林学基础研究及其发展 . 林业科学，41（6）：201-205.

国家林业局 . 2010. 应对气候变化林业行动计划 . 北京：中国林业出版社 .

国家林业局 . 2013. 中国森林可持续经营国家报告 . 北京：中国林业出版社 .

沈国舫 . 2000. 中国森林资源与可持续发展 . 南宁：广西科技出版社 .

翟明普，尹伟伦 . 2011. 我国林学学科发展概览 . 西南林业大学学报，31（1）：1-4.

赵桂玲，刘明利，于振良 . 2012. 国家自然科学基金林学学科 2003 ～ 2012 年面上类项目资助情况分析 . 生命科学，24（12）：1514-1519.

中国科学技术协会，中国林学会 . 2009. 2008 ～ 2009 林业科学学科发展报告 . 北京：中国科学技术出版社 .

中国林业可持续发展战略研究组 . 2003. 中国林业可持续发展战略研究 . 北京：中国林业出版社 .

Bonawitz N D，Kim J I，Tobimatsu Y，et al. 2014. Disruption of mediator rescues the stunted growth of a lignin-deficient Arabidopsis mutant. Nature，509：376-380.

Dybzinski R，Farrior C，Wolf A，et al. 2011. Evolutionarily stable strategy carbon allocation to foliage，wood，and fine roots in trees competing for light and nitrogen：An analytically tractable，individual-based model and quantitative comparisons to data. American Naturalist，177（2）：153-166.

Fernandez-Martinez M，Vicca S，Janssens I A，et al. 2014. Nutrient availability as the key regulator of global forest carbon balance. Nature Climate Change，4（6）：471-476.

Li Q，Song J，Peng S，et al. 2014. Plant biotechnology for lignocellulosic biofuel production. Plant Biotechnology Journal，12（9）：1174-1192.

Litton C M，Raich J W，Ryan M G. 2007. Carbon allocation in forest ecosystems. Global Change Biology，13（10）：2089-2109.

Niinemets Ü，Keenan T F，Hallik L. 2014. A worldwide analysis of within-canopy variations in leaf structural，chemical and physiological traits across plant functional types. New Phytologist，205（3）：973-993.

Pan Y，Birdsey A，Phillips L，et al. 2013. The structure，distribution，and biomass of the world’s forests. Annual Review of Ecology，Evolution，and Systematics，44（1）：593-622.

Trevor F. 2014. Challenges and opportunities for the world’s forests in the 21st century. Forestry Sciences 81. Netherlands：Springer.

Wilkerson C G，Mansfield S D，Lu F，et al. 2014. Monolignol ferulate transferase introduces chemically labile linkages into the lignin backbone. Science，344：90-93.

第十八章

畜牧学与草地科学

第一节　畜牧学与草地科学的战略地位

我国是农业大国，畜牧业是农业的重要组成部分。改革开放以来，我国畜牧业取得了长足的发展。《中华人民共和国 2013 年国民经济和社会发展统计公报》数据显示，我国肉类、禽蛋和奶类产量分别为 8536 万吨、2876 万吨和 3650 万吨，肉类和禽蛋产量居世界第一，奶类产量居世界第三。近年来，我国畜牧业总产值以年均 16.1% 的速度增长，远高于农业总产值年均 13% 的增速。畜牧业的发展不仅为提高和丰富我国人民的物质生活做出了重要贡献，而且为轻工业、医药工业、外贸出口提供了重要的原料，畜牧业在国民经济中占有非常重要的地位。

畜牧学是研究畜禽及特种经济动物的品种（系）培育、饲养、繁育、管理以及其产品利用的科学，是畜牧业的基础学科。主要涉及畜禽及特种经济动物的遗传育种、繁殖、营养、饲料生产、饲养管理、环境卫生、动物福利、畜禽产品加工等学科内容，是研究与畜牧生产有关理论和技术的科学。草地科学以为家畜高效生产提供优质饲草为宗旨，主要涉及草地利用、草地环境与灾害、牧草种质资源与育种、牧草生产与加工贮藏等学科内容。畜牧学与草地科学学科的发展为我国畜牧业健康、稳定和可持续发展提供了理论和技术支撑，对国民经济以及社会发展有着极为重要的作用。随着现代科学的进步，畜牧学与草地科学与现代生物技术、生态学、计算机和工程技术等渗透交叉，相互促进，成为畜牧学与草地科学发展的重要特点之一。

当前，我国畜牧业正处于从传统畜牧业向有中国特色的现代畜牧业转型的关键时期，迫切需要发展新的技术和基础理论。畜牧学与草地学科跨越式发展所带来的新理论、新方法和新技术是现代畜牧业成功转型的基础。

第二节 畜牧学与草地科学的发展规律与发展态势

畜牧学与草地科学学科是一门应用性和技术性较强的应用基础学科。这种目标导向性特点决定了本学科以现代养殖业发展过程中出现的重大战略需求为动力的发展规律。现代社会经济的进步和科学技术的迅速发展，极大地推动了畜牧学与草地科学学科的发展，学科的研究对象和研究内容不断得到拓展和深入。学科的研究已经逐渐从个体、群体水平转向分子、基因等微观水平，从多层次、多角度研究各种生命过程和生物学规律，已经成为畜牧学与草地科学学科研究的重要特点。

一、传统理论和技术进一步提升

动物育种的基础是数量遗传学，而传统的动物遗传学主要以孟德尔遗传学为基础，运用统计学的方法，研究数量性状的遗传和变异规律，主要包括数量性状的数学模型和遗传参数估计、选择原理和方法、近交和杂交的遗传效应分析。20 世纪 80 年代以来，人类基因组计划的启动和顺利实施推动了动物分子遗传学的进步，包括动物结构基因组学、功能基因组学、比较基因组学、蛋白组学以及生物信息学的产生和蓬勃发展，为畜禽遗传改良奠定了更加坚实的遗传学基础。在此基础上，传统动物育种理论有了较大飞跃，目前结合全基因组关联分析、标记辅助选择、全基因组选择等分子数量遗传手段的育种新领域的开辟，标志着动物育种进入一个新的时代。利用动物全基因组标记信息结合生物信息学分析，动物分子育种技术平台已经开始建立，并正在育种实践中不断完善。

传统繁殖学理论研究主要集中在生殖内分泌、发情调控、配子发生、受精、胚胎发育、胚胎着床、性别分化、妊娠维持和分娩调控机制等方面，传统繁殖技术研究主要包括人工授精、精液保存、发情控制、胚胎移植、胚胎冷冻保存、诱发分娩、发情鉴定、妊娠诊断、性别鉴定与性别控制等方面，传统繁殖学理论和技术的进步为现代畜牧业的发展起到了巨大的推动作用。进入 21 世纪后，生物学研究突飞猛进，也带动了动物繁殖学的快速发展，生殖内分泌分子机理、配子发生调控机制、受精的分子机制、干细胞、胚胎发育调控机制，以及胚胎着床调控机制都取得了新的理论进展。在繁殖技术方面，传统技术整体处于稳定状态，X/Y 精子分离技术、性控技术、体细胞克隆技术、基因编辑技术等也都相继发展起来，性控技术已经在牛的繁殖中实现了商业化。

动物营养学正从传统的只关注营养素本身的消化与代谢机理向系统、深入研究营养与遗传、环境互作的方向发展。从营养、遗传和环境结合处着手，将营养与动物优良生产性状遗传潜能及动物养殖环境相结合，围绕动物营养代谢过程、调控和最终生成产品这一主线，采用多学科交叉结合开展研究，从分子、细胞、组织器官和整体不同层次系统揭示畜禽健康、高效、优质、安全生产中营养代谢和调控的基本规律及机制；建立营养素安全、高效利用的理论和方法体系，从根本上拓展动物营养学研究的内涵和外延，为建立现代动物营养学新体系奠定理论和方法学基础。

虽然经过了多年的发展，特种经济动物遗传、育种与营养等方面的理论和技术研究还存在许多薄弱环节，包括：① 梅花鹿、家蚕和蜜蜂等特种动物遗传资源的起源与系统进化；② 特种经济动物的资源分布情况；③ 家蚕吐丝结茧的分子机制与行为学基础；④ 东方蜜蜂的生物学、行为学特性以及抗逆、抗病虫害特性及机制；⑤ 家蚕的抗逆性与抗病性研究；⑥ 蜜蜂生理、生化、生殖机制以及防卫、采集、清洁等行为机制；⑦ 植物与蜜蜂、家蚕的协同进化；⑧ 水貂受精卵所具有的胚泡滞育现象的机理研究；⑨ 影响毛皮品质的营养成分及其作用机理；⑩ 特种经济动物的优良性状形成原因及作用机制；⑪ 特种经济动物生殖技术及其作用机理；等等。相关的理论和技术有待进一步提升和发展。

草地科学中的牧草学、放牧生态学、草地培育学、牧草传统育种与种质评价等分支学科的研究，逐渐从中观尺度向微观和宏观两个方向发展。微观尺度主要表现在野生牧草优异基因挖掘、克隆和分离，功能鉴定，草类植物之间的生态互作，以及草类植物适应不同生态环境机理等的研究；宏观尺度主要表现在草地生态系统的结构与功能、草地灾害中致灾因子的综合调控机理、草地系统的健康评价，草业信息技术等方面。同时，在近年的本领域研究中还突出强调了草地“多功能性”的协调及调控机制问题，包括人工草地牧草优化配置及生产功能稳定性，以及天然草地家畜-牧草-土壤关系及对草地多功能性的作用。草业科学在发展过程中也逐渐形成了有别于其他学科的特色。就人工草地系统而言，土壤与草的多样性关系、草地自循环可持续状态、草地生态因子与营养补给、草地健康与致害因子等都需要着力关注。对草原草地系统而言，则更需关注草原生态系统中的草、畜（包括野生动物类）、生态系统，乃至与人类活动之间的复杂关系。应将草业系统中土壤-草、草地-家畜、草地-家畜-生态和草-畜-生态-管理等几个界面作为复杂系统中的核心进行研究，更注重其界面过程与综合反应，而不是单一组分的变化。

二、新兴技术及其理论迅猛发展

随着组学的高速发展，利用生物信息学、进化基因组学、多重组学整合等方法，高通量分离和鉴定了一批影响畜禽品质、遗传抗性、生长、繁殖等典型复杂性状的基因和基因网络，从发育、表达、基因互作、表观遗传、小分子RNA等水平全面分析畜禽复杂性状的分子调控机理，缩短了我国农业动物基因组研究与国际的差距，为动物分子育种提供了理论依据和原创动力。

系统生物学思想指导下的高通量组学和生物信息学在动物繁殖学研究中也逐渐得到重视。以现代分子生物学技术为基础，整合各种组学，通过生物信息学手段系统解析动物生殖现象的生物学机制是该领域的重要发展方向，将会形成动物繁殖学理论的重大突破。

随着微生物组学、代谢组学、表观遗传学等理论与技术的发展，肠道微生物在营养代谢中的作用及机制、营养与动物表观遗传的关系和机制等已成为动物营养学的前沿领域。其发展规律和研究特点具体表现为：肠道微生物对饲料中营养素的代谢、吸收的作用及其机制研究正在推进；肠道微生物对动物免疫屏障乃至动物健康的影响已有一些研究与突破，动物营养领域正试图从调节、保障肠道微环境稳态的角度改进动物生产，从而达到安全、优质生产的目的；肠道微生物对动物机体代谢与动物健康的影响及其机制研究正成为热点；将“宿主 - 微生物”作为一个整体，结合系统生物学方法，揭示“营养 - 宿主 - 微生物”互作及其调节机制已成为动物营养学重要的研究内容。

现代生命科学与技术迅速发展，极大地推动了特种经济动物的发展。近年来，分子生物学在本学科上的应用成为新的学科增长点，分子生物学方法和技术已成为养蚕、养蜂学科的常规研究方法和技术之一。以功能基因组学、分子遗传学、分子数量遗传学、分子营养学、分子免疫学等研究为代表，取得了一批重要的理论研究进展，也进一步促进了蚕业和蜂业所需新方法和技术的产生和应用，推动了蚕业和蜂业产业科技水平的提高。

牧草生产的目标是优质高产，因此在选种、整地、播种方式如混播、轮作、田间管理、收获、加工贮藏等方面的理论和技术研究一直是国内外研究的重点。牧草生产不仅可以为家畜提供平衡营养，而且在农田改良过程中作用越来越大。利用植物生理光合系统、碳氮同位素标记、微生物脂肪酸或分子鉴定等新技术，研究牧草生产过程中植物最优生产机制；不同牧草品种配置与家畜平衡营养；牧草和粮食作物等间、套、轮作过程中对光、水、肥等资源的高效利用机制；豆科混播生产过程中根瘤菌和菌根真菌等之间的互作机制；多年生牧草固碳机制和在边际土地的种植技术等已是牧草学的重要研究内容。另外，在牧草收获加工过程中牧草乳酸菌多样性、青贮发酵品质调控机制、牧草干燥过程中生物活性物质与微生物分解关系，以及次生代谢物质生成与干草品质等，这些新的研究方向的拓展有利于推动牧草生产技术的全面进步和牧草产业的健康发展。

三、新的研究热点和方向不断涌现

随着信息技术和生物技术的迅猛发展，学科间的交叉融合日益增强，新的研究热点和方向不断涌现。进入 21 世纪，国际上对环境和生态的重视程度不断加深，对于资源的重视程度日益增强，对于可持续发展和动物福利的要求日益提高。在畜牧和草地的清洁生产、环境安全性、可持续发展以及资源的深度开发和综合利用、废弃物的循环再利用等方面出现了新的研究热点，提出了畜牧和草地的适度规模化、理想荷载量等新理念。

在动物遗传育种方面，众多畜禽、特种经济动物的基因组测序工作完成后，功能基因组学研究变得越发重要，一些问题如：启动子、增强子、转录因子结合位点等基因表达作用元件的组成和功能，基因组中影响生产性状的致因突变的筛选和功能研究，内含子、非翻译区或相近的基因及转座子调控蛋白编码基因转录的作用和机制，假基因的调控功能，转座子在决定基因组大小、基因结构和基因表达中的作用，非编码 RNA 的功能，染色质重塑与基因表达调控，中心粒和端粒重复序列的组成和拷贝数目的变化调控生物生长发育的机制等，成为研究热点和前沿。同时，最近的研究表明，基因组的三维空间结构对基因组的表达、调控等功能有重要的影响。因此，全基因组三维空间结构和功能的研究也成为基因组学一个新发展趋势。

生物技术是在繁殖生物学和其他相关学科基础上发展起来的新兴技术领域，其巨大的应用潜力和广阔的发展前景对未来畜牧生产必将起到巨大推动作用。卵母细胞资源开发、体外受精、体细胞核移植、干细胞建系以及基因编辑是当前该领域的主要热点。iPS 细胞的成功及相关基础理论研究为家畜干细胞研究提供了重要的参考。锌指核酸酶（ZFN）、类转录激活因子效应物核酸酶（TALENs）和成簇规律间隔短回文重复与 Cas9 蛋白（CRISPR/Cas9）等基因操作技术体系的出现使得人为操作基因组的技术得到了革命性的变化，允许人们对基因组进行大范围、多基因准确的编辑操作，将其与传统繁殖技术相结合将对育种产生重大影响。

畜禽养殖环境不仅影响畜禽健康和畜禽优良遗传性能发挥，而且对周边生态环境具有很大影响，严重时可造成环境污染。规模化、集约化生产已成为我国畜禽养殖的主要方式。规模化生产中的大群体、高密度和工厂化生产模式，使得畜禽舍内环境质量恶化，导致某些疾病的发生和传播。近年来，畜禽重大疫病不断出现，严重威胁到人畜健康及畜产品质量安全。对畜禽环境的影响因素、因子间相互关系及作用机理等方面的基础研究已经成为新的研究热点。

随着全球气候变暖问题的日益严峻，控制温室气体排放成了重中之重。畜禽养殖业是农业温室气体重要源头之一。自改革开放以来，我国畜禽养殖业飞速发展，生猪、家禽养殖数量居世界首位，奶牛、肉牛和羊等反刍动物饲养量也居世界前列，因此畜禽排放气体对温室效应的影响不容小视。此外，随着我国畜禽饲养规模的扩大，畜禽氮、磷等污染物排放也不断增加，不仅造成饲料资源浪费，而且加剧环境的污染，这些问题已成为制约我国畜牧业可持续发展的主要因素。因此，有效减少畜禽温室气体、氮、磷等污染物的产生、排放，以及这些污染物处理问题亟待研究。

优质、高产、抗逆一直是国内外牧草品种选育的目标。利用基因工程手段，研发延迟豆科牧草开花技术，降低刈割收获成本；利用染色体原位杂交、分子标记技术筛选豆科与禾本科牧草同期开花的基因控制技术，以提高豆禾混播草地牧草产量和质量；培育适于一年生作物如燕麦等禾草混播、套作保护播种等禾草品种是新的研究热点。通过放牧利用草地生产畜产品是世界上最经济、效益最好的生产方式之一。因草地可持续发展的需要，放牧利用中家畜作用过程和牧草反馈机制等成为研究热点。如草畜匹配过程中不同家畜其营养转化效率的对应过程；草地放牧利用过程中家畜采食和营养调控与甲烷等温室气体排放机制；牧草在被家畜采食后的反馈机制，包括形态、生理等在个体、种群和群落等不同水平上的反馈；家畜良种化的提高与减轻草地压力及草地资源有效利用等；草地在家畜生产过程中生态效益如气候调节、固碳固氮、水土保持等机制。此外，在全球气候变化情况下，放牧利用过程中上述家畜作用和草地反馈过程机制又会发生哪些变化，是目前草地科学的重要发展方向。随着遥感技术和地理信息系统以及全球定位技术的不断进步，草地资源的遥感管理和灾害防控等也成为新的研究热点。

第三节　畜牧学与草地科学的发展现状与发展布局

一、畜牧学与草地科学的发展现状

我国畜牧学与草地科学学科已基本上形成了以院士领衔，长江学者和国家杰出青年基金获得者、一批中青年专家学者为学术骨干，大批青年博士为后备梯队的研究队伍，并取得了一大批影响广泛的重要研究成果。但目前我国畜牧学与草地科学领域的人才队伍发展和建设也面临着一些问题。近年来，我国包括畜牧学科在内的基础研究人才队伍和学术资源有向北京、华东等经济发达地区过分集中的趋势，呈现出明显的地区不平衡特点，这与科学研究水平高的西方国家人才和学术资源呈相对均衡、合理分布的情况有明显的差别。此外，毛皮动物育种及加工、畜禽行为学、畜禽环境学、牧草生产学等少数弱势二级、三级学科的基础研究相对薄弱，人才相对匮乏，整体研究实力偏弱。尽管国家基金委通过地区基金、地区联合基金对偏远地区给予了一定的倾斜和优惠，为经济相对落后和位置偏远地区的人才培养和维持发挥了重要的促进作用，但我国畜牧学科人才队伍发展和建设面临的学科、区域严重不平衡问题仍亟待解决。

在研究领域方面，畜牧学与草地科学的前沿领域呈现出以分子水平为主，细胞、个体、群体和生态水平相结合的总体研究格局。通过系统生物学思想和手段整合不同层次的分子信息，探索畜禽生长、发育、繁殖、营养、代谢、免疫、抗逆等生命过程及其相互关系的分子调控机制已初见端倪，目前的主要发展现状如下。

1. 遗传育种

随着新一代全基因组测序技术的发展及成本的降低，科学家们已获得大部分畜禽的全基因组序列。2011 年以来，内蒙古农业大学牵头完成了对阿拉善双峰驼、蒙古羊、蒙古牛和蒙古马全基因组序列图谱的绘制。2012 年，华中农业大学参与的国际猪基因组计划完成了猪全基因组序列图的绘制；中国科学院昆明动物研究所等单位完成首个山羊全基因组图谱；四川农业大学等单位完成猪脂肪和肌肉组织的基因组甲基化图谱的绘制；华大基因参与完成了杜洛克猪、亚洲野猪、亚洲家猪的重测序工作。2013 年，中国农业大学等单位获得了鸭全基因组序列；四川农业大学等单位通过比较基因组学鉴定了藏猪和家猪的自然和人工选择；青海大学等单位完成藏羚羊基因组序列图谱的绘制。2014 年，江西农业大学等完成了我国部分地方猪重测序工作。这些成果为开展畜禽全基因组关联分析、全基因组预测与基因组设计育种等基础和应用研究奠定了重要的基础。

学者重点围绕畜禽品种的重要经济性状的基因组解析做了大量卓有成效的工作，获得了一些具有自主知识产权的主效基因。例如，江西农业大学确定了决定仔猪产肠毒素大肠杆菌（ETEC）F4ac 腹泻易感性的基因为 *MUC13*，并发现了能准确鉴别易感个体和抗性个体的分子标记；中国农业科学院北京畜牧兽医研究所针对猪的产肉性状开展了大量的研究工作，开发了背最长肌面积改良 MNTF1-EcoRI、背膘厚改良 PSME3-AluI 和 CMYA1-RsaI 等基因标记。基因表达调控是后基因组时代研究的一个重点，目前已有一批调控畜禽重要经济性状的调控因子被发掘和鉴定出来。这些研究成果极大地促进了对畜禽生长发育、繁殖、胴体、肉质、适应性和抗病性等性状遗传机理，以及对畜禽产品产量和品质控制基因或基因网络的理解，为畜禽新品种（系）的培育、我国现代养殖业的可持续发展打下了坚实的基础。

此外，动物遗传育种学科在“十二五”期间还取得了多项国家级科技成果。江西农业大学主持完成的“仔猪断奶前腹泻抗病基因育种技术的创建及应用”（2011 年）及中国农业科学院北京畜牧兽医研究所主持完成的“猪产肉性状相关重要基因发掘、分子标记开发及其育种应用”（2012 年）获得国家技术发明奖二等奖；山东省农业科学院畜牧兽医研究所主持完成的“鲁农Ⅰ号猪配套系、鲁烟白猪新品种培育与应用”（2011 年）、河南省畜禽改良站主持完成的“南阳牛种质创新与夏南牛新品种培育及其产业化”（2013 年）、中国农业科学院北京畜牧兽医研究所主持完成的“北京鸭新品种培育与养殖技术研究应用”（2013 年）、内蒙古自治区家畜改良工作站主持完成的“巴美肉羊新品种培育及关键技术研究与示范”（2013 年）、四川省畜牧科学研究院主持完成的“大恒肉鸡培育与育种技术体系建立及应用”（2014 年）等一批科研成果获得了国家科技进步奖二等奖。这些成果实现了我国优良种质资源的创新，对我国畜禽种业的发展具有重要推动作用。

2. 繁殖与生物技术

动物繁殖学和生物技术在“十二五”期间得到了很大的发展。主要家畜品种的生殖内分泌调控机制、生殖细胞发生、卵泡发育、早期胚胎发育等领域研究活跃，有着稳定的研究队伍，并取得了良好的研究进展。例如，中国农业大学等开展的猪早期胚胎发育基因调控研究，通过 RNA-Seq 高通量手段获得了大量相关数据，为进一步解释猪早期胚胎发育机制奠定了良好基础；华中农业大学开展的中外猪种胎盘效率差异的分子机制研究，通过结合形态和基因表达解析了两猪种子宫内膜和胎盘的营养交换效率差异的机理。前沿领域（如体细胞核移植、干细胞和转基因等生物技术研究领域）发展迅速，研究队伍快速壮大，取得了一系列具有重要潜在育种价值的转基因家畜及其他重大科研成果。例如，中国农业大学获得的人乳铁蛋白、人 α-乳清白蛋白转基因牛；中国农业科学院北京畜牧兽医研究所获得的 Fat-1 转基因猪；内蒙古大学获得了 Fat-1 转基因牛和 Myostatin 基因敲除牛，西北农林科技大学获得了抗乳腺炎转基因牛。应用最新的 TALENs 和 CRISPR/Cas9 技术，中国科学院广州健康与医药研究所以及中国科学院动物所均获得基因敲除猪。

3. 营养与环境

“十二五”期间，营养与环境学科研究内容主要涵盖：① 畜禽能量代谢规律，氨基酸（蛋白质）、脂肪酸（脂类）、维生素与微量元素营养循环及代谢机制，营养素对畜禽生长、抗病、免疫、妊娠等特殊生理状态或生理事件的基因表达调控；② 基因、环境与营养互作对畜禽产量和品质性状的影响及其调控；③ 植物抗原蛋白致敏机理、饲料毒理与安全、饲料生物学效价和风险性评估；④ 畜禽氮、磷及温室气体等减排及营养调控；⑤ 反刍动物乳蛋白合成机理和营养调控，畜禽消化道微生物营养调控，以及动物胃肠道结构与功能的发育规律及其基因表达调控等。目前，已在猪、鸡肌肉发育与脂肪沉积的营养调控、氮营养素高效利用及减排、牛奶重要营养品质形成与调控、畜禽肠道微生物组学、母体营养代谢程序化、矿物元素分子营养、生物活性物质调控机理方面取得了重要进展。这些研究为建立不同生理、病理、免疫状态下的畜禽营养需要标准提供了重要的理论依据，并且为通过饲料加工工艺与营养学的结合，合理制定畜群甚至个体特异性的营养方案，从而实现高产、高效、环保的目标打下了基础。

与此同时，营养与环境学科在“十二五”期间还取得了多项国家级科技成果。其中，四川农业大学主持完成的“母猪系统营养技术与应用”与中国科学院亚热带农业生态研究所主持完成的“仔猪肠道健康调控关键技术及其在饲料产业化中的应用”（2010 年）、中国农业科学院北京畜牧兽医研究所主持完成的“仔猪健康养殖营养饲料调控技术及应用”（2011 年）、“优质乳生产的奶牛营养调控与规范化饲养关键技术及应用”（2012 年）、中国农业科学院农业环境与可持续发展研究所主持完成的“畜禽粪便沼气处理清洁发展机制方法学和技术开发与应用”（2011 年）、中国农业科学院饲料研究所主持完成的“饲料用酶技术体系创新及重点产品研制”（2014 年）、中国农业大学主持完成的“肉鸡健康养殖的营养调控与饲料高效利用技术”（2011 年）及“奶牛饲料高效利用及精准饲养技术创建与应用”（2014 年）均获得了国家科技进步奖二等奖。这些成果体现了知识创新、技术集成创新与示范应用的有机结合，取得了显著的经济效益和社会效益。

4. 特种经济动物饲养

我国蚕业科学研究在国际上处于领先位置。蜂业科研工作在病虫害保护、蛋白质组学等方面处于国际领先位置。我国于2004年完成了家蚕全基因组框架图的绘制，2008年完成了家蚕基因组精细图谱绘制和家蚕全基因组芯片的研制，2008年又完成了40个家蚕基因组重测序工作，并绘制了其变异图谱。

随着家蚕基因组测序的完成和信息公布，蚕学基础研究的国际竞争主要集中到了基因的功能和应用研究方面。而在决定家蚕主要经济性状的诸多因素中，生殖与胚胎发生、性别决定与分化、生长发育与变态、蚕丝蛋白合成与分泌、抗性与免疫等基本生物学问题最为重要。这些不仅是昆虫生物学中最基本的科学问题，也直接影响蚕丝产业发展的水平。近年来，在国家自然科学基金等科研计划项目的支持下，对上述问题的研究得到了全面的推进，不仅带动了本学科向生命科学前沿的推进，也对蚕产业的发展起到了积极的推动作用。特别是以转基因技术和基因组编辑技术为核心的家蚕分子育种平台技术的逐步成熟，推动家蚕进入了动物分子育种研究领域前沿，已经培育出高抗病毒的转基因家蚕遗传素材。

中国蜂业科研工作已经取得长足的进步，选育出多个优良蜂种，并对我国自行选育出的王浆高产蜂种——浆蜂的高产机理进行了相关研究。在蜜蜂蛋白质组学研究方面，比较了不同发育期、不同性别等蜜蜂蛋白质组的变化，研究成果已经处于国际领先水平。在蜜蜂病虫害研究方面，对中国蜜蜂的主要病虫害如大蜂螨、小蜂螨等进行了发生、流行规律以及病虫害生物种系分布研究。在蜂资源挖掘利用方面，开展了中国熊蜂、中蜂等资源调查，建立了蜜蜂的种质资源评价标准。在蜂产品研究方面，开展了蜂胶的保健机理以及蜂胶的指纹图谱研究。在蜜蜂生物学方面，开展蜜蜂工蜂的不同级型机理等相关研究。随着西方蜜蜂全基因组的发布，国际对蜜蜂的科研工作主要集中在蜜蜂功能基因组学、蜜蜂生物学和蜜蜂病虫害发病机理研究。蜜蜂科研工作的进展将推动蜜蜂产业的发展。

毛皮动物研究主要集中在水貂、蓝狐等毛皮动物的遗传资源、营养、病害等研究方面，以动物遗传资源评价为核心，摸清我国特种动物遗传资源的起源进化，提升我国自主知识产权的种质资源原始创新能力。近年来，特种动物干细胞学科开始兴起，围绕与特种动物（梅花鹿、狐狸、水貂、麝鼠等）生产性能相关及其所具有的独特生物学性状相关的干细胞进行研究，旨在揭示生命科学的奥秘，并提高特种动物产品的质和量，为人类的生产和健康服务。

5. 草地科学

我国是草原大国，牧草资源收集、整理与评价一直在进行，对全国主要饲用植物均已进行了生物和农艺性状的描述，基本掌握了全国各地的牧草资源，但评价和选育工作仍然任重而道远。目前我国仅有几个研究单位和实验室在代表牧草生物学发展前沿的功能基因克隆与研究方面接近国际知名研究机构水平，培育的牧草品种（如苜蓿、冰草、老芒麦、黑麦草等）多是抗逆和高产等单一或少数目标性状的选育，像国外那样多目标的牧草聚合育种还未进行，尤其是针对家畜需求的牧草育种研究较少。在牧草生产和加工研究方面，因过去我国对牧草产业重视不够，使得人工草地面积小、生产力低，目前主要在种植、田间管理、收获、加工和贮藏技术方面开展研究。牧草生产技术（如苜蓿、羊草、黑麦草等）有了长足的进步，但在技术应用基础方面的研究还很薄弱，如牧草混作、牧草根际微生物互作、青贮乳酸菌及其作用机制等多为空白。我国放牧草地利用研究主要集中在北方天然草原，如放牧家畜的采食行为和放牧压力与草地植被及土壤异质性、草畜相互作用对放牧效率，以及草地生产稳定性等方面。然而对于人工草地，诸如我国西南地区黑麦草、鸭茅、高羊茅、白三叶等混播人工草地，利用的基础研究几乎为空白。在天然草原，草畜协调及平衡的科学问题（如草地营养供给与不同家畜或不同年龄家畜营养需求的动态平衡过程，放牧过程中土-草-畜-系统营养物质循环和能量流动过程，放牧草地根际微生物及固碳作用机制、家畜作用和牧草反馈机制以及草地生产与环境服务功能的关系等）还需要深入和拓展。另外，我国草原退化与恢复过程及机制研究也很缺乏，特别是对人为干扰措施，包括引入改良草种、水肥管理手段，以及适度放牧的研究还很少，导致退化草地的治理技术进步很小。在草地资源管理和草原生态系统服务价值等方面资助的课题较多，也发表了较多高水平的文章，但对生产实践的指导尤其是对畜牧业发展的作用有待加强。

二、畜牧学与草地科学的发展布局

1. 在研究领域的学科布局方面

重点发展动物遗传育种、家畜繁殖、动物营养、特种经济动物、牧草资源和草地综合利用等强势学科，通过学科间的交叉创新以此带动其他弱势学科基础研究的发展。

2. 在科研能力和创新能力方面

在北京、华中、华东、西南、华南等地区重点部署与畜牧业结构升级所需理论和技术支撑的重要基础研究，以及代表我国畜牧业研究水平的前沿科学研究，以此全面辐射、带动我国整体研究水平的提升。

3. 在畜禽和牧草品种方面

以猪、鸡、苜蓿和饲用玉米等与国计民生密切相关的大宗畜禽和牧草为重点，全面带动奶牛、肉牛、绵羊、山羊、水禽和特种经济动物等其他物种及优质高产优质牧草生产的研究，同时适度注重全面、均衡发展。

4. 在区域部署方面

内蒙古、新疆、西藏、云南、华东、华南等地方是畜禽品种资源丰富和拥有畜禽资源库的地区，适当辅以省际间、地区间合作，重点部署地方遗传资源评价与开发利用以及改造升级当地与周边传统养殖业的相关研究；在西部、华北地区重点部署反刍动物养殖业相关研究；以北京、华中、西南、华东地区重点部署蜂、蚕等相关研究；在北京、华东等地区重点部署动物营养、饲料加工的基础研究。

第四节 畜牧学与草地科学的发展目标及其实现途径

一、畜牧学与草地科学的发展目标

为了使我国在未来 10 ～ 20 年间逐步成为世界农业基础科学创新与农业高新技术创新研究方面的先进国家，确定畜牧学和草地科学“十三五”的发展目标如下。

（1）顺应动物遗传育种学科发展趋势、针对我国养殖产业发展中的重大科学技术问题与需求，瞄准学科前沿，从群体、个体、细胞和分子水平进行深入研究。具体包括：① 农业动物的主要经济性状形成的遗传和表观遗传调控机理；② 种质资源生物学评价；③ 畜禽动物育种新理论、新方法和新技术；④ 畜禽新品种（系）培育。

（2）以分子生物学技术为基础，以系统生物学思想为指导深化对动物生殖生物学基础的理论认知，争取获得理论上的重大突破；加强传统繁殖技术相关应用基础研究，继续提高传统繁殖技术的效率、应用水平和应用广度，提升畜禽繁殖效率；发展并加快最新生物技术在畜牧生产中的应用，促进畜禽育种。

（3）通过应用动物生理学、生物化学、微生物学、免疫学、遗传学、生物工程技术及各种组学方法，系统地揭示动物机体内营养物质代谢规律、机理和营养物质间的互补、拮抗关系，以及动物体内微生态环境等，通过系统营养调控，提高畜禽的免疫抗病能力和饲料养分的利用效率，减少对环境的污染，达到可持续发展的目的，同时改善畜产品的品质和安全性。

（4）利用现代生命科学研究技术，分析并阐明影响特种经济动物生命活动及生产能力的主要生物学特性及其调控机制，为特种经济动物产业技术创新与转型升级提供理论基础和技术支撑，为农业增产、农民增收、农林害虫防控以及医学应用拓展等提供重要理论支持。

（5）以牧草、饲料资源开发和草地持续利用为总体目标，以应用基础研究为主，针对我国草原合理利用和牧草产业发展过程中重大科学技术问题与需求，利用交叉学科如生态学、土壤学、植物学、动物学、微生物学等新技术和新方法展开草地利用和牧草生产及加工的科学原理和技术研究，培育牧草新品种。在草原（草地）生态系统框架下，综合考量草地生态、草地饲草的合理利用、草畜合理匹配与草畜平衡，适应气候变化，实现牧草有效供给和草地生态系统的可持续发展，满足我国畜牧业发展对优质饲草及其生产环境的需求。

二、实现途径

在坚持前述基本发展布局原则基础上，可以通过加强优势畜禽品种和优先发展领域来促进该目标的实现。

在物种上，猪、鸡、牛、羊等主要畜禽的研究较为深入，应继续加强这些畜禽研究的支持力度，同时要倾斜扶持蜂等特种经济动物的育种研究。

在学科方向上，需要加强的优势方向主要包括：① 畜禽、特种经济动物及牧草品种资源的评价、保护及其高效利用的遗传基础；② 畜禽生殖内分泌调控机制；③ 畜禽卵子发生、胚胎发生及早期发育调控机制；④ 畜禽繁殖生物技术应用的基础研究；⑤ 营养与畜禽产品品质研究；⑥ 饲料资源高效利用；⑦ 饲草收获加工利用与安全优质高效饲料研制等。

未来应该扶持的方向主要包括：① 蚕、蜂病原病理及分子病理；② 蚕的生理机能和丝蛋白结构解析；③ 牧草栽培生理生态学机理；④ 草地生产力维持和提高的机制；⑤ 畜禽定向育种、饲养环境对畜禽生长的影响、畜禽排泄物的无害化处理等；⑥ 畜禽及特种经济动物福利及行为学研究；⑦ 反刍动物营养学基础研究；⑧ 家蚕、蜜蜂等生物反应器的基础研究；⑨ 家蚕配合饲料饲养的基础研究。

未来应该鼓励的学科交叉方向主要包括：① 畜禽信息学的基础研究；② 畜禽行为与环境调节生理；③畜禽环境工程学的基础研究；④ 草－畜界面过程及其调控机理；⑤ 畜禽及特种经济动物遗传、营养及环境互作的研究；⑥营养-微生物-宿主互作及其调节机制；⑦ 草地有害生物-植被-环境之间互作机制的研究；草地生态系统生产和环境服务功能的基础研究。

未来应促进的前沿学科方向主要包括：① 畜禽、特种经济动物及牧草全基因组设计育种的理论和方法；② 营养的表观遗传效应；③ 肠道微生物－营养－宿主互作及其调节机制。

第五节　优先资助领域

畜牧学与草地科学资助范围包括：① 畜禽资源；② 家畜遗传育种学；③ 家禽遗传育种学；④ 畜禽繁殖学；⑤ 单胃动物营养学；⑥ 家禽营养学；⑦ 反刍动物营养学、饲料学、畜禽行为学、畜禽环境学与畜牧工程、草地与放牧学、草种质资源与育种、草地环境与灾害、牧草生产与加工、草地植物生理与功能基因组、养蚕学和养蜂学。

1. 畜禽、特种经济动物及牧草品种资源的评价与保护

畜禽、特种经济动物及牧草遗传育种研究的核心是种质创新，而种质创

新又依赖于种质基因库资源的构成和目标性状的遗传特性。地方畜禽、特种经济动物及牧草种质资源是生物多样性的重要组成部分，也是农业品种改良的重要战略资源。畜禽、特种经济动物及牧草遗传资源的评价、保护是高产、优质、专用、资源高效型和环境友好型畜禽品种培育的重要基础。需要在已经建立的保护区、保种场和DNA库等种质资源保护技术的基础上，开展畜禽、特种经济动物及牧草种质资源的收集和系统分类、优异性状的遗传学评价，系统研究不同保护技术对基因多样性和安全性的影响，加强我国特色、稀有及极端生态环境的种质资源的保护，有助于挖掘和利用我国特色畜牧种质资源，从而使我国丰富的基因资源转化为科技优势和竞争优势，最终变成产业优势。

主要科学问题：① 畜禽、特种经济动物、牧草种质基因组与特色基因素材的挖掘；② 畜禽、特种经济动物、牧草种质资源评价的新理论、新技术；③ 畜禽、特种经济动物、牧草种质资源保种新理论、新技术与保种效果评价；④ 重要畜禽、特种经济动物、牧草种质资源遗传多样性的产生机理和维持机制。

2. 优异畜禽、特种经济动物及牧草品种资源高效利用的遗传基础

许多农业动物品种具有优良的种质特性，如繁殖力高、抗病力强、肉质好、耐粗饲、产浆、抗螨等。此外，野生牧草多具有高产、优质、抗病、抗虫和抗逆等优良基因。全面深入地理解动物重要经济性状的遗传机理是提高遗传改良效率和育种效益的基础。良种是现代养殖业的基础支撑和战略保障。长期以来，我国养殖业面临着高端种源严重依赖于国外进口的尴尬局面，扭转这种局面的关键在于加强动物遗传育种的基础研究。多种农业动物的基因组测序的完成，为解析动物重要经济性状的遗传机理提供了海量的信息和数据。从基因功能上解析畜禽、特种经济动物及牧草的生长速度、饲料转化率、畜产品（肉、蛋、奶、毛）品质、繁殖、抗病、抗虫、抗逆等重要经济性状优良品质形成的分子机理，是我国地方品种资源高效利用的遗传基础。畜禽、特种经济动物及牧草重要经济性状的遗传及表观遗传规律的揭示，可为其产量和品质性状的遗传改良提供理论基础和指导，将其与传统育种相结合，促进优异畜禽、特种经济动物及牧草新品种培育进程。

主要的科学问题：① 重要性状（品质、产量、抗病、抗逆等）主效基因的功能鉴定；② 重要性状的遗传及表观遗传调控网络解析；③ 重要性状的

功能基因组学研究；④ 不同层次分子数据与重要性状遗传评估的整合分析的新理论。

3. 畜禽、特种经济动物及牧草全基因组设计育种的理论和方法

随着现代生物技术的发展及基因组测序技术日益成熟和不断创新，在经历单分子标记辅助选择、多分子标记聚合选择阶段后，生物育种技术进入一个崭新的发展阶段，即全基因组设计育种阶段，也就是可以利用全基因组关联分析技术、功能基因的生物育种芯片及检测技术、全基因组高密度 SNP 标记的芯片，在动植物个体的基因组水平开展分子标记或基因进行选择，并利用基因组编辑技术在分子水平对动植物的基因进行操作，从而提高育种的精确性和效率，最大限度的利用和创造遗传变异，改良目标性状，创造新的品种。目前，美国、英国、澳大利亚、荷兰、以色列、加拿大等国家相继开展了全基因组选择的研究及其具体应用，取得了很好的效果，大大地提高了育种效率。基因组编辑技术（如 ZFN、TALENs、CRISPR/Cas9）可以人为地快速改变动物的遗传性状，甚至使其拥有在自然选育中根本无法获得的性状，对于畜禽和特种经济动物育种极具吸引力，在畜禽和特种经济动物中，也取得一些成功，如 *Myostatin* 基因敲除牛、猪，朊病毒基因敲除抗疯牛病的牛和 Cas9 基因编辑羊等，家蚕中也开展了一些基因组编辑的工作。该技术将对畜禽和特种经济动物育种带来巨大的变革。

主要科学问题：① 全基因组设计育种；② 基于变异组学的分子育种；③ 多性状联合育种的分子基础；④ 重要性状的基因组定向编辑。

4. 畜禽信息学的基础研究

信息科学的理论与技术已经渗入到畜牧生产资源调查与管理、生长控制与技术咨询、产后产品质量分级与可追溯、畜牧生产信息服务、精细饲养管理、畜禽基因组学等畜牧科学的各个层面。畜牧信息科学是伴随着信息技术与动物饲养学、动物育种学、动物种质资源、基因组学、生物多样性保护等畜牧方面多学科发展而形成的一门新型交叉学科，是计算机、遥感、图形学、整体论、人工智能和本体论等信息学科新理论、新技术与畜牧科学研究、生产实际密切结合的理论性与应用性均较强的科学。随着信息理论和技术的进一步发展与普及，在动物生产、品种选育、种质资源保护和利用、基因工程、畜牧工

程、数字畜牧业等领域有长期和广泛的需求，人才需求将会越来越大，学科发展潜力巨大。设置畜牧信息科学专业对于更好地适应21世纪我国现代畜牧业快速发展的需求，尽快加强学科建设和人才队伍建设，具有深远意义。

主要的科学问题：① 动物生长与营养需要数字模拟技术与理论研究；② 动物养殖装备信息化、自动化、智能化控制原理与途径；③ 数字动物可视化信息系统；④ 动物遗传资源数据和饲料科学数据的整合和网络共享平台技术的理论基础；饲料及畜产品溯源技术理论。

5. 畜禽生殖内分泌调控机制

动物繁殖过程始终伴随着内分泌调控，因此生殖内分泌是动物繁殖学的核心研究内容之一。动物发情周期调控、卵泡募集和优势卵泡的选择、成熟卵泡排卵、精子发生、胚胎着床、妊娠维持以及分娩等都离不开激素的调控。以下丘脑—垂体—性腺轴为核心的生殖内分泌研究奠定了人类对生殖调控的理论认知基础，在这些理论基础上才发展出了诱导发情、同期发情、超数排卵、发情鉴定、妊娠诊断及同期分娩等繁殖技术，这些技术在过去的30余年里为我国畜牧生产做出了重要的贡献，在提升奶牛、绵羊和山羊等家畜的繁殖效率和简化繁殖管理等方面表现得尤为突出。近年来分子生物学技术的快速发展，以转录组学、蛋白质组学等为代表的高通量研究手段也已广泛应用，为进一步解析动物生殖过程的调控机制带来了新的机遇。在现代生物学体系下继续深入探讨畜禽的生殖内分泌调控机制，实现理论认知上的突破，将进一步提升我国畜牧生产中畜禽繁殖效率，促进适合我国国情的现代化繁殖管理体系的建立。

主要的科学问题：① 畜禽生殖调控活性物质的分子作用机制；② 家畜发情周期调控的分子机制；③ 着床、妊娠维持与分娩的分子调控机制。

6. 畜禽卵子发生、胚胎发生及早期发育调控机制

在现代畜牧生产中，雌性繁殖力是繁殖效率的限速因素。超数排卵以及胚胎移植技术大幅提升了优秀种用母畜的繁殖潜力。卵母细胞体外成熟和体外受精技术（IVF）的出现使得进一步充分利用具有优秀遗传背景母畜的繁殖潜力成为可能。但该领域还面临很多问题，如：母畜重复超数排卵处理带来的排卵效果下降，体外成熟卵母细胞发育能力较低，体外培养体系获得的胚胎质量较差，饲料添加剂、化学药品和药物残留等对雌性动物繁殖力具有何种影响

等。近年来关于这些问题的研究已逐渐成为动物生殖领域的热点。借鉴发育生物学的研究模式，采用转录组学、蛋白质组学以及代谢组学等高通量技术手段，围绕上述问题开展的研究正在不断取得进展。对卵泡发育、配子发生、受精以及早期胚胎发育机制等方面的认知也正在随着这些进展不断取得突破。这些理论上的突破最终必将会带来畜禽相关繁殖技术的重大发展，从而提升畜牧业发展的质量与效率。因此在畜禽上开展该领域的研究具有重要的理论与现实意义。

主要的科学问题：① 畜禽体内卵泡募集与闭锁的分子机制；② 卵泡体外发育与卵母细胞体外成熟关键影响因素相关问题；③ 卵母细胞胞质成熟分子机制；④ 畜禽早期胚胎发育调控机制；⑤ 环境毒素对雌雄配子发生、受精以及早期胚胎发育的影响机制。

7. 畜禽繁殖生物技术应用的基础研究

繁殖技术和生物技术的发展对提高畜牧生产效率、保护和利用畜禽品种资源起到了巨大的推动作用。精子冷冻、人工授精、性别控制、胚胎冷冻以及胚胎移植等极大地提高了优秀种畜繁殖效率和遗传贡献。但目前我国传统繁殖技术仅在奶牛及肉牛生产中广泛应用，在其他家畜品种中的应用仍有待发展。快捷方便的发情鉴定技术、妊娠诊断技术以及性别控制技术等仍为畜牧生产所急需。因此有必要加强相关技术的应用基础研究，从而促进相关技术体系的发展。

体细胞克隆和干细胞技术作为前沿生物技术对家畜育种具有革命性的影响。虽然家畜胚胎干细胞的研究一直在全世界范围内持续开展，但始终没有获得具有生殖系嵌合能力的细胞系。核移植细胞重编程技术和 iPS 细胞技术，为家畜多能性干细胞的研究提供了新的思路和理论指导。但已有的研究表明，基于小鼠胚胎干细胞和 iPS 细胞的认知并不完全适用于畜禽，因此有必要针对畜禽干细胞自我更新和多能性维持的调控以及分化机制进行深入研究，在理论研究充分积累的基础上实现畜禽物种干细胞建系的突破，进而为畜禽育种服务。

主要的科学问题：① 家畜配子冷冻和胚胎冷冻保存关键影响因素；② 性别鉴定和性别控制技术相关理论基础；③ 实用高效发情鉴定和妊娠诊断技术理论基础；④ 畜禽生殖干细胞理论与技术。

8. 营养与畜禽产品品质

随着人们生活水平的提高，对优质动物产品的需求量越来越大。影响动物产品（肉、蛋、奶、蜂产品、鹿茸、蚕丝等）品质的因素除遗传和环境因素外，主要受营养因素影响。日粮能量浓度、蛋白质水平、维生素、矿物元素及添加剂等都对动物产品品质产生重要影响。在我国，肉类仍然是人们动物蛋白主要来源，肉品质除了其嫩度、系水力、pH 和瘦肉率外，我国消费者比较关注的是肉的色、香、味。另外肉的安全性也是人们重点关注的重要质量指标。但肉质形成却有着其内在的机制，特别是其形成的生理生化和分子生物学基础迄今还不是十分清楚。这些年我国乳及乳品的消费上升很快，但我国乳（特别是牛乳）的乳蛋白、乳脂率等这些品质与欧美等国家和地区相比还有较大的差距，反刍动物养分的吸收转运、泌乳及乳品质形成的机制仍处在“暗箱”之中，很多基础性研究工作还十分缺乏。蛋品也是我国消费者动物蛋白的重要来源，禽蛋蛋白和蛋黄品质、营养与功能指标是人们关注重点，但这些品质和相关性状的形成机制目前尚不明了。

主要的科学问题：① 营养素对畜禽机体蛋白、脂肪等沉积的影响及调控机制；② 乳、鹿茸品质形成规律及其调控机制蛋品风味影响因素、规律以及调控机制；③ 畜禽产品有害物质形成机理及控制途径。

9. 饲料资源高效利用

饲料资源是饲料工业的物质基础，是畜牧生产的根本。配合饲料工业作为人类食品生产网络中的一条主干线，在国民经济中的支柱作用越来越突出。而我国饲料资源又面临着能量饲料供应不足；蛋白质饲料原料严重匮乏；优质牧草资源有限，草原牧草难以满足牧区养殖需要等诸多问题。畜禽以饲料中碳水化合物、蛋白质、脂类等碳氮有机营养物质为底物，通过体内合成代谢和分解代谢，实现在靶组织定向沉积与转化，目前对其所涉及的代谢规律及其调节机制仍然了解不足。通过分析饲料营养素经过消化、吸收，在各消化器官和靶组织中的碳氮化合物的组成的变化，以及生长因子、激素、酶等代谢网络中的功能基因的表达，揭示饲料供给与动物生产性能间营养素利用所涉及的代谢与分配机制、调节因子和调控途径，对于了解和优化畜禽碳氮营养供给，建立精确、动态、模型化的营养需要量，实现健康、高效的饲养目标具有重要意义。

主要的科学问题：① 基于消化道层面的饲料高效利用与减排机制；② 日粮模式和饲料成分特性影响营养素消化吸收利用的机制；③ 饲料加工工艺影响饲料利用效率的机制；④ 饲料加工过程中饲料组分变化及抗营养因子控制机制；⑤ 饼粕、秸秆饲料及发酵工业副产物等非常规饲料的高效转化与利用研究。

10. 营养素的表观遗传效应

基于人类健康的优质畜禽产品的生产已成为人们关注的焦点问题，随着营养素供给的优化和遗传改良，畜禽生产效率得到了极大提高，同时畜禽高强度代谢过程也导致了畜禽整体抗病力和产品品质下降。特殊生理阶段营养及环境刺激诱发的表观遗传修饰可改变畜禽后期生长的基因表达模式，从而出现不同表型。而且，这种表观遗传修饰如果影响到生殖细胞的表观遗传改变则可将这些遗传信息传递给下一代，从而产生表观表现型的传代现象。但现有研究无法回答营养素究竟在特定的时间点以何种方式调控表观遗传修饰位点，而哪些表观遗传修饰位点又以何种方式调控畜禽抗病力和产品性状等；营养素在染色质层面如何影响细胞因子转录、表达，以及细胞因子的表达模式是否具有可传代性等方面仍很少研究；特殊生理阶段营养素调控基因程序化表达的记忆性和可传代性也是摆在我们面前的一大生物学难题。

主要的科学问题：① 营养素调控的表观遗传标记及其机理；② 影响畜禽营养代谢和生产性状的表观遗传学机制；③ 营养素与畜禽表观遗传网络的互作及其机制；④ 营养素调控畜禽免疫效应的表观遗传学机制；⑤ 营养素调节畜禽繁殖性能的分子机制

11. 肠道微生物 - 营养 - 宿主互作及其调节机制

高等动物生命和生产活动具有精准的调节机制，动物本身（宿主）与寄居体内的数量庞大的微生物群之间的互作也是调节机制之一。动物健康、生产性能、繁殖性能、产品品质等生命和生产活动性状的表现与胃肠道微生物及其代谢产物密切相关，甚至微生物也可能是动物遗传或表观遗传的重要组成部分。作为生物体，微生物及其功能依赖于营养物质的不断供给。到目前为止，胃肠道微生物在代谢疾病中的角色已在模式动物上被广泛研究，但是，从营养学角度，肠道微生物繁衍对畜禽肠道内营养素代谢以及机体整体代谢作用的研究薄弱，作用机制仍不清楚。因此，营养－微生物－宿主之间的能量流、物质流及信息流及其调控机制也是学科和产业发展亟待解决的问题。

主要的科学问题：① 营养结构、畜禽生理状态与胃肠道微生态的互作及机制；② 肠道微生物及其代谢物与畜禽表观遗传修饰的关联及机制；③ 肠道微生物与肠道感应、内分泌及机体整体代谢的关联及调节机制；④ 肠道微生物与畜禽肠道及机体免疫调节及机制；⑤ 畜禽胃肠道功能微生物组学研究。

12. 畜禽行为与环境调节生理

畜禽行为是畜禽对某种环境刺激的反应或畜禽与其所在环境相互作用而构成的某种生活方式的反应。当畜禽的生活环境发生变化时，畜禽会通过行为的调节来缓解环境变化对畜禽个体造成的生理和心理上的压力，而畜禽的行为适应能力有一定的限度，如果环境的变化超过畜禽行为适应限度，畜禽会表现出不适应，严重的会出现异常行为。近些年来，气候变化、环境污染、环境内分泌干扰物以及集约化养殖产生的动物福利问题等不利因素对动物生理和心理造成了严重的危害，导致动物行为异常，不但影响了畜禽产品的产量和品质，还增加了潜在的疾病风险。因此，通过对畜禽行为的研究，掌握畜禽的生活习性、创造适合于畜禽习性的最佳生活条件，对于满足畜禽健康需求和福利要求、提高畜禽生产性能和发挥遗传的最大潜力、及早预防和避免由于行为异常带来的经济损失具有重大意义。

主要的科学问题：① 畜禽行为表型的有效测定；② 环境因素（环境应激）影响畜禽生产性状和代谢调控的机制；③ 养殖模式（养殖密度、饲养方式）对畜禽行为及其生理影响机制；④ 动物饲养过程中动物福利的确定及福利化畜禽养殖模式建立的基础研究；⑤ 动物的社会性行为及其影响机制

13. 畜禽环境工程学的基础研究

目前我国环境因素与畜牧生产之间的矛盾日益突出。畜牧环境工程是畜牧、气象、环境、工程等专业相互渗透的交叉学科，其主要任务有两方面，一是在充分考虑动物生理特点、自然气候和资源条件的基础上，利用环境工程的技术手段，为动物创造适宜的设施和环境条件，使动物生产在设施环境内进行专业化、集约化生产，充分发挥畜禽的遗传潜力，实现高产、优质、均衡、低耗的目标；二是研究畜禽养殖对周围环境及大气候的影响和控制对策，发展畜

牧生产的同时为保护资源和环境服务。但是，到目前为止，我国畜牧环境工程学学科的发展还远跟不上设施畜牧业发展需要，与国外先进水平相比仍有较大差距。因此，面对我国规模化畜牧业的飞速发展所面临的环境因素与畜牧生产之间的矛盾，加强畜牧环境与工程学的基础研究已是刻不容缓。

主要的科学问题：① 我国主要畜禽品种热、湿、气的排放参数；② 畜禽温室气体、氮、磷等排放参数与减排机制；③ 畜舍建筑、设备等工程环境参数对畜禽生长及生产的影响；④ 气候变化对畜禽生长和繁殖性能的影响及其机制；⑤ 畜禽废物处理及综合利用技术研究

14. 蚕、蜂病原病理及分子病理

蚕、蜂是重要的特种经济动物，对药物敏感。相比于其他动物，蚕、蜂更易受到各种病毒、细菌、真菌、微粒子等病原微生物和蚕蝇、寄生蜂等寄生虫的侵害，并容易受到其他外界环境因素的影响。病原微生物引发的高致病性蚕病、蜂病，使得蚕和蜂大量死亡，失去生产能力，严重影响蚕丝产量和质量，给蚕农、蜂农及整个产业造成重大的经济损失。随着工业化的发展，部分环境因子影响了蚕、蜂的体质，甚至令其产生中毒症状，在一些化工厂的周边，经常出现大面积不结茧蚕的现象。这些病害和环境因子给整个产业带来了重大的经济损失。对于蜜蜂而言，病害的流行不但造成了蜂群生存力的下降，最主要的是对蜜蜂病虫害不科学的诊断和乱用药物（包括抗生素），导致蜂产品的严重污染，影响了消费者的健康和出口创汇。因此，开展蚕蜂的病原病理以及分子病理学研究，从分子水平寻找蚕、蜂生产中病虫害控制方法，以及一些环境中的化学因子对蚕、蜂生理的影响机制，解决蚕、蜂生产中出现的病虫害问题，对于养蚕业和养蜂业有着重要的意义，也对环境因子与人类健康之间的关系研究有较好的参考价值。

主要的科学问题：① 蚕蜂抗病、抗逆分子机制；② 蚕、蜂病原基础生物学和诊断新技术；③ 病原微生物和寄主相互作用机理；④ 蚕、蜂病毒病、细菌病及真菌病的主要致病机制；⑤ 环境因子对蚕、蜂体质影响的分子机制。

15. 蚕的生理机能和丝蛋白结构解析

蚕的生理机能及其潜能开发是蚕业发展的基础，尽管在激素的生理、昆虫免疫方面取得一定的进展，但在蚕激素的遗传调控及其作用的分子机制，

蚕的性别控制、生殖机能以及营养生理等方面还研究得不够透彻，尚需深入研究。

蚕丝是天然纤维中被广泛应用且价值最高的蛋白质纤维，而丝蛋白结构与功能的研究则是广泛开发蚕丝用途的基础。因此，在深入研究蚕泌丝生理的同时，研究蚕丝纤度、洁净度、解舒性能、着色性能和力学性能等关键性状形成的分子机制，丝蛋白结构及其改性等，对于蚕丝性状的改良以及拓展应用有着重要的意义。

主要的科学问题：① 家蚕的性别调控、生殖机能、发育调控和代谢调控机制；② 家蚕的取食控制与营养吸收利用机制家蚕色素代谢机制；③ 蚕丝纤维品质形成的分子机制及遗传改良；④ 蚕丝蛋白组成与结构解析及其成纤维过程和机理。

16. 牧草栽培生理生态学机理

我国由于人口、食物安全的压力，牧草种植区域的气候和土壤环境条件较差，不适宜农作物生产，逆境胁迫比较严重。加上由于全球的温室效应和环境恶化，自然灾害发生频率趋于增加，对饲草稳产、高产造成严重威胁。因此，逆境胁迫下的牧草栽培理论和应对逆境胁迫的调控技术，从种群、个体、组织、器官、细胞和分子的不同水平上研究牧草对逆境胁迫的响应机制，揭示牧草对逆境胁迫的适应性机理。同时，研究应对逆境胁迫的调控技术，从耕作、栽培管理、化控等技术方面减轻逆境胁迫对牧草生产造成的损失；不同牧草混作及其与作物间的轮作和间作种植模式在光、热、水、土和养分资源优化利用，用地与养地结合，减少病、虫、杂草发生，倡导生态高效模式，提高土地利用效率。

主要的科学问题：① 牧草逆境栽培与管理；② 牧草根际环境与营养供给关系的机制；③ 牧草水肥耦合机制；④ 牧草混作、间套轮作中植物相互作用过程；⑤ 牧草生产生态增效机制。

17. 饲草收获加工利用与安全优质高效饲料研制

研究低成本干草、青贮以及草颗粒等调制与利用过程中牧草营养保全机制，包括饲草刈后水分散失动力学过程与控制，饲草化学成分、物理结构与广谱性、复合型饲草生物性添加剂的筛选与创制，饲草和饲料产品含氮化合物、碳水化合物、维生素、脂肪（脂肪酸）等的变化与调控，饲草生物活性物质提取与深层次加工等。不同原料或加工措施形成的饲草和饲料产品，其养分含量与可利用程度存在显著差异，在不同生产阶段的奶牛、舍饲肉牛与羊饲喂或放牧家畜补饲时，科学配制、合理搭配，提高饲草和饲料产品的养分利用率，是饲草饲料利用领域的重要研究内容。同时，非常规饲料原料的搭配和抗营养因子与毒素机制、饲料及其添加剂有毒有害物质的钝化或清除等是优质高效饲料安全生产的关键。饲草饲料营养价值的评价，尤其是利用家畜瘤胃等消化道评价研究，饲草和家畜肠道微生物的互作等机理，是饲草营养评价的主要内容，同时近红外饲草和饲料品质的快速检测研究也是该领域的重要内容。

主要的科学问题：① 饲草收获过程中营养保全机制；② 饲草青贮微生物研究；③ 饲草和饲料瘤胃消化道评价；④ 饲草次生代谢物质及其对家畜生产过程影响；⑤ 饲料抗营养因子与毒素机制；⑥ 饲料调制过程中有毒有害物质钝化机制；⑦ 饲草和饲料安全与品质检测原理和技术。

18. 草—畜界面过程及其调控机理

放牧情况下，草地植被与土壤关系仍然是研究重点，动物与植物多样性之间可能形成对草地放牧系统稳定性起关键作用的一种“双向反馈环”。因此，对动物与植物多样性互作关系的深入研究，如适宜的植物多样性水平、放牧管理方式等，有益于更全面地阐释草地放牧系统稳定性与持久性基础。放牧家畜的行为是家畜对某种环境刺激的反应或家畜与它所在环境的相互作用而构成的某种生活方式的表现，是家畜作用过程的关键；土壤 - 植物 - 微生物三者之间关系在放牧家畜的干扰下，植物和土壤中微生物的反应和反馈是草地系统管理的基础，是生产力和稳定性机制研究的主体。放牧制度的选择与应用是放牧家畜与草地生态关系研究成果的综合应用过程，是草畜平衡和生态系统管理的关键。

主要的科学问题：① 放牧草地土壤-植物-微生物过程；② 草地放牧家畜作用过程及草地植物对放牧的反馈机制；③ 草地生物多样性对家畜生产的影响机制；④ 草地可持续利用下放牧优化过程；⑤ 草畜平衡原理与模式。

19. 草地生产力维持和提高的机制

草地退化是世界性难题，我国约 90% 草原发生不同程度的退化。草地退化的系列表现包括：牧草生物量下降、草地植物群落组分变差、土地稳定性和承载力降低、动物区系简单化及畜产品的质和量减少，直至草地消失，即系统崩溃。草原退化发生、发展是非常复杂的多种因素共同作用的结果，需要通过长年定位观测，进行各种类型退化草地的改良治理的理论与技术研究，从气候、土壤、生物等因素对退化与恢复的机理进行深层次地探讨，同时也需要从社会、经济等方面进行综合分析。对我国已实施的退牧还草、退耕还草、封育草地、禁牧、休牧、划区轮牧等各种草原治理工程与技术的效果与原理进行系统研究与评价，是国家的重大需求。草地生产力是草地畜牧业的基础，国内外大部分研究集中在地上过程的研究，但是地下土壤生物和微生物因子在草地生产力形成及其稳定性维持过程中的作用还知之甚少，尤其在全球气候变化情况下，土壤微生物学与草地管理学、草地生态学的结合，有助于解释地下的作用过程。此外，系统探讨草地生产力和多样性维持的地下作用机制，有利于草地生产力及固碳效益的维持和退化草地的改良。

主要的科学问题：① 草地退化成因及其环境效应分析；② 牧草地上地下生产力以及化学计量学的研究；③ 草地恢复过程与微生物作用机制；④ 草地适应性管理的固碳潜力与机制；⑤ 全球气候变化下的草地生态系统碳氮循环、草地生产力、多样性和稳定性。

第六节 实现“十三五”发展战略的政策措施

1. 重视学科交叉，提升科研水平

注重学科交叉，加强畜牧学、草地科学与人类医学、生物信息学、计算机科学、遥感科学等学科的交叉与合作，建立完善的研究技术平台，使之成为本学科领域的人才培养基地和原始创新基地，提升畜牧学与草地科学学科的研究水平和国际竞争力。

2. 加大对薄弱学科的支持力度及其人才培养

如毛皮动物育种及加工、畜禽行为学、畜禽环境学、牧草生产学等学科

的基础研究相对薄弱，人才相对匮乏，整体研究实力偏弱。需要加大这些学科的扶持力度和人才培养。

3. 争取长期、稳定的经费资助

畜牧学与草地科学学科具有周期长，进程慢，生产基地需要稳定、长期的维持成本。从全国畜牧学与草地科学学科基础研究总体布局出发，加强战略筹划和科学预测，根据基础研究发展需要，积极争取科学基金的长期、稳定投入，为学科领域的发展提供经费保障。

4. 完善管理考核制度

不仅以论文影响因子来评价畜牧学与草地学科各领域的研究工作，而且要考虑各分支学科的特点，坚持把支持源头创新作为评审工作的根本出发点，把研究价值判断贯穿评审工作始终，建立全面的评估体系，促进畜牧学与草地科学学科体系的健康发展。

主要参考文献

程道军，侯勇，夏庆友 . 2014. 家蚕基础科学发展的现状、挑战与机遇——家蚕基因组计划实施 10 年回顾与展望 . 蚕业科学，40（3）：0367-0373.

杜青林 .2006. 中国草业可持续发展战略 . 北京：中国农业出版社 .

国家自然科学基金委员会 . 2011. 国家自然科学基金“十二五”发展规划 . 中国科学基金，05.

侯扶江，南志标，朱伟云，等 . 2011. 气候变化对畜牧业的影响值得高度重视 . 科学中国人，（5）：25-29.

李国亮，阮一骏，谷瑞升，等 . 2014. 起航三维基因组学研究 . 科学通报，59（13）：1165-1162.

卢德勋 . 2013. 系统动物营养学的进展和展望 . 饲料工业，（1）：2-8.

吴杰，刁青云，李继莲，等 . 2007. 中国养蜂学研究进展 . 昆虫知识，44（1）：19-24.

谢文闻，姜秋玲，刁青云 . 2007. 中国蜂类授粉研究最新进 . 中国蜂业，58（6）：12-14.

殷丽华，王琳，余占海 . 2014. 丝素蛋白构建组织工程支架材料的应用进展 . 生物医学工程学杂志，31（2）：467-471.

喻小琼，赵桂苹，刘冉冉，等 .2013. 家禽营养与表观遗传学 . 动物营养学报，25：2192-2201.

张英俊 .2013. 牧草产业技术研究综述 . 北京：中国农业大学出版社 .

中华人民共和国统计局 . 中华人民共和国 2013 年国民经济和社会发展统计公报 . 中国统计，2014.

朱伟云，余凯凡，慕春龙，等 . 2014. 猪的肠道微生物与宿主营养代谢 . 动物营养学报，26（10）：3046-3051.

David R K，Han G，Hou X，et al. 2013. Innovative grassland management systems for environmental and livelihood benefits. Proceedings of the National Academy of Sciences，110（21）：8369-8374.

Hanage W P. 2014. Microbiome science needs a healthy dose of scepticism. Nature，512（7514）：247-248.

JeffersonT. 1999. Hay production from lowland semi-natural grasslands：A review of implications for ruminant livestock systems. Grass and Forage Science，54（2）：99-115.

ZhangYJ，ZhangX Q，Wang X Y，et al.2014. Establishing the carrying capacity of the grasslands of China：a review. Rangeland Journal，36（1）：1-9.

第十九章

兽 医 学

兽医学是研究预防、诊断和治疗动物疾病及人兽共患病的科学。随着社会的进步和现代科学技术的发展，兽医学研究已扩大到生态环境、食品安全、实验动物和公共卫生等领域，形成了许多新的交叉学科。加强兽医学的研究，对农业生产和人类健康都具有重要的意义和作用。

第一节 兽医学的战略地位

兽医学又称兽医科学，是一门有关预防、控制、诊断、治疗家养动物及野生动物疾病，防止动物疾病向人类传播的学科。兽医学与医学、公共卫生和环境生态科学关系密切，是保障动物和人类健康的重要学科，在动物疾病和人兽共患病的防控与治疗、动物源性食品安全的监控、公共卫生和生态环境健康的维护等方面起着主导性作用。随着“一个世界、一个医学、一个健康”和“健康动物－健康食品－健康人类”新观念的提出，兽医学的角色正在快速扩大和延伸，在保障经济可持续发展和促进社会稳定中势必发挥越来越重要的作用。

我国是养殖大国，畜牧业在国民经济中占有重要地位。近年来畜牧总产值持续增长，2012 年达到 27 189.24 亿元，占农业总产值比重的 30.4%，已成为农业和农村经济中的支柱产业。但我国畜牧业的生产水平远低于世界平均水平，其主要瓶颈因素是动物疾病、人兽共患病及动物源性食品安全等问题。动物疾病和人兽共患病的不断发生，给我国畜牧业造成了巨大的经济损失，影响了畜产品的产量和质量，引发了严重的公共卫生问题和社会性事件。疾病引起养殖动物死亡造成的直接经济损失每年千亿元以上。2004 年以来新出现的重大动物疫病包括高致病性禽流感、高致病性蓝耳病、新型猪流行性腹泻、小反刍兽疫等，均给养殖业造成了巨大损失。值得一提的是，2013 年爆发的 H7N9 禽流感，在一个月内就造成了家禽业 400 亿元的直接经济损失。据统计，60%的人类传染病来源于动物，50%的动物传染病可以传染给人，如新出现的 SARS、H5N1 流感、H7N9 流感均与动物有关。过去 25 年中出现的 38 种新病原体，75% 来源于动物。随着人民生活水平的提高，对食品安全的要求也越来越高，但由于药物和其他有害化合物残留、病原微生物污染，动物源性食品安全事件时有发生。因此，促进畜牧业健康发展，保障人类健康，给兽医学提出了新的挑战和要求，兽医学研究任重而道远。

1. 保障畜牧业的健康发展是兽医学的基本任务

现代畜牧业生产模式向规模化、工业化转变，很大程度上满足了提高生产率的需要，但同时也导致了许多动物疫病的流行与暴发。当前，我国动物疫病主要表现在老的疫病不但没有消灭，反而呈现卷土重来的趋势，如口蹄疫、新城疫、猪瘟、布鲁菌病等；同时新的疫病又不断出现，如小反刍兽疫、高致病性禽流感、高致病性蓝耳病、猪圆环病毒病、新型猪流行性腹泻、副猪嗜血杆菌病、猪附红细胞体病等。随着畜禽数量的迅速增加，病原体可增殖或潜在可增殖的宿主也相应增多，病原体变异几率加大，进而因病原体变异所导致的新发病显著增多，如 H7N9 流感、新型猪流行性腹泻等。与此同时，环境和免疫压力的影响，畜禽群体免疫水平不高或不一致，都可能使原有旧病以新的面貌出现，病症呈现出非典型化特征，如非典型性新城疫、非典型性猪瘟等。临床上多种病原的混合感染十分普遍，加之病原体耐药性日益加重，致使疾病的危害性越来越大，养殖动物疫病防控面临着前所未有的挑战。基于此，兽医学必须深入研究我国重要动物疫病和新发传染病的发生发展规律，采取恰当的防控与净化技术，为畜牧业的健康发展保驾护航，保障肉蛋奶的正常供给。

2. 防控人兽共患病、维护公共卫生安全是兽医学的重要使命

人兽共患病的发生与流行，严重威胁着人类健康。目前，全世界有记载的人兽共患病有 250 余种，其中危害较大的将近 90 种。近年来，随着动物饲养方式的改变、气候变化以及生态环境的破坏，一些新病种的出现速率在逐年加快。过去一些对人无致病或低致病的病原变异转化成对人类有强致病性的病原，一些原本仅限于动物之间传染的病原，现在也不明原因地传播给了人类。据统计，全世界每年 1700 万人死于传染病，其中主要的传染病都是人兽共患病。每年死于结核病的人高达 310 万，死于狂犬病的人约 5.5 万；部分发展中国家牧民布鲁杆菌感染率可达 20% ～ 30%，弓形虫病感染率达 25%。截至 2015 年 12 月 14 日，席卷全球的 H5N1 禽流感疫情已导致 16 个国家和地区 844 人感染，死亡 449 人。源于动物的埃博拉病毒再次肆虐非洲，截止 2015 年 12 月 23 日已造成 28 601 人感染，11 300 人死亡。人兽共患病发病率的逐年上升，对人类健康和社会稳定都造成了重大影响。另外，动物源细菌耐药性快速发展，甚至出现了超级细菌，不仅严重影响动物疫病防控，甚至威胁公共卫生安全，已成为世界性难题。因此，动物健康与人类健康密切相关，如果不把动物疫病控制好，人类疾病的控制就永远不会成功，这些给兽医学研究提出了艰巨的任务。

3. 兽医学是动物源性食品安全的重要保障

食品安全是国际社会和广大消费者时刻关注的热点问题，其中病原微生物污染、药物和其他有害化合物残留是动物源性食品安全的主要问题。沙门菌、弯曲菌、肠出血性大肠杆菌、单增李斯特菌、戊型肝炎病毒、弓形虫、囊虫、旋毛虫等食源性病原生物已经成为动物源性食品安全的最大危害。据国家食品安全风险评估中心统计，2013 年我国共发生食源性疾病暴发事件 1001 起，累计发病 14 413 人，死亡 90 人，其中由微生物因素所致的患病人数最多，占总数的 49.7%，主要由沙门菌、副溶血性弧菌、金黄色葡萄球菌、蜡样芽孢杆菌和大肠杆菌等污染动物源性食品引起。兽药、生物毒素及违禁添加物（如抗菌药物、黄曲霉毒素、瘦肉精等）在动物源性食品中的残留问题，极大地威胁着人民的健康，引起了社会的高度关注，这些给兽医学的发展提出了更大的挑战和更高的要求。

4. 兽医学为阻断动物疫病跨境传播提供理论与技术支撑

随着经济全球化、国际贸易日益频繁以及旅游业的快速发展，许多疫病的传播在全球范围内进一步加快。口蹄疫、非洲猪瘟、小反刍兽疫、疯牛病等疫病迅速跨区域甚至跨境传播，成为各国防控的重点。例如，20世纪90年代，口蹄疫病毒泛亚型毒株首次在印度出现，随后迅速传播，在不到10年内迅速传播到中东、近东、东亚、南非和西欧，3个大陆的超过30个国家和地区受到疫情波及。小反刍兽疫最早在非洲科特迪瓦发生，随后迅速蔓延至南非、北非、阿拉伯半岛的大部分中东国家和中亚、远东地区，甚至越过土耳其向欧洲传播。2007年，我国西藏阿里地区首次发生小反刍兽疫疫情，2013年底疫情再次在新疆出现，随后逐渐向内地传播。截至2014年5月，全国有23个省份发生小反刍兽疫疫情，给我国养羊业造成了巨大的经济损失。非洲猪瘟，南非1、2、3型口蹄疫，疯牛病，西尼罗脑炎、尼帕病毒病等虽然在我国尚未发现，但已在其他国家甚至周边国家开始暴发流行，不排除随时传入我国的可能。因此，如何有效地将这些疫病阻挡在国门之外，是兽医学的又一重要任务。

5. 兽医学为伴侣动物、野生动物与人类和谐共处奠定坚实基础

随着生活水平的提高，人们对精神生活的需求日益增多，尤其是在生活节奏和工作压力不断增大的现代社会，人们越来越注重和追求物质生活以外的精神享受，犬、猫等伴侣动物无论是从数量上还是品种上都有显著的增加。粗略估计我国目前家养犬、猫数量在2亿只左右，但迄今我国对伴侣动物疾病，尤其是来源于伴侣动物的人兽共患病的危害并未引起足够的重视。此外，许多人兽共患病和动物重要传染病都与野生动物的带毒和传播密切相关，由于气候转变、环境变化等导致一些野生动物迁徙，使得动物疾病的跨地域传播发生，这也为疾病的防控带来了挑战。因此，加强伴侣动物疾病的研究与防治，对野生动物疾病进行监测是十分必要和紧迫的，这些都给我国兽医学的研究提出了新的任务。

综上所述，公众的生命健康是社会发展和国家繁荣的基本条件，社会的发展和进步赋予了兽医学极为重要的责任与义务。随着“健康动物－健康食品－健康人类”新观点的提出，兽医学在这一崇高使命中的作用正在不断地扩大和延伸，在国民经济和社会稳定中发挥着举足轻重的作用。兽医学的发展

促进了现代畜牧业的持续发展，加强了动物传染病和人兽共患病的检测与防控，保障了食品卫生安全和广大消费者的合法权益，更是为人们更好地享受物质生活之余的精神生活奠定了健康安全基础。但较为遗憾的是，我国目前兽医学的重要性、作用和地位还没有引起社会足够的认识和重视，长期以来的支持和投入力度不足，导致了当今我国兽医学的发展与发达国家相比还存在明显的差距。要缩小这一差距，必须对兽医学加以足够的重视和支持，加强兽医学相关研究。因此，充分重视兽医学的战略地位，加强兽医学的基础及应用基础研究，满足学科前沿发展和国家战略需求，培养高水平的兽医人才队伍，建设一批学科发展必不可少的研究平台，更好地服务于国家和全人类是当务之急，刻不容缓。

第二节　兽医学的发展规律与发展态势

一、发展规律

兽医学是一门传统学科，其起源可追溯到公元前 2000 年，迄今已建立形成了一套系统完整的学科理论与技术方法体系。兽医学也是一门开放的学科，其与现代生命科学同步发展，和医学、公共卫生学、环境生态学等学科相互交叉、相互促进。当今的兽医学在保障畜牧业健康发展、公共卫生安全和人类健康，以及社会稳定繁荣中都发挥着至关重要的作用，而这也更加要求兽医学的发展需要与时俱进。

早期的兽医学研究以观察、描述、实验和验证为主，主要在组织和器官水平上进行研究。随着 20 世纪后生物化学、生理学、病理学、分子生物学等学科突飞猛进的发展，一些新的仪器设备和技术手段如同位素、电镜、质谱、色谱、成像系统等在兽医学领域得到广泛应用，使得动物疾病的研究层次逐步由个体到群体、由现象到本质、由细胞到分子、由表型到基因型。因此，兽医学需要与分子生物学等学科同步发展，与公共卫生医学和环境生态学紧密关联，相互交叉相互促进，唯有这样才能系统地剖析动物疾病的发生发展规律，开发特异、敏感和高通量的诊断技术与试剂，研制安全高效的疫苗和药物制剂，制订有效的预防、控制、净化和根除疫病的策略与方法。这是现代兽医学发展的必然规律。

二、发展态势

近年来，随着动物疾病的多样化、复杂化以及现代生命科学技术的不断发展，兽医学与其他学科之间的联合交叉已经得到充分体现，其所涉及的领域在广度和深度上都有了显著提高，这主要体现在以下方面。

1. 兽医学的研究领域不断拓宽

现代兽医学发展首先表现在研究对象的拓展，包括病原种类的增多和宿主范围的扩大。随着全球环境气候的不断变化，人类和动物活动的日益频繁，导致新病不断暴发、老病卷土重来。一些新近出现的病原逐渐被发现和认识，如 SARS 冠状病毒、西尼罗病毒、尼帕病毒、裂谷热病毒、猪繁殖与呼吸综合征病毒、猪圆环病毒 2 型、戊型肝炎病毒、猪胸膜肺炎放线杆菌、副猪嗜血杆菌、肠外致病性大肠杆菌等。同时，老病的病原不断发生变异，如猪流行性腹泻病毒和伪狂犬病毒，引起老病新症，给疾病的诊断和治疗带来了困难。此外，日益增加的伴侣动物疾病和逐步受到关注的野生动物疫病也极大地丰富了兽医学的研究对象。

其次，现代兽医学在研究层次上不断深入。现代兽医学的研究已从个体发展到群体，从组织器官水平发展到细胞分子水平，从表型发展到基因蛋白质水平继而到更深层次的表观遗传修饰水平，从病原体单方面的挖掘发展到病原与宿主互作，以及动物与环境的依存关系研究，试图从多方面、深层次阐明动物病原的流行特点和致病机制。这些发展主要体现在：① 病原学研究更加系统；② 兽医免疫学研究发展迅速；③ 病原与宿主的相互作用研究更加深入；④ 兽医分子药理、毒理学得到了快速发展；⑤ 兽医诊断新方法及新技术得到广泛应用；⑥ 动物源性食品安全研究不断深入。

2. 兽医学的研究手段不断更新发展

随着传统兽医学向现代兽医学的逐步转变，现代生物学高新技术（如组学技术、生物信息技术、冷冻电镜、晶体衍射、分子影像、高分辨质谱、核磁共振技术等）已在兽医基础研究领域得到广泛应用，开展了蛋白质结构生物学、蛋白质互作网络构建、分子模拟对接、药物靶标筛选等创新性工作，并取得了较大的进展，使对动物疾病的认识上升到分子水平，继而使动物疾病的防控能力得到了大幅提升。

3. 兽医学的发展与临床结合更加紧密

随着现代养殖模式的改变和规模的扩大、伴侣动物数量的大量增加以及贸易的日益频繁，动物疾病日趋复杂化，传播的速度也越来越快，波及的面也越来越广，要求现代兽医学的发展能解决更加复杂的临床问题，不断满足和适应生产需要。在畜禽重大疫病防控过程中，根据病原的流行特点及变异特征，开发更加特异、敏感、简便、快速的鉴别诊断技术，及时、准确地发现疫情，控制传染源、切断传播途径；同时借助反向疫苗学等现代疫苗研制技术，开发更加安全、有效、广谱、使用更方便的基因缺失标记疫苗等新型疫苗，保护易感动物，使动物疫病得到有效控制、净化甚至根除。

4. 兽医学与其他学科的交叉更加广泛

近年来，在“一个世界、一个医学、一个健康”的背景下，兽医学逐渐与各个学科相融合，例如医学、生物学、生理学、化学、生态环境学、土壤学、食品科学、计算机、伦理学等学科的理论与技术在兽医学领域中都得到了应用，同时兽医学在与这些学科的联合发展中又特色鲜明，不可忽视。这种学科交叉、联合攻关、重点突破的发展态势产生新观念、新见解、新成果，极大地促进了兽医学的快速发展。

5. 兽医学与社会民生的关联更加密切

食品安全是全世界各国普遍关注的热点问题，是关乎民生的亟须解决的重大问题之一。随着人民生活水平的逐步提高，国家对动物源性食品中病原微生物的检测，药物及其他有害化合物残留的监控力度等都不断加大。对食源性疾病、人兽共患病的检测、预防和控制等方面的基础研究，为改善动物源性食品安全问题，保障人民生命健康提供了有力的支撑。此外，兽医学的发展还关系到食品动物疾病的控制，进而影响着肉蛋奶等动物源性食品的产量、质量和市场价格，与人们生活水平息息相关。

第三节　兽医学发展现状与发展布局

一、发展现状

（一）人才队伍和研究平台建设

人才是一切科研活动中最重要的资源。目前，全国农业高校中，拥有兽医学国家级一级重点学科、二级重点学科和二级培植学科的高校数量分别是2所（中国农业大学和南京农业大学）、5所和3所，具有43个兽医学博士点（基础兽医学、临床兽医学和预防兽医学分别是13、14和16个）及10多个博士后流动站。与兽医学相关的国家重点实验室有"兽医生物技术国家重点实验室"、"家畜疫病病原学国家重点实验室"、"农业微生物学国家重点实验室-动物病原分室"和"传染病诊治国家重点实验室-人兽共患病分室"，有"国家兽药残留基准实验室"和口蹄疫、禽流感等一批世界动物卫生组织（OIE）参考实验室。此外，还有一批与兽医学相关的部省级重点实验室，为兽医学基础研究提供了技术平台和条件保障。经过多年努力，我国现已形成了一支以中青年人才为主，老、中、青结合，能胜任兽医学基础研究的技术人才队伍和科技创新团队。其中，有中国工程院院士4人、国家"千人计划"专家2人、国家"万人计划"科技创新领军人才2人、获得国家杰出青年科学基金资助者20人，教育部"长江学者奖励计划"特聘教授5人，国家自然科学基金委员会创新研究群体2个，科技部创新人才推进计划重点领域创新团队1个和省部级创新团队若干个，为兽医学基础研究提供了人才保障。但我国当前的兽医学无论是在基础研究条件方面，还是在人才队伍方面都不能满足兽医学的发展和国家战略需求。

（二）基础研究现状

2011～2015年，兽医学基础研究获科技部973计划资助项目4项；获国家自然科学基金委资助的面上项目567项，青年科学基金项目563项，地区基金项目211项，重点项目18项，重大项目1项，优秀青年科学基金项目7项，国家杰出青年科学基金项目3项，创新群体2项，国际（地区）合作与交流项目 21 项，海外及港澳学者合作研究基金 4 项。从资助的结构和组成来看，青年基金项目资助数逐年增加，但科技部 973 计划项目，国家自然科学基金重大、重点项目，以及国家杰出青年科学基金项目资助数量明显偏少，专门从事人兽共患病、食源性疾病与外来动物疫病防控研究的国家重点实验室数量也偏少，这与我国兽医学在国民经济中的重要战略地位以及兽医学的发展需求极不相称，不利于兽医学基础研究的发展、杰出人才的培养和重要动物疫病的防控。

在上述国家自然科学基金和科技部 973 计划项目资助下，兽医学基础研究近年来得到了较大的发展。具体如下。

1. 重要动物病原学与分子流行病学研究持续推进

针对猪链球菌、副猪嗜血杆菌、猪肠外致病性大肠杆菌、奶牛结核分枝杆菌、口蹄疫病毒、禽流感病毒（H5N1、H7N9、H9N2）、猪流行性腹泻病毒、猪伪狂犬病毒、猪繁殖与呼吸综合征病毒、猪圆环病毒 2 型、鸭坦布苏病毒、鸭肝炎病毒、鸭瘟病毒、禽白血病病毒、狂犬病毒、新型动物冠状病毒、弓形虫、隐孢子虫、梨形虫、球虫、新孢子虫等所致的重要动物疫病和人兽共患病，持续开展了病原分离与鉴定、病原生态学、分子流行病学等方面的研究。分离、鉴定、收集、保存了上万株动物病原。揭示了 H5N1 病毒可通过与其他流感病毒的基因重配获得在哺乳动物之间进行空气传播的能力；揭示了对禽无致病力的 H7N9 病毒侵入人体发生突变后增强了对哺乳动物的致病力和水平传播能力；揭示了 H9N2 病毒通过气溶胶传播的机制；阐明了猪链球菌病、副猪嗜血杆菌病、猪肠外致病性大肠杆菌病的病原血清型分布、毒力因子表型和致病性的关系及其耐药性特征，为我国防治这些动物疫病提供了重要的科学依据。同时，揭示了我国奶牛结核等动物结核的流行现状，评估了感染动物带菌排菌风险，分析了牛源结核分枝杆菌复合群的基因型分布特征及和人结核间的流行病学联系，确定了牛源结核分枝杆菌复合群的耐药特征与耐药机制，对我国动物结核病防控策略的制订乃至人结核病防治措施的实施均具有重要的理论和实际意义。

2. 病原基因组学与蛋白质组学研究发展迅速

完成了猪链球菌 2 型、胸膜肺炎放线杆菌、副猪嗜血杆菌、猪肠外致病性大肠杆菌、鸭疫里默杆菌等病原菌的全基因序列测定和注释，对于揭示我国病原菌的遗传变异规律具有重要意义。构建了胸膜肺炎放线杆菌、布鲁杆菌、鸡白痢沙门菌等病原菌的 STM 突变体库，筛选和鉴定了一大批新的毒力相关基因。克隆了结核分枝杆菌、猪链球菌、猪肠外致病性大肠杆菌等病原菌的全基因组开放阅读框（ORFs），绘制了部分基因的调控网络。建立了以细菌双杂交为基础综合多种技术研究原核微生物蛋白质相互作用的技术体系。完成了结核分枝杆菌全基因组新抗原蛋白的筛选和鉴定，成功发现了 249 个能够与结核病人血清发生显著性反应的结核分枝杆菌抗原蛋白，首次报道了 3 个抗原蛋白（Rv1987、Rv3807c 和 Rv3887c）能够很好地区别结核病患病人群和健康人群，为开发结核病新型诊断方法和新型疫苗提供了重要的候选抗原。运用双向电泳、质谱等蛋白质组学技术系统分析了猪链球菌 2 型和 9 型、链球菌兽疫亚种、副猪嗜血杆菌、胸膜肺炎放线杆菌、血吸虫、弓形虫、捻转血矛线虫等重要病原的蛋白质图谱，预测、鉴定了一批重要的蛋白质。

3. 分子致病与免疫机理研究更加系统深入

鉴定了猪链球菌 2 型、胸膜肺炎放线杆菌、副猪嗜血杆菌、猪肠外致病性大肠杆菌、牛结核分枝杆菌、鸡白痢沙门菌等一批病原菌的重要毒力基因和毒力调控基因，为深入理解其致病机制奠定了很好的基础，为控制细菌病提供了重要的药物设计的靶标。特别是发掘了多个潜在新抗结核药物靶标基因（如 Rv1354、TopA 等）；筛选到与临床一线抗结核药物有协同作用的化合物；获得了能够很好地区别结核病患病人群和健康人群的新抗原蛋白。利用双向电泳、质谱等蛋白质组学技术系统发掘了禽流感、猪流感、狂犬病、传染性法氏囊病等病毒感染相关蛋白，不仅有助于开发新型疫苗及分子诊断试剂，而且为深入开展信号分子传递、抗感染作用的研究奠定了重要基础。揭示了非结构蛋白 NSP9/NSP10 是高致病性蓝耳病病毒的致死性毒力基因；揭示了传染性法氏囊病毒 VP3 蛋白是传染性法氏囊病病毒（IBDV）免疫规避的因子；阐明了狂犬病毒通过降低先导 RNA 的产生躲避树突状细胞识别及嗜神经病毒（狂犬病毒和乙脑病毒）通过调节炎症因子的产生影响血脑屏障打开的机制。

4. 兽药新制剂创制和药物代谢动力学研究有了突破

2011 ～ 2015 年，我国研制出了 4 个一类、27 个二类和 61 个三类新兽药。

尤其是对紫锥菊、博落回等中兽药进行了系统深入的药理学与毒理学研究，首次研制出了一类新兽药——紫锥菊、紫锥菊末、紫锥菊口服液和二类新兽药——博落回提取物、博落回散。目前，对抗菌肽（枯草菌素）、信息菌素等的研究也取得了重要进展，有望研制出可替代抗菌药物的新型生物药物。对喹噁啉类药物在猪、鸡体内的代谢进行了深入研究，揭示了代谢途径，明确了代谢物、毒性化合物和残留标志物的特征，阐明了残留物的形成机理，为这类药物残留风险评估、检测与控制提供了理论依据与技术手段。完成了数十种抗菌药、抗寄生虫药制剂在畜禽体内的药代动力学研究，为制订临床用药方案提供了科学依据。另外，还建立了几种重要抗菌药物的药动-药效同步模型，为临床用药方案的优化奠定了坚实基础。

5. 动物源性食品安全检测与控制技术研究不断进步

2011 ～ 2014 年，对近 20 种兽用化药和饲料药物添加剂在猪、鸡、牛体内的残留消除规律进行了研究，为休药期制定提供了科学依据。研究建立了一批兽药残留的定量、确证和筛选新方法，搭建了小分子化合物抗体制备与评价的技术平台，构建了可用于药物残留快速检测技术及产品研发的库容量达 200 种的抗体资源库，为动物源性食品安全检测方法建立奠定了基础。研发出了 100 余种兽药残留快速检测试剂（试剂盒、试纸条、生物芯片等），建立了数十种兽药残留检测方法的国家标准，为国家动物源性食品安全监管提供了技术手段。

6. 动物源病原菌耐药性研究水平有了明显提高

我国动物源细菌耐药性研究始于 20 世纪 90 年代末，早期多为跟踪性和验证性研究，主要集中在畜禽源细菌耐药现状调查、耐药基因型与耐药表型的关联性、耐药基因多态性、耐药菌株 / 耐药基因检测技术等方面。近年来随着人们对耐药性问题的日益关注和国家的重视，开始了一些动物源重要病原菌对主要抗菌药物的耐药机制、耐药菌株 / 耐药基因的流行特征和传播机制研究，并取得了明显进展。如：发现并确证了支原体可通过 23S rRNA 点突变引起以核糖体为靶位的抗生素（大环内酯类、截短侧耳素类）耐药；从我国鸡体内发现携带新德里金属 β 内酰胺酶基因（NDM-1）的“超级细菌”（鲁氏不动杆菌）；从我国猪源葡萄球菌、肠球菌、芽孢杆菌、变形杆菌和大肠杆菌中发现了可介导 5 类药物耐药的 cfr 基因并阐明了其传播的分子机制；首次在猪源结肠弯曲菌中发现可介导高水平耐药的 *ermB* 基因，流行病学研究表明携带该基因的弯曲菌有沿“动物—食物链—人”传播的风险；在鸡源印第安纳沙门菌中发现了携带耐药基因种类最多的 IncHI2 质粒，并在该质粒上发现了介导多重耐药的独特型 I 型整合子，阐明了该整合子的遗传背景。上述研究成果丰富了细菌耐药性理论基础，同时通过对畜禽重要病原菌耐药性形成、传播与控制的基础研究，促进了我国动物源细菌耐药性风险评估与控制工作的开展。

7. 疫苗、诊断试剂分子设计与产品创新有了新进展

经过长期系统深入研究，创制出了“鸭传染性浆膜炎灭活疫苗”“猪圆环病毒灭活疫苗”“番鸭呼肠孤病毒病活疫苗”“高致病性猪繁殖与呼吸综合征活疫苗”“鸭病毒性肝炎弱毒活疫苗”等一批疫苗，开发出了猪圆环病毒、猪流感、狂犬病、牛结核等一批诊断试剂产品，显著提高了相关畜禽疫病的防控技术水平。建立了一系列的细菌、病毒基因重组、基因缺失和基因插入的技术，随着这些技术的成熟，不仅对传染性疾病的基础研究具有重要作用，同时在基因工程菌、毒株的开发上也具有重要意义，为构建高效、低毒的弱毒活疫苗以及基因工程载体疫苗奠定基础。通过反向遗传操作，构建了表达天然免疫因子的狂犬病新型口服疫苗；建立了基于转基因球虫为蛋白运送系统的新型疫苗研制平台。

二、发展布局

动物疾病防控基础研究不仅是养殖业可持续发展的需要，而且是食品安全和人类健康的重要保障。随着我国规模化养殖发展以及饲养方式改变，动物的各种群发性疾病也愈来愈多。我国动物疾病的基础研究整体上还比较薄弱，对一些重大疫病病原的生态分布与流行规律“家底”不清。多病原混合感染、多重感染严重，病原的变异速度加快，跨种感染增多。动物疾病呈现旧病未除，新病又发的尴尬状况，从而导致疾病复杂化，社会影响或经济损失巨大。在这种形势下，为了确保我国养殖业的健康可持续发展、人民生命财产安全和社会稳定与繁荣，在未来 5 ～ 10 年中，兽医学的发展要站在学科前沿，立足自主创新，培植新兴领域和学术生长点，优先支持在养殖业健康发展、食品安

全和公共卫生等三个方向上具有重大意义的基础与应用基础研究。充分利用分子生物学、基因组学、蛋白质组学与生物信息学所取得的理论和技术成就，推动病原学与病原生态学、病原与宿主相互作用、分子致病与免疫机理、基因调控与网络、疫苗、诊断试剂、药物作用机制及药物靶标分子设计等前沿领域发展。针对我国未来兽医学及产业发展的需求，大力提倡和鼓励学科交叉与融合，解决健康养殖、食品安全、生态安全、防病治病和生物产业发展的深层次科学技术问题，开发新的防控技术与产品。从而促使未来 5 ～ 10 年我国进入世界兽医学基础研究与技术创新的先进国家之列。

第四节　兽医学的发展目标及其实现途径

一、发展目标

兽医学研究是一个复杂的、涉及多学科、多层次、多角度、多交叉的学科内容。受传统弱势学科观点和先前研究经费投入不足的影响，我国兽医学的基础研究较为薄弱。近年来，随着我国社会经济的发展，综合国力和科技创新能力的提高，国家对基础研究投入的不断加大，我国兽医学的基础研究已有了较大发展，但是与发达国家相比仍存在较大差距。高水平人才缺乏，缺少具有国际科技竞争力的学术创新团队，具有重大国际影响的标志性成果尚不突出。动物疾病防控基础研究不仅是畜牧业可持续发展的需要，同时也是食品安全和人类健康的重要保障。随着我国畜牧业规模化养殖的发展以及饲养方式的改变，动物的群发性疾病也愈来愈多。多病原混合感染、多重感染严重，病原的变异速度加快，跨种属传播增多。动物疾病防治呈现旧病未除，新病又发的尴尬状况，从而导致疾病复杂化、长期化，社会影响或经济损失巨大。在这种形势下，为了确保我国养殖业的健康可持续发展、人民生命财产安全和社会稳定与繁荣，在未来 5 ～ 10 年中，兽医学将围绕我国畜牧业发展、动物及其产品进出口、动物源性食品安全生产过程中亟待解决的基础科学问题，立足国际前沿，强化有局部优势的兽医病原学、感染与免疫、分子病理学、分子药理学研究，使我国在上述相关研究领域从局部创新走向整体创新；充分利用分子生物学、基因组学、蛋白质组学与生物信息学所取得的理论和技术成就，推动畜禽生理生化、动物流行病学、中兽医与中兽药、畜禽代谢与营养性疾病、生物毒素与中毒疾病、伴侣动物疾病和野生动物疫病的研究，提升我国兽医基础与临床相关学科研究的原始创新能力；鼓励兽医学与现代生物学相关学科的交叉研究，开辟兽医学发展的新兴领域，催生新的动物疫病防控理论与技术；促进病原生物大分子结构与功能的研究，培育兽医学科发展的新兴领域和学术生长点，创新药物、疫苗、疫病防控技术的设计理论。从而实现兽医学从局部发展迈向全面发展的新台阶。

二、实现途径

要实现上述兽医学的发展目标，必须科学认识兽医学的战略地位，完善兽医学研究的支撑体系，加强兽医学基础研究平台建设，增加兽医学基础研究的支持力度，优先资助制约本学科发展的瓶颈领域，广泛吸纳优秀人才并着力培育创新群体，积极开展国际交流与合作，尤其是在基础免疫学研究、动物寄生虫功能基因组与表观遗传研究、外来病防控的基础研究、动物病原菌耐药性研究、实验动物与比较医学研究、动物生长代谢调控的分子机制、动物重要群发普通病的信号转导与网络调控机制等方面加强合作交流，缩短本学科与发达国家差距，摆脱兽医学长期处于弱势学科的局面，促使我国进入世界兽医学基础研究与技术创新先进国家之列。

第五节　优先资助领域

未来 5 ～ 10 年，建议兽医学基础研究优先资助以下领域。

1. 新发 / 再现畜禽疫病的病原学与病原生态学

近年来，随着人类活动的频繁、气候环境条件的变化、养殖模式的改变以及养殖规模的扩大，新发畜禽疫病不断出现，再现疫病反复发作，不仅给养殖业造成了巨大经济损失，而且对人类健康构成了巨大威胁。对新发与再现疫病病原的分子演化、发生机制的深入研究已成为畜禽疫病预警和控制亟待解决的重要问题。

主要科学问题：① 新病原的发现、生物学特性、基因组特征及其致病性；② 新病原的起源、演化、感染宿主谱及跨种传播能力；③ 新病原的感染模型与发病规律；④ 新发 / 再现疫病病原的生态分布、传播机制与流行规律；⑤ 再现疫病病原的致病特征、抗原变异、毒力及传播能力增强的分子机制。

2. 重要畜禽病原生物大分子的结构与功能

结构是功能的基础，深入研究畜禽重大疫病、人兽共患病病原体及其重要蛋白质、核酸的结构与功能，解析病原自身及其入侵、复制过程中功能蛋白分子、核酸的结构与功能，是阐明其分子致病与免疫机理的基础，并为新型药物、疫苗和诊断试剂的分子设计与研制提供理论依据。

主要科学问题：① 病原体的三维空间结构；② 病原重要功能蛋白的晶体结构与功能；③核酸与蛋白复合物的结构与功能；④ 病原蛋白复合物、病原蛋白与宿主蛋白复合物的结构与功能。

3. 畜禽重要病原与宿主的协同演化

畜禽疫病的发生、流行，是病原与宿主生命过程相互竞争的结果，疫病多、临床症状非典型化、临床病型纷繁复杂是困扰现代畜禽养殖业正常生产的主要特征。现代集约化养殖状态下出现疫病特征的非典型化与复杂的临床病型涉及病原 - 宿主系统之间相互适应、协同演化和相互制衡，牵涉面广、问题多、研究难度大，因此，研究病原 - 宿主的协同演化机制对于指导畜禽疫病防控、诠释病原的环境适应机制具有重要的科学意义。

主要科学问题：① 病原在宿主体内的适应与致病性变化机制；② 病原在宿主免疫压力下的适应性机制；③ 病原作用下宿主内分泌系统的调控机制；④ 病原与宿主协同演化的病理生理基础。

4. 病原入侵、复制以及与宿主相互作用的分子机制

动物疫病发生的本质是病原体与宿主相互作用的结果。当前关于病原的致病机理，主要是基于病原体自身进行的，对病原与宿主细胞之间的相互作用了解甚少。研究病原感染细胞与复制过程中的运输方式、移行轨迹、蛋白之间

结合的网络调控机制、蛋白单分子的互作细节、病原间的信息交流机制，对阐明病原的细胞行为与生化机制、揭示病原感染引起的宿主反应具有重要意义。

主要科学问题：① 病原在胞内的运输方式、移行轨迹以及在细胞间传播的分子机制；② 病原组分与细胞组分的相互作用及其分子机制；③ 病原与宿主相互作用调控其复制的分子机制；④ 病原与宿主互作状态下细胞信号转导的网络调节；⑤ 病原及其感染细胞的代谢调控网络；⑥ 病原持续性感染与细胞损伤机制。

5. 病原感染的宿主转录组学、蛋白组学与修饰组学

疫病的发生与疾病的表征，是由病原感染后影响细胞、组织、器官的生命活动所致，是特定蛋白质组在不同时间、空间出现异常而使动物呈现疾病状态。继基因组学之后解析生物的蛋白质组是疾病控制研究的前沿科学，目前对感染、发病状态下蛋白质组的了解不够深入。研究病原感染的宿主转录组、蛋白质组、化学修饰特征及调控网络，解析病原及其大分子结构与功能，发掘生物标志物，为分子致病与免疫机理的研究以及药物、疫苗和诊断试剂的分子设计与研制提供新理论、新技术和新材料。

主要科学问题：① 病原感染细胞、组织、器官的蛋白表达谱；② 病原感染后的细胞转录组与蛋白质组特征；③ 病原感染后宿主细胞蛋白的化学修饰谱及其生物学意义。

6. 畜禽的免疫应答机理

相对人类免疫学而言，对畜禽免疫应答机理的研究明显滞后，尤其在畜禽免疫细胞的特征、免疫分子的结构与功能、畜禽天然免疫、免疫调节机制等方面，严重阻碍了畜禽抗感染免疫机理的深入研究，导致疫苗的研发缺乏基于病原与宿主相互作用的理论指导。比较不同动物免疫器官、免疫细胞、免疫分子的特征，解析不同动物免疫应答特点与规律，深入了解畜禽抗感染免疫及遗传学基础，从分子水平上研究畜禽的免疫应答与信号转导，对阐明畜禽的免疫应答机理，开展基于免疫学、基因组学、蛋白质组学以及结构生物学的新型疫苗分子设计、构建与效力评价具有重要意义。

主要科学问题：① 畜禽免疫细胞的特征以及特殊细胞亚群的功能；② 畜禽天然免疫分子的结构与功能；③ 畜禽免疫的细胞信号转导及其调控；④ 畜

禽免疫应答的调节机制；⑤ 不同动物免疫系统结构与功能的比较研究；⑥ 畜禽免疫耐受的形成机制。

7. 畜禽重要病原免疫逃逸的分子与细胞机制

在病原生物与宿主相互作用的长期共同进化过程中，宿主发展了各种先天性免疫和获得性免疫机制以清除病原生物，而病原生物也发展出各种免疫逃逸机制以逃避宿主的免疫应答，从而实现成功感染并致病。不同的病原，包括细菌、病毒、寄生虫等均拥有不同的免疫逃逸策略。深入研究畜禽重要病原免疫逃逸的分子机制，不仅对阐明其致病机理，而且对发展新的防治策略和技术具有重要的指导意义。

主要科学问题：① 病原逃逸宿主天然免疫的分子机制；② 病原逃逸宿主获得性免疫的分子机制；③ 病原免疫逃逸的细胞机制；④ 病原干扰免疫效应功能及其分子机制；⑤ 干预病原免疫逃逸的防控策略。

8. 畜禽病原感染的炎症反应及其调节机制

炎症是机体应对病原生物等有害刺激的一种防御反应。炎症的发生和发展是一个复杂而有序的过程，也是一个由多细胞、多因素、多通路、多靶点、多层次进行精细调控的复杂网络。炎症反应是一把“双刃剑”，适度的炎症反应具有限制病原感染及修复损伤的作用，但过强或过长的炎症反应会对机体造成严重损伤，失控的炎症反应，即“炎症因子风暴”，是高致病性禽流感病毒等病原导致动物死亡的主要原因。另外，在炎症发生发展过程中，细胞自噬也参与了调控。因此，深入研究病原感染如何诱导炎症反应、宿主如何精细调控炎症反应、自噬如何参与炎症反应等，对揭示病原与宿主的相互作用及其致病与免疫机理具有重要意义。

主要科学问题：① 病原诱导炎症反应的细胞和分子机制；② 炎症反应在病原感染与致病中的作用；③ 病原感染致炎的调控网络；④ 自噬蛋白调控炎症的信号通路；⑤ 炎症干预的新技术、新方法。

9. 新型疫苗的分子设计及理论基础

疫苗是疫病防控的关键措施，当今世界的主导产品是以传统病原和未经修饰病原成分为主要特征的制剂，无法区分疫苗免疫动物和野毒感染动物。发掘病原的免疫特性基因、宿主的抗感染基因；研究病原生物的嵌入标记、嵌入策略、遗传与免疫生物学特征；研究疫苗候选抗原的嵌入标记与策略、结构特征与免疫特性；研究新型佐剂及其作用机理；研究宿主的免疫应答机制。为构建节约宿主免疫资源、有利于鉴别诊断的新型疫苗研发提供理论基础与指导。

主要科学问题：① 病原免疫原性基因与宿主抗感染基因的发掘；② 疫苗毒种的标记嵌入策略、遗传学与生物学特征；③ 新型候选免疫原的标记嵌入策略、三维结构与免疫原性；④ 新型候选疫苗毒种的分子设计与免疫学特性；⑤ 新型佐剂的筛选及作用机理研究；⑥ 疫苗的保护性免疫应答。

10. 畜禽病原共感染的致病与免疫机制

多病原共感染或继发感染在临床上十分普遍，也是当前兽医学面临的巨大挑战。相对于单一病原感染而言，多病原共感染或继发感染对宿主免疫系统的影响也更加复杂，而且多病原共感染或继发感染还存在协同致病的可能，使疾病病情加重，导致死亡率更高。另外，共感染还可能影响疫苗的免疫效果，导致免疫失败。但由于共感染的细胞模型和动物模型的建立十分困难，以及共感染的致病和免疫机制的复杂性，畜禽共感染及其作用机制研究一直进展缓慢。

主要科学问题：① 病原共感染的细胞模型和动物模型；② 病原共感染及其协同致病的机制；③ 病原共感染对宿主天然免疫调控的影响及其作用机制；④ 病原共感染对宿主获得性免疫应答的影响及其作用机制。

11. 外来动物疫病防控的基础研究

疯牛病、非洲猪瘟、尼帕病等外来病在我国周边国家不断发生，一旦传入我国，必将给我国畜牧业生产和人类健康造成极大的经济损失和社会危害。加强外来动物病原重要蛋白的结构、免疫学功能等方面的基础研究，积极开展防控技术和产品的储备，拒外来病于国门之外，防患于未然，是一项十分艰巨而且紧迫的任务。

主要科学问题：① 病原编码蛋白的功能；② 诊断标识的发掘；③ 免疫保护性抗原的鉴定及结构基础；④ 候选疫苗与诊断试剂的分子设计。

12. 畜禽呼吸道、消化道、生殖道疾病的病理生理学基础

呼吸道、消化道、生殖道是畜禽机体免疫的第一道屏障，其稳态的维持

与动物健康和生产性能密切相关。许多疾病的发生伴随呼吸道、消化道、生殖道形态与功能的改变，涉及复杂的分子机制和信号通路。研究疾病状态下呼吸道、消化道、生殖道黏膜免疫及其调控，探索上皮细胞和免疫细胞之间的互作，神经内分泌系统对呼吸道、消化道、生殖道结构与功能的调节，对保障动物健康，预防、控制、诊断和治疗动物疾病均有重要理论指导意义。

主要科学问题：① 上皮细胞-免疫细胞的信号传递；② 呼吸道、消化道、生殖道的黏膜免疫与调控；③ 病原生物感染对黏膜发育和功能的影响；④ 呼吸道、消化道、生殖道炎症反应发生的细胞与分子基础。

13. 动物生长与营养代谢相关疾病的基础研究

动物生长受遗传、营养与环境等体内外多种因素的影响，与代谢的稳态调节密切相关。营养和代谢过程中某一环节出现障碍，都可能会引起动物代谢性疾病，使机体生长迟缓、繁殖力下降、抵抗力降低。其中矿物质代谢紊乱（硒、铁、铜、锌等微量元素代谢紊乱以及佝偻病、骨质疏松症、鸡产蛋疲劳综合征、肉鸡胫骨软骨发育不良等）与糖、脂肪和蛋白质代谢紊乱（脂肪肝、糖尿病、奶牛酮病和肉鸡腹水综合征等）均与机体生长代谢异常有直接的关系。深入研究畜禽生长与营养代谢相关疾病发生发展的病理生理机制，揭示重要的信号转导途径，解析各种调节因子之间复杂的网络联系，可为这类疾病的预防和治疗提供理论基础。

主要科学问题：① 畜禽生长阻滞的病理生理机制与信号转导通路；② 畜禽营养代谢紊乱状态下组织与细胞的组学分析；③ 内分泌紊乱导致畜禽生长与营养代谢相关疾病发生的机制；④ 动物营养代谢疾病发生发展过程中关键信号传导通路的解析；⑤ 动物生长与营养代谢相关疾病的早期诊断和营养调控。

14. 动物疾病生物标志物的筛选及检测新方法研究

动物疾病的早期诊断直接关系到疾病的及时治疗和有效控制。生物标志物（biomarker）是指能够指示生物体所经历的生命过程或所处生理状态的一类物质，包括生化小分子、miRNA、DNA 的甲基化修饰等等。疾病发生早期阶段的特异性标志物的检测，有助于确定疾病类型和发展阶段，提出合适的治疗方案和控制措施。动物疾病生物标志物的研究在我国刚刚起步。因此，有必要开展对重要动物疾病生物标志物的筛选以及新检测方法的基础研究，以深入了解疾病发生发展过程中生理、病理和免疫的动态变化，可为畜禽重要疾病的早期监测以及治疗提供科学依据。

主要科学问题：① 动物重要疾病发生发展生物标志物的筛选和验证；② 动物疾病生物标志物核酸适配体（aptamer）的分子设计和筛选；③ 单分子技术应用于动物疾病生物标志物早期检测的基础研究。

15. 母胎互作与畜禽繁殖障碍性疾病的发生机理

母体－胎盘－胎儿之间的关系是胎儿健康发育的基础。母体的健康影响胎儿发育，并通过胎儿程序化作用，影响子代出生后的生长和代谢，乃至健康与疾病。胎盘在其中发挥重要的枢纽和屏障作用。现代养殖模式下，畜禽繁殖障碍性疾病（流产、死胎、木乃伊、弱仔、畸形仔等）频发，已成为影响规模化养殖健康发展的一大因素。畜禽卵巢、子宫和胎盘是病原传播、致病的重要途径，研究母胎互作与畜禽繁殖障碍性疾病的发生机制，可为畜禽繁殖障碍性疾病的预防和治疗提供理论依据。

主要科学问题：① 病原感染引发下丘脑－垂体－性腺轴功能紊乱的机理；② 病原感染对卵巢功能的影响及其分子机理；③子宫应对病原感染的防御机理；④ 病原感染影响胎盘物质运输、内分泌和免疫屏障的信号通路；⑤ 病原通过胎盘垂直传播的途径及阻断方式；⑥ 畜禽胎儿程序化作用的生理基础与表观遗传机制。

16. 中兽药防控动物疫病的机理及中兽医现代化的基础研究

中兽医学是祖国传统医学的瑰宝，是我国兽医学中不可或缺的一部分。中兽药的研究与开发在本学科已经形成了“产学研”的链条，特别是在抗菌药物耐药性快速发展、药物残留备受关注情况下，中兽药源于天然、毒副作用小、无药物残留的优势更加突出。在中兽医“治未病”理论的指导下，中兽药在防治畜禽细菌性和病毒性疾病、增强机体免疫功能方面的作用越来越大。动物针灸技术是祖国医学中又一璀璨的明珠，在动物麻醉与止痛、运动疲劳康复、动物运动神经障碍等方面得到广泛应用。因此，加强中兽医药的基础研究，积极推动中兽医药的现代化发展，传播和弘扬祖国传统医学是十分必要的。

主要科学问题：① 中兽医的证候及药效评价模型；② 中兽药的抗菌、

抗病毒、抗虫活性成分和作用机制；③ 中兽药的免疫增强活性成分和作用机制；④ 中兽药对畜禽肠道菌群、营养转化的影响及作用机制；⑤ 炮制对中兽药活性成分和安全性的影响及作用机制；⑥ 配伍对方剂功效的影响及作用机制；⑦ 针灸对畜禽神经-内分泌-免疫的调节机理；⑧ 针灸新技术探讨及作用机制。

17. 重要动物病原生物耐药性形成与控制的基础研究

现代养殖业的持续发展离不开抗菌（虫）药物的使用。然而广泛应用抗菌（虫）药物导致耐药菌（虫）株的大量出现和快速流行，不仅造成动物疾病防控屡屡失败，而且一些耐药的食源性病原菌还可通过食物链感染危害人体健康。因此，动物病原菌（虫）的耐药性风险与控制成为了近年来国内外关注的焦点和研究热点。目前我国动物病原菌（虫）的耐药性问题尤其严重，深入研究畜禽主要病原菌 / 寄生虫对重要抗菌（虫）药物耐药性的形成和传播机制，探寻耐药性的有效控制途径，加强畜禽病原菌（虫）耐药性的风险评估和控制，不仅是我国畜禽健康养殖发展的迫切需要，也是食品安全和公众健康保障的重大战略需求。

主要科学问题：① 药物胁迫下畜禽病原菌 / 寄生虫耐药性产生的量 - 效和时-效关系；② 畜禽病原菌 / 寄生虫耐药的新机制；③ 畜禽病原菌 / 寄生虫耐药株及其耐药基因的流行特征与传播机制；④ 畜禽病原菌 / 寄生虫耐药株的适应性、致病性变化及其调控机制；⑤ 添加剂（如微量元素等）对畜禽肠道菌耐药性产生与维持的影响；⑥ 病原菌 / 寄生虫耐药关键蛋白结构功能及抑制剂的发掘与优化。

18. 动物源性食品中化学危害因子表征与监控的基础研究

动物源性食品安全已成为全球重要的公共卫生问题。除细菌、病毒、寄生虫等生物性污染外，养殖环境及投入品中的污染物、广泛应用兽药甚至使用违禁物等所造成的有害物残留是影响我国动物源性食品安全的重要因素。因此目前亟须针对一些重要的化学性危害因子（兽药、霉菌毒素等）开展相关基础研究，重点阐明在猪、禽、牛等食品动物体内的代谢规律，获取在肉、蛋、奶等动物源性食品中的残留标志物，建立特异、灵敏、高效的快速筛选技术和定量 / 确证技术，探索危害因子残留的预测与风险评估模型，从而为我国动物源性食品中有害物残留“危害识别－监测评估－安全控制”技术体系的建立提供理论基础，提升我国动物源性食品安全的研究水平。

主要科学问题：① 重要危害因子在食品动物体内的代谢谱；② 动物源性食品中危害因子标志物的筛选与确证；③ 复杂基质中残留物的分离纯化；④ 动物源性食品中危害因子分析新技术；⑤ 动物源性食品中危害因子的预测与风险评估。

19. 畜禽应激的分子与细胞机制

应激是畜禽应对生存环境的一种生理反应。机体对于环境刺激、病原入侵，药物治疗以及疫苗免疫等外界和内部的刺激均会产生保护性的应激反应。这些反应在生理层面上，表现为神经内分泌免疫系统的整合调节；在细胞层面上表现为信号转导和细胞代谢功能的适应性改变；在分子层面上表现为对应激导致的生物大分子损伤进行修复，从而恢复细胞正常功能、稳定内环境，或通过诱导损伤细胞的凋亡、休眠、或自噬进行清除，以维持机体的正常功能。长期或者高强度的应激以及机体正常应激反应能力的缺损，均会导致机体发生多层次的损伤，引起疾病发生率的增加。畜禽疾病的发生发展是宿主与病原相互抗争的一个动态过程，在这个过程中，除了致病因子自身感染性和致病力强弱外，宿主细胞自身的状态及其面对致病因子所产生的应激反应也是非常重要的因素。研究调控畜禽细胞内应激反应的信号转导网络和应答机制，阐明这些信号途径在生理和病理条件下对细胞功能或命运的影响及其分子机制，从生理、生化和分子水平上解析参与细胞内应激反应的蛋白和细胞器的功能和调控机制，研究病原感染过程中宿主应激反应和天然免疫应答之间的互作及其分子机制，揭示畜禽机体的代谢和功能状态与病原感染的相互关系及其调控网络，对改善畜禽福利、保证动物健康，降低疾病的发生率和危害，减少经济损失均有重要意义。

主要科学问题：① 畜禽应激反应过程中重要器官细胞氧化应激的分子机制和损伤保护；② 畜禽应激反应对细胞 / 亚细胞功能的影响和分子机制；③ 畜禽应激条件下网络生物大分子互作及其信号通路；④ 动物应激敏感性与免疫应答能力之间的关系和调控网络；⑤ 环境应激影响畜禽免疫应答的神经内分泌调控机制；⑥ 抗应激药物和肽类小分子对畜禽固有免疫的调控机制。

20. 新材料在畜禽病原感染与防控中的应用基础研究

机体从感染病原到疾病发生是一个极端复杂的生物学过程，从病原接触易感动物到最终定植于靶器官的这一疾病发生潜伏期过程目前是一个黑箱，知之甚少。纳米等新材料已在许多领域得到广泛应用。利用纳米等新材料研究病原生物大分子的示踪方法、病原感染特异性生物标志、生物大分子之间相互作用、病原的体内迁移路径，阐明病原器官定植的路径与时相规律，揭示病原体内移行、器官定植与临床症候的关系，研制基于新材料的诊断试剂、佐剂、疫苗、药物，可为疾病的诊断治疗提供理论基础和技术。

主要科学问题：① 病原生物大分子的示踪原理与方法；② 病原的生物标记鉴定与功能；③ 标记生物大分子的相互作用；④ 病原感染过程中的体内移行路径与规律；⑤ 病原靶器官分布时相与症候的关系；⑥ 基于新材料的诊断试剂、佐剂、免疫增强剂、疫苗和药物制剂；⑦ 具有诊断意义的优势抗原筛选与应用。

第六节 实现“十三五”发展战略的政策措施

1. 继续强化兽医学的战略地位

我国兽医学经过“十二五”的发展，科研条件的建设与投入、人才培养与队伍建设、科研成果与开发等诸多方面已经取得了长足进步，兽医学的某些领域已经达到或领先于国际水平。尽管如此，兽医学发展现状依然不能很好地满足国家需求，部分研究技术手段和研究思路依然还需要缩短与发达国家水平的差距。因此，未来 5 ～ 10 年，国家在整体科学的战略规划中应加强对兽医学的支持力度，尤其是涉及公共卫生安全以及食品安全的病原或病因研究，应扩大兽医学的研究领域，加强兽医学的研究力量，进一步提高本学科在国家整体科学领域的战略地位。

2. 进一步加强兽医基础研究和创新研究的平台建设

未来 5 ～ 10 年，是我国经济发展战略转型的关键时期，兽医学发展应适应国家战略需要，为相关产业发展提供技术支持和保障。特别是涉及公共卫生安全以及食品安全等关系社会稳定和国计民生的重大问题，兽医学发展应从多层次多角度加强建设和进一步发展一大批满足需要的研究平台。继续加大兽医基础学科的投入，保持学科的可持续发展；继续加强兽医学创新性研究，发展更新的兽医应用技术，开创兽医技术支持和保障的新局面。

3. 完善兽医学研究的支撑体系

充分利用现有国家重点实验室、国家工程中心、OIE 参考实验室等研究基地，推动项目、人才、基地建设的紧密结合，促进基础科学数据的汇集积累和资源共享，为科学研究提供更好的条件保障。在高校和科研院所形成动物疾病和人兽共患病等兽医学相关领域的基础研究中心，提高我国兽医学的研究水平，提升我国的国际竞争力。充分利用符合条件的生物安全Ⅲ级实验室，促进高致病性病原微生物相关基础研究。建设符合国际标准的实验动物中心，加强与国际实验动物相关组织的合作，规范实验动物的使用、管理和相关福利制度，满足兽医学研究的需求。

4. 推动兽医学创新型研究团队建设

经过“十二五”的发展，我国兽医学培养和造就了一批优秀的学术带头人和具有国际影响力的知名专家，并且形成了以优秀人才为核心、多学科协同发展、涉及兽医学多领域的创新性研究氛围。未来 5 ～ 10 年间，兽医学发展应立足于原有的良好环境，进一步加强人才建设和队伍建设，特别是加大优秀人才的培养力度，形成更有利于人才培养和团队建设的工作机制，推动兽医学在重大科学问题、行业发展重点需要和国家战略需要中取得更多的创新性成果。

5. 深化兽医学国际交流与合作

兽医学要适应国家发展战略，进一步积极加强与 OIE、世界卫生组织（WHO）、联合国粮食与农业组织（FAO）等国际组织和国际参考实验室的交流与合作。未来 5 ～ 10 年，应从涉及兽医学的内容、方法与工作机制上参考和借鉴国外先进经验；与国际合作方建立完善的沟通机制；针对危害人类健康的重大病原及病因，形成快速有效的国际合作机制；维持国际合作的可持续性，从科研项目和工作互访等多方面加强合作。

主要参考文献

国务院办公厅 . 2012. 国家中长期动物疫病防治规划（2012 ～ 2020 年）. 国办发 [2012]31 号 .

农业部办公厅 . 2012. 全国兽医事业发展“十二五”规划（2011 ～ 2015 年）. 农医发 [2012]13 号 .

An T Q，Peng J M，Tian Z J，et al. 2013. Pseudorabies virus variant in Bartha-K61-vaccinated pigs，China，2012. Emerg Infect Dis，19（11）：1749-1755.

Ayudhya S N，Assavacheep P，Thanawongnuwech R. 2012. One world--one health：The threat of emerging swine diseases. An Asian perspective. Transbound Emerg Dis，59（1）：9-17.

Charlier J，van der Voort M，Kenyon F，et al. 2014. Chasing helminths and their economic impact on farmed ruminants. Trends Parasitol，30（7）：361-367.

Han R，Li Z，Fan Y，et al. 2013. Recent advances in super-resolution fluorescence imaging and its applications in biology. J Genet Genomics，40（12）：583-595.

Laurinavicius A，Laurinaviciene A，Dasevicius D，et al. 2012. Digital image analysis in pathology：Benefits and obligation. Anal Cell Pathol（Amst），35（2）：75-78.

Li W，Li H，Liu Y，et al. 2011. New variants of porcine epidemic diarrhea virus，China. Emerg Infect Dis，18（8）：1350-1353.

Li Y，Zhou L，Zhang J，et al. 2014. Nsp9 and Nsp10 contribute to the fatal virulence of highly pathogenic porcine reproductive and respiratory syndrome virus emerging in China. PLoS Pathog，10（7）：e1004216

Liu Q，He B，Huang S Y，et al. 2014. Severe fever with thrombocytopenia syndrome，An emerging tick-borne zoonosis. Lancet Infect Dis，14（8）：763-772.

Mair K H，Sedlak C，Käser T，et al. 2014. The porcine innate immune system：An update. Dev Comp Immunol，45（2）：321-343.

Maritz J M，Land K M，Carlton J M，et al. 2014. What is the importance of zoonotic trichomonads for human health? Trends Parasitol，30（7）：333-341.

Pugliese A，Ferlazzo A，Gaiti A，et al. 2013. Trends in Veterinary Sciences：Current Aspects in Veterinary Morphophysiology，Biochemistry，Animal Production，Food Hygiene and Clinical Sciences. Berlin：Springer-Verlag.

Reynolds L P，Borowicz P P，Caton J S，et al. 2010. Developmental programming：The concept，large animal models，and the key role of uteroplacental vascular development. J Anim Sci，

88（13 Suppl）：E61-72.

Shen J，Wang Y，Schwarz S. 2013. Presence and dissemination of the multiresistance gene cfr in Gram-positive and Gram-negative bacteria. J Antimicrob Chemother，68（8）：1697-1706.

Turner N，Robker R L. 2015. Developmental programming of obesity and insulin resistance：Does mitochondrial dysfunction in oocytes play a role? Mol Hum Reprod，21（1）：23-30.

Zhang Q，Shi J，Deng G，et al. 2013. H7N9 influenza viruses are transmissible in ferrets by respiratory droplet. Science，341（6144）：410-414.

Zhang Y，Zhang Q，Kong H，et al. 2013. H5N1 hybrid viruses bearing 2009/H1N1 virus genes transmit in guinea pigs by respiratory droplet. Science，340（6139）：1459-1463.

第二十章

水　产　学

第一节　水产学的战略地位

水产学是研究水生经济生物及其生存环境和人类社会相互作用过程与规律的科学。水产学的研究内容主要包括水产生产的对象和手段、影响水产业发展的各种自然和人为因素、有利于促进水产业健康持续发展的理论、技术和管理方法等。

水产学科具有重要的战略地位，是维持和提升水产产业、确保人类社会和谐发展的知识基础和技术支撑。水产产业是一种以水域生态系统和存在于其中的生物资源（包括群体、个体、组织、细胞和基因）为基础，利用先进技术获取水生生物产品的行业，也是一种由高新技术支撑和催生的生物经济模式。水产产业的发展，不仅可以为人类提供高质量的蛋白质和营养均衡的食物，还可以获取药物、新材料及生物能源等。

在历史上，捕捞曾经是全球水产品的主要获得方式。但由于渔业资源的过度开发，从 20 世纪 90 年代中期开始，捕捞所得的水产品产量就不再增加。2007 年 11 月在罗马召开的世界主要渔业国部长会议讨论分析认为：“迄今，人类消费的45%的水产品，总计4800万吨都来自养殖。到2030年，如果要维持现有的水产品人均消费水平，每年还需要增加3700万吨。”会议得出了结论：“水产养殖是能够填补水产供给与需求之差的唯一途径。”作为以最少的谷物换取动物蛋白的方法，水产养殖是世界上最有效率的动物蛋白生产方式。因此，在过去30年中，世界渔业已经从以捕捞为主逐渐转变为以养殖为主。联合国粮食与农业组织（FAO）发布的《The State of World Fisheries and Aquaculture 2014》统计结果显示：1980～2012年，水产养殖平均每年以8.6%的速度增长；水产养殖产量在世界渔业产量中所占的比例由2001年的27.6%增加到2012年的42.2%；其中，海水养殖产量2468.7万吨，占水产养殖产量的37.0%。在过去30年中，我国也已成长为世界第一水产养殖大国，这是中国农业对世界的重大贡献之一。2012年，我国水产总量达5908万吨，占世界总产量约1/3；其中水产养殖产量达4288万吨，占世界水产养殖总产量的70%；渔业从业人口超过2000万人，产值超过8402亿元。目前，我国水产品人均占有量是世界平均水平的两倍，全国居民摄入的动物蛋白中有1/3来自水产品。水产品也已成为我国出口的主要农产品，2012年我国水产品出口额占农产品总出口额的30%。由此可见，我国的水产养殖业在拉动农村经济、增加渔民收入、改善食品结构、提高人民生活水平、保障供给、稳定市场、保障国家粮食安全、促进贸易发展等方面都发挥了重大作用。

当前，我国的水产养殖模式正在逐步实现从粗放型向集约型转变，逐渐从追求产量转向更注重水产品品质、安全和可持续发展。高品质和安全的水产品对于维护人类健康的积极意义已成为国际学界的共识。在中国，随着城市化进程和经济的快速发展，慢性代谢性疾病已经成为中国人健康的主要威胁。作为国家应对策略之一，在2007年重新修订的《中国居民膳食指南》中，水产鱼虾类的摄入量由原来的每日50克修改为每日50～100克，而畜禽肉类则由每日50～100克改为每日50～75克。这一变化显示出，中国社会对水产食品的健康作用已经达成共识，凸显出水产业日益提高的战略地位。尤为重要的是，党的十八大提出把建设海洋强国作为国家战略目标；在2013年伊始召开的国务院常务会议上，又确定了促进海洋渔业持续健康发展的政策措施，并讨论通过了《关于促进海洋渔业持续健康发展的若干意见》。由此，水产业的发展已经成为重要的国家战略，而水产学科作为水产行业的科技支撑，也在这样的大趋势和背景下拥有了前所未有的战略地位和发展机遇。

第二节 水产学的发展规律与发展态势

水产科学既是一门传统学科，又是一个多学科交叉的科学领域，除了水产学本身，还涉及生物学、海洋科学、化学、地理学、环境科学、农业工程、生态学、经济学与管理学等学科知识。水产学科与各学科的交叉融合，不断充实和推动着水产学科朝前发展。当代水产学的发展，既有和其他学科相似的共同发展规律，也有鲜明的自身发展特点。

近年来，水产科学的发展呈现如下几个特点。

1. 渔业的可持续发展和人类对于自身健康的日益关注成为水产学科得以快速发展的原动力

进入 21 世纪，渔业的可持续发展已成为世界共同关注的时代主题，水产养殖在世界水产品供应中的关键地位已在国际上达成共识，鱼类等水产品作为优质和安全的蛋白来源也已得到社会的广泛认同，水产养殖已开始成为包括发达国家在内的各国正在快速发展的新型产业。例如，美国政府提出，到 2025 年，将养殖的鱼产量增加 5 倍。此外，水产品在维持人类良好营养状况、预防慢性疾病方面的作用也已得到国际公认。美国心脏协会（AHA）已在其膳食建议中提出每周至少吃两次鱼，而中国 2007 年重新修订的《中国居民膳食指南》也对水产品建议摄入量进行了上调，显示出医学和营养学界对水产食物的健康作用的高度认可。因此，人类对于更安全、更健康和更营养的水产品的迫切需求为水产业的发展提供了良好机遇。

随着人口数量的增长、人类生存环境压力的增加与社会环保意识的增强，人类对于发展环境友好型水产业的要求日益迫切，这也成为当今国际水产业和水产科技发展的重要驱动力。当前，以“绿色、低碳、智能、泛在”为特征，建立增养殖原理、设施、技术与模式研究一体化的水产养殖体系已成为水产业发展的新趋势。其中，建立节水保水的工厂化养殖模式，建设绿色养殖生态环境，研发环保型高效配合饲料，选育生长快、肉质优良、抗逆性强和饲料转化效率高的水产养殖生物新品系，研制高效安全绿色疫苗和水产药物，以及发展环境友好型水产业所需的工程装备成为水产科学的重点研究发展方向。

随着人类对水产品需求的不断增长和农业生物技术的不断进步，水产生物资源的可持续利用已经成为世界科技发展和蓝色生物经济发展的重要组成部分，具有重要的战略意义。由此，与水产资源可持续利用密切相关的监测、评价、预测与保护的理论和技术也得到了国际学界的高度关注。

2. 各学科的相互融合和交叉成为水产学科发展的重要趋势和学术创新的不竭源泉

系统科学和整合生物学的兴起正推动着水产学科的进一步发展。一方面，生物个体是由不同分子、细胞、组织、器官和系统层层构建而成，另一方面它又时刻生存于复杂的生态系统中，与生物群落、外界环境和体内微生态环境的变化息息相关。水产业当前面临种质退化、品系混乱、水产病害频发且病原种类不断增加、养殖动物生理代谢失调、养殖环境恶化、养殖方式粗放、养殖技术和装备落后等严峻问题。深刻认识和揭示水产生物本身的生物学特性，阐明水产生物与环境及环境微生物的关系，研究和开发符合水产生物生理特性的先进养殖技术和工程装备，不仅需要有动物学、植物学、微生物学、生态学、水环境化学等学科的交叉融合，也需要从大到江河湖海的空间视野，小到细胞、分子的微观尺度来进行研究和分析。此外，水产业最重要的本质之一就是为人类提供重要且不可替代的食品。因此，从人类健康这一以人为本的角度审视水产科技的发展，也必须将水产科学与人类医学、营养学和食品科学的发展紧密结合。同时，水产业与人类社会中的贸易、经济和文化活动也有着密切的联系，这也促进了自然科学与社会科学的交叉和融合。

近年来，全球气候变化和水环境污染成为世界科学界关注的热点。海洋、湖泊生态系统对于全球气候变化趋势反应灵敏，且起到十分重要的调节作用。人类剧烈活动带来的温室效应，通过大气和水圈的相互作用进一步引起气候的变化，反过来影响了水体中形形色色的生物及生物过程。与此同时，人类社会高度发达的工农业和城市化生活也造成了严重的水环境污染，而这种污染正在世界范围内影响着水产生物的健康和品质，甚至水产业的可持续发展。因此，要正确和精准地把握和了解这些外界因素对水产生物的影响程度，以及水产生物的应对机理和规律，必须采用宏观与微观相结合、多学科交叉的科学思维和研究方法来进行研究和阐释。

3. 科学和技术的相互支持与紧密结合成为水产学科稳步快速发展的坚实基础

科学与技术的相互推动和共同发展，是当前人类认知水平空前提高的重要原因。同样，在当代，水产科学与技术也已经相互融合，密不可分。近年来，国内外生物科学与技术的飞速发展，促进了水产科学理论与技术的创新与发展，也在相当程度上突破了在维护水生生态系统健康和水生生物资源可持续利用方面的一系列关键技术瓶颈，提升了现有水产产业水平。可见，生物科技的进步已经在水产产业中发挥着越来越重要的促进作用。

21 世纪的水产养殖业在我国面临着良好的发展机遇和严峻的挑战。由于全球变化和人类活动的影响，我国的水资源人均总量不断下降，淡水资源面临水源性和水质性缺水的双重压力。传统的养殖生产模式能耗高、排污多，并经常出现盲目引进外来物种、过度抽取地下水、大量消耗野生资源、滥用化学品等破坏环境的短期行为，产量的提高往往以牺牲资源和环境为代价。因此，在保护水域生态环境的大前提下，大水面渔业的发展将受到限制。目前国际上普遍提倡基于生态系统的集约化、工厂化养殖模式，尤其是全程参数控制的陆基工厂化养殖模式和正在理论探讨中的深远海“海洋工船”养殖模式已得到广泛关注。因此，将生物技术与工程技术相结合，广泛采用新材料、新设施和科学配方的新饲料，用节能减排、环境友好、安全健康的新生产模式来替代传统养殖方式，已成为水产业发展的根本出路，而对于工厂化和集约化养殖所需的相关理论和技术也成为水产学科基础研究和应用基础研究发展的重要方向。

第三节 水产学的发展现状与发展布局

一、国际水产学发展现状

水产学既是农学和生物学中不可或缺的重要领域，又是维持和提升水产业和确保人类社会和谐发展的理论基础和技术支撑。早在 1995 年，美国国家科学和技术委员会（NSTC）发表了由其基础科学委员会生物技术分委会（Biotechology Subcommittee）撰写的报告《Biotehnology for the 21St Century:New Horizons》(《21 世纪的生物技术：新前沿》) 中，就将海洋生物技术与水产养殖作为 21 世纪 4 个优先发展的重点领域之一。

1. 水产基础生物学

在水产基础生物学方面，当前国际学界对水产养殖生物的繁育、营养、生长、抗病、抗逆、品质控制以及健康养殖等各方面的生理、生化、遗传特性以及调控机制都开展了广泛的研究，并越来越多地借助于基础生物学发展所获得的最新成果和技术，开展深入而系统的研究。尤其是在近年来，随着高通量分析测试技术的普及，基因组学、转录组学、蛋白组学、代谢组学等组学研究在生物学各领域的广泛应用，以及动物转基因、基因敲除、基因编辑等遗传操作技术的兴起，水产生物的基础生物学研究取得了长足的进步，尤其在水生模式生物的功能基因组学、内分泌调控机制、重要经济性状的决定基因和蛋白的鉴定和功能验证、水生模式生物与微生物的相互作用机制等领域取得了大量突破性的研究成果。

水生生物具有与陆地生物不同的遗传特点。美国、欧洲、日本、澳大利亚等将水生经济生物的遗传育种研究列为水产领域的重点发展方向，并已在相关领域取得技术突破，形成了各自的产业优势。随着现代科技进步，水产遗传育种学研究已经进入组学时代。在当前，针对重要水产生物生长、发育、繁育和抗性等重要经济性状，开展基因组学和功能基因组学研究，筛选并鉴定与生殖、营养、生长、抗病、耐寒和耐低氧等性状相关的主控或关键基因和分子标记，解析其遗传基础和基因调控网络，已成为国际上的研究热点。同时，遗传学、分子生物学、细胞生物学及生物信息学等基础研究的深入发展也带动了育种技术的不断更新和突破。当前水生生物遗传育种技术呈现出两大发展趋势：一是数量遗传学等方法在水生生物的应用更加深入广泛，以最佳线性无偏预测（BLUP）育种技术等为代表的数量遗传学的理论和方法正在快速地应用于水产领域；二是随着分子生物学技术的发展，应用系统生物学思想和方法，以全基因组关联分析（GWAS）、全基因组选择育种、基于组学信息育种等为代表的分子育种理论和方法正在快速发展，并已成为当今国际水产遗传育种学界最前沿的研究方向。目前，在水生生物遗传育种领域，虽然“选择育种”和“杂交优势利用”两大常规育种方法依然是主要育种模式，但是将常规育种技术与现代生物学方法（如雌核发育、倍性育种、基因网络模块育种、基因组编辑技术、细胞工程育种、全基因组选择方法、分子设计育种方法）相结合，将是今后发展的重要方向之一。

2. 水产资源与保护学

在水产资源与保护学研究方面，海洋环境污染、生物资源衰退等问题已经引起了世界各国的高度重视。水产资源的监测、评价、保护和利用已成为国际竞争的焦点，而深海水产资源的利用开发更成为发达国家重点支持的领域。从20世纪60年代起，发达国家争相投入巨资开展相关研究，力求占据深海水生生物资源开发技术的制高点。在水生生物资源修复和生境修复研究方面，增殖放流是目前国内外普遍采用的渔业资源养护技术手段之一，美国、加拿大和其他许多国家和地区均开展了增殖放流活动。此外，各国政府部门还相继颁布并实施了一系列法律、法规，形成了较为完善的保护海洋生物资源和海洋生态环境的法律法规体系。

3. 水产动物营养与饲料学

进入21世纪以来，水产动物营养与饲料学的研究内容日益广泛和深入。借助于快速发展的现代生物学技术，研究者可以更深入、更准确、更全面地了解水产动物的营养代谢机制，同时对饲料配方和饲料原料做出更为客观、全面和精准的营养生理学评价。当前，提高水产动物对饲料蛋白质的利用效率，开发新型蛋白源和脂肪源及与其相适配的饲料加工方式，减少对鱼粉鱼油的依赖，已成为国际水产动物营养与饲料学领域最为迫切的研究任务。除了利用传统的生长评价方法之外，欧美学者利用基因组、转录组、蛋白组和代谢组等组学方法，从基因－蛋白－代谢不同层面，全面评估养殖动物在摄入不同饲料原料后对其摄食、消化、感知和代谢生理产生的影响。在此基础上，国际水产营养界正在大力开展基于鱼粉鱼油被替代后的营养素需求量“再评估”工作，同时选育适应高含量植物原料饲料的水产动物新品种和新品系。营养饲料与水产动物健康和品质的关系同样是国际水产动物营养与饲料学界最为关心的领域之一。目前，在此领域的研究主要集中在利用模型鱼类和细胞平台研究水产动物脂肪的蓄积和分解机制，以及饲料原料和配方组成对养殖动物的肠道完整性、肠道屏障功能、菌群生态与免疫系统的潜在影响。此外，肠道微生物在水生动物宿主营养代谢中的作用也正受到日益关注，相关的无菌水生动物模型正在陆续构建中。

4. 水产养殖学

在水产养殖学方面，法国、德国、丹麦、西班牙、美国、加拿大、日本和以色列等国的循环水养殖技术体系建构基本完善，技术体系涵盖了生物工程、信息工程、养殖工程、环境工程和疾控工程等，有力地促进了其水产养殖业的可持续发展。当前，池塘、滩涂养殖生态工程的发展趋势是提高滩涂养殖的工程技术水平、降低劳动力依赖程度、合理规划养殖结构和布局、构建养殖环境的精准化管理系统。同时，国际上倡导和发展基于生态系统的新养殖理念，将生物技术与生态工程结合起来，广泛采用新设施、新技术，用节能减排、环境友好、安全健康的生态养殖新生产模式来替代传统粗放、高耗能和污染严重的养殖方式。

5. 水产生物病害与免疫学研究

水产生物病害与免疫学研究是水产学科中极为重要的组成部分。我国水产生物病害种类多、流行范围广、危害严重，严重影响了水产养殖产业的可持续发展和水产品的质量和安全。近年来，国际水产生物免疫学研究得到了快速的发展，已经建立了多个水产模式动物免疫学研究平台，发现了一些新的水产动物免疫细胞及免疫分子，克隆了一系列免疫相关的功能基因和非编码 RNA 基因，鉴定了多种水产动物的免疫调控信号通路，初步阐明了部分水产动物对一些病原的免疫识别与应答的分子机制，为疾病诊断、疫苗研发、抗病育种、药物开发奠定了基础。同时，国际上已经在新生疫病病原研究方面获得了较快发展，建立了较为系统的分离培养及遗传操作体系。此外，水产动物病原与宿主免疫信号通路的互作机制研究也已取得了重要的成果，包括：阐明了一些水产动物病原与宿主细胞模式识别受体之间的识别和互作机制；揭示了一些病原与免疫信号通路之间的相互作用过程；解析了部分病原与宿主相互作用所引起的细胞凋亡机制等。这些研究进展加深了人类对水产病原感染致病和宿主免疫防御机制的进一步认识，并为制定水产病害防控策略和建立病害有效控制技术奠定了基础。

6. 水产养殖装备

装备现代化是提高水产养殖业生产效率和有效管控风险的重要手段，也是资源节约、高效环保、智能管理型现代水产养殖业的重要标志。当前，封闭循环水养殖理论与技术是欧盟、美国、加拿大等国家和地区的重要研究领域之一，已广泛应用于虾、贝、藻类养殖及育苗产业。依托于高技术集成、结构安全、智能管理、标准化制造的海洋养殖设施则正朝着多样化、大型化方向发展。挪威、美国等在深水网箱、养殖工船的工程设计技术方面仍然处于国际领先地位。此外，西方发达国家非常重视渔业的机械化和数字化技术研究，并已开发出工作效率高、适用层次广、可精细调控的各类机械，尤其在增氧设备、水体净化设备、投饵施肥设备、起捕分选设备、运输设备、水底耕耘设备、养殖传感器和自动实时监测系统等方面具有领先的技术优势。值得一提的是，最新的物联网技术在智能化实时养殖管理过程中同样发挥了重要作用。该技术利用多种实时传感器和摄像设备获得对养殖生物、养殖环境和养殖设施设备的监测数据信息，并进行实时处理，使得养殖的科学性和精准度得到大幅度提高，减少了人为操作的失误。

二、我国水产学发展现状

我国淡水养殖历史悠久，并已取得了世界瞩目的骄人成就。自 20 世纪 50 年代以来，包括海水养殖在内的海洋水生生物资源开发利用也受到重视并得到较快发展。当前，中国渔业产量和规模连续多年居世界第一，并在农产品出口中占居首位。党的十八大将建立海洋强国确立为国家战略，我国的水产业迎来了前所未有的发展机遇，同时也向水产科技工作者提出了更高的要求和挑战。

1. 水产生物遗传育种学

目前，我国在水产生物遗传育种学，尤其在重要性状的遗传解析、功能基因定位、基因组学和基因资源开发领域已具有较为雄厚的研究实力，并在某些领域和方向上处于国际领先地位。我国已完成了长牡蛎、半滑舌鳎、大黄鱼、菊黄东方鲀、鲤鱼、石斑鱼、草鱼、牙鲆、虾夷扇贝、栉孔扇贝、马氏珠母贝、海带以及钝顶螺旋藻的全基因组测序工作，并相继启动了凡纳滨对虾、中国对虾、红鲫、团头鲂、紫菜等物种的全基因组测序工作。我国还在海洋生物分子标记的高通量开发、遗传图谱构建及重要性状QTL定位方面取得重要进展，测定了多个水生生物的转录组，发掘并获得了大批与鲤鱼、大黄鱼、半滑舌鳎、对虾、扇贝、海参、紫菜等物种重要生理和生产性状相关的功能基因。近年来，我国在水生生物数量遗传学、经济性状的遗传效应评估、经济性状遗传基础解析等领域进展迅速。多性状复合技术和BLUP技术被广泛应用于水产生物的育种与遗传评价，全基因选择育种和分子设计育种等新的育种概念和技术也开始得到研究与应用。在利用鱼类远缘杂交形成四倍体鱼品系，进而用二倍体与四倍体交配法大规模制备三倍体鱼方面，以及用雌核发育技术培育优良鱼类新品种方面取得突出成绩。我国的转基因鱼研究，特别是鲤科鱼类的转基因育种方面一直处于国际领先水平。这些工作极大地提高了我国在水生生物遗传育种学研究中的国际地位，并为我国发展前沿育种核心技术，提高水产业科技竞争力提供了重要的推动力。

2. 水产养殖技术

在水产养殖方面，近年来，我国水产养殖技术进步较大，水产养殖生产体系得到了迅速发展，初步建立了以基础产业为主导的生产体系，逐步从数量和价格竞争转变为品质和价值竞争。生产体系内部和外部结构融入了大量现代生产元素，产品功能多样化、服务多样化，技术和知识逐渐成为企业生产竞争的核心。水产养殖的人工控制水平和现代化程度迅速提高，水产养殖总产量和质量大幅度提升。我国学者还以养殖生态学理论为基础，通过科学调整已养水域的产业结构，突破了滩涂池塘养殖的关键共性技术，建立了滩涂贝类浅海筏式保苗与健康养殖模式。在我国的浅海养殖中，多营养层次的综合养殖成为重要模式，形成了鱼、虾、贝、藻多样化发展格局。通过现代工程技术与现代生物技术相融合，以节能减排与环境质量安全控制技术为核心，我国学者还建立了节能环保型工厂化循环水高效养殖模式、池塘生态工程化循环水养殖模式等一系列绿色养殖模式。同时，我国对水产资源评价和保护的重视程度日益提高，在水生生物资源和生态监测技术、湿地生境修复技术等领域已取得较快进展。

3. 水产动物营养与饲料学

近年来，伴随着我国水产养殖业对于优质配合饲料的迫切需求，我国水产动物营养与饲料学的研究无论在研究领域的广度和深度上，还是学术水平上，正在迅速向国际水平靠拢。我国学者正在国际上首次开展不同规格、不同品种的水产动物营养素需求量研究，并已取得大量宝贵数据，为今后我国水产配合饲料研发进一步规范化和精细化打下坚实的基础；获得了多种水产生物鱼粉蛋白源 / 鱼油脂肪源被完全或部分替代后的营养生理数据，确定了多种应用于不同水产动物的植物蛋白源和脂肪源的添加比例范围；在蛋白质、糖和脂肪代谢研究中综合使用分子生物学技术、组学技术、细胞技术，初步揭示了不同营养素在水产动物体内的代谢通路与对机体生理功能的影响；克隆并验证了大量与营养素代谢相关的基因，并初步阐明其分子特性以及与饲料营养的相关性；获得了一些能够提高水产动物对营养素利用效率的功能菌株，并已获得实际应用；开展了养殖环境胁迫条件下水产动物营养代谢与饲料利用模式的研究，初步明确了盐度、养殖密度、环境污染物等环境胁迫因子对代表性水产动物营养过程和饲料利用的影响与相关的作用机制；在饲料营养调控水产动物抗病力和免疫力、维持水产动物健康方向开展了比较系统的研究，并已初步构建起水产动物营养免疫学的研究框架。建立了饲料营养与养殖动物品质相互关联的评价模型，并在通过饲料营养调控水产品肉质、体色和营养价值的工作中获得了重要的基础数据。此外，我国水产营养和饲料研究者也已开始以水生模式动物为研究模型，对涉及鱼类营养代谢的基础生物学机制开展深入研究。

4. 水产动物免疫学和病害控制

我国学者还在水产动物免疫学和病害控制研究领域取得了一系列重要成果，尤其在水产动物基础免疫学、病原和流行病学、病原致病机制、环境生态与疾病发生的关系和病害防控的生产应用等方向获得了令人瞩目的进展。我国学者已揭示了一系列与获得性免疫相关的重要分子的基因结构和功能，鉴定了鱼类免疫细胞的一些新亚群，初步阐明了一些病原侵染或疫苗接种后水产动物的体液免疫和细胞免疫的应答规律；克隆并鉴定了一系列与固有免疫相关的免疫活性分子和相关的信号通路组分；发现了一系列鱼类特有的干扰素分子并鉴定了多种免疫相关非编码 RNA。我国学者还在包括迟缓爱德华氏菌、对虾白斑综合征病毒、鱼类虹彩病毒及草鱼呼肠孤病毒等重要病原在内的病原生物学及流行病学研究方面取得了重要进展，包括解析了病毒抑制宿主免疫因子和逃逸宿主免疫系统的信号通路；阐明了对虾白斑综合征病毒囊膜蛋白与宿主蛋白的相互作用；发现了白斑综合征病毒侵染细胞的新机制；揭示了白斑综合征病毒的自我复制机制、调控宿主致病与促凋亡机制。同时，我国学者还发现低等无脊椎水产动物存在免疫致敏这一重要免疫学现象，并较为系统地研究了环境胁迫对水产生物免疫体系的影响及相关的作用机制。我国学者还成功研发了一系列能有效防控疾病的生物制品，如草鱼出血病灭活疫苗及减毒活疫苗、淡水鱼类嗜水气单胞菌灭活疫苗、海水鱼类迟钝爱德华氏菌减毒活疫苗已经获得新兽药证书。此外，若干有重大影响的病原（如鱼类虹彩病毒、罗非鱼链球菌及海水鱼类弧菌病）的保护性抗原发掘及疫苗研制也已取得阶段性重要进展，有望在短期内获得一批新的渔用生物制品。对虾白斑综合征生物防控技术和肝胰腺坏死症生态防控技术也已经在生产中广泛应用。

5. 养殖与渔业工程学

在养殖与渔业工程学方面，渔业设施、养殖工程、捕捞装备、自动控制、数字化、物联网等高新技术取得了快速发展，大幅提升了我国水产养殖业技术水平及生产效益。池塘设施化养殖、深水网箱、工厂化循环水养殖装备、玻璃钢渔船的推广应用等，为促进我国渔业增长方式转变、拓展水产养殖业发展空间起到了先导性支撑作用，同时也取得了良好的经济效益和生态效益。我国学者通过集成运用水产养殖学、生态学、工程学和信息学等原理和方法，已初步建立了适合我国池塘养殖特点的生态工程化调控理论技术，研发了一批池塘养殖生态高效调控系列装备，为我国池塘改造和模式升级提供了有力的技术支撑。同时，还将材料工程、环境工程、机械工程、电子工程和信息工程等技术融合到工厂化养殖中，使水产生物工厂化循环水养殖达到国际先进水平。此外，我国已初步建立起养殖机械化技术体系，开发出多元、多因子养殖数字化管理技术、远程多路自动投饲装备技术系统、水产养殖专家决策系统等。未来10年，我国水产养殖业装备将进入数字化、机械化、自动化和智能化生产及管理技术密集开发时期。

总之，在国家和全社会对水产业日益重视、水产业的国家战略地位日益凸显的大环境下，我国水产科技发展也有相当大的进步。但面对日益严峻的现实困境和人民群众日益提升的对安全、健康、营养的水产品的迫切需求，我国水产业发展中的科技制约问题仍较突出，这导致许多阻碍水产业良性可持续发展的科技问题长期未得到解决。比如，种苗、病害和养殖环境问题已成为制约我国水产养殖发展的“瓶颈”。同时，作为现代养殖业发展的重要保障，高效环保型配合饲料的鱼粉鱼油严重短缺问题，与由此可能导致的养殖水产品品质下降问题也成为严重制约我国水产业发展的重要因素。只有围绕国家重大战略需求，发挥我国水产科研的特色和优势，通过学科交叉和综合，针对我国水产业发展中面临的重大科学前沿问题开展相关基础研究，才能够保证未来我国水产业的健康和可持续发展。

三、水产学基础研究

在水产学基础研究方面，2010 ～ 2015 年，我国 973 计划在水产领域分别启动了“重要养殖鱼类功能基因组和分子设计育种的基础研究”“养殖贝类重要经济性状的分子解析与设计育种基础研究”“海水养殖动物主要病毒性疫病爆发机理与免疫防治的基础研究”“养殖鱼类蛋白质高效利用的调控机制”等项目。在资源环境领域也资助了“我国近海藻华灾害演变机制与生态安全”“重大水利工程影响下的长江口环境与生态安全”“中国近海水母暴发的关键过程、机理及生态环境效应”等项目。国家自然科学基金委员会也将水产学科内容列入生命科学中的优先发展领域，无论在国家杰出青年科学基金项目的遴选和国家自然科学基金重点项目的资助上始终进行部署。国家自然科学基金委员会生命科学部水产学科 2011 ～ 2015 年共接收各类项目申请 3967 项，资助 869 项，资助率 21.9%，对水产学科基础研究的发展起到了重要的推动作用；经过多年努力，锻炼培育了一大批从事水产科学研究的人才，形成了一支以中国科学院院士和中国工程院院士、国家突出贡献专家、国家杰出青年科学基金获得者、跨世纪学科带头人为领路人，中青年学术骨干为主体的研究队伍，为水产学基础研究提供了人才保障。

四、我国水产学科的发展布局

随着国家海洋战略的推进和全社会对水产品重视程度的提高，中国水产养殖业既面临着良好的发展机遇，也迎来了严峻的挑战。由于全球气候变化和人类活动的影响，我国的可利用水资源不断减少，水体污染和富营养化日益加剧，水产生物资源出现严重衰退。在此严峻形势下，尤其需要加强水产基础和应用基础研究，通过科技创新，探索绿色、健康、高效的节水型生态养殖模式，开发和培育适应集约化可持续养殖模式的新品种，以应对严峻的现实生态环境和日益减少的水资源和生物资源的挑战。

基于水产业对于国计民生的重要程度日益提升，而当前我国的水产业又面临着众多发展瓶颈的严峻现状，水产学科在不同发展阶段必须要根据产业现状和学科规律，突出研究重点、攻克产业难点、培育学术创新点。这必须要从水产学科总体发展的角度出发，通过合理的宏观设计和学科发展布局来达到。在当前形势下，水产学科的发展需要在以下几个方面进行宏观布局，确定重点发展方向。

1. 环境友好型水产生态增养殖原理与配套技术体系的构建

当前，在保护水生态环境和食品安全的大前提下，环境友好型养殖模式已成为当前国际水产养殖业发展的主流。因此，必须对我国的传统养殖技术和方式进行升级和改造，通过合理结合生物技术和工程技术、大力发展和推广新型养殖装备和设施、合理投喂适合水生生物营养需求的高效配合饲料等手段，节能减排，绿色养殖，既保持环境友好，又能满足人民群众对安全、健康、营养的水产品的需求。当前，面对水产资源衰退、病害流行、环境污染、水产品安全问题突出的现实，急需挖掘和创制新的水产种质资源，培育良种，提高水产生物的病害防控能力和水产品安全保障能力；急需发展基于生态系统管理的海洋增养殖新理论和新技术，恢复和增殖天然渔业资源，增加和提升人工增养殖的产量和质量，实现资源恢复和水产增养殖业与生态环境的和谐发展；急需获得水产生物各个不同生长阶段的营养需求参数和在鱼粉鱼油匮乏下的传统原料替代方案，满足集约化养殖对高效水产饲料的急迫需求；急需阐明重大水产病害的发病机理、宿主关键免疫防御机制和建立快速诊断技术，实现提前预警、早期防控和及时诊断与治疗。

2. 构建水产品安全保障体系的科学原理与实现途径研究

随着人们生活水平日益提高，人民群众对于安全、健康、营养的水产品的需求也日益增加。尤其在最近几年来，人民群众对保障食品安全的呼声和关注日益高涨，个别食品安全事件的发生甚至能够阻碍或者中断相关产业的发展进程。水产品安全是农业安全与食品安全中的重要组成部分，也是当前人民群众和社会舆论最为关注的几个食品安全领域之一。不可否认的是，当前我国还普遍存在养殖环境污染、水产病害肆虐、饲料品质不高、水产药物和添加剂不规范使用、养殖流通和加工环节分散而混乱等严峻问题，这些都给我国的水产品安全造成了严重的威胁，若不加以着力解决，很可能影响到水产业的正常发展。鉴于此，需要通过政府部门和科学家共同努力，合力打造全面覆盖的水产品安全保障体系。其中，亟待研究和解决的问题包括：查明污染物、水产药物和饲料来源的毒素在水产品生产流通和加工各阶段中的残留和代谢规律；探讨基于生态防治的水产病害控制技术与原理；研究饲料和饲料原料的脱毒加工和生物学评价技术；阐明养殖过程各要素对水产品品质和安全性的影响规律；确定“无公害”工厂化养殖模式的关键要素并研发相关技术和工程设备。同时，科学家也应该与主管部门充分沟通，及时制定我国的水产品安全保障标准和规范，并力求在生产过程中切实贯彻执行，确保中国水产养殖业的持续健康发展。

3. 水产生物功能基因的挖掘与利用

由于水生生物生活环境的特殊性和多样性，水生生物中蕴藏着极为丰富的基因资源。为加强水产生物遗传育种基础理论研究和育种核心技术的研发，需要对水生生物功能基因进行深度的挖掘和利用。在我国已开展了多种水生生物遗传作图和基因组测序的基础上，继续对具有重要经济价值的物种进行全基因组测序，深入发掘基因组内蕴含的海量遗传信息，破解决定品质、产量、生长速度、抗病能力等性状的遗传奥秘。同时，开展高精度遗传作图和重要经济性状相关基因的遗传定位，筛选鉴定进行分子设计育种的主控 / 关键基因和分子标记，解析其生殖、生长、抗病、耐寒和耐低氧的基因调控网络，实现基于基因组信息的选择、聚合、设计和种质创制。加快研究和发展水产养殖生物的遗传操纵关键技术，探寻高效、快速的育种新技术和新方法。利用基因组编辑技术和转基因技术，通过引入和表达异源基因或敲除有害基因，使水产养殖生物快速获得所期望的可遗传的优良品质。当前，中国在水生生物基因组学、功能基因组、基因克隆、遗传连锁图谱构建等方面的研究和应用取得了重要进展，部分研究在国际上处于前沿领域。今后需要加强功能基因挖掘、验证和利用的技术体系研究，加速基因产品和相关技术的研发和向产业化转移、转化的工作。

4. 基于恢复生态学原理的水产资源养护和增殖理论及技术研究

由于全球环境变化和人类活动影响，我国近海和内陆水域的生态环境污染和破坏日趋严重，导致水产资源退化、生物栖息地破碎化、生物多样性急剧减少，广大的渔业水域面临生态荒漠化的严重威胁。事实上，水域生态环境恶化、渔业生产力下降已经成为今后我国水产业保持良性可持续发展的重大瓶颈问题，因此，养护和修复内陆和近海生物资源与环境刻不容缓。在当前，发展基于生态学原理的水产资源养护和增殖理论及技术研究，成为实现水产资源可持续开发与利用的关键措施。这要求进一步开展恢复生态学理论和技术研究，查明重要水产经济物种的生活史、关键栖息地、种群结构和生态功能，研究水生生物种群数量减少、资源衰退、生物多样性水平下降的成因和过程。同时开展重要经济和珍稀物种的保护生物学研究，探讨水产生物资源增殖的技术途径，包括：① 开展水生生物重要栖息地的人工构建和修复研究；② 开展人工渔礁和“海洋牧场”的构建和生态功能评价研究；③ 开展关键修复种的繁育、驯化和增殖效果评估等技术研究，实现水产生物资源的有效保护和可持续开发利用。

第四节　水产学的发展目标及其实现途径

以形成现代水产学理论体系为发展目标，优先发展遗传学、繁殖发育生物学、营养与饲料学、内分泌和代谢生物学、免疫学、微生物学、生理生态学等基础研究，为水产学各方向的发展提供基础理论支持。重点扶持水产资源评价与保护、养殖生态工程原理与设施装备、营养与饲料、免疫与病害等应用基础研究，为增养殖健康发展提供设施与技术保障。鼓励水产资源的合理开发利用和优良品种品系的选育，以及品种遗传改良等相关领域的应用基础研究。鼓励发展人类活动和全球变化对水产资源与产品质量的影响，陆源和大气污染等对水产生物遗传、生殖、发育、生理、免疫、行为的影响等交叉方向，为人类健康提供认知储备。促进基因组、代谢组、蛋白组等组学技术与相关的生物信息学研究，前瞻布局转基因技术、泛在信息技术、渔业生态经济量化评估等新技术和新方法研究，推动产业升级，催生战略性新兴产业。

第五节　水产学优先资助领域

水产学科的资助范围包括水产基础生物学、水产生物遗传育种学、水产资源与保护学、水产生物营养与饲料学、水产养殖学、水产生物免疫学与病害控制、养殖与渔业工程学、水产生物研究的新技术和新方法等。未来 5 年，建议水产学基础研究优先资助以下领域。

1. 水产生物个体发育与生长的调控机制研究

个体的发育与生长是获取良好水产品产量的重要基础，是与实现优质、高产的水产养殖目标密切相关的生理过程。了解水产生物的个体发生、胚胎发育和个体的生长，是水产基础生物学的重要研究内容。其中，个体生长、体生化组成（包含脂肪、蛋白和多糖含量及构成）和关键器官的发育被公认为是水产生物的重要经济性状。了解养殖动物自身的个体发育、生长调控网络与机制，将为良种选育提供生物学理论基础和指导。水产生物生长性状的形成及调控基于复杂的基因和信号调控网络，研究难度较大。长期以来，尽管水产生物的促生长研究得到较多的关注，但依然难以回答生长调控的内在机制。因此，对与重要组织器官发育、营养代谢、生殖调控等过程均密切相关的生长性状的研究，将依赖于未来更多学科方向的交叉和在体研究，利用内分泌学、生理学、遗传学、发育生物学、组学等理论与新技术的整合，突破生长调控机制研究的瓶颈，为水产生物高产育种提供科学的指导。

主要科学问题和重点研究方向：① 水产生物个体发生、发育过程中关键阶段的重要调控机制；② 重要水产生物个体发育与生长过程的调控机制；③ 重要水产生物营养与风味品质的决定机理及其调控机制；④ 生长调控与营养代谢、骨骼和肌肉发育的遗传和环境互作的调控网络及作用机制。

2. 水产生物繁育与性别决定的调控机制研究

水产养殖生物的高效繁育是获得大量养殖材料的基础，也是维持养殖产量、开展良种选育、驯化的关键。同时，许多养殖品种的生长特性又与性别发育相互关联。因此，性别的选择与产量有着密切关系。对水产生物繁育过程的操作可以导致多重效应，对特定养殖品种的繁育可控操作，不仅能促进生长性状的改良、提高产量，也可为未来生态安全提供技术储备。水产养殖生物的生殖方式多种多样，例如鱼类的雌核生殖方式、异种杂交、多倍体化以及假变性等，都曾被成功地应用于育种实践中。因此，深入研究丰富多样的水产生物繁育与性别决定的调控机制，将为提高水产养殖产量、拓展水产养殖资源、获取优良养殖品种或新品系、维护新颖养殖品种的知识产权、了解丰富多彩的生物生殖调控机理提供坚实的理论基础。

主要科学问题与重点研究方向：① 主要水产生物繁育的内分泌调控机制；② 重要水产养殖生物的性别标记发掘、性别发育和性别决定机制；③ 鱼类雌核生殖与双性生殖过程的发生与调控机制；④ 重要水产养殖生物的生殖细胞发育机制。

3. 水产生物对环境适应性的生物学机制研究

水产生物的正常生长、生活需要适宜的水环境理化条件。然而，首先我国面积广袤，地理状况和气候变化复杂，这使得我国不同地域可养殖水体间的环境理化因子有着较大甚至非常显著的差异。同时，作为今后水产养殖的发展方向，集约化养殖模式同样存在与自然环境较大的差异。再者，随着全球气候的变化，在今后较长一段时间可能出现较以往更多更频繁的恶劣自然灾害，从而剧烈改变水体理化性状，危害水产养殖。这些普遍存在并可能在特定地域和特定时期内加剧的不利环境因素，将严重威胁水产生物的正常生长，也给优良品种的大面积推广和应用带来了巨大的挑战。因此，不断改良和驯化现有的养殖品种，提高其抗逆性能（如对温度变化、渗透压变化、光周期变化、低溶氧等的耐受能力），以适应集约化养殖方式、异地推广和剧烈天气变化所带来的养殖环境变化，是水产学的重要研究内容。而深刻理解养殖生物对逆境的适应特性和相关的生物学机理，正是改良和增强水产生物抗逆性状的前提和基础。因此，开展水产生物的环境适应性调控机制研究，对解析和利用水产生物抗逆性状具有重要的理论意义和实用价值。

主要科学问题与重点研究方向：① 重要水产生物对环境适应性的生理调节机制；② 水生生物适应特定环境的遗传基础与分子机制；③ 重要水产生物的环境适应性进化与发育机制。

4. 水产生物种质资源的发掘、评价与保护

水产生物种质资源是开展水产生物遗传育种工作的基础，是进行水产养殖的基本要素之一，也是最重要的生物资源和战略资源，在我国水产业可持续发展中具有极其重要的地位。一方面，我国江海湖泊辽阔，生态系统多样，水生生物种质资源丰富。但是，我国的水生生物种质资源的“家底”至今尚未摸清，对重要水生生物的种群和谱系鉴定尚不完整。另一方面，我国又面临着传统水产品种退化严重、遗传性状不稳定、种质保存方式落后、水生物种生存环境日趋恶劣等一系列严峻的问题。因此，为满足水产业绿色可持续发展的要求，必须要开展水生生物种质资源的考察、收集、鉴定与评价研究，探索优异种质资源鉴定、保存和利用及核心种质库构建的新技术、新方法，开展水生生物系统发生、进化和遗传多样性，以及种质资源变迁与生态环境的关系等研究。这些工作对于了解我国水生生物的种质资源状况，进而开发水产生物资源，推动水产养殖业高效、可持续发展具有重要的理论和应用价值。

主要科学问题与重点研究内容：① 重要水产生物群体遗传多样性的产生机理和维持机制；② 重要水产生物的个体标识、谱系鉴定与溯源、种群鉴别的遗传基础和分子技术体系；③ 重要水产生物种质资源的环境适应、生态效应、种群演化的过程与机制；④ 特殊生境水生生物种质资源的发掘、利用和遗传多样性研究。

5. 水生生物主要经济性状的遗传解析和遗传参数评价

水产生物的生长、发育、繁殖、抗逆、抗病等性状是产业的主要经济目标，也是遗传育种研究的重要靶标。同时，这些重要的经济性状往往也是水产生物最为基本的生物学性状，受到生物体各层面的复杂系统调控，具有相当的研究难度。另外，水产生物大多属于变温动物，其重要经济性状的遗传特点和表现规律与陆地生物有明显的差异，无法完全依照陆地生物的性状遗传规律进行认识与应用。目前，我们对主要水产生物重要经济性状的遗传基础了解尚

浅，对生产中普遍存在的近交衰退和杂交优势等遗传现象的机制尚未完全明确，对不同环境下重要经济性状的基因调控规律尚不明晰。这些都极大地限制了水产遗传育种领域的发展，阻碍了水产生物良种培育技术体系的建立。因此，开展重要水产经济生物重要经济性状的遗传规律研究，解析优良性状的分子遗传基础和调控机理，对于发掘优良种质资源，发展水产生物种质创新的理论与技术具有重大的意义。

主要科学问题与重点研究内容：① 主要水产生物重要经济性状的遗传参数评价和遗传基础解析；② 环境因子变化下重要经济性状相关基因的表达、调控和遗传效应的变化规律；③ 重要水产生物产生近交衰退、杂交优势的分子基础与遗传机制。

6. 水产生物优良种质创制的关键理论和技术途径研究

随着水产业的进一步发展，绿色环保、高效节能的集约化养殖模式将成为水产养殖业的主流，同时社会公众也对水产品的品质提出了更高的要求。因此，水产品种必须通过不断的优化和改良，以适应新的养殖模式和社会需求。水产生物优良种质的创制理论和技术是增加产量、实现水产养殖业健康和可持续发展的有效保证。当前，我国尚没有建立高效而完善的水产生物种质创新体系，相关的理论和技术仍处于探索阶段。随着多种水产生物全基因组的测序和功能解析研究获得突破，基于基因组信息的育种和种质创制成为可能。同时，一系列高效的基因敲除、编辑和操纵技术的诞生，以及干细胞和染色体倍性操作等细胞工程技术的更广泛应用，也为水产生物基因工程、细胞工程育种理论和技术的创立提供了更有效的手段。因此，在新的水产学发展时期，需要利用最新的生物技术手段，以重要经济性状的遗传改良为重点，创新遗传育种的理论与方法；集成群体选育、家系选育、多性状复合选育、杂交育种、细胞工程育种以及分子育种等育种技术，建立以生长快、抗逆性强、品质优为主要选育目标的水产生物新品种培育技术体系；开展全基因组选择育种和分子设计育种等育种新概念和新技术的探索，提高水产生物育种的效率。

主要科学问题与重点研究内容：① 主要水产生物高效种质创制体系构建的理论与技术；② 重要水产生物全基因组选择育种、分子聚合育种、分子设计育种和基因模块育种等分子育种的理论与方法；③ 重要水产生物基因编辑育种和细胞工程育种等生物工程育种的理论与技术。

7. 水产资源养护原理与调控途径研究

由于全球气候变化、水域环境污染不断加剧以及对渔业资源的持续高强度开发，我国水域环境和水生物资源遭到严重破坏，水域生态荒漠化现象日益严重，珍贵水生野生动植物和经济生物资源急剧衰退，水生生物多样性受到严重威胁。水域受损生境的修复和经济生物资源养护是区域社会经济发展及生态建设的迫切需要，因此阐明生境受损和资源衰退原理，研发先进实用的资源养护途径迫在眉睫。生境修复技术和资源养护手段需要以水产生物的繁殖发育学、生理生态学和水域生态学为基础，查明养殖生物种质资源的保存原理和扩增途径，揭示濒危珍稀水生生物种群衰退机制与保护原理，评估增养殖群体对野生群体遗传与种群、群落和生态系统结构、功能的影响，研究内陆大水域渔业资源养护的理论基础和方法学，查明重要海洋渔业种质资源养护的科学基础和途径，揭示海洋经济生物资源对外海输入变动的响应机制，建立水产资源养护理论体系，为水产资源的养护和持续利用提供理论基础。

主要科学问题与重点研究内容：① 养殖生物种质资源保存原理与途径；② 增养殖群体对野生群体遗传与种群结构的影响；③ 内陆大水域渔业资源养护的理论基础和方法学；④ 渔业种质资源养护的科学基础和途径；⑤ 海洋经济生物资源对外海输入的响应机制。

8. 养殖生态学原理与实现途径研究

基于生态系统管理的水产养殖，是“绿色、低碳、智能、泛在”的水产养殖的重要模式，其基本含义包括：采用先进的养殖技术和设施；筛选适宜当地水域和生态环境的优质抗逆品种；采用多种类搭配混养方式，建立稳定的营养结构，构建生态系统水平的健康增养殖模式；陆基养殖系统中的养殖废水可循环使用或无公害排放；浅海养殖系统依靠生物物种间互利机制实现持续利用，生产出健康优质的水产品。基于生态系统管理的水产养殖模式需要以养殖生态学基本原理为基础，研究养殖系统的结构与功能，查明群落结构与种群间的相互作用，揭示养殖系统中物质循环与能量流动变动规律，研究内陆保水渔业原理与途径，查明重要海水养殖动物生理生态学特征及其对极端气候的响应，阐明“绿色、低碳”养殖新模式的生态学基础。利用现代生物学技术，发现不同环境和不同层次的生物标识，揭示养殖的生态效应；利用数学模型，科学评估典型可养殖水域的生物承载力、不同养殖模式的综合生态效益和经济效益；通过对现有养殖模式的优化升级和改造，重点实现对浅海、池塘等养殖系统的生态调控。

主要科学问题与重点研究内容：① 不同养殖模式下养殖系统的结构与功能；② 不同水域养殖系统物质循环与能量流动规律；③ “绿色、低碳”养殖新模式的生态学基础；④ 养殖生态系统再生生产力和新生产力提升的原理与途径；⑤ 重要养殖动物生理生态学特征及其对极端气候的响应。

9. 水产养殖工程学原理研究

养殖设施与工程装备技术已渗透到水产养殖的各个领域，是支撑水产养殖产业升级与可持续发展的重要保障。当前，需要重点研究池塘养殖生态调控理论技术，如底质调控理论与技术、水体生态调控理论技术等，为实现池塘精准高效养殖奠定基础。需要研究工厂化养殖动物与大型藻类混养的生态学原理，查明生态因子节律性波动对水生动物生长的影响，为建立工厂化生态养殖新模式提供理论基础。需要定量研究养殖生物的运动、集群、摄食、繁殖、节律等行为生态特征及其对关键设施参数的选择性，查明动物行为特征对环境变化的响应机制，为水生生物生态高效增养殖设施的研制提供重要的参数支撑。需要研究水生经济生物在高密度环境条件下的生理生态学特征，查明基于动物福利的高密度循环水养殖的关键环境参数，为工业化循环水养殖装备研发提供科学数据。

主要科学问题与重点研究内容：① 水产动物工厂化生态养殖模式构建的生态学基础；② 基于生态位分割强化的高能效池塘养殖理论与技术；③ 基于动物福利的工厂化养殖模式中水产动物的行为生态和生理特征及其对环境变化的响应机制；④ 关键养殖设施的生态功能机理及其调控机制。

10. 水产动物对主要营养素的需求、利用与相关调控机制研究

蛋白、脂肪和糖类是水生动物饲料的主要营养素，相关原料也是饲料配方的最主要组成成分。然而，人类至今对水产动物蛋白质、脂肪和糖代谢的过程细节和调控机制仍缺乏深入了解，对矿物质、维生素和其他饲料添加剂对主要营养素的代谢调控机制也缺乏足够认识。这也是人类目前很难从生物学机制上理解并解决水产配合饲料在应用实践中时时出现的新问题、新困境的原因。

因此，必须要大力开展水产动物对主要营养素从摄入、消化、感知、代谢到调控机制的自然营养过程的基础研究。在当前鱼粉和鱼油的短缺已严重制约水产饲料业、乃至整个水产养殖业健康快速发展的背景下，尤其要探讨在利用非鱼粉蛋白源和非鱼油脂肪源情况下，增加蛋白沉积率、提高脂肪和糖类分解供能率的理论可行性，探讨不同的营养配方组成和饲料成分对水产动物健康和品质的影响，并以此为理论指导，提高水产动物对于非鱼粉蛋白源和非鱼油脂肪源的利用效率，并尽快应用于实用配合饲料的生产实践中。

主要科学问题与重点研究内容：① 水产动物对主要营养素的代谢过程与调控机制；② 水产动物对不同饲料源的摄食选择及其调控机制；③ 基于不同生理阶段、环境和饲料组成条件下的水产动物营养素需求量的动态变化；④ 营养和饲料对水产动物健康和品质的影响及其调控机制。

11. 养殖环境和饲料理化性质对水产动物营养代谢与利用的影响机制研究

水产动物始终生活于养殖水环境中，其营养和代谢过程与环境密切相关。随着自然水体污染程度的加剧和可养殖自然水面的减少，节水保水式的环境友好型养殖方式必然是水产业的发展趋势。这就需要研究者对动物的营养过程、饲料投喂方式与养殖环境的关系进行深入研究。尤其需要关注环境中各理化因子包括各类环境污染物对水产动物营养素利用和代谢机制的影响，关注营养调控在水产动物适应环境中的作用，关注水产动物的营养方式与饲料利用对于环境的影响，这些都是今后为工厂化生态养殖研制优质环保型饲料的前提和基础。

长期以来，饲料本身的品质、生产工艺与饲料效价的关系经常被研究者所忽略。但是，实践和前期研究均证明，基于不同原料、制作和工艺方式所造成的不同饲料理化特性，能极大地影响饲料的品质和营养效应的发挥。因此，深入而系统地比较水产饲料不同理化特性对不同水产动物的营养效果影响，并由此总结和归纳出适合不同生长阶段的不同水产动物的饲料生产和加工工艺体系，是水产动物营养与饲料学的重要内容。此外，基于微生物在水产动物营养过程与饲料理化特性形成中的重要作用日益受到人们关注，通过经筛选的外源和水产动物内源微生物在体内外改造饲料理化特性、提高饲料的利用效率，已成为当今的研究热点，也需要得到重点关注。

主要科学问题与重点研究内容：① 环境因素影响水产动物营养与代谢的

生物学原理；② 提高水产动物对环境变化适应能力的营养学机制；③ 水产动物营养过程与排泄物组成对养殖环境的影响；④ 水产饲料理化特性影响饲料利用效率和氮磷排放的生物学机制；⑤ 环境和饲料特性影响水产动物健康与水产品品质的生物学机制。

12. 水产生物疾病病原学与流行病学研究

水产生物疾病病原学与流行病学研究是保障水产动物健康的重要科学基础。我国养殖品种繁杂、养殖模式多样、养殖环境复杂，加之我国水域污染严重、落后的养殖方式仍然大量存在等因素，我国的水产生物病害种类多、流行范围广、危害严重，这既损害了生产人员的经济效益和生产积极性，更严重影响了水产养殖产业的可持续发展和水产产品的质量和安全。然而，由于我国水产病害种类多、病原种株复杂多变等特点，水产科研人员至今对主要的水产病害的疾病病原遗传变异特征和流行规律尚不充分了解，这也成为水产病害防治工作中的主要科学瓶颈。正因为如此，在当前常见病害多发、新病害不断出现的现状下，需要选择对水产养殖业危害较大的病原开展深入研究，重点揭示病原的遗传多样性与变异及流行规律。同时，需要对新现病原开展病原学及流行病学研究，为有效防控手段的建立和实施提供科学依据。此外，多病原混合感染现象越来越普遍，多病原感染的形成机理也是需要重点研究的科学问题。

主要科学问题与重点研究内容：① 疾病的发生、病原感染传播途径、生态分布及流行规律；② 病原血清型和遗传多样性与变异；③ 多病原混合感染的病原生态学。

13. 水产生物的免疫学和病原与宿主的相互作用机制研究

与现实需求相比，水产生物免疫学领域研究相对滞后，制约了水产养殖业的健康发展。因此，需要研究水产生物免疫系统的组成、发生和发育，深入揭示水产生物免疫系统的抗病功能和调节机制；研究水产生物固有免疫系统及其信号调控网络，阐明其在抗病过程中的功能及调控机制；开展水产生物适应性免疫的发生、进化和调控机制的研究，为水产病害疫苗的设计、开发和应用提供理论和方法学基础；研究环境胁迫下各理化因子对水产生物免疫系统的影响及调控机理，从内因和外因两个方面揭示水产疫病爆发的机制。

病原与宿主的相互作用是水产生物病害发生的重要过程和致病机制。因此，需要重点开展病原侵入过程中病原蛋白与宿主蛋白的相互作用研究，鉴定病原黏附（吸附）、侵入过程中的关键分子和途径，阐明病原的入侵机制；研究病原侵入细胞后，逃避宿主免疫攻击与调控宿主代谢的分子机制，挖掘宿主调控病原感染的免疫因子及其介导的信号传导网络，揭示病原的致病机理。希望能够从分子水平，较为全面地解析病原对宿主的侵染、免疫逃避、代谢调控和致病机理，探索病原与宿主的相互调控与病原致病性的关系。

主要科学问题与重点研究方向：① 水产生物免疫系统的发生、发育、组成与功能；② 固有免疫或获得（适应）性免疫及调控机制；③ 免疫系统对环境胁迫的响应机制；④ 病原侵入宿主的分子机制；⑤ 病原与宿主的相互调控与病原致病性的关系。

14. 水产动物病害防控研究

疫苗研发和生态防控是水产病害控制的两大共性关键技术。疫苗的研发和应用在国际上被公认为是鱼类病毒病和细菌病防控的关键技术，但我国鱼类疫苗开发相对滞后，因此新型疫苗分子设计、构建与效力评价等方面是今后我国疫苗开发研究的重点。生态防控及免疫防控技术作为虾蟹贝类等无脊椎动物病害控制的关键技术，在无脊椎动物养殖中已经显示出了显著效果。但是，生态防控的作用原理及其数字化和精简化等方面还需进一步研究。合理施用渔药是防治水产动物细菌、真菌及寄生虫病害的重要措施之一，但我国在渔药的筛选与开发环节还比较薄弱。由于药物筛选与药效评价是新药研发的关键环节，所以药物作用靶点及药物本身的结构优化等方面应该是当前需要深入研究的领域。渔药的开发还要重点考虑其对养殖生态环境和养殖水产品安全的影响，因此药物筛选与研发要基于环境友好型原则，重点开展鱼药新剂型、免疫致敏剂、生物活性肽等抗病分子和免疫增强剂的研究。

主要科学问题与重点研究内容：① 抗病分子的挖掘与作用机制；② 疫苗设计机理与构建；③ 病害生态防控与免疫防控机理；④ 药物作用的构-效关系、时-效关系和量-效关系；⑤ 药物作用新靶点挖掘及药物设计的原理。

第六节 实现“十三五”发展战略的政策措施

通过实施源头创新战略、科技人才战略、创新环境战略、卓越管理战略四项战略，完善和发展有中国特色的科学基金制度，着力营造有利于源头创新的良好环境，推动学科均衡、协调和可持续发展。培养和造就一批具有国际影响力的杰出科学家和冲击国际科学前沿的创新团队，提升我国基础研究整体水平和国际竞争力，力争在若干重要领域取得突破，为繁荣科学事业、增强自主创新能力、建设创新型国家做出贡献。

发展重点与主要任务是：围绕实施源头创新战略、科技人才战略和创新环境战略，培育创新思想，提升原始创新能力；坚持以人为本，完善科学基金人才培养资助体系；加强条件支撑，优化基础研究发展环境；制定和实施学科发展战略，促进学科均衡协调发展；瞄准重大科学前沿和国家重要战略需求，应对未来挑战，部署一批具有基础性、战略性、前瞻性的优先发展领域。

1. 实施创新驱动发展战略、增强自主创新能力

水产学基础研究必须坚持自主创新、重点跨越、支撑发展、引领未来的方针，创造具有国际影响力的重大原创成果，实现从“跟跑者”到“并跑者”甚至“领跑者”的转变。同时，围绕推动源头创新，加强前瞻性部署，把科学基金建设成为培育原始创新的沃土、支撑科技自主创新的平台。

2. 强化创新型人才培养、稳步提升核心竞争力

贯彻落实人才强国战略，深入研究新时期我国基础研究队伍的来源、规模和结构变化特点，加强与国家其他科技人才培养资助计划的衔接，不断形成和完善识才、育才、聚才和用才的良好环境，既鼓励水产人才在学科交叉中得到进一步提升，也鼓励其他学科的人才投身于水产研究。在水产基础研究中，尤其需要针对水产学领域的重大基础科学问题，强化创新型基础研究队伍建设，着力打造一批引领当代科学潮流的大师级人物和世界级科学家，重点培养卓越学术团队和青年拔尖人才。

3. 加强条件支撑、优化发展环境

开展多层次、多渠道的国际合作与交流，大力支持科学家广泛参与区域和国际合作研究，为中国科学家营造良好的国际（地区）合作交流环境。促进科学基金资助项目与国家科技基础条件平台结合，提高科技条件平台的利用效率。充分发挥科学基金的黏合与辐射作用，推动高等学校、研究机构和企业在基础研究领域的合作，引导社会资源加大对基础研究的投入，促进科研资源合理有效配置。拓展科学基金的功能，促进科学知识传播和公众理解。

4. 完善学科布局、促进学科协调发展

促进学科协调发展的指导思想是：支持优势学科与扶持薄弱学科并重，推进学科自身纵深发展和以学科交叉促进新兴学科发展并重，瞄准学科发展前沿与满足社会经济发展需求并重，强化创新链驱动产业链，努力实现我国基础研究学科体系的全面协调发展。

在学科发展中，还要进一步加强水产学中新原理、新方法、新仪器的研究，进一步强化基础研究对技术和产业的支撑作用，推动技术革新与产业升级，使基础研究成果在推动新兴产业形成和发展中发挥更大作用。

主要参考文献

唐启升，李健华，林浩然，等 . 2013. 中国水产养殖业可持续发展战略研究 . 北京：中国农业出版社 .

唐启升，丁晓明，等 . 2014. 我国水产养殖业绿色可持续发展战略与任务 . 中国渔业经济，1：6-14.

贾敬敦，蒋丹平，杨红生 . 2014. 现代海洋农业科技创新战略研究 . 北京：中国农业科学技术出版社 .

农业部渔业局 . 2013. 中国渔业统计年鉴 . 北京：中国农业出版社 .

中国工程院 . 2014. 水产种业科技创新与养殖业可持续发展 . 北京：高等教育出版社 .

桂建芳，朱作言 . 2012. 水产动物重要经济性状的分子基础及其遗传改良 . 科学通报，57：

1719-1729.

Bostock J，McAndrew B，Richards R，et al. 2010. Aquaculture：Global status and trends. Philos Trans R Soc Lond B Biol Sci，365：2897-2912.

Canosa L F，Chang J P，Peter R E. 2007. Neuroendocrine control of growth hormone in fish. Gen Comp Endocrinol，151：1-26.

Dimitroglou A，Merrifield D L，Carnevali O，et al. 2011. Microbial manipulations to improve fish health and production：A Mediterranean perspective. Fish Shellfish Immunol，30：1-16.

Food and Agriculture Organization of the United Nations. 2014. The state of the world fisheries and aquaculture. Rome：FAO Fisheries and Aquaculture Department.

Gormaz J G，Fry J P，Erazo M，et al. 2014. Public health perspectives on aquaculture. Curr Environ Health Rep，1：227-238.

Oliva-Teles A. 2012. Nutrition and health of aquaculture fish. J Fish Dis，35：83-108.

Rodrigues P M，Silva T S，Dias J，et al. 2012. Proteomics in aquaculture：applications and trends. J Proteomics，75：4325-4345.

第二十一章

食品科学

第一节　食品科学的战略地位

食品科学是应用生物学、化学、物理学等基础科学及工程知识来研究食品的性质、食品的腐败、食品加工原理和食品营养的一门学科，涉及食品原料学、食品生物化学、食品发酵与酿造、食品加工生物学基础、食品营养、食品贮藏与保鲜、食品安全与质量控制等领域。食品科学研究不仅满足于对食品性质、食品加工和贮藏过程规律，以及食品营养与安全机制的认识，而且更加注重服务于社会经济发展和国家竞争力的需求。在经济科技全球化、国际竞争日益激烈的背景下，食品科学研究变得更加趋于系统化、规模化和数字化，形成了以食品化学、食品微生物以及食品工程学为基本方向，以多学科交叉为基础，分析与综合并重，微观与宏观相结合的研究体系。

1. 食品科学是推动食品产业发展的内在动力，关系国民经济和社会发展水平

食品科学是食品科技创新的基础，是推动食品产业发展的内在动力，它

在知识创新、人才培养、社会服务及产业发展中发挥了重要作用。在食品科学学科的推动下，食品科学基础性研究得到整体发展，食品工程化加工新技术与新装备取得重要突破，大宗食用农副产品加工转化、工业化食品综合加工和食品质量安全控制等重大共性关键技术水平明显提高，逐步形成了我国食品工业持续发展的核心竞争力。依靠食品科学学科发展和科技进步，"十二五"时期，我国食品工业继续平稳快速发展，年均增长速度超过15%；2012年实现工业总产值8.9万亿，实现利润总额6571.47亿元，规模以上食品工业企业33692家，从业人员707.04万人，完成固定资产投资额12 833.75亿元，食品工业对全国工业增长贡献率达12.8%；2013年食品工业总产值达10.1万亿，实现利润总额7531.0亿元，完成固定资产投资16 040.13亿元；2015年工业总产值达到12. 3万亿元，食品工业总产值与农业总产值之比达到1.5∶1，食品工业的发展有效带动了农业、流通服务业及相关制造业的发展，是国民经济的支柱产业和社会发展的物质基础。

2. 食品科学研究是提升国民营养水平与身体素质的必要手段，关乎国计民生和民族竞争力

经济的快速发展以及人民生活水平的提高对食品的营养功能提出了更高的要求。目前，我国正处于膳食与疾病发展的转折阶段。由于经济发展不平衡，我国居民面临营养缺乏与营养过剩双重挑战；由于膳食结构不合理，心脑血管疾病、糖尿病等慢性非传染性疾病数量逐年上升。2013年世界卫生组织报告显示，非传染性疾病每年使3600多万人失去生命，占死亡率的60%，其中，心血管疾病每年造成1730万人死亡，糖尿病造成130万人死亡；据我国卫生部门监测统计，2010年我国18岁及以上居民超重率为30.6%，肥胖率12.0%；全国有2.6亿慢性病患者，约占总人口的19%，慢性非传染性疾病已成为我国城乡居民死因的主要疾病；我国农村5岁以下儿童生长迟缓率高达12.1%，贫困地区高达20.3%。世界卫生组织对影响人类健康因素的评估结果表明：膳食营养因素（13%）对健康的作用仅次于遗传因素（15%），且高于医疗因素（8%）。在目前慢性非传染性疾病逐年上升、营养需求更加迫切的背景下，食品科学基础研究将有助于阐明膳食与营养的关系，科学指导居民健康饮食，成为人类疾病预防和健康水平提升的重要手段。

3. 食品科学研究是保障食品安全的重要基础，影响国际声誉和社会和谐

食品安全直接关系人民群众身体健康和生命安全，关系国际声誉和社会和谐稳定，已经受到世界各国和国际组织的普遍重视。经济发达国家已基本建立了较完善的食品安全监管体制和科学的管理模式，同时，发展中国家食品安全保障能力也在加强。然而，食品产业链的全球化发展，大大增加了食品安全保障难度，工业发展和环境破坏更是导致食品的化学危害趋于严重。特别是不发达国家，由于受经济发展水平的制约，其食品安全保障能力较低，每年都有大量的食源性疾病发生。据统计，目前不发达国家每年约有 220 万人死于食源性腹泻，即使是发达国家每年食源性疾病发生率也有约 1/3。我国的食品安全形势也不容乐观，食品安全问题时有发生，严重影响我国人民健康、出口贸易和国际形象。我国传统食品加工方法具有一定的区域性和特殊性，加工过程中所存在的一些安全问题是我国特有的，因此只有依靠食品科学自主研究才能解决。加强食品安全基础研究，开拓食品原料自身以及食品加工、贮藏和流通过程中重要危害因子的控制和消除新途径，才能从根本上保证食品安全。

4. 食品科学研究是延伸农业产业链的关键，促进农业发展与农民增收

我国是农业大国，具有供求规模大、区域差异大、农业人口规模大等特点。食品的生产、发展与农业密切相关，作为食用农产品面向市场的主要后续加工产业，食品在农业产业链中占有较大比重。食品产业通过扩大农产品原料需求为农业提供了广阔的市场，通过农产品加工、食品制造提升了农业产品的附加值和资源利用率，有效延伸了农业产业链。与发达国家相比，我国农业还存在发展水平较低、农民收入不高、资源浪费严重等问题。发达国家食用农产品加工转化率超过 85%，而我国只有 60% 左右；发达国家食品工业与农业总产值比例约为（2 ～ 4）: 1，我国仅为 1.5 : 1。我国粮食、蔬菜、果品、肉类产量均居世界首位，但产品主要以初级加工为主，深加工程度较低。深加工用粮不到总产量的 8%，而发达国家的这一比例在 70% 以上。欧美、日本等发达国家 90% 以上的蔬菜都经过商品化加工处理后进入流通领域，而我国仅为 30% 左右。目前，我国正处于由传统农业向现代农业转变、由资源依赖型向

科技依存型转变的关键时期。迫切需要食品科学新理论和新方法研究，包括食品营养、食品贮藏与保鲜、食品加工基础理论、食品安全与质量控制等方面的新技术和基础理论。

第二节 食品科学的发展规律与发展态势

食品科学是一门多学科交叉融合的应用型学科，随着学科的进步、经济社会的发展，食品科学的内涵和外延不断向新的深度和广度拓展；食品科学基础研究不断深入，并与自然科学、工程技术科学，以及人文社会科学不断渗透、交融，新的学科生长点和学科交叉不断涌现，研究方法不断丰富和发展。

一、发展规律

1. 食品科学属应用基础学科，食品科学的发展与食品工业相互促进并相互支撑

食品科学是一门涵盖面宽、涉及领域广的应用学科，以食品工业（包括农产品加工业、食品制造业、饮料制造业等）所依托的科学理论问题的研究、工程技术及装备的实现和相关科研、工程队伍的组织与培养为其基本内涵。食品科学的发展与食品产业相互促进并相互支撑。食品科学的进步有力地支撑、推动了食品工业的发展。一方面，食品贮藏理论的突破促进了食品商业灭菌技术的实现，也使食品加工有了重大进步；食品加工过程微生物学的研究带来了“巴氏消毒法”的发明，并广泛应用于各种食物和饮料的加工中；食品中酶的鉴定和分析使得冷冻蔬菜的商业化加工成为现实；对食品中耐热微生物的研究，以及微生物与加工时间、温度的相关性研究直接推动了食品加工技术的发展，也奠定了热加工罐头食品的科学基础。另一方面，食品工业的快速发展也促进了学科的进步与创新。食品工业的快速、可持续发展所面临的一些关键和共性的科学问题，是食品科学开展研究的重点方向；同时，产业的发展为食品科学学科提供理论与实践相联系的纽带与平台，有助于食品科学基本理论的应用。

2. 食品科学是交叉型学科，食品科学的发展离不开生物学、化学等基础学科与新兴学科和新技术的不断融合、渗透

食品科学是综合运用自然科学、社会科学、工程学等研究食品组分、食品物性、食品加工原理、食品营养的一门交叉学科。食品科学的诞生、成长和发展过程无不体现着与农学、生物学、化学、工程学、医学等学科的交叉。早期食品科学领域的研究，基本都是来自农学、化学等其他学科领域的研究工作。由于食品科学学科研究对象的复杂性以及学科所面临的社会发展、人类健康等挑战的艰巨性，新的科学问题不断产生，食品科学在继续与生物学、医学、化学等传统学科交叉的基础上，与材料学、信息学、电子学等新兴学科交叉，进一步与纳米技术、生物技术等更多领域交叉。学科的交叉有助于产生新的前沿性的科技发明和创新。食品科学与微生物学、材料学的交叉产生超高温瞬时加热技术（UHT）和无菌灌装技术，UHT 工艺结合无菌灌装设备在牛奶和果汁产品中大规模应用，使热敏性饮料类产品的品质得到了质的飞跃。食品科学的创新可持续发展迫切需要多学科交叉，以解决食品科学重大科学问题，解决未来产业发展中的关键瓶颈，促进食品产业升级，增强产业国际竞争力。

3. 食品科学是一门新兴成长型学科，食品科学的内涵与外延随社会的发展不断拓展

世界食品科学的发展历史表明，大部分高等教育与研究单位经历了从农学到食品科学的转变，食品科学学科还属于一门新兴成长型学科，食品科学的学科内涵（包括学科目标、任务、研究对象以及人才培养或者教育等），在不同时期、不同地区和不同领域的理解都是不同的。从学科设置来看，早期食品科学领域的设置多以食品产品为标准，如肉品科学、乳品科学、谷物科学等。随着学科的发展，以及强化食品领域基础科学研究的需要，部分以食品产品为特色的专业开始合并为食品科学、食品营养等。从学科内涵来看，食品科学从食品加工的基本问题，发展到食品加工材料的生产、处理、加工过程对产品品质和加工性能的影响等方面，涵盖了食品的组分在加工过程中产生的物理化学和生物化学变化，以及对加工过程的影响、食品对人类的营养作用、质量控制以及资源的综合利用等方面。从学科外延来看，随着分子生物学、营养学和医学等相关学科的进步，食品科学学科专业体系也不断进行着变革。食品科学学

科体系中以传统的农产品原料体系划分为主的食品加工技术的专业设置逐渐减少，而相应的，与营养、健康、安全相关的专业设置不断增加。

二、发展态势

1. 食品原料的功能与特性研究日益深入，已经成为食品科学学科的重要基础

食品原料学是食品科学的基础和重要组成，也是影响食品质量安全与营养的首要环节，食品原料特性的研究和营养强化成为国内外食品科学研究的重要领域。通过研究食品原料的理化特性、生物学性质、营养特征和加工特性等，阐明食品品质的形成与调控机制，提高食品的品质；通过现代生物技术，在大宗动植物食品原料中生产高附加值营养因子，或者改造动植物某种营养成分，提高食品原料的营养和功能。例如，在西红柿中导入来自金鱼草的两个转录因子 Del 和 Ros1，西红柿会积累大量花青素；2012 年，Jabed 等培养出世界上第一头能够产生高蛋白牛奶的奶牛，而且这种牛奶可能是低过敏性的。通过新资源食品的发现与特性研究，拓展食品原料资源，增加产品的营养与功能。

2. 食品生物化学研究日趋系统化和分子化，已经成为食品科学学科的重要方向

食品生物化学从生物化学的角度和分子水平上研究食品的化学组成、结构、理化性质、营养和安全品质，以及食品加工、贮藏和运销过程中发生的相互作用、结构与功能，及其对品质和安全的影响。食品生物化学是食品科学学科的重要分支，食品生物化学研究成果的运用对人们生活产生了诸多积极的影响，一直以来都受到广大科学研究者的高度重视。目前，该领域的研究方向主要涵盖食品组分的分离、结构基础和功能、构效关系与分子代谢调控机制、生物合成及调控机制、环境胁迫抗性机制及分子调控、动态食品生物化学、食品风味化学、细胞生物化学、酶学与酶工程等方向，其中以食品组分的分离、结构基础和功能、构效关系、分子代谢调控机制为该领域的研究热点。

3. 食品微生物学研究不断趋于基因水平、分子水平和后基因组水平，是食品科学学科的重要延伸

食品微生物学是食品科学的重要起源之一，融合了普通微生物学、工业微生物学、农业微生物学、医学微生物学和食品的相关知识，同时又渗透了生物化学、分子生物学、机械学和化学工程等领域的研究方法。食品微生物学主要研究与食品有关的微生物的种类与特征；研究食品中微生物与微生物，微生物与食品，微生物、食品、人体之间的相互关系；研究微生物以（食品）基质为载体，快速生长繁殖的同时，转化为所需要的各类食品产品、食品中间体等高附加值产品；研究食品原料、食品生产过程、产品包装、贮藏和运输过程中微生物介导的不安全因素及其控制；利用基因工程（DNA重组）、细胞工程、酶工程和发酵工程学的方法，改造与提升传统食品微生物菌种的发酵性能。食品微生物的研究迅速向纵深发展，已从细胞水平、酶学水平逐渐进入到分子生物学水平。随着学科的进步和社会的发展，食品微生物学的宏观研究领域不断拓展，从最初的食品微生物特性、微生物发酵、微生物控制发展到营养食品领域。

4. 食品加工学基础是食品科学学科的重要分支，在整个学科门类中具有重要的学术地位和影响力

食品加工学基础以食品加工过程组分结构与功能变化、生物变化与调控、生物合成与转化等为主要研究内容，是食品科学学科的重要分支领域，在整个学科门类中具有重要的学术地位和影响力。食品加工过程中所涉及的相关理论知识是食品科学学科发展、壮大的基础。食品加工过程中组分、结构与功能变化直接影响食品的感官品质、营养价值及食用安全性，是食品科学学科的重要基础；食品加工过程的生物变化与调控是食品科学学科最活跃的研究领域之一；食品加工过程中的生物合成与转化机制的研究有效推动了食品科技的创新与发展，是食品科学学科最有前景的研究领域；食品加工技术基础是食品科学的一个重要起源之一，是食品科学学科不可分割的组成部分。

5. 食品贮藏与保鲜基础研究更趋系统深入，已成为降低采后损失、提高食品质量的关键

食品贮藏与保鲜研究是降低食品资源消耗、提高产品质量的必要前提和重要途径，也是国内外食品科学家重要的研究领域。植物源产品的特性和保鲜均基于其采后的生理学基础，动物源产品尤其是肉品的品质保持和提示均基于宰后肌肉生物化学基础。因此，降低生理活动的各种方法和实践成为重要的内容，包括从分子生物学水平研究成熟衰老机制及其生化调控途经，外界非生物因子对成熟衰老的影响等。由于化学保鲜剂的安全问题，安全、高效的生物保鲜剂的研发与作用机制也成为研究的重要方向；随着信息学和信息技术的不断发展，食品保鲜贮藏与信息学的交叉与渗透日益强化，食品现代物流学的研究也成为热点之一。

6. 现代食品营养研究是食品科学学科的新兴方向，正引领膳食营养研究的新趋势

食品营养学研究已经从传统的营养素的消化、吸收、代谢、生理功能、需要量等问题发展到基于分子生物学手段的营养素与基因组学、转录组学、蛋白组学以及代谢组学等角度来阐明营养素生理功能以及与各种疾病发生发展的关系。前沿生命科学研究的飞速发展为食品营养科学基础研究提供了动力源泉，以集成基因组学、转录组学、蛋白组学、营养代谢组学等食品组学技术正在世界范围内蓬勃兴起，为食品科学与营养的革命性突破奠定了技术基础。美国国立卫生研究院（NIH）投入巨资支持公众营养健康水平的提升研究，研究经费约占美国非国防领域科研经费的 1/3 以上，并保持持续增长趋势。同时，NIH 已制订长期支持计划方案，持续大量资助营养健康研究，特别是由于食品导致的慢性疾病和癌症。日本出台的《生物技术战略大纲》将提高国民健康水平的研发作为主要研究内容，其第三期“科学技术基本计划”中与食品营养直接相关的研究经费达到 1000 多亿日元。英国政府也制定了食品营养健康发展计划，如英国卫生部，环境、食品和农村事务部、经济和社会研究理事会、生物技术和生物科学研究理事会共同发起了“饮食，食品和健康关联计划”、英国生物技术和生物科学研究理事会也共同制定了“高水平食品研究战略”。

7. 食品安全是食品科学研究的重要目标，已成为世界各国食品研究的战略方向

世界各国政府高度重视食品安全基础方面的研究。其中，食品中危害因子的形成与转化，以及食品安全风险预测与评价的科学基础已经成为解决食品安全问题的源头动力和研究热点。近年来，《Science》期刊连续发表专题报道，从加工过程安全控制、水污染等多方面阐述了食品安全现状，并提出一系列解决思路。欧盟《第 7 框架计划》也投入巨资支持食品安全研究，在其新增 64 亿欧元的研究计划中，食品安全列为第 3 位，仅次于气候变化和能源安全。美国的 NIH、农业部（USDA）和环保署（EPA）等机构亦投入巨资支持食品安全研究。其中 NIH 制订的长期支持计划中，一直以来大量资助食品安全研究，特别是在食品危害因子产生、转化及人类安全摄入风险导致的慢性疾病和癌症研究方面的投入。欧美、日本等发达国家和地区的食品企业和研究机构纷纷加强了针对食品加工过程导致的安全问题的研究，特别是对食品加工过程中产生致癌物质的机理及控制开展相应研究。为建设完备的食品安全主动干预、全程防控体系，欧美等发达国家和地区重点开展对已知和潜在多源性危害物的多因子、多水平的安全评价和预防干预的多学科交叉基础研究，其中主要包括多重危害因子的毒理学评价、危害因子的交互作用及风险分析、针对食品危害评价的软件开发，以及利用互联网实现大范围食品安全资源的共享。

第三节　食品科学的发展现状与发展布局

食品科学学科作为一门多学科交叉的应用型学科，蕴含了众多学科的理论与知识，在知识创新、人才培养、社会服务及产业发展中发挥了重要作用，是产业发展的基础保障和内在动力。食品科学学科的进步关系到食品产业的发展，关系到国民经济、国民营养健康体质以及社会和谐稳定。经过半个多世纪的建设与发展，我国食品科学学科的知名度与影响力日益彰显，在学科方向特色、学术团队结构、科学研究水平、人才培养质量、社会服务等各个方面已经成为在国内外均具有较大影响力的学科。

一、发展现状

（一）人才队伍与平台建设

我国已初步建立起一支学科齐全、掌握现代科学技术知识、了解食品工业发展前沿，具有较高学术水平、科研开发能力和工程能力的科研队伍，整体能力建设已经上了一个新的台阶，为食品科学学科和食品产业的发展创造了必要的智力支撑。

目前，我国从事食品科学研究的科研单位和高等院校已经超过 400 家，已初步形成了国家、部门、地方三级较为完善的研发体系。有 237 所高校设立食品科学与工程本科专业，主要分布在江苏、山东、上海、浙江等 31 个省（自治区、直辖市）的综合、工科、农业、工商、医学、师范、民族等院校中，其中具有博士点学校有 24 所，硕士点高校有 100 余所，形成了以本科和研究生教育为主体、全方位的食品科学技术人才培养体系。在高层次人才队伍建设方面，食品科学研究领域近年新增 3 名中国工程院院士，10 人入选国家“千人计划”和“青年千人计划”，新增“长江学者奖励计划”特聘教授 3 人、国家杰出青年科学基金获得者 5 人，以及教育部新世纪优秀人才等高层次创新人才，为食品科学学科的基础研究提供了人才保障。在人才培养方面，食品科学类本科生招生规模约为每年 50 000 人以上，师生比约为 1∶14，为食品行业输送大量高水平的专业技术人才。从师资队伍来看，食品科学与工程专业现有专任教师的学历层次和职称结构不断优化，据不完全统计，教授占专任教师总数的 36%，副教授占 19%，讲师占 17%；从学历层次看，具有博士学位的教师占专任教师总数 48%；具有硕士以上学位人数占专任教师的 85%。经过多年的建设，教师在质量上有了明显的提高，特别是中青年教师高学历、高职称的比率有较大的提高；教师结构较为合理，在数量上和质量上能够较好地满足学科发展、教学、科研、社会服务以及人才培养的需要。

在基地平台建设方面，截至 2013 年，我国已有近 80 多所高校和科研单位建立了省部级的重点实验室和工程技术研究中心，一大批食品工业企业集团相继成立了研发中心和博士后工作站；建有食品科学与技术国家重点实验室、乳业生物技术国家重点实验室、肉品质量与安全控制国家重点实验室、啤酒生物发酵工程国家重点实验室等国家重点实验室，粮食发酵工艺与技术国家工程实验室、粮食储运国家工程实验室、粮食加工机械装备国家工程实验室等，以及国家肉品质量安全控制工程技术研究中心、国家海洋食品工程技术研究中心、国家功能食品工程技术研究中心、国家蛋品加工工程技术研究中心、国家肉类加工工程技术研究中心、国家大豆工程技术研究中心等近 20 家国家工程实验室及国家工程中心，我国整体食品科技能力建设已经上了一个新的台阶，为基础研究、人才培养等提供了必要的硬件支撑。

（二）资助现状

国家对食品科学学科领域基础理论研究、关键核心技术突破以及产业化开发十分重视，资助力度逐年上升。通过国家 973 计划和国家自然科学基金项目鼓励食品科学领域的基础理论研究，通过国家 863 计划鼓励食品前沿核心技术的突破和重大产品的开发，通过国家科技支撑计划鼓励食品产业共性技术研究开发与应用示范，重点解决涉及全局性、跨行业、跨地区的重大技术问题，提升产业竞争力，为我国经济社会协调发展提供支撑。

在基础研究领域方面，2010 年国家自然科学基金委开始在生命科学学部将食品科学单列成为一个独立的资助学科，这对于推动我国食品科学学科基础研究的发展，提升我国食品科学学科领域的研究水平具有重要意义。同时，这也表明国家自然科学基金委对我国食品科学基础研究的支持力度进一步加大，对解决中国食品科技和产业发展中遇到的基础理论问题有了新的视角和思路。2010 年度，国家自然科学基金食品科学领域投入经费 0.82 多亿元，资助项目 275 项；2014 年度，国家自然科学基金食品科学领域投入经费超过 2.22 亿元，资助项目 434 项；截至 2015 年 12 月，近 6 年总计资助 2452 项，资助金额近 11 亿，极大地支持了食品科学领域的基础研究；在国家 973 计划领域，2012 年启动了我国食品领域第一个 973 计划项目——食品加工过程安全控制理论与技术的基础研究，项目针对食品加工中有代表性的危害物——氨基甲酸乙酯、丙烯酰胺以及晚期糖基化终产物（AGEs），系统研究危害物检测方法、生成机制以及控制理论和技术 2013 年启动 973 计划项目——主要粮油产品储藏过程中真菌毒素形成机理及防控基础，围绕“储藏过程中真菌毒素形成及致劣变机理”和“储藏过程中真菌毒素预警及控制机理”两个科学问题，研究和揭示真菌毒素产生、形成、致害、代谢和降解的生理生化和分子机理，光、温、湿等环境因子对毒素致害、粮油劣变的影响机制，为有效监测、预警、阻断和消除真菌及其毒素对我国储粮产品的危害提供科学的理论依据和方法基础。2013年启动973计划项目——果实采后衰老的生物学基础及其调控机制，重点研究激素信号物质互作调控果实采后衰老的分子机制、物质、能量亏损引发果实采后衰老的生物学基础、生物与非生物因子诱发水果采后衰老的作用机制以及品质劣变与果实采后衰老生物学基础。

在关键技术与产业化示范领域，《食品产业科技发展“十二五”重点专项规划》提出，要重点加强大宗食用农产品大量转化与高效利用、工业化食品综合与精深加工及农产品现代物流三个方面的技术创新，先后启动了现代食品工程化技术与装备、优良食品微生物高通量筛选与细胞选育技术、大宗粮食绿色加工技术与产品、主食工业化关键技术与装备及其产业化示范、动物源食品安全加工科技工程、食品新酶创制及生物加工关键技术研究及创新应用等项目。科技支撑计划项目——主食工业化关键技术与装备及其产业化示范项目总经费为1.33亿元，其中国拨经费为8187万元，重点对螺杆组合、腔体结构、节能运行、自动化控制及原料适用性等方面进行了深入的研究，突破了粮食加工挤压技术瓶颈，使双螺杆挤压系列设备真正的具备了节能、环保、节约、安全、灵活的优势，实现了挤压技术向早餐谷物、休闲食品、组织蛋白、营养杂粮米等领域的延伸，使我国挤压技术与装备在食品加工行业登上了新的台阶。

（三）食品科学学科研究的现状与重要成果

1. 基础研究逐渐深入系统，国际学术地位迅速提升

食品科学基础研究已逐步从单纯满足科学家对食品加工理论、现象和规律认识的兴趣，转向更加注重服务于人类社会发展和国力竞争的需要。近年来，在食品科学学科可持续发展需求的推动下，我国食品科学领域的基础研究逐渐深入系统，高水平研究论文持续增长，特别是2005年以来，年均增长率超过30%。《Food Hydrocolloids》在2008年、2011年和2012年刊载我国学者的论文均超过了10%；在《Food Chemistry》和《Journal of Agricultural and Food Chemistry》期刊发表论文均呈持续走高的态势，2012年我国学者论文达到了20.2%和22.3%，这反映了我国在食品科学领域基础研究实力在持续增强。

食品科学研究主题涉及食品科学技术、应用化学、环境科学、分析化学、

食品营养与健康、食品安全检测、食品生物技术与应用微生物学、生物化学与分子生物学，以及海洋淡水生物学等领域。其中，食品营养、食品安全检测成为领域颇具影响的方向。2000～2011年，中国科学院植物资源保护与可持续利用重点实验室蒋跃明研究员研究论文《Flavonoids in food and their health benefits》总被引频次和年均被引频次分别达到232次和29次，科研成果被国际同行广泛关注，具有较高的影响力和认可度；德国生物技术研究所Takors教授在《Biotechnology and Bioengineering》上发表论文认为我国研究者完成的丙酮酸达到国际最高产量和产率；《Drying Technology》主编、国际干燥协会主席Arun Mujumdar教授评价我国研究者在热干燥加工技术研究方面有很深的造诣。

2. 食品领域关键技术取得新突破，具有局部竞争优势

我国食品科学学科领域的科研实力逐步增强，高技术领域的研究开发水平与世界先进水平的整体差距明显缩小，局部已形成优势。在食品高效分离技术、物性修饰技术、制汁制浆技术、质构重组技术、造粒成型技术、灌装充填技术、粉碎技术、分散技术、浓缩技术、冷冻技术、杀菌技术、干燥技术、食品微生物技术、食品发酵工程技术、食品酶工程技术、食品细胞工程技术、食品基因工程技术等18类食品绿色制造与加工核心技术领域，我国拥有的专利数均位于全球前3位，尤其是在高效分离技术、制汁制浆技术、粉碎技术、浓缩技术、冷冻技术、杀菌技术、食品发酵技术和食品酶工程技术领域具有突出优势，这9类领域我国拥有的专利数位于世界第一。

我国在食品酶工程领域已经有大量的研发成果积累，产业化条件成熟。截至2013年12月，食品酶工程专利技术来源国家前三位分别是中国、美国和日本，并且这三个国家申请量的总和在食品酶工程专利申请总量的占比超过50%；中国专利占23%，位列第一。2005年后，我国在食品酶工程领域的专利申请量迅猛增长，2008年赶超美国，成为专利年申请量最多的国家。我国在食品酶工程领域的研发成果在国际已占据一席之地，但仍然需要加大技术薄弱点的研发。

食品高效杀菌技术全球专利申请量排名前10位国家/地区依次是中国、日本、俄罗斯、韩国、美国、德国、前苏联、法国、欧洲专利局（EP）和英

国。其中，我国占比高达 38.6%，比排在第二位的日本高出了 11.1 个百分点，优势非常明显；俄罗斯的申请量占比为 16.3%，处于第二梯队；美国排在了全球第 5 的位置，占比为 6.4%。欧洲地区国家整体实力较强，但分散到多国，除俄罗斯外，其余国家实力与前 5 位国家还是相差很多。

在食品高效杀菌技术领域，我国 20 世纪 80 年代才进入该领域，与国外发达国家相差了 20 年，进入该领域的时间相对较晚，但发展势头十分迅速，近年来的平均年增长率在 20% 以上，专利总量位居全球第一。从专利技术来源国家来看，食品高效杀菌技术全球专利申请量排名前 3 位国家 / 地区依次是中国、日本、俄罗斯，其中我国占比高达 38.6%，优势地位非常明显。从专利技术市场分布来看，食品高效杀菌技术全球专利市场分布量最大的前 3 位国家 / 地区依次是中国、日本、俄罗斯。可以看出，中国、日本、俄罗斯、美国不仅是技术输出强国，同时也是技术的主要应用市场。从专利申请人分布看，前 20 位中，我国专利申请人占据了 5 个席位，有一定的技术实力，发展快速。

3. 食品科学学科理论与实际紧密结合，孵化出一批高技术含量、高附加值的科研成果

在掌握学科前沿动态、积极探索的基础上，食品科学学科经过联合科技攻关和自主创新，在食品加工过程、食品生物技术和食品安全与控制三大体系中均取得经济和社会效益显著的重大成果，并成功实现了科研成果在产业中的高效转化，大大提高了我国食品科学学科的科技水平和国际竞争力。

在果蔬采后贮藏保鲜领域，从源头创新出发，发明了若干核心关键技术，整合制订了技术标准并在生产中推广应用。杨梅、枇杷是我国重要特色果品，产业规模大，效益高，但由于其生物学特性决定了采后果实贮藏难、物流难，极易造成卖果难，加之采收季节又多适逢高温高湿，损耗常高达 25% ～ 50%，多局限于本地及周边销售，严重困扰产业发展。为此，在国家自然科学基金、国家科技支撑计划、国家农业科技成果转化资金等项目的支持下，我国科学家对杨梅和枇杷贮藏物流核心技术开展研发。确定了杨梅为呼吸跃变型果实，阐述了果实成熟期间色泽变化及其调控的生物学基础；明确了红肉枇杷果实质地生硬是组织木质化所致；鉴别了木质化相关的关键基因和行使重要调控作用的转录因子，阐明了相应的调控手段与途径。同时，基础理论创新为贮藏物流技

术研创提供了突破口。发明了杨梅安全、绿色的果实乙醇熏蒸防腐技术，创新了增强空气流动的新型预冷工艺，研创了物流过程实时远程跟踪监测技术体系，研制了控制物流微环境湿度的新型吸湿剂，研发了高效、轻便的非制冷低温维持技术体系；发明了显著减轻红肉枇杷果实冷害木质化的LTC技术，研创了1-MCP等防冷害辅助保鲜技术。核心技术的研创为技术集成应用提供了核心组件，先后集成制订了杨梅和枇杷果实贮藏物流技术标准。杨梅和枇杷贮藏物流核心技术推广应用后，商品果率提高了30%～80%，平均利润增加3500～5000元/吨。该成果获2013年国家科技进步奖二等奖。

在生物源绿色防病和果实抗性诱导等核心技术方面取得重大突破，并在多种水果上取得产业化应用与推广，病害控制率较传统技术提高了30%～60%，农药使用量减少了40%～60%，提高了病害防控的安全性；果实抗性诱导技术使果实采后病害的发生率降低了30%～40%，增强了病害防控的有效性。生物源绿色防病和果实抗性诱导等技术已在我国主要水果产区得到广泛的示范应用，实现了绿色防病保鲜，减少了农药的污染，促进了区域经济的发展，社会效益、经济效益和生态效益显著，该成果获2013年国家技术发明奖二等奖。

（四）存在的主要问题

1. 食品科学学科体系建设还需进一步调整和布局

经过长期的发展与沉淀，我国食品科学学科已经形成涵盖食品原料学、食品生物化学、食品微生物、食品加工学基础等内容，且相对稳定的学科体系，但是从学科的创新和时代的发展来看，食品科学学科体系的构建和结构调整都与时代的需求密切相关，是时代发展的产物，需要我们根据不同时代科技发展和人才培养的需要，不断拓展学科的内涵和外延，促进学科由单科向多科发展，构建以食品化学、食品微生物以及工程学为基本方向，以多学科交叉为基础，服务国家发展战略与重大需求的学科体系。

2. 食品科学学科基础研究的支持力度还需加大

基础研究是科技创新的基础和源泉，也是培养造就人才、特别是高层次科技人才的摇篮。我国食品科学学科长期以来在基础理论研究方面投入不足，严重制约了学科的长远发展、产业的支撑作用以及社会的服务能力。基础研究是技术进步和经济发展的先锋，食品科学基础研究是技术创新和技术推广的基本储备。食品加工新技术、新工艺、新流程、新产品都是建立在新知识基础上的。与发达国家相比（>20%），我国食品科学基础理论研究的支持力度（5%左右）相对较低，直接影响科技的自主创新力及产业支撑能力。

3. 食品科学学科原创性重大研究成果相对缺乏

我国食品科学领域基础研究实力不断增强，个别领域达到国际先进水平，但是与世界整体先进水平相比，我国还缺乏高影响力的研究成果，重大原创性研究成果仍未出现。在学术领域，论文的高被引次数代表着较高的受关注度和被认可度，从而在某种程度上代表了论文的质量。我国食品科学学科SCI论文总量迅速增加，但是在国际权威学术杂志上发表的研究论文还较少，论文的他引率较低，学科原创性不足。以2012年SCI论文为例，我国学者在《Critical Reviews in Food Science》《Trends in Food Science & Technology》和《Food Chemistry》上发表论文的平均引用次数只有3.20、1.00和0.99。

4. 食品科学学科高层次领军人才相对匮乏

我国食品科学学科领域的人才队伍建设虽已初具规模，但尚缺乏国际高知名度的科学家，缺乏处于国际前沿的高素质研究团队，各个层次的人才队伍现状与食品科学学科的重要性和发展需求极不相称，尤其是从事基础研究的人才更加缺乏。应切实加强以国内培养为主，与积极引进国外优秀人才回国相结合，营造鼓励优秀人才拔尖和脱颖而出的环境，建立以学科带头人为核心的创新团队。

二、发展布局

未来5～10年，食品科学研究需在继续发展食品加工基础、食品生物化学、食品微生物等传统优势研究领域的基础上，密切关注、培植新兴领域、交叉领域和学科新的生长点，优先支持具有重大科学意义、面向国家战略需求和行业重大科学问题的基础研究；继续完善食品科学领域国家基础科学人才培养基金（国家杰出青年科学基金、国家优秀青年科学基金、青年科学基金）、地区科学基金等较为完整的培养资助体系；充分利用食品生物化学、食品微生物学、食品化学和食品工程基础所取得的理论和技术成就，带动食品生物技术、食品营养设计、食品先进制造等前沿领域的发展；注重在数学与计算机技术、生物技术、纳米技术和生物信息学等交叉领域的融合与发展，积极参与国际竞争。

1. 加强创新高层次人才队伍和创新团队建设

针对我国食品科技与食品工业发展对高层次创新人才和创新团队的迫切需求，重点加强食品科学领域新型创新人才和人才队伍的培养，培养和造就一批具有国际影响力的杰出科学家和进入国际科学前沿的创新团队。以国家杰出青年科学基金、优秀青年科学基金及创新研究群体项目等人才项目为牵引，培养支持一批学术基础扎实、具有突出的创新能力和发展潜力的优秀创新人才和跨学科创新团队；以青年科学基金项目、面上项目、重点项目和重大项目为依托，更大范围和更深层次地支持我国食品科学领域基础科学研究的发展，稳定和培养一批优秀科学人才，支持他们开展创新性基础研究工作；以海外及港澳学者合作研究基金项目、国际（地区）合作与交流项目为指引，加强国际合作，开拓食品领域创新人才的国际视野，占领国际食品科学研究创新的人才高地。

2. 加强人才培养基地和培养环境建设

围绕我国食品科学人才培养基地和培养环境建设，在食品加工基础、食品营养、食品生物技术以及食品安全与质量控制等领域，结合领域特色和优势学科资源，建设一批食品领域基础科学研究和教学人才培养基地，推进食品科学领域国家重点实验室建设，改善食品科学领域的教学、实验和实习条件，开展教学改革研究、教材建设和教师培训，促进食品科学基础研究与教育有机结合，促进理论学习与生产实践的有机结合，加强对食品科学学科本科生的科研训练，提高实践能力，激发科学兴趣和创新意识，形成满足食品科技创新需求的资源和条件支撑体系。

3. 加强食品科学学科基础科学研究

在食品科学学科基础研究领域，要紧密围绕国家战略需求和学科发展需求开展基础研究，大力支持以揭示食品加工和贮藏（保鲜）过程品质与营养变化机制、食品加工与贮藏过程生物学基础、膳食营养、食品安全与质量控制机制为目标的自由探索，努力解决涉及我国粮食与食物安全、食品资源高效利用、食品加工节能减排降耗、国民营养提升以及食品产业升级的深层次基础问题。

第四节　食品科学的发展目标及其实现途径

一、发展目标

1. 总体目标

在食品加工基础、膳食与营养、食品质量安全控制等方向取得一批具有重大影响的创新成果；在食品安全、国民营养以及食品产业升级改造等领域解决一批关键科学问题；在食品科学研究领域培养一批具有国际影响力的科学家、创新团队，以及高水平研究基地；为食品产业的持续快速发展、国民经济和社会发展提供充足的知识和人才储备。

2. 具体目标

继续发展食品原料学、食品生物化学、食品微生物、食品加工基础等传统优势方向，在食品与生物、食品与医学、食品与信息学、食品与材料学等交叉领域与科学前沿取得重大突破。

重点解决食物安全、国民营养改善，以及食品产业升级、可持续发展等国家重大需求的一批关键科学问题。

在食品生物技术、营养基因组学以及食品先进制造技术等科学前沿领域实现较大突破，达到国际先进水平。

发展食品科学研究基地，推进国家重点实验室建设。

稳定 10 000 名规模的科学研究队伍，形成 3 ～ 5 个高水平研究团队，造就一批在国际食品领域具有重要国际影响力的科学家。

显著提高食品科学领域的论文质量，国际论文篇均引用率达到世界平均水平，取得一批原始性创新成果，获得5～10项具有重大影响的国家科技奖励。

二、实现路径

1. 支持食品科学学科优势研究方向，形成国际竞争优势

食品科学学科优势研究方向是整个食品科学学科的重要基础，是食品科学与行业联系的纽带，需要在整体上给予高度重视和长期、稳定的支持。在食品科学研究领域，应继续重点支持食品原料学、食品生物化学、食品微生物、食品加工学基础和食品贮藏与保鲜等优势研究方向，形成国际竞争优势。

2. 扶持食品科学学科薄弱研究方向，形成新的学科生长点

食品科学领域还存在一些意义深远、短期未被认识且研究方法不同于常规的科学问题，即食品科学学科的薄弱研究方向。薄弱研究方向的认识和取得进展需要新研究方法、技术或理论的突破。在食品科学研究领域，应扶持膳食与营养、食品材料、新资源食品等薄弱研究方向，形成学科新的生长点。

3. 鼓励食品科学学科的交叉研究方向，实现研究方法论的突破

基于食品科学学科研究对象的复杂性以及学科所面临的社会发展和人类健康等挑战的艰巨性，一些新的科学问题将会不断产生，并不断被认识和解决，食品科学的研究需要学科交叉。在食品科学研究领域，应鼓励食品与生物、食品与医学、食品与信息学、食品与材料学、食品与化学工程研究方向等的交叉，渗透融合不同学科的研究方法，实现食品科学学科研究方法的新突破。

4. 聚焦食品科学学科研究前沿方向，实现高新技术的储备

食品科学学科前沿研究将有助于带动食品产业的可持续、快速发展，有助于服务国民经济和社会发展。另一方面，我国食品产业生产水平较低、资源与能源消耗较大、慢性非传染性疾病逐年上升，迫切需要在前沿研究方向取得理论和技术创新。在食品科学研究领域，应促进食品生物技术、食品绿色制造技术、营养设计等前沿研究方向，实现食品科学学科高新技术的储备。

第五节 优先资助领域及重要的交叉研究领域

食品科学学科资助以食品及其原料为研究对象的基础研究和应用基础研究，优先支持关系国民营养和制约我国食品产业发展的重要科学问题，鼓励研究工作创新性、连续性和系统性强的申请项目，鼓励实质性的多学科交叉研究。在食品营养学领域优先支持食品组分相互作用、食品加工与贮运过程中的营养品质变化、食品加工新技术对食品品质、营养、安全的影响机制、膳食结构等与维持人体营养领域的基础研究；在食品安全与质量控制领域优先支持为新技术新方法建立而开展的食品检验学理论基础研究以及加工贮藏过程中有害物形成与控制机理研究。

一、食品科学学科优先资助领域

1. 食品有害物质形成机制及其控制机理

食品安全已经成为世界各国食品研究的战略方向，各国政府高度重视食品安全基础方面的研究。食品安全应围绕食品质量安全检测、食品加工过程安全控制、危害因子的毒理学评价等方面展开基础研究。其中食品质量安全检测领域应体现多学科交叉融合特色，基于物理、化学、生物等传统学科优势，结合生物物理、生物化学与分子生物学等新兴学科，综合利用传感技术、纳米技术、分子识别技术、基因重组技术、生物芯片、信息技术等新技术，开展全方位的食品质量安全检测理论和方法研究。食品生产加工过程安全控制应研究食品加工过程中产生的危害因子的类型、形成过程及机理、消减和控制技术及机制。

主要科学问题：① 食源性致病微生物的精准检测及机理；② 食品加工过程中危害因子的形成、迁移和转化规律及控制机理；③ 食品中有害物质生物分析的分子识别与作用机制；④ 食品中多目标物同时分析理论和方法研究；⑤ 危害因子的毒理学评价理论和方法。

2. 食品加工过程中组分变化规律和机制

食品是一个复杂的、多组分体系，在其加工过程中所涉及的一系列变化均会影响食品的品质和安全性。在食品加工学基础领域，应紧密围绕国家战略需求和学科发展需求开展食品加工过程组分结构与功能的变化机制、生物变化与调控机制、生物合成与转化机制等基础性研究，明确食品组分在加工过程的物理、化学、生物学变化以及这些变化对食品品质的影响，从而达到对整个食品加工包括食品原料到产物每个途径分子转化的确切控制，为发展新型食品加工技术、提升食品工程以及发展食品产业提供理论依据。食品加工学基础是食品科学学科的重要分支，在整个学科门类中具有重要的学术地位和影响力。

主要科学问题：① 食品加工过程组分、结构与功能的变化及调控机制；② 传统发酵食品的品质形成与调控机制；③ 模式微生物、病原微生物以及有益微生物在食品加工过程中变化的机制以及对外界环境的应答机制；④ 食品加工新技术对蛋白质等生物大分子、胡萝卜素、多酚类物质等有机小分子的生化变化及其对食品品质、营养、安全的影响机理；⑤ 食品加工过程中风味形成机制和稳定化机理；⑥ 食品加工中活性物质功能评价与利用。

3. 传统酿造发酵食品风味形成机理和调控机制

中国传统酿造发酵食品历史悠久，文化深厚。已形成较大规模并具有突出中国特色的传统酿造发酵食品主要包括白酒、黄酒、酱油、食醋、调味酱类等，酿造发酵食品产业在食品行业中占有突出位置。我国酿造发酵食品制造业虽然发展比较快，但普遍存在工艺技术落后、产品质量控制水平较低、资源利用率低、食品安全保障体系不健全等瓶颈问题，造成这些问题的原因是缺乏相关基础性理论研究。如由于对传统发酵工艺过程中微生物群落的分析、风味微生物相互作用机制不清晰，导致酿造发酵食品关键风味物质代谢不稳定，生产难以调控。因此，开展传统酿造发酵食品基础研究将为推动我国酿造发酵食品产业的创新升级、增强我国酿造发酵食品的国际竞争力提供理论支撑。

主要科学问题：① 传统酿造发酵食品用优良微生物资源的选育及代谢调控机制；② 有害微生物及其代谢的预警与控制机制；③ 群体系统生物学及风味功能微生物组合发酵技术；④ 传统酿造发酵食品风味代谢组学和风味化学分析机理。

4. 食品营养素的生理调节机制

食品营养学研究已经从传统的营养素的消化、吸收、代谢、生理功能、需要量等问题发展到用分子生物学手段，从营养素与基因组学、转录组学、蛋白组学以及代谢组学等角度来阐明营养素的生理功能。以集成基因组学、转录组学、蛋白组学、营养代谢组学等食品组学技术正在世界范围内蓬勃兴起，为食品科学与营养的革命性突破奠定了技术基础。

主要科学问题：① 食品组分在加工与贮藏过程中结构与营养特性变化规律及其对食品营养的影响机理；② 食品中生物活性物质与营养功能的关系及其相关机理研究；③ 食物成分对肠道微生物环境改善与生理活性；④ 传统食品特殊组分的结构及作用机理。

5. 植物源食品贮藏与保鲜机理

我国具有丰富的水果和蔬菜资源，水果和蔬菜总产量分别为1.3亿吨和6.8亿吨，均居世界之首。果蔬产业在农业和人民生活中占有十分重要地位。但就全国范围而言，我国果蔬采后损耗十分巨大，高达20%～30%，甚至更严重。如果以2013年总产量计算，直接经济损失超过2000亿元。因此，如何有效减少果蔬采后损失已成为我国亟待解决的重大问题，对保证果蔬产业持续健康发展具有重要意义。当前果蔬贮运保鲜所面临的主要问题是对果蔬品质相关的成熟、衰老的关键基础理论仍缺乏深层次的认识，限制了保鲜和减损的关键新技术研发。果蔬采后营养品质劣变是由内、外部因素所引起的生理过程，与果蔬采后衰老密切相关，并且两者互为因果。目前，国内外对果蔬的品质劣变与调控做了大量研究工作，但主要集中在感官品质和糖酸等基本营养品质变化方面，而对于果蔬采后营养品质和生物活性物质变化及其对衰老的调控仍缺乏系统和深层次的认识。加强果蔬采后成熟衰老的生物学基础研究、生鲜食品品质劣变和腐烂发生的机理及对外源因子的生理应答机制研究，可在真正意义上为食品贮藏保鲜技术的研发和革新提供理论指导。

主要科学问题：① 采后果蔬品质（色泽、香气、风味、质地）形成的生物学基础；② 果蔬品质代谢重要功能基因的鉴定、作用机制；③ 果蔬衰老及其调控的分子生物学基础；④ 果蔬采后品质劣变（褐变、老化、木质化、过度软化、冷害等）发生的规律与分子基础；⑤ 病原真菌侵染植物源食品（如水果等）及与植物源食品互作的分子机制；⑥ 植物源食品对环境或外源非生物因子响应的生理与分子基础；⑦ 植物源食品绿色保鲜技术的生理生化基础。

6. 动物源食品贮藏和加工中品质变化机理和调控机制

在动物源食品贮藏与保鲜领域，应重点开展动物源产品贮藏和加工过程中品质变化机理与调控研究，天然保鲜剂在动物源产品贮藏保鲜中的作用及机理研究，肉品中食源性疾病的控制及危害评估，发酵肉制品菌群生态与产品风味，动物源产品特征质地与风味形成机理及调控、营养评价及作用机制研究，动物源食品中有害物质产生机理及富集过程机理性研究，动物源食品有害物质快速检测技术及监控系统研究。

主要科学问题：① 动物源食品品质形成的生物学基础与调控机制；② 动物源食品品质变化的机理与调控机制；③ 动物源食品典型危害因子的产生与调控机制；④ 动物源食品产后病原鉴定、致病机理、与宿主的相互作用及其作用机制；⑤ 动物源食品功能因子的相互作用、构效关系及其调控机制。

二、与其他科学部学科交叉的优先领域

1. 农业生产与食品营养、安全的交叉研究

食品安全关系到人类的生存和健康，是当今全球最受关注的热点问题之一。人口的持续增长、人类生活方式的不断改变和自然环境的持续恶化，对食品安全提出了更高的挑战。从广义上讲，食品安全包括数量安全、质量安全和营养安全。我国在基本解决了温饱问题后，食品安全更多的是关注质量安全和营养安全。当前，我国食品质量安全问题日益严峻，从长远来说，营养安全也是我们急需面对的问题。消除影响食品安全的危害因素、建立安全农产品生产的标准化技术体系、发展多样性的营养食品和具有个性化需求的多功能食品，是满足人们对食品安全、营养和健康的最重要需求。而实现这些需求最根本的前提是从食品的生产、贮藏与加工、综合利用等角度，在综合性交叉领域开展具有战略导向性的基础研究，涉及生物学、化学、物理学、农学、医学、材料学、信息学和管理学等众多学科领域的交叉与综合。

主要科学问题：① 农产品营养成分的代谢及其调控机理；② 生物毒素的代谢及其调控机理；③ 动植物免疫防御及病原与宿主的相互作用机理；④ 农产品产后营养成分循环代谢机制；⑤ 品质安全的精确快速高通量检测理论；⑥ 膳食结构、营养平衡对慢性疾病或人体亚健康的食品营养干预机制；⑦ 智

能化个性营养食品的物质学基础。

2. 食品营养对人类代谢综合征和亚健康调节的机理研究

随着社会的发展和人们生活的不断改善，一些与饮食习惯相关的代谢综合征（如肥胖、高血糖、高血脂、高血压等）急剧增加，而现代快节奏生活也加速了亚健康与慢性病人群比率增加，已成为严重影响人们健康和生活质量的社会问题。传统的食品营养学已经不能完全适应新世纪营养科学的发展，需要从微观水平阐明营养素的生理功能，探索各种营养素缺乏或失衡病的发病机制，并通过合理的膳食结构和营养平衡对慢性疾病或人体亚健康状态进行食品营养干预，并实现健康最佳化。近年，采用代谢组学和基因组学手段，从分子、细胞和器官水平上进行营养素生理代谢机制、基因表达调控和营养干预原理的研究成为当前食品营养研究的热点问题。

主要科学问题：① 营养素与生物活性物质的消化与吸收及其对肠道菌群和宿主健康的影响；② 营养素与生物活性物质与细胞的相互作用、抗营养成分的作用机理；③ 不同膳食结构或营养失衡与人体营养的关系；④ 营养相关慢性疾病的代谢图谱和生物标志物库的建立；⑤ 营养相关慢性疾病生物标志物的动态变化规律、检测与量化及与生物过程的有机联系及机体代谢改变机制。

第六节　实现“十三五”发展战略的政策措施

1. 加大食品学科基础研究科技投入，提高科技创新能力

科技投入是影响食品学科科技创新与发展最直接和最重要的因素。科研开发投入不足是长期制约我国食品工业科技发展的“瓶颈”问题。与发达国家相比，我国食品科学基础理论研究的支持力度相对较低，直接影响科技的自主创新力及产业支撑能力。建议继续加大食品领域基础研究的科研投入力度，拓宽我国食品产业基础理论研究的深度，提升我国食品产业自主创新能力和水平。

2. 加强学科交叉领域的研究，促进食品科学创新可持续发展

食品科学的创新可持续发展迫切需要多学科交叉，食品科学与多种基础学科和新兴技术的交叉融合是改善食品加工原料、提高食品加工品质、解决食品科学重大科学问题、促进食品产业可持续发展的重要途径。应加强食品学科与其他学科的交叉融合研究，加大投入支持力度，培育新的学科生长点，推动前沿性、前瞻性的科学研究。

3. 加强食品科技的国际合作与交流，促进食品科技水平提升

与国际先进水平相比，我国食品学科在基础研究和应用研究领域仍有较大的差距，在研究深度和创新性方面差距更明显。在当今科学研究国际化的背景下，通过举办和参加高水平的国际学术会议、组织重点国际合作、开展国际人才交流等形式，与国际知名食品研究机构在食品安全、营养、食品新型加工技术等领域进行广泛而深入的交流与合作，充分利用国际科技资源，拓宽研究思路，加深研究理念，加速国内食品研究追赶国际一流水平的步伐，进而促进食品工业的革新。

4. 实施人才战略，加强食品科技人才队伍建设

加大食品学科创新人才培养支持力度，尤其是高层次领军人才培养支持力度。营造良好的人才培养环境，充分发挥领军人才在科技创新中的作用，提高食品领域专业水平和创新能力，为食品科技创新与产业的可持续发展提供人才支撑。

5. 建立协同创新研究与交流平台，提升国际学术影响力

依托多个创新研究群体，建立协同创新研究与交流平台，厘清食品领域中的前沿、内涵和科学问题，围绕食品加工与制造中存在的共性基础科学问题和关键技术开展创新研究，并结合学科发展与国家重大需求，通过实质性的学术交流与协同研究，形成具有特色和影响力的研究成果，培养和造就本领域具有创新能力的研究群体，提升我国在食品领域的国际学术影响力，为我国食品产业的发展做出贡献。

主要参考文献

国家发展和改革委员会、工业和信息化部 . 2011. 食品工业"十二五"发展规划 .

国家自然科学基金委员会 . 2010. 2011 ~ 2020 年食品学科战略研究调研报告"食品加工学基础"分学科报告 .

教育部高等学校食品科学与工程专业指导分委员会 .2007. 食品科学与工程专业发展战略研究 .

潘蓓蕾 . 2012. 2012 中国食品工业与科技发展报告 . 北京：中国轻工业出版社 .

世界卫生组织 .2014. 2013 年世界卫生报告：全民健康覆盖研究 .

杨兴芝 . 2013. 食品科技领域 SCI 源期刊指标分析及中国学者的表现 . 食品工业科技，34（12）：397- 400.

中国科学技术协会 . 2006. 2006 ~ 2016 年全国食品行业科技发展纲要 .

中国科学技术协会，中国食品科学技术学会 . 2014. 2012 ～ 2013 年食品科学技术学科发展报告 . 北京：中国科学技术出版社 .

中华人民共和国国家统计局 . 2014. 中华人民共和国 2013 年国民经济和社会发展统计公报 .

朱长菊 . 2013. 2000 ~ 2011 年 SCI 收录我国食品科学研究论文的文献计量分析 . 食品科学，34（19）：386-389.

Butelli E，Titta L，Giorgio M，et al. 2008. Enrichment of tomato fruit with health-promoting anthocyanins by expression of select transcription factors. Nature Biotechnology，26：1301-1308.

Jabed A，Wagner S，McCracken J，et al. 2012. Targeted microRNA expression in dairy cattle directs production of β -lactoglobulin-free，high-casein milk. Proceedings of the National Academy of Sciences of the United States of America，109：16811-16816.

第二十二章

心　理　学

第一节　心理学的战略地位

一、心理学的学科定位

心理学是研究人的心理和行为的科学。心理学在国家发展战略和基础科学研究发展战略中具有举足轻重的地位，其成果对人类社会进步和科学技术发展有十分重要的理论意义和应用价值。

二、心理学与国家发展

心理学研究人的心理和行为，与国家建设有特别密切的关系。国家发展的根本保证是对国民心理和行为规律的科学认识。当前我国正处于思想碰撞和利益冲突凸显的变革期，全球化、信息化、老龄化和城镇化进程日益加快，同时伴随着大量心理和行为问题的出现，心理学的学科地位和作用日益凸显。中国心理学研究要为提高国民心理素质与健康水平、促进社会和谐稳定与可持续发展不断提供新知识、新理论和新方法，服务国家、造福人民。

三、心理学与人民健康

据世界卫生组织估计，到2020年，我国心理疾患和神经精神疾病负担将上升至疾病总负担的1/4；居民死亡谱演变显示，我国人口死亡因素中，生活行为方式和心理因素已居首位（占37.73%）。党的十八大报告也明确提出要“促进人民身心健康”。心理健康问题的解决重在预防，我国处于经济高速发展时期，尤其需要全面加强心理学研究，针对高发多发心理疾患开展基础研究，提供预防和识别心理疾患的工具、方法和宏观管理决策建议。

第二节　心理学的发展规律与发展态势

一、心理学的发展简史

1879年，威廉·冯特在德国建立了世界上第一个心理学实验室，被认为是当代心理学的开端。冯特对光、声音、重量等刺激进行系统观察和测量，研究主题涉及视觉、听觉、味觉、触觉、时间知觉等，目的是了解感觉、表象、情感等体验如何对人类产生影响。冯特的实验室吸引了全世界想要了解心理学这门新学科的年轻学者。之后心理学进入快速发展期，各流派先后诞生，包括结构主义心理学、机能主义心理学、行为主义心理学、格式塔心理学、精神分析心理学、人本主义心理学等。20世纪中期，计算机的诞生对心理学的理论和概念产生了巨大影响，催生了认知心理学。认知心理学家把注意、记忆、思维、信任、评价、情感和估算等心理活动看作信息在大脑中的加工过程，把大脑获取信息、加工信息、做出反应的过程类同于计算机的信息输入、加工和输出过程，对心智过程进行科学研究。到20世纪末期，生命科学领域的技术突破推动了非侵入性脑影像技术的发展，也催生了认知神经科学这门交叉学科，使得心理学家可以“看到”当人在完成诸如阅读、想象、倾听和记忆等任务时大脑中发生了什么。在这个过程中，也产生了另外一些新兴分支学科，如进化心理学、文化心理学等。

1908 年，我国著名教育改革家蔡元培进入冯特的实验室学习，后于 1917 年任北京大学校长的当年，支持心理学家陈大齐教授建立了中国第一个心理学实验室。20 世纪初期，学习过西方心理学的中国留学生带回了当代心理学的基本理念。1921 年中华心理学会成立后，心理学的研究队伍迅速壮大，但由于抗日战争和解放战争带来的动荡和书籍、设备的严重短缺，导致中国心理学的发展处于停滞状态。建国后，中国心理学者开始仿照前苏联模式对心理学科进行改革。当时，中国大学内部都不设心理学系，心理学成为附属于哲学与教育学系下的二级学科。直至“文化大革命”结束，特别是改革开放以来，独立的心理学科才重新建立起来。

由于研究对象的复杂性，心理学研究多层次和多角度并存，且由于社会需求的不断增长和学科自身发展日益成熟，心理学的分支学科越来越细。中国心理学各分支学科的发展并不平衡。认知心理学、生物心理学、医学心理学、发展心理学、情绪心理学、社会心理学等方向是中国心理学的优势方向，而教育心理学、犯罪心理学、职业心理学、军事心理学、运动心理学等方向则相对比较薄弱。从学科的研究对象、技术手段等来看，健康心理学、工程心理学、遗传心理学等学科具有较强的“交叉科学”的属性。随着科技的发展，应用心理学中的网络心理行为学，以及认知神经科学与传统心理学方向交叉催生的发展认知神经科学、社会认知神经科学等新兴学科方向逐渐成为学科前沿领域。

二、心理学的发展特点

当前，心理学发展呈现以下突出特点：一是与神经生物学、医学、信息科学、工程学等学科高度交叉融合，大量采用现代神经影像、基因分析等技术，推动了对心理活动物质基础的深入研究；二是积极应对网络化、信息化和全球化带来的新问题和新挑战，开展基于新媒体、大数据分析的宏观社会心理规律研究；三是更加注重阐明人类个体与社会行为的心理机制，以调节和提高人的社会行为效率，促进社会和谐发展；四是努力为解决各种心理和行为问题以及认知和情绪障碍提供理论基础、方法和技术，对心理疾患进行早期识别和干预，“生理—心理—社会—工程”的新医学模式和人类身心健康促进模式日益被理解和接受。

三、心理学的发展趋势

首先，心理学已经成为当代科学体系中的一门支柱学科。Boyack 等人在 2005 年对 2000 年以来全球 7121 份核心学术期刊约 2300 万篇引文的分析表明，现代科学已形成七大支柱学科：心理学、物理、化学、数学、地球科学、社会科学和医学。Rosvall 和 Bergstrom 在 2008 年对 6128 种期刊 643 万余篇引文的分析也表明，心理学是支柱学科之一。

其次，心理学与其他学科、心理学科内部各个分支之间正在进行多层面交叉融合，逐步形成了一系列交叉研究领域，如行为经济学、神经经济学、社会认知心理学、跨文化心理学等。这些交叉领域的研究有助于促进心理学学科的完整知识体系和大一统理论的形成。

此外，心理学比较关注全球性、普遍性或特殊性社会问题，其应用领域不断拓展，如自然灾害频发催生了灾害心理学，全球气候变化和环境污染问题催生了生态心理学和环境心理学。这些应用领域的心理学分支学科主要采用心理学的方法和技术来研究特定环境或特定问题中个体和群体的心理与行为，揭示其发展和变化规律，并探讨有效应对和干预的方法、途径与模式。

第三节　心理学的发展现状与发展布局

一、心理学研究领域的发展状况与发展布局

心理学分支学科众多。本章以国家自然科学基金委员会生命科学部心理学科各分支方向为基础，着重对 12 个分支领域，分别说明其发展规律及态势。

1. 认知心理学

认知心理学从信息加工角度研究心理活动。心理活动的物质基础是大脑。广义而言大脑主要完成三部分功能：感知（感觉和知觉）、高级认知活动（注意、意识、情绪、语言、学习、记忆、思维、决策、执行功能）和动作行为。这些高级认知活动相互依存、相互作用，既依赖于感知觉输入，又为感知觉过

程提供资源。针对这些支持人类日常生活和社会活动的功能开展研究，可以揭示人类智能的特点和机制，对社会与经济发展具有重要战略作用。

近年来，关于人类认知的科学正在经历剧烈变革，心理学家在运用神经科学领域的信息和技术，神经科学家也在运用认知心理学的实验范式。认知心理学与其他学科交叉，引入新的理论和方法，发展出一门新学科——认知神经科学。认知心理学正在逐步从传统的单一研究手段转向行为学、脑成像（事件相关电位、功能性磁共振成像、脑磁图）以及非侵入式干扰技术（经颅磁刺激和经颅电刺激）等多技术手段结合，研究认知功能的基本过程及其神经机制，在此基础上试图建立系统水平上不同时空尺度下的认知脑网络模型。

《国家中长期科学和技术发展规划纲要（2006—2020 年）》将“脑科学与认知科学”纳入国家重点支持的八大前沿科学领域。近年来科技部启动多个与脑认知有关的 973 项目，建立了三个与脑认知有关的国家重点实验室。部分大学设立了认知方向的中心和实验室，我国学者在认知研究领域也取得了一些具有国际影响的成果。在未来的发展布局中，应继续推动多学科交叉合作，建立更多的研究平台，争取在“十三五”期间形成一支多学科交叉背景的高水平研究和技术支撑队伍，提升参与国际竞争及承担国家级重大科研项目的雄厚实力，为实现我国认知学科的长期战略目标打下坚实基础。

2. 生物心理学

生物心理学主要研究心理与行为现象的生物学基础。近 20 年来，在交叉学科整合研究的推动下，生物心理学的边界不断拓展，学科主要科学问题正在与神经科学、医学、生物信息学、信息科学与工程学之间高度交叉融合，科学家们试图在信息处理和计算生物技术的基础上，进一步理解心理、行为或认知的生物学过程的统一性规律。

在此大趋势的深刻影响下，生物心理学研究呈现以下主流发展态势：① 微观方面，随着光遗传学技术、神经荧光蛋白与病毒标记技术等技术的发展，可以在时间与空间维度高度精确操作特定神经元或内在的分子活动，可以进一步精确处理心理、行为的脑结构定位及其脑网络环路的活动；② 宏观方面，随着影像技术及数据处理方法的不断发展，为无创伤观察记录大脑活动提供了新方法；虚拟现实技术可以提供多通道接近真实的复杂环境刺激；经颅磁刺激与直流电刺激等新技术提供了无创伤性的兴奋或抑制特定皮层神经元活动的方法，从而为了解心理、行为和认知与脑活动之间的因果联系奠定了基础；③ 整合多层次研究的态势日趋明显，包括动物实验与人类实验的结合与转化，正常人群与精神异常患者研究的结合，环境与遗传因素的交互作用等，为探索基因-脑-环境-行为之间的关系提供了可能。

近 10 年来，我国生物心理学队伍不断发展壮大，心理与行为的分子机制与脑机制研究在不同学科领域逐渐形成了各具特色的研究队伍并形成了一些优势研究领域，但在心理与行为的遗传基础，特别是环境与基因相互作用的表观遗传学机制研究上还有待进一步发展。特别是在如下方向：

（1）比较不同物种之间的特定行为的意义和发生发展及其异常的规律，特别是小型非人灵长类动物行为的特点，探索适合于转化研究的心理精神疾病的动物行为模型及其相关的分子与神经机制，重点关注应激、情绪与奖赏相关行为的分子、遗传与神经环路机制。

（2）通过临床大样本数据和双生子数据库，比较正常人群与心理精神疾病人群的行为发生发展特征，研究心理精神疾病的认知、行为及神经内表型和相应的遗传学基础，重点研究环境和基因相互作用的表观遗传变化特征及其可逆性机制。

（3）充分利用各学科的先进技术，探索心理精神疾病不同发展阶段的客观可测量的行为与神经生物学标记物。

（4）通过动物模型研究和临床大样本数据，确定心理精神疾病形成与发展不同阶段“病”与“非病”的边界条件，探索心理精神疾病的病理心理过程与行为发展轨迹，为早期识别和干预提供依据。

（5）心身交互作用的神经免疫内分泌机制，包括心理社会应激的心理神经免疫机制，以及心理与行为训练对心理精神疾病患者脑功能可塑性的影响及机制。

3. 发展心理学

发展心理学主要研究心理的发生、发展过程及其规律，核心目标是描述心理发展现象，揭示心理发展规律。广义的心理发展包含心理的种系发展、种族发展和个体心理发展；狭义的心理发展仅指个体心理发展，其研究对象是人生全过程各个年龄阶段的心理发展特点。发展心理学的应用价值在于促进个体的积极变化，以达到优化发展的目的，同时对消极变化予以预防和矫正。近

10 多年来该领域有重要影响的生长点主要分布在认知发展、社会性发展、异常发展以及心理发展的重要背景因素等领域。

当前，发展心理学研究呈现如下趋势：

（1）生态化研究取向，认为发展个体处在从直接环境到间接环境的几个环境系统的中心或嵌套于其中并受其影响；毕生发展观认为发展是一个多维度、多功能的动态系统，所有年龄的人都能发展某些技能以补偿他正在降低的某些能力，发展高度可塑；社会文化背景或逆境的影响，即早年心理创伤、家庭养育环境、亲子关系及社会化过程等对个体心理发展的影响。

（2）研究方法呈现多样化与综合化，强调采用多种方法研究某一心理发展问题；强调采用多变量设计，辅以多元统计分析技术，以揭示个体心理发展各个方面的相互联系和影响个体心理发展的各种因素及其相互作用；注重定性和定量研究方法的结合。

（3）研究手段和技术日益发展，尤其是神经科学技术的引入，发展神经科学（developmental neuroscience）日益成为发展心理学研究的重要趋势，对揭示心理发展的神经机制有重要意义。

国际上，国际行为发展研究会（ISSBD）、欧洲发展心理学会（ESDB）都是十分活跃的发展心理学研究组织。我国大多数高校心理学系都有从事发展心理学研究的学者，多数高校设置了发展与教育心理学专业。我国发展心理学研究应继续鼓励进一步考察认知发展的行为及神经机制，如儿童数认知、思维发展、语言习得的认知神经机制；社会性发展如儿童情绪、气质、人格发展等国际前沿问题研究，以及对特殊群体认知和社会性发展的研究，如重点关注学习困难群体；同时加大对心理发展基本理论问题的研究，如遗传与环境的关系、先天与后天的关系、阶段性与连续性的关系以及其他影响心理发展的重要背景因素等方面的研究。

4. 情绪心理学

情绪心理学是研究人与动物的情绪及其相关心理、行为因素的一门学科。作为对一系列主观认知经验的通称，情绪是多种感觉、思想和行为综合产生的心理和生理状态。情绪与动机、需要、记忆、认知等诸多心理因素交织在一起，对人类产生复杂影响。情绪心理学特别关注情绪与人类心理及行为的交互作用，以及对个体特殊情绪的介入和引导。情绪心理学的原理和研究成果在心理咨询、灾难应激、主观幸福感、决策、社会心理以及管理等领域广泛应用，对推动社会发展和民生建设做出了重要贡献。

情绪心理学关注的主要问题有两方面：

（1）人类和动物情绪本身的问题，即情绪的内部生理、外部行为、主观体验以及情绪是先天获得还是后天习得等问题。

（2）情绪与各种心理因素的相互作用，包括情绪与动机、认知、记忆等因素的相互影响和协同作用。

进入 21 世纪以来，情绪心理学的发展呈现出一些新特点：一是与认知神经科学和生物学的跨学科结合，借助神经科学的手段研究人类的情绪问题以及其他心理因素与情绪的相互作用；二是越来越重视情绪的跨文化一致性和差异性作用。

当前我国情绪心理学研究的核心目标应是把国际情绪心理学前沿领域与我国国民心理健康建设中的实际问题有机结合起来。情绪困扰是最为常见的心理问题之一，也是许多现实困境（如灾后创伤、自杀、疾病等）、心理疾患（如抑郁症、焦虑症、情绪管理问题）和发展型障碍（如自闭症）等问题的最为普遍的外在表征形式之一。另外，积极情绪体验也是关于国民幸福感的重要领域之一。通过情绪心理学中最新的研究成果去解析我国现实的国民情绪问题，对我国国民情绪系统进行有效建模，对积极情绪体验进行诱导和激发，对消极和极端情绪进行干预和介入，将有效地为我国国民心理健康建设做出可持续的贡献。

5. 人格心理学

人格心理学是心理学学科体系中唯一从整体视角探究人性本质的一门学科，侧重个体差异性及特殊性。该学科从整体上把握人的心理和行为的独特模式，具有重要的理论价值，而且对教育、生产、管理、医疗等社会各领域发展具有广泛的实践意义。人格心理学研究大致经历了奠基期、理论体系形成期、基本人格结构确立期、质疑与复兴期。继精神分析范式、特质论范式、学习论范式、现象学范式等人格心理学的基本研究范式之后，又发展了社会–认知范式、生物学范式、进化心理学范式。当前人格心理学的发展呈现出以下态势：理论研究与实证研究日益交融，人格心理学和其他专业领域趋于整合，人格研究方法日益多样化，以及研究问题的特征与方法的吻合性日益加强。

目前，人格心理学注重探讨人格结构理论、影响人格特质形成的积极因素、人格与进化论、人格的基因遗传基础、人格障碍与治疗等。在人格结构研究中，主流依然是基于特质论的大五人格结构理论。在影响人格形成因素的领域，侧重从生物-心理-社会环境整合立场探讨影响因素。在人格基因遗传学领域，侧重人格特征的科学描述、分类量化与遗传学分析技术相结合。在人格障碍与治疗领域，侧重从个体早期经历及个体特征性的认知方面探讨病因，并以药物治疗和心理治疗为主。当前我国人格心理学发展的核心目标是：完善本土化人格理论构建及人格测量工具的研发；推进人格的神经生物学基础研究；注重人格在潜能开发、人才测评、生涯规划、心理健康、创造性培养等领域的应用研究，推进素质教育实施，培养健全人格。

6. 社会心理学

社会心理学是研究人与情境交互影响的学科，特别关注社会环境如何塑造人的心理与行为、人如何创造和改变社会环境，以及个人和所属群体在各种环境中如何行动。社会心理学是当代国际心理学中最为活跃的学科之一。在近 30 年出版的主要英文心理学学术期刊中，社会心理学研究的被引用率高居榜首。社会心理学既是一门基础学科，又是一门应用学科。一方面，社会心理学家采用定量手段研究自我、态度、行为决策、人际关系、群际关系、团体动力等基本心理过程与规律；另一方面，社会心理学的原理和研究成果在公众舆论、幸福与尊严、群际冲突与和解、社会预警以及广告与消费等领域的广泛应用，对推动社会持续发展做出了重要贡献。

当代社会心理学研究主要涉及三大领域：社会认知、社会关系以及群体与群体过程。进入 21 世纪以来，社会心理学发展呈现以下新特点。

（1）与认知神经科学结合催生了社会认知神经科学，关注不同社会情境下人的心理和生理的变化。

（2）进化社会心理学取向。人类的社会行为在某种程度上受到基因的左右，因此分子生物学、基因组学、遗传学被引入研究社会心理过程的分子与遗传机制。

（3）文化心理学取向。与进化观点强调人类的共同属性不同，文化心理学取向强调人类的多样性，认为基因的表现形式取决于文化环境。有关东西方文化差异的研究成果对于理解不同文化下个体行为的不同表现至关重要。

我国社会心理学研究的核心目标是把瞄准国际社会心理学前沿领域与针对我国经济社会发展中的重大问题有机结合起来，在中国社会转型的现实中发现社会心理学的科学问题，在深入剖析中国人的心理和行为基础上，在探讨和解决中国社会文化背景中重大问题的过程中提出科学理论，进而形成具有普遍科学意义和全球视角的社会心理学理论。

7. 行为心理学

人类的行为特征和行为规律是一个浩瀚的科学领域。行为心理学关注对人类行为特征和规律的研究，特别地，集中在对决策行为、管理心理和组织行为、消费行为等领域的研究。

“人类如何进行决策”是近几十年来经济学、行为科学、心理学和神经科学等学科极为关注的重大科学问题。迄今已有三位心理学家和行为经济学家因为研究决策的认知和行为而获得诺贝尔经济学奖。当前该领域最重要的研究问题有以下三个方面。

（1）风险决策的基本规则以及概率、奖赏在决策过程中的作用；

（2）个体、社会和环境因素对人类风险决策的影响，以及人类决策的复杂性；

（3）跨期选择的基本准则、人类跨期决策中的有限理性及非理性，如何做出真实的跨期决策等。

管理心理和组织行为研究主要采用心理学方法、知识和原则探索工作场所个体、群体、组织行为及相关机制，基础研究包括行为测量、领导、态度、沟通、动机、社会互动等；应用研究主要关注工作中人的问题，如招聘、选拔与安置、培训与发展、绩效评估、组织发展、工作生活平衡等。近几十年来，我国劳动力的工作性质及劳动力市场变化、工作弹性化、组织自身变化、心理契约变化等，都对传统的组织工作设计等理论带来新挑战，如何依据现代工作的突出特征，探索影响行为的因素和机制，从而为员工的健康和幸福感、企业的绩效提供指导，是该领域研究者的新课题。

心理学对消费行为的关注和研究催生出一门独立学科——消费心理学。该学科主要研究消费者的思想、情感、态度和行为。20 世纪 60 年代前后该学科体系基本建立。随着认知神经科学、进化心理学、文化心理学的兴起，进入新世纪以后，消费心理学的研究从内容到方法都有了新发展。从大脑功能角度、进化心理学角度、跨文化角度研究消费心理学成为新的趋势和潮流。此外，随着经济快速发展，我国人民消费水平和消费习惯等也在发生巨大变化，这一社会现实对消费心理学提出客观要求，即如何在国家层面制定相应的消费政策，从而既能鼓励内部消费保持在相当水平以通过内需维持经济适度增长，又能引导消费者科学合理消费；如何帮助企业制定和实施合理的营销策略以实现科学有效的经营管理等，需要消费心理学为此提供理论依据和可行方案。

8. 健康心理学

健康心理学是研究心理健康的维护与促进、心理疾患的干预与康复，以及心身疾病的预防与治疗的学科。主要研究领域包括心理健康的促进与心理不良状态的调节；心理疾患、精神疾病的发生机理、预防和干预；心身健康交互影响效应与机制。该学科注重把心理学基础研究成果转化为预防、干预或治疗各种心理问题和心理疾患的方法与技术，是心理学与社会发展相联系的重要通道，对我国和谐社会建设与可持续发展有重要意义。

健康心理学涉及临床心理学、心理咨询、心理治疗、心理危机干预、心理健康促进等领域。20 世纪初，精神分析学和行为矫治理论的诞生启动了心理咨询和治疗；20 世纪 40 年代以来，心理疾患的治疗和康复研究蓬勃发展，形成精神动力学派疗法、行为疗法、认知疗法、存在-人本主义学派疗法以及系统－家庭干预等，重点开展治疗心理疾患、矫正失调行为、重建理性思维方式、改善人的心理功能等工作；到 20 世纪中后期，正常人的心理疏导和干预成为健康心理学家的关注点，健康心理学分支学科正式建立，重点探讨影响人类健康或导致疾患的心理与社会行为因素。当前，健康心理学研究表现出三种态势：研究问题紧扣社会热点与社会发展需要；研究方法注重多学科交叉结合；研究角度注重运用元分析，通过系统分析和总结以往研究来提出新问题与新思路。

当前健康心理学注重以下领域的研究：① 生物-心理-社会因素对心理疾患发生发展的交互影响机制；② 心理行为影响躯体健康的神经生物学机制和社会应激影响心身疾病的机制；③ 积极心理学对维持个体健康的影响。由于健康心理学契合我国社会发展需要，近年来发展迅速，但总体上研究视野不够开阔，方法和技术比较陈旧，高质量成果产出少。因此，我国健康心理学发展目标是通过研究遗传与环境因素的相互作用在心理疾患和精神疾病发生发展和变化转归中的规律，寻找潜在病因，确定用于监测心理疾患、精神疾病的生物标记；通过心理、行为、精神医学检查方法的整合技术，实现心理疾患、精神疾病的早期诊断，降低精神疾病的发病率和致残率；立足基础研究，服务党和国家相关公共政策制定，促进国民心理健康与良好心态的建立。

9. 工程心理学

工程心理学以人 - 机 - 环境系统为对象，是研究系统中人的心理特征、行为规律，以及人与机器和环境相互作用的心理学分支。工程心理学的发展经历了萌芽、兴起、成熟三个阶段。萌芽时期研究的显著特点是最大限度挖掘人的操作效率，认为人要适应机器；兴起阶段，技术的发展与系统的复杂化使人们认识到机器适应人的必要性与重要性，提出以人为本的设计理念；发展和成熟阶段，系统设计中人机匹配问题、人和机器的相互作用过程，以及人机交互过程中的心理加工过程的分析成为研究主题。近年来，计算机的广泛应用和生产过程自动化程度的提高，使人机结合方式和人在系统中的地位与作用发生了深刻变化。在系统中人由操作者转变为监控者，体力负荷降低、心理负荷增大；人机间的信息交换方式由机械式转为对话式等，认知因素而非生理因素成为现代人机系统的核心问题。

随着科技的发展，工程心理学与其他学科的交叉渗透和协作研究推动人机关系问题研究向广度和深度发展。我国工程心理学者除继续航空航天工程心理学、照明工程心理学、环境噪声控制和铁道信号等研究外，还在有关工程人体测量、体力工作与心理工作负荷、道路交通安全与效率、色彩环境、计算机视觉显示终端、人-计算机界面、人工智能、事故与安全、国防等方面开展心理与行为实验研究和数学及仿真模型研究，建立系统的人 - 机 - 环境理论体系，基于人的神经和心理机制认识并预测人在复杂和应激条件下的行为特征，设计新型的以人为中心的智能系统。

围绕人机系统效能与效率的发挥，工程心理学研究可分为以下四类。

（1）人体生理心理特点和人的工作能力限度相适应的问题，侧重于从工程设计的角度对身心因素进行研究，揭示人在操作过程中的心理特点与心理机制。

（2）人机交互过程和人机界面设计要求的相关问题，侧重于为各类显示装置与控制装置的设计提供心理学的原则和人机匹配的参数。

（3）工作空间设计要求的相关问题，包括工作空间大小、显示器与控制器的位置、工作台高低、座位尺寸、机具和加工件排列、工作间距离等，都会影响操作人员工作效率与系统安全。

（4）人的绩效和工作负荷的计算建模研究，通过计算机等技术和数学模型对人的各种活动进行模拟和预测。

10. 教育心理学

教育心理学是研究在教育情境下人类的学习、教育干预的效果、教学心理，以及学校组织的心理学分支学科。教育心理学的研究对象是学生学习的内在过程、特点及规律，探索影响学生学习的内外部因素，研究目的是把心理学的理论或研究成果应用在教育上，研究成果可应用于设计课程、改良教学方法、推动学习动机以及帮助学生面对成长过程中所遇到的困难和挑战。此外，教育心理学在实践中特别关注有特殊教育需要的学生（如超常儿童或有情绪、行为问题等的儿童）。

从最初采用传统心理学方法研究个体行为到今天，教育心理学采用了更娴熟的认知导向、基于背景的研究方法。经过近百年的发展，教育心理学呈现出如下新的发展趋势。

（1）同时关注教与学两方面的心理问题。学习者不再是被动的知识接纳者，学习是一种认知加工过程，是对知识的主动构建过程。教学的重心从课程转向学生认知，帮助学生发展适合于各种学科的学习和思考策略。

（2）注重实际教学中各种策略和元认知的研究。教育心理学研究从实验室转向教学实际，更加关注教与学的有效性，使得学生学习中的各种策略与元认知问题成为研究热点。

（3）关注影响教育的社会心理因素。研究发现，学习动机及教育情境中的社会心理因素对学习和教学具有重大影响。除了注重开发智力的研究，非智力性的心理过程，如情绪、情感、社会交往及适应能力、个性的研究也应受到重视。

（4）研究方法创新。多样化研究方法的引入也成为教育心理学发展的新特点，如采用眼动技术追踪学生阅读过程中的表现，采用功能磁共振技术探索测试效应的神经机制，采用数学建模方法预测学生成绩等。

20 世纪 60 年代以来，教育心理学的内容和体系出现显著变化，研究内容日趋集中，且越来越注重为学校教育实践服务。教育心理研究者开始注重探讨教育过程和学生心理，重视教材、教法和教学手段的改进，强调家庭、学校、社区三位一体心理健康服务体系的构建。

11. 运动心理学

运动心理学是在借鉴心理学“母学科”的理论模型和实验范式基础上发展起来的一门学科，主要研究运动认知、运动干预和运动技能学习。运动心理学关注运动心理活动规律，注重心理学理论如何解释运动过程中高水平运动员的认知特点，通过探讨认知加工过程中中枢神经系统的生理学机制，分析决定认知精准性的关键因素，为运动实践服务。

运动心理学家借助于现代科学技术的发展，通过视觉追踪系统、脑电技术以及功能性磁共振等现代科技手段，在坚实的科学数据基础上，提出关于运动心理活动规律的理论，用实验来检验这些理论的预测力。运动心理学研究也不断推动其他学科介入，使得关于人类大脑与运动认知的研究成为一门多学科高度交叉的研究领域，一方面推动了探索人类心理活动物质基础研究的不断深入，另一方面，结合神经影像等技术获得的关于大脑活动的神经科学数据也在很大程度上帮助研究者提出新的运动心理学概念和理论。

运动心理学研究工作开展时间较早，但真正意义上的自然科学研究是近十几年开始的。目前，我国从事运动心理学研究的机构包括国家体育科学研究所、各大体育院校和综合性大学的体育学院。我国学者对于大脑认知功能神经机制的理解有了突破性进展，在大量研究成果的基础上构建了知觉运动技能认知加工的理论模型。未来研究应关注以下三个方面。

（1）竞技体育运动中，通过比较不同专项运动员认知能力结构与普通人的差异，探讨人类的运动认知、运动记忆、运动决策、脑功能及网络模式，其成果在工业智能化等方面有广泛应用前景。

（2）全民健身运动中，运动干预的方法和效果研究越来越受到运动心理学研究的重视，是目前研究热点之一。

（3）运动技能学习、技能运用及控制的深入研究可以揭示运动技能的行为与调控机制，不仅可以为运动神经控制的基础研究提供实验证据，也可以为运动神经障碍的康复提供应用支持。

12. 应用心理学

应用心理学是心理学各分支学科中比较特别的一个分支，由多门已成为独立学科的分支学科构成，以下着重介绍心理测量学、犯罪心理学、职业心理学、医学心理学、网络心理与行为学，以及军事心理学的学科发展情况。

心理测量学是用科学方法对人的心理特征进行测量的心理学分支学科，根本目的是将个体的心理特质数量化，从而更精确地研究心理的个体差异。心理测量在考试、医疗、管理等领域发挥着非常重要的作用。我国心理测量研究未来应着重关注以下五个方面。

（1）各种测验情景的项目反应模型开发及应用研究，主要解决各种心理教育测验情景下的计量学模型开发问题。

（2）认知诊断相关研究，包括认知诊断模型开发、各种测验任务下认知属性建构和验证技术研究、认知诊断测验的信度和效度研究、认知诊断的计算机化测试、基于认知诊断的自我学习与提升平台开发、基于认知诊断的教育质量监测技术研究等。

（3）对复杂数据结构和特征进行分析的技术研究，如混合数据的潜变量分析方法的应用研究。

（4）心理测量的软计算，针对心理学研究数据的模糊性、颗粒性和粗糙性，除运用现代统计学的方法，还应采用软计算的方法，主要技术手段是将神经网络、遗传算法、模糊集、粗糙集、支持向量机、基因表达式编程、蚁群算法和粒子群算法等引入心理测量。

（5）心理测验的标准及相关问题。

犯罪心理学是运用心理学理论与方法研究犯罪人所实施的犯罪行为及其心理过程发生、发展、变化与组合规律的学科。犯罪心理学研究有两种基本路径，一是侧重自然科学研究范式，运用实验等方法以实证研究揭示犯罪人的心理特点，通过演绎指导司法实践；二是侧重社会科学研究范式，归纳实践中的个案，以描述性与解释性研究揭示犯罪人的心理特点。犯罪心理学在我国兴起于20世纪80年代，当前已经步入理论研究如犯罪决策、犯罪人格、犯罪人神经心理机制、精神病态等与实践应用相结合的阶段。未来应继续加强犯罪心理测试技术、罪犯矫正心理学、侦查审讯心理学等传统领域的研究，同时应注重在犯罪心理学与神经科学的前沿交叉研究上有所突破。此外，再犯风险评估的理论研究和实践应用等是国际犯罪与法律心理学的重点课题，也是今后我国开展前沿交叉研究的重点。

职业心理学关注个体职业心理和行为，以及组织对员工职业生涯管理的基本态度。我国改革开放后新生代员工进入职场，其工作价值观、生活方式的巨大变化深刻影响着个体职业心理和行为。当前国内外该领域有如下研究热点：新生代员工职业价值观对择业决策 / 招聘决策的影响机制；新生代员工组织社会化的新途径；无边界职业生涯时代员工的可雇佣性、职业适应力的有效提升方法；不同类型人力资源组织职业生涯管理的个性化和有效性策略；如何平衡员工生活质量与组织工作压力、工作投入和工作绩效的矛盾；以及老龄化社会中有效开发退休人员人力资源的途径和方法等。

医学心理学主要研究医学领域中与健康和疾病相关的心理学问题，并在医疗实践中致力于医学模式（生物 - 心理 - 社会医学模式）的转变，侧重研究心理因素对人类健康与疾病的影响，以及心理在心身健康相互转化过程中的作用和规律，运用心理学的理论、方法和手段对疾病发生、诊断与治疗、康复和预防等过程中的心理问题进行研究和干预，以维护和促进人类的整体健康。值得一提的是，护理心理学的发展在我国日益得到重视。护理心理学从护理情境与个体（护士和护理对象）相互作用的观点出发，将心理学理论、技术运用到护理领域，研究护理领域中有关健康和疾病的心理活动规律及其相应的最佳心理护理方法的学科。以心理学视角协同解决医学领域中其他学科尚未涉及的问题，将顺应人类健康需求的迅速发展，成为维护大众身心健康不可或缺的重要资源。

网络心理与行为学研究因网络传播而引起的人的心理行为发生、发展特点及其规律，以及人如何与网络进行互动。其特点是从心理学的视角，以网络作为研究媒介，探讨网络环境中人们的心理与行为变化规律。目前网络心理与行为研究主要涵盖如下方面：各种网络用户的心理特征与行为模式研究；线上心理行为与线下心理行为的一致性与差异研究；网络环境对人的心理行为的影响研究；网络传播环境中的社会心理研究。作为一门新兴学科，近期内应加强的优势方向是网络用户心理特征与行为模式分析以及网络信息传播中的社会心理分析。

军事心理学以军事需要为目标，以研究作战及军事作业环境对军人心理影响为出发点，注重军队文化特点，寻求解决作战和军事行动中存在的各类心理学问题。现代军事心理学的诞生始于第一次世界大战的军人心理选拔研究与实践，在 90 多年的发展历程中，军事人员心理选拔、军事人因学、特殊军事环境与心理训练、军队领导与组织、军队临床心理、军事应激和心理战等已成为国际军事心理学领域中独具风格的研究方向。21 世纪以来，各国军队现代化建设朝向高技术、信息化以及实战化方向发展，军事信息支援战、高技术条件下军事训练心理、军事指挥决策、军事环境与应激障碍、军人组织心理健康与文化、军队心理救援与心理卫生勤务等成为现代国际军事心理学研究的热点问题。未来重要研究领域包括探讨军事信息支援战的特点、信息损伤的心理效应、影响信息损伤的因素以及致伤性信息传递模式，提高我军信息化条件下的作战效能；针对军人心理选拔手段的传统和单一性问题，构建心理选拔多质融合技术平台，提高精神疾病高危人群筛查的准确性和客观性，降低未来战争精神障碍的发生率；探讨自然决策的理论、效果评估、决策能力训练的心理机制，提高一线军官独立指挥能力，以及开展脑机接口、脑神经网络、精神疾病神经机制、网络攻击认知神经特点等研究。

二、人才队伍建设状况

心理学于 20 世纪初开始在中国传播，但中国心理学的稳定和高速发展却是在改革开放之后。目前，中国心理学研究机构和高校心理学院系约 320 个，遍布全国各省市，研究内容涵盖了主要心理学分支领域。全国共有 23 个心理学博士研究生招生单位。中国心理学会现有全国性会员近 9000 人，其中研究生会员约 3000 人。

三、经费资助情况

近五年来，国家自然科学基金委员会生命科学部在心理学科领域共资助了面上基金项目 242 项，青年科学基金项目 238 项，各类项目资助强度也在不断增加，资助总额累计逾 1.8 亿元。心理学研究还得到了科技部 973 计划、863 计划、科技基础性工作专项、科技支撑计划等，以及中国科学院、有关部委和地方政府各类计划、企业联合研发经费的支持。在国家的支持下，国内发展较好的高校心理学机构的学科设置比较齐全，实验设施基本齐备。

四、重要成果

我国心理学研究一直在国际学术舞台上扮演着活跃角色，《心理学报》和《心理科学进展》连续两年入选“中国最具国际影响力学术期刊”。从发文情况看，2009～2013年的5年间，中国心理学SCI/SSCI文章的五年总增幅（86.48%）超过中国各学科SCI/SSCI文章的总增幅（74.65%）。我国心理学工作者在国际重要学术期刊上发表了一系列原创成果，感知觉信息处理与多通道整合、注意与意识的认知神经机制、决策的心理过程与生物学基础等领域的研究成果发表在多个国际顶尖期刊上，很多工作被《Nature》《Science》《Current Biology》报道和亮点介绍，获得国际同行的瞩目和高度评价。

五、目前我国心理学发展面临的问题

从心理学自身发展来看，我国心理学研究应避免走模仿和跟随西方研究的道路，应扎根中国社会现实和国家发展需求，切实开展能够服务于国家创新发展的研究。从国家科技资源配置来看，目前国家对心理学的需求和对心理学的支持之间还有较大差距，国家应当加大对这一领域的投入，在“十三五”时期，应该给心理学一个更重要的位置，吸引更多的专家学者投身于心理科学研究。

第四节　心理学的发展目标及其实现途径

一、心理学的发展目标

我国心理学的发展应以心理学基础研究为依托，同时重视心理健康的长期促进和心理疾患的早期应对，最终实现提高中国人口素质、提升国民幸福和

促进国家发展的目标。

二、实现途径

要实现心理学的发展目标，应抓好以下五项核心工作。

1. 重视人才队伍建设

要重视人才队伍建设，加大人才海外引进与国内培养的力度。目前我国心理学人才队伍的总体数量仍然较小，还不能很好地满足和适应国家与社会对心理学高层次人才的需求，因此人才队伍建设依然是学科发展的最重要任务之一。近年来随着我国心理学的研究和教学机构不断增加，研究的软硬件条件也在迅速改善中，在欧美获得心理学博士学位的留学生回国人数出现了持续增长，国内各大高校和科研院所培养的博士生数量和质量也有了较大的提高，只要给人才的成长制定更宽松的政策，提供更良好的环境，我国心理学人才队伍建设将会有更快的发展。

2. 夯实心理学基础研究

要夯实心理学基础，做到厚积薄发。基础研究决定了一个学科的整体水平。目前发表于国际顶尖心理学期刊的研究中，有 96% 的被试来自西方国家。要回答中国人的问题，需要进行以中国人为被试的实证研究，形成系统理论；历史和文化的独特性，也为中国心理学的创新和发展提供广阔的空间和舞台。中国心理学研究正在经历从跟踪模仿到自主创新的艰难历程。在这个发展过程中，需要国家对心理学基础研究给予科研经费上的倾斜，鼓励我国心理学研究者开展更多原创性的研究。此外，脑与神经科学等学科新技术的不断发展，也为心理学基础研究提供了更多技术手段，及时地吸收、运用和创新相关技术将有助于提高我国心理学基础研究的水平。

3. 打造我国心理学大数据库

要建设我国心理学“大数据库”，更有针对性地开展科学研究和提出政策建议，做到有的放矢。美国、欧洲等国家和地区非常重视心理学基础数据采集和分析工作，建设形成的数据库涉及国民心理特征、特别是社会心理特征的调查，所做的数据分析系统深入，已经为其政府决策、国民健康政策等作出重要贡献。建议我国应加强数据平台建设，整合不同地区、不同部门心理学科研单位的相关数据资源，建立全国范围的包含行为、脑与基因数据的中国心理学信息共享“大数据库”。

4. 构建心理学应用体系

要构建心理学应用体系，打造心理学完整创新价值链，做到水到渠成。信息化的飞速发展带来的人的认知、情绪、行为方式的改变和规律探索研究刚刚起步；人口老龄化社会中老年人生理、心理和社会适应的系统研究亟待开展。体制、制度、法律、文化、经济等在一定阶段内形成的社会问题，都需要追本溯源加以解决。我国心理学研究需要把基础研究的最新成果转化应用到社会生活各个领域，满足国家和社会对心理学的需求；另外，科研选题也应侧重源于社会生活实践，并从中提炼出具有社会应用价值的科学问题。

5. 加强心理学知识传播

要加强心理学知识传播，做到惠及全民。随着社会经济的不断发展，人们的生活和工作节奏不断加快，同时各种压力不断加大，如何更好地维护心理健康显得愈发重要。心理学知识与人们的生活工作息息相关，加强心理学知识传播可以有效地提高国民心理素质，有利于维护国民心理健康。加强心理学知识传播应注意平台建设，充分利用高校与科研院所的学科优势，搭建一些集科普展览展示、科教活动、科技产品转化为一体的平台，围绕“传播心理知识、关注心理健康、提升心理素质、促进心理和谐”的理念，打造更高水平的知识传播平台和服务体系。

第五节　优先资助领域及重要的交叉研究领域

1. 感知觉信息处理与多通道整合

人类认知世界是从感觉开始，在此基础上进行知觉。感知觉提供了认知加工过程的输入，是高级认知功能的基础。跨感觉通道系统协同工作对外部环境和客体进行统一、完整的知觉表征。对于感知觉信息处理的研究体现了生命科学和信息科学的结合，对基础科学的新思路和新理论的提出，对新技术的研发，均有极大的推动促进作用。本领域“十三五”期间主要研究目标是推动对包括视觉、听觉、嗅觉、本体感觉等在内的各感觉通道动态输入的理解以及多通道系统信息如何整合从而形成完整的知觉表征。

重点研究方向：① 视觉神经环路和脑网络；② 感知觉皮层的可塑性；③ 复杂客体环境下不同感觉通道信息集群编码的行为与神经机制；④ 多通道感知觉信息的整合及其神经机制；⑤ 高级认知功能对感知觉信息加工的影响和调控。

2. 注意与意识的认知神经机制

注意是外界信息进入脑信息加工系统的控制机制，注意的认知神经机制是《国家中长期科学和技术发展规划纲要（2006—2020 年）》重点支持的研究方向。人类的心智活动以意识为基础，意识的生物学基础是科学研究中非常深奥的问题之一。从意识角度来看，注意可以被看成是信息能否进入意识的门槛，揭示其神经机制对探寻生命智能本原的核心具有重要意义。本领域“十三五”期间主要研究目标是采用多种研究手段，从微观到宏观多层次系统地揭示注意和意识的心理和神经机制。

重点研究方向：① 注意的基本表达及其神经机制；② 复杂动态环境中注意选择的神经机制及其神经表达的时空特性；③ 多通道注意选择的整合神经机制；④ 意识和无意识的区分以及意识状态转换过程及其神经机制；⑤ 注意与意识的关系。

3. 学习与记忆的心理过程及其生物学基础

学习记忆是大脑最基本最重要的高级认知功能之一，理解其心理过程和神经基础有助于探索脑的奥秘，提高学习记忆能力。学习是获取新信息的过程，记忆是获得的信息在脑内贮存和提取的神经活动过程，二者密切相关。本领域“十三五”期间主要研究目标是探讨学习记忆的心理过程，包括各种递质如何发挥特异性的同时又相互影响，共同作用于神经系统，维持正常的学习记忆能力。

重点研究方向：① 不同学习记忆类型的心理过程和神经基础；② 学习记

忆与情绪、动机、人格等非智力因素间的相互关系和作用；③ 非智力因素与学习记忆神经基础的交互关系；④ 长时程增强（LTP）与学习记忆的关系；⑤ 学习过程中工作记忆与长时记忆的交互机制。

4. 决策的心理过程与生物学基础

决策系统是人脑的高级功能，是联结基础认知与社会认知的重要部分，并与人类的日常行为密切相关。针对个体或群体的决策心理过程与神经基础的研究对社会与经济的发展具有重要战略作用。关于决策认知机制的研究涉及心理学、认知神经科学以及行为经济学等多个学科方向，因此也具有多学科交叉、多种研究手段融合的显著特点。本领域“十三五”期间主要研究目标是解析决策过程的基本神经表征及其与价值、学习、记忆相关联的机制。

重点研究方向：① 知觉决策过程不同阶段的神经表征；② 知觉决策中不确定性的神经机制；③ 知觉决策与高级社会决策、经济决策的关联及其神经机制；④ 价值决策中相对价值信息的编码方式以及价值参考点编码的神经机制；⑤ 多巴胺和 5- 羟色胺在决策与强化学习中的相互作用和影响机制；⑥ 固有价值信息受特定环境信息动态调节的机制。

5. 情绪与行为调节的心理生理基础

情绪异常或社会心理应激是现代社会导致心理疾患或精神疾病的根源之一。情绪和焦虑是心理活动过程的重要基础。异常的情绪活动是诸多行为和精神性或心理疾患的发生原因，如抑郁症、焦虑症、创伤后应激障碍（PTSD）等。同时，情绪异常和焦虑也伴随着多数身心疾病的发生发展。本领域“十三五”期间主要研究目标是揭示情绪与行为调节的心理生理基础。

重点研究方向：① 情绪的生理和脑活动机制及脑结构环路；② 恐惧记忆行为的调控特征及其神经机制；③ 恐惧与焦虑行为的神经与遗传学机制；④ 心理社会应激的心理神经免疫机制；⑤ 抑郁样行为或抑郁症的表现及其表观遗传学机制；⑥ 创伤后应激障碍的临床异质性及其神经与遗传学机制。

6. 心理应激与危机干预机制

党的十八大报告明确提出“要注重人文关怀和心理疏导，培育自尊自信、理性平和、积极向上的社会心态”。当前，我国正处于社会加速转型时期，社会矛盾错综复杂，社会应激事件不断，导致心理危机恶性事件与重大心身疾病呈逐年上升趋势，影响社会心态和心理健康。基于此，研究社会应激与心身交互作用机制，深入了解社会应激与各种心身疾病尤其是重大疾病之间的关系，并建立实时、科学的心理危机监测和预警系统对增强国民心身健康、促进社会治理与社会发展有着重大而深远的影响，同时对学科发展也具有重要意义。本领域“十三五”期间主要研究目标是探讨不同性质的社会应激事件对心身健康的影响机制，建立从心理危机监测预警到干预治疗的整套系统，服务于国家相关公共政策制定。

重点研究方向：① 不同人群在复杂社会应激环境下的心理行为特点、应对方式及心身交互作用的机制；② 个体与群体心理危机的实时监控和预警系统；③ 不同社会应激事件影响个体身心健康变化的神经生物学基础；④ 心理危机的干预方法和技术。

7. 心理疾患的发生机理与早期识别

据 2009 年中国疾病预防控制中心数据显示，我国各类心理疾患或精神疾病患病率已达 17.6%，重性心理疾患或精神疾病患者超 1600 万，且由相关病人导致的危机已经成为严重的公共卫生和社会问题。政府将这一类疾病发病机理和早期征兆纳入国家学科优先资助领域，对国民整体幸福感提高和和谐社会建设具有重要战略意义。同时基于表观遗传学和内表型的基因与环境交互作用视角对心理疾患或精神疾病病理机制的研究，对多种心理疾患或精神疾病发生和预防具有重要价值，对学科发展具有重大意义。本领域“十三五”期间主要研究目标是把表观遗传学与内表型研究相结合，系统探讨环境和基因在心理疾患或精神疾病发生发展中的交互作用机制，同时从基因遗传微观视角到个体行为宏观视角，探讨重大心理疾患的早期特征识别。

重点研究方向：① 应激事件导致个体心理疾患或精神疾病的作用机制；② 药物成瘾与心理行为之间的作用机制；③ 儿童早期经历影响心理健康的表观遗传学机制；④ 认知老化的神经基础以及调控因素；⑤ 心理疾患与精神疾病的心理行为康复训练的脑机制。

8. 人类个体认知与社会行为的发生发展过程

人类个体的知识从何而来、知识获得的机制、儿童认知发展的规律、语言学习的关键期、合作行为如何进化而来、社会化的具体过程及其规律等，这些问题不仅是国际著名期刊《Science》曾经提到的问题，也是发展心理学的基础理论问题。此外，如何促进儿童的认知和社会性发展，以达到优化发展的目的，更是发展心理学的应用价值的体现。本领域“十三五”期间主要研究目标是揭示人类认知与社会性发展的内在机制及神经基础。

重点研究方向：① 语言的产生与词汇获得；② 儿童的类别知识与概念形成的认知神经基础；③ 婴儿何时获得心理理论、形成自我控制、产生利他行为；④ 儿童合作行为和攻击行为的产生机制与发展规律；⑤ 儿童及青少年冲动冒险行为的临床早期识别和预警系统；⑥ 个体发展过程中各种过渡期的适应研究。

9. 特殊群体的认知和社会行为特征与规律

针对特殊儿童或弱势儿童（如低常、残疾、自闭症、学习困难儿童、行为问题儿童、单亲家庭儿童、农村留守儿童、城市贫困或流浪儿童等）和超常儿童，开展其认知特点和社会行为特征与规律的研究，为实施有效干预或教育提供科学依据。本领域“十三五”期间主要研究目标是开展特殊儿童心理发展研究，关注发展中的个体差异。

重点研究方向：① 各类特殊儿童或弱势儿童与正常儿童的心理理论；② 认知基本规律对学习和社会功能的影响；③ 基于特殊群体认知特点的科学的行为干预；超常儿童的认知发展特点和社会行为特征。

10. 中国文化下的认知、人格与社会行为特征

心理行为是社会化的产物，取决于特定的社会文化模式。文化对心理行为的影响与塑造是近年来心理学家关注的热点问题之一。然而，当代心理学的核心概念和理论在很大程度上建立在西方文化背景上，缺乏对中国文化背景下的心理行为的研究。对中国文化下的认知、人格及社会行为特征的研究，不仅有助于克服心理学研究中的文化偏差、加深对人类心智本质的理解，而且可以为提高国民心理素质、促进社会和谐发展和实现民族复兴提供科学依据。本领域“十三五”期间主要研究目标是从文化传承、社会变迁和网络环境等方面探讨文化和心理行为之间的相互整合机制，形成对中国人心理行为的发展规律和核心特征的深刻科学认识。

重点研究方向：① 中国人自我概念的结构及自尊的特点；② 中国人的社会认同、思维方式、人格结构和国民心态的特异性；③ 社会变迁对中国人心理变迁和心理适应的影响；④ 少数民族在现代化过程中的适应与发展；⑤ 中国家庭结构和功能变迁对心理健康的影响；⑥ 互联网时代中国人的人际过程、合作行为和群体行为的特征。

11. 网络用户心理特征与行为模式分析

随着网络的不断普及，网络行为已成为用户日常行为的重要部分，并对其心理活动产生深刻的影响。网络用户的心理特征与行为模式的发展变化规律，已成为亟待探索的科学问题。研究网络用户的心理特征、行为模式以及两者的相互作用，对提升个体的心理素质，全面建设信息化社会、提升国民心理健康水平与生活质量都具有重大意义。本领域“十三五”期间主要研究目标是通过分析网络环境下用户的心理特征与行为模式，探索网络行为与心理特征之间的相互影响，建立网络行为与心理研究的新范式。

重点研究方向：① 网络环境与现实生活中用户的心理特征与行为表现的异同及其交互作用规律；② 互联网及移动用户的行为特征体系；③ 网络用户行为心理的影响及干预模式；④ 建立用户网络行为指标体系，研究网络行为的有效表征及其获取方法；⑤ 网络环境下用户心理健康有效干预模式。

12. 人机交互设计的心理学基础

随着我国工业化和信息化进程的迅猛发展，新型设备层出不穷且日趋智能化，机器人正在走进日常生活和特定的生产领域，因此，优化界面的人机交互设计显得尤为重要，它已成为我国科学和技术发展规划中的重要内容。然而，目前有关人机交互行为一般规律和内在机制的研究还相对薄弱，难以适应当前人机系统日新月异的发展需求。本领域“十三五”期间主要研究目标是揭示人机交互行为的一般规律及其内在机制，不断优化人机交互界面设计，提高设备可用性和安全性。

重点研究方向：① 以优化人机交互设计为目标的心理学一般规律和个体差异研究；② 人机交互环境下的人类行为分析与模拟；③ 社会机器人交互设计的心理学基础；④ 汽车安全驾驶与智能驾驶界面的认知工效研究；⑤ 新型界面、特殊环境和特殊人群的人机交互设计优化。

13. 社会认知与价值观的神经机制研究

社会认知，特别是价值观是个体行为的内在驱动体系，对个体的社会行为具有重要的解释、预测和导向作用。社会主义核心价值观的提出则将价值观及社会认知问题提升到了国家主流文化建设的高度。社会认知神经科学的兴起，使得心理学家可能直接探讨价值观及相关的社会认知过程的内在机制，揭示价值观的本质和作用机制，对于个体系统构建价值观有重要意义。本领域“十三五”期间主要研究目标是揭示价值观与关联社会认知的内在神经机制和中国人的价值观认同及其内在神经过程。

重点研究方向：① 中国人价值观的脑功能定位；② 中国人价值观的结构和功能网络构建；③ 个体的核心价值观体系受到威胁或得到验证时的认知神经活动特点；④ 与价值观内化或信任程度相关的脑区，价值观与健康心理（或幸福心理）共享的脑机制。

第六节　实现“十三五”发展战略的政策措施

近年来，我国心理学研究队伍日益壮大，研究成果喷薄而出，引起国际学术界的广泛关注和认可，在国家发展中的作用也日益凸显。建议在未来 5 年中，采取以下措施。

1. 加大支持力度

加大对心理学科重点项目、人才项目、仪器设备研发项目的支持力度，保障各类型项目中心理学项目的资助名额，给予较大强度持续性支持，给予宽松的研究环境，这些是保证相关领域在 5 ～ 10 年里产出有深远国际影响的研究成果的必要条件。

2. 改革经费管理体制机制

按照心理学的学科特点和客观需求进行科研经费管理，切合实际地提高人员费及间接费用比例，将心理学研究的被试费明确作为数据采集费之一，不要求被试出具发票、收据等。

3. 增加自由探索项目资助数量

增加自由探索项目如面上项目、青年项目和地区基金的资助项目数量，扩大基金资助覆盖面，满足心理学研究队伍不断扩大的现实需求。引导科研人员立足于中国社会现实问题开展具有国际水准的学术研究，为满足国家重大社会现实需求提供坚实的科学基础。

4. 加强国际合作

派遣优秀的中青年科学家出国进修，邀请国际著名心理学家来华访问工作，建立实验室；鼓励国内研究者与国外研究者建立实质性合作关系，鼓励国内科研管理机构或研究机构提供一定的配套资金；鼓励国内心理学机构与国际上相关领域发展较为成熟的大学、研究机构，建立正式合作关系。

主要参考文献

林崇德，陈英和 . 2009. 中国发展心理学 30 年的进展 . 北京师范大学学报（社会科学版），1：38-46.

马皑，章恩友 . 2014. 犯罪心理学 . 北京：中国人民大学出版社 .

中国疾病预防控制中心 . 2008. 中国精神卫生工作规划（2002 ～ 2010 年）.http：//www.chinacdc.cn/ztxm/jkzg2020/gnzl/200807/t20080730_53748.htm[2015-11-02].

专家：中国人口死因近 50% 死于不良生活方式致疾 .http：//www.chinanews.com/jk/shts/news/2008/12-13/1485733.shtml[2015-11-02].

Boyack K W，Klavans R，Borner K. 2005. Mapping the backbone of science. Scientometrics，64：351-374.

Brown J M，Campbell E A. 2010. The Cambridge Handbook of Forensic Psychology.New York：Cambridge University Press.

Diamond J M. 1991. The Rise and Fall of the Third Chimpanzee. New York：Random House.

Fu G Y，Xu F，Cameron C A，et al. 2007. Cross-cultural differences in children’s choices， categorizations, and evaluations of truths and lies. Developmental Psychology, 43（2）: 278-293.

Helgeson V S, Reynolds K A, Tomich P L. 2006. A meta-analytic review of benefit finding and growth.Journal of Consulting and Clinical Psychology, 74: 797-816.

Jing Q C, Fu X L. 2001. Modern Chinese psychology: Its indigenous roots and international influences. International Journal of Psychology, 36（6）: 408-418.

Joseph S, Linley P A. 2008. Positive psychological perspectives on posttraumatic stress: An integrative psychosocial framework.In: JosephS, LinleyPA. Trauma, Recovery, and Growth: Positive Psychological Perspectives on Posttraumatic Stress. Hoboken: John Wiley & Sons: 1-20.

Ma, A. 2010. A discussion on fundamental theoretical issues of Psychology &Law. Journal of Gansu Institute of Political Science and Law,（4）: 51-59.

Norman K L. 2008. Cyberpsychology: An introduction to Human-Computer Interaction. New York: Cambridge University Press.

RossL, Lepper M, Ward A. 2010. History of social psychology: Insights, challenges, and contributions to theory and application. In: Fiske S T, Gilbert D T, Lindzey G. Handbook of Social Psychology.5th Edition. Hoboken, New Jersey: John Wiley & Sons: 3-50.

Rosvall M, Bergstrom C T. 2008. Maps of random walks on complex networks reveal community structure. Proceedings of the National Academy of Sciences of the United States of America, 105: 1118-1123.

YangY, Chiu C. 2009. Mapping the structure and dynamics of psychological knowledge: Forty years of APA journal citations（1970–2009）. Review of General Psychology, 13（4), 349-356.